高等学校计算机类课程应用型人才培养规划教材

计算机数学基础教程

徐进鸿　史九林　徐洁磐　编著

中国铁道出版社
CHINA RAILWAY PUBLISHING HOUSE

内容简介

本书是整合计算机专业以及计算机相关专业必备数学基础知识的教材。全书共分7篇17章，内容包括：数学与计算机数学、数学基础、微积分、代数、空间解析几何与图论、数理逻辑、概率论与数理统计等基础数学分支。本书编写贯彻少而精、重基础、重实践的原则，内容分布均匀，重点突出，选材重在基础和必备知识点，按数学自身规律有机组织知识内容，教材体系完整统一。

本书针对应用型计算机专业以及计算机相关专业的学生编写，适合应用型普通高校及高职高专院校计算机专业及其相关专业学生教学使用，也可用做IT行业从业人员提高数学基础知识的读本或专业培训教材。

图书在版编目(CIP)数据

计算机数学基础教程/徐进鸿，史九林，徐洁磐编著.—北京：中国铁道出版社，2012.7
高等学校计算机类课程应用型人才培养规划教材
ISBN 978-7-113-14608-5

Ⅰ.①计… Ⅱ.①徐… ②史… ③徐… Ⅲ.①电子计算机—数学基础—高等学校—教材 Ⅳ.①TP301.6

中国版本图书馆CIP数据核字(2012)第082914号

书　　名：计算机数学基础教程
作　　者：徐进鸿　史九林　徐洁磐　编著

策　　划：严晓舟　焦金生　　**读者热线：**400-668-0820
责任编辑：周海燕
编辑助理：何　佳
封面设计：付　巍
封面制作：刘　颖
责任印制：李　佳

出版发行：中国铁道出版社(100054，北京市西城区右安门西街8号)
网　　址：http://www.51eds.com
印　　刷：北京华正印刷有限公司
版　　次：2012年7月第1版　　2012年7月第1次印刷
开　　本：787mm×1092mm　1/16　　**印张：**19.75　**字数：**504千
印　　数：1～3 000册
书　　号：ISBN 978-7-113-14608-5
定　　价：36.00元

编审委员会

从书序

PREFACE

当前，世界格局深刻变化，科技进步日新月异，人才竞争日趋激烈。我国经济建设、政治建设、文化建设、社会建设以及生态文明建设全面推进，工业化、信息化、城镇化和国际化深入发展，人口、资源、环境压力日益加大，调整经济结构、转变发展方式的要求更加迫切。国际金融危机进一步凸显了提高国民素质、培养创新人才的重要性和紧迫性。我国未来发展关键靠人才，根本在教育。

高等教育承担着培养高级专门人才、发展科学技术与文化、促进现代化建设的重大任务。近年来，我国的高等教育获得了前所未有的发展，大学数量从1950年的220余所已上升到2008年的2 200余所。但目前诸如学生适应社会以及就业和创业能力不强，创新型、实用型、复合型人才紧缺等高等教育与社会经济发展不相适应的问题越来越凸显。2010年7月发布的《国家中长期教育改革和发展规划纲要（2010—2020年）》提出了高等教育要“建立动态调整机制，不断优化高等教育结构，重点扩大应用型、复合型、技能型人才培养规模”的要求。因此，新一轮高等教育类型结构调整成为必然，许多高校特别是地方本科院校面临转型和准确定位的问题。这些高校立足于自身发展和社会需要，选择了应用型发展道路。应用型本科教育虽早已存在，但近几年才开始大力发展，并根据社会对人才的需求，扩充了新的教育理念，现已成为我国高等教育的一支重要力量。发展应用型本科教育，也已成为中国高等教育改革与发展的重要方向。

应用型本科教育既不同于传统的研究型本科教育，又区别于高职高专教育。研究型本科培养的人才将承担国家基础型、原创型和前瞻型的科学研究，它应培养理论型、学术型和创新型的研究人才。高职高专教育培养的是面向具体行业岗位的高素质、技能型人才，通俗地说，就是高级技术“蓝领”。而应用型本科培养的是面向生产第一线的本科层次的应用型人才。由于长期受“精英”教育理念的支配，脱离实际、盲目攀比，高等教育普遍存在重视理论型和学术型人才培养的偏向，忽视或轻视应用型、实践型人才的培养。在教学内容和教学方法上过多地强调理论教育、学术教育而忽视实践能力的培养，造成我国“学术型”人才相对过剩，而应用型人才严重不足的被动局面。

应用型本科教育不是低层次的高等教育，而是高等教育大众化阶段的一种新型教育层次。计算机应用型本科的培养目标是：面向现代社会，培养掌握计算机学科领域的软硬件专业知识和专业技术，在生产、建设、管理、生活服务等第一线岗位，直接从事计算机应用系统的分析、设计、开发和维护等实际工作，维持生产、生活正常运转的应用型本科人才。计算机应用型本科人才有较强的技术思维能力和技术应用能力，是现代计算机软、硬件技术的应用者、实施者、实现者和组织者。应用型本科教育强调理论知识和实践知识并重，相应地，其教材更强调“用、新、精、适”。所谓“用”，是指教材的“可用性”、“实用性”和“易用性”，即教材内容要反映本学科基本原理、思想、技术和方法在相关现实领域的典型应用，介绍应用的具体环境、条件、方法和效果，培养学生根据现实问题选择合适的科学思想、理论、技术和方法去分析、解决实际问题的能力。所谓“新”，是指教材内容应及时反映本学科的最新发展和最新技术成就，以及这些新知识和新成就在行业、生产、管理、服务等方面的最新应用，从而有效地保证学生“学以致用”。所谓“精”，不是一般意义的“少而精”。事实常常告诉我们“少”与“精”是有矛盾的，数量的减少并不能直接促使质量的提高。而且，“精”又是对“宽与厚”的直接“背叛”。

因此，教材要做到“精”，教材的编写者要在“用”和“新”的基础上对教材的内容进行去伪存真的精练工作，精选学生终身受益的基础知识和基本技能，力求把含金量最高的知识传承给学生。“精”是最难掌握的原则，是对编写者能力和智慧的考验。所谓“适”，是指各部分内容的知识深度、难度和知识量要适合应用型本科的教育层次，适合培养目标的既定方向，适合应用型本科学生的理解程度和接受能力。教材文字叙述应贯彻启发式、深入浅出、理论联系实际、适合教学实践，使学生能够形成对专业知识的整体认识。以上 4 个方面不是孤立的，而是相互依存的，并具有某种优先顺序。“用”是教材建设的唯一目的和出发点，“用”是“新”、“精”、“适”的最后归宿。“精”是“用”和“新”的进一步升华。“适”是教材与计算机应用型本科培养目标符合度的检验，是教材与计算机应用型本科人才培养规格适应度的检验。

中国铁道出版社同高等学校计算机类课程应用型人才培养规划教材编审委员会经过近两年的前期调研，专门为应用型本科计算机专业学生策划出版了理论深入、内容充实、材料新颖、范围较广、叙述简洁、条理清晰的系列教材。本系列教材在以往教材的基础上大胆创新，在内容编排上努力将理论与实践相结合，尽可能反映计算机专业的最新发展；在内容表达上力求由浅入深、通俗易懂；编写的内容主要包括计算机专业基础课和计算机专业课；在内容和形式体例上力求科学、合理、严密和完整，具有较强的系统性和实用性。

本系列教材是针对应用型本科层次的计算机专业编写的，是作者在教学层次上采纳了众多教学理论和实践的经验及总结，不但适合计算机等专业本科生使用，也可供从事 IT 行业或有关科学研究工作的人员参考，适合对该新领域感兴趣的读者阅读。

本系列教材出版过程中得到了计算机界很多院士和专家的支持和指导，中国铁道出版社多位编辑为本系列教材的出版做出了很大贡献，在此表示感谢。本系列教材的完成不但依靠了全体作者的共同努力，同时也参考了许多中外有关研究者的文献和著作，在此一并致谢。

应用型本科是一个日新月异的领域，许多问题尚在发展和探讨之中，观点的不同、体系的差异在所难免，本系列教材如有不当之处，恳请专家及读者批评指正。

“高等学校计算机类课程应用型人才培养规划教材”编审委员会
2011 年 1 月

前言

FOREWORD

数学乃计算机科学与技术之基础，涉及众多数学分支。鉴于应用型本科高校和高职高专院校的计算机基础教学，涉及的数学分支与内容深度与广度比较有限。计算机数学是整合计算机基础教学与相关数学知识设计的一门新兴课程。

本教材主要有如下特点：

1. 内容分布均匀、重点突出。教材内容涉及高等数学、离散数学、代数、解析几何及概率统计等多个方面；同时坚持少而精的原则，选用最具基础性、代表性的内容。

2. 按数学自身规律组织内容。数学是一个完整、统一的整体，为研究与教学方便才将它们分成若干门课程讲授，在计算机数学中又可以将其恢复成原始面貌合并成一个整体。因此必须按其自身规律组织内容，使原有多门课程的"混合物"成为有机、统一的"化合物"，从而形成适应计算机学科教学所必需的基本数学知识体系。

3. 课程目标明确。本教材是一门基础性数学课程，其主要目标是使学生掌握数学的基本概念，培养学生的抽象思维能力、逻辑推理能力以及数学方法运用能力，同时为后续课程提供知识支持。

4. 注重实践。学以致用，举一反三，是教学和学习的最终目的。本教材并不追求烦琐的理论知识，而强调数学的应用性与实践性；有丰富的例题，便于学生练习和扩展。本教材并不直接与计算机相关内容结合，这也不是本课程的目标内容；课程的应用性主要体现在通过相关能力培养，特别是数学建模能力的培养。

本教材是针对应用型本科高校和高职高专院校计算机应用技术性专业及计算机相关专业而编写；考虑到教学学时和专业层次的需要，选择最具基础性的数学知识为主要内容。本课程的预修课程为初等数学，主要是初等代数、几何、平面解析几何以及三角学等内容。一般中学毕业生均已修读过此类课程，因此，本课程能与其无缝对接。

本教材共 7 篇 17 章：第 1 篇是数学与计算机数学，包括第 1 章绪论，介绍数学与计算机数学的相关理念，为了解本教材提供宏观性指导。第 2 篇是数学基础，包括第 2、3 章。第 2 章集合与关系、第 3 章函数与运算，它们建立整个数学的基础。第 3 篇是微积分，包括第 4、5、6、7、8 章。第 4 章极限与连续、第 5 章导数与微分、第 6 章不定积分、第 7 章定积分和第 8 章无穷级数，它们构成连续数学的基本部分。第 4 篇是代数，包括第 9、10、11 章。第 9 章行列式矩阵与向量、第 10 章线性方程组、第 11 章抽象代数，它们是初等代数的提高与延伸。第 5 篇是空间解析几何与图论，包括第 12、13 章。第 12 章空间解析几何、第 13 章图论，它们是用代数的解析方法研究几何与图的典范。第 6 篇是数理逻辑，包括第 14、15 章。第 14 章命题逻辑、第 15 章谓词逻辑，它们主要讨论推理理论及形式系统的建立。第 7 篇是概率论与数理统计，包括第 16、17 章。第 16 章概率论基础、第 17 章数理统计基础，它们建立不确定随机事件的数学理论。

本教材学时数以 128 学时为宜，可分两学期教学。建议第一学期内容为第 1 篇到第 3 篇，第二学期内容为第 4 篇到第 7 篇。

本书由徐进鸿、史九林和徐洁磐 3 人共同策划、合作编写；最后由史九林负责全书统稿工作。

本书由南京航空航天大学林钧海教授审稿，并提出了许多宝贵意见，作者表示衷心感谢。

计算机数学课程是一门新兴课程，尚在尝试过程中。由于作者们经验不足、水平有限，文中疏漏之处在所难免。敬请使用本书的教师与读者提出宝贵意见，以便进一步修改完善，以利计算机数学课程的发展。

编　者

2011年12月　于南京

CONTENTS

目　录

第1篇　数学与计算机数学

第2篇　数学基础

第3篇 微积分

第4篇 代 数

第 5 篇 空间解析几何与图论

第6篇 数理逻辑

第7篇 概率论与数理统计

第 1 篇

数学与计算机数学

本篇对数学与计算机数学的概念及特性作了具体的介绍；还介绍了全书的内容及其重点。本篇并不讲授数学本身的内容，但它是至关重要的；因为它是全书的灵魂，在全书中起着提纲契领的作用。

第1章 绪论

一个人一生中不同程度地接受着数学教育，如小学时代的算术、中学时的初等代数与几何、大学时代的微积分及其他数学分支.即使有些人没有机会接受正规数学教育，也会不自觉地从周围环境中获取基本的数学知识和能力.同样，人类在整个人生活动中一刻也离不开数和数学.对于现代的或未来的计算机专业人才，数学更为重要、有意义、有价值.但是，总有一些人埋怨数学是枯燥无味的，那是因为他还没有发现数学的美丽.英国数学家伯特兰·罗素说："数学，如果正确地看，不但拥有真理，而且也具有至高的美."

1.1 数　学

要一语道破"什么是数学?"是很难的.数学是一门古老而又坚实的科学，起源于古埃及、美索不达米亚、古印度和古代中国，时间可以追溯到几千年之前.数学的大发展是在16世纪的文艺复兴时期，距今也已数百年.数学也是一门现代科学，因为数学的发展和发现远没有达到终极，新领域的研究导致数学的进一步发展，新的数学分支不断出现和创立.数学更是一门基础性科学，因为一切科学、技术的发展都需要数学，数学是自然科学中最基础的科学.因此，数学被称为科学的皇冠.

1.1.1 什么是数学

数学的英文单词是 mathematics.据称，该词源于古希腊语 $\mu\acute{\alpha}\theta\eta\mu\alpha$，其意义有"学习、学问、科学"，或者"数学研究".那么，什么是数学呢?

恩格斯说："数学是研究现实世界中数量关系与空间形式的科学."对这个关于数学的定义可以作如下诠释：

(1)数学源于"现实世界".按照马克思主义唯物论的观点，现实世界由物质组成；它们在不断地变化与运动中，之间存在密切的联系.可以把这些物质称为事物或事实.

(2)对现实世界中的事物，可以从不同角度进行研究.如物理学，研究事物的物理结构与变化的特性.又如化学，研究事物的化学结构与变化的特性.对数学而言，研究事物的内在数量关系及外部几何形体的特性；这是数学研究的特色.

(3)数学的研究对象是数量与空间形体.数量可以抽象为数(如自然数、整数、实数等)；而空间形体可以抽象为几何元素(如点、线、面、三角形、梯形、圆锥体等).数学的研究内容则是数与数之间的关系及空间形式(即几何元素之间的关系).

数与数的关系表示了数间的变化规律与约束；而几何元素间的关系则表示了空间中几何关系的变化规律与约束．如对实数 x、y、z，若有 $x>y$、$y>z$，则必有 $x>z$；又如三角形三个内角之和必为 $180°$；等等．

(4)在数学研究的两个内容，即数量关系与空间形式中，近年来用解析的方法(即代数方法)及微积分的方法研究空间形式所出现的解析几何及微分几何改变了对空间形式研究的传统方法；并成为研究的主要方式．此外，用矩阵研究图(图计算方法)也成为当今的主要趋势．这充分说明，用数量关系的方法研究空间形式已成为当今的主要手段．因此可以说，在当今世界中，研究数量关系已是数学的主要内容；使数学真正成为了研究数的学问．

(5)随着数学的进一步发展，"数"的概念又进一步抽象化为"符号"．如数组、文字及字符串等．这是数学研究的新动向；亦即是说，数学可以是研究抽象符号之间的关系的一门科学．

1.1.2　数学的发展历史与实践

数学的发生与发展都源于实践．这从它发展的几个阶段都可以看出．在原始社会，由于生活和劳动的需要，人类开始使用简单的计数方法；先用手指或实物计数，再发展到用数字计数，便产生了自然数；这也许就是数学的起源．为了测量土地、预测天文事件，以及税务和贸易计算，需要对数量、结构、空间和时间等方面的研究．因此，数学的产生和发展始终围绕着数和形这两个基本概念不断深化和演变．一般地说，凡研究数及其关系的部分形成代数学；凡研究形及其关系的部分形成几何学．这些研究形成了数学发展的第一个阶段．

到了 16、17 世纪的文艺复兴及工业革命时代，在欧洲由于工商业的发展、航海技术的应用、机械的发明等，使人类从繁重的体力劳动中解放出来；同时也把科学家们引导到理论力学和一般运动与变化的科学研究中来．数学家们积极参与了这种变革以及相关数学问题的研究和解决，诞生了解析几何与微积分，成为数学发展的一个转折点；形成了数学研究的第二个阶段．

到了 19 世纪末与 20 世纪初，数学的发展呈现出欣欣向荣、兴旺发达之势；各种数学分支陆续出现．它们对解决现实世界中的各类问题均起到了关键性的作用．与此同时，由于自身发展过快，也出现了许多弊病．这主要表现为如下两个问题：

(1)数学自身分支太多，山头林立，各自为政，造成了一定的混乱；因此，需要对数学自身建立一个统一的理论基础；这就是著名的集合论．集合论是一种研究数学基础性问题的数学．

(2)抽象性是数学的一大特性．在数学研究中，广泛地使用了抽象特性使其成为所有学科的指导性工具；也成为一种极其严谨的学科．但是，在具体运用中，却对数学证明过程以及数学方法论应用还缺乏抽象性与严谨性；因此，需要用数学的方法研究证明过程、方法论，使数学真正成为一种抽象、严谨的学科；这就是数理逻辑．

集合论与数理逻辑为建立数学自身的严格体系奠定了基础．这是数学研究的第三个阶段．

到 20 世纪中期以后，数学研究又面临着新的挑战．20 世纪出现了各种新兴技术，进行了一场新技术革命，特别是电子计算机的出现，使数学又面临着一个新时代．这一时代的特点之一是部分脑力劳动逐步机械化．与 17 世纪以来围绕连续、极限等概念为主导思想与方法的数学不同，因为计算机研制与应用的需要，离散数学与组合数学受到了极大的重视．这是数学研究的第四个阶段．

由此可见，数学的研究对象都来自于实践．虽然，数学在形式上高度抽象，但数学的研究成果却总是扎根在实践之中．生产实践与技术需求始终是数学不断发展的原动力；数学的研究成果又拉动了生产和技术的发展，起着重要的促进作用和理论意义．因此，数学的理论研究与数学成果的应用始终相依共存、相互促进．

1.1.3 数学的主要特性

数学来自于实践，但又高于实践；因此，数学的显著特征首先是抽象性和严谨性，其次是基础性与应用性.

1. 抽象性

数学家们研究的是纯数学.他们的研究成果也许在很长时间以后才会有用.

首先，被数学第一个抽象化的概念是数.对两头牛和两个苹果之间有某种共同特性的认知是人类思想的一大突破.人类除了认知到如何去计数具体事物的数量；亦能了解如何去计数抽象事物(如日期、时间等)的数量；人类就进入了数学时代.

其次，数学有自己的符号和语言，称为数学符号和数学语言.用这些符号和语言表示的简单的表达式可以描绘出复杂的概念或图形.符号是导致数学脱离其实际内容走向抽象化的关键；即通过建立某种对应，实现从感性到理性的认识转换.数学语言是一种抽象的符号语言.符号语言的发展和进步是提高抽象化程度的直接结果；从而导致数学日益走向形式化.符号使这种形式化得以实现.可以说，没有符号和符号语言就没有数学.

再次，数学运用公理使其知识系统有序化、科学化.将众多的概念、命题进行整理、排队，从中找出最基本的概念和命题为立论起点，并运用公理化方法和演绎方法建立一整套理论体系.

因此，数学的抽象性意味着它是一个由符号组成的形式化体系.这种体系由三个层次组成.第一层是符号层.将数学的研究对象全部用符号表示出来.第二层是语言层.用符号按一定规则组成表达数学的形式语言；如公式、方程式等.第三层是形式化体系.建立一整套数学规则，如公理、定义、定理、推理等，以构建对数学问题的演算的理论基础.

2. 严谨性

数学思维的正确性表现在逻辑的严谨性上；数学的形式化体系使数学的严谨性得以实现.每一个数学分支一般都有自己的一整套公理、定义、推理规则；它们组成一个形式系统.在该系统中，公理建立数学分支的知识基础，定义固定概念，推理给出演算依据.在形式系统中，可以通过推演(或演算)得到分支的所有正确结论，称定理.

因此，数学的严谨性表现在，在表现形式上按严格的规则组织；在推导上按严格的规则推理；使整个数学建立在严格规则的约束与控制之下.

3. 基础性

数学的基础性亦是数学的主要特征之一.一切科学和技术的应用与发展都需要数学.数学的抽象性使外表完全不同的问题之间深刻地联系在一起.读者对六岁曹冲称象(见图 1-1)的故事也许并不陌生；据历史记载："时孙权曾致巨象，太祖欲知其斤重，访之群下，咸莫能出其理.冲曰：置象大船之上，而刻其水痕所至，称物以载之，则校可知矣."显然大象和石头为不同二物；但其重量(数)是它们的共同属性；因此，把称象和称石统一起来了.可见，世间万事万物在数学上沟通一气，这是数学的贯通性.

图 1-1 曹冲称象

马克思说："一门科学，只有当它成功地运用数学时，才能达到真正完善的地步."数学家巴罗说："数学——科学不可动摇的基石."这些说的都是数学的基础性.一切学科的研究，包括物理学、建筑学、经济学，甚至化学、生物学、人文科学和艺术科学等，都不能离开数学；当把它们演变为数学时，其研究就会得到深化和发展，会有新的发现. 历史上的万有引力的研究、重力加速度的研究等无不如此. 近代的生物工程、数量经济等的研究也都运用数学或提出新的数学问题.

4. 应用性

数学是人类知识活动创造的最具威力的工具. 因此，数学最重要的意义在于应用. 今日之数学在几乎所有领域，包括科学、工程、医学、经济、人文等，得到全方位的应用；形成了应用数学的发展. 数学在这些领域的应用不仅解决了现有的问题、难题；同时也激发了在本学科内的新发现、新理论；特别是数学的新发现和研究. 人们运用数学来造船、造建筑物、天气预报、发射宇宙飞行物、发现小行星等. 海王星就是用笔计算出来的神秘蓝色星球；被誉为天文学史上的一个传奇；但从严格意义上来说，这是数学的传奇. 华人数学家邱成桐说："现代高能物理到了量子物理以后，有很多根本无法做实验，在家用纸笔来算，这跟数学家想象的差不了多远，所以说数学在物理上有着不可思议的力量."

数学的应用主要是通过数学建模实现；即将现实世界中的问题抽象化为数学世界中的数学表达式，称为数学模型；抽象过程则称为建模. 接着是对数学模型求解（这是一种数学演算），并得到解. 最后将解语义化为现实世界中问题的解. 从而最终完成整个建模过程，如图1-2所示.

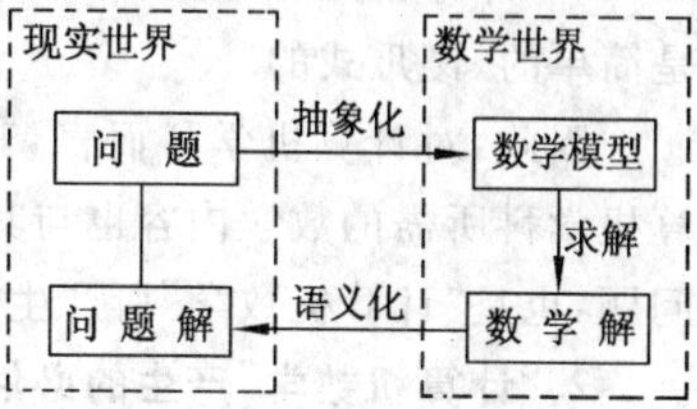

图1-2　数学建模示意图

1.2　计算机数学

计算机已被世人所熟悉和广泛地应用；计算机的应用让人的部分脑力机械化. 众所周知，20世纪40年代诞生的计算机是为科学计算，即数学计算的要求而生的. 今日的计算机从规模上、功能上和应用范围上都已不能同日而语；几乎在所有的领域，大则在科学研究领域，小则在家庭里都运行着计算机，它对改善人类的工作和生活发挥着积极的促进作用. 因此，计算机是20世纪以来最伟大的技术发明之一.

1.2.1　计算机数学的产生

计算机数学不是因计算机而生的数学，而是学习和应用计算机需要掌握的数学知识的汇集. 众所周知，计算机是一种实现数学模型的机器. 自早期的第一台计算机到现在的最先进的计算机系统，其基本原理并没有发生根本性的变化；即计算机最基本的功能是执行二进制数算术运算和逻辑运算；尽管现代计算机系统可以处理很多性质和特征的信息，数字的、文字的、声音的、图形的、图像的等. 所谓数码设备、数字通信、数字地球、数字经济等都是以计算机系统为背景的新概念.

计算机系统由硬件和软件组成. 软件的主体是问题求解的程序；从问题到程序的转换之关键是实现求解问题的数学模型. 这是数学的责任. 所以计算机系统是一种以数学为基础的装置.

计算机用双稳态物理器件和二进制物理信号表示数据和处理它们之间的关系，并实现数学运算；因此，计算机以离散数学为数学基础. 应用计算机求解连续数学问题时，必须把用连续数量关系建立起来的数学模型离散化. 由此，离散数学成为其研究焦点是很自然的.

1."计算机数学"的由来

早在20世纪80年代就有人提出计算机数学这个名词，并进行了初步尝试. 从21世纪初，开始陆续开设计算机数学课程，并有以计算机数学为题的教材出版，引起了学界的关注.

计算机数学是近年来产生与迅速发展的一门课程. 顾名思义，"计算机数学"是面向计算机学科及计算机相关专业的一门数学课程. 这个名称曾引起人们的质疑：世间并没有诸如"建筑数学"、"生物数学"之类的以学科冠名的数学，为什么偏有"计算机数学"呢？是标新立异还是故弄玄虚？回答是"计算机学科发展的需要"，其主要原因有以下几点：

(1)计算机是一种以二进数字为基础的计算实体；它本身是一种离散结构体. 为便于对它的研究与应用，需用离散学为工具；因此，离散数学是计算机学科所必需的数学.

(2)近年来，计算机应用技术蓬勃发展；其领域涉及国民经济、人类社会和生活的各个方面，它包括连续结构与离散结构等多种应用. 为便于分析、解决实际应用课题，需使用连续数学与离散数学两种数学工具. 因此，对计算机学科而言，连续数学和离散数学都是必需的.

(3)计算机是一种实现数学模型的装置；其本身与应用都是以数学为基础的，尽管对它的操作是简单的、傻瓜式的.

因此，对计算机学科而言，其所需的数学知识不仅涵盖连续数学，还包括离散数学等内容；计算机学科所需的数学内容也与其他学科不同，且远比一般学科要多. 这是计算机教学必须正视的问题，也是"计算机数学"所产生的主要原因.

2. "计算机数学"产生的必然性

计算机数学产生的第二个问题：既然计算机学科需要更多的数学知识，那么只要多开设几门数学课程不就可解决问题了吗？为何非要在一门"计算机数学"中解决呢？其实，这正是开设"计算机数学"课程的真正目的所在.

俗话说："天下大势合久必分、分久必合". 在计算机领域中，目前也正经历着这种过程. 近期来，正蕴藏着由"分"到"合"的逐步过程. 例如：将计算机的软件课程合并成为"计算机软件基础"；将计算机的硬件课程合并成为"计算机硬件基础"；将计算机基础知识课程合并成"计算机基础"等. 而计算机学科所需的数学也正逐步合并成为"计算机数学". 这种合并过程所以成为不可阻挡的趋势，究其原因主要有以下三点：

(1)计算机教学在经过数十年的发展后，已分割成多门课程. 这种分割趋势在近年来又呈加剧势态，以致在计算机专业的课程设置中无法承受；必须对部分课程实行"合并"以缓解这种分割带来的不适应性. "计算机数学"的出现，正是适应这种潮流的一个例证. 将传统的若干门数学课程，如"高等数学"、"高等代数"、"线性代数"、"概率与统计"、"微分方程"、"计算数学"、"空间解析几何"及"离散数学"等打包成"计算机数学"以适应这种合并的趋势.

(2)计算机课程的不断分割造成了整个学科过度分解，学科间内容的关联性、一体性及完整性受到严重干扰. 这对学生了解与掌握整个学科产生了不良影响. 对数学也是如此；计算机专业中多门数学课程的分别开设造成了学生对数学学科内容关联性、完整性的了解受到影响. 因此，有必要将相互关联的内容组合成一门"计算机数学"课，以利于学生对学科整体的了解和必备数学知识的学习、掌握.

(3)计算机技术本身及其应用领域所涉及的数学学科分支众多. 从教学的角度，不能面面俱到、囊括一切；而应择其需而教之. 因此，提取具有公共基础性的数学分支构成计算机数学，有利于计算机专业的数学教学.

(4)数学教学不仅传授数学知识，还需要传授数学思想与方法. 通过计算机数学不仅完整、系统地介绍数学知识，还要系统地介绍常用的数学方法，使学生在掌握知识的同时也掌握行之有效的数学方法.

1.2.2 计算机数学的构建

第三个问题：计算机数学应包含哪些内容才能体现其基础性呢？这需要从"量"与"质"两个方

面考量；只有做到适量、优质才能使之成为内容统一的课程. 其具体做法可以是：

(1)不可采取多门数学课程的简单合并；应当删繁求简、择其基础. 原则是少而精，重应用；即取其基础，且具典型应用价值、能举一反三的内容. 不作改造的合并只会是简单的拼凑；直接后果是内容分散、主次不分、体系混乱.

(2)按数学规律重新组织内容，安排次序，以达到知识的整合性、内容的完整性、体系的统一性. 只有这样才能达到优质的教学目的.

众所周知，数学作为一门独立学科是一个统一的整体；为研究与学习方便才将它们分解成若干分支与课程. 这虽然有利于研究与教学，但也存在着概念分裂、相互隔离、内容重复等缺点，不利于相互沟通、相互借鉴、相互印证. 在计算机数学中包含了数学中的主要成分与分支，按数学观点统一组织安排内容，互相沟通、互相交融；既能达到概念统一，又能达到理论统一，也能达到教学统一的目的；使原本由多个分支组成的“混合物”构成一个统一的整体的“化合物”.

计算机数学课程只有经过“量”与“质”的两个层次改造后才能成为一门独立的、科学的、完整的课程.

1.2.3　计算机数学内容的规范和组织

第四个问题：如何具体地构建计算机数学呢？

1. 计算机数学内容的规范

计算机数学的内容的一般包含为：

(1)连续数学部分：包括连续性概念、微积分、级数、多元微积分、微分方程、数值计算、概率及数理统计.

(2)离散数学部分：包括集合论、图论、代数(包括高等代数、线性代数及抽象代数)、解析几何、离散概率、数理逻辑及组合数学等.

这些是计算机数学内容的最大集合. 它表示计算机学科对数学的一般性要求.

计算机数学的内容的最小包含为：

(1)连续数学部分：微积分.

(2)离散数学部分：集合论、图论、代数与数理逻辑.

一般计算机数学课程的内容可根据不同层次的学校、不同专业及不同要求在最大集合及最小集合间选择. 根据该课程的发展与经验积累，可以将其内容按不同要求分成若干层次或类型，按此种方法所规范的内容将更为科学与合理.

2. 计算机数学内容的组织

数学是一门具有逻辑上的完整性与系统性的学科. 在计算机数学课程中必须按照数学规律性组织安排内容. 那么，什么是数学规律呢？通常认为有如下几点：

(1)不管是连续数学还是离散数学，它们都有公共的基本概念、基本方法与基本理论. 这些内容构成数学的统一基础，是数学的共性.

(2)连续数学与离散数学(包括它们的分支)均具有学科的研究特性；这是数学的个性.

根据这两条规律，在宏观上按数学的共性规律组织安排内容；在微观上突出各分支学科特性. 这种组织方法有利于学科分支间相互沟通、相互联接；有利于概念统一、基础统一、理论统一、方法统一；使学生所掌握的知识不是分割的、孤立的，而是完整的、统一的. 同时对学科分支的讲述不追求理论的全面与完整，而突出各自的特点和应用. 这样做，既能保留其精华、压缩其内容，又能达到少而精、重应用的目的.

1.3 计算机数学的教学和学习

无论如何计算机数学的教学还是一种尝试，会有不同意见的争论，需要实践和探讨，并进行总结.

1.3.1 计算机数学的教学

计算机数学目前主要针对应用型普通高等院校和高职高专学校设计. 因为学校的类型不同、培养层次和模式也不同. 对计算机数学的教学内容可以在最大集合与最小集合之间进行裁剪，以建立必要的数学基础知识与数学应用能力为宗旨组织内容、教学体系和教学过程. 在内容的深度和宽度上也可以进行适当选择和协调；如尽可能减少或回避理论证明，多引入应用实例、指导问题、数学建模等内容.

1.3.2 计算机数学的学习

中国著名数学家华罗庚先生曾说过："数学是锻炼思想的体操. 体操能使你身体健康，动作敏捷. 数学能使你的思想正确、敏捷. 有了正确敏捷的思想，你们才有可能爬上科学的大山. 所以不论孩子们将来做什么工作，数学都能给他们很大的帮助."

作为未来或已经从事 IT 行业的人，具有基本的数学知识和素养是必要的，也是必需的. 对于计算机应用类专业的学生，应通过计算机数学的学习掌握基本的数学知识和应用能力. 具体而言，要认识数学的价值，要有运用数学解决问题的能力，要学会与别人讨论数学，要学会用数学思维思考问题. 世上无难事，只要对自己学习数学的能力充满信心就一定有丰硕的收获.

学习本教材只须具有中学数学知识的基础即可.

1.3.3 计算机数学教材

本教材在内容裁剪上采用在最小集合基础上适当扩充的原则. 具体包括如下内容：

(1)连续数学：连续性概念、一元微积分、级数及概率与统计.

(2)离散数学：集合论、图论、数理逻辑、代数中的高等代数、线性代数及抽象代数部分以及离散概率，此外，还包括空间解析几何.

本教材内容按数学的整体规律进行组织. 具体分为：

(1)首先是由集合论给出整个数学的基础. 集合论中的集合是研究数学中各学科分支关注的对象的一般性规则的学科. 集合论中的关系是数学中各学科分支所研究内容的一般性规则的学科，而函数则是一种规范与标准的关系.

(2)其次是给出数学的研究方法. 在数学研究中共有六种方法，即数学运算、数学推理、抽象结构、解析方法、概率方法以及微分与积分等. 数学运算是建立在集合元素上的运算，其代表分支是代数. 数学推理是建立在命题或谓词公式上的推理，其代表分支是数理逻辑. 抽象结构是建立在集合上的一种结构，其分支代表是图论. 解析方法是用代数方法研究几何形态，其分支代表是解析几何及图计算. 概率方法是处理随机事件的一种方法，其分支是概率论与数理统计. 微分和积分是建立在连续函数上的一种特殊运算，其分支代表是微积分.

(3)本书内容组织及顺序如下：

① 集合论. 因为它是整个数学的基础. 数学中的基本研究对象及研究内容的一般性规律的研究都在这里讨论. 数学中的一些主要基本概念都在这里介绍；如集合与关系、函数与变换、连续与离散、有限与无限以及运算与代数等概念都在这里作完整、统一、系统的介绍. 这些内容组成一篇

共 2 章，篇名为数学基础，其内容重点突出数学的基础性概念与规律.

② 连续数学的主要部分，包括极限与连续、微分与积分、级数等概念. 这些内容组成一篇共 5 章，篇名为微积分，其内容重点突出微分与积分的运算特性.

③ 代数，它是离散数学内容之一. 主要包括高等代数、线性代数与抽象代数，这些内容组成一篇共 3 章，篇名为代数，其内容重点突出代数运算特性.

④ 代数的继续，它用代数的方法研究空间解析几何形体及平面抽象结构；包括空间解析几何与图论；它们也是离散数学内容之一. 这些内容组成一篇共 2 章，篇名为空间解析几何与图论，其内容重点突出解析方法的运用及抽象结构方法.

⑤ 数理逻辑，它是离散数学的重要内容. 主要包括命题逻辑与谓词逻辑. 这些内容组成一篇共 2 章，篇名为数理逻辑，其内容重点突出推理与形式系统建立.

⑥ 概率与统计. 主要包括概率论基础与数理统计基础. 这些内容组成一篇共 2 章，篇名为概率与统计，其内容重点突出随机事件的规律性及概率统计方法的运用. 该篇既包括离散性又包括连续性内容.

1.4 小　结

计算机数学是为计算机专业基础教学而设立的课程、组建的教材. 作为全书的导引，本章主要讨论 3 个方面的问题.

(1)关于数学的基本概念；主要是教学的基本特征和特性——抽象性、严谨性、基础性和应用性.

(2)计算机数学产生的背景、必要性和必然性，以及如何组建计算机数学的教学内容；提出了最大集合和最小集合的组建方案.

(3)计算机数学教学与学习的关键是教材，以及教学过程的实施. 提出以必要数学基础知识与应用能力为宗旨，在最大集合与最小集合之间裁剪内容.

本教材是基本上述思想组建内容的一个尝试.

习　题　1

1. 数学“抽象性”的具体体现是什么？

2. 为什么说“数学是一切学科的基础”？

3. 试说明计算机数学产生的必要性和必然性.

4. 就目前的认识，计算机数学应包括哪些内容？

第 2 篇

数学基础

在绪论中，已经讲到数学是研究符号间关系的科学；也就是说，数学的研究对象是一些符号。其中，单个符号可称为元素；而一些符号则组成集合，集合是数学的研究对象。其次，数学研究的内容是关系，或者说是集合上的关系。因此，集合与关系是数学的基础。

但是，在数学中所研究的并不是一般意义下的关系；而是一种规范的关系，称为函数。同时，数学所研究的集合以实数为多见；因此，在本篇中还将介绍函数及实函数（以实数为集合所组成的函数）。

此外，本篇中还将统一介绍数学中的一些基本概念，如运算、变换、代数、有限、无限、离散数学及连续数学等。

本篇介绍的内容都是数学中的基础性内容；故称其为数学基础；包括 2 章；它们是第 2 章集合与关系、第 3 章函数与运算。

第2章 集合与关系

本章主要介绍集合与关系这两大概念，它们是数学的基础，其中集合是数学的研究对象，而关系则是其研究内容.

2.1 集合基础

本节主要介绍集合的基本概念、表示方法以及集合间关系与运算等基础知识.

2.1.1 集合的基本概念

集合有四个基本概念——集合、元素、空集与全集. 这些概念是数学中最基本的概念，往往无法给出它们的定义. 一般地，只给出一些必要的解释.

解释 1. 集合是一些具有共同目标的对象汇集在一起形成的一个集体. 集合一般可用大写字母 $S, A, B, \cdots$ 表示.

解释 2. 元素是集合中具有共同目标的对象；或者说，集合是由元素组成的. 元素一般可用小写字母：$e, a, b, c, \cdots$ 表示.

例 2.1 全体自然数构成一个集合，称为**自然数集**，并记以 $\mathbf{N}$；每个自然数，如 $1, 2, 3, \cdots$ 是 $\mathbf{N}$ 的元素.

例 2.2 学校中全体师生员工构成一个集合，可用 S 表示；其中每个教师、学生或员工则是 S 的元素.

例 2.3 计算机内部存储单元构成一个集合，可用 M 表示；其中每个单元则是 M 的元素.

集合中有两个经常用到且又较为特殊的集合，一个是空集，另一个是全集. 这两个集合在集合论中的位置较为重要.

解释 3. 空集是不含任何元素的集合，可记为 $\varnothing$.

下面是一些空集的例子.

例 2.4 今天，公司的全体员工都出席了会议，则缺席会议员工的集合为空集.

例 2.5 方程式 $x^2+5=0$ 无实数解，故其实数解集合为空集.

解释 4. 全集是在所讨论或关注范围内的所有元素所组成的集合，可记为 E.

全集是一个相对概念. 它与所讨论和关注的范围以及对象有关. 如，在讨论数论时其全集为自然数，在讨论微积分时其全集为实数. 又如，某学校在讨论学生成绩时其全集为指定学校的全体学生；而当教育部在颁布学生奖惩条例时其全集为全国学生. 当讨论某台计算机时，该台计算机的所有资源构成了它的资源全集；而当讨论 Internet 时，则它的资源全集是Internet上的所有资源.

集合、元素、空集及全集构成了集合论中最基础的概念.

2.1.2　集合的表示方法

集合有两种表示方法.

1. 枚举法

枚举法是集合表示方法中最常用的方法.这种表示方法是,在一对花括号中列举出集合中所有元素,元素间用逗号隔开.看下面一些例子:

例 2.6　阿拉伯数字字符的集合:$S=\{0,1,2,3,4,5,6,7,8,9\}$.

例 2.7　开门七件事的集合:$E=\{$柴,米,油,盐,酱,醋,茶$\}$.

例 2.8　一年四季的集合:$R=\{$春,夏,秋,冬$\}$.

例 2.9　地图中四个方位的集合:$D=\{\mathrm{E,S,W,N}\}$或 $D=\{$东,南,西,北$\}$.

在枚举法中,有时对多个元素在表示上有困难时.为方便起见,可采用省略的办法;即可将一些元素用省略号表示;但意义必须是确定的.看下面的例子:

例 2.10　26 个拉丁字母的集合:$Z=\{a,b,c,\cdots,z\}$.

例 2.11　自然数集合:$\mathbf{N}=\{0,1,2,3,4,5,\cdots\}$.

由上可见,枚举法是一种显式表示法;它将集合的元素用明显的形式表示出来,是一种最为直接与常用的表示方法.

2. 特性刻画法

对于很难或无法列举元素的集合可采用特性刻画法表示,也称**隐式表示法**;即用某个能唯一刻画元素性质的 p 表示之.一般地,有形式 $S=\{x|p(x)\}$.表示 S 是包含了满足性质 p 的元素 x 的集合.

例 2.12　自然数集合 $\mathbf{N}=\{x|x$ 是自然数$\}$.

例 2.13　由 1 到 100 的自然数组成的集合 $N'=\{x|x\geqslant 1$ 且 $x\leqslant 100$ 且 x 在 $\mathbf{N}$ 中$\}$.

例 2.14　满足 $x^2+x-10=0$ 的整数解的集合 $Z'=\{x|x^2+x-10=0$ 且 x 是整数$\}$.

例 2.15　2008 年北京奥运会冠军的集合 $B=\{x|x$ 是 2008 年奥运会冠军$\}$.

除上述两种常用表示法外,还有集合的图示表示法.这是集合的一种辅助表示法.

3. 图示法

集合的图示法用文氏图表示,这是一种用图形表示的直观而又形象的集合表示方法.一般用于表示集合间的关系,直观有效.

文氏图表示法由英国数学家 John Venn 所发明,故又称 Venn 图.文氏图用平面区域上的一个矩形表示全集;其他集合则用矩形中的不同圆表示之.图 2-1 所示为在全集 E 中的集合 A 的文氏图.

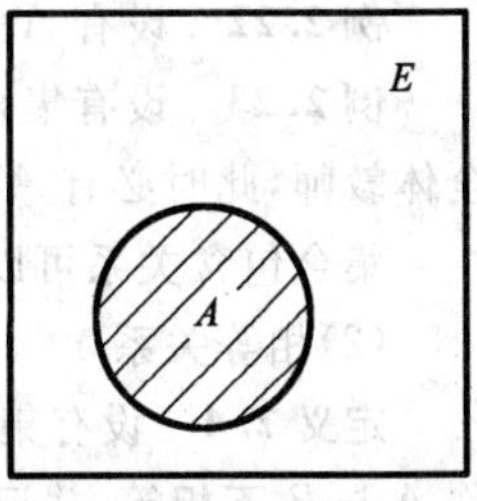

图 2-1　文氏图表示法

2.1.3　集合间的关系

在集合的基本概念中有多种关系,包括集合与元素间的关系,集合与集合间的关系等.

1. 集合与元素间的关系

在元素与集合间存在着"隶属"关系;即表示元素 e 是否是集合 S 中的元素.隶属关系用符号"$\in$"表示;读为"属于".如 e 属于 S 可记为 $e\in S$;如 e 不属于 S 可记为 $e\notin S$.

例 2.16　对于自然数集合 $\mathbf{N}$,有(1)$3\in\mathbf{N}$,(2)$2\pi\notin\mathbf{N}$.

例 2.17　对于实数集合 $\mathbf{R}$,有(1)$\pi\in\mathbf{R}$,(2)$2+5\mathrm{i}\notin\mathbf{R}$.

2. 集合与集合间的关系

集合与集合间存在着两种关系，相离关系与相交关系，任意两个集合间的关系必居其一.

(1)相离关系.

定义 2.1 如果集合 A 与 B 间不存在元素 e，使 $e\in A$ 且 $e\in B$，则称 A 与 B 是**相离的**.

例 2.18 下面的集合 A 与 B 是相离的.

$A=\{1,4,7,8,15\}$

$B=\{3,18,9\}$

例 2.19 正整数集：$\mathbf{Z}^{+}=\{1,2,3,\cdots\}$与负整数集 $\mathbf{Z}^{-}=\{-1,-2,-3,$

集合的相离关系可用文氏图 2-2(a)表示.

(2)相交关系.

定义 2.2 如果集合 A 与 B 至少存在一个元素 e，使 $e\in A$ 且 $e\in B$，则称 A 与 B 是**相交的**.

例 2.20 下面的集合 A 与 B 是相交的.

$A=\{1,3,7,8\}$

$B=\{2,4,6,8\}$

例 2.21 自然数集 **N** 与整数集 **Z** 是相交的.

集合的相交关系可用文氏图 2-2(b)表示.

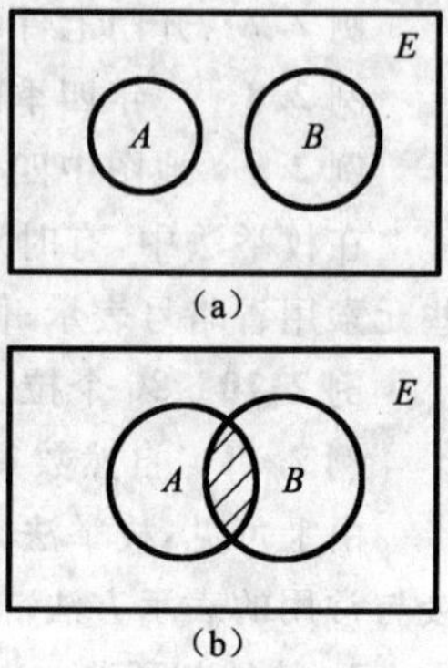

图 2-2 集合相离与相交

3. 集合相交中的两个特殊关系

集合相交关系中，有两种经常使用的特殊关系：包含关系与相等关系.

(1)包含关系.

定义 2.3 设有集合 A 与 B，如果对每个 $e\in B$ 必有 $e\in A$，则称 A **包含** B，或称 B 是 A 的**子集**；并记为 $A\supseteq B$ 或 $B\subseteq A$.

在 $A\supseteq B$ 中如果存在 $e'\in A$ 但 $e'\notin B$，则称 A **真包含** B；或称 B 是 A 的**真子集**；可记为 $A\supset B$ 或 $B\subset A$. 当 $A\supset B$ 不成立时，则称 A **不真包含** B，并记为 $B\not\subset A$.

例 2.22 设有 $A=\{1,2,3,\cdots,100\}$，此时有 $\mathbf{N}\supseteq A$，并且有 $\mathbf{N}\supset A$.

例 2.23 设有集合 A 为南京大学全体师生员工，集合 B 为南京大学全体学生，C 为南京大学全体教师，此时必有 $A\supseteq B$ 及 $A\supset B$，$A\supseteq C$ 及 $A\supset C$；但不存在 $B\supseteq C$ 或 $C\supseteq B$.

集合包含关系可以用文氏图表示之. 图 2-3(a)与 2-3(b)给出了 $A\supset B$，$B\supset A$ 的文氏图表示法.

(2)相等关系.

定义 2.4 设有集合 A 与 B，如果有 $A\supseteq B$ 且 $B\supseteq A$，则称 A 与 B **相等**；并记以 $A=B$；否则则称 A 与 B **不相等**，并记以 $A\neq B$.

集合的相等关系还可以有另一个定义.

定义 2.5 设有集合 A 与 B，如果 A 与 B 有相同的元素，则称 A 与 B 相等，并记以 $A=B$，否则称 A 与 B 不相等，并记以 $A\neq B$.

集合的相等关系可以用文氏图 2-3(c)表示之.

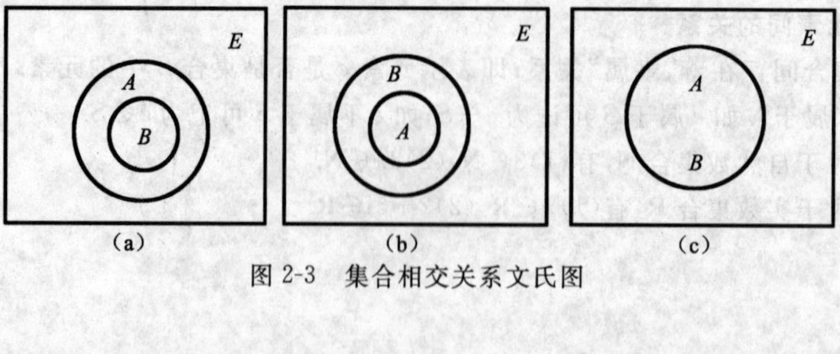

图 2-3 集合相交关系文氏图

2.1.4　集合的基本性质

如前所述，集合的四个基本概念是无法定义的，只能通过解释加以说明．但是，可以通过若干性质对其予以规范．下面给出集合、元素、空集及全集的一些主要性质．

(1)集合元素的确定性：对于集合 S 与元素 e，或者 $e\in S$，或者 $e\notin S$；二者必居其一．

(2)集合元素的相异性：集合中的元素均不相同．若 $e_1\in S$ 且 $e_2\in S$，则 $e_1\neq e_2$．

(3)集合元素的无序性：集合中的元素与其排列次序无关．如 $\{a,b,c\}$ 与 $\{b,a,c\}$ 及 $\{c,a,b\}$ 等均是相等的．

上面 3 个关于集合中元素的特性对规范集合有重要作用．下面是几个关于元素与集合间关系的性质．

(4)集合与元素的相异性：在集合论中，集合与元素是两个不同概念．集合是由元素组成，不等同于元素．下面给出其相异性的若干例子．

例 2.24　设 e 为元素，则 $\{e\}$ 为集合．其中 e 与 $\{e\}$ 是两个不同的概念．

例 2.25　设 c 为元素，则 $C=\{c\}$ 为集合，C 与 c 属两个不同概念．

(5)集合与元素的相同性：一个集合在不同环境下也可以是元素．这个性质反映了集合的嵌套性．对这个性质须作一个补充，即集合 A 可以是另一个集合的元素，但不能是它自己的元素，即 $A\notin A$．

例 2.26　$\{1,2\}$ 是集合，而在集合 $S=\{a,b,\{1,2\}\}$ 中，$\{1,2\}$ 是 S 的元素．

例 2.27　**N** 是自然数集，而 $\{\mathbf{N}\}$ 是自然数集的集合，在此集合中 **N** 是 $\{\mathbf{N}\}$ 的元素．

(6)集合的层次性：设有集合 S，则 $\{S\}$ 也是集合，但 $S\neq\{S\}$，$\{S\}$ 是比 S 更高一层次的集合，同样，有 $\{S\}\neq\{\{S\}\}$，$\{\{S\}\}$ 是比 $\{S\}$ 更高一层次的集合，…．由此类推，可以得到一个集合的多个层次的集合．

下面介绍若干个空集与全集的性质．

(7)空集是一切集合的子集：对任一集合 S 都有 $\varnothing\subseteq S$．

(8)所有集合都是全集的子集：对任一集合 S 都有 $S\subseteq E$．

由此两个性质可以得到，对任一集合 S 都有 $\varnothing\subseteq S\subseteq E$．

上面 8 个性质很重要；它规范了集合中 4 个基本概念的行为规范与基本属性．

2.1.5　集合运算

运算是数学中的常用手段．在集合中，也引入集合的运算；并在此基础上建立运算的一些性质．

本节将定义集合的三个基本的运算——集合的并、交、补运算．

定义 2.6　将集合 A 与 B 中所有元素合并的运算称为 A 与 B 的**并运算**；记为 $A\cup B$．所得集合 C 称为 A 与 B 的**并集**，即 $A\cup B=C$．

例 2.28　设 $A=\{1,2,3,4\}$，$B=\{5,6,7,8\}$；则 $A\cup B=\{1,2,3,4,5,6,7,8\}$．

例 2.29　设 $A=\{1,2,3,4\}$，$B=\{2,4,6,8\}$；则 $A\cup B=\{1,2,3,4,6,8\}$．

定义 2.7　将集合 A 与 B 中的公共元素取出的运算称为 A 与 B 的**交运算**；记为 $A\cap B$．所得集合 C 称为 A 与 B 的**交集**，即 $A\cap B=C$．

例 2.30　设 $A=\{1,3,5,7\}$，$B=\{3,5,7,9\}$；则 $A\cap B=\{3,5,7\}$．

例 2.31　设 $A=\{2,4,6,8\}$，$B=\{8,10,12,14\}$；则 $A\cap B=\{8\}$．

定义 2.8 将集合 A 中所有属于 E 但不属于 A 的元素取出的运算称为 A 的**补运算**;记为 $\sim A$. 所得集合 B 称为 A 的**补集**,即 $\sim A=B$

例 2.32 设 $E=\mathbf{N}, A=\{0,1,3,5,7,9,\cdots\}$;此时有 $\sim A=\{2,4,6,8,\cdots\}$.

集合的三个基本运算以及它们的运算结果集—并集、交集与补集,都可以用文氏图表示之;分别见图 2-4(a)、(b)、(c).

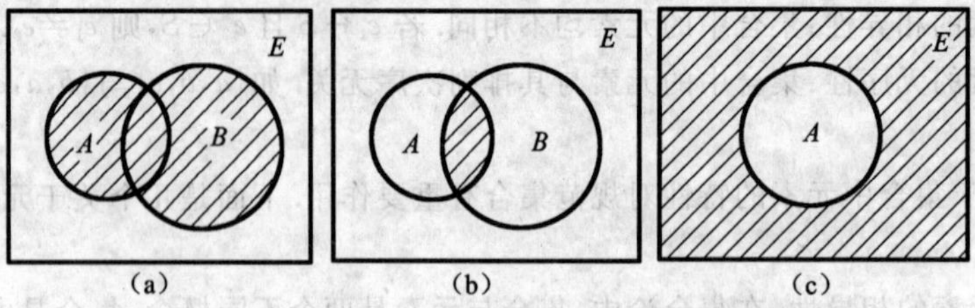

图 2-4 并集、交集与补集之文氏图

对于上面定义的集合的两个二元运算和一个一元运算,再加上两个常用集合 $\varnothing$ 与 E,有如下的集合运算性质.

(1)交换律:集合的并、交运算满足交换律.即

$$A\cup B=B\cup A \tag{2.1}$$

$$A\cap B=B\cap A \tag{2.2}$$

(2)结合律:集合的并、交运算满足结合律.即

$$A\cup(B\cup C)=(A\cup B)\cup C \tag{2.3}$$

$$A\cap(B\cap C)=(A\cap B)\cap C \tag{2.4}$$

(3)分配律:集合的并、交运算满足分配律.即

$$A\cup(B\cap C)=(A\cup B)\cap(A\cup C) \tag{2.5}$$

$$A\cap(B\cup C)=(A\cap B)\cup(A\cap C) \tag{2.6}$$

(4)等幂律:集合的并、交运算满足等幂律.即

$$A\cup A=A \tag{2.7}$$

$$A\cap A=A \tag{2.8}$$

(5)双否定律:集合的补运算满足双否定律.即

$$\sim(\sim A)=A \tag{2.9}$$

(6)互补律:集合的并、交、补运算满足互补律.即

$$A\cup\sim A=E \tag{2.10}$$

$$A\cap\sim A=\varnothing \tag{2.11}$$

$$\sim E=\varnothing \tag{2.12}$$

$$\sim\varnothing=E \tag{2.13}$$

(7)同一律:集合的并、交运算满足同一律.即

$$A\cap E=A \tag{2.14}$$

$$A\cup\varnothing=A \tag{2.15}$$

$$A\cap\varnothing=\varnothing \tag{2.16}$$

$$A\cup E=E \tag{2.17}$$

(8)吸收律:集合的并、交运算满足吸收律.即

$$A\cup(A\cap B)=A \tag{2.18}$$

$$A\cap(A\cup B)=A \tag{2.19}$$

(9)德·摩根律:集合的并、交运算满足摩根律.即

$$\sim(A\cup B)=\sim A\cap\sim B \tag{2.20}$$

$$\sim(A\cap B)=\sim A\cup\sim B \tag{2.21}$$

这 21 个规则为集合奠定了基本运算基础.

2.1.6 集合的扩充运算——笛卡儿乘

在介绍笛卡儿乘之前,先要引入序偶的概念.

1. 序偶

客观世界中的客体常常要用有序且相关的两个元素的组合来表示,并定义如下:

定义 2.9 按一定次序排列的两个元素 a 与 b 组成一个有序对,称为**序偶**,记为 (a,b). 其中 a 与 b 分别称为 (a,b) 的**第一分量**与**第二分量**.

必须注意,序偶是两个元素之间构成的次序;同时也构成了一种新的、特殊结构的元素. 其本身并不表示是由两个元素组成的集合.

序偶的概念很是重要;在客观世界中经常会遇到序偶. 看下面的例子.

例 2.33 在平面直角坐标系中,点 (x,y) 是一种序偶.

例 2.34 在汉人姓名中(姓,名)构成了一种序偶.

例 2.35 在月份牌中(月,日)构成了一种序偶.

在序偶的基础上可以构建序偶集.

定义 2.10 以序偶为元素所组成的集合称序偶集.

序偶集普遍存在于客观世界中. 例如下列:

例 2.36 给出 2008 年放假节日的序偶集表示.

解 设 2008 年的节假日如下:

· 元旦:1 月 1 日; · 春节:2 月 6 日、2 月 7 日与 2 月 8 日;

· 清明节:4 月 4 日; · 劳动节:5 月 1 日;

· 端午节:6 月 8 日; · 国庆节:10 月 1 日,10 月 2 日,10 月 3 日;

· 重阳节:10 月 7 日。

用序偶(月,日)表示放假节日,用序偶集 F 表示 2008 年所有放假节日.

$F=\{(1,1),(2,6),(2,7),(2,8),(4,4),(5,1),(6,8),(10,1),(10,2),(10,3),(10,7)\}$

2. 笛卡儿乘

在序偶基础上来讨论笛卡儿乘与笛卡儿乘积. 笛卡儿乘是一种二元运算,是一种由两个普通集合构建一个序偶集的运算.

定义 2.11 在集合 A 与集合 B 中,将 A 中元素作为第一分量,B 中元素作为第二分量构建的所有序偶所形成序偶集的过程,称为**笛卡儿乘**;记为 $A\times B$. 笛卡儿乘所形成的结果集 C 是一个序偶集,称为 A 与 B 的**笛卡儿乘积**,或简称为**笛卡儿积**. 笛卡儿乘表示为

$$C=A\times B=\{(a,b)\mid a\in A,b\in B\}$$

例 2.37 一天之内的时间的时与分可用笛卡儿乘积表示. 设 $A=\{0,1,2,3,\cdots,23\}$,$B=\{0,1,2,3,\cdots,59\}$,此时可用 $A\times B$ 表示一天之内的时间.

例 2.38 平面直角座标系上的所有点可用笛卡儿乘积表示为

$$R\times R=\{(x,y)\mid x\in\mathbf{R},y\in\mathbf{R}\}$$

例 2.39 设有学生集合 $S=\{A,B,C\}$ 和课程集合 $C=\{\mathrm{DB},\mathrm{OS},\mathrm{C}\}$. 则学生选课的所有可能组合是 S 与 C 的笛卡儿乘积. 可表示为

$S\times C=\{(A,\mathrm{DB}),(A,\mathrm{OS}),(A,\mathrm{C}),(B,\mathrm{DB}),(B,\mathrm{OS}),(B,\mathrm{C}),(C,\mathrm{DB}),(C,\mathrm{OS}),(C,\mathrm{C})\}$

3. n 元有序组与 n 阶笛卡儿乘积

序偶是一个二元有序组;可以在此基础上将其扩展至多个元素,构成 n 元有序组.

定义 2.12 n 个按一定次序排列的元素 $a_1,a_2,\cdots,a_n$ 组成一个有序序列称为 **n 元有序组**;记为$(a_1,a_2,\cdots,a_n)$.其中 $a_i(i=1,2,\cdots,n)$可称为$(a_1,a_2,\cdots,a_n)$的第 i 个分量.

例 2.40 表示日期:年、月、日可用三元有序组表示为(年,月,日).

例 2.41 表示时间:时、分、秒可用三元有序组表示:(时,分,秒).

例 2.42 身份证号码是由持有人的省、市、区,出生年、月、日以及相应序列号和纠错码等八元有序组组成的;可表示为,(省,市,区,年,月,日,序列号,纠错码)的有序组.

同样,用 n 元有序组组成 n 元有序组集合.

定义 2.13 以 n 元有序组为元素所组成的集合称为 n 元有序组集.

例 2.43 每个人的籍贯可用(省,市,县)的三元有序组表示.某公司职工全体的籍贯构成了一个三元有序组集合.

可以在 n 元有序组集合上构作笛卡儿乘运算;称为 n 阶笛卡儿乘.

定义 2.14 在 n 个集合 $S_1,S_2,\cdots,S_n$ 中,将 $S_i(i=1,2,\cdots,n)$中元素作为第 i 个分量构作的所有 n 元有序组所形成 n 元有序组集的过程称为 n 阶笛卡儿乘,记为 $S_1\times S_2\times\cdots\times S_n$;所形成的结果集 C 是一个 n 元有序组集;称集合 $S_1,S_2,\cdots,S_n$ 的 n 阶笛卡儿乘积.表示如下:

$$C=S_1\times S_2\times\cdots\times S_n=\{(x_1,x_2,\cdots,x_n)\mid x_i\in S_i(i=1,2,\cdots n)\}$$

当 $S=S_1=S_2=\cdots=S_n$ 时 n 阶笛卡儿乘积可简记为 S^n,即 $S_1\times S_2\times\cdots\times S_n=S^n$.

例 2.44 三维空间坐标系上的所有点可用三阶笛卡儿乘积表示.

$$R\times R\times R=R^3=\{(x,y,z)\mid x\in\mathbf{R},y\in\mathbf{R},z\in\mathbf{R}\}$$

例 2.45 计算机的内存单元是由固定长度为 n 的有序二进制数位组成的;因此,计算机的全体内存数据可表示为

$$A^n=\underbrace{A\times A\times\cdots\times A}_{n\text{个}}=\{(x_1,x_2\cdots,x_n)\mid x_i\in A(i=1,2,\cdots,n)\}$$

其中 $A=\{0,1\}$.

2.2 关　　系

世界上众多学科的研究内容是以关系为核心的;数学也是如此.从集合论观点看,关系是一种特殊的集合,即序偶的集合或 n 元有序组集合.它在数学中具有重要的作用.本节主要讨论关系的基本概念、表示方法、重要性质及其运算.

2.2.1 关系的基本概念

在大千世界万物间存在着多种变幻莫测、千丝万缕的联系,这即是关系.如人与人之间有“朋友”关系、“对手”关系、“亲戚”关系、“师生”关系、“上、下级”关系、“双亲、子女”关系等.计算机与外围设备间有“线路连接”关系,计算机之间有“网络连接”关系等.程序间有“调用”关系,“并行”关系等.还有如数字间的“大于”、“小于”、“相等”关系,变量间的“函数”关系.所有这一切都说明了关系是世间存在的普遍现象.因此对关系的规律性研究是十分重要的.在数学各门学科及世界上众多学科中,其主要研究内容就是对该学科中各类复杂关系的研究.而本节所研究的关系表现为对各学科中关系一般性规则的研究.为此,先从一个实例开始.

某旅馆有 n 个双人标准间，可容纳 $2n$ 个旅客住宿. 因此，房间与旅客间存在"住宿"关系；这种关系可用 R 表示. 为讨论方便起见，不妨设 $n=3$. 三个房间分别可表示为 1,2,3；可表示为集合 $A=\{1,2,3\}$. 此时，旅馆可住宿 6 个旅客，分别表示为 a,b,c,d,e,f. 可表示为集合 $B=\{a,b,c,d,e,f\}$. 两集合之间的关系可用图 2-5 表示. 从图中可以清楚地看出房间与旅客间的住宿关系，它们分别可用序偶表示出来. 这种住宿关系构成了一个序偶集 $R=\{(1,a),(1,b),(2,c),(2,d),(3,e),(3,f)\}$.

再进一步看，这个序偶集 R 实际上是 $A\times B$ 的一个子集. 这样，就可以对关系作如下定义：

定义 2.15　集合 A 与 B 的一个从 A 到 B 的二元关系 R 是一个序偶集；该序偶集是 $A\times B$ 的一个子集，记为 $R\subseteq A\times B$.

二元关系一般常称为**关系**. 在从 A 到 B 的关系 R 中，A 称为 R 的**前域**，B 称为 R 的**陪域**. 当 $A=B$ 时，称 R 为集合 A 上的关系，即 $R\subseteq A\times A$.

定义 2.16　从 A 到 B 的关系 R 中，凡 $(a,b)\in \mathbf{R}$ 中的所有 $a\in A$ 所构成的集合称 R 的**定义域**，记为 $D(R)$；而所有 $b\in B$ 所构成的集合称 R 的**值域**，记为 $R(R)$. 一般而言，$A\supseteq D(R)$ 且 $B\supseteq R(R)$.

图 2-6 所示为前域、陪域以及定义域与值域间的关系.

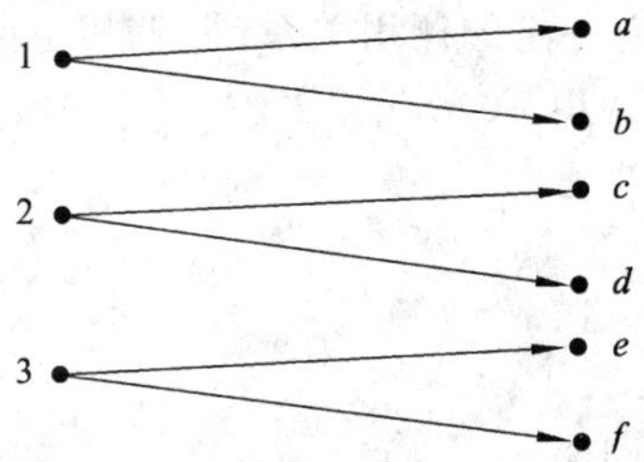

图 2-5　房间与旅客的"住宿"关系

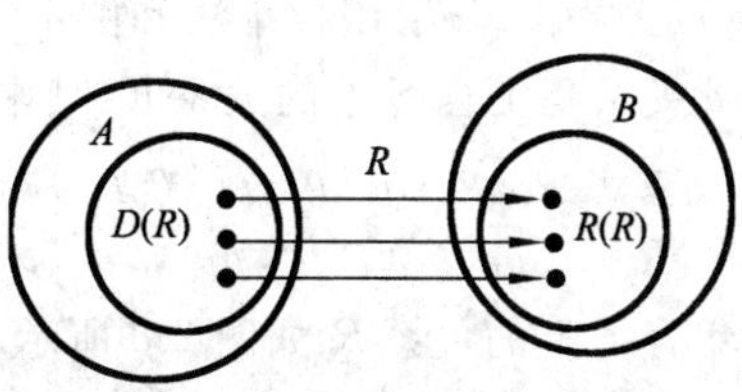

图 2-6　从 A 到 B 的关系 R 中的 $D(R)$ 与 $R(R)$

例 2.46　教师 T 与课程 C 间的"讲授"关系是 $T\times C$ 的子集. 因此是一个关系.

例 2.47　设有 $A=\{1,2,3\}$，$B=\{a,b,c\}$，则下面的集合 R 是一个从 A 到 B 的关系.

$$R=\{(1,b),(1,c),(2,b),(2,c)\}$$

其中，$D(R)=\{1,2\}$，$R(R)=\{b,c\}$.

2.2.2　关系的表示

关系有三种表示方法. 首先，关系是一种集合，因此可由枚举法与特性刻画法两种方法表示. 此外，在关系中还可用图示法表示.

1. 枚举法

关系的枚举法即列出关系中的所有序偶. 这是一种最常用的关系表示法.

2. 特性刻画法

特性刻画法这是一种关系的隐式表示法，即可用一个唯一刻画序偶的性质 P 表示. 它一般可用形式 $R=\{(x,y)\mid P(x,y)\}$.

3. 图示法

关系可用图的形式表示，称**关系图示法**. 所构成的图称**关系图**. 表示从 A 到 B 的关系 R 时，A，B 中的元素可用图中结点表示；R 中的序偶 (a_i,b_j) 可用从结点 a_i 到结点 b_j 带箭头的边表示. 这种由结点和带箭头的边所构成的图称为关系图. 为表示方便起见，一般 A 与 B 的元素结点分别放置于图的两端. 图 2-5 所示的即是"住宿"关系的图示法.

例 2.48　自然数集 $\mathbf{N}$ 上的"后继"关系 P 可以用枚举法表示为

$$P=\{(0,1),(1,2),(2,3),\cdots\}$$

也可用特性刻画法表示为

$$P=\{(x,y)\mid y=x+1,x\in\mathbf{N},y\in\mathbf{N}\}.$$

例 2.49 交流电振荡中，时间 t 与振幅 y 间的关系 W 是一种正弦波关系，可用特性刻画法表示为

$$W=\{(t,y)\mid y=\sin t,y\in\mathbf{R},t\in\mathbf{R}\}.$$

例 2.50 设 $A=\{a,b,c,d\}$，$B=\{1,2,3\}$，$R=\{(a,1),(a,3),(b,2),(c,3),(d,2)\}$. 此时，从 A 到 B 的关系 R 的图示法如图 2-7(a)所示.

在关系图示法中，当 $A=B$ 时，A 上的关系 R 的图示法与前面的图示法基本一样；不过此时 $A=B$ 的元素结点可以任意放置.

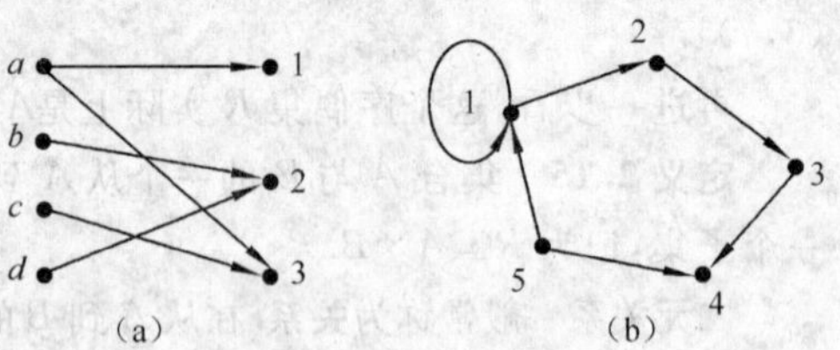

图 2-7 关系图示法

例 2.51 设有集合 $S=\{1,2,3,4,5\}$，S 上的关系 $R=\{(1,1),(1,2),(2,3),(3,4),(4,5),(5,1)\}$ 可用关系图 2-7(b)表示. 注意，(1,1)可用图中环表示.

关系的图示法直观、形象，有利于对关系作直观分析.

例 2.52 设有 6 个程序，p_1,p_2,p_3,p_4,p_5,p_6. 它们间有一定的调用关系；p_1 调用 p_2，p_3 调用 p_4，p_5 调用 p_6，p_3 调用 p_5. 请用枚举法和图示法表示这种"调用"关系.

枚举法：此关系是集合 S 上的关系 R，其中：

$$S=\{p_1,p_2,p_3,p_4,p_5,p_6\}$$

$$R=\{(p_1,p_2),(p_3,p_4),(p_5,p_6),(p_3,p_5)\}$$

图示法：集合 S 上的关系 R 如图 2-8 所示.

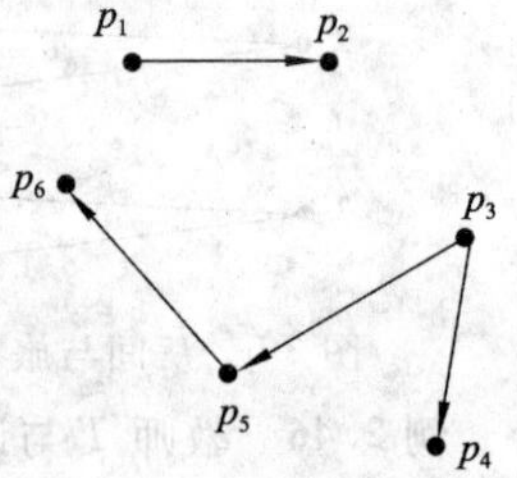

图 2-8 S 上的 R 图示法

2.2.3 关系运算

关系运算是关系理论中的主要手段与工具. 关系主要有两种运算，复合运算与逆运算.

1. 关系的复合运算

在关系中，有一种很常见的现象，即两种不同关系可组合成一种新的关系. 如"兄妹"关系与"母子"关系可组合成新的"舅甥"关系. 双"父子"关系可以组合成新的"祖孙"关系. 这种关系的组合可以用一种关系运算来表示，称为**复合运算**.

定义 2.17 设 R 是一个从集合 X 到 Y 的关系，S 是从 Y 到 Z 的关系，则 R 与 S 的复合运算 $R\circ S$ 可定义为

$C=R\circ S=\{(x,z)\mid x\in X,z\in Z$，至少存在一个 $y\in Y$ 有 $(x,y)\in R$ 且 $(y,z)\in S\}$

其运算结果 C 是一个从 X 到 Z 的关系，称为 R 与 S 的**复合关系**.

例 2.53 设有 $X=Y=Z=\{1,2,3,4,5\}$，并有

$$R=\{(1,2),(3,4),(2,2)\}$$

$$S=\{(4,2),(2,5),(3,1)\}.$$

此时有

$$R\circ S=\{(1,5),(3,2),(2,5)\}$$

$$S\circ R=\{(4,2),(3,2)\}$$

$$R\circ R=\{(1,2),(2,2)\}$$

$$S\circ S=\{(4,5)\}$$

由于关系有三种表示方法，因此关系的复合运算也可有三种表示方法，即枚举法、特性刻画法及图示法.

例 2.54　设有 $X=\{x_1,x_2\}$，$Y=\{y_1,y_2,y_3,y_4\}$，$Z=\{z_1,z_2,z_3\}$，并设 R 是从 X 到 Y 的关系，R' 是从 Y 到 Z 的关系.

$$R=\{(x_1,y_1),(x_2,y_3),(x_1,y_2)\}$$

$$R'=\{(y_4,z_1),(y_2,z_2),(y_3,z_3)\}$$

由此，可得到从 X 到 Z 的 $R\circ R'$，如下

$$R\circ R'=\{(x_2,z_3),(x_1,z_2)\}$$

可以用图 2-9(a)所示的图示法表示. 在该图中，从 X 到 Z 中包含由相连边组成的新关系，如图 2-9(b)所示.

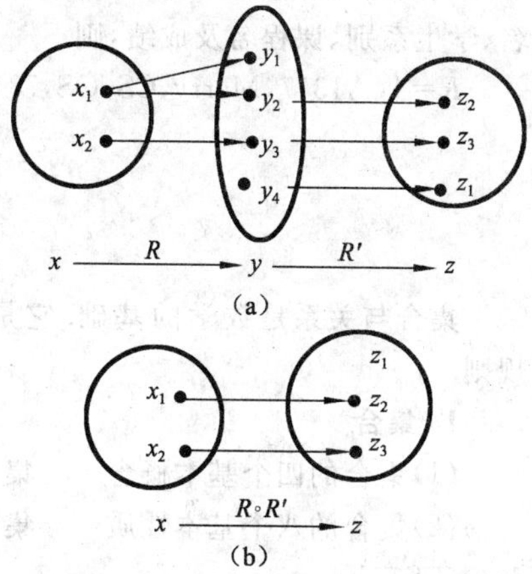

图 2-9　关系复合运算的图示法

2. 关系逆运算

关系是有序的，即从 A 到 B 的关系与从 B 到 A 的关系一般讲是两种不同的关系. 如“双亲子女”关系与“子女双亲”关系是两种不同的关系；又如“$\leqslant$”关系与“$\geqslant$”关系也是不同的关系. 它们之间是一种“互逆”的关系. 如何将一个关系转换成它的逆关系也是关系中经常出现的一种现象；关系中这种现象可用关系的另一种运算表示，称为关系的**逆运算**.

定义 2.18　设 R 是一个从集合 X 到 Y 的关系，即 $R=\{(x,y)\mid x\in X,y\in Y\}$，则 R 的逆运算定义为 $\tilde{R}=\{(y,x)\mid(x,y)\in R\}$.

此时的运算结果是一个从 Y 到 X 的关系，称为 R 的**逆关系**.

例 2.55　设 $X=\{1,2,3\}$，$Y=\{a,b,c\}$，从 X 到 Y 的关系 $R=\{(1,a),(2,b),(3,c)\}$；则有从 Y 到 X 的关系，即 R 的逆关系 $\widetilde{R}=\{(a,1),(b,2),(c,3)$

与关系复合运算一样，关系的逆运算也有三种表示方法. 在关系图表示法中，只要将原关系图中边的箭头改为相反方向即成为逆关系的关系图.

例 2.56　设有 $X=\{x_1,x_2,x_3\}$，$Y=\{y_1,y_2,y_3\}$，一个从 X 到 Y 的关系 $R=\{(x_1,y_2),(x_2,y_3),(x_3,y_1)\}$. R 的关系图如图 2-10(a)所示. 此时它的逆关系图，即将 R 的关系图中边的箭头改变方向，如图 2-10(b)所示.

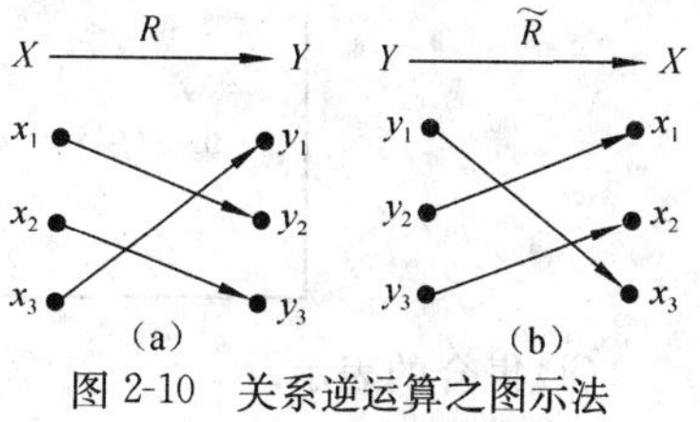

图 2-10　关系逆运算之图示法

2.2.4　*n* 元关系

前面主要讨论了二元关系. 实际上，可将这种概念推广到 n 元，即所谓的多元关系，也称 n 元关系.

定义 2.19　集合 $S_1,S_2,\cdots,S_n$ 所确定的 n 元关系 R 是一个 n 元有序组集，它是 $S_1\times S_2\times\cdots\times S_n$ 的一个子集，亦即有

$$R\subseteq S_1\times S_2\times\cdots\times S_n.$$

例 2.57　教师 T、学生 S 及课程 C 间的“讲授”关系 R 是 $T\times S\times C$ 的子集，表示“某教师对某学生教授某课程”，是一个三元关系.

例 2.58　设 $A=\{1,2,3\}$，$B=\{a,b\}$，$C=\{\alpha,\beta\}$，则集合

$$R=\{(1,a,\alpha),(2,b,\alpha),(2,b,\beta),(3,a,\beta)\}$$

是一个三元关系.

例 2.59 下面所示的学生成绩表(见表 2-1)可用 n 元关系表示.

表 2-1 学生成绩表 R

Sno	Sn	Sd	Cno	G
A1317	Marry	CS	OS	78
A1318	Aris	CS	DB	85
A1319	Jhon	CS	DB	75

成绩表可表示为 Sno×Sn×Sd×Cno×G,其中 Sno,Sn,Sd,Cno 及 G 分别表示学号、学生姓名、学生系别、课程名及成绩,则

$R=\{(\text{A1317},\text{Marry},\text{CS},\text{OS},78),(\text{A1318},\text{Aris},\text{CS},\text{DB},85),(\text{A1319},\text{Jhon},\text{CS},\text{DB},75)\}$.

2.3 小　结

集合与关系是数学的基础.它是探讨数学中各学科分支的研究对象与研究内容的一般性规则.

1. 集合

(1)集合的四个基本概念——集合、元素、空集、全集.

(2)集合的八个基本性质——集合元素的确定性、相异性、无序性、相同性、集合的层次性,以及$\varnothing\subseteq S\subseteq E$.

(3)集合间的关系.

<table>
<tr><td></td><td colspan="2">集合(S)</td></tr>
<tr><td>元素(e)</td><td colspan="2">隶属($e\in S$)</td></tr>
<tr><td rowspan="4">集合(S')</td><td>相离</td><td>($S\cap S'=\varnothing$)</td></tr>
<tr><td rowspan="3">相交</td><td>相交($S\cap S'\neq\varnothing$)</td></tr>
<tr><td>包含($S\subseteq S'$或$S\subset S'$)</td></tr>
<tr><td>相等($S=S'$)</td></tr>
</table>

(4)集合的表示.

枚举法——集合的外延.

特性刻画法——集合的内涵.

图示法——集合的图表示.

(5)集合运算.

基本运算——并、交、补运算及 21 个运算规则.

扩充运算——笛卡儿乘(并附序偶).

2. 关系

(1)关系定义:从 A 到 B 的关系 R 是一个有序偶集,它是笛卡儿积 $A\times B$ 的子集.

(2)关系表示:枚举法、特性刻画法、图示法.

(3)关系运算:复合运算、逆运算.

习 题 2

1. 请用枚举法列出下面集合的所有元素:

(1)大于 30 且小于 50 的素数集合；

(2)$[-4,+4]$间的所有整数集合；

(3)所有拉丁字母集合.

2. 请用特性刻画法表示下面的集合：

(1)$\{1,3,5,7,9,\cdots\}$；　(2)$\{7,8,9,10,11,12\}$.

3. 判别下列各题的正确性：

(1)$\{1,2\}\subseteq\{1,2,3,\{1,2,3\}\}$；

(2)$\{p,g,r\}\subseteq\{\{p,g,r\},\{p,g,r\}\}$；

(3)$\varnothing\in\{\{\varnothing\}\}$；　(4)$\{a,b\}\in\{a,b\}$.

4. 设 $A=\{1,4\}$,$B=\{1,2,5\}$,$C=\{2,4\}$,而全集 $E=\{1,2,3,4,5\}$,试求下列集合的结果：

(1)$A\cap\sim B$；　(2)$\sim A\cup\sim B$；　(3)$(A\cap B)\cup\sim C$；　(4)$\sim(A\cap B)$；　(5)$A\cup\sim B\cup C$.

5. 请分别用 Venn 图及集合的 21 个性质,证明下面公式的正确性：

(1)$(A\cup C)\cap(\sim A\cup C)=(A\cap C)\cup(\sim A\cap C)$；

(2)$(A\cup B)\cap(A\cup C)=A\cup(B\cap C)$；

(3)$A\cup B=(A\cap B)\cup(A\cap\sim B)\cup(\sim A\cap B)$；

(4)$(A\cup B)\cap(\sim A\cup C)=(A\cap C)\cup(\sim A\cap B)$.

6. 设 $A=\{1,2,3\}$,$B=\{a,b,c\}$,试求：

(1)$A\times B$;(2)A^2;(3)$B\times A$;(4)B^2;(5)$(A\times B)^2$.

7. 下列中的哪几条可组成集合,并说明其理由：

(1)某本书中第 26 页上全体汉字；

(2)人类中高个子的全体；

(3)接近于 0 的数的全体；

(4)张凡的所有朋友；

(5)参加历届奥运会的运动员；

(6)为汶川大地震捐助过的人.

8. 给出如下的从 X 到 Y 的关系 R 的三种表示法：

(1)$X=\{0,1,2\}$,$Y=\{0,2,4\}$,$R=\{(x,y)\mid x,y\in X\cap Y\}$；

(2)$X=\{1,2,3,4\}$,$Y=\{1,2,3\}$,$R=\{(x,y)\mid x=y^2\}$；

(3)$X=Y=\{0,1,2,\cdots,10\}$,$R=\{(x,y)\mid x+y=10\}$.

9. 集合 $X=\{0,1,2,3\}$上有两个关系 $R_1=\{(i,j)\mid j=i+1,i\in\{0,1,2\},j\in X\}$和 $R_2=\{(i,j)\mid i=j+2,i\in\{0,1\},j\in X\}$,

求下面的复合关系与逆关系：

(1)$R_1\circ R_2$；　(2)$R_2\circ R_1$；　(3)$R_1\circ R_2\circ R_1$；　(4)$\widetilde{R}_1$；　(5)$\widetilde{R}_2$.

第3章 函数与运算

函数是一种典型的、规范的关系. 在数学的研究中往往用函数取代关系作为数学的研究内容. 在本章中主要介绍函数的基本概念以及在数学中常用的实函数. 此外,还将介绍多元函数、运算及无限集等概念.

3.1 函数的基本概念

函数是一种特殊的、规范的关系,它建立了从一个集合到另一个集合的映射关系. 函数是数学中的一个基本概念.

3.1.1 函数的定义

本节先给出函数的定义.

定义 3.1 设有集合 X 与 Y,而 f 是从 X 到 Y 的关系;若对于每个 $x\in X$ 都存在唯一的 $y\in Y$,使得 $(x,y)\in f$,则称 f 是从 X 到 Y 的**函数**,或称从 X 到 Y 的**映射**;可记为 $f:X\to Y$,或写成 $X\xrightarrow{f}Y$,或 $y=f(x)$.

在函数 $f:X\to Y$ 中,若 $X=Y$,则称 f 为 X 上的函数;Y 中对应于 $x\in X$ 的元素 y 称为 X 的**像**,而 x 称为 y 的**像源**. 由上面的定义可以看出,函数是满足一些条件的关系.

定义 3.2 函数 $f:X\to Y$ 是一个满足下面两个条件的关系:

(1)存在性条件. 对每个 $x\in X$ 必存在 $y\in Y$,使得 $(x,y)\in f$;

(2)唯一性条件. 对每个 $x\in X$ 也仅存在一个 $y\in Y$,使得 $(x,y)\in f$.

在函数 $f:X\to Y$ 中,其定义域 $D(f)$ 可用 D_f 表示;一般地,$D_f=X$;其值域 $R(f)$ 可用 C_f 表示,一般地,$C_f\subseteq Y$.

下面给出几个函数的例子.

例 3.1 $\mathbf{N}=\{0,1,2,3,\cdots\}$ 是自然数集,若 $f:N\to\mathbf{N}$ 是 $f(n)=n+1$;它是函数,且称为**后继函数**,或称**皮亚诺函数**. 它刻画了自然数的顺序关系.

例 3.2 在实数集 $\mathbf{R}$ 上的函数 $f:\mathbf{R}\to\mathbf{R}$ 是一种实数函数,也称**实函数**.

3.1.2 函数的表示

与关系类似,函数表示一般也有三种方法,即特性刻画法,枚举法及图示法.

1. 枚举法

函数最常见的表示方法是枚举法,即用序偶集表示函数.

例 3.3　设有 $X=\{x_1,x_2,x_3,x_4,x_5\}$，$Y=\{y_1,y_2,y_3,y_4,y_5\}$；可建立函数 $f:X\to Y$ 为 $f=\{(x_1,y_1),(x_2,y_2),(x_3,y_1),(x_4,y_1),(x_5,y_5)\}$.

2. 特性刻画法

函数的特性刻画法表示形如 $f=\{(x,y)\mid P(x,y)\}$；也可表示为 $y=f(x)$. 如 $f:R\to\mathbf{R}$ 中，$y=x^2$，$y=x^2+2x+1$ 等均为特性刻画法表示函数. 实函数大都可用特性刻画法表示.

3. 图示法

函数的图示法与关系图形式类似.

例 3.4　例 3.3 中的函数可用图 3-1 表示.

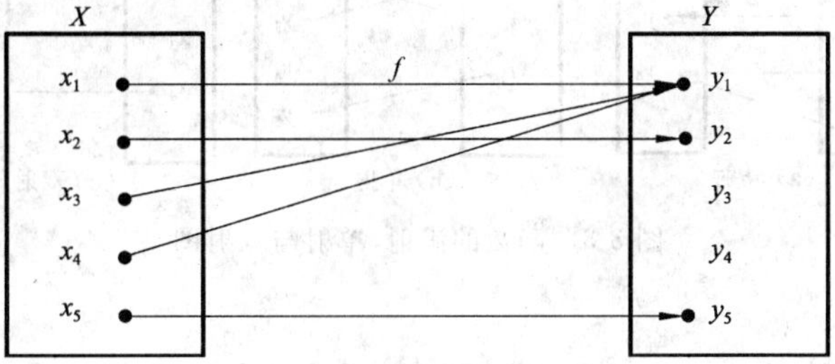

图 3-1　例 3.3 函数的图示法

从图示法可以看出，一个关系是函数的充分必要条件是，图示上的 X 的每个结点有且仅有一条边与 Y 相连.

例 3.5　设 $X=\{0,1,2,3,4\}$，$Y=\{0,1,2,3,4,9,16\}$，特性刻画法表示的函数为 $f_1=\{(x,y)\mid x^2=y\}$，$f_2=\{(x,y)\mid x=y^2\}$. 试用枚举法及图示法表示之，并判别 f_1 与 f_2 是否为函数.

解：(1)枚举法表示为：$f_1=\{(0,0),(1,1),(2,4),(3,9),(4,16)\}$

$f_2=\{(0,0),(1,1),(4,2)\}$

从表示中可以看出，f_1 是函数，而 f_2 则不是函数.

(2)图示法表示如图 3-2 所示.

从图 3-2 中可以看出，f_1 是函数，而 f_2 则不是函数.

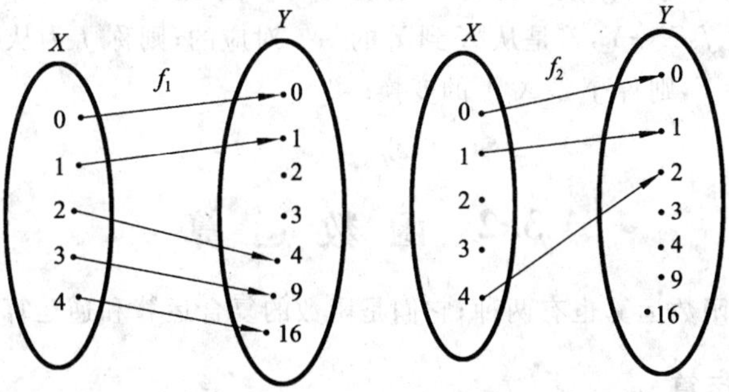

图 3-2　例 3.5 之图示法

3.1.3　函数的分类

一般地，函数有四种不同类型；分别称为函数的满射、内射、单射和双射. 先从几个例子说起.

例 3.6　设有集合 X 与 Y 建立如下几个从 X 到 Y 的函数：

(1) $X=\{x_1,x_2,x_3,x_4,x_5\}$，$Y=\{y_1,y_2,y_3,y_4\}$，$f:X\to Y$.

$f=\{(x_1,y_1),(x_2,y_2),(x_3,y_3),(x_4,y_4),(x_5,y_4)\}$

(2) $X=\{x_1,x_2,x_3,x_4\}$，$Y=\{y_1,y_2,y_3,y_4,y_5\}$，$g:X\to Y$.

$g=\{(x_1,y_1),(x_2,y_3),(x_3,y_2),(x_4,y_5)\}$

(3) $X=\{x_1,x_2,x_3,x_4\}$，$Y=\{y_1,y_2,y_3,y_4\}$，$h:X\to Y$.

$h=\{(x_1,y_1),(x_2,y_2),(x_3,y_3),(x_4,y_4)\}$

并分别用图示法表示(见图 3-3).

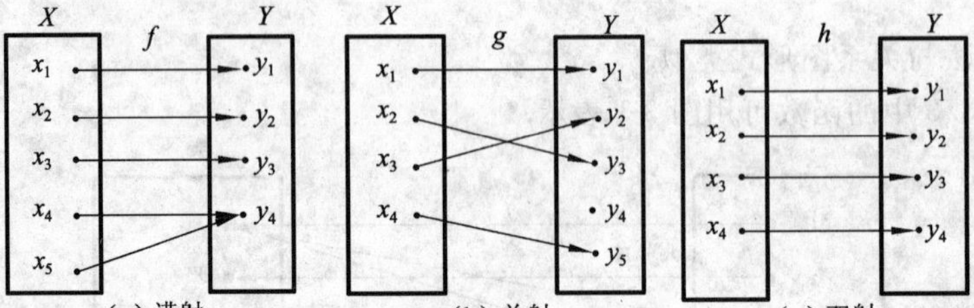

(a) 满射　　(b) 单射　　(c) 双射

图 3-3　函数的满射、单射与双射图

从图示可以看出，

(1)凡使得 Y 中的每个元素均有 X 中元素与之对应的，称为从 X 到 Y 上的函数. 如函数 f；否则称为 X 到 Y 内的函数，如函数 g.

(2)凡使得 X 中每个元素 x_i 均唯一对应 Y 中的一个元素 y_j，且也只有一个 x_i 对应 y_j，称为从 X 到 Y 的一对一函数. 如函数 g；否则叫多对一函数，如函数 f.

(3)凡函数使得 X 与 Y 间建立一一对应关系的，这种函数称为 X 与 Y 间的一一对应函数，如函数 h.

根据上面对函数的解释，可以得到下面的定义.

定义 3.3　对函数 $f:X\to Y$，若有 $C_f=Y$，则称 f 为从 X 到 Y 的**满射**(或称从 X 到 Y 上的函数)；否则，则称为从 X 到 Y 的**内射**(或称为从 X 到 Y 内的函数).

定义 3.4　对函数 $f:X\to Y$，若任意 i、j 有 $i\neq j$ 则必有 $f(x_i)\neq f(x_j)$，则称 f 为从 X 到 Y 的**单射**(或称为从 X 到 Y 的一对一函数)；否则，则称为多对一函数.

定义 3.5　对函数 $f:X\to Y$，若是从 X 到 Y 的一一对应的；则称 f 为从 X 到 Y 的**双射**(或称为一一对应函数). 如 $X=Y$，则称 f 是 X 上的变换.

3.2 函数运算

与关系运算类似，函数运算也有两种；它们是函数的复合运算和逆运算.

3.2.1 函数的复合运算

定义 3.6　设有函数 $f:X\to Y$，$g:Y\to Z$，则 f 与 g 的复合运算 $f\circ g$ 可定义为

$f\circ g=\{(x,z)\mid x\in X, z\in Z$ 且至少存在一个 $y\in Y$，有 $y=f(x), z=g(y)\}$

复合运算的结果仍是一个函数，称为 f 与 g 的**复合函数**. 若令其结果为 h；则有 $h:X\to Z$，可记为 $h=f\circ g$，也可记为 $g(f(x))$.

函数的复合运算与关系的复合运算一样，可用图示法，枚举法及特性刻画法表示.

例 3.7　设有函数 $f:X\to Y$，$g:Y\to Z$ 分别为

$X=\{x_1,x_2,x_3\}$，$Y=\{y_1,y_2\}$，$Z=\{z_1,z_2\}$.

$f=\{(x_1,y_1),(x_2,y_2),(x_3,y_2)\}$

$g=\{(y_1,z_1),(y_2,z_2)\}$

此时有复合运算 $h=f\circ g=\{(x_1,z_1),(x_2,z_2),(x_3,z_2)\}$. 它的图示法表示如图 3-4 所示.

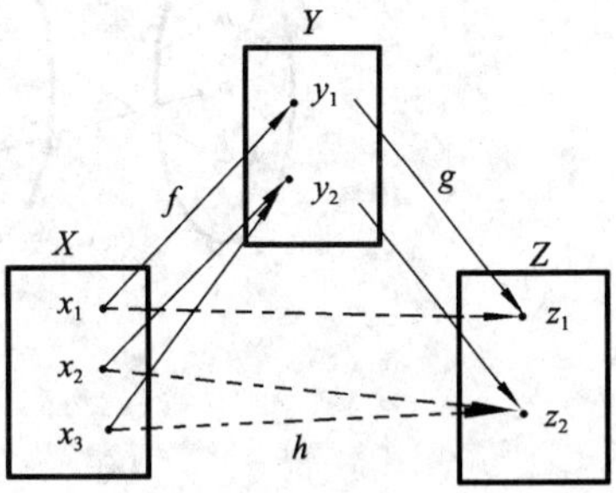

图 3-4　函数复合运算示例图

例 3.8　设有集合 $X=\{1,2,3\}$ 上的函数 $f:X\to X$, $f=\{(1,3),(2,1),(3,2)\}$ 和 $g:X\to X$, $g=\{(1,2),(2,1),(3,3)\}$. 试求 $f\circ g$, $g\circ f$, $f\circ f$ 和 $g\circ g$.

解: 四个复合函数如下：

(1) $f\circ g=\{(1,1),(2,3),(3,2)\}$;

(2) $f\circ g=\{(1,3),(2,2),(3,1)\}$;

(3) $f\circ g=\{(1,2),(2,3),(3,1)\}$;

(4) $f\circ g=\{(1,1),(2,2),(3,3)\}$.

例 3.9　设有实函数 $f:\mathbf{R}\to\mathbf{R}$, $y=x+a$ 和 $g:\mathbf{R}\to\mathbf{R}$, $z=(y+1)^2$. 此时可通过复合运算 $h=f\circ g:\mathbf{R}\to\mathbf{R}$ 有 $z=((x+a)+1)^2=x^2+2x+a^2+4a+1$.

3.2.2　函数的逆运算

在关系中，任一关系均有逆运算；但在函数中却有所不同. 任一函数未必有逆函数存在. 因为函数是一种特殊的关系，必须满足两个附加条件；所以一个函数是否有逆函数，要看函数的逆是否也满足这两个附加条件. 为说明此点，先看两个例子.

例 3.10　设有集合 $X=\{x_1,x_2,x_3\}$, $Y=\{y_1,y_2,y_3\}$, 若有函数 $f:X\to Y$, $f=\{(x_1,y_2),(x_2,y_3),(x_3,y_2)\}$. 对 f 取其逆有 $\tilde{f}=\{(y_2,x_1),(y_3,x_2),(y_2,x_3)\}$. 因为 $\tilde{f}$ 不满足两个附加条件，故 $\tilde{f}$ 不是函数；所以 f 没有逆函数.

例 3.11　设有集合 $X=\{x_1,x_2,x_3\}$, $Y=\{y_1,y_2,y_3\}$, 若有函数 $f:X\to Y$: $f=\{(x_1,y_2),(x_2,y_3),(x_3,y_1)\}$. 取函数 f 的逆得 $\tilde{f}=\{(y_1,x_3),(y_2,x_1),(y_3,x_2)\}$. 因为 $\tilde{f}$ 满足函数的两个附加条件；所以 f 存在逆函数. 由此例中可以看出，f 是一一对应的，因此它存在逆函数. 下面给出函数的逆运算的定义.

定义 3.7　设函数 $f:X\to Y$ 是双射的，则由 f 构成其逆函数的运算称为函数的**逆运算**，记为 f^{-1}. 其运算结果(设为 h)也是一个函数，即 $h:Y\to X$，记为 $h=f^{-1}$，并称其为 f 的**逆函数**或**反函数**.

与关系的逆运算一样，函数的逆运算也可用三种方法表示.

例 3.12　在函数 $f:\mathbf{R}\to\mathbf{R}$ 中，设有 $y=\lg x$；因为此函数是双射的，所以 $f:\mathbf{R}\to\mathbf{R}$ 存在逆函数 $f^{-1}:\mathbf{R}\to\mathbf{R}$，即 $x=10^y$.

例 3.13　在函数 $f:\mathbf{R}\to\mathbf{R}$ 中，设有 $f=\{(x,x^2)\mid x\in\mathbf{R}\}$，因为此函数不是双射的，故不存在逆函数.

例 3.14　设有函数 $f:X\to Y$，其中 $X=\{a,b,c\}$, $Y=\{1,2,3\}$，请判断下面两个函数 f 是否有逆函数？并给出其逆函数的枚举法及图示法表示.

(1) $f=\{(a,3),(b,3),(c,1)\}$

(2) $f=\{(a,3),(b,1),(c,2)\}$

解: 在(1)中，f 的图示法表示如图 3-5(a)所示. 由图可见，此函数没有逆函数.

在(2)中，f 的图示法表示如图 3-5(b)所示. 由图可见，此函数为双射，存在逆函数 $f^{-1}:Y\to X$. 枚举法表示为 $f^{-1}=\{(3,a),(1,b),(2,c)\}$. 图示法表示如图 3-5(c)所示.

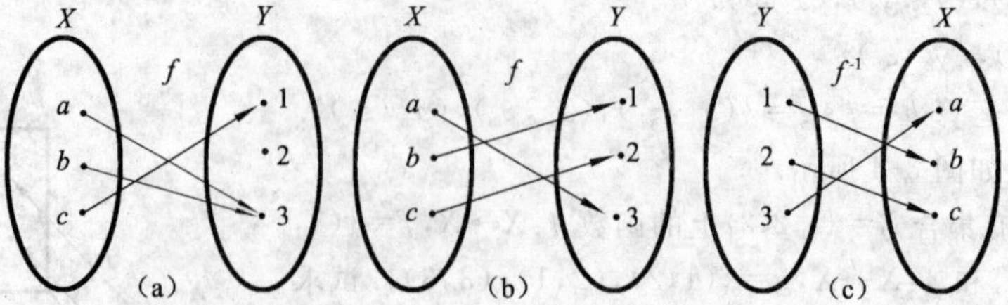

图 3-5 函数 f 的图示法表示

3.3 实函数讨论

实函数是高等数学的主要研究对象；它除具有一般函数的特性外还具有许多自身的特性.由于它的重要性，所以本节要做专门的讨论.为方便起见，讨论中简称其为函数.

3.3.1 实函数的定义

定义 3.8 设有函数 $f:X\to Y$，其中 $X,Y\subseteq\mathbf{R}$ 且 $x\in X$ 是在实数段 a 与 $b(a<b)$ 间变化的，则称 f 为**实函数**；记为 $y=f(x)$.

$y=f(x)$ 中，$x\in X$ 是 x 在 D_f 中变化的变量，称为**自变量**；$y\in Y$ 则是在 C_f 中随 x 而变化的变量，称为**因变量**.

3.3.2 实函数的表示

一般函数有三种表示法，但实函数只有两种表示法——特性刻画法和图示法.枚举法只适应于有限集，对实函数明显不适合.

(1)特性刻画法：

特性刻画法是实函数最常用的表示法.如 $y=(x+a)^2$，$y=x^3+3x^2+2x-5$ 等，是用自变量的表达式表示因变量的，称为**显式函数**或**显函数表示**.又如，$5x-3y+7=0$，$\sin x+y-18=0$ 等，是用自变量 x 与因变量 y 构成的方程式 $F(x,y)=0$ 表示的，称为**隐式函数**或**隐函数表示**.

(2)图示法：

表示实函数的图示法与表示一般函数的图示法不同.表示实函数的图示法是建立在笛卡儿坐标系上的.下面作具体说明.

① 实数的表示：实数集 $\mathbf{R}$ 上的任何一个实数 r 都可以用笛卡儿坐标系中数轴上的一点 p 表示；实数 r 与数轴上点 p 之间有一一对应关系；因此，常常不去区分它们.图 3-6 所示为数轴上的点 p 表示的实数 r.

在实函数中，定义域 D_f 与值域 C_f 往往是实数的一个区间.区间分为三种，分别有如下定义.

定义 3.9 设有 $a,b\in\mathbf{R}$ 且 $a<b$，则有，

实数集 $\{x\mid a<x,x<b,x\in\mathbf{R}\}$ 称为 a 与 b 的**开区间**，记为 (a,b)；即有

$$(a,b)=\{x\mid a<x,x<b,x\in\mathbf{R}\}$$

实数集 $\{x\mid a\leqslant x,x\leqslant b,x\in\mathbf{R}\}$ 称为 a 与 b 的**闭区间**，记为 $[a,b]$；即有

$$[a,b]=\{x\mid a\leqslant x,x\leqslant b,x\in\mathbf{R}\}$$

实数的区间可用数轴上的一个线段表示.如，图 3-7 给出了实数 a,b 间的一个区间.

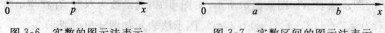

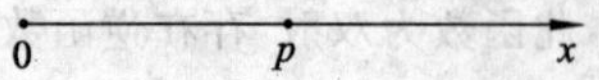

图 3-6 实数的图示法表示

图 3-7 实数区间的图示法表示

② 实函数的表示：对实函数 $f: X \to Y$ 上的任意一个序偶 (x,y)，可用笛卡儿坐标上的一个点 p 表示．序偶 (x,y) 与点 p 之间有一一对应关系；因此，往往对它们不加区别．这样，一个实函数就可以用笛卡儿坐标上的一个图表示．

例 3.15　实函数 $y=x+1$ 可以用图 3-8 中的直线表示．

例 3.16　实函数 $y=x^2$ 可以用图 3-9 中的曲线表示．

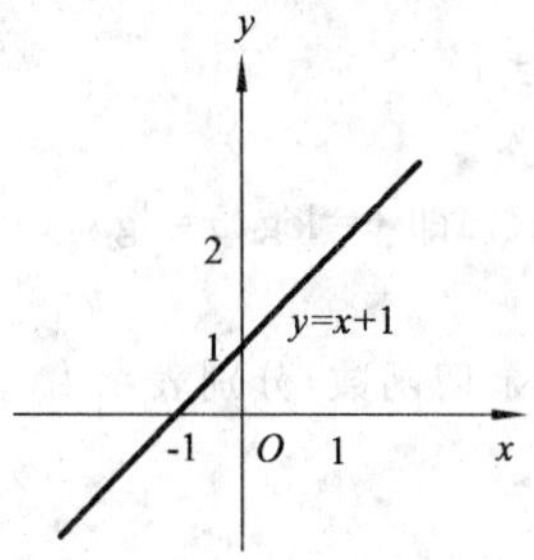

图 3-8　例 3.15 函数图示

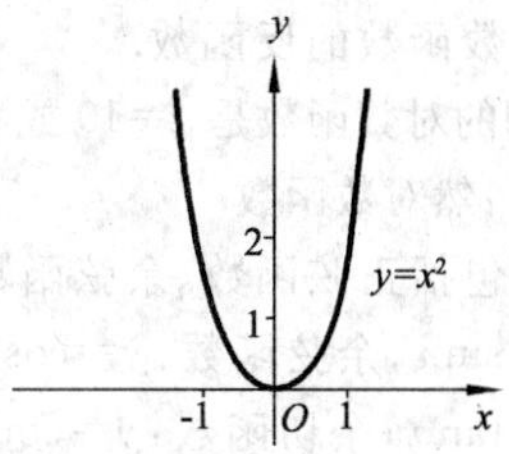

图 3-9　例 3.16 函数图示

3.3.3　实函数的几个主要性质

实函数具有以下几种常见的性质：

1. 函数的有界性

定义 3.10　设有函数 $y=f(x)$，若存在任意大的正数 M，使得对于任一 $x \in A \subseteq D_f$ 都有 $|f(x)| \leqslant M$，则称 $f(x)$ 在 A 上是**有界的**，或称 $f(x)$ 为**有界函数**；M 称为函数的**界**．若函数 $f(x)$ 不存在界 M，则称函数 $f(x)$ 在 A 上**无界**，或称 $f(x)$ 为 A 上的**无界函数**．

例 3.17　函数 $y=x^2$ 在 $[-1,1]$ 上有界，即 $M=1$．

2. 函数的单调性

定义 3.11　设有函数 $y=f(x)$，若对于任意 $x_1, x_2 \in I \subseteq D_f$，当 $x_1 \leqslant x_2$ 时必有 $f(x_1) \leqslant f(x_2)$，则称 $f(x)$ 是在 I 上的**单调递增函数**．同样，当 $x_1 \leqslant x_2$ 时必有 $f(x_1) \geqslant f(x_2)$，则称 $f(x)$ 是在 I 上的**单调递减函数**．

类似地，当 $x_1 < x_2$ 时必有 $f(x_1) < f(x_2)$（或 $f(x_1) > f(x_2)$）则称 $f(x)$ 是在 I 上的**严格单调递增（或递减）函数**．

单调递增函数和单调递减函数都称为**单调函数**，或称函数是**单调的**．

例 3.18　函数 $y=x^2$ 在 $[0,+\infty]$ 上是单调递增函数；在 $[-\infty,0]$ 上是单调递减函数．

3. 函数的奇偶性

定义 3.12　设有函数 $y=f(x)$，对任一 $x \in D_f$ 必有 $-x \in D_f$ 且满足 $f(-x)=f(x)$，则称 $f(x)$ 是**偶函数**．若满足 $f(-x)=-f(x)$，则称 $f(x)$ 是**奇函数**．

例 3.19　函数 $y=\sin x$ 是奇函数，$y=\cos x$ 是偶函数．

4. 函数的周期性

定义 3.13　设有函数 $y=f(x)$，若存在非 0 数 T，使得对每一个 $x \in D_f$ 都有 $x \pm T \in D_f$，且总有 $f(x)=f(x+T)$，则称 $f(x)$ 是**周期函数**，T 称为 $f(x)$ 的**周期**．

例 3.20　函数 $y=\sin x$ 是周期为 2π 的周期函数；$y=\tan x$ 是周期为 π 的周期函数．

3.4　初 等 函 数

在函数中，常用的是初等函数．首先，给出下面 6 种基本初等函数．

(1)常数函数：$y=C$(其中，C 为常数).

(2)幂函数：$y=x^a$(其中，a 为常数).

例 3.21 $y=x^2, y=x, y=\frac{1}{x}, y=x^{\frac{1}{3}}$ 等均为幂函数.

(3)指数函数：$y=a^x$(其中，a 为常数，且 $a>0, a\neq 1$).

例 3.22 $y=e^x$ 是最常用的指数函数.

(4)对数函数：$y=\log a^x$(其中，a 为常数，且 $a>0, a\neq 1$).

对数函数是指数函数的反函数.

例 3.23 常用的对数函数是 $a=10$ 或 $a=e$ 的对数函数. 即 $y=\log_{10}x=\lg x, y=\log_e x=\ln x$；分别称为常用对数函数和自然对数函数.

(5)三角函数：包括正弦函数、余弦函数、正切函数、余切函数；分别表示为

正弦函数：$y=\sin x$；余弦函数：$y=\cos x$；

正切函数：$y=\tan x$；余切函数：$y=\cot x$.

(6)反三角函数：包括反正弦函数、反余弦函数、反正切函数、反余切函数；分别表示为

反正弦函数：$y=\arcsin x$；反余弦函数：$y=\arccos x$；

反正切函数：$y=\arctan x$；反余切函数：$y=\operatorname{arccot} x$.

这些基本初等函数是初等函数中最简单、最原始的函数. 以这些函数为基础，通过一些复合运算就可以构造全部初等函数.

定义 3.14 初等函数可以定义如下：

(1)基本初等函数是初等函数；

(2)由初等函数 $y=f(x)$、$y=g(x)$ 所组成的 $y=f(x)+g(x)$、$y=f(x)-g(x)$、$y=f(x)\cdot g(x)$、$y=f(x)/g(x)$ 是初等函数；

(3)由初等函数 $y=f(z)$ 与 $z=g(x)$ 所组成的复合函数 $y=f(g(x))$ 是初等函数；

(4)通过且仅通过有限次步骤使用(2)-(3)而得到的函数是初等函数.

例 3.24 $y=3x^2+2x+8$ 是由基本初等函数 $y=C$、$y=x$、$y=x^2$ 等经过 $y=f(x)+g(x)$、$y=f(x)\cdot g(x)$ 构成的初等函数. 即

(1)由 $y=3$、$y=x^2$ 可得 $y=3\times x^2=3x^2$；

(2)由 $y=2$、$y=x$ 可得 $y=2\times x=2x$；

(3)由 $y=3x^2$、$y=2x$ 可得 $y=3x^2+2x$；

(4)由 $y=8$、$y=3x^2+2x$ 可得 $y=3x^2+2x+8$.

例 3.25 $y=\arctan e^{x^2}$ 是由基本初等函数 $y=\arctan x, y=x^2, y=e^x$ 等经过复合而构成的初等函数. 即，

(1)由 $y=e^z$、$z=x^2$ 可得 $y=e^{x^2}$；

(2)由 $y=\arctan z$、$z=e^{x^2}$ 可得 $y=\arctan e^{x^2}$.

例 3.26 $y=(1+x)^3$ 是由基本初等函数 $y=C$、$y=x$、$y=x^3$ 等经过 $y=f(x)+g(x)$ 复合而构成的初等函数. 即，

(1)由 $y=1$、$y=x$ 可得 $y=1+x$；

(2)由 $y=z^3$、$z=1+x$ 可得 $y=(1+x)^3$.

3.5 多元函数

到目前为止，所讨论的函数 $f:X\to Y$ 均为一元函数；它表示有一个像源即能决定一个像. 可以将

此概念推广到多元情形，即有 n 个像源才能决定其对应的像，这种函数称为**多元函数**或 **n 元函数**.

定义 3.15　设有集合 $X_1, X_2, \cdots, X_n$ 及 Y；则 $f: X_1 \times X_2 \times \cdots \times X_n \to Y$ 表示从 n 阶笛卡儿乘积 $X_1 \times X_2 \times \cdots \times X_n$ 到 Y 的 n 元函数，亦可表示为 $f(x_1, x_2, \cdots, x_n) = y$，其中 $x_i \in X_i (i=1,2,\cdots,n)$.

例 3.27　设 $f: R \times R \to \mathbf{R}$；$f = \{((x,y), x+y | x \in \mathbf{R}, y \in \mathbf{R}\}$. 该函数 f 是一个二元运算.

3.6　运算与代数系统

在函数的基础上可以建立运算的概念，在运算的基础上可以建立代数的概念. 本节主要介绍运算与代数系统，这是数学中的基本概念.

3.6.1　运算

运算的概念对一般学生而言并不陌生；因为，从小学开始就学习了诸如加、减、乘、除的四则运算；接着又学习了乘方、开方、指数、对数等运算. 随着数学的不断发展，一些抽象运算也不断出现；如本书前面介绍过的集合运算、关系运算、以及微积分中的微分运算、积分运算等都是较为抽象的运算；后面还将介绍的行列式运算、矩阵运算、向量运算等也都是抽象的运算. 目前，运算已成为研究数学的有效手段和工具.

定义 3.16　设有集合 S 上的 n 元函数 $f: S^n \to S$，则称 f 为 S 上的 **n 元运算**.

这个定义需要进一步讨论.

1. 运算的元数

对 n 元运算，当 $n=1$ 时，称为一元运算；当 $n=2$ 时，称为二元运算；当 $n \geqslant 3$ 时，称为多元运算. 但是，一般以研究二元运算为主. 在以后的讨论中，如果不作特别说明，则所提运算皆指二元运算.

2. 运算符

运算符是表示运算的符号. 例如，习惯上使用的运算符"+、−、×、÷"表示"加、减、乘、除"四则运算. 从研究的角度，可以抽象地用"∘"，或"∗"，"⊗"等表示某种运算；但是，在使用之前对它们所表示的运算必须加以定义. 如对于二元运算 $f: S \times S \to S$，可表示为 $z = f(x,y)$. 它可表示为二元运算 $x \circ y = z$.

3.6.2　代数系统

在前面介绍的运算中，只关注到运算的映射特点；而忽略了运算的其他特点. 这对认识运算是有缺陷的；因此，必须对运算的概念加以扩充，这就是建立代数概念的意义.

代数又称代数系统或称抽象代数. 它是以运算为核心、赖以建立运算的基础集合 S 以及运算结果的封闭性所组成的一种系统；也就是说，一个代数系统由三部分组成：

(1)代数系统中的集合：集合是代数系统的基础；或者说，一种代数系统往往建立在一个集合之上. 集合给出了代数系统的研究对象.

(2)代数系统中的运算：运算给出了代数系统的研究手段与工具. 在一个代数系统中可以有多个运算，而以 1～3 个为常见. 而运算的"元"数以一元与二元为主；最常用的是二元运算.

(3)代数系统中运算的封闭性：在集合 S 上的运算结果仍在 S 中，这就是运算的封闭性. 它表示运算范围是受限的，即运算受限于集合 S.

这三个条件构成了一个代数系统；并作出如下抽象的定义：

定义 3.17　非空集合 S 上的 $k(k>0)$ 个运算 $o_1, o_2, \cdots, o_k$ (一元或二元运算)所构成的封闭系统称为**代数系统**，记为 $(S, o_1, o_2, \cdots, o_k)$.

例 3.28 整数集 **Z** 上带有加法运算的系统构成代数系统(**Z**,+).

例 3.29 实数集 **R** 上带有加、乘法运算的系统构成代数系统(**R**,+,×).

例 3.30 正整数集 $\mathbf{Z}_+$ 上带有 Max、Min 运算的系统构成代数系统($\mathbf{Z}_+$,Max,Min).

例 3.31 串集 x^* 上带有运算"∘"的系统构成代数系统(x^*,∘).

在集合上的运算并不都能构成代数系统.请看下面几个例子.

例 3.32 在自然数集 **N** 上带有减法运算的系统不能构成代数系统(**N**,−).

例 3.33 在整数集 **Z** 上带有除法运算的系统不能构成代数系统(**Z**,÷).

3.7 有限集与无限集

对于集合,可按性质分为有限集与无限集两种.这两种集合由于其性质不同,其中任一种集合中的一些特性都不能任意推广至另一种集合中去.为此,先定义有限集与无限集的概念.

定义 3.18 对于集合 S,若其元素个数有限,则称为**有限集**;若其元素个数无限,则称为**无限集**.

例 3.34 下面的集合均为有限集.

(1)S={1 月,2 月,3 月,…,12 月};

(2)S={东、南、西、北};

(3)$S=\{a,b,c,d,\cdots,z\}$.

例 3.35 下面的集合均为无限集.

(1)自然数集 **N**;

(2)时间的集合 T;

(3)三维空间中点的集.

接下来讨论集合中元素个数.

定义 3.19 集合 S 中元素的个数称为 S 的**基数**或**势**,记为:$|S|$.

在有限集中,集合的基数是一个自然数.如,

例 3.36 $S=\{1,2,3,4\}$,则 $|S|=4$.

例 3.37 $S=\{a,b,c,\cdots,z\}$,则 $|S|=26$.

在无限集中,集合的基数则用专门的符号表示.如自然数集 **N** 的基数为$\aleph_0$(念 Aleph 零).其他与 **N** 一一对应的无限集,如整数、有理数等也是$\aleph_0$.所有这些基数为$\aleph_0$ 的集合均称**可列集**.而实数集 **R** 不与 **N** 一一对应,其基数称为$\aleph$(念 Aleph)或称 C.与势$\aleph$一一对应的集合的势也为$\aleph$,这种集合称**连续统**.

从基数的概念看,常用集合分三个层次;它们是

有限集:集合的基数$|S|$为有限;

可列集:集合的基数为$\aleph_0$;

连续统:集合的基数为$\aleph$.

这三个层次集合的基数是有大小的,它们从小到大分别是:$|S|$,$\aleph_0$,$\aleph$.

在计算机科学中,经常讨论的是有限集;有时也会讨论可列集;但是一般不讨论实数集之类的无限集.由有限集及基数为$\aleph_0$ 的无限集为基础构成了离散数学;而由基数为$\aleph$的无限集为基础构成了连续数学.因此,数学的两大门类是以不同的集合为基础所构成的.

3.8 小 结

本章主要研究数学中的函数概念并定义常用的实函数.此外,还由函数概念出发引入了变换、运算、代数系统以及多元函数的概念.同时介绍无限集的概念.

(1)函数定义:满足存在性与唯一性的关系.

(2)函数表示:枚举法、特性刻画法、图示法.

(3)函数四种分类:函数的满射、函数的内射、函数的单射、函数的双射.

(4)函数的运算:函数复合运算、函数逆运算.

(5)实函数:实函数定义,初等函数.

(6)有限集与无限集

① 有限集与无限集的定义、集合的基数或势.

② 三种常见的势:自然数 $|S|$、$\aleph_0$ 及 $\aleph$.其中 $|S|$ 与 $\aleph_0$ 用于离散数学,$\aleph$ 用于连续数学.

(7)本章重点

① 函数概念;② 无限集.

习 题 3

1. 下面的关系哪些构成函数?并请说明理由.

(1)$\{(n_1,n_2)|n_1,n_2\in\mathbf{N},n_1+n_2<10\}$;

(2)$\{(r_1,r_2)|r_1,r_2\in\mathbf{R},r_2=r_1{}^2\}$;

(3)$\{(r_1,r_2)|r_1,r_2\in\mathbf{R},r_2{}^2=r_1\}$;

(4)$\{(n_1,n_2)|n_1,n_2\in\mathbf{N},n_2$ 为小于 n_1 的奇数的数目$\}$.

2. 下列函数哪些是满射、单射或双射?并说明其理由.

(1)$f_1:\mathbf{R}\to\mathbf{R},f(r)=r^3+1$;

(2)$f_2:\mathbf{N}\to\mathbf{N},f(n)=n$ 除以 3 的余数;

(3)$f_3:\mathbf{R}\to\mathbf{R},f(r)=r^2+2r-15$;

(4)$f_4:\mathbf{N}\to\{0,1\},f(n)=\begin{cases}0(n\text{ 为奇数})\\1(n\text{ 为偶数})\end{cases}$.

3. 给出下列函数的复合函数:

(1)$f:X\to Y,g:Y\to Z$,其中

$X=\{x_1,x_2\quad x_3\},Y=\{y_1,y_2\quad y_3\}$,

$Z=\{z_1,z_2\}$,

$f=\{(x_1,y_2),(x_2,y_1),(x_3,y_3)\}$,

$g=\{\{y_1,z_1\},\{y_2,z_2\},\{y_3,z_3\}\}$;

(2)$f:X\to X,g:X\to X$,其中

$X=\{1,2,3,4,5\}$,

$F=\{(1,2),(2,3),(3,4),(4,4),(5,1)\}$,

$G=\{\{1,3\},\{2,4\},\{3,3\},(4,1),(5,1)\}$.

4. 下面的函数有逆运算吗?如有则给出其逆函数.(此题并用图示式表示)

(1)$f:X\to Y$,其中

$X=\{x_1,x_2,x_3,x_4\},Y=\{y_1,y_2,y_3,y_4\}$,

$f=\{(x_1,y_4),(x_2,y_2),(x_3,y_1),(x_4,y_3)\}$;

(2) $f:X\to Y$,其中

$X=\{x_1,x_2,x_3,x_4,x_5\}$,$Y=\{y_1,y_2,y_3,y_4,y_5\}$,

$f=\{(x_1,y_1),(x_2,y_1),(x_3,y_2),(x_4,y_2),(x_5,y_5)\}$.

5. 函数 $f(r)=a^2-2$,$g(r)=r+4$,$r\in\mathbf{R}$,求

(1) $f\circ g$;

(2) $g\circ f$;

(3) f,g 中哪些有逆函数?如有则给出其逆函数.

6. 问下列函数是有界、单调、周期的吗?

(1) $y=\cos x$; (2) $y=e^x$; (3) $y=x^2+5$.

7. 问下列函数是初等函数吗?若是,请给出它们的构造过程.

(1) $y=\sin x^{e^2}$; (2) $y=\tan(\sin x)$;

(3) $y^3+x^3=0$; (4) $y=5+3x+x^2$.

8. 判别下列函数的奇偶性.

(1) $y=\ln(x+\sqrt{x^2+1})$; (2) $y=\dfrac{2^x+2^{-x}}{2^x-2^{-x}}$; (3) $y=\dfrac{|x|}{x}\sin x$;

(4) $y=F(x)\left(\dfrac{1}{a^x}-\dfrac{1}{2}\right)$ 其中,$a>0$ 且 $a\neq1$,$F(x)$为奇函数.

9. 请问下列集合可列集还是连续统?请说明之.

(1)复数集; (2)时间集; (3)负整数集.

10. 计算机是一个代数系统,请给出它的定义.

第 3 篇

微积分

本篇主要介绍建立在实数基础上，以连续函数为研究对象、以微分与积分为研究内容的数学，称为微积分。它是连续数学的主要内容。

本篇包括 5 章。第 4 章极限与连续，主要介绍连续数学的基础概念；第 5 章导数与微分，介绍导数、微分及其计算；第 6 章不定积分，介绍积分中的不定积分与计算；第 7 章定积分，介绍积分中的定积分及其计算；第 8 章无穷级数，介绍常数项级数及其收敛性问题。

第4章 极限与连续

极限是高等数学中极为重要的基本概念、基本知识和基本运算.高等数学中的许多其他重要概念,如微分、积分、级数等,都要以极限为基础引入和定义.因此,本章的主要任务就是讨论函数的极限,以及函数的连续性问题;并以此作为学习高等数学的开始.

4.1 极限的概念

本节从数列和函数两个方面分别讲解极限的概念和运算.

4.1.1 数列的极限

1. 什么是数列

先看下面的一个例子,

$$1,\frac{1}{2},\frac{1}{3},\frac{1}{4},\cdots,\frac{1}{n},\cdots$$

这是一个数列.首先,它有无穷多个数;其次,这无穷多个数按照一定的规则排列;该例中的数是按自然数顺序排列的;因为 $1=\frac{1}{1}$,所以从第一个数开始其分母是由1开始的自然数.

定义 4.1 按一定次序排列的无穷多个数

$$y_1,y_2,y_3,\cdots,y_n,\cdots$$

称为一个**无穷数列**,简称**数列**或**序列**,并记为 $\{y_n\}$.数列中的每一个数称为数列的**项**,其中 y_n 称为数列的**通项**,或称**一般项**;其实质是给出计算数列中每一个数的公式.

例 4.1 下面是数列的一些例子.

(1) $y_n=\frac{1}{2n+1}$ 即 $\frac{1}{3},\frac{1}{5},\frac{1}{7},\frac{1}{9},\cdots$

(2) $y_n=\frac{1}{2^n}$ 即 $\frac{1}{2},\frac{1}{4},\frac{1}{8},\frac{1}{16},\cdots$

(3) $y_n=(-1)^{n+1}\frac{1}{n}$ 即 $1,-\frac{1}{2},\frac{1}{3},-\frac{1}{4},\frac{1}{5},-\frac{1}{6},\cdots$

(4) $y_n=\frac{[n+(-1)^{n-1}]}{n}$ 即 $2,\frac{1}{2},\frac{4}{3},\frac{3}{4},\frac{6}{5},\frac{5}{6},\cdots$

(5) $y_n=\frac{\sqrt{n^2+1}}{n}$ 即 $\frac{\sqrt{2}}{1},\frac{\sqrt{5}}{2},\frac{\sqrt{10}}{3},\frac{\sqrt{17}}{4},\frac{\sqrt{26}}{5},\cdots$

(6) $y_n = \frac{[1+(-1)^n]}{2}$ 即 0,1,0,1,0,1,0,1,…

(7) $y_n=(-1)^n n$ 即 −1,2,−3,4,−5,6,…

(8) $y_n=2n-1$ 即 1,3,5,7,9,11,13,…

(9) $y_n = 2-\frac{1}{n}$ 即 $1,\frac{3}{2},\frac{5}{3},\frac{7}{4},\frac{9}{5},-\frac{11}{6},\cdots$

(10) $y_n=1$ 即 1,1,1,1,1,1,…

从这些例子可看出,数列的每一项都与一个整数相对应,因此,数列也可以看成是定义在正整数集{1,2,3,…,n,…}上的函数

$$y_n=f(n)$$

当自变量 n 从 1 开始按从小到大顺序取值时,就得到函数值 y_n 按相应顺序排列而成的一列数,

$$y_1,y_2,y_3,\cdots,y_n,\cdots$$

这列数就是数列.

数列的每一项都对应于数轴上一个点;因此,数列的几何意义是数轴上一系列点的序列.

既然数列是定义在正整数集合上的函数,它也具有与函数相类似的性质. 例如

(1)数列的单调增减性.

如果数列$\{y_n\}$满足

$$y_1\leqslant y_2\leqslant y_3\leqslant\cdots\leqslant y_n\leqslant\cdots$$

则称数列$\{y_n\}$是**单调递增的**. 准确地说是单调不减的;如果去掉等号,则称是**严格单调递增的**. 如果$\{y_n\}$满足

$$y_1\geqslant y_2\geqslant y_3\geqslant\cdots\geqslant y_n\geqslant\cdots$$

则称数列$\{y_n\}$是**单调不增的**;如果去掉等号,则称是**严格单调递减的**. 单调递增和单调递减的数列统称为**单调数列**.

在例 4.1 中,数列(8)、(9)是单调递增的,数列(1)、(2)是单调递减的.

(2)数列的有界性.

对于数列$\{y_n\}$,如果存在一个正数 M,使得所有 y_n 都满足

$$|y_n|\leqslant M$$

则称数列$\{y_n\}$是**有界的**;如果不存在这样的 M,就称数列$\{y_n\}$是**无界的**.

在例 4.1 中,数列(7)、(8)是无界的,其余数列是有界的.

2. 数列的极限

对数列研究时,最主要的是讨论随着 n 的无限增大,y_n 有怎样的变化趋势. 考察例 4.1 中的例子可以发现,不同数列其变化趋势是不同的.

(1)有一类数列,随着 n 的无限增大,对应的 y_n 向某一个固定的常数 A 无限接近,这时称数列$\{y_n\}$当 n 无限增大时趋向于极限 A,并记为

$$\lim_{n\to\infty} y_n = A$$

此时称数列$\{y_n\}$是**收敛的**,或称数列$\{y_n\}$有极限存在.

在例 4.1 中,数列(1)、(2)、(3)的极限为 0;数列(4)、(5)、(10)的极限为 1;数列(9)的极限为 2.

(2)另有一类数列,不具有(1)中数列所具有的性质;即当 n 无限增大时,y_n 并不无限接近某个固定的常数 A. 这类数列称**发散的**,或称数列的极限不存在.

在例 4.1 中，数列(6)的 y_n 的值或取 0，或取 1，不能与某个固定常数无限接近，故数列(6)是发散的；数列(7)、(8)的 y_n 的绝对值无限增大，故也无极限存在.

极限思想的萌芽在我国古代很早就有记载，公元前三百年就有"一尺之棰，日取其半，万世不竭"之说，意即一尺长的木棍，每天去掉一半，此过程可一直进行下去，永无止尽，每次折去一半后的剩余部分永不会为 0，但却无限地接近于 0. 这就是极限的思想.

定义 4.2 对于数列$\{y_n\}$，当 n 无限增大时，如果 y_n 无限接近于一个固定常数 A，则称此常数 A 为当 n 趋于无穷大时数列$\{y_n\}$的**极限**. 记为

$$\lim_{n\to\infty} y_n = A \quad 或 \quad y_n \to A(n\to\infty).$$

称有极限存在的数列为**收敛数列**，无极限存在的数列称为**发散数列**；并统称为数列的**敛散性**.

上面的"当 n 无限增大时，y_n 无限接近于一个固定的常数 A"的说法可用数学语言表述为

$$|y_n - A| \to 0，当 n \to +\infty 时.$$

例 4.2 讨论下面数列的敛散性.

(1) $0,1,0,\frac{1}{2},0,\frac{1}{3},0,\frac{1}{4},0,\frac{1}{5},\cdots$

(2) $2,\frac{1}{2},\frac{4}{3},\frac{1}{4},\frac{6}{5},\frac{1}{6},\frac{8}{7},\frac{1}{8},\cdots$

(3) $5,5,5,5,5,5,\cdots$

(4) 设 $|q|<1$，则 $\lim\limits_{n\to\infty} q^n = 0$.

解：(1)该数列的通项可表示为

$$y_n = \begin{cases} 0 & 当 n 为奇数时 \\ 2/n & 当 n 为偶数时 \end{cases}$$

当 n 为奇数且 $n\to+\infty$ 时，$y_n\to 0$；当 n 为偶数且 $n\to+\infty$ 时，$y_n=2/n\to 0$. 因此，数列 y_n 当 $n\to+\infty$ 时，有极限为 0；即 $\lim\limits_{n\to\infty} y_n = 0$. 故数列(1)收敛.

(2)该数列的一般项可表示为

$$y_n = \begin{cases} (n+1)/n & 当 n 为奇数时 \\ 1/n & 当 n 为偶数时 \end{cases}$$

当 n 为奇数且 $n\to+\infty$ 时，$y_n\to 1$；当 n 为偶数且 $n\to+\infty$ 时，$y_n\to 0$. 因此，数列(2)无极限，即发散.

(3)该数列是一个常数数列，很显然，当 $n\to+\infty$ 时，$y_n\to 5$，故数列(3)收敛. 这说明，常数数列是收敛数列，该数列的极限就是常数本身.

(4)很显然，因为 $|q|<1$，则$|q^n|$会随 n 的增大而愈来愈小，并趋向于 0. 所以极限为 0. 这个结论今后可直接使用.

3. 数列极限的性质

下面给出数列极限的一些重要性质.

性质 4.1 一个数列$\{y_n\}$如果有极限，则它的极限必是唯一的.

性质 4.2 若数列$\{y_n\}$有极限，则数列$\{y_n\}$必是有界的.

由此性质可知，如果数列$\{y_n\}$无界，它一定发散. 例如，因为 $y_n=0.0001\times n$ 是无界的，所以它一定是发散的. 但必须注意，发散的数列不一定无界. 如数列$\{0,1,0,1,0,1,\cdots\cdots\}$有界，但没有极限，是发散数列.

性质 4.3 数列极限的四则运算法则：

若数列$\{y_n\}$，$\{z_n\}$都有极限，即，$\lim\limits_{n\to\infty} y_n = A$，$\lim\limits_{n\to\infty} z_n = B$；则有：

(1) $\lim\limits_{n\to\infty}(y_n \pm z_n) = \lim\limits_{n\to\infty} y_n \pm \lim\limits_{n\to\infty} z_n = A \pm B$；

(2) $\lim\limits_{n\to\infty}(y_n \cdot z_n) = \lim\limits_{n\to\infty} y_n \cdot \lim\limits_{n\to\infty} z_n = A \cdot B$；

特别地，设 c 是常数，则有，$\lim\limits_{n\to\infty}(cy_n) = \lim\limits_{n\to\infty} c \cdot \lim\limits_{n\to\infty} y_n = cA$

上面的数列极限的运算法则(1)、(2)均可推广到有限多个数列的情形.

(3) $\lim\limits_{n\to\infty}\left(\dfrac{y_n}{z_n}\right) = \dfrac{\lim\limits_{n\to\infty} y_n}{\lim\limits_{n\to\infty} z_n} = \dfrac{A}{B} \qquad (B \neq 0)$.

性质 4.3 说明，如果两个数列都有极限，则这两个数列的各对应项之和、差、积、商组成的数列也必有极限存在，其极限分别等于这两个数列的极限的和、差、积、商(注意，作为除数的数列的极限不能为 0).

例 4.3 已知 $\lim\limits_{n\to\infty} y_n = 3, \lim\limits_{n\to\infty} z_n = 8$，求，

(1) $\lim\limits_{n\to\infty}(2y_n + 5z_n)$；　　(2) $\lim\limits_{n\to\infty}(3y_n - 4z_n)$；

(3) $\lim\limits_{n\to\infty}[y_n \cdot (-2z_n)]$；　　(4) $\lim\limits_{n\to\infty} \dfrac{8y_n}{z_n}$.

解：(1) $\lim\limits_{n\to\infty}(2y_n + 5z_n) = 2\lim\limits_{n\to\infty} y_n + 5\lim\limits_{n\to\infty} z_n = 2 \cdot 3 + 5 \cdot 8 = 46$；

(2) $\lim\limits_{n\to\infty}(3y_n - 4z_n) = 3\lim\limits_{n\to\infty} y_n - 4\lim\limits_{n\to\infty} z_n = 3 \cdot 3 - 4 \cdot 8 = -23$；

(3) $\lim\limits_{n\to\infty}[y_n \cdot (-2z_n)] = \lim\limits_{n\to\infty} y_n \cdot (-2)\lim\limits_{n\to\infty} z_n = 3 \cdot (-2) \cdot 8 = -48$；

(4) $\lim\limits_{n\to\infty} \dfrac{8y_n}{z_n} = \dfrac{8\lim\limits_{n\to\infty} y_n}{\lim\limits_{n\to\infty} z_n} = \dfrac{8 \cdot 3}{8} = 3$.

例 4.4 求下列各数列的极限：

(1) $\lim\limits_{n\to\infty}\left(7 - \dfrac{1}{n}\right)$；　　(2) $\lim\limits_{n\to\infty} \dfrac{4n^2 + 3n - 9}{5 - n^2}$.

解：(1) $\lim\limits_{n\to\infty}\left(7 - \dfrac{1}{n}\right) = \lim\limits_{n\to\infty} 7 - \lim\limits_{n\to\infty} \dfrac{1}{n} = 7 - 0 = 7$；

(2)当 $n\to+\infty$ 时，分式 $\dfrac{4n^2 + 3n - 9}{5 - n^2}$ 的分子、分母同时无限增大，无法直接运用上面的法则求极限. 为此，将原分式的分子、分母同除以 n^2 后再求极限，则有，

$$\lim_{n\to\infty} \frac{4n^2 + 3n - 9}{5 - n^2} = \lim_{n\to\infty} \frac{4 + \frac{3}{n} - \frac{9}{n^2}}{\frac{5}{n^2} - 1} = \frac{\lim\limits_{n\to\infty}\left(4 + \frac{3}{n} - \frac{9}{n^2}\right)}{\lim\limits_{n\to\infty}\left(\frac{5}{n^2} - 1\right)}$$

$$= \frac{\lim\limits_{n\to\infty} 4 + \lim\limits_{n\to\infty} \frac{3}{n} - \lim\limits_{n\to\infty} \frac{9}{n^2}}{\lim\limits_{n\to\infty} \frac{5}{n^2} - \lim\limits_{n\to\infty} 1} = \frac{4 + 0 - 0}{0 - 1} = -4.$$

4.1.2 函数的极限

由于数列可以看做自变量为正整数 n 的函数 $y_n = f(n)$；所以数列的极限是函数极限的特殊类型，其自变量的变化是跳跃式的，或说是"离散型"的. 下面要讨论的是一般函数 $y = f(x)$ 的极限，即在自变量的某个范围内"连续"无限变化的过程中，对应函数值的变化趋势. 主要有两种情况：

(1)当自变量 x 无限接近一个确定值 x_0(记为 $x\to x_0$)时，对应函数值 $f(x)$ 的变化情况.

(2)当自变量 x 的绝对值无限增大(记为 $x\to\infty$)时，对应的函数值 $f(x)$ 的变化情况.

1. 当 $x \to x_0$ 时函数 $f(x)$ 的极限

考察函数 $f(x)=\dfrac{x^2-1}{x-1}$，当 $x\to 1$ 时的变化情况. 当 $x=1$ 时，函数没有定义；而当 $x\neq 1$ 时，

$$f(x)=\frac{x^2-1}{x-1}=x+1$$

$f(x)$ 的图形如图 4-1 所示. 不难看出，当 $x\to 1(x\neq 1)$ 时，函数值 $f(x)$ 无限接近于 2. 我们称当 $x\to 1$ 时，函数 $f(x)$ 以 2 为极限. 由此，一般函数 $f(x)$ 的极限定义为：

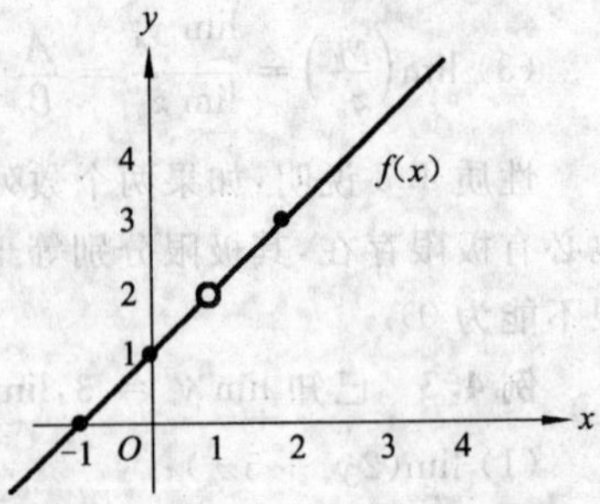

图 4-1　$f(x)$ 函数

定义 4.3　设函数 $f(x)$ 在点 x_0 附近有定义（但可以在点 x_0 无定义），如果当 x 无限接近于 x_0（但不等于 x_0）时，函数值 $f(x)$ 无限接近于某个确定的常数 A，则称 A 为当 $x\to x_0$ 时函数 $f(x)$ 的极限，记为 $\lim\limits_{x\to x_0} f(x)=A$ 或 $f(x)\to A(x\to x_0)$，即当 $|x-x_0|\to 0$ 时，$|f(x)-A|\to 0$.

由定义可知，在讨论函数 $f(x)$ 在 $x\to x_0$ 的极限时，有两点需要注意：①函数 $f(x)$ 在 x_0 处可以有定义，也可以没有定义，这不影响函数 $f(x)$ 在 x_0 处的极限是否存在的讨论；②自变量 x 无限接近于 x_0 的方式是任意的，可从 x_0 的左边接近，也可从 x_0 的右边接近，甚至从 x_0 的两边同时接近，函数的极限都要相同. 根据定义 4.3 有：

(1) $\lim\limits_{x\to x_0} c=c$（$c$ 为常量）

即常量的极限就是常量本身.

(2) $\lim\limits_{x\to x_0} x=x_0$

即函数 $y=x$ 在 x_0 点的极限就是 x_0.

例 4.5　试讨论下列函数在 $x=\dfrac{1}{2}$ 处的极限.

(1) $f_1(x)=2x+1$；　　(2) $f_2(x)=\dfrac{4x^2-1}{2x-1}$；

(3) $f_3(x)=\begin{cases}2x+1 & \text{当 } x\neq \dfrac{1}{2} \text{ 时}\\ 1 & \text{当 } x=\dfrac{1}{2} \text{ 时}\end{cases}$.

解：三个函数的图形如图 4-2 所示，它们的差别仅在 $x=\dfrac{1}{2}$ 点处函数的定义不同；函数 f_1 在 $x=\dfrac{1}{2}$ 处有定义，函数值为 2；函数 f_2 在 $x=\dfrac{1}{2}$ 处无定义，函数值不存在；函数 f_3 在 $x=\dfrac{1}{2}$ 处函数值为 1，而非 2.

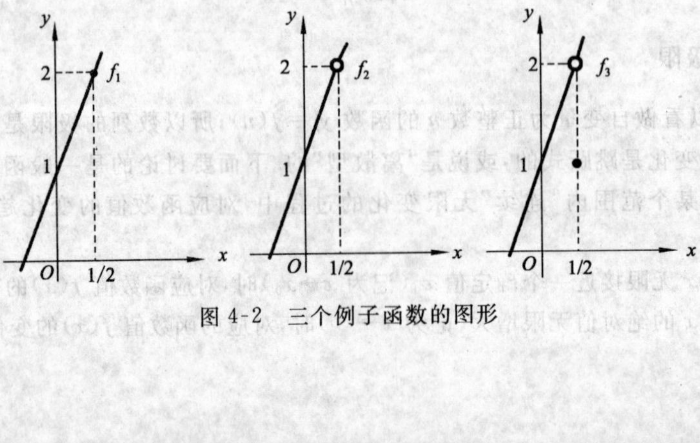

图 4-2　三个例子函数的图形

从三个图形可以看出，在 $x\left(x\neq\frac{1}{2}\right)$ 无限趋近于 $\frac{1}{2}$ 时，三个函数都无限趋近于 2，即三个函数在 $x=\frac{1}{2}$ 处都有极限 2. 这说明，求函数在某点 x_0 处的极限时，无须考虑函数在 x_0 点是否有定义与函数值为何，而只要考察 x 无限趋近于 x_0 点时，函数的变化趋势是什么.

2. 函数 $f(x)$ 的单侧极限

在求函数极限时，有时只需或只能考察 x 从 x_0 的某一侧无限趋近于 x_0 时函数值的变化趋势，这就是单侧(或左、右)极限的概念.

定义 4.4 对于在 x_0 左侧某个邻域中有定义的函数 $y=f(x)$，如果当 x 从 x_0 的左侧无限趋近于 x_0（记作 $x\to x_0-0$）时，函数 $f(x)$ 无限地趋近于某一个确定的常数 A，则称 A 是 $f(x)$ 在 $x=x_0$ 处的**左极限**，记为

$$\lim_{x\to x_0^-} f(x)=A \quad 或 \quad f(x_0-0)=A \quad 或 \quad f(x_0^-)=A.$$

定义 4.5 对于在 x_0 的右侧某个邻域中有定义的函数 $y=f(x)$，如果当 x 从 x_0 的右侧无限趋近于 x_0（记作 $x\to x_0+0$）时，函数 $f(x)$ 无限地趋近于某一个确定的常数 A，则称 A 是 $f(x)$ 在 $x=x_0$ 处的**右极限**，记为

$$\lim_{x\to x_0^+} f(x)=A \quad 或 \quad f(x_0+0)=A \quad 或 \quad f(x_0^+)=A.$$

函数的左极限和右极限统称为**单侧极限**. 而定义 4.3 所定义的极限又可称为**双侧极限**. 根据上面的定义，有下面的重要定理.

定理 4.1 如果函数 $f(x)$ 在 x_0 的某个去心邻域中有定义，则函数 $f(x)$ 在 $x\to x_0$ 时的极限存在的充分必要条件是，函数 $f(x)$ 在 $x\to x_0$ 时的左极限和右极限都存在而且相等.

该定理给出了求函数极限的另一种思路，即可通过分别求函数在某一点的左极限和右极限来确定函数在该点的极限是否存在.

例 4.6 设函数

$$f(x)=\begin{cases} x+1 & 当\ x<0\ 时 \\ 0 & 当\ x=0\ 时. \\ x-1 & 当\ x>0\ 时 \end{cases}$$

求当 $x\to 0$ 时 $f(x)$ 的单侧极限，并讨论当 $x\to 0$ 时，$f(x)$ 的极限是否存在.

解：作函数图形如图 4-3 所示. 当 x 从 0 的左侧无限地趋近于 0 时，$f(x)$ 无限趋近于 1，因此

$$\lim_{x\to 0^-} f(x)=\lim_{x\to 0^-}(x+1)=1$$

当 x 从 0 的右侧无限地趋近于 0 时，$f(x)$ 无限趋近于常数 -1，因此，$\lim\limits_{x\to 0^+} f(x)=\lim\limits_{x\to 0^+}(x-1)=-1$

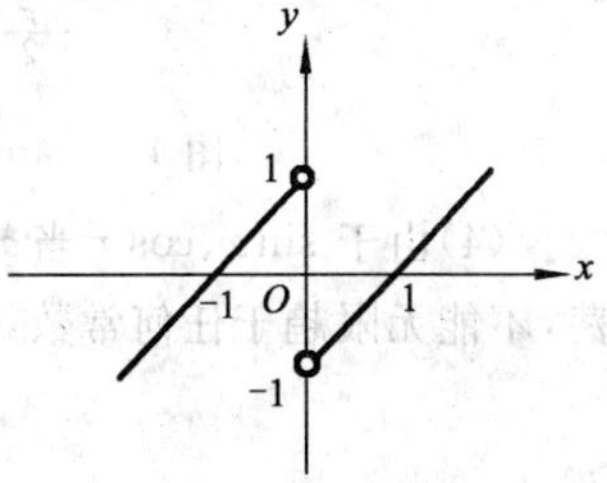

图 4-3 例 4.6 的函数作图

由于 $f(0)=0$，它既不等于 $f(0^-)$，也不等于 $f(0^+)$，而且 $f(0^-)\neq f(0^+)$，所以，函数 $f(x)$ 在 0 点的极限不存在.

3. 当 $x\to\infty$ 时函数 $f(x)$ 的极限

把极限的概念作进一步推广，下面给出当 $x\to\infty$ 时 $f(x)$ 极限的定义.

定义 4.6 设函数 $f(x)$ 在 ∞（或 $-\infty$，或 $+\infty$）的某个邻域内有定义，如果当 $|x|$（或 $-x$，或 $+x$）无限增大时，函数 $f(x)$ 无限接近于一个确定的常数 A，则称 A 为是当 $x\to\infty$（或 $x\to-\infty$，或 $x\to+\infty$）时函数 $f(x)$ 的极限，记为

$$\lim_{x\to\infty} f(x)=A（或 \lim_{x\to-\infty} f(x)=A 或 \lim_{x\to+\infty} f(x)=A）$$

有时也记为

$$f(x) \to A(x \to \infty)(\text{或 } f(x) \to A(x \to -\infty),\text{或 } f(x) \to A(x \to +\infty)).$$

定理 4.2 $\lim\limits_{x\to\infty} f(x) = A$ 的充分必要条件是 $\lim\limits_{x\to-\infty} f(x) = \lim\limits_{x\to+\infty} f(x) = A$.

例 4.7 (1)考察函数 $y = \frac{1}{x}$,当 x 无限增大时的变化趋势.

当自变量 x 取正值并无限增大时,函数 $y = \frac{1}{x}$ 的值无限趋近于 0,根据定义 4.6,当 $x\to+\infty$ 时,函数 $y = \frac{1}{x}$ 的极限是 0,记为 $\lim\limits_{x\to+\infty} \frac{1}{x} = 0$.

同样,当自变量 x 取负值并且其绝对值无限增大时,函数 $y = \frac{1}{x}$ 的值也无限趋近于 0,即当 $x\to-\infty$ 时,函数 $y = \frac{1}{x}$ 的极限是 0,记为 $\lim\limits_{x\to-\infty} \frac{1}{x} = 0$. 因为,当 $x\to-\infty$ 或 $x\to+\infty$ 时,函数 $y = \frac{1}{x}$ 的极限都为 0,所以此函数的极限可记为 $\lim\limits_{x\to\infty} \frac{1}{x} = 0$.

(2)考察函数 $f(x) = \arctan x$ 的极限,由图 4-4 的函数作图可知

$$\lim_{x\to+\infty} \arctan x = \frac{\pi}{2}, \lim_{x\to-\infty} \arctan x = -\frac{\pi}{2}$$

由于函数的左、右极限虽然存在但不相等;因此,当 $x\to\infty$ 时 $\arctan x$ 的极限不存在.

(3)对于函数 $f(x)=a^x(a>0,a\neq1)$ 有如下结果:

① 若 $a>1$,则 $\lim\limits_{x\to-\infty} a^x = 0$; $\lim\limits_{x\to+\infty} a^x$ 和 $\lim\limits_{x\to\infty} a^x$ 不存在(参见图 4-5).

② 若 $0<a<1$, $\lim\limits_{x\to\infty} a^x$ 不存在(见图 4-5).

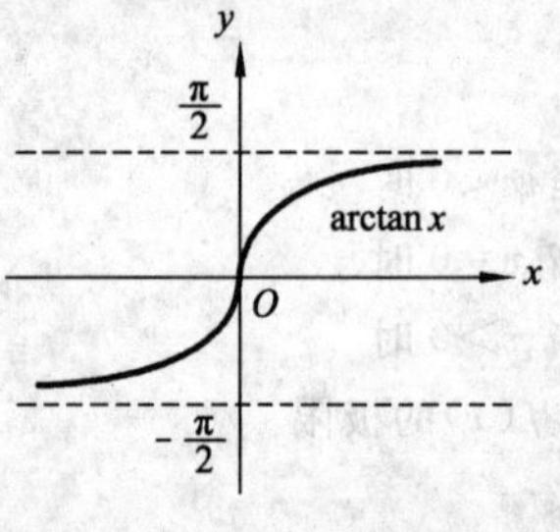

图 4-4 arctan$x$ 函数的作图

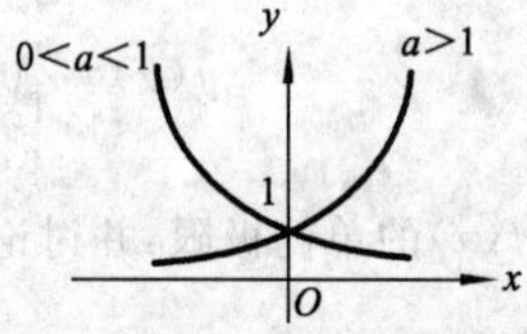

图 4-5 函数 a^x 的作图

(4)由于 $\sin x$、$\cos x$ 当 $x\to\infty$(或 $x\to-\infty$,或 $x\to+\infty$)时,相应的函数值在区间[-1,1]上震荡,不能无限趋于任何常数,故下列函数的极限都不存在.

$$\lim_{x\to+\infty} \sin x; \quad \lim_{x\to-\infty} \sin x; \quad \lim_{x\to\infty} \sin x;$$

$$\lim_{x\to+\infty} \cos x; \quad \lim_{x\to-\infty} \cos x; \quad \lim_{x\to\infty} \cos x.$$

归纳上面关于函数极限的讨论,自变量 x 的变化有两类六种不同情况:

$$x\to x_0\text{ 类}\begin{cases}\lim\limits_{x\to x_0^-} f(x)=A\\ \lim\limits_{x\to x_0^+} f(x)=A\\ \lim\limits_{x\to x_0} f(x)=A\end{cases} \qquad x\to\infty\text{类}\begin{cases}\lim\limits_{x\to+\infty} f(x)=A\\ \lim\limits_{x\to-\infty} f(x)=A\\ \lim\limits_{x\to\infty} f(x)=A\end{cases}$$

在以后的讨论中,如果极限号下未写明自变量的变化过程,则泛指自变量的某一变化过程,用通用记号 $\lim f(x)$ 表示. 当 $f(x)$ 已给出具体函数时,就必须指明自变量的变化过程是六种情况中的哪一种,而不能使用通用记号.

4.1.3 函数极限的性质

函数极限也有一些与数列极限类似的性质.

性质 4.4 如果函数 $f(x)$ 的极限 $\lim f(x)$ 存在,则它必是唯一的.

性质 4.5 假设 $\lim\limits_{x\to x_0} f(x)$ 存在(这里 x_0 代表六种情况中的任一种),则 $f(x)$ 在 x_0 点的某个去心(即 $x\neq x_0$)邻域中有界.

性质 4.6 若 $\lim\limits_{x\to x_0} f(x)=A$,则

(1)若 $A>0(<0)$,则对 x_0 的某一去心邻域中的所有 x,都有 $f(x)>0(<0)$;

(2)若对 x_0 的某一去心邻域中的所有 x,$f(x)\geqslant 0(\leqslant 0)$,则 $A\geqslant 0(\leqslant 0)$.

4.1.4 函数极限的运算法则

类似于数列极限的运算法则,对函数极限的四则运算有如下定理.

定理 4.3 设函数 $f(x)$ 和 $g(x)$ 在 x 的同一变化过程中有极限存在,且分别等于 A 和 B,即

$$\lim f(x)=A,\qquad \lim g(x)=B,$$

则有如下的运算法则:

(1)$\lim[f(x)\pm g(x)]=\lim f(x)\pm\lim g(x)=A\pm B$;

(2)$\lim cf(x)=c\lim f(x)=cA$ (c 为常数);

(3)$\lim[f(x)\cdot g(x)]=\lim f(x)\cdot\lim g(x)=AB$;

(4) $\lim\dfrac{f(x)}{g(x)}=\dfrac{\lim f(x)}{\lim g(x)}=\dfrac{A}{B}\quad(B\neq 0)$.

其中法则(1)、(3)可推广到有限多个有极限的函数的代数和与积的情况.

由此定理可得到下面推论:

推论 4.1 设 n 为自然数,则有

$$\lim u^n=(\lim u)^n.$$

$u^n=uu\cdots u$,根据运算法则(3)即可得此推论.

推论 4.2 设 n 为自然数,则有 $\lim u^{\frac{1}{n}}=(\lim u)^{\frac{1}{n}}$

由推论 4.1,有 $\lim y^n=(\lim y)^n$,两边开 n 次方,得 $\lim y=(\lim y^n)^{\frac{1}{n}}$,令 $y=u^{\frac{1}{n}}$,并代入上式,即得 $\lim u^{\frac{1}{n}}=(\lim u)^{\frac{1}{n}}$.

例 4.8 求极限 $\lim\limits_{x\to 1}(x^2+x-2)$.

解:由极限运算法则,得

$$\lim_{x\to 1}(x^2+x-2)=\lim_{x\to 1}x^2+\lim_{x\to 1}x-\lim_{x\to 1}2=(\lim_{x\to 1}x)^2+\lim_{x\to 1}x-\lim_{x\to 1}2=1+1-2=0.$$

例 4.9 求极限 $\lim\limits_{x\to 1}\dfrac{x^2+2x-3}{x^2+x-2}$.

解:由例 4.8 可知,分母函数的极限为 0,因此不能直接应用法则(4).但由极限的定义可知,当 $x\to 1$ 求极限时,与函数在 $x=1$ 这一点的性态无关,因而可将函数作如下化简

$$\frac{x^2+2x-3}{x^2+x-2}=\frac{(x-1)(x+3)}{(x-1)(x+2)}=\frac{x+3}{x+2}$$

所以有

$$\lim_{x\to 1}\frac{x^2+2x-3}{x^2+x-2}=\lim_{x\to 1}\frac{x+3}{x+2}=\frac{\lim\limits_{x\to 1}(x+3)}{\lim\limits_{x\to 1}(x+2)}=\frac{4}{3}.$$

例 4.10 求极限 $\lim\limits_{x\to\infty}\dfrac{3x^2-2x-1}{2x^3-x^2+5}$.

解:先用 x^3 除分子、分母,然后再求极限,得

$$\lim_{x\to\infty}\frac{3x^2-2x-1}{2x^3-x^2+5}=\lim_{x\to\infty}\frac{\dfrac{3}{x}-\dfrac{2}{x^2}-\dfrac{1}{x^3}}{2-\dfrac{1}{x}+\dfrac{5}{x^3}}=\frac{0}{2}=0.$$

例 4.11 求极限 $\lim\limits_{x\to 0}\dfrac{4x^3-2x^2+3x}{5x^2-7x}$.

解: $$\lim_{x\to 0}\frac{4x^3-2x^2+3x}{5x^2-7x}=\frac{\lim\limits_{x\to 0}(4x^2-2x+3)}{\lim\limits_{x\to 0}(5x-7)}=\frac{3}{-7}=-\frac{3}{7}.$$

例 4.12 求极限 $\lim\limits_{x\to 1}\left(\dfrac{1}{1-x}-\dfrac{3}{1-x^3}\right)$.

解:当 $x\to 1$ 时,$\dfrac{1}{1-x}$ 和 $\dfrac{3}{1-x^3}$ 的极限均不存在,不能直接应用法则(1).下面先对函数作恒等变换,然后再求极限.因为,

$$\frac{1}{1-x}-\frac{3}{1-x^3}=\frac{1+x+x^2-3}{1-x^3}=\frac{x^2+x-2}{1-x^3}=\frac{-(x+2)(x-1)}{x^3-1}$$
$$=\frac{-(x+2)(x-1)}{(x^2+x+1)(x-1)}=\frac{-(x+2)}{(x^2+x+1)}$$

故有 $\lim\limits_{x\to 1}\left(\dfrac{1}{1-x}-\dfrac{3}{1-x^3}\right)=\lim\limits_{x\to 1}\dfrac{-(x+2)}{x^2+x+1}=\dfrac{-\lim\limits_{x\to 1}(x+2)}{\lim\limits_{x\to 1}(x^2+x+1)}=\dfrac{-3}{3}=-1.$

例 4.13 求极限 $\lim\limits_{n\to\infty}\dfrac{2^n-1}{6^n+1}$.

解: $\lim\limits_{n\to\infty}\dfrac{2^n-1}{6^n+1}=\lim\limits_{n\to\infty}\dfrac{\left(\dfrac{2}{6}\right)^n-\dfrac{1}{6^n}}{1+\dfrac{1}{6^n}}=\dfrac{0}{1}.$

例 4.14 求极限 $\lim\limits_{n\to\infty}\dfrac{a_0x^n+a_1x^{n-1}+\cdots+a_n}{b_0x^m+b_1x^{m-1}+\cdots+b_m}$,(其中 $a_0\neq 0,b_0\neq 0,m,n$ 为正整数).

解:在分子、分母中分别提出 x^n、x^m,将分式变形为

$$\lim_{n\to\infty}\frac{a_0x^n+a_1x^{n-1}+\cdots+a_n}{b_0x^m+b_1x^{m-1}+\cdots+b_m}=\lim_{n\to\infty}x^{n-m}\cdot\frac{a_0+\dfrac{a_1}{x}+\cdots+\dfrac{a_n}{x^n}}{b_0+\dfrac{b_1}{x}+\cdots+\dfrac{b_m}{x^m}}=\begin{cases}\dfrac{a_0}{b_0} & (n=m\text{ 时})\\ 0 & (n<m\text{ 时})\\ \infty & (n>m\text{ 时})\end{cases}.$$

从上面的例子可以看出,有些数列或函数不能直接应用极限运算法则求其极限;但是可通过作适当变形,使之变成能用极限运算法则的形式,然后再求出极限.

4.1.5 判别极限存在的两个准则

极限的运算法则是在极限存在的前提下,通过运算求得结果的法则.那么,如何来确定一个数列或函数是否存在极限呢?除了直接根据定义判别外,下面介绍两个判别极限存在的重要准则.

准则 4.1 设函数 $f(x)$、$g(x)$、$h(x)$在点 x_0 的某个去心邻域内满足条件 $f(x)\leqslant g(x)\leqslant h(x)$,且有极限 $\lim\limits_{x\to x_0}f(x)=\lim\limits_{x\to x_0}h(x)=A$,则有$\lim\limits_{x\to x_0}g(x)=A$.

该准则对 $x\to\infty$ 也成立，且对数列亦有相应的结论. 运用这种方法就可以判定一个函数或数列是否有极限存在.

例 4.15 求极限 $\lim\limits_{n\to\infty}\dfrac{\sqrt[3]{n^2}\sin n!}{n+1}$.

解:将分子分母同时除以 n，得分子为 $n^{\frac{1}{3}}\sin n!$，分母为 $1+\dfrac{1}{n}$. 对于分母，当 $n\to\infty$ 时的极限存在且等于 1；对分子，因为有 $|\sin n!|\leqslant 1$，故有

$$0\leqslant|n^{\frac{1}{3}}\sin n!|\leqslant n^{\frac{1}{3}}=\frac{1}{\sqrt[3]{n}}$$

又 $\lim\limits_{n\to\infty}0=0$，$\lim\limits_{n\to\infty}\dfrac{1}{\sqrt[3]{n}}=0$，根据准则 4.1，$\lim\limits_{n\to\infty}(n^{-\frac{1}{3}}\sin n!)=0$，从而有

$$\lim_{n\to\infty}\frac{\sqrt[3]{n^2}\sin n!}{n+1}=\lim_{n\to\infty}\frac{n^{-\frac{1}{3}}\sin n!}{1+\frac{1}{n}}=\frac{\lim\limits_{n\to\infty}n^{-\frac{1}{3}}\sin n!}{\lim\limits_{n\to\infty}\left(1+\frac{1}{n}\right)}=\frac{0}{1}=0$$

例 4.16 试证：$\lim\limits_{n\to\infty}a^{\frac{1}{n}}=1\ (a>0)$.

证:(1)当 $a=1$ 时，因为 $a^{\frac{1}{n}}\equiv 1$，得证.

(2)当 $a>1$ 时，令 $a^{\frac{1}{n}}=1+h_n\ (h_n>0)$，由

$$a=(1+h_n)^n=1+nh_n+\frac{n(n-1)}{2!}h_n^2+\cdots+h_n^n>nh_n>0$$

可得不等式 $0<h_n<\dfrac{a}{n}$，根据准则 4.1 可得 $\lim\limits_{n\to\infty}h_n=0$，故有，

$$\lim_{n\to\infty}a^{\frac{1}{n}}=\lim_{n\to\infty}(1+h_n)=\lim_{n\to\infty}1+\lim_{n\to\infty}h_n=1+0=1.$$

(3)当 $0<a<1$ 时，$\dfrac{1}{a}>1$，根据(2)有，

$$\lim_{n\to\infty}a^{\frac{1}{n}}=\lim_{n\to\infty}\frac{1}{\frac{1}{a^{\frac{1}{n}}}}=\lim_{n\to\infty}\frac{1}{\left(\frac{1}{a}\right)^{\frac{1}{n}}}=\frac{\lim\limits_{n\to\infty}1}{\lim\limits_{n\to\infty}\left(\frac{1}{a}\right)^{\frac{1}{n}}}=\frac{1}{1}=1.$$

准则 4.2 单调有界的数列必有极限.

根据 4.1.1 节对数列单调性和有界性的论述，因为数列单调变化且有界，数列的项随 n 增大而趋向一个固定值，所以数列的极限存在，且极限就为这个固定值.

例 4.17 求数列 $\left\{\dfrac{1}{n^2+1}\right\}$ 的极限.

解:展开这个数列为 $\dfrac{1}{2},\dfrac{1}{5},\dfrac{1}{10},\dfrac{1}{17},\cdots$；显然，数列的项随 n 增大不断减小，并趋向于 0；即数列以 0 为下界. 故而该数列极限存在，且 $\lim\limits_{n\to\infty}\dfrac{1}{n^2+1}=0$.

4.1.6 两个重要极限

利用极限存在的两个准则，现在来求证两个重要的极限，并通过这两个极限求其他函数的极限.

1. 极限 $\lim\limits_{x\to 0}\dfrac{\sin x}{x}=1$

由于 $\dfrac{\sin(-x)}{-x}=\dfrac{-\sin x}{-x}=\dfrac{\sin x}{x}$，即 $\dfrac{\sin x}{x}$ 是偶函数；因此可只考虑 $0<x<\dfrac{\pi}{2}$ 的情况. 如图 4-6

所示，C 为单位圆上一点，$\angle BOC$ 为 x 弧度；由图可以看出，扇形 OBC 的面积必大于三角形 OBC 的面积，又小于三角形 OAC 的面积；即

$\triangle OBC$ 的面积<扇形 OBC 的面积<$\triangle OAC$ 的面积，

而 $OB=OC=1, BD=\sin x, AC=\tan x$，所以上式变为$\triangle OBC$ 的面积$=\frac{1}{2}\times OC\times BD=\frac{1}{2}\times 1\times \sin x=\frac{1}{2}\sin x$

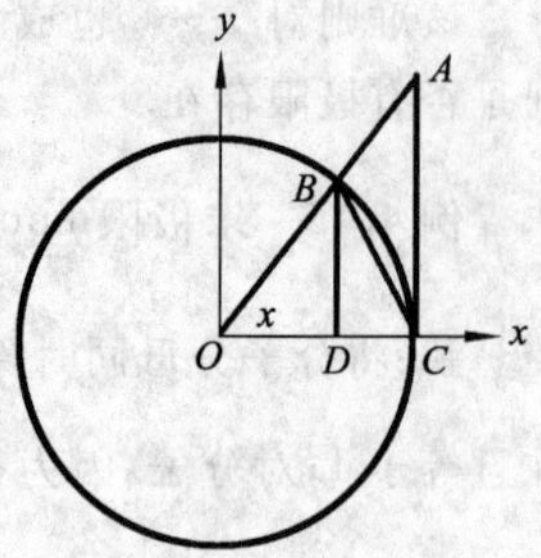

图 4-6　单位圆上的扇形面积

扇形 OBC 的面积$=\frac{1}{2}\times OB\times OB\times x=\frac{1}{2}\times 1\times 1\times x=\frac{1}{2}x$

$\triangle OAC$ 的面积$=\frac{1}{2}\times OC\times AC=\frac{1}{2}\times 1\times \tan x=\frac{1}{2}\tan x$

故有 $\frac{1}{2}\sin x<\frac{1}{2}x<\frac{1}{2}\tan x=\frac{1}{2}\frac{\sin x}{\cos x}\qquad \left(0<x<\frac{\pi}{2}\right)$

上式乘 2，得 $\sin x<x<\tan x=\frac{\sin x}{\cos x}$

当 $0<x<\frac{\pi}{2}$ 时，$0<\sin x<1, 0<\tan x$，从而有

$$\frac{1}{\sin x}>\frac{1}{x}>\frac{1}{\tan x}=\frac{\cos x}{\sin x}$$

用 $\sin x$ 乘上式得 $\cos x<\frac{\sin x}{x}<1$．因为 $\cos x$ 和 $\frac{\sin x}{x}$ 都是偶函数，故上式当 $-\frac{\pi}{2}<x<0$ 时也成立．由于 $0\leqslant 1-\cos x=2\sin^2\left(\frac{x}{2}\right)<2\times\left(\frac{x}{2}\right)^2=\frac{x^2}{2}$，因此，当 $x\to 0$ 时，$\frac{x^2}{2}\to 0$，则有 $\lim\limits_{x\to 0}(1-\cos x)=0$，即 $\lim\limits_{x\to 0}\cos x=1$．由极限存在准则 4.1 得

$$\lim_{x\to 0}\frac{\sin x}{x}=1.$$

利用此极限求其他极限时，应当注意两点：①在求极限之前，先看一下 sin 的自变量部分和分母部分的式子是否一样，如果不一样，要设法化成一样．化的时候一般是把分母部分化成与 sin 的自变量部分一样，这比较容易．②在求极限过程中，要保证 sin 的自变量和分母都趋于 0．看下面一个简单的例子，如求极限

$$\lim_{n\to\infty}\left(n\times\sin\left(\frac{\pi}{n}\right)\right)=\lim_{n\to\infty}\frac{\sin\frac{\pi}{n}}{\frac{1}{n}}$$

显然，上式 sin 的自变量 $\frac{\pi}{n}$ 与分母 $\frac{1}{n}$ 不一样．为使其一样，且又不改变原式的值，分子分母同乘以 π，而且当 $n\to\infty$ 时，也保证了 $\left(\frac{\pi}{n}\right)\to 0$，所以有

$$\lim_{n\to\infty}\frac{\pi\sin\frac{\pi}{n}}{\frac{\pi}{n}}=\pi\lim_{n\to\infty}\frac{\sin\frac{\pi}{n}}{\frac{\pi}{n}}=\pi\times 1=\pi.$$

例 4.18　求下列各极限：

(1) $\lim\limits_{x\to 0}\frac{\sin 3x}{x}$；　(2) $\lim\limits_{x\to 0}\frac{\tan x}{x}$；　(3) $\lim\limits_{x\to\infty}x\sin\frac{1}{x}$；

(4) $\lim\limits_{x\to 0}\frac{\arcsin x}{2x}$；　(5) $\lim\limits_{x\to 0}\frac{1-\cos x}{x^2}$；　(6) $\lim\limits_{x\to 0}\frac{\tan 5x}{\sin 3x}$．

解:(1) $\lim\limits_{x\to 0}\dfrac{\sin 3x}{x}=\lim\limits_{x\to 0}3\cdot\dfrac{\sin 3x}{3x}=3\lim\limits_{x\to 0}\dfrac{\sin 3x}{3x}=3\cdot 1=3$;

(2) $\lim\limits_{x\to 0}\dfrac{\tan x}{x}=\lim\limits_{x\to 0}\dfrac{\sin x}{x}\cdot\dfrac{1}{\cos x}=\lim\limits_{x\to 0}\dfrac{\sin x}{x}\cdot\lim\limits_{x\to 0}\dfrac{1}{\cos x}=1$;

(3) $\lim\limits_{x\to \infty}x\sin\dfrac{1}{x}=\lim\limits_{x\to 0}\dfrac{\sin\dfrac{1}{x}}{\dfrac{1}{x}}=1$　(当 $x\to\infty$ 时,$\dfrac{1}{x}\to 0$);

(4) $\lim\limits_{x\to 0}\dfrac{\arcsin x}{2x}$

令 $\arcsin x=t$,则 $x=\sin t$. 当 $x\to 0$ 时,$t\to 0$. 故有

$$\lim_{x\to 0}\frac{\arcsin x}{2x}=\lim_{t\to 0}\frac{t}{2\sin t}=\lim_{t\to 0}\frac{1}{2\dfrac{\sin t}{t}}=\frac{1}{2}\frac{1}{\lim\limits_{t\to 0}\dfrac{\sin t}{t}}=\frac{1}{2}\cdot\frac{1}{1}=\frac{1}{2};$$

(5) $\lim\limits_{x\to 0}\dfrac{1-\cos x}{x^2}=\lim\limits_{x\to 0}\dfrac{2\sin^2\dfrac{x}{2}}{x^2}=\lim\limits_{x\to 0}\dfrac{\sin^2\dfrac{x}{2}}{2\left(\dfrac{x}{2}\right)^2}=\lim\limits_{x\to 0}\dfrac{1}{2}\left[\dfrac{\sin\dfrac{x}{2}}{\dfrac{x}{2}}\right]^2=\dfrac{1}{2}$;

(6) $\lim\limits_{x\to 0}\dfrac{\tan 5x}{\sin 3x}=\lim\limits_{x\to 0}\dfrac{\sin 5x}{\sin 3x}\cdot\dfrac{1}{\cos 5x}=\lim\limits_{x\to 0}\left(\dfrac{3x}{\sin 3x}\cdot\dfrac{\sin 5x}{5x}\cdot\dfrac{5}{3}\cdot\dfrac{1}{\cos 5x}\right)=\dfrac{5}{3}$.

2. 极限 $\lim\limits_{n\to\infty}\left(1+\dfrac{1}{n}\right)^n=\mathrm{e}$

设 $y_n=\left(1+\dfrac{1}{n}\right)^n$　($n=1,2,3,\cdots$)

先列出下表考察一下当 n 逐步增大时,y_n 的变化趋势(见表 3-1).

表 3-1

n	1	2	3	4	5	10	100	1000	10000	…
$\left(1+\dfrac{1}{n}\right)^n$	2	2.250	2.370	2.441	2.488	2.594	2.705	2.717	2.718	…

由表可知,数列 y_n 是单调增加的;可以严格地证明数列 y_n 是单调增加且是有界的数列. 由于证明过程的演算比较复杂,这里从略了. 根据极限存在的准则 4.2,此数列有极限存在,其极限为一无理数并用 e 表示,即

$$\lim_{n\to\infty}\left(1+\frac{1}{n}\right)^n=\mathrm{e}.$$

同样可以证明,对于连续变化的自变量 x,上式变为

$$\lim_{x\to 0}\left(1+\frac{1}{x}\right)^x=\mathrm{e}\text{ 或 }\lim_{x\to 0}(1+x)^{\frac{1}{x}}=\mathrm{e}.$$

无理数 e=2.71828182845…,是自然对数的底. 以 e 为底的 x 的自然对数记成 $\ln x$. 自然对数和以 e 为底的指数函数 e^x 有着广泛的应用.

根据上面极限的三种不同形式,求这类极限也要注意两点:先把上式化为 $\lim\limits_{A\to B}(1+p)^m$ 的形式. ①在求极限之前,先看一下 p 和 m 是否互为倒数,即 $m=1/p$,且式子是否一样;如果不一样,要设法化成一样. 化的时候一般是把 M 化成 $1/p$,这比较容易. ②在 $A\to B$ 的过程中,要保证 $p\to 0$(与此同时有 $m\to\infty$). 具体求极限时,也可通过变量代换来实现. 这些将通过以下的例子说

明之.

例 4.19 求下列极限

(1) $\lim\limits_{x\to 0}\left(\dfrac{1}{1+x}\right)^{\frac{1}{2x}+2}$; (2) $\lim\limits_{x\to\infty}\left(\dfrac{x+1}{x-1}\right)^{x-\frac{3}{2}}$; (3) $\lim\limits_{x\to\infty}\left(\dfrac{2x+3}{2x+1}\right)^{x+1}$.

解:(1) $\lim\limits_{x\to 0}\left(\dfrac{1}{1+x}\right)^{\frac{1}{2x}+2}=\lim\limits_{x\to 0}\dfrac{1}{\left[(1+x)^{\frac{1}{x}}\right]^{\frac{1}{2}}}\cdot\lim\limits_{x\to 0}\left(\dfrac{1}{1+x}\right)^{2}=\dfrac{1}{e^{\frac{1}{2}}}\cdot 1=e^{-\frac{1}{2}}$;

(2) $\lim\limits_{x\to\infty}\left(\dfrac{x+1}{x-1}\right)^{x-\frac{3}{2}}=\lim\limits_{x\to\infty}\left(\dfrac{x-1+2}{x-1}\right)^{(x-1)-\frac{1}{2}}$

$$=\lim_{x\to\infty}\left[\left(1+\frac{2}{x-1}\right)^{\frac{x-1}{2}}\right]^{2}\cdot\lim_{x\to\infty}\left(1+\frac{2}{x-1}\right)^{-\frac{1}{2}}=e^{2}\cdot 1=e^{2};$$

(3) $\lim\limits_{x\to\infty}\left(\dfrac{2x+3}{2x+1}\right)^{x+1}=\lim\limits_{x\to\infty}\left(1+\dfrac{2}{2x+1}\right)^{x+1}$

令$\dfrac{2}{2x+1}=t$,则 $x=\dfrac{1}{t}-\dfrac{1}{2}$,当 $x\to\infty$ 时,$t\to 0$,

则有 $\lim\limits_{x\to\infty}\left(\dfrac{2x+3}{2x+1}\right)^{x+1}=\lim\limits_{x\to\infty}\left(1+\dfrac{2}{2x+1}\right)^{x+1}=\lim\limits_{t\to 0}(1+t)^{\frac{1}{t}+\frac{1}{2}}$

$$=\lim_{t\to 0}(1+t)^{\frac{1}{t}}\cdot\lim_{t\to 0}(1+t)^{\frac{1}{2}}=e.$$

4.2 无穷大量与无穷小量

读者是否发现,在讨论函数极限时,当自变量在某个变化过程中,有些函数的绝对值会无限地增大,而有些则无限地减小(到 0).本节将讨论这两种函数的情况.

4.2.1 无穷大量与无穷小量的概念

先来讨论无穷大量与无穷小量的基本概念.

1. 无穷大量

在自变量的一定变化趋势下,函数 $f(x)$的极限可能存在,也可能不存在.在极限不存在的情况下,有一类函数 $f(x)$值的变化趋势人们比较关注,这就是函数绝对值无限增大的情况.例如

$$f(x)=\frac{1}{x}$$

当 $x\to 0$,但 $x\neq 0$ 时,$|f(x)|=\dfrac{1}{|x|}$无限增大,即当 $|x|$ 充分小时,$|f(x)|$就会任意的大.再例如函数

$$f(x)=\frac{1}{x-1}$$

当 $x\to 1$,但 $x\neq 1$ 时,$|f(x)|=\dfrac{1}{|x-1|}$无限增大,即当 $|x-1|$ 足够小时,$|f(x)|$ 就会任意的大.

由这些例子,可以给出无穷大量的概念.

定义 4.7 当 $x\to x_0$(或 $x\to\infty$)时,如果函数 $f(x)$的绝对值可以大于事先指定的任意大的正

数 M,则称 $f(x)$ 为 $x\to x_0$(或 $x\to\infty$)时的**无穷大量**,简称为**无穷大**,记为

$$\lim_{x\to x_0} f(x)=\infty \quad 或 \quad \lim_{x\to\infty} f(x)=\infty .$$

特别地,在 $f(x)$ 变化过程中,若能保持 $f(x)$ 为正(负)值,且为无穷大,则称 $f(x)$ 为**正(负)无穷大**. 例如

$$\lim_{x\to 0}\frac{1}{x}=\infty;\quad \lim_{x\to 0^+}\frac{1}{x}=+\infty;\quad \lim_{x\to 0^-}\frac{1}{x}=-\infty;$$

$$\lim_{x\to 1}\frac{1}{x-1}=\infty;\quad \lim_{x\to 1^+}\frac{1}{x-1}=+\infty;\quad \lim_{x\to 1^-}\frac{1}{x-1}=-\infty;$$

$$\lim_{x\to 0^+}\lg x=-\infty;\quad \lim_{x\to\infty}x^2=+\infty;$$

注意,无穷大量指的是一种变量,它的绝对值可以任意的变大;它不同于一个很大的定量. 换句话说,任何一个定量,不管它的绝对值有多大,都不能说它是无穷大量.

2. 无穷小量

定义 4.8 当 $x\to x_0$(或 $x\to\infty$)时,如果函数 $f(x)$ 的极限为 0,则称 $f(x)$ 为 $x\to x_0$(或 $x\to\infty$)时的**无穷小量**,简称为**无穷小**. 无穷小量常用 α、β、γ 等来表示.

例如,因为 $\lim\limits_{x\to 1}(x-1)=0$,所以当 $x\to 1$ 时,$(x-1)$ 是无穷小. 因为 $\lim\limits_{x\to\infty}\frac{1}{x}=0$,所以当 $x\to\infty$ 时,$\frac{1}{x}$ 是无穷小量.

注意:无穷小量是一个趋于 0 的变量的概念;而并非是一个其值接近于 0 的定数. 但是,数 0 是可以看做无穷小的唯一的数,因为对任何变化过程,都有 $\lim 0=0$.

3. 无穷小量与无穷大量之间的关系

无穷小量与无穷大量相互之间存在一定的关系.

定理 4.4 在自变量的同一变化过程中,如果 $f(x)$ 为无穷大,则 $\frac{1}{f(x)}$ 为无穷小;反之,如果 $f(x)$ 为无穷小且 $f(x)\neq 0$,则 $\frac{1}{f(x)}$ 为无穷大.

该定理的结论是显而易见的.

例 4.20 求极限 $\lim\limits_{x\to\infty}(x^2-10x-100)$.

解:因为当 $x\to\infty$ 时,x^2,$10x$ 都趋向于∞;所以不能直接运用极限的运算法则求其极限. 现考察函数 $(x^2-10x-100)$ 的倒函数的极限

$$\lim_{x\to\infty}\frac{1}{x^2-10x-100}=\lim_{x\to\infty}\frac{\frac{1}{x^2}}{1-\frac{10}{x}-\frac{100}{x^2}}=\frac{\lim\limits_{x\to\infty}\frac{1}{x^2}}{\lim\limits_{x\to\infty}\left(1-\frac{10}{x}-\frac{100}{x^2}\right)}=\frac{0}{1}=0$$

即函数 $\frac{1}{x^2-10x-100}$ 是当 $x\to\infty$ 时的无穷小量,故而得

$$\lim_{x\to\infty}(x^2-10x-100)=\infty.$$

由于无穷大与无穷小有着密切的关系,下面的内容主要对无穷小量进行讨论.

4. 无穷小量的性质

性质 4.7 两个无穷小量的代数和仍为无穷小量.

此性质可推广到有限多个无穷小量的代数和的情况;但是无穷多个无穷小量的代数和就不一定是无穷小量了;例如例 4.21.

例 4.21 求极限 $\lim\limits_{n\to\infty}\left(\frac{1}{n^2}+\frac{2}{n^2}+\cdots+\frac{n}{n^2}\right)$.

解:当 $n\to\infty$ 时,上式的每一项都无穷小量;但全式是无限多个项的和;因此不能直接应用性质4.1求取极限;而需先将函数变形后再求极限.则有,

$$\lim_{n\to\infty}\left(\frac{1}{n^2}+\frac{2}{n^2}+\cdots+\frac{n}{n^2}\right)=\lim_{n\to\infty}\frac{1+2+\cdots+n}{n^2}=\lim_{n\to\infty}\frac{[n(n+1)/2]}{n^2}$$

$$=\lim_{n\to\infty}\frac{n^2+n}{2n^2}=\frac{1}{2}\lim_{n\to\infty}\left(1+\frac{1}{n}\right)=\frac{1}{2}.$$

本例说明,无穷多个无穷小量的代数和未必是无穷小量.

性质 4.8 有界函数与无穷小量的乘积仍为无穷小量;特别地,常量与无穷小量的乘积是无穷小量.

例如,因为 $\left|\sin\frac{1}{x}\right|\leqslant 1$,所以当 $x\to 0$ 时有 $\lim\limits_{x\to 0}\left(x\cdot\sin\frac{1}{x}\right)=0$.由于常量总是有界的,所以常量与无穷小量的乘积是无穷小量.

性质 4.9 两个无穷小量的乘积是无穷小量.

此性质对有限多个无穷小量的乘积也成立.

性质 4.10 无穷小量除以极限不为0的变量所得的商仍为无穷小量.

有了无穷小量的概念,函数 $f(x)$ 极限存在的条件可用下面定理来表述.

定理 4.5 函数 $f(x)$ 以 A 为极限的充分必要条件是 $f(x)$ 可表示为 A 与一个无穷小量 α 之和

$$f(x)=A+\alpha.$$

其中 α 是无穷小量,其极限为 $\lim\limits_{x\to x_0}\alpha=0$.

4.2.2 两个无穷小量的比较

根据无穷小量的性质,两个无穷小量的代数和与乘积仍是无穷小量,但是两个无穷小量的商却会产生不同的结果.现来看下面的例子:

(1) $\lim\limits_{x\to 0}\frac{5x}{2x}$; (2) $\lim\limits_{x\to 0}\frac{3x^2}{7x}$; (3) $\lim\limits_{x\to 0}\frac{x}{4x^2}$.

当 $x\to 0$ 时,$5x,2x,3x^2,7x,x,4x^2$ 均为无穷小量,但上面三个极限是不同的,

(1) $\lim\limits_{x\to 0}\frac{5x}{2x}=\lim\limits_{x\to 0}\frac{5}{2}=\frac{5}{2}$;

(2) $\lim\limits_{x\to 0}\frac{3x^2}{7x}=\lim\limits_{x\to 0}\frac{3x}{7}=0$;

(3) $\lim\limits_{x\to 0}\frac{x}{4x^2}=\lim\limits_{x\to 0}\frac{1}{4x}=\frac{1}{4}\lim\limits_{x\to 0}\frac{1}{x}=\infty$.

上面三例说明,两个无穷小量之比的极限,可能有三种结果:非0的常数、0或∞;只有一种情况的结果仍为无穷小量.产生这种结果各异的原因是,无穷小量趋于0的速度有快有慢.如何才能比较出不同无穷小量趋于0的快慢速度呢?下面引进无穷小量的阶的概念.

定义 4.9 设 α 与 β 是同一变化过程中的两个无穷小量,即 $\lim\alpha=0,\lim\beta=0$.

若 $\lim\frac{\alpha}{\beta}=c\neq 0$($c$ 是常数),则称 α 与 β 是**同阶无穷小量**.特别当 $c=1$ 时,称 α 与 β 为**等价无穷小量**,并记为 $\alpha\backsim\beta$.

若 $\lim \frac{\alpha}{\beta}=0$，则称 α 是比 β **高阶的无穷小**，此时，记为 $\alpha=o(\beta)$.

若 $\lim \frac{\alpha}{\beta}=\infty$，则称 α 是比 β **低阶的无穷小**（或称 β 是比 α 高阶的无穷小）.

例 4.22　试比较 $f(x)=(x-1)^2$ 与 $g(x)=(x^2-1)$ 当 $x\to1$ 时的阶.

解：因为 $\lim\limits_{x\to1} f(x)=\lim\limits_{x\to1}(x-1)^2=0$，$\lim\limits_{x\to1} g(x)=\lim\limits_{x\to1}(x^2-1)=0$，所以 $f(x)$ 与 $g(x)$ 都是 $x\to1$ 时的无穷小量. 又因为

$$\lim_{x\to1}\frac{f(x)}{g(x)}=\lim_{x\to1}\frac{(x-1)^2}{x^2-1}=\lim_{x\to1}\frac{x-1}{x+1}=0$$

所以，当 $x\to1$ 时，$f(x)$ 是 $g(x)$ 的高阶无穷小.

例 4.23　试比较下列每对无穷小量当 $x\to0$ 时的阶.

(1) $x(\sin x+2)$ 与 x；　(2) $\tan x-\sin x$ 与 x；

(3) $1-\cos x$ 与 x^3；　(4) $\sqrt{1+x}-\sqrt{1-x}$ 与 x.

解：(1) 因为 $\lim\limits_{x\to0}\frac{x(\sin x+2)}{x}=\lim\limits_{x\to0}(\sin x+2)=2$，

所以，当 $x\to0$ 时，$x(\sin x+2)$ 与 x 是同阶无穷小量.

(2) 因为 $\lim\limits_{x\to0}\frac{\tan x-\sin x}{x}=\lim\limits_{x\to0}\frac{\sin x}{x\cos x}-\lim\limits_{x\to0}\frac{\sin x}{x}=1-1=0$，

所以，当 $x\to0$ 时，$\tan x-\sin x$ 是 x 的高阶无穷小量.

(3) 因为 $\lim\limits_{x\to0}\frac{1-\cos x}{x^3}=\lim\limits_{x\to0}\frac{2\sin^2\frac{x}{2}}{x^3}=\lim\limits_{x\to0}\left(\frac{\sin\frac{x}{2}}{\frac{x}{2}}\right)^2\cdot\frac{1}{2x}=1\cdot\lim\limits_{x\to0}\frac{1}{2x}=\infty$，

所以，当 $x\to0$ 时，$1-\cos x$ 是 x^3 的低阶无穷小量.

(4) 因为

$$\lim_{x\to0}\frac{\sqrt{1+x}-\sqrt{1-x}}{x}=\lim_{x\to0}\frac{1+x-1+x}{x(\sqrt{1+x}+\sqrt{1-x})}=\lim_{x\to0}\frac{2x}{x(\sqrt{1+x}+\sqrt{1-x})}$$
$$=\lim_{x\to0}\frac{2}{(\sqrt{1+x}+\sqrt{1-x})}=1$$

所以，当 $x\to0$ 时，$\sqrt{1+x}-\sqrt{1-x}$ 与 x 是等价无穷小量.

对于无穷大量，亦可类似定义如下.

定义 4.10　设 $f(x)$、$g(x)$ 是 x 同一变化过程中的两个无穷大量，即 $\lim f(x)=\infty$，$\lim g(x)=\infty$. 若 $\lim\frac{f(x)}{g(x)}=c\neq0$（$c$ 为常数），则称 $f(x)$ 与 $g(x)$ 是**同阶无穷大量**. 特别当 $c=1$ 时，称 $f(x)$ 与 $g(x)$ 为**等价无穷大量**，此时，可记为 $f(x)\backsim g(x)$. 若 $\lim\frac{f(x)}{g(x)}=0$，则称 $f(x)$ 是比 $g(x)$ **低阶的无穷大量**. 若 $\lim\frac{f(x)}{g(x)}=\infty$，则称 $f(x)$ 是比 $g(x)$ **高阶的无穷大量**.

例 4.24　当 $x\to\infty$ 时，有无穷大量 $(3x^3-4x^2+5x-2)$ 与 $(7x^3-5x^2-1)$，试比较它们阶的高低.

解：首先求当 $x\to\infty$ 时，$\frac{3x^3-4x^2+5x-2}{7x^3-5x^2-1}$ 的极限，即

$$\lim_{x\to\infty}\frac{3x^3-4x^2+5x-2}{7x^3-5x^2-1}=\lim_{x\to\infty}\frac{3-\frac{4}{x}+\frac{5}{x^2}}{7-\frac{5}{x}-\frac{1}{x^3}}=\frac{\lim\limits_{x\to\infty}\left(3-\frac{4}{x}+\frac{5}{x^2}\right)}{\lim\limits_{x\to\infty}\left(7-\frac{5}{x}-\frac{1}{x^3}\right)}=\frac{3}{7},$$

因为其极限为$\frac{3}{7}$；所以当 $x\to\infty$ 时，$(3x^3-4x^2+5x-2)$与$(7x^3-5x^2-1)$是同阶无穷大量.

在无穷大量的比较中，有一个非常有用的结果，值得读者记住和在无穷大量比较中直接应用：当 $x\to+\infty$ 时，$a^x(a>1)$是比 x^k(k 为正数)更高阶的无穷大量，而 $\log_a x$ 是比 x^k(k 为正数)更低阶的无穷大量.

4.2.3 关于等价无穷小(大)量的重要性质

在求极限时，如果无穷小(大)量是项中的乘积因子，则可以用和它等价的无穷小(大)量来替代，且不仅极限仍然存在，极限值也不变，即有下面的定理.

定理 4.6 设 α 与 β 是同一变化过程下的两个等价无穷小(大)量，而 u 是一个变量，则在同一变化过程中有 $\lim(\alpha u)=\lim(\beta u)$.

该定理说明，用形式简单的无穷小(大)量替代形式复杂的等价无穷小量，常常可简化极限的计算. 但必须注意的是，替换只能对极限式中项的因子部分进行，而不能对整个项进行. 下面给出一些等价的无穷小量，供读者使用时参考.

当 $x\to0$ 时，$\sin x\backsim x$；　$\tan x\backsim x$；　$1-\cos x\backsim(x^2/2)$；

$\arcsin x\backsim x$；　$\arctan x\backsim x$；　$\sqrt{1+x}-\sqrt{1-x}\backsim x$.

例 4.25 求极限 $\lim\limits_{x\to0}\frac{\tan x-\sin x}{\sin^3 x}$.

解:

$$\lim_{x\to0}\frac{\tan x-\sin x}{\sin^3 x}=\lim_{x\to0}\frac{\frac{\sin x}{\cos x}-\sin x}{\sin^3 x}=\lim_{x\to0}\frac{1-\cos x}{\sin^2 x\cos x}$$

$$=\lim_{x\to0}\frac{\frac{x^2}{2}}{x^2\cos x}=\lim_{x\to0}\frac{\frac{1}{2}}{\cos x}=\frac{1}{2}.$$

在求极限的过程中，运用 $\sin x\backsim x$，$1-\cos x\backsim(x^2/2)$的等价关系进行了替换，使式子变得简单易求极限.

但是，如果用下面的方法求解将得出错误的结果. 因为当 $x\to0$ 时，$\tan x\backsim x$，$\sin x\backsim x$，如果按下式进行替换，就会得出

$$\lim_{x\to0}\frac{\tan x-\sin x}{\sin^3 x}=\lim_{x\to0}\frac{x-x}{x^3}=0$$

的错误结果. 产生这种错误的原因在于，在求此函数的极限时，$\tan x$ 和 $\sin x$ 用等价无穷小量 x 替换的不是因子而是分项. 读者在解题时务必要注意.

4.3 函数的连续性及其性质

自然界中有很多现象，如气温的变化、植物的生长、物体的运动轨迹等，都是随时间连续变化的. 这种现象在数学上，就是函数的连续性. 它的特点是当自变量有极微小变化时，因变量的变化也极微小.

直观上看，函数表达的自变量和因变量之间的对应关系是某个坐标系中的一条曲线，曲线是否能连成一条线而不间断，就是函数连续性问题.

下面先引入增量(或改变量)的概念.

4.3.1 函数的增量

定义 4.11 设变量 u 从初值 u_1 变到终值 u_2，终值与初值之差 u_2-u_1 称为变量 u 的增量（或改变量），记为 Δu，即

$$\Delta u=u_2-u_1$$

由此定义可以得知，当 $u_2>u_1$ 时，$\Delta u>0$；当 $u_2<u_1$ 时，$\Delta u<0$，即 Δu 可为正，也可为负，这也是 Δu 常被称为改变量的由来.

设有函数 $y=f(x)$，当自变量 x 在函数的定义域内从 x_0 改变到 $x=x_0+\Delta x$ 时，函数 y 也有相应的改变量 Δy，即有 $\Delta y=f(x)-f(x_0)=f(x_0+\Delta x)-f(x_0)$. Δx 与 Δy 的图形表示如图 4-7 所示. 显然，Δx 与 Δy 都是可正可负的. 下面来看几个有关增量的例子.

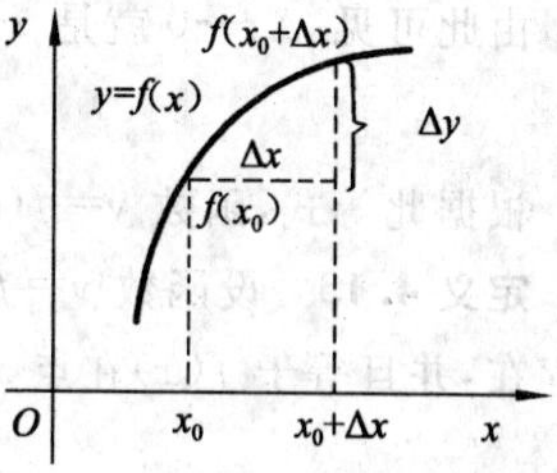

图 4-7 函数 $f(x)$ 的 Δx 与 Δy

例 4.26 设 $y=x^2$，试计算 Δy：(1) $x_0=1$，$\Delta x=0.1$；(2) $x_0=1$，$\Delta x=-0.2$.

解：(1) $\Delta y=(x_0+\Delta x)^2-x_0^2=2x_0\cdot\Delta x+(\Delta x)^2=2\times1\times0.1+(0.1)^2=0.21$；

(2) $\Delta y=(x_0+\Delta x)^2-x_0^2=2x_0\cdot\Delta x+(\Delta x)^2=2\times1\times(-0.2)+(-0.2)^2=-0.36$.

例 4.27 设 $y=\dfrac{1}{x}$，当 x 的改变量为 Δx 时，计算 Δy：(1) 在任意点 $x(x\neq0)$ 处；(2) 在 $x=x_0$ $(x\neq0)$ 处；(3) 当 $x=2$，$\Delta x=-1$ 时.

解：(1) $\Delta y=f(x+\Delta x)-f(x)=\dfrac{1}{x+\Delta x}-\dfrac{1}{x}=-\dfrac{\Delta x}{x(x+\Delta x)}$；

(2) $\Delta y=f(x_0+\Delta x)-f(x_0)=\dfrac{1}{x_0+\Delta x}-\dfrac{1}{x_0}=-\dfrac{\Delta x}{x_0(x_0+\Delta x)}$；

(3) $\Delta y=f(2+(-1))-f(2)=\dfrac{1}{2+(-1)}-\dfrac{1}{2}=1-\dfrac{1}{2}=\dfrac{1}{2}$.

4.3.2 函数的连续性

在图 4-8(a) 中，曲线 $y=f(x)$ 在 x_0 点是"连着的"，即曲线没有断开，显然，当 $\Delta x\to0$ 时，$\Delta y=f(x_0+\Delta x)-f(x_0)\to0$；而在图 4-8(b) 中，曲线 $y=f(x)$ 在 x_0 点是"断开的"，当 $\Delta x\to0$ 时，$\Delta y=f(x_0+\Delta x)-f(x_0)$ 并不趋于 0. 由此可见，函数 $f(x)$ 在 x_0 点是否连续的标志是，当 $\Delta x\to0$ 时，$\Delta y=f(x_0+\Delta x)-f(x_0)$ 是否趋于 0. 下面给出函数的连续性定义.

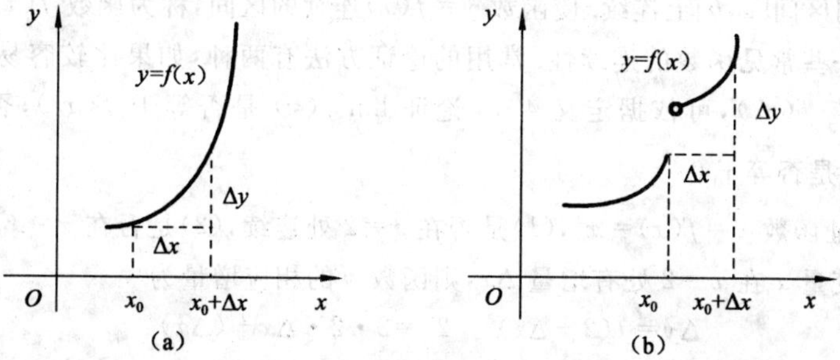

图 4-8 函数连续性示意图

定义 4.12 设函数 $y=f(x)$ 在点 x_0 及其邻域内有定义，当自变量 x 在点 x_0 处的改变量 $\Delta x\to0$ 时，函数相应的改变量有 $\Delta y\to0$，即

$$\lim_{\Delta x\to0}\Delta y=0 \quad 或 \quad \lim_{\Delta x\to0}[f(x_0+\Delta x)-f(x_0)]=0$$

则称函数 $y=f(x)$在 x_0 点**连续**,或称 x_0 是函数 $f(x)$的一个**连续点**.

在此定义中,由于 $\Delta x=x-x_0$,从而有 $x=x_0+\Delta x$,且有

$$\Delta y=f(x_0+\Delta x)-f(x_0)=f(x)-f(x_0)$$

即

$$f(x)=f(x_0)+\Delta y$$

由此可见,$\Delta x\to 0$ 就是 $x\to x_0$;$\Delta y\to 0$ 就是 $f(x)\to f(x_0)$,即

$$\lim_{x\to x_0} f(x)=f(x_0)$$

根据此等式,函数 $y=f(x)$在点 x_0 连续性的定义又可用下面的方式来叙述.

定义 4.13 设函数 $y=f(x)$在点 x_0 的某个邻域内有定义,如果当 $x\to x_0$ 时,函数 $f(x)$的极限存在,并且等于 $f(x)$在点 x_0 处的函数值 $f(x_0)$,即有

$$\lim_{x\to x_0} f(x)=f(x_0)$$

则称函数 $f(x)$在点 x_0 处连续.

从定义 4.13 可知,函数要在点 x_0 处连续,必须满足两个条件,一是函数 $f(x)$在点 x_0 的某个邻域内有定义,即 $f(x_0)$存在;二是函数 $f(x)$在点 x_0 处有极限且极限就等于 $f(x_0)$,即 $\lim\limits_{x\to x_0} f(x)=f(x_0)$. 又由于 $\lim\limits_{x\to x_0} x=x_0$,于是有

$$\lim_{x\to x_0} f(x)=f(x_0)=f(\lim_{x\to x_0} x).$$

上式的重要意义在于,函数 $f(x)$在点 x_0 处连续,表示先求函数值再求函数值在点 x_0 处的极限,与先求自变量的极限再求函数在该极限点的值,两种运算次序可以交换,于是求连续点处函数的极限值,就是求函数在该点的函数值,这给求连续函数的极限带来了极大的方便,把求连续函数极限的运算,简化成了求函数值的运算.

定义 4.14 若 $\lim\limits_{x\to x_0^-} f(x)=f(x_0)$,则称函数 $f(x)$在点 x_0 处**左连续**;若 $\lim\limits_{x\to x_0^+} f(x)=f(x_0)$,则称函数 $f(x)$在点 x_0 处**右连续**.

据定义 4.14 及函数左极限、右极限与极限的关系,有下面的定理.

定理 4.7 设函数 $y=f(x)$在点 x_0 的某个邻域内有定义,则函数 $y=f(x)$在 x_0 点连续的充分必要条件是 $f(x)$在 x_0 处既左连续又右连续.

定义 4.15 若函数 $y=f(x)$在开区间(a,b)内每一点都连续,则称函数 $y=f(x)$在开区间(a,b)内连续;若函数 $y=f(x)$在开区间(a,b)内每一点都连续,且在 a 处右连续,在 b 处左连续,则称函数 $y=f(x)$在闭区间$[a,b]$上连续. 使函数 $y=f(x)$连续的区间,称为函数 $f(x)$的**连续区间**.

下面来论证一些常见函数的连续性. 常用的论证方法有两种,如果比较容易求得函数的极限 $\lim\limits_{x\to x_0} f(x)$ 及函数值 $f(x_0)$,可依据定义 4.13 论证 $\lim\limits_{x\to x_0} f(x)$ 是否等于 $f(x_0)$;否则,可依据定义 4.12,论证 $\lim\limits_{\Delta x\to 0}\Delta y$ 是否等于 0.

例 4.28 求证函数 $y=f(x)=x^2$,(1)是否在 $x=2$ 处连续;(2)是否在 $x=x_0$ 处连续.

证:(1)设自变量 x 在 $x=2$ 处有增量 Δx,则函数 y 的相应增量为

$$\Delta y=f(2+\Delta x)^2-2^2=2\cdot 2\cdot\Delta x+(\Delta x)^2$$

因为

$$\lim_{\Delta x\to 0}\Delta y=\lim_{\Delta x\to 0}[4\cdot\Delta x+(\Delta x)^2]=4\lim_{\Delta x\to 0}\Delta x+\lim_{\Delta x\to 0}(\Delta x)^2=4\cdot 0+0=0$$

所以,$y=x^2$ 在 $x=2$ 处连续.

(2)因为 $\lim\limits_{x\to x_0} f(x)=\lim\limits_{x\to x_0} x^2=x_0^2=f(x_0)$,所以 $f(x)=x^2$ 在 $x=x_0$ 处连续.

例 4.29　证明函数 $y=\sin x$ 在 $(-\infty,+\infty)$ 内连续.

证：设 x_0 是 $(-\infty,+\infty)$ 中任意取定的一点，当自变量 x 在 x_0 处有增量 Δx 时，函数有相应的增量 Δy 为

$$\Delta y=\sin(x_0+\Delta x)-\sin x_0=2\cos\left(x_0+\frac{\Delta x}{2}\right)\sin\frac{\Delta x}{2}$$

因为 $\left|\cos\left(x_0+\frac{\Delta x}{2}\right)\right|\leqslant 1,\left|\sin\frac{\Delta x}{2}\right|\leqslant\left|\frac{\Delta x}{2}\right|$，所以有

$|\Delta y|=2\left|\cos\left(x_0+\frac{\Delta x}{2}\right)\right|\cdot\left|\sin\frac{\Delta x}{2}\right|\leqslant 2\left|\frac{\Delta x}{2}\right|=|\Delta x|$，即 $-|\Delta x|\leqslant\Delta y\leqslant|\Delta x|$

故当 $\Delta X\to 0$ 时，Δy 也一定趋于 0，即 $\lim\limits_{\Delta x\to 0}\Delta y=0$. 这就证明了函数 $y=\sin x$ 在 x_0 点连续. 又因为 x_0 是 $(-\infty,+\infty)$ 内的任意一点，所以 $y=\sin x$ 在 $(-\infty,+\infty)$ 内连续.

例 4.30　证明函数 $y=\cos x$ 在 $(-\infty,+\infty)$ 内连续.

证：设 x_0 是 $(-\infty,+\infty)$ 中任意取定的一点，当自变量 x 在 x_0 处有增量 Δx 时，函数有相应的增量 Δy 为

$$\Delta y=\cos(x_0+\Delta x)-\cos x_0=-2\sin\left(x_0+\frac{\Delta x}{2}\right)\sin\frac{\Delta x}{2}$$

因为 $\left|\sin\left(x_0+\frac{\Delta x}{2}\right)\right|\leqslant 1,\left|\sin\frac{\Delta x}{2}\right|\leqslant\left|\frac{\Delta x}{2}\right|$，所以有

$|\Delta y|=2\left|\sin\left(x_0+\frac{\Delta x}{2}\right)\right|\cdot\left|\sin\frac{\Delta x}{2}\right|\leqslant 2\left|\frac{\Delta x}{2}\right|=|\Delta x|$，即 $-|\Delta x|\leqslant\Delta y\leqslant|\Delta x|$；因此有 $\lim\limits_{\Delta x\to 0}\Delta y=0$. 这就证明了函数 $y=\cos x$ 在 $(-\infty,+\infty)$ 内连续.

例 4.31　证明：幂函数 $y=x^n$（n 为正整数）在 $(-\infty,+\infty)$ 内的连续性.

证：设 x_0 是 $(-\infty,+\infty)$ 中任意取定的一点，则函数 $y=x^n$ 当 $x\to x_0$ 时的极限为

$$\lim_{x\to x_0}f(x)=\lim_{x\to x_0}x^n=\underbrace{\lim_{x\to x_0}x\cdot\lim_{x\to x_0}x\cdots\lim_{x\to x_0}}_{n\text{个}}=\underbrace{x_0\cdot x_0\cdots x_0}_{n\text{个}}=x_0^n$$

而幂函数 $y=x^n$ 在 $x=x_0$ 处的函数值为 $f(x_0)={x_0}^n$，因此有

$$\lim_{x\to x_0}f(x)={x_0}^n=f(x_0)$$

故函数 $y=x^n$ 在 $(-\infty,+\infty)$ 内任意点处都是连续的，即 $y=x^n$ 是区间 $(-\infty,+\infty)$ 内的连续函数.

从上面的例子可看出，要证明一个函数 $y=f(x)$ 在某个区间内连续，只要在该区间内任取一点 x_0，再证明 $f(x)$ 在该点连续即可.

例 4.32　试讨论分段函数（见图 4-9）

$$f(x)=|x|=\begin{cases}x & \text{当 } x\geqslant 0\\ -x & \text{当 } x<0\end{cases}$$

在 $x=0$ 点的连续性.

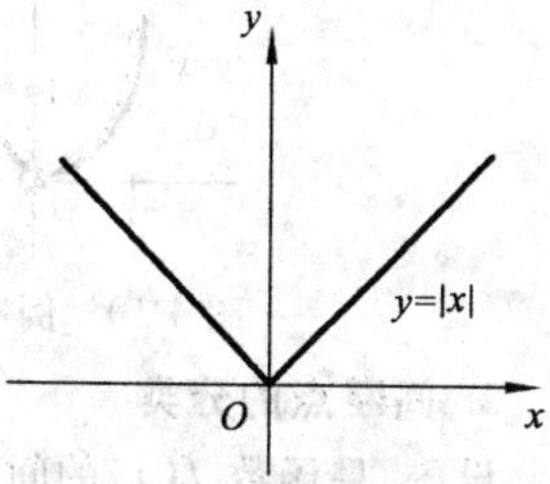

图 4-9　例 4.32 函数图像

解：由图 4-9 可知，函数在 $x=0$ 点左右两边由两个不同函数定义，先来求函数在 $x=0$ 点的左右极限.

左极限为 $\lim\limits_{x\to 0^-}f(x)=\lim\limits_{x\to 0^-}(-x)=0$，右极限为 $\lim\limits_{x\to 0^+}f(x)=\lim\limits_{x\to 0^+}(x)=0$；故有 $\lim\limits_{x\to 0}f(x)=0$. 由于 $f(0)=0$，所以有 $\lim\limits_{x\to 0}f(x)=f(0)$. 因此，函数 $f(x)=|x|$ 在 $x=0$ 处连续.

该例说明，在讨论分段函数分界点处的连续性时，需要分别求在该点的左极限、右极限及函数值，只有当三者都存在且相等时函数在该分界点处才连续.

4.3.3 函数的间断点

1. 函数间断的概念

由函数 $f(x)$在点 x_0 处连续的定义可知，函数 $f(x)$在点 x_0 处连续，必须同时满足下列三个条件：

(1)函数 $f(x)$在点 x_0 处的某个邻域内有定义；

(2) $\lim\limits_{x\to x_0} f(x)$ 存在；

(3) $\lim\limits_{x\to x_0} f(x) = f(x_0)$.

如果上述三个条件至少有一个不满足，则说函数 $f(x)$在点 x_0 处是间断的；而点 x_0 称为函数 $f(x)$的间断点.

例 4.33 讨论函数

$$f(x)=\begin{cases} x^2 & \text{当 } x<0 \\ 1 & \text{当 } x=0 \\ x & \text{当 } x>0 \end{cases}$$

当 $x\to 0$ 时，函数极限是否存在？在 $x=0$ 处函数是否连续？

解：因为 $\lim\limits_{x\to 0^-} f(x) = \lim\limits_{x\to 0^-} x^2 = 0$；$\lim\limits_{x\to 0^+} f(x) = \lim\limits_{x\to 0^+} x = 0$. 所以 $\lim\limits_{x\to 0} f(x) = 0$. 即当 $x\to x_0$ 时，函数 $f(x)$的极限存在且等于 0.

但是，因为 $f(0)=1\neq \lim\limits_{x\to 0} f(x) = 0$ ，所以函数 $f(x)$在 $x=0$ 处不连续(见图 4-10).

例 4.34 讨论函数

$$f(x)=\begin{cases} -1 & \text{当 } x<0 \\ 0 & \text{当 } x=0 \\ 2 & \text{当 } x>0 \end{cases}$$

在 $x=0$ 点的连续性.

解：

$$\lim_{x\to 0^-} f(x) = \lim_{x\to 0^-}(-1) = -1$$

$$\lim_{x\to 0^+} f(x) = \lim_{x\to 0^+}(2) = 2$$

所以，函数 $f(x)$在 $x=0$ 点不连续(见图 4-11).

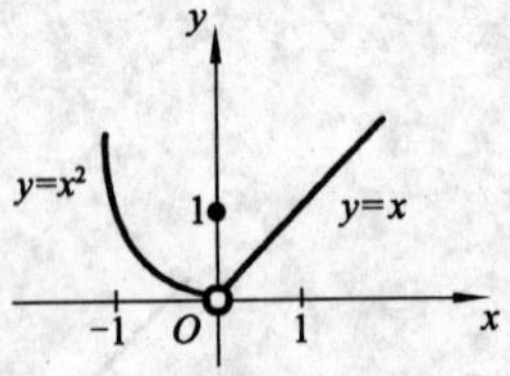

图 4-10　例 4.33 函数作图

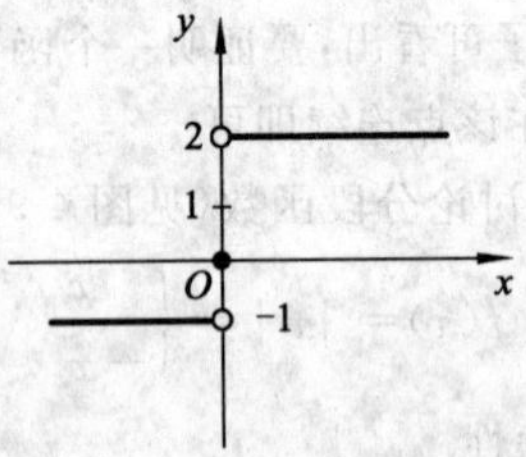

图 4-11　例 4.34 函数作图

2. 间断点的分类

设 x_0 是函数 $f(x)$的间断点. 根据间断情况不同，可将其分为两大类.

(1)第一类间断点：若 $f(x^-)$ 与 $f(x^+)$ 都存在，则称 x_0 为**第一类间断点**. 第一类间断点又有下列两种情况：

① 若 $f(x^-)\neq f(x^+)$ ，则称 x_0 为**跳跃间断点**. 称 $f(x^+)-f(x^-)$ 为**其跃度**. 如在例 4.34 中，$x=0$ 是函数的第一类跳跃间断点，跃度为 $f(0^+)-f(0^-)=2-(-1)=3$.

② 若 $f(x^-)=f(x^+)$ ，即函数 $f(x)$在点 x_0 的极限存在，则称 x_0 为**可去间断点**. 此时，如果函

数 $f(x)$在点 x_0 处无定义，可以补充定义 $f(x_0)=\lim\limits_{x\to x_0}f(x)$，使 $f(x)$在 x_0 处连续. 如果 $f(x_0)$存在（但此时一定有 $f(x_0)\neq\lim\limits_{x\to x_0}f(x)$），可以改变 $f(x)$在点 x_0 处的值，定义极限值为该点的函数值，使 $f(x)$在 x_0 处连续. 故称 x_0 为可去间断点. 如例 4.33，函数在 $x=0$ 点的极限存在且等于 0，但 $f(0)=1\neq0$，故函数在 $x=0$ 点间断，但它是一个可去间断点，因为只要定义 $f(0)=0$，函数就连续了.

(2)第二类间断点. 凡不属于第一类的间断点都称为第二类间断点. 特别地，若 $f(x_0^-)$与 $f(x_0^+)$中至少有一个为无穷大，则称 x_0 点为**无穷间断点**.

例 4.35 讨论函数 $y=\dfrac{1}{x-1}$ 在 $x=1$ 处的连续性. 如果 $x=1$ 是间断点，试判断间断点的类型.

解：由于函数 $y=\dfrac{1}{x-1}$ 在 $x=1$ 点无定义，因此函数在 $x=1$ 处间断. 又因为 $\lim\limits_{x\to1}\dfrac{1}{x-1}=\infty$，所以 $x=1$ 是 $f(x)$的无穷间断点.

4.3.4 连续函数的有关定理

1. 连续函数的运算法则

函数的连续性是通过极限定义的，由极限的运算法则可证明下列连续函数的运算法则.

定理 4.8 设函数 $f(x)$、$g(x)$均在 x_0 处连续，则有

(1) $f(x)\pm g(x)$在 $x=x_0$ 处连续；

(2) $f(x)\cdot g(x)$在 $x=x_0$ 处连续；

(3)若 $g(x_0)\neq0$，则 $f(x)/g(x)$在 $x=x_0$ 处连续.

根据该定理，有如下推论.

推论 有限多个在 $x=x_0$ 处连续的函数的和、差、积、商（作为分母的函数在 x_0 处不为0）在 x_0 点上也连续.

由此，可推出下面的结论：

① 多项式函数 $y=a_0x^n+a_1x^{n-1}+\cdots+a_{n-1}x^1+a_nx^0$ 在$(-\infty,+\infty)$内连续；

② 有理分式函数 $y=\dfrac{a_0x^n+a_1x^{n-1}+\cdots+a_{n-1}x^1+a_nx^0}{b_0x^m+b_1x^{m-1}+\cdots+b_{m-1}x^1+b_mx^0}$ $(b_0\neq0,a_0\neq0)$在其定义域内是连续的.

2. 复合函数的连续性

定理 4.9 设函数 $u=g(x)$在点 x_0 处连续，$y=f(u)$在 $u_0=g(x_0)$处连续，则复合函数 $y=f[g(x)]$在 x_0 处也连续.

根据定理，如果 $u=g(x)$在 $x=x_0$ 处极限存在，又 $y=f(u)$在对应的 u_0 处连续，则求连续函数的复合函数的极限值，就等于求连续点处的函数值，即极限符号可以与函数符号交换. 下面举例说明.

例 4.36 求极限 $\lim\limits_{x\to0}\dfrac{\ln(1+x)}{x}$.

解：设 $y=\ln u,u=(1+x)^{\frac{1}{x}}$，则构成复合函数 $y=\ln u=\ln(1+x)^{\frac{1}{x}}=\dfrac{\ln(1+x)}{x}$. 因为 $\lim\limits_{x\to0}u=\lim\limits_{x\to0}(1+x)^{\frac{1}{x}}=\mathrm{e}$，即极限存在. 而 $y=\ln u$ 在 $u=\mathrm{e}$ 处连续，故极限符号可以与函数符合交换，从而有

$$\lim_{x\to0}\frac{\ln(1+x)}{x}=\lim_{x\to0}\ln(1+x)^{\frac{1}{x}}=\ln[\lim_{x\to0}(1+x)^{\frac{1}{x}}]=\ln\mathrm{e}=1.$$

3. 反函数的连续性

定理 4.10 设函数 $y=f(x)$ 在区间 $[a,b]$ 上连续且严格单调递增（或严格单调递减），并有 $f(a)=c, f(b)=d$，则它的反函数 $x=f^{-1}(y)$ 在区间 $[c,d]$ 上连续，且严格单调递增（或严格单调递减）.

例如，由于 $y=\sin x$ 在 $\left[-\frac{\pi}{2},\frac{\pi}{2}\right]$ 上严格单调递增且连续，$f\left(-\frac{\pi}{2}\right)=-1, f\left(\frac{\pi}{2}\right)=1$，因此根据定理 4.10，在区间 $[-1,1]$ 上存在单调递增的反函数 $x=\arcsin y$（或改写成 $y=\arcsin x$），且在 $[-1,1]$ 上连续.

同理可知，$y=\arccos x$ 在 $[-1,1]$ 上单调递减且连续；$y=\arctan x$ 在 $(-\infty,+\infty)$ 内单调递增且连续；$y=\mathrm{arccot}\, x$ 在 $(-\infty,+\infty)$ 内单调递减且连续.

在上述定理的基础上，可以得到下面的重要结论：

初等函数在其定义区间内处处连续.

根据该结论，需要指出两点：

(1) 一个初等函数的定义域就是该初等函数的连续区间. 因此，求一个初等函数的连续区间可简化为求该初等函数的定义域.

(2) 初等函数在其定义域内任一点 x_0 处的极限就是函数在该点的函数值，即

$$\lim_{x \to x_0} f(x) = f(x_0) = f(\lim_{x \to x_0} x)$$

例如，$x=\mathrm{e}$ 是初等函数 $f(x)=\arcsin \ln x$ 定义区间内的点，故有

$$\lim_{x \to \mathrm{e}} \arcsin \ln x = \arcsin \ln(\lim_{x \to \mathrm{e}} x) = \arcsin \ln \mathrm{e} = \arcsin 1 = \frac{\pi}{2}$$

例 4.37 求函数

$$y=\begin{cases} \mathrm{e}^x & \text{当 } x \leqslant 0 \\ x^2 & \text{当 } 0 < x \leqslant 1 \\ 2x & \text{当 } x > 1 \end{cases}$$

的定义域、连续区间及间断点.

解：由题设，函数的定义域为 $(-\infty,+\infty)$，则

$$\lim_{x \to 0^-} f(x) = \lim_{x \to 0^-} \mathrm{e}^x = 1; \lim_{x \to 0^+} f(x) = \lim_{x \to 0^+} x^2 = 0;$$

$$\lim_{x \to 1^-} f(x) = \lim_{x \to 1^-} x^2 = 1; \lim_{x \to 1^+} f(x) = \lim_{x \to 1^+} 2x = 2.$$

显然，$\lim\limits_{x \to 0} f(x)$ 及 $\lim\limits_{x \to 1} f(x)$ 不存在，故 $x=0, x=1$ 都是函数的间断点.

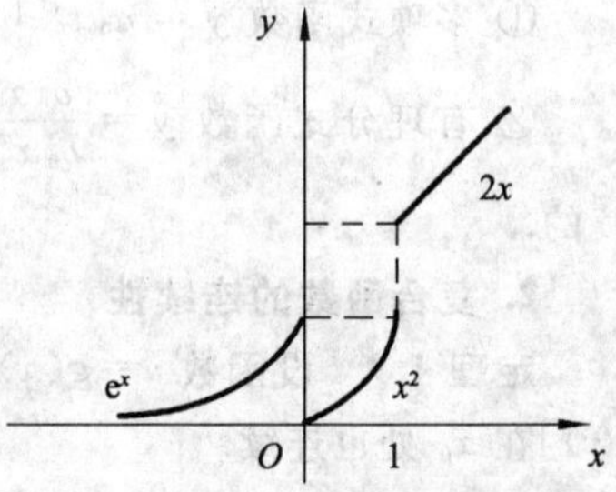

图 4-12 例 4.37 函数图像

又因为 $\mathrm{e}^x, x^2, 2x$ 都是初等函数，所以 $f(x)$ 在各分段区间内是连续的（见图 4-12）.

函数的连续区间是

$$(-\infty,0] \cup (0,1] \cup (1,+\infty).$$

4.3.5 闭区间上连续函数的性质

若 $f(x)$ 在 (a,b) 内的所有点 x 都连续，则称 $f(x)$ 在 (a,b) 上连续. 若 $f(x)$ 在 (a,b) 上连续，且 $\lim\limits_{x \to a^+} f(x) = f(a)$ 和 $\lim\limits_{x \to b^-} f(x) = f(b)$ 成立，则称 $f(x)$ 在闭区间 $[a,b]$ 上连续. 闭区间上连续的函数有以下重要性质，下面不加证明的以定理形式给出这些性质.

定理 4.11 闭区间 $[a,b]$ 上的连续函数 $f(x)$，在 $[a,b]$ 上必定有界，即存在正数 $M>0$，使 $|f(x)|<M, x\in[a,b]$，如图 4-13 所示.

该定理中的两个条件必须满足，否则定理不成立.

①讨论的区间一定要是闭区间，例如在开区间(0,1)上定义的函数 $f(x)=\frac{1}{x}$ 连续但却无界.

②讨论的函数一定要连续，例如在闭区间[0,2]上定义的函数 $f(x)=\frac{1}{x-1}$ 不连续且无界.

定理 4.12　闭区间 $[a,b]$ 上的连续函数 $f(x)$，在 $[a,b]$ 上必能取到最大值和最小值，即在 $[a,b]$ 上一定存在两点 x_1,x_2，使对一切 $x\in[a,b]$，成立(见图 4-14)：

$$f(x_2)\leqslant f(x)\leqslant f(x_1).$$

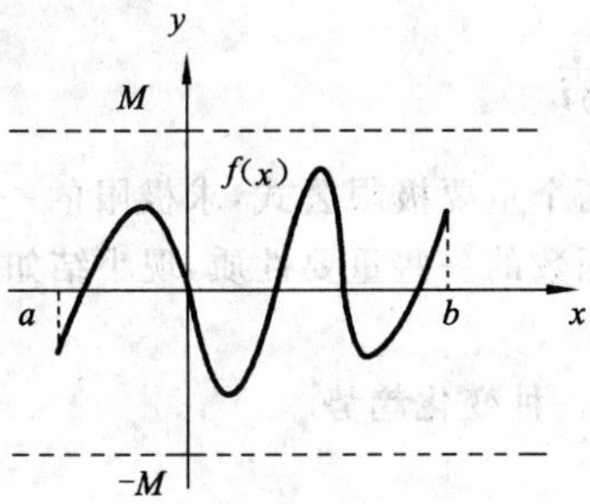

图 4-13　连续且有界函数例

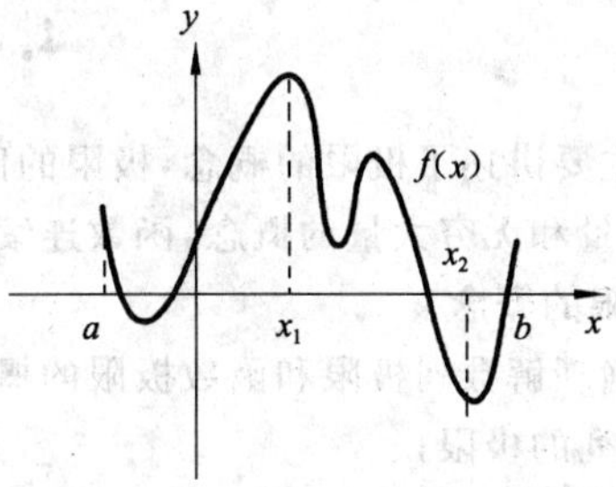

图 4-14　定理 4.12 的函数例

该定理也应注意两点：

①定义区间是闭区间. 例如在开区间 (a,b) 上定义的连续函数 $y=x$，它在 (a,b) 上既取不到最大值，也取不到最小值.

②函数在闭区间上连续. 例如函数

$$y=\begin{cases}1-x & \text{当 } 0\leqslant x<1\\ 1 & \text{当 } x=1\\ 3-x & \text{当 } 1<x\leqslant 2\end{cases}$$

定义在闭区间[0,2]，$x=1$ 是其间断点；在[0,2]上既取不到最大值，也取不到最小值.

定理 4.13　设函数 $f(x)$ 在闭区间 $[a,b]$ 上连续，m 与 M 分别为 $f(x)$ 在 $[a,b]$ 上的最小值和最大值，则对于 m 与 M 之间的任何数 c，在开区间 (a,b) 内至少有一点 x_p，使得

$$f(x_p)=c\quad(a<x_p<b)$$

如图 4-15 所示.

定理 4.14　若函数 $f(x)$ 在闭区间 $[a,b]$ 上连续，且 $f(a)\cdot f(b)<0$，则一定存在一点 $x_0\in(a,b)$，使得 $f(x_0)=0$(见图 4-16).

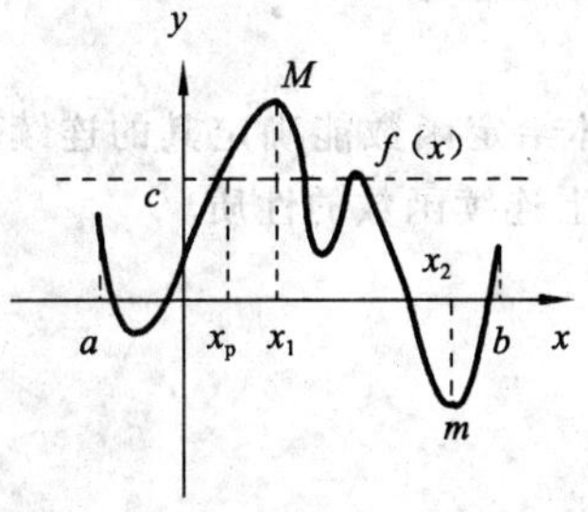

图 4-15　中值定理示意图

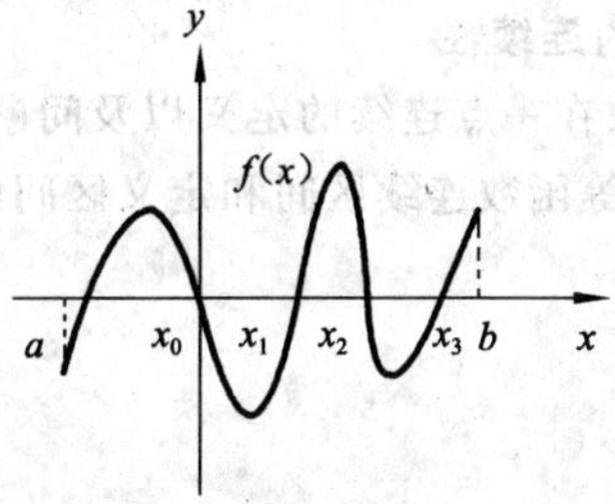

图 4-16　零点存在定理示意图

例 4.38　试证明代数方程 $x^5-5x-1=0$ 在(1,2)内至少有一个根.

证：令 $f(x)=x^5-5x-1$. 显然，$f(x)$ 是初等函数，因而在闭区间[1,2]上连续. 又有

$$f(1)=1^5-5\cdot1-1=-5<0;\qquad f(2)=2^5-5\cdot2-1=21>0$$

故 $f(1)\cdot f(2)<0$. 由定理 4.14,在(1,2)中至少有一点 x_0,使

$$f(x_0)=0\quad(1<x_0<2)$$

这就证明了代数方程 $x^5-5x-1=0$ 在(1,2)内至少有一个根.

例 4.39 试证方程 $x\cdot 2^x-1=0$ 至少有一个小于 1 的正根.

证:因为初等函数 $f(x)=x\cdot 2^x-1$ 在[0,1]上连续,又 $f(0)=-1<0$,$f(1)=1>0$. 由定理 4.14,函数 $f(x)$在(0,1)内至少有一个点 x_0,使得 $f(x_0)=0$,即方程 $x\cdot 2^x-1=0$ 至少有一个小于 1 的正根.

4.4 小　　结

本章主要讲述了极限的概念,极限的四则运算法则,两个重要极限公式,求极限的一些常用方法,无穷小量和无穷大量的概念,函数连续的概念及连续函数的一些重要性质,现小结如下:

1. 极限的概念

要正确理解数列极限和函数极限的概念. 极限是量的一种变化趋势.

(1)数列的极限;

(2)函数的极限.

2. 极限的运算法则

极限的运算法则主要包括:

(1)极限的四则运算法则;

(2)无穷小量的运算规则;

(3)无穷大量的运算规则;

(4)极限存在的两个准则.

3. 两个重要极限公式

认识和掌握两个重要的极限,并学会运用这两个极限公式去求其他函数极限.

4. 求函数极限常用方法归纳

(1)根据函数极限定义求极限;

(2)利用函数极限的四则运算法则求极限;

(3)利用无穷小量与无穷大量的运算规则求极限;

(4)利用两个重要极限公式求极限;

(5)利用初等函数的连续性求极限;

(6)利用左、右极限来确定分段函数在分段点处的极限求极限.

5. 函数的连续性

掌握函数在一点连续的定义以及间断的定义. 对具体给定函数能确定其的连续区间、找出间断点. 认识初等函数连续区间和定义区间的关系,闭区间上连续函数的性质.

习　题　4

1. 写出下列各数列的通项,并指出收敛数列的极限值:

(1) $1,\frac{1}{3},\frac{1}{5},\frac{1}{7},\frac{1}{9},\cdots$

(2) $1,-\frac{1}{2},\frac{1}{3},-\frac{1}{4},\frac{1}{5},-\frac{1}{6},\cdots$

(3) $\frac{\sqrt{2}}{1},\frac{\sqrt{5}}{2},\frac{\sqrt{10}}{3},\frac{\sqrt{17}}{4},\frac{\sqrt{26}}{5},\cdots$

(4) $0,1,0,\frac{1}{2},0,\frac{1}{3},0,\frac{1}{4},\cdots$

2. 求下列数列的极限：

(1) $y_n=1-\frac{1}{2^n}$；　(2) $y_n=\frac{n}{n+2}$；　(3) $y_n=\frac{1}{\sqrt{n}}$；

(4) $y_n=\frac{n-1}{2n+1}$；　(5) $y_n=\sqrt{n+1}-\sqrt{n}$；　(6) $y_n=\frac{1}{1\cdot 2}+\frac{1}{2\cdot 3}+\cdots+\frac{1}{n(n+1)}$.

3. 设函数

$$f(x)=\begin{cases}x & 当\ x<2\\ 3x-2 & 当\ 2\leqslant x<3,\\ x^2-2 & 当\ x\geqslant 3\end{cases}$$

求 $\lim\limits_{x\to 2^-}f(x)$，$\lim\limits_{x\to 2^+}f(x)$，$\lim\limits_{x\to 3^-}f(x)$，$\lim\limits_{x\to 3^+}f(x)$，并判断函数 $f(x)$ 在点 $x=2$，$x=3$ 处极限是否存在.

4. 判断函数

$$f(x)=\begin{cases}x+3 & 当\ x<1\\ 1 & 当\ x=1,\\ x-2 & 当\ x>1\end{cases}$$

当 $x\to 1$ 时的极限是否存在？如果存在，求出极限值.

5. 指出下列各题中，哪些是无穷大量？哪些是无穷小量？

(1) $\frac{2x-1}{x}$，当 $x\to 0$ 时；　(2) $\frac{x+100}{x^2-4}$，当 $x\to 2$ 时；

(3) $\ln x$，当 $x\to 0^+$；　(4) $2^{-x}-1$，当 $x\to 0$ 时；

(5) $e^{\frac{1}{x}}-1$，当 $x\to\infty$ 时；　(6) $\frac{\sin x}{1+\sec x}$，当 $x\to 0$ 时.

6. 求下列各极限：

(1) $\lim\limits_{x\to\infty}\frac{2x+1}{x}$；　(2) $\lim\limits_{x\to-\infty}2^x$；　(3) $\lim\limits_{x\to 0}(5x+2)$；

(4) $\lim\limits_{x\to-2}\frac{x^2-1}{x+1}$；　(5) $\lim\limits_{x\to-2}(3x^2+2x-5)$；　(6) $\lim\limits_{x\to 1}\frac{x^2-9x+2}{x^3-4x+6}$；

(7) $\lim\limits_{x\to 0}\frac{4x^3+3x^2-3x}{4x^2+5x}$；　(8) $\lim\limits_{x\to 0}\left(2-\frac{5}{x-5}\right)$；　(9) $\lim\limits_{x\to\infty}\left(1-\frac{1}{x}+\frac{6}{x^2}\right)$；

(10) $\lim\limits_{h\to 0}\frac{(x+h)^2-x^2}{h}$；　(11) $\lim\limits_{h\to 0}\frac{\sqrt{x+h}-\sqrt{x}}{h}$；　(12) $\lim\limits_{h\to 0}\left[\frac{1}{h(x+h)}-\frac{1}{hx}\right]$；

(13) $\lim\limits_{x\to\infty}\frac{\sin x}{x}$；　(14) $\lim\limits_{x\to 0}x\cos x$.

7. 试比较两个无穷小量的阶.

(1) $2x^2$ 与 $1-\cos x$　$(x\to 0)$　(2) $3x^2$ 与 $x+\sin x$　$(x\to 0)$

(3) $\sin x$ 与 $\tan x$　$(x\to 0)$　(4) x 与 $\sin 3x$　$(x\to 0)$

(5) x 与 $1-\cos x$　$(x\to 0)$　(6) x 与 $\sin\sqrt{x}$　$(x\to 0)$

8. 求下列极限：

(1) $\lim\limits_{x\to\infty}\frac{\arctan x}{x}$；　(2) $\lim\limits_{x\to 0}\frac{x}{\tan x}$；　(3) $\lim\limits_{x\to 0}\frac{\sin 3x}{\tan 2x}$；

(4) $\lim\limits_{x\to 0}\dfrac{\sin 3x-\tan 4x}{x}$；　(5) $\lim\limits_{x\to\infty}\left(1-\dfrac{2}{x}\right)^{x}$；　(6) $\lim\limits_{x\to\infty}\left(1+\dfrac{4}{x}\right)^{\frac{x}{3}+2}$；

(7) $\lim\limits_{x\to 0}\left(\dfrac{2-x}{2}\right)^{\frac{6}{x}-3}$；　(8) $\lim\limits_{x\to\infty}\left(\dfrac{2x+3}{2x+1}\right)^{x-1}$.

9. 设函数

$$f(x)=\begin{cases}2x+2 & 当\ x\leqslant 0\\ x^2+1 & 当\ 0<x\leqslant 1,\\ \dfrac{1}{x} & 当\ x>1\end{cases}$$

(1)求其定义域；

(2)说明在其定义域内函数是否连续；

(3)求函数的连续区间.

10. 设函数

$$f(x)=\begin{cases}x^2 & 当\ 0<x<1\\ \dfrac{1}{2} & 当\ x=1\\ \dfrac{1}{2}x & 当\ 1<x<2\end{cases},$$

(1)求函数的定义域；

(2)求 $\lim\limits_{x\to 1^-}f(x)$，$\lim\limits_{x\to 1^+}f(x)$，问 $\lim\limits_{x\to 1}f(x)$ 存在吗？

(3)求函数值 $f(1)$，并判断在点 $x=1$ 处是否左连续或右连续？

(4)求 $f(x)$的连续区间.

11. 求下列函数的间断点：

(1) $f(x)=\dfrac{1}{(2x-1)^2}$；　(2) $f(x)=\dfrac{x^2-4}{x^2+x-6}$；

(3) $f(x)=\dfrac{x^3-1}{x^2-9}$；　(4) $f(x)=\dfrac{2x}{\sin x}$.

12. 设函数

$$f(x)=\begin{cases}\dfrac{1}{x}\sin x & 当\ x<0\\ k & 当\ x=0,\\ x\sin\dfrac{1}{x}+l & 当\ x>0\end{cases}$$

(1)当 k 为何值时，函数 $f(x)$在 $x=0$ 处左连续？

(2)当 l 为何值时，函数 $f(x)$在 $x=0$ 处右连续？

(3)当 k 和 l 为何值时，函数 $f(x)$在 $x=0$ 处连续？

13. 利用初等函数的连续性求下列极限.

(1) $\lim\limits_{x\to\frac{\pi}{2}}\dfrac{\sin x+\cos x}{2x}$；　(2) $\lim\limits_{x\to\infty}x\ln\left(1+\dfrac{1}{x}\right)$；　(3) $\lim\limits_{x\to\frac{1}{2}}\ln\arcsin x$；

(4) $\lim\limits_{x\to 0}\dfrac{\ln(1+x^2)}{\sin\left(\dfrac{\pi}{2}+x^2\right)}$；　(5) $\lim\limits_{x\to 0}\left[\dfrac{\lg(100+x)}{a^x+\arcsin x}\right]^{\frac{1}{2}}$；　(6) $\lim\limits_{x\to 0}\mathrm{e}^{\arcsin(1-x)}$.

14. 验证 $\sqrt{1+x}-1$ 与 $\frac{x}{2}$ 在($x\to 0$)时是等价无穷小量.

15. 验证方程 $4x=2^x$ 在 $\left[0,\frac{1}{2}\right]$ 有一个根.

16. 设函数 $f(x)$ 在 $[a,b]$ 上连续，$f(a)<a$，$f(b)>b$. 试证明在开区间 (a,b) 内至少有一点 x_p，使 $f(x_p)=x_p$.

第5章 导数与微分

本章在函数极限基础上研究微分学.微分学中最重要的两个概念是函数导数与函数微分.导数刻画函数相对于自变量的变化速度;微分则指明自变量有微小变化时函数的变化大小.因此导数和微分在很多实际问题中都有着广泛的应用.

5.1 导数的概念

导数的概念起源于几何学中的切线问题和运动学中的速度问题.

5.1.1 导数的定义

考察物体作变速直线运动时的速度问题.设物体运动的路程(距离)为 s,则它是时刻 t 的函数:$s = s(t)$.从时刻 t_0 开始,经过时间 Δt 后,到达时刻 $t_0 + \Delta t$,在这段时间内物体的运动距离为

$$\Delta s = s(t_0 + \Delta t) - s(t_0)$$

于是,物体从时刻 t_0 到 $t_0 + \Delta t$ 这段时间间隔内的平均速度为

$$\frac{\Delta s}{\Delta t} = \frac{s(t_0 + \Delta t) - s(t_0)}{\Delta t}$$

显然,$|\Delta t|$ 越小,平均速度就越接近于物体在时刻 t_0 时的瞬时速度,所以物体在时刻 t_0 的瞬时速度 $v(t_0)$ 可以定义为极限

$$v(t_0) = \lim_{\Delta t \to 0} \frac{s(t_0 + \Delta t) - s(t_0)}{\Delta t}.$$

在自然科学和工程技术等领域中,常常要研究这种形式的极限,并定义其为函数的导数.

定义 5.1 设函数 $y = f(x)$ 在点 x_0 处的某邻域内有定义;任取自变量的增量 Δx($\Delta x \neq 0$)且 $x_0 + \Delta x$ 仍在该邻域内;相应地,函数 $y = f(x)$ 有增量 $\Delta y = f(x_0 + \Delta x) - f(x_0)$.当 Δx 趋于 0 时,若增量比 $\dfrac{\Delta y}{\Delta x}$ 的极限

$$\lim_{\Delta x \to 0} \frac{\Delta y}{\Delta x} = \lim_{\Delta x \to 0} \frac{f(x_0 + \Delta x) - f(x_0)}{\Delta x} \tag{5.1}$$

存在,则称式 5.1 中的极限为函数 $y = f(x)$ 在点 x_0 处的**导数**,记做 $f'(x_0)$,并称函数 $y = f(x)$ 在点 x_0 处**可导**,即有

$$f'(x_0) = \lim_{\Delta x \to 0} \frac{\Delta y}{\Delta x} = \lim_{\Delta x \to 0} \frac{f(x_0 + \Delta x) - f(x_0)}{\Delta x} \tag{5.2}$$

若式 5.1 中的极限不存在,则称函数 $y = f(x)$ 在点 x_0 处不可导.

函数 $y=f(x)$ 在点 x_0 处的导数 $f'(x_0)$ 还可记为

$$y'\big|_{x=x_0},\left.\frac{\mathrm{d}y}{\mathrm{d}x}\right|_{x=x_0},\left.\frac{\mathrm{d}f(x)}{\mathrm{d}x}\right|_{x=x_0},\left.\frac{\mathrm{d}}{\mathrm{d}x}f(x)\right|_{x=x_0}\quad 等.$$

若取定点 x_0，并令 $x=x_0+\Delta x$，则当 $\Delta x\to 0$ 时，有 $x\to x_0$. 这时函数 $y=f(x)$ 在点 x_0 处的导数 $f'(x_0)$ 的表示式 5.2 可写成

$$f'(x_0)=\lim_{x\to x_0}\frac{f(x)-f(x_0)}{x-x_0} \tag{5.3}$$

特别地，函数 $y=f(x)$ 在点 $x_0=0$ 处的导数 $f'(0)$ 还可表示成

$$f'(0)=\lim_{x\to 0}\frac{f(x)-f(0)}{x} \tag{5.4}$$

有了导数的概念，前面讨论过的物体作直线运动的（瞬时）速度就可以用导数来表示了. 设物体作直线运动的运动方程为 $s=s(t)$，则物体在时刻 t_0 的速度为

$$v(t_0)=s'(t_0) \tag{5.5}$$

例 5.1 求函数 $y=x^2$ 在点 x_0 处的导数.

解：因为有 $\Delta y=(x_0+\Delta x)^2-x_0{}^2=2x_0\Delta x+(\Delta x)^2$；于是

$$y'\big|_{x=x_0}=\lim_{\Delta x\to 0}\frac{\Delta y}{\Delta x}=\lim_{\Delta x\to 0}\frac{2x_0\Delta x+(\Delta x)^2}{\Delta x}=\lim_{\Delta x\to 0}(2x_0+\Delta x)=2x_0.$$

例如，当 $x_0=1$ 时，得到 $y'\big|_{x=1}=2\cdot 1=2$；当 $x_0=3$ 时，得到 $y'\big|_{x=3}=2\cdot 3=6$.

例 5.2 设函数 $f(x)$ 在点 x_0 处可导，且 $f'(x_0)=4$，求极限

$$\lim_{h\to 0}\frac{f(x_0+h)-f(x_0-2h)}{h}$$

解：
$$\begin{aligned}\lim_{h\to 0}\frac{f(x_0+h)-f(x_0-2h)}{h}&=\lim_{h\to 0}\frac{f(x_0+h)-f(x_0)+f(x_0)-f(x_0-2h)}{h}\\&=\lim_{h\to 0}\frac{f(x_0+h)-f(x_0)}{h}+\lim_{2h\to 0}2\cdot\frac{f(x_0-2h)-f(x_0)}{-2h}\\&=f'(x_0)+2f'(x_0)=3f'(x_0),\end{aligned}$$

由假设 $f'(x_0)=4$，因此

$$\lim_{h\to 0}\frac{f(x_0+h)-f(x_0-2h)}{h}=3\cdot 4=12.$$

5.1.2 左导数与右导数

上节利用极限定义了函数 $f(x)$ 在某一点 x_0 处的导数. 现在再利用左、右极限的概念来定义函数 $f(x)$ 在点 x_0 处的左、右导数.

设函数 $f(x)$ 在点 x_0 及其左（或右）邻域内有定义. 若左（或右）极限

$$\lim_{\Delta x\to 0^-}\frac{f(x_0+\Delta x)-f(x_0)}{\Delta x}\quad\left(或\ \lim_{\Delta x\to 0^+}\frac{f(x_0+\Delta x)-f(x_0)}{\Delta x}\right)$$

存在，则称此左（或右）极限为 $f(x)$ 在点 x_0 处的**左**（或**右**）**导数**，记做 $f'_-(x_0)$（或 $f'_+(x_0)$）.

即有：$f'_-(x_0)=\lim\limits_{\Delta x\to 0^-}\dfrac{f(x_0+\Delta x)-f(x_0)}{\Delta x}$ （或 $f'_+(x_0)=\lim\limits_{\Delta x\to 0^+}\dfrac{f(x_0+\Delta x)-f(x_0)}{\Delta x}$）

根据左、右极限与极限的关系，有下面的定理.

定理 5.1 函数 $f(x)$ 在点 x_0 处可导的充分必要条件是 $f(x)$ 在点 x_0 处的左、右导数 $f'_-(x_0)$ 与 $f'_+(x_0)$ 存在且相等，即有 $f'_-(x_0)=f'(x_0)=f'_+(x_0)$.

例 5.3 讨论函数 $f(x)=|x|$ 在点 $x=0$ 处的可导性.

解： $f'_-(0)=\lim\limits_{\Delta x\to 0^-}\dfrac{f(0+\Delta x)-f(0)}{\Delta x}=\lim\limits_{\Delta x\to 0^-}\dfrac{|\Delta x|-0}{\Delta x}=\lim\limits_{\Delta x\to 0^-}\dfrac{-\Delta x}{\Delta x}=-1$,

$$f'_+(0)=\lim_{\Delta x\to 0^+}\frac{f(0+\Delta x)-f(0)}{\Delta x}=\lim_{\Delta x\to 0^+}\frac{|\Delta x|-0}{\Delta x}=\lim_{\Delta x\to 0^+}\frac{\Delta x}{\Delta x}=1$$

由于 $f'_-(0)\neq f'_+(0)$，根据定理 5.1，函数 $f(x)=|x|$ 在 $x=0$ 处不可导.

例 5.4 讨论函数

$$f(x)=\begin{cases}\sin x & \text{当 } x<0\\ \ln(1+x) & \text{当 } x\geqslant 0\end{cases}$$

在点 $x=0$ 处的可导性.

解：因为 $f(0)=\ln(1+0)=0$，且

$$f'_-(0)=\lim_{x\to 0^-}\frac{f(x)-f(0)}{x}=\lim_{x\to 0^-}\frac{\sin x-0}{x}=1, f'_+(0)=\lim_{x\to 0^+}\frac{f(x)-f(0)}{x}=\lim_{x\to 0^+}\frac{\ln(1+x)-0}{x}=1,$$

因此有 $f'_-(0)=f'_+(0)$. 根据定理 5.1，函数 $f(x)$ 在 $x=0$ 处可导，且 $f'(0)=1$.

设函数 $y=f(x)$ 在开区间(有限或无限) I 内的每一点处都可导，则称函数 $y=f(x)$ 在 I 内可导. $f(x)$ 在闭区间 $[a,b]$ 上可导的含义是 $f(x)$ 在 (a,b) 内可导，且在 $x=a$ 存在右导数，在 $x=b$ 存在左导数.

若函数 $y=f(x)$ 在开区间 I 内可导，则对于 I 内的每一个 x 值，都有唯一确定的导数值 $f'(x)$ 与之对应；一般说来，x 不同，$f'(x)$ 也不同. 因此 $f'(x)$ 仍是 x 的函数，并称 $f'(x)$ 为函数 $y=f(x)$ 的导函数. 函数 $y=f(x)$ 的导函数记号除 $f'(x)$ 外还可记为

$$y',\frac{\mathrm{d}y}{\mathrm{d}x},\frac{\mathrm{d}f(x)}{\mathrm{d}x},\frac{\mathrm{d}}{\mathrm{d}x}f(x)\text{ 等.}$$

根据式 5.2，只要将式中的 x_0 换成 x 便得到 $f(x)$ 的导函数

$$f'(x)=\lim_{\Delta x\to 0}\frac{f(x+\Delta x)-f(x)}{\Delta x}.$$

在不会引起混淆的情况下，常常将导函数简称为导数，而称 $f'(x_0)$ 为函数 $y=f(x)$ 在点 x_0 处的导数值.

5.1.3 函数可导与连续的关系

函数的可导性与连续性有着密切的关系.

定理 5.2 若函数 $y=f(x)$ 在点 x_0 处可导，则它在该点处必定连续.

今设 $y=f(x)$ 在点 x_0 处可导，从而极限 $\lim\limits_{\Delta x\to 0}\dfrac{\Delta y}{\Delta x}=f'(x_0)$ 存在. 根据 $\Delta x\neq 0$ 的规定，$\lim\limits_{\Delta x\to 0}\Delta y=\lim\limits_{\Delta x\to 0}\dfrac{\Delta y}{\Delta x}\cdot\Delta x=\lim\limits_{\Delta x\to 0}\dfrac{\Delta y}{\Delta x}\cdot\lim\limits_{\Delta x\to 0}\Delta x=f'(x_0)\cdot 0=0$. 故得 $y=f(x)$ 在 x_0 点连续.

必须注意，定理 5.2 的逆命题不一定成立；即，函数 $y=f(x)$ 在点 x_0 处连续，但在该点处未必可导. 例如，函数 $f(x)=|x|$ 在点 $x=0$ 处连续但不可导. 而函数 $y=x^2$ 在 $(-\infty,+\infty)$ 内连续，且它在 $(-\infty,+\infty)$ 内也可导.

因此，函数在某点处连续，是函数在该点可导的必要条件，而不是充分条件. 但由定理 5.2 可知，若函数在某一点处不连续，则它在该点必不可导.

例 5.5 讨论函数

$$f(x)=\begin{cases}x-1 & \text{当 } x\leqslant 0\\ 2x & \text{当 } 0<x\leqslant 1\\ x^2+1 & \text{当 } 1<x\end{cases}$$

在 $x=0$ 和 $x=1$ 处的连续性和可导性.

解:(1)先讨论 $x=0$ 处的情况,根据函数式,有

$$f(0^-)=\lim_{x\to 0^-}f(x)=\lim_{x\to 0^-}(x-1)=-1;\qquad f(0^+)=\lim_{x\to 0^+}f(x)=\lim_{x\to 0^+}(2x)=0.$$

因为 $f(0^-)\neq f(0^+)$,于是 $\lim\limits_{x\to 0}f(x)$ 不存在,所以函数 $f(x)$ 在 $x=0$ 处不连续,由定理5.2可知,$f(x)$ 在 $x=0$ 处不可导.

(2)再讨论 $x=1$ 处的情况.

$$f(1^-)=\lim_{x\to 1^-}f(x)=\lim_{x\to 1^-}(2x)=2;\qquad f(1^+)=\lim_{x\to 1^+}f(x)=\lim_{x\to 1^+}(x^2+1)=2.$$

因为 $f(1^-)=f(1^+)$,于是有 $\lim\limits_{x\to 1}f(x)=2=f(1)$. 所以函数 $f(x)$ 在点 $x=1$ 处连续.

下面再来讨论函数 $f(x)$ 在点 $x=1$ 处的可导性. 因为

$$f'_-(1)=\lim_{\Delta x\to 0^-}\frac{f(1+\Delta x)-f(1)}{\Delta x}=\lim_{\Delta x\to 0^-}\frac{2(1+\Delta x)-2}{\Delta x}=\lim_{\Delta x\to 0^-}\frac{2\Delta x}{\Delta x}=2.$$

$$f'_+(1)=\lim_{\Delta x\to 0^+}\frac{f(1+\Delta x)-f(1)}{\Delta x}=\lim_{\Delta x\to 0^+}\frac{[(1+\Delta x)^2+1]-2}{\Delta x}=\lim_{\Delta x\to 0^+}\frac{2\Delta x+(\Delta x)^2}{\Delta x}=2.$$

故有

$$\lim_{\Delta x\to 0}\frac{f(1+\Delta x)-f(1)}{\Delta x}=2.$$

即

$$f'(1)=2.$$

所以函数 $y=f(x)$ 在 $x=1$ 处连续且可导.

函数 $y=f(x)$ 在某区间 I 内连续可导的含义是指 $y=f(x)$ 的导函数在 I 内连续.

5.1.4 导数的几何意义

假设函数 $y=f(x)$ 所表示的图形是曲线 C,在其上任取一定点 $M(x_0,f(x_0))$. 再取自变量的增量 Δx,于是得到曲线 C 上的另一点 $P(x_0+\Delta x,f(x_0+\Delta x))$. 作割线 MP,它的斜率为

$$\frac{f(x+\Delta x)-f(x)}{\Delta x}=\tan\beta$$

当动点 P 沿着曲线 C 趋于点 M 时,割线 MP 的极限位置就是 C 在点 M 的切线 T(见图 5-1). 设切线 T 的斜率为 k,则

$$k=\lim_{\Delta x\to 0}\frac{f(x_0+\Delta x)-f(x_0)}{\Delta x}=f'(x_0)=\tan\alpha \qquad (5.6)$$

其中 α 是切线 T 的倾斜角.

从式5.6可以看出,函数 $y=f(x)$ 在点 x_0 处的导数 $f'(x_0)$ 就是曲线 $y=f(x)$ 在点 $(x_0,f(x_0))$ 处的切线 T 的斜率. 这就是导数的几何意义.

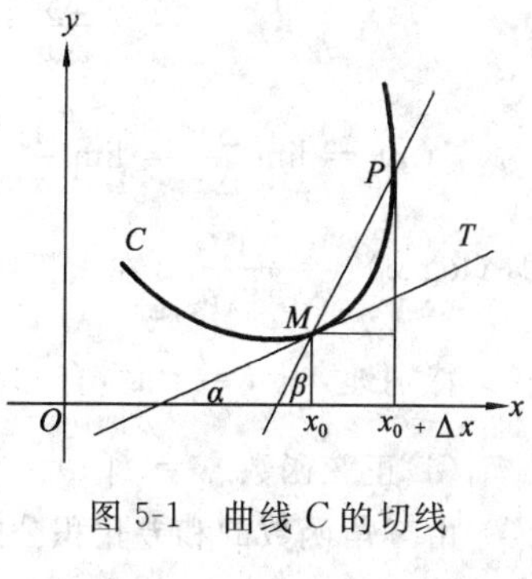

图 5-1 曲线 C 的切线

根据导数的几何意义,曲线 $y=f(x)$ 在点 $(x_0,f(x_0))$ 的切线的斜率为 $f'(x_0)$,因此过这点的切线方程为

$$y-f(x_0)=f'(x_0)(x-x_0)$$

例 5.6 求函数曲线 $y=x^2$ 在点 $(1,1)$ 处的切线方程.

解:由于函数 $y=x^2$ 的导数为 $y'=2x$,因此曲线 $y=x^2$ 在点 $(1,1)$ 处的切线的斜率为 $k=y'|_{x=1}=2x|_{x=1}=2$. 所求的切线方程为 $y-1=2(x-1)$,即 $2x-y-1=0$.

5.2 函数的求导法则

求一个函数的导数也称求导. 为方便求出函数的导数,本节给出基本初等函数的求导公式,以及一些求导法则.

5.2.1 基本初等函数的导数

先按导数定义求出某些基本初等函数的导数.通常按三步进行:①计算 Δy,并尽量化简;②计算 $\frac{\Delta y}{\Delta x}$,并尽可能地化简;③求极限 $\lim\limits_{\Delta x\to 0}\frac{\Delta y}{\Delta x}$.

(1)常数函数 $y=f(x)=C$ 的导数;其中 C 为任一给定的常数.

根据定义有

$$f'(x)=\lim_{\Delta x\to 0}\frac{f(x+\Delta x)-f(x)}{\Delta x}=\lim_{\Delta x\to 0}\frac{C-C}{\Delta x}=\lim_{\Delta x\to 0}0=0$$

于是有 $(C)'=0$,即常数函数的导数为零.

(2)幂函数 $y=f(x)=x^n$(n 为正整数)的导数.

根据定义有 $$f'(x)=\lim_{\Delta x\to 0}\frac{f(x+\Delta x)-f(x)}{\Delta x}=\lim_{\Delta x\to 0}\frac{(x+\Delta x)^n-x^n}{\Delta x}$$

$$=\lim_{\Delta x\to 0}\left(nx^{n-1}+\frac{n(n-1)}{2!}x^{n-2}\Delta x+\cdots+(\Delta x)^{n-1}\right)=nx^{n-1}.$$

于是有 $$(x^n)'=nx^{n-1}.$$

当 n 为任意实数时,上面的导数公式仍然成立(证明参见例 5.32).例如,

$$(x)'=1\cdot x^0=1,\qquad (\sqrt{x})'=(x^{\frac{1}{2}})'=\frac{1}{2}x^{-\frac{1}{2}}=\frac{1}{2\sqrt{x}},$$

$$\left(\frac{1}{x}\right)'=(x^{-1})'=-x^{-2}=-\frac{1}{x^2},\quad \left(\frac{1}{\sqrt{x}}\right)'=(x^{-\frac{1}{2}})'=-\frac{1}{2}x^{-\frac{3}{2}}=-\frac{1}{2\sqrt{x^3}}.$$

(3)对数函数 $y=f(x)=\log_a x$ 的导数.

$$\Delta y=\log_a(x+\Delta x)-\log_a x=\log_a\left(1+\frac{\Delta x}{x}\right),$$

$$\frac{\Delta y}{\Delta x}=\frac{1}{\Delta x}\log_a\left(1+\frac{\Delta x}{x}\right)=\frac{1}{x}\log_a\left(1+\frac{\Delta x}{x}\right)^{\frac{x}{\Delta x}},$$

$$f'(x)=\lim_{\Delta x\to 0}\frac{\Delta y}{\Delta x}=\lim_{\Delta x\to 0}\frac{1}{x}\log_a\left(1+\frac{\Delta x}{x}\right)^{\frac{x}{\Delta x}}=\frac{1}{x}\log_a\left[\lim_{\Delta x\to 0}\left(1+\frac{\Delta x}{x}\right)^{\frac{x}{\Delta x}}\right]=\frac{1}{x}\log_a \mathrm{e}=\frac{1}{x\ln a}.$$

即 $(\log_a x)'=\frac{1}{x\ln a}$.(在求极限的过程中,利用了对数函数的连续性和换底公式.)

特别地,当 $a=\mathrm{e}$ 时,有 $(\ln x)'=\frac{1}{x}$.

(4)正弦函数 $y=f(x)=\sin x$ 的导数.

由三角函数的和差化积公式,有

$$\frac{f(x+\Delta x)-f(x)}{\Delta x}=\frac{\sin(x+\Delta x)-\sin x}{\Delta x}=\frac{2\cos\left(x+\frac{\Delta x}{2}\right)\cdot\sin\frac{\Delta x}{2}}{\Delta x}=\cos\left(x+\frac{\Delta x}{2}\right)\cdot\frac{\sin\frac{\Delta x}{2}}{\frac{\Delta x}{2}}.$$

因此

$$f'(x)=\lim_{\Delta x\to 0}\frac{f(x+\Delta x)-f(x)}{\Delta x}=\lim_{\Delta x\to 0}\cos\left(x+\frac{\Delta x}{2}\right)\cdot\frac{\sin\frac{\Delta x}{2}}{\frac{\Delta x}{2}}=\cos x\cdot 1=\cos x.$$

即 $(\sin x)'=\cos x$.

(5)余弦函数 $y=f(x)=\cos x$ 的导数.

$$\Delta y=\cos(x+\Delta x)-\cos x=-2\sin\left(x+\frac{\Delta x}{2}\right)\sin\frac{\Delta x}{2}$$

$$\frac{\Delta y}{\Delta x}=-\sin\left(x+\frac{\Delta x}{2}\right)\frac{\sin\frac{\Delta x}{2}}{\frac{\Delta x}{2}},$$

利用极限的性质和正弦函数的连续性

$$f'(x)=\lim_{\Delta x\to 0}\frac{\Delta y}{\Delta x}=\lim_{\Delta x\to 0}\left[-\sin\left(x+\frac{\Delta x}{2}\right)\right]\cdot\lim_{\Delta x\to 0}\frac{\sin\frac{\Delta x}{2}}{\frac{\Delta x}{2}}=-\sin x.$$

即 $(\cos x)'=-\sin x$.

5.2.2 导数的四则运算法则

对每个函数都直接用导数定义来求导是很麻烦的，有时甚至是非常困难的；但可以利用一些基本公式和运算法则，来简化求导运算．下面先给出求导的四则运算（加、减、乘、除）法则．

定理 5.3 设函数 $u=u(x)$ 和 $v=v(x)$ 都在点 x 处可导，则它们的和 $u(x)+v(x)$，差 $u(x)-v(x)$，积 $u(x)v(x)$，商 $\frac{u(x)}{v(x)}$（$v(x)\neq 0$）在点 x 处也可导，并且有下面求导(数)公式：

(1) $[u(x)\pm v(x)]'=u'(x)\pm v'(x)$；

(2) $[u(x)v(x)]'=u'(x)v(x)+u(x)v'(x)$，$[ku(x)]'=ku'(x)$ （k 为常数）；

(3) $\left[\frac{u(x)}{v(x)}\right]'=\frac{u'(x)v(x)-u(x)v'(x)}{[v(x)]^2}$，$\left[\frac{1}{v(x)}\right]'=-\frac{v'(x)}{[v(x)]^2}$ $(v(x)\neq 0)$.

例 5.7 求函数 $y=x^3+3x^2-2x+\sqrt[3]{x^2}+1$ 的导数.

解：
$$y'=(x^3+3x^2-2x+x^{\frac{2}{3}}+1)'=(x^3)'+(3x^2)'-(2x)'+(x^{\frac{2}{3}})'+(1)'$$
$$=3x^2+3\cdot(x^2)'-2\cdot(x)'+\frac{2}{3}x^{-\frac{1}{3}}+0=3x^2+6x-2+\frac{2}{3\sqrt[3]{x}}.$$

例 5.8 求函数 $y=\sin x-\frac{1}{x}+\sin\frac{\pi}{4}$ 的导数.

解：
$$y'=(\sin x)'-\left(\frac{1}{x}\right)'+\left(\sin\frac{\pi}{4}\right)'=\cos x-\left(-\frac{1}{x^2}\right)+0=\cos x+\frac{1}{x^2}.$$

例 5.9 求函数 $y=\sqrt{x}\cos x$ 的导数.

解：
$$y'=(\sqrt{x}\cos x)'=(\sqrt{x})'\cos x+\sqrt{x}(\cos x)'=\frac{1}{2\sqrt{x}}\cos x-\sqrt{x}\sin x.$$

例 5.10 已知 $f(x)=xe^x\ln x$，求 $f'(x)$.

解：
$$f'(x)=(xe^x\ln x)'=(xe^x)'\ln x+xe^x(\ln x)'$$
$$=(e^x+xe^x)\ln x+xe^x\cdot\frac{1}{x}=e^x(1+\ln x+x\ln x).$$

例 5.11 求正切函数 $y=\tan x$ 和余切函数 $y=\cot x$ 的导数.

解：(1)
$$y'=(\tan x)'=\left(\frac{\sin x}{\cos x}\right)'=\frac{(\sin x)'\cos x-\sin x(\cos x)'}{\cos^2 x}$$
$$=\frac{\cos x\cos x-\sin x(-\sin x)}{\cos^2 x}=\frac{\cos^2 x+\sin^2 x}{\cos^2 x}=\frac{1}{\cos^2 x}=\sec^2 x;$$

(2) $y' = (\cot x)' = \left(\dfrac{\cos x}{\sin x}\right)' = \dfrac{(\cos x)'\sin x - \cos x(\sin x)'}{\sin^2 x}$

$= \dfrac{-\sin^2 x - \cos^2 x}{\sin^2 x} = -\dfrac{1}{\sin^2 x} = -\csc^2 x$.

例 5.12 求正割函数 $y = \sec x$ 和余割函数 $y = \csc x$ 的导数.

解:(1) $y' = (\sec x)' = \left(\dfrac{1}{\cos x}\right)' = -\dfrac{(\cos x)'}{\cos^2 x} = \dfrac{\sin x}{\cos^2 x} = \sec x\tan x$;

(2) $y' = (\csc x)' = \left(\dfrac{1}{\sin x}\right)' = -\dfrac{(\sin x)'}{\sin^2 x} = -\dfrac{\cos x}{\sin^2 x} = -\dfrac{\cos x}{\sin x}\dfrac{1}{\sin x} = -\csc x\cot x$.

以上两例给出了求函数 $\tan x$ 、$\cot x$ 、$\sec x$ 、$\csc x$ 的导数的公式,务必记住.

例 5.13 求函数 $y = \dfrac{x\cos x}{1+\sin x}$ 的导数 y' 以及 $y'|_{x=0}$.

解: $y' = \left(\dfrac{x\cos x}{1+\sin x}\right)' = \dfrac{(x\cos x)'(1+\sin x) - x\cos x(1+\sin x)'}{(1+\sin x)^2}$

$= \dfrac{(\cos x - x\sin x)(1+\sin x) - x\cos x\cdot\cos x}{(1+\sin x)^2}$

$= \dfrac{\cos x + \cos x\sin x - x\sin x - x\sin^2 x - x\cos^2 x}{(1+\sin x)^2}$

$= \dfrac{\cos x + \cos x\sin x - x\sin x - x}{(1+\sin x)^2} = \dfrac{\cos x - x}{1+\sin x}$.

$y'|_{x=0} = \left.\dfrac{\cos x - x}{1+\sin x}\right|_{x=0} = 1$.

例 5.14 已知函数 $y = \ln|x|$,求 y'.

解:当 $x > 0$ 时, $y = \ln x, y' = (\ln x)' = \dfrac{1}{x}$.

当 $x < 0$ 时, $y = \ln(-x)$, $y' = [\ln(-x)]' = \dfrac{1}{-x}\cdot(-x)' = \dfrac{1}{-x}\cdot(-1) = \dfrac{1}{x}$.

所以, $y' = (\ln|x|)' = \dfrac{1}{x}$.

5.2.3 复合函数的求导法则

设有变量 y,u,x, 其中 $y = f(u)$, $u = g(x)$, 即 y 是 x 的复合函数 $y = f(g(x))$. 现讨论复合函数 $y = f(g(x))$ 对 x 的导数与函数 $y = f(u)$ 对 u 的导数和函数 $u = g(x)$ 对 x 的导数之间的关系. 先看下面的定理.

定理 5.4 设 $y = f(g(x))$ 是函数 $y = f(u)$ 和 $u = g(x)$ 的复合函数,且

(1)函数 $u = g(x)$ 在点 x 处可导; (2)函数 $y = f(u)$ 在与 x 相应的点 u 处可导;

则复合函数 $y = f(g(x))$ 在点 x 处也可导;且有

$$\frac{dy}{dx} = \frac{dy}{du}\cdot\frac{du}{dx} \quad 或 \quad y' = (f(g(x)))' = f'(u)g'(x) \tag{5.7}$$

其中, $(f(g(x)))'$ 表示 $f(g(x))$ 对 x 的导数: $(f(g(x)))' = \dfrac{d}{dx}f(g(x))$, $f'(u)$ 表示 $f(u)$ 对 u 的导数: $f'(u) = \dfrac{d}{du}f(u)$, $g'(x)$ 表示 $g(x)$ 对 x 的导数: $g'(x) = \dfrac{d}{dx}g(x)$.

复合函数求导的关键在于要正确确定复合函数的中间变量 u ,然后再按式 5.7 求导. 顺便指出,中间变量 u 的确定是非常灵活的,应当随题而定.

例 5.15 求下列函数的导数：

(1) $y=(3x-2)^5$； (2) $y=\sin^3 x$； (3) $y=2^{\frac{1}{x}}$；

(4) $y=\ln(2+\sin x)$； (5) $y=\sin(\cos x)$； (6) $y=e^{x\sin x}$.

解：(1)因为 $y=(3x-2)^5$ 是 $y=u^5$ 和 $u=3x-2$ 的复合函数，由式 5.7 可得

$$y'=(u^5)'(3x-2)'=5u^4\cdot 3=15(3x-2)^4；$$

(2)因为 $y=\sin^3 x$ 是 $y=u^3$ 和 $u=\sin x$ 的复合函数，由式 5.7 可得

$$y'=(u^3)'(\sin x)'=3u^2\cdot\cos x=3\sin^2 x\cos x；$$

(3)因为 $y=2^{\frac{1}{x}}$ 是 $y=2^u$ 和 $u=\frac{1}{x}$ 的复合函数，由式 5.7 可得

$$y'=(2^u)'\left(\frac{1}{x}\right)'=2^u\ln 2\cdot\left(-\frac{1}{x^2}\right)=-\frac{1}{x^2}2^{\frac{1}{x}}\ln 2；$$

(4)因 $y=\ln(2+\sin x)$ 是 $y=\ln u$ 和 $u=2+\sin x$ 的复合函数，由式 5.7 可得

$$y'=(\ln u)'(2+\sin x)'=\frac{1}{u}\cos x=\frac{\cos x}{2+\sin x}；$$

(5)因为 $y=\sin(\cos x)$ 是 $y=\sin u$ 和 $u=\cos x$ 的复合函数，由式 5.7 可得

$$y'=(\sin u)'(\cos x)'=\cos u\cdot(-\sin x)=-\sin x\cos(\cos x)；$$

(6)函数 $y=e^{x\sin x}$ 是由函数 $y=e^u$ 和 $u=x\sin x$ 复合而成的函数，据式 5.7 有

$$y'=(e^u)'(x\sin x)'=e^u(\sin x+x\cos x)=e^{x\sin x}(\sin x+x\cos x).$$

在熟练地掌握了复合函数求导法则后，可以不写出中间变量 u；但在求导过程中必须明确哪一部分是中间变量 u. 由此，可以将复合函数的求导法则(式 5.7)写成

$$y'=[f(g(x))]'=f'(g(x))g'(x) \tag{5.8}$$

其中，$f'(g(x))$ 表示计算得 $f'(u)$ 后，将 $u=g(x)$ 代入 $f'(u)$ 中，即 $f'(g(x))=f'(u)\big|_{u=g(x)}$.

例 5.16 求函数 $y=(x^2+\cos x)^{10}$ 的导数.

解： $y'=10(x^2+\cos x)^9\cdot(x^2+\cos x)'=10(x^2+\cos x)^9(2x-\sin x)$.

例 5.17 设 $y=\ln(x+\sqrt{1+x^2})$，求 y'.

解：
$$y'=\frac{1}{x+\sqrt{1+x^2}}(x+\sqrt{1+x^2})'=\frac{1}{x+\sqrt{1+x^2}}\left[1+\frac{1}{2\sqrt{1+x^2}}(1+x^2)'\right]$$
$$=\frac{1}{x+\sqrt{1+x^2}}\left(1+\frac{x}{\sqrt{1+x^2}}\right)=\frac{1}{\sqrt{1+x^2}}.$$

例 5.18 求函数 $y=\cos(nx+1)\sin^n x$ 的导数 y'.

解：
$$\begin{aligned}y'&=[\cos(nx+1)]'\sin^n x+\cos(nx+1)[\sin^n x]'\\&=-n\sin(nx+1)\sin^n x+\cos(nx+1)\cdot n\sin^{n-1}x\cdot\cos x\\&=n\sin^{n-1}x[\cos x\cdot\cos(nx+1)-\sin x\cdot\sin(nx+1)]\\&=n\sin^{n-1}x\cdot\cos((n+1)x+1).\end{aligned}$$

复合函数的求导法则可以推广到有多个中间变量的情形. 例如，假设函数 $y=f(u)$，$u=g(v)$，$v=h(x)$ 都可导，则由它们复合得到的复合函数 $y=f(g(h(x)))$ 亦可导，且有

$$\frac{dy}{dx}=\frac{dy}{du}\cdot\frac{du}{dv}\cdot\frac{dv}{dx} \quad 或 \quad y'=[f(g(h(x)))]'=f'(u)g'(v)v'(x) \tag{5.9}$$

在实际求有两个或两个以上中间变量复合函数的导数过程中，仍然可以不写出中间变量，只要分清函数的复合层次，直接由外向里逐层求导即可. 这样，应用式 5.9 计算复合函数 $f(g(h(x)))$ 的导数 $[f(g(h(x))))]'$ 可按下面过程进行：

$$y'=[f(g(h(x)))]'=f'(g(h(x)))\cdot(g(h(x)))'=f'(g(h(x)))\cdot g'(h(x))\cdot h'(x).$$

例 5.19 求函数 $y=3^{\sin\frac{1}{x}}$ 的导数.

解: $y'=(3^{\sin\frac{1}{x}})'=3^{\sin\frac{1}{x}}\ln3\cdot\left(\sin\frac{1}{x}\right)'=3^{\sin\frac{1}{x}}\ln3\cdot\cos\frac{1}{x}\cdot\left(\frac{1}{x}\right)'=-\frac{\ln3}{x^2}3^{\sin\frac{1}{x}}\cos\frac{1}{x}.$

例 5.20 求函数 $y=\sin(x^2+\cos^2x)$ 的导数.

解:
$$\begin{aligned}y'&=\cos(x^2+\cos^2x)\cdot(x^2+\cos^2x)'=\cos(x^2+\cos^2x)\cdot(2x+2\cos x\cdot(\cos x)')\\&=\cos(x^2+\cos^2x)\cdot(2x-2\cos x\sin x)=2(x-\cos x\sin x)\cdot\cos(x^2+\cos^2x).\end{aligned}$$

5.2.4 反函数的导数

反函数的求导可使用下面的定理.

定理 5.5 设函数 $y=f(x)$ 在区间 (a,b) 内严格单调、可导且 $f'(x)\neq0$，则它的反函数 $x=\varphi(y)$ 在相应区间 (c,d) 内也可导，且有

$$\varphi'(y)=\frac{1}{f'(x)}\qquad 即\ \frac{\mathrm{d}}{\mathrm{d}y}\varphi(y)=\frac{1}{\frac{\mathrm{d}}{\mathrm{d}x}f(x)}\tag{5.10}$$

或

$$f'(x)=\frac{1}{\varphi'(y)}\qquad 即\ (f(x))'_x=\frac{1}{(\varphi(y))'_y}\tag{5.11}$$

例 5.21 求函数 $y=\arcsin x$ 的导数 y'.

解: 因为 $y=\arcsin x\quad(-1<x<1)$ 与 $x=\sin y\quad\left(-\frac{\pi}{2}<y<\frac{\pi}{2}\right)$ 互为反函数，所以

$$y'_x=(\arcsin x)'=\frac{1}{x'_y}=\frac{1}{(\sin y)'_y}=\frac{1}{\cos y}=\frac{1}{\sqrt{1-\sin^2y}}=\frac{1}{\sqrt{1-x^2}}\quad(-1<x<1).$$

类似地有

$$(\arccos x)'=-\frac{1}{\sqrt{1-x^2}}\quad(-1<x<1).$$

例 5.22 求函数 $y=\arctan x$ 的导数 y'.

解: 因为 $y=\arctan x$ 与 $x=\tan y$ 互为反函数，所以有

$$y'_x=(\arctan x)'=\frac{1}{x'_y}=\frac{1}{(\tan y)'_y}=\frac{1}{\sec^2y}=\frac{1}{1+\tan^2y}=\frac{1}{1+x^2}.$$

类似地有

$$(\operatorname{arccot}x)'=-\frac{1}{1+x^2}.$$

例 5.23 求函数 $y=a^x(a>0,a\neq1)$ 的导数 y'.

解: $y=a^x$ 是函数 $x=\log_a y$ 的反函数；当 $y>0$ 时，函数 $x=\log_a y$ 显然满足定理 5.5 的条件. 根据式 5.11 有

$$(a^x)'_x=\frac{1}{(\log_a y)'_y}=\frac{1}{\frac{1}{y\ln a}}=y\ln a=a^x\ln a,$$

特别地，当 $a=\mathrm{e}$ 时，有 $(\mathrm{e}^x)'=\mathrm{e}^x$，即 e^x 的导数仍为 e^x.

例 5.24 求函数 $y=a^{\sqrt{x^2+1}}$ 的导数.

解: $y'=(a^{\sqrt{x^2+1}})'=a^{\sqrt{x^2+1}}\cdot\ln a\cdot(\sqrt{x^2+1})'=a^{\sqrt{x^2+1}}\cdot\ln a\cdot\frac{2x}{2\sqrt{x^2+1}}=\frac{x\ln a}{\sqrt{x^2+1}}a^{\sqrt{x^2+1}}$

例 5.25　设 $y=\arctan\dfrac{x}{x^2+1}$，求 $\dfrac{dy}{dx}$.

解：$y'=\left(\arctan\dfrac{x}{x^2+1}\right)'=\dfrac{1}{1+\left(\dfrac{x}{x^2+1}\right)^2}\cdot\left(\dfrac{x}{x^2+1}\right)'=\dfrac{1}{1+\dfrac{x^2}{(1+x^2)^2}}\cdot\dfrac{(x^2+1)-2x^2}{(x^2+1)^2}$

$=\dfrac{1-x^2}{1+3x^2+x^4}$.

例 5.26　设 $y=e^{-x^2}\left(\arcsin\dfrac{1}{x}\right)$，求 $\dfrac{dy}{dx}$.

解：根据求导公式，有

$y'=(e^{-x^2})'\left(\arcsin\dfrac{1}{x}\right)+e^{-x^2}\left(\arcsin\dfrac{1}{x}\right)'=e^{-x^2}\cdot(-x^2)'\arcsin\dfrac{1}{x}+e^{-x^2}\cdot\dfrac{1}{\sqrt{1-\left(\dfrac{1}{x}\right)^2}}\cdot\left(\dfrac{1}{x}\right)'$

$$=-2xe^{-x^2}\cdot\arcsin\frac{1}{x}-\frac{|x|}{x^2}\cdot e^{-x^2}\cdot\frac{1}{\sqrt{x^2-1}}=-e^{-x^2}\left(2x\arcsin\frac{1}{x}+\frac{|x|}{x^2}\cdot\frac{1}{\sqrt{x^2-1}}\right).$$

5.2.5　隐函数的导数

设方程 $F(x,y)=0$ 确定变量 y 是变量 x 的函数 $y=y(x)$，将方程 $F(x,y)=0$ 中的 y 视为 x 的函数 $y=y(x)$，则有等式

$$F(x,y(x))=0 \tag{5.12}$$

利用复合函数求导法则，将式 5.12 两端同时对 x 求导数，然后解出导数 $\dfrac{dy}{dx}$. 这就是隐函数的求导法. 下面举例说明隐函数求导法的过程.

例 5.27　求方程 $y\cos x+\sin(x-y)=0$ 所确定的函数的导数 $\dfrac{dy}{dx}$ 及 $\dfrac{dx}{dy}$.

解：将所给方程中的 y 视为 x 的函数，方程两端同时对 x 求导数得

$$\frac{dy}{dx}\cdot\cos x-y\sin x+\cos(x-y)\cdot\left(1-\frac{dy}{dx}\right)=0$$

经整理得 $(\cos x-\cos(x-y))\dfrac{dy}{dx}=y\sin x-\cos(x-y)$；

再解得 $\dfrac{dy}{dx}=\dfrac{y\sin x-\cos(x-y)}{\cos x-\cos(x-y)}$，$\dfrac{dx}{dy}=1/\dfrac{dy}{dx}=\dfrac{\cos x-\cos(x-y)}{y\sin x-\cos(x-y)}$.

例 5.28　设方程 $y\sin^2x+e^y-x=1$ 确定 y 为 x 的隐函数，求 y' 及 $y'|_{x=0}$.

解：方程两端同时对 x 求导数，得　$y'\sin^2x+y\cdot2\sin x\cos x+e^y\cdot y'-1=0$，

解得
$$y'=\frac{1-2y\sin x\cos x}{\sin^2x+e^y}$$

将 $x=0$ 代入所给方程，解得 $y=0$，因此

$$y'|_{x=0}=\left.\frac{1-2y\sin x\cos x}{\sin^2x+e^y}\right|_{\substack{x=0\\y=0}}=1$$

例 5.29　由方程 $x^2+xy+y^2=4$ 确定 y 是 x 的函数，求其在点 $(2,-2)$ 处的切线方程.

解：对方程两边求 x 的导数，得，$2x+y+xy'+2y\cdot y'=0$.

从中解出
$$y'=-\frac{2x+y}{x+2y}$$

将 $x=2,y=-2$ 代入上式，有

$$y'\Big|_{\substack{x=2\\y=-2}}=1$$

因此，曲线上过点 $(2,-2)$ 处的切线方程为：　$y-(-2)=1\cdot(x-2)$，即 $y=x-4$.

5.2.6 取对数求导法

隐函数求导法可以用来求一些比较复杂的函数的导数;例如,求幂指函数

$$y = u(x)^{v(x)} \tag{5.13}$$

的导数.因为它既不是幂函数(x^n),也不是指数函数(a^x);所以不能直接用幂函数或指数函数的求导公式.设函数 $u(x)$,$v(x)$ 都可导,且 $u(x)>0$.取对数求导法是先对式 5.13 两端取对数,得

$$\ln y = v(x)\ln u(x) \tag{5.14}$$

然后用隐函数求导法,在式 5.14 两端对 x 求导,最终求得 y'.请看下面的例子.

例 5.30 求函数 $y=e^x x^{x^2}$ 的导数.

解:在 $y=e^x x^{x^2}$ 两端取对数,得 $\ln y=\ln(e^x x^{x^2})=\ln e^x+\ln x^{x^2}=x+x^2\ln x$,即 $\ln y=x+x^2\ln x$.上式两端对 x 求导得 $\frac{1}{y}y'=1+2x\ln x+x^2\frac{1}{x}=1+2x\ln x+x$.因此有

$$y'=y(1+2x\ln x+x)=e^x x^{x^2}(1+2x\ln x+x).$$

例 5.31 求函数 $y=x^2\sqrt{\frac{(x-1)}{(2x-3)(4-x)}}$ 的导数.

解:在所给函数式两端取对数得

$$\ln y=\ln\left(x^2\sqrt{\frac{(x-1)}{(2x-3)(4-x)}}\right)=\ln x^2+\ln\sqrt{\frac{(x-1)}{(2x-3)(4-x)}},$$

即
$$\ln y=2\ln x+\frac{1}{2}[\ln(x-1)-\ln(2x-3)-\ln(4-x)]$$

在上式两端对 x 求导数,得
$$\frac{1}{y}y'=\frac{2}{x}+\frac{1}{2}\left(\frac{1}{x-1}-\frac{2}{2x-3}-\frac{-1}{4-x}\right)$$

因此
$$y'=y\cdot\left[\frac{2}{x}+\frac{1}{2}\left(\frac{1}{x-1}-\frac{2}{2x-3}-\frac{-1}{4-x}\right)\right]$$

$$=x^2\sqrt{\frac{(x-1)}{(2x-3)(4-x)}}\cdot\left[\frac{2}{x}+\frac{1}{2(x-1)}-\frac{1}{2x-3}+\frac{1}{2(4-x)}\right].$$

例 5.32 求幂函数 $y=x^\mu$(μ 为任意实常数)的导数.

解:利用取对数求导法,对 $y=x^\mu$ 求自然对数,得 $\ln y=\mu\ln x$.等式两边对 x 求导,则得

$$\frac{1}{y}\cdot y'=\mu\cdot\frac{1}{x},$$

等式两边乘 y,得

$$y'=(x^\mu)'=\mu\cdot x^\mu\cdot\frac{1}{x}=\mu x^{\mu-1}.$$

求幂指函数 $y=u(x)^{v(x)}$ 的导数时,还可将该幂指函数写成

$$y=u(x)^{v(x)}=e^{\ln u(x)^{v(x)}}=e^{v(x)\ln u(x)}, \tag{5.15}$$

然后利用复合函数的求导法则和导数的四则运算法则求式 5.15 的导数.

例 5.33 求函数 $y=(2+\sin x)^{\cos^2 x}$ 的导数.

解:由于
$$y=(2+\sin x)^{\cos^2 x}=e^{\ln(2+\sin x)^{\cos^2 x}}=e^{\cos^2 x\ln(2+\sin x)},$$

因此
$$y'=e^{\cos^2 x\ln(2+\sin x)}\cdot(\cos^2 x\ln(2+\sin x))'$$

$$=(2+\sin x)^{\cos^2 x}\cdot\left(-2\cos x\sin x\cdot\ln(2+\sin x)+\cos^2 x\cdot\frac{\cos x}{2+\sin x}\right)$$

$$=(2+\sin x)^{\cos^2 x}\left(-\sin 2x\cdot\ln(2+\sin x)+\frac{\cos^3 x}{2+\sin x}\right).$$

5.2.7 导数公式

现将基本初等函数的导数公式及基本求导法则列于如下,以便查阅和记忆.

(1) $(C)'=0$ (C为常数);

(2) $(x^{\mu})'=\mu x^{\mu-1}$ (μ为任意实数);

(3) $(a^{x})'=a^{x}\ln a$ ($a>0,a\neq 1$);

(4) $(e^{x})'=e^{x}$;

(5) $(\log_a x)'=\frac{1}{x}\log_a e=\frac{1}{x\ln a}$ ($a>0,a\neq 1$);

(6) $(\ln x)'=\frac{1}{x}$;

(7) $(\sin x)'=\cos x$;

(8) $(\cos x)'=-\sin x$;

(9) $(\tan x)'=\frac{1}{\cos^2 x}=\sec^2 x$;

(10) $(\cot x)'=-\frac{1}{\sin^2 x}=-\csc^2 x$;

(11) $(\sec x)'=\sec x\cdot\tan x$;

(12) $(\csc x)'=-\csc x\cdot\cot x$;

(13) $(\arcsin x)'=\frac{1}{\sqrt{1-x^2}}$ $(-1<x<1)$;

(14) $(\arccos x)'=-\frac{1}{\sqrt{1-x^2}}$ $(-1<x<1)$;

(15) $(\arctan x)'=\frac{1}{1+x^2}$;

(16) $(arc\cot x)'=-\frac{1}{1+x^2}$;

(17) $(u\pm v)'=u'\pm v'$;

(18) $(uv)'=u'v+uv'$;

(19) $(cu)'=cu'$ (C为常数);

(20) $\left(\frac{u}{v}\right)'=\frac{u'v-uv'}{v^2}$ $(v\neq 0)$;

(21) $\frac{dy}{dx}=f'(u)\varphi'(x)$,其中 $y=f(u)$,$u=\varphi(x)$;(复合函数求导法则)

(22) $[f^{-1}(y)]'=\frac{1}{f'(x)}$ $(f'(x)\neq 0)$;(反函数求导法则)

(23)隐函数求导法;

(24)两边取对数求导法.

5.3 高阶导数

设函数 $y=f(x)$ 有导数,则 $f'(x)$ 一般仍是 x 的函数.若 $f'(x)$ 仍可导,则 $f'(x)$ 的导数 $(f'(x))'$ 称为函数 $y=f(x)$ 的**二阶导数**,记为

$$y'',f''(x),\frac{d^2y}{dx^2}\text{ 或 }\frac{d^2f(x)}{dx^2}$$

若二阶导数 $f''(x)$ 可导,则称它的导数 $(f''(x))'$ 为函数 $y=f(x)$ 的**三阶导数**,记为

$$y''',f'''(x),\frac{d^3y}{dx^3}\text{ 或 }\frac{d^3f(x)}{dx^3}$$

依此类推,设函数 $y=f(x)$ 有直到 $n-1$ 阶导数,且它的 $n-1$ 阶导数仍可导,则称函数 $y=f(x)$ 的 $n-1$ 阶导数的导数为 $y=f(x)$ 的 **n 阶导数**,记为

$$y^{(n)},f^{(n)}(x),\frac{d^ny}{dx^n}\text{ 或 }\frac{d^nf(x)}{dx^n}$$

即有 $y^{(n)}=(y^{(n-1)})'$.

习惯上,当 $n\geqslant 4$ 时,函数 $y=f(x)$ 的 n 阶导数记为:$y^{(n)}$ 或 $f^{(n)}(x)$.

函数 $y=f(x)$ 的二阶导数及以上导数统称为 $y=f(x)$ 的**高阶导数**,这样 $y=f(x)$ 的导数就称为一阶导数.

各阶导数在 x_0 点的值记为

$$f'(x_0),f''(x_0),f'''(x_0),\cdots,f^{(n)}(x_0)$$

或记为 $$y'(x_0),y''(x_0),y'''(x_0),\cdots,y^{(n)}(x_0)$$
也可以表示为

$$y'|_{x=x_0},y''|_{x=x_0},y'''|_{x=x_0},\cdots,y^{(n)}|_{x=x_0}.$$

例 5.34 求函数 $y=(1+x^2)\arctan x$ 的二阶导数 y'' 及 $y''|_{x=1}$.

解： $$y'=[(1+x^2)\arctan x]'=2x\arctan x+(1+x^2)\cdot\frac{1}{1+x^2}=2x\arctan x+1.$$

$$y''=(2x\arctan x+1)'=2\arctan x+2x\cdot\frac{1}{1+x^2}+0=2\arctan x+\frac{2x}{1+x^2}.$$

$$y''|_{x=1}=\left(2\arctan x+\frac{2x}{1+x^2}\right)\bigg|_{x=1}=\frac{\pi}{2}+1.$$

例 5.35 求指数函数(1) $y=e^x$；(2) $y=a^x$ 的 n 阶导数.

解：(1) $y'=(e^x)'=e^x,y''=(e^x)'=e^x,y'''=(e^x)'=e^x,\cdots,y^{(n)}=(e^x)'=e^x$.
因此，函数 $y=e^x$ 的任意阶导数都等于 e^x.

(2) $y'=(a^x)'=a^x\ln a,y''=(a^x\ln a)'=(a^x)'\ln a=a^x(\ln a)^2,\cdots,y^{(n)}=a^x(\ln a)^n$.

例 5.36 求函数 $y=e^{x^2}$ 的二阶导数.

解：$y'=e^{x^2}\cdot 2x$；$y''=(e^{x^2}\cdot 2x)'=e^{x^2}\cdot 2x\cdot 2x+e^{x^2}\cdot 2=2(1+2x^2)e^{x^2}$.

例 5.37 求函数 $y=\frac{1}{1+x}$ 的 n 阶导数.

解： $$y'=\left(\frac{1}{1+x}\right)'=[(1+x)^{-1}]'=-(1+x)^{-2},$$

$$y''=[-(1+x)^{-2}]'=(-1)(-2)(1+x)^{-3}=(-1)^2 2!(1+x)^{-3},$$
$$y'''=(-1)^2 2!(-3)(1+x)^{-4}=(-1)^3 3!(1+x)^{-4}.$$

应用归纳法可求得函数 $y=\frac{1}{1+x}$ 的 n 阶导数为

$$y^{(n)}=(-1)^n n!(1+x)^{-(n+1)}=\frac{(-1)^n n!}{(1+x)^{n+1}}.$$

5.4 函数的微分

5.4.1 微分的概念

在许多实际问题中，当自变量 x 有很微小的改变量 Δx 时，需要计算函数 $y=f(x)$ 的改变量 Δy 的大小. 例如，测量直径为 x_0 的球的体积 V 时，测量得球的直径为 $x_0+\Delta x$（Δx 为误差）. 球的体积公式为 $V=\frac{\pi}{6}{x_0}^3$，测量得到的球的体积产生的误差为

$$\Delta V=\frac{\pi}{6}(x_0+\Delta x)^3-\frac{\pi}{6}{x_0}^3=\frac{\pi}{2}{x_0}^2\Delta x+\frac{\pi}{2}x_0(\Delta x)^2+\frac{\pi}{6}(\Delta x)^3.$$

记 $\alpha(\Delta x)=\frac{\pi}{2}x_0(\Delta x)^2+\frac{\pi}{6}(\Delta x)^3$，则 $\lim\limits_{\Delta x\to 0}\frac{\alpha(\Delta x)}{\Delta x}=0$. 这说明，当 $\Delta x\to 0$ 时，$\alpha(\Delta x)$ 是较 Δx 的高阶无穷小. 因此，当 $|\Delta x|$ 较小时，可取 $\frac{\pi}{2}{x_0}^2\Delta x$ 作为 ΔV 的近似值，即

$$\Delta V\approx\frac{\pi}{2}x_0^2\Delta x.$$

定义 5.2 设函数在区间 (a,b) 内有定义，$x_0,x_0+\Delta x\in(a,b)$. 若函数 $y=f(x)$ 的改变量

$\Delta y = f(x_0 + \Delta x) - f(x_0)$ 可以表示成 Δx 的线性函数及 Δx 的高阶无穷小量之和

$$\Delta y = A\Delta x + \alpha(\Delta x). \tag{5.16}$$

其中 A 为与 Δx 无关的量，则称函数 $y = f(x)$ 在点 x_0 处可微，而其线性部分 $A\Delta x$ 称为 $y = f(x)$ 在点 x_0 处的微分，记做 $\mathrm{d}y\big|_{x=x_0}$ 或 $\mathrm{d}f(x_0)$，即有

$$\mathrm{d}y\big|_{x=x_0} = \mathrm{d}f(x_0) = A\Delta x. \tag{5.17}$$

5.4.2　函数可微的条件

定理 5.6　函数 $y = f(x)$ 在点 x_0 处可微的充分必要条件是：$f(x)$ 在点 x_0 处可导．若函数 $y = f(x)$ 在点 x_0 处可导，则式 5.17 中的常数 $A = f'(x_0)$，即有

$$\mathrm{d}f(x_0) = f'(x_0)\Delta x \tag{5.18}$$

若函数 $y = f(x)$ 在点 x 可导，则根据式 5.18 有

$$\mathrm{d}y = \mathrm{d}f(x) = f'(x)\Delta x \tag{5.19}$$

现令 $y = x$，则根据式 5.19 有

$$\mathrm{d}y = \mathrm{d}x = (x)'\Delta x = \Delta x$$

即自变量 x 的微分 $\mathrm{d}x$ 就等于自变量的增量 Δx．这样，我们可以将式 5.19 改写成

$$\mathrm{d}y = f'(x)\mathrm{d}x \tag{5.20}$$

将式 5.20 两端同除以 $\mathrm{d}x$，得

$$\frac{\mathrm{d}y}{\mathrm{d}x} = f'(x).$$

上式说明，函数的微分 $\mathrm{d}y$ 与自变量的微分 $\mathrm{d}x$ 之商恰好等于函数的导数 $f'(x)$，因此导数也常称为**微商**，即因变量的微分与自变量的微分之商．

由式 5.20 可知，只要求得函数 $y = f(x)$ 的导数 $f'(x)$，然后乘上自变量的微分 $\mathrm{d}x$，便得到函数的微分 $\mathrm{d}y$．

若 $f'(x) \neq 0$，则当 $\Delta x \to 0$ 时，$\mathrm{d}y$ 与 Δy 之差是较 Δx 高阶的无穷小；因此，函数值的改变量 Δy（或误差）可用函数的微分 $\mathrm{d}y$ 来近似估计，而用式 5.20 计算 $\mathrm{d}y$ 要比用式 5.16 计算 Δy 简单得多．

我们把求导数和求微分的方法，统称为**微分法**，因为求微分的问题实质上总可归结为求导数的问题．

例 5.38　求函数 $y = \mathrm{e}^{\sin x}$ 的微分 $\mathrm{d}y$ 以及 $\mathrm{d}y\big|_{x=0}$，$\mathrm{d}y\big|_{x=0,\Delta x=0.1}$

解：

$$\mathrm{d}y = (\mathrm{e}^{\sin x})'\mathrm{d}x = \mathrm{e}^{\sin x}(\sin x)'\mathrm{d}x = \mathrm{e}^{\sin x}\cos x\mathrm{d}x$$

$$\mathrm{d}y\big|_{x=0} = (\mathrm{e}^{\sin x}\cos x)\big|_{x=0}\mathrm{d}x = \mathrm{e}^{\sin 0}\cos 0\mathrm{d}x = \mathrm{d}x$$

$$\mathrm{d}y\big|_{x=0,\Delta x=0.1} = 0.1.$$

5.4.3　微分的几何意义

在平面上取定直角坐标系后，函数 $y = f(x)$ 的图形通常是一条曲线（见图 5-2）．在曲线 $y = f(x)$ 上取点 $M(x,y)$，过点 M 作曲线 $y = f(x)$ 的切线 MT．由于 $f'(x)$ 是切线 MT 的斜率，因此有

$$\frac{PQ}{MP} = f'(x)$$

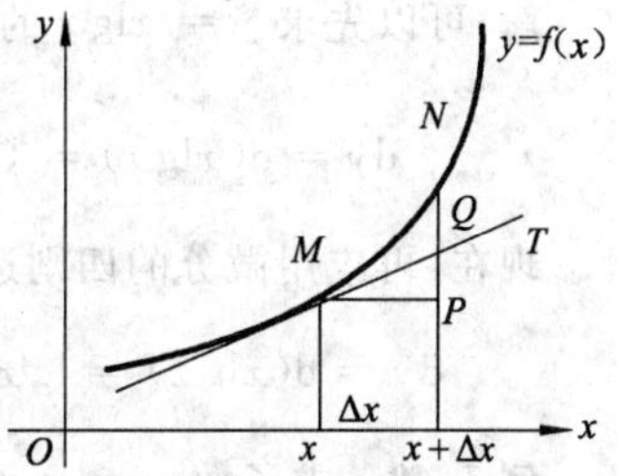

图 5-2　微分的几何意义

即有 $PQ = f'(x)MP = f'(x)\Delta x = \mathrm{d}y$．于是，函数 $f(x)$ 的微分 $\mathrm{d}y$ 是曲线 $y = f(x)$ 在点 M 处的切线之纵坐标的增量．这就是函数微分的几何意义．

5.4.4 基本初等函数的微分与微分法则(微分表)

由基本初等函数的导数公式和微分与导数的关系式 5.20，可以得到基本初等函数的微分公式如下：

(1) $d(C)=0$（C 为常数）；　(2) $d(x^{\mu})=\mu x^{\mu-1}dx$（$\mu$ 为常数）；

(3) $d(a^x)=a^x\ln a dx$（$a>0,a\neq 1$）；　(4) $d(e^x)=e^x dx$；

(5) $d(\log_a x)=\dfrac{1}{x\ln a}dx$（$a>0,a\neq 1$）；　(6) $d(\ln x)=\dfrac{1}{x}dx$；

(7) $d(\sin x)=\cos x dx$；　(8) $d(\cos x)=-\sin x dx$；

(9) $d(\tan x)=\sec^2 x dx$；　(10) $d(\cot x)=-\csc^2 x dx$；

(11) $d(\sec x)=\sec x\tan x dx$；　(12) $d(\csc x)=-\csc x\cot x dx$；

(13) $d(\arcsin x)=\dfrac{1}{\sqrt{1-x^2}}dx$；　(14) $d(\arccos x)=-\dfrac{1}{\sqrt{1-x^2}}dx$；

(15) $d(\arctan x)=\dfrac{1}{1+x^2}dx$；　(16) $d(\text{arccot}\, x)=-\dfrac{1}{1+x^2}dx$.

由导数的四则运算法则容易得到微分的四则运算法则：

(1) $d(u(x)\pm v(x))=du(x)\pm dv(x)$；

(2) $d(u(x)v(x))=v(x)du(x)+u(x)dv(x)$，$d(ku(x))=kdu(x)$（$k$ 为常数）；

(3) $d\left(\dfrac{u(x)}{v(x)}\right)=\dfrac{v(x)du(x)-u(x)dv(x)}{[v(x)]^2}$，$d\left(\dfrac{1}{v(x)}\right)=-\dfrac{dv(x)}{[v(x)]^2}$.

5.4.5 微分形式的不变性

设函数 $y=f(u)$，当 u 是自变量时，有微分

$$dy=f'(u)du$$

若 $y=f(u)$，$u=g(x)$，即 y 是 x 的复合函数 $y=f(g(x))$ 时，其微分为

$$dy=(f(g(x)))'dx=f'(u)g'(x)dx \tag{5.21}$$

由于 $g'(x)dx=du$，因此可将式 5.21 写成

$$dy=f'(u)du, \tag{5.22}$$

所以，对于函数 $y=f(u)$，不论 u 是自变量还是中间变量，总有微分

$$dy=f'(u)du.$$

这一重要性质称为(一阶)微分形式的不变性.但在实际求微分时，u 是自变量还是中间变量，应当区别对待并正确地计算它们的导数，而不存在这种形式的“不变性”.

例 5.39 求函数 $y=x\lg x$ 的微分 dy.

解：可以先求 $y=x\lg x$ 的导数后乘以 dx 来求微分 dy，

$$dy=d(x\lg x)=(x\lg x)'dx=\left(\lg x+x\cdot\frac{1}{x\ln 10}\right)dx=\left(\lg x+\frac{1}{\ln 10}\right)dx.$$

现在，再应用微分的四则运算法则(2)来求微分 dy.

$$dy=d(x\lg x)=\lg x dx+x d\lg x=\lg x dx+x\cdot\frac{1}{x\ln 10}dx=\left(\lg x+\frac{1}{\ln 10}\right)dx.$$

例 5.40 求函数 $y=\arctan e^{\sqrt{x}}$ 的微分 dy.

解：$dy=d\arctan e^{\sqrt{x}}=\dfrac{1}{1+(e^{\sqrt{x}})^2}de^{\sqrt{x}}=\dfrac{1}{1+(e^{\sqrt{x}})^2}\cdot e^{\sqrt{x}}d\sqrt{x}=\dfrac{1}{1+e^{2\sqrt{x}}}\cdot e^{\sqrt{x}}\cdot\dfrac{1}{2\sqrt{x}}dx.$

例 5.41 设 $x^2y+xy^2=1$，求 $\mathrm{d}y$ 及 y'.

解：将等式两边求微分得 $\mathrm{d}(x^2y+xy^2)=\mathrm{d}(1)$. 但

$$\mathrm{d}(x^2y+xy^2)=\mathrm{d}(x^2y)+\mathrm{d}(xy^2)=y\mathrm{d}x^2+x^2\mathrm{d}y+y^2\mathrm{d}x+x\mathrm{d}y^2$$
$$=2xy\mathrm{d}x+x^2\mathrm{d}y+y^2\mathrm{d}x+2xy\mathrm{d}y=(2xy+y^2)\mathrm{d}x+(x^2+2xy)\mathrm{d}y.$$

而 $\mathrm{d}(1)=0$，故有 $(2xy+y^2)\mathrm{d}x+(x^2+2xy)\mathrm{d}y=0.$

于是得到
$$\mathrm{d}y=-\frac{y^2+2xy}{x^2+2xy}\mathrm{d}x$$

而且有
$$y'=-\frac{y^2+2xy}{x^2+2xy}.$$

5.4.6 微分的应用

前面说过，当 $f'(x_0)\neq 0$ 时，函数的改变量 Δy 与微分 $\mathrm{d}y$ 之间有如下近似关系

$$f(x_0+\Delta x)-f(x_0)=\Delta y\approx \mathrm{d}y=f'(x_0)\mathrm{d}x=f'(x_0)\Delta x$$

利用这个关系，不仅可推导出许多计算函数在某一点数值近似公式；还可以计算函数改变量的近似值. 下面分别举例说明.

1. 推导近似公式

在关系式 $f(x_0+\Delta x)\approx f(x_0)+f'(x_0)\Delta x$ 中，如果取 $x_0=0$，将 Δx 改用 x 表示，就得到

$$f(x)\approx f(0)+f'(0)x \tag{5.23}$$

利用上式，讨论在点 0 处，且 $|x|$ 不大时的问题，可得到下面一系列的近似公式.

(1) $\sqrt[n]{1+x}\approx 1+\frac{1}{n}x$；　(2) $\sin x\approx x$；　(3) $\tan x\approx x$；　(4) $\mathrm{e}^x\approx 1+x$；

(5) $\ln(1+x)\approx x$；　(6) $\arcsin x\approx x$；　(7) $\arctan x\approx x$.

例 5.42 试证明当 $|x|$ 很小时，$\sqrt[n]{1+x}\approx 1+\frac{1}{n}x$.

证：令 $f(x)=\sqrt[n]{1+x}$，则 $f'(x)=\frac{1}{n}(1+x)^{\frac{1}{n}-1}$，$f'(0)=\frac{1}{n}$，$f(0)=1$. 代入式 5.22

即得
$$\sqrt[n]{1+x}\approx 1+\frac{1}{n}x.$$

例 5.43 试证明当 $|x|$ 很小时，$\tan x\approx x$.

证：令 $f(x)=\tan x$，则 $f(0)=0$，$f'(x)=\sec^2 x$，$f'(0)=1$. 代入关系式 5.23，即得

$$\tan x\approx x.$$

2. 近似计算函数的改变量

例 5.44 测量直径 $x=20$ mm 的小球时，测量得直径为 20.05 mm，即有误差 0.05 mm. 问由测量得到小球的体积会有多大的误差？

解：球的体积为 $V=\frac{\pi}{6}x^3$，其中 x 为球的直径，求导数得

$$V'=\frac{\pi}{2}x^2,\quad \mathrm{d}V=\frac{\pi}{2}x^2\Delta x$$

由测量得到小球的体积的误差约为

$$\mathrm{d}V\Big|_{\substack{x=20\\ \Delta x=0.05}}=\frac{\pi}{2}x^2\Delta x\Big|_{\substack{x=20\\ \Delta x=0.05}}=31.416(\mathrm{mm}^3)$$

而实际误差为

$$\Delta V = \frac{\pi}{6}(x+\Delta x)^3 - \frac{\pi}{6}x^3 = \frac{\pi}{6}(20+0.05)^3 - \frac{\pi}{6}(20)^3$$

$$= \frac{\pi}{6}(8060.150125 - 8000) \approx 31.495(\mathrm{mm}^3)$$

两者相对误差约为 0.25%.

3. 计算函数在某一点的近似值

例 5.45 求 $\sqrt[5]{1.03}$ 的近似值.

解:可将此问题看成函数 $f(x)=\sqrt[5]{x}$ 在点 $x=1$ 处的函数值的近似值问题,由公式

$$f(x+\Delta x) \approx f(x) + f'(x)\cdot\Delta x = \sqrt[5]{x} + \frac{1}{5\sqrt[5]{x^4}}\cdot\Delta x$$

令 $x=1,\Delta x=0.03$,就得到

$$\sqrt[5]{1.03} \approx \sqrt[5]{1} + \frac{1}{5\sqrt[5]{1^4}} \times 0.03 = 1.006.$$

5.5 中值定理

本节介绍微分学中几个基本定理,它们都与自变量变化区间内部的某个中间值有关,故统称为微分学的中值定理.它们在一元函数微分学的理论及应用中都有着重要意义.

5.5.1 罗尔定理

定理 5.7 设函数 $y=f(x)$ 满足下面三个条件:

(1) $f(x)$ 在闭区间 $[a,b]$ 上连续;

(2) $f(x)$ 在开区间 (a,b) 内可导;

(3) $f(x)$ 在区间端点处的函数值相等,即 $f(a)=f(b)$,

那么,在 (a,b) 内至少存在一点 ξ,使得

$$f'(\xi) = 0 \tag{5.24}$$

罗尔定理的几何解释如图 5-3 所示.曲线 $y=f(x)$ 上至少可以找到一点 p,使曲线在点 p 处的切线平行于 x 轴,即这条切线的斜率为 0,记 p 点的横坐标为 ξ,则 $f'(\xi)=0$.

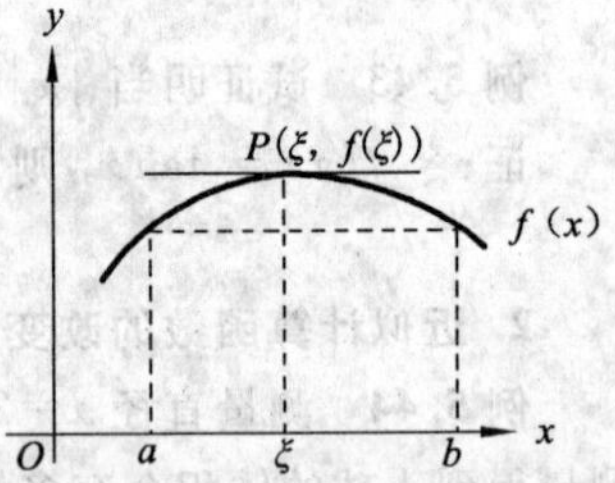

图 5-3 罗尔定理的几何解释

例 5.46 设函数 $f(x)=x^2-4x-5$,试验证此函数在区间 $[-1,5]$ 上满足罗尔定理的条件,并求出点 ξ.

解:由于函数 $f(x)$ 是多项式,因此在 $[-1,5]$ 上连续;并且 $f'(x)=2x-4$,故在 $(-1,5)$ 内函数可导.又 $f(-1)=0=f(5)$,因此函数 $f(x)$ 在区间 $[-1,5]$ 上满足罗尔定理中的三个条件;故在 $(-1,5)$ 内至少存在一个点 ξ,使 $f'(\xi)=0$.

令 $f'(\xi)=2\xi-4=0$,解得 $\xi=2$,即在点 $(2,-9)$ 处,曲线 $f(x)=x^2-4x-5$ 的切线平行于 x 轴.

必须注意,罗尔定理中的三个条件是充分条件,不是必要的.只要三个条件满足,就能保证结论成立.不过,在很多情况下,如果有一个条件不满足,结论就有可能不成立.再则,结论中的 ξ 点,可能会有多个,请看下面的例子.

例 5.47 设 $f(x)=x^3-3x$,试验证罗尔定理在区间 $[-\sqrt{3},\sqrt{3}]$ 上的正确性.

解:显然,函数 $f(x)=x^3-3x$ 在 $[-\sqrt{3},\sqrt{3}]$ 上连续,在 $(-\sqrt{3},\sqrt{3})$ 内可导,且有 $f'(x)=3x^2-3$,

再加 $f(-\sqrt{3})=0=f(\sqrt{3})$，故函数 $f(x)$ 在区间 $[-\sqrt{3},\sqrt{3}]$ 上满足罗尔定理的三个条件. 令

$$f'(x)=3(x^2-1)=3(x+1)(x-1)=0$$

解得 $x_1=-1, x_2=1$. 因此在 $(-\sqrt{3},\sqrt{3})$ 内有两个 ξ 点，均使得 $f'(\xi)=0$.

5.5.2 拉格朗日中值定理

定理 5.8 设函数 $y=f(x)$ 满足：(1)在闭区间 $[a,b]$ 上连续；(2)在开区间 (a,b) 内可导；则 $y=f(x)$ 在 (a,b) 内至少存在一点 ξ 使得

$$f'(\xi)=\frac{f(b)-f(a)}{b-a} \tag{5.25}$$

或

$$f(b)-f(a)=f'(\xi)(b-a) \tag{5.26}$$

拉格朗日中值定理也称**微分中值定理**. 式 5.25 称为拉格朗日中值公式.

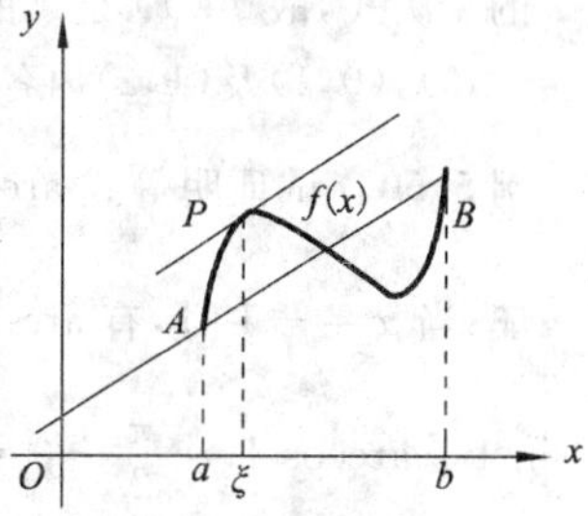

图 5-4 拉格朗日中值定理的几何解释

拉格朗日中值定理的几何解释如图 5-4 所示. 由曲线 $y=f(x)$ 上两端点的连接直线 AB 的方程为

$$y=f(a)+\frac{f(b)-f(a)}{b-a}(x-a) \tag{5.27}$$

斜率为 $\frac{f(b)-f(a)}{b-a}$. 根据拉格朗日中值定理，在曲线 $y=f(x)$ 上至少可以找到一点 P，使该曲线在点 P 处的切线的斜率 $f'(\xi)$ 恰好等于直线 AB 的斜率 $\frac{f(b)-f(a)}{b-a}$，或者说，该曲线在点 P 的切线平行于直线 AB.

罗尔定理可看成是拉格朗日中值定理当 $f(a)=f(b)$ 时的特殊情况.

例 5.48 函数 $f(x)=4x^3-5x^2+x-2$ 在 $[0,1]$ 区间上是否满足拉格朗日定理的条件？若满足请求出定理中的 ξ.

解：因为 $f(x)$ 是多项式，所以在 $[0,1]$ 上连续，在 $(0,1)$ 内可导. 故满足拉格朗日定理的条件. 根据定理的结论，有 $f(1)-f(0)=f'(\xi)(1-0)$，而 $f'(\xi)=12\xi^2-10\xi+1$，故得

$$-2-(-2)=12\xi^2-10\xi+1,$$

并解得

$$\xi_1=\frac{5+\sqrt{13}}{12}, \xi_2=\frac{5-\sqrt{13}}{12}.$$

众所周知，定义在任一区间上的常数函数的导数必为零. 反之，定义在某一区间上的函数的导数为零时，该函数是否是常数函数呢？定理 5.9 给出了肯定的回答.

定理 5.9 设函数 $y=f(x)$ 在区间 (a,b) 内可导，且 $f'(x)=0$，则 $f(x)$ 在 (a,b) 内是一个常数(函数).

$f(x)$ 在 (a,b) 内是否为常数，只要证明对于 (a,b) 内的任意两点 $x_1, x_2(x_1<x_2)$ 都有 $f(x_1)=f(x_2)$ 即可. 由于 $[x_1,x_2]$ 包含在区间 (a,b) 内，因此函数 $f(x)$ 在区间 $[x_1,x_2]$ 上连续，在 (x_1,x_2) 内可导. 这就是说，函数 $f(x)$ 在闭区间 $[x_1,x_2]$ 上满足拉格朗日中值定理的条件，故存在 $\xi\in(x_1,x_2)$ 使得

$$f(x_2)-f(x_1)=f'(\xi)(x_2-x_1)$$

由定理假设 $f'(x)=0$，$x\in(a,b)$，则有 $f'(\xi)=0$. 于是

$$f(x_2)-f(x_1)=0 \qquad 即\ f(x_1)=f(x_2)$$

这正说明了定理的正确性.

定理 5.10 若函数 $f(x)$ 与 $g(x)$ 在区间 (a,b) 内每一点的导数都相等，即

$$f'(x) = g'(x), \quad x \in (a,b),$$

则这两个函数在区间 (a,b) 内最多相差一个常数 C,即 $f(x) = g(x) + C$.

根据假设,对于一切 $x \in (a,b)$ 都有 $f'(x) = g'(x)$,从而有

$$[f(x) - g(x)]' = f'(x) - g'(x) = 0$$

由定理 5.9 可知,$f(x) - g(x) = C$,即 $f(x) = g(x) + C$.

例 5.49 已知函数 $f(x) = x(x+1)(x-1)(x-2)$.在不求出函数导数的情况下,试确定方程 $f'(x) = 0$ 有几个实根,并指出它们所在的区间.

解:显然 $f(x)$ 是一个多项式,故在 $(-\infty, +\infty)$ 内连续可导,又因为

$$f(-1) = f(0) = f(1) = f(2) = 0$$

由罗尔定理可知,在区间$(-1,0)$,$(0,1)$,$(1,2)$内至少各有方程 $f'(x) = 0$ 的一个实根.因为 $f(x)$ 是 x 的 4 次式,故 $f'(x)$ 是 x 的三次式;$f'(x) = 0$ 至多有三个实根.所以方程 $f'(x) = 0$ 分别在区间$(-1,0)$,$(0,1)$及$(1,2)$内各有一个实根.

例 5.50 试证明等式 $\arcsin x + \arccos x = \frac{\pi}{2}$,$x \in [-1,1]$.

证:当 $x = -1$ 时,有 $\arcsin(-1) + \arccos(-1) = -\frac{\pi}{2} + \pi = \frac{\pi}{2}$;当 $x = 1$ 时,有 $\arcsin 1 + \arccos 1 = \frac{\pi}{2} + 0 = \frac{\pi}{2}$;因此,当 $x = \pm 1$ 时,欲证的等式成立.

现设 $x \in (-1,1)$,令 $f(x) = \arcsin x + \arccos x$,则

$$f'(x) = \frac{1}{\sqrt{1-x^2}} - \frac{1}{\sqrt{1-x^2}} = 0, \ x \in (-1,1)$$

据定理 5.9 知,$f(x) = C$(C 为常数),$x \in (-1,1)$.取 $x = 0$,则有

$$f(0) = \arcsin 0 + \arccos 0 = 0 + \frac{\pi}{2} = \frac{\pi}{2},$$

故 $f(x) = \frac{\pi}{2}$,即 $\arcsin x + \arccos x = \frac{\pi}{2}$.

5.6 求极限的洛必达法则

在前面的讨论中,我们已经知道,两个无穷小量(或无穷大量)之比的极限,有时存在,有时不存在,情况比较复杂.数学上常把这种类型的极限称为 $\frac{0}{0}$ 型(或 $\frac{\infty}{\infty}$ 型)未定式.这一节主要介绍求这种类型极限的重要方法.

为方便起见,在极限中常用以下方式表示:$x \to a$(实数),$x \to a^-$,$x \to a^+$,$x \to \infty$,$x \to +\infty$,$x \to -\infty$.

5.6.1 $\frac{0}{0}$型和$\frac{\infty}{\infty}$型未定式

定理 5.11 设函数 $f(x)$,$g(x)$ 在点 a(a 为一实数)的某去心邻域内有定义,且满足下面的条件:

(1) $\lim\limits_{x \to a} f(x) = 0(\infty)$, $\lim\limits_{x \to a} g(x) = 0(\infty)$;

(2)在点 a 的某去心邻域内,$f(x)$,$g(x)$ 均可导,且 $g'(x) \neq 0$;

(3) $\lim\limits_{x \to a} \frac{f'(x)}{g'(x)} = A$($A$ 为一实数或 ∞,$+\infty$,$-\infty$).

则有

$$\lim_{x\to a}\frac{f(x)}{g(x)}=\lim_{x\to a}\frac{f'(x)}{g'(x)}=A.$$

注：在定理5.11中，将“$x\to a$”换成“$x\to a^-$”，“$x\to a^+$”或“$x\to\infty$”，“$x\to+\infty$”，“$x\to-\infty$”定理结论仍成立.

从定理5.11可知，在满足定理的条件下，当能求出 $\dfrac{f'(x)}{g'(x)}$ 的极限值是 A 或能判定它是无穷大量时，也就等于求得未定式 $\dfrac{f(x)}{g(x)}$ 的极限值.

例5.51 求 $\lim\limits_{x\to1}\dfrac{x^{10}-1}{x^2-1}$.（此为 $\dfrac{0}{0}$ 型未定式）

解：
$$\lim_{x\to1}\frac{x^{10}-1}{x^2-1}=\lim_{x\to1}\frac{10x^9}{2x}=\lim_{x\to1}5x^8=5\lim_{x\to1}x^8=5.$$

例5.52 求 $\lim\limits_{x\to0}\dfrac{(1+x)^\alpha-1}{x}$ （α 为任意实数）.（此为 $\dfrac{0}{0}$ 型未定式）

解：
$$\lim_{x\to0}\frac{(1+x)^\alpha-1}{x}=\lim_{x\to0}\frac{\alpha(1+x)^{\alpha-1}}{1}=\alpha.$$

例5.53 求 $\lim\limits_{x\to+\infty}\dfrac{x^n}{\ln x}$ （n 为正整数）.（此为 $\dfrac{\infty}{\infty}$ 型未定式）

解：
$$\lim_{x\to+\infty}\frac{x^n}{\ln x}=\lim_{x\to+\infty}\frac{nx^{n-1}}{\frac{1}{x}}=\lim_{x\to+\infty}nx^n=+\infty.$$

应用洛必达法则求 $\dfrac{0}{0}$ 型或 $\dfrac{\infty}{\infty}$ 型未定式的极限时，需要注意以下几点：

(1)用洛必达法则求 $\dfrac{0}{0}$ 型或 $\dfrac{\infty}{\infty}$ 型未定式的极限 $\lim\limits_{x\to a}\dfrac{f(x)}{g(x)}$ 时，若 $\lim\limits_{x\to a}\dfrac{f'(x)}{g'(x)}$ 仍是一个未定式，且满足定理条件，则可以继续应用洛必达法则，甚至可能应用多次.

例5.54 求 $\lim\limits_{x\to0}\dfrac{x-\sin x}{x^3}$.（这是 $\dfrac{0}{0}$ 型未定式）

解：
$$\lim_{x\to0}\frac{x-\sin x}{x^3}=\lim_{x\to0}\frac{1-\cos x}{3x^2}$$

上式右端极限仍是 $\dfrac{0}{0}$ 型未定式．再应用洛必达法则，则有

$$\lim_{x\to0}\frac{x-\sin x}{x^3}=\lim_{x\to0}\frac{(1-\cos x)'}{(3x^2)'}=\lim_{x\to0}\frac{\sin x}{6x}=\frac{1}{6}.$$

例5.55 求 $\lim\limits_{x\to0}\dfrac{e^x-e^{-x}-2x}{x-\sin x}$.

解：
$$\lim_{x\to0}\frac{e^x-e^{-x}-2x}{x-\sin x}\quad\left(\frac{0}{0}\text{型}\right)=\lim_{x\to0}\frac{e^x+e^{-x}-2}{1-\cos x}\quad\left(\frac{0}{0}\text{型}\right)$$
$$=\lim_{x\to0}\frac{e^x-e^{-x}}{\sin x}\quad\left(\frac{0}{0}\text{型}\right)=\lim_{x\to0}\frac{e^x+e^{-x}}{\cos x}=2.$$

例5.56 求 $\lim\limits_{x\to+\infty}\dfrac{e^x}{x^n}$（$n$ 为正整数）.

解： $\lim\limits_{x\to+\infty}\dfrac{e^x}{x^n}\left(\dfrac{\infty}{\infty}\text{型}\right)=\lim\limits_{x\to+\infty}\dfrac{e^x}{nx^{n-1}}\left(\dfrac{\infty}{\infty}\text{型}\right)=\lim\limits_{x\to+\infty}\dfrac{e^x}{n(n-1)x^{n-2}}=\cdots=\lim\limits_{x\to+\infty}\dfrac{e^x}{n!}=+\infty.$

由例5.53和例5.56我们看到，对数函数 $\ln x$，幂函数 x^n 和指数函数 e^x 都是 $x\to+\infty$ 时的无穷大量．但是，它们趋于无穷大的速度很不一样．幂函数 x^n 趋于无穷大的速度比对数函数 $\ln x$

快，而指数函数 e^x 趋于无穷大的速度又比幂函数 x^n 快．这个结论在今后做题时可以直接应用．

(2)在每次应用洛必达法则之前必须检验极限确为 $\frac{0}{0}$ 型或 $\frac{\infty}{\infty}$ 型，否则会出错．例如由洛必达法则，有

$$\lim_{x\to0}\frac{x^2}{\sin x}\left(\frac{0}{0}\text{ 型}\right)=\lim_{x\to0}\frac{2x}{\cos x}=0.$$

上式中，$\lim\limits_{x\to0}\frac{2x}{\cos x}$ 已不是未定式，若对它继续应用洛必达法则，则有

$$\lim_{x\to0}\frac{x^2}{\sin x}=\lim_{x\to0}\frac{2x}{\cos x}=\lim_{x\to0}\frac{2}{-\sin x}=\infty$$

这就得到了一个错误的结果．这是做题时需要注意的．

(3)洛必达法则指出，当 $\lim\limits_{x\to a}\frac{f'(x)}{g'(x)}=A$（$A$ 为一实数或 ∞）时，则 $\lim\limits_{x\to a}\frac{f(x)}{g(x)}=A$．但当极限 $\lim\limits_{x\to a}\frac{f'(x)}{g'(x)}$ 不存在(但不含 ∞ 的情形)时，不能断定 $\lim\limits_{x\to a}\frac{f(x)}{g(x)}$ 不存在．此时，洛必达法则失效，需要寻求其他办法来判定. 例如，若应用洛必达法则，则

$$\lim_{x\to0}\frac{x^2\sin\frac{1}{x}}{\sin x}\left(\frac{0}{0}\text{ 型}\right)=\lim_{x\to0}\frac{\left(x^2\sin\frac{1}{x}\right)'}{(\sin x)'}=\lim_{x\to0}\frac{2x\sin\frac{1}{x}-\cos\frac{1}{x}}{\cos x}$$

极限不存在且不是 ∞．因此不能应用洛必达法则求此极限．但是，我们有

$$\lim_{x\to0}\frac{x^2\sin\frac{1}{x}}{\sin x}=\lim_{x\to0}\frac{x\sin\frac{1}{x}}{\frac{\sin x}{x}}=\frac{0}{1}=0.$$

(4)有些 $\frac{0}{0}$ 型或 $\frac{\infty}{\infty}$ 型未定式的极限，应用洛必达法则若干次后会回到原来的未定式，周而复始．在这种情形下，洛必达法则也失效，也需寻求其他的求极限的方法．例如，应用洛必达法则，有

$$\lim_{x\to+\infty}\frac{e^x-e^{-x}}{e^x+e^{-x}}\left(\frac{\infty}{\infty}\text{ 型}\right)=\lim_{x\to+\infty}\frac{e^x+e^{-x}}{e^x-e^{-x}}\left(\frac{\infty}{\infty}\text{ 型}\right)=\lim_{x\to+\infty}\frac{e^x-e^{-x}}{e^x+e^{-x}}.$$

这又回到了原来的未定式．但是，我们有

$$\lim_{x\to+\infty}\frac{e^x-e^{-x}}{e^x+e^{-x}}=\lim_{x\to+\infty}\frac{e^x(1-e^{-2x})}{e^x(1+e^{-2x})}==\lim_{x\to+\infty}\frac{1-e^{-2x}}{1+e^{-2x}}=1.$$

(5)在每一次应用洛必达法则后，都要整理简化极限式，并将存在极限而又不影响未定式的因式分离出来．这样可以简化后面的计算．

例 5.57 求 $\lim\limits_{x\to0^+}\frac{\ln\cot x}{\ln x}$.（此为 $\frac{\infty}{\infty}$ 型未定式）

解：
$$\lim_{x\to0^+}\frac{\ln\cot x}{\ln x}=\lim_{x\to0^+}\frac{\frac{-\csc^2 x}{\cot x}}{\frac{1}{x}}=\lim_{x\to0^+}\frac{-x\frac{1}{\sin^2 x}}{\frac{\cos x}{\sin x}}=-\lim_{x\to0^+}\left(\frac{x}{\sin x}\cdot\frac{1}{\cos x}\right)$$
$$=-\lim_{x\to0^+}\frac{x}{\sin x}\cdot\lim_{x\to0^+}\frac{1}{\cos x}=-1.$$

例 5.58 求 $\lim\limits_{x\to0^+}\frac{\ln\sin px}{\ln\sin qx}$.（此为 $\frac{\infty}{\infty}$ 型未定式）

解：
$$\lim_{x\to0^+}\frac{\ln\sin px}{\ln\sin qx}=\lim_{x\to0^+}\frac{\frac{p\cos px}{\sin px}}{\frac{q\cos qx}{\sin qx}}=\frac{p}{q}\lim_{x\to0^+}\frac{\cos px}{\cos qx}\cdot\lim_{x\to0^+}\frac{\sin qx}{\sin px}$$

$$=\frac{p}{q}\cdot 1\cdot\lim_{x\to 0^+}\frac{q\cos qx}{p\cos px}=\frac{p}{q}\cdot\frac{q}{p}\cdot\lim_{x\to 0^+}\frac{\cos qx}{\cos px}=1$$

(6)在应用洛必达法则求未定式的极限的过程中，结合应用等价无穷小替换，可减少计算量．常用的有：当 $x\to 0$ 时，

$$x,\sin x,\tan x,2(\sqrt{1+x}-1),\ln(1+x),e^x-1,\arcsin x,\arctan x$$

中任何两个为等价无穷小．又当 $x\to 0$ 时，$1-\cos x$ 与 $\frac{1}{2}x^2$ 也为等价无穷小．

例 5.59 求 $\lim\limits_{x\to 0}\frac{x\cos x-\sin x}{\sin x\tan^2 x}$．

解：由于 $x\to 0$ 时，$\sin x$ 与 x，$\tan^2 x$ 与 x^2 为等价无穷小，因此有

$$\lim_{x\to 0}\frac{x\cos x-\sin x}{\sin x\tan^2 x}=\lim_{x\to 0}\frac{x\cos x-\sin x}{x^3}\left(\frac{0}{0}\text{ 型}\right)$$

$$=\lim_{x\to 0}\frac{\cos x-x\sin x-\cos x}{3x^2}=\lim_{x\to 0}\frac{-\sin x}{3x}=-\frac{1}{3}.$$

应用等价无穷小替换中应注意的事项，请参看第3章相关内容．

5.6.2 其他类型的未定式

除了 $\frac{0}{0}$ 型及 $\frac{\infty}{\infty}$ 型未定式外，还有其他类型的未定式，如 $0\cdot\infty$ 型，$\infty-\infty$ 型，1^∞ 型，0^0 型，∞^0 型等五类未定式．对于 $\frac{0}{0}$ 型及 $\frac{\infty}{\infty}$ 型未定式，我们可以直接使用洛必达法则求其极限，而对其他五类未定式，都需要先进行函数的恒等变换，化为 $\frac{0}{0}$ 型或 $\frac{\infty}{\infty}$ 型未定式之后，再利用洛必达法则求其极限．

下面将通过举例来说明这些方法．

例 5.60 求 $\lim\limits_{x\to 0^+}x^2\ln x$．

解：$\lim\limits_{x\to 0^+}x^2\ln x\,(0\cdot\infty\text{ 型})=\lim\limits_{x\to 0^+}\frac{\ln x}{x^{-2}}\left(\frac{\infty}{\infty}\text{ 型}\right)=\lim\limits_{x\to 0^+}\frac{\frac{1}{x}}{-2x^{-3}}=\lim\limits_{x\to 0^+}\frac{x^2}{-2}=0.$

例 5.61 求 $\lim\limits_{x\to 1}\left(\frac{x}{x-1}-\frac{1}{\ln x}\right)$．（此为 $\infty-\infty$ 型未定式）

解：
$$\lim_{x\to 1}\left(\frac{x}{x-1}-\frac{1}{\ln x}\right)=\lim_{x\to 1}\frac{x\ln x-x+1}{(x-1)\ln x}\left(\frac{0}{0}\text{ 型}\right)=\lim_{x\to 1}\frac{\ln x}{\ln x+1-\frac{1}{x}}\left(\frac{0}{0}\text{ 型}\right)$$

$$=\lim_{x\to 1}\frac{\frac{1}{x}}{\frac{1}{x}+\frac{1}{x^2}}=\frac{1}{2}.$$

对于 1^∞，0^0 和 ∞^0 三类未定式，即形如 $\lim f(x)^{g(x)}$ 的极限，无论自变量是何种变化过程，均可按下面的方法统一求解：

令 $y=f(x)^{g(x)}$，则有 $e^{\ln y}=e^{g(x)\ln f(x)}$，于是 $g(x)\ln f(x)$ 总是一个 $0\cdot\infty$ 型未定式．再利用指数函数和对数函数的连续性，就可以得到

$$\lim f(x)^{g(x)}=\lim e^{g(x)\ln f(x)}=e^{\lim g(x)\ln f(x)}$$

但要注意，运算过程中，自变量 x 的变化要保持一致，而且在具体的计算过程中要写出 x 的变化过程．请看下面的例子．

例 5.62 求 $\lim\limits_{x\to 0}(1-x)^{\frac{1}{x}}$．（$1^\infty$ 型未定式）

解： $$\lim_{x\to 0}(1-x)^{\frac{1}{x}}=\lim_{x\to 0}\mathrm{e}^{\frac{\ln(1-x)}{x}}=\mathrm{e}^{\lim\limits_{x\to 0}\frac{\ln(1-x)}{x}}=\mathrm{e}^{\lim\limits_{x\to 0}\frac{-1}{1-x}}=\mathrm{e}^{-1}.$$

例 5.63 求 $\lim\limits_{x\to 0^+}x^x$.（$0^0$ 型未定式）

解： $$\lim_{x\to 0^+}x^x=\lim_{x\to 0^+}\mathrm{e}^{x\ln x}=\mathrm{e}^{\lim\limits_{x\to 0^+}\frac{\ln x}{\frac{1}{x}}}=\mathrm{e}^{\lim\limits_{x\to 0^+}\frac{\frac{1}{x}}{\left(-\frac{1}{x^2}\right)}}=\mathrm{e}^{\lim\limits_{x\to 0^+}(-x)}=\mathrm{e}^0=1.$$

例 5.64 求 $\lim\limits_{x\to+\infty}x^{\frac{1}{x}}$.（$\infty^0$ 型未定式）

解： $$\lim_{x\to+\infty}x^{\frac{1}{x}}=\lim_{x\to+\infty}\mathrm{e}^{\frac{1}{x}\ln x}=\mathrm{e}^{\lim\limits_{x\to+\infty}\frac{\ln x}{x}}=\mathrm{e}^{\lim\limits_{x\to+\infty}\frac{\frac{1}{x}}{1}}=\mathrm{e}^{\lim\limits_{x\to+\infty}\frac{1}{x}}=\mathrm{e}^0=1.$$

5.7 函数的单调性和极值

5.7.1 函数的单调性

在第 3 章中，已经给出过函数单调性概念，它是研究函数变化规律的主要内容之一. 现在介绍利用函数导数的符号来判定函数单调增减性的方法.

定理 5.12 设函数 $y=f(x)$ 在区间 (a,b) 内可导. 若在 (a,b) 内，$f'(x)>0$（或 $f'(x)<0$），则函数 $f(x)$ 在 (a,b) 内**严格单调递增**（或**严格单调递减**）.

考察在区间 (a,b) 内任取的两点 x_1,x_2，并设 $x_1<x_2$，则函数 $f(x)$ 在区间 $[x_1,x_2]$ 上满足拉格朗日中值定理的条件. 因此，存在点 $\xi\in(x_1,x_2)$ 使得

$$f(x_2)-f(x_1)=f'(\xi)(x_2-x_1). \tag{5.28}$$

若 $f'(x)>0, x\in(a,b)$，则 $f'(\xi)>0$，因此 $f(x_2)-f(x_1)>0$，即 $f(x_1)<f(x_2)$. 这就说明 $f(x)$ 在 (a,b) 内严格单调递增. 若 $f'(x)<0, x\in(a,b)$，则 $f'(\xi)<0$，因此 $f(x_2)-f(x_1)<0$，即 $f(x_1)>f(x_2)$. 这说明 $f(x)$ 在 (a,b) 内严格单调递减.

注 1 在定理 5.12 中，区间 (a,b) 可以是有限开或闭区间，也可以是无限区间.

注 2 在定理 5.12 中，区间 (a,b) 内除某些离散点处导数为零外，$f'(x)$ 都不等于 0，即 $f'(x)$ 在 (a,b) 的任一部分区间内不恒等于 0，定理的结论仍然成立.

注 3 在定理 5.12 中，区间 (a,b) 内，只有函数 $f(x)$ 的导数为 0 的点（通常称为驻点）、$f(x)$ 的间断点和/或不可导点，才可能是该函数单调区间发生变化的分界点. 因此，一个函数在其定义区间的不同区段（称子区间）的单调性可能不同.

例 5.65 讨论函数 $f(x)=\mathrm{e}^x-\mathrm{e}x$ 的单调性.

解： 所要讨论的函数 $f(x)$ 的定义域为 $(-\infty,+\infty)$. 又 $f'(x)=\mathrm{e}^x-\mathrm{e}$，令 $f'(x)=0$，即 $\mathrm{e}^x-\mathrm{e}=0$，得 $x=1$. 当 $x<1$ 时，$f'(x)<0$；因此函数 $f(x)$ 在 $(-\infty,1)$ 内严格单调递减；当 $x>1$ 时，$f'(x)>0$，因此函数在 $(1,+\infty)$ 内严格单调递增.

例 5.66 讨论函数 $f(x)=\sqrt[3]{x^2}$ 的单调性.

解： 所讨论的函数 $f(x)$ 的定义域为 $(-\infty,+\infty)$；由于

$$f'(x)=\frac{2}{3\sqrt[3]{x}}(x\neq 0),\ f'(0)=\lim_{x\to 0}f'(x)=\infty$$

$$\left(\lim_{x\to 0^-}f'(x)=-\infty,\lim_{x\to 0^+}f'(x)=+\infty\right)$$

因此 $f(x)$ 在点 $x=0$ 处的导数不存在. 当 $x<0$ 时，$f'(x)<0$，$f(x)$ 在 $(-\infty,0)$ 内严格单调递减；当 $x>0$ 时，$f'(x)>0$，$f(x)$ 在 $(0,+\infty)$ 内严格单调递增（见图 5-5）.

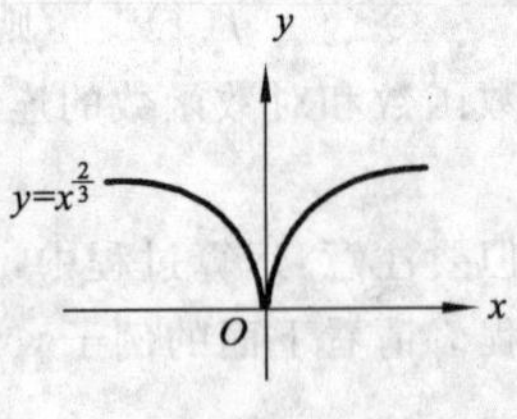

图 5-5 函数单调性分界点

由上可以看出，求函数 $f(x)$ 的严格单调区间时，首先必须找出单调区间的可疑分界点，即使 $f'(x)=0$ 的点、$f(x)$ 的间断点和 $f(x)$ 的不可导点（包括导数为 ∞ 的点）. 因此，求函数 $y=f(x)$ 的单调区间的步骤归结如下：

(1)确定函数 $y=f(x)$ 的定义域；

(2)求导数 $f'(x)$，找出单调区间的可疑分界点；并用可疑分界点将定义域分成若干个子区间（部分区间）并列表；

(3)判定各部分区间内 $f'(x)$ 的正负号填在表中相应子区间内，以确定单调区间. 若 $f'(x)>0(<0)$，$x\in(a,b)$，则 (a,b) 为 $f(x)$ 的严格单调递增（递减）区间.

例 5.67 求函数 $f(x)=(x-1)\sqrt[3]{x^2}$ 的单调区间.

解：该函数 $f(x)$ 的定义域为 $(-\infty,+\infty)$. 由于

$$f'(x)=((x-1)\sqrt[3]{x^2})'=((x-1)x^{\frac{2}{3}})'$$
$$=x^{\frac{2}{3}}+(x-1)\frac{2}{3}x^{-\frac{1}{3}}=\frac{1}{3}(5x-2)x^{-\frac{1}{3}}=\frac{1}{3}(5x-2)\frac{1}{\sqrt[3]{x}}\ (x\neq 0)$$

于是，当 $x=\frac{2}{5}$ 时，$f'\left(\frac{2}{5}\right)=0$，又 $f'(0)=\infty$. 用点 $x=0,\frac{2}{5}$ 将函数 $f(x)$ 的定义域分成三个部分区间：$(-\infty,0]$，$\left[0,\frac{2}{5}\right]$，$\left[\frac{2}{5},+\infty\right)$. 在各部分区间内 $f'(x)$ 的符号如表 5-1 所示.

表 5-1 例 5.67 中函数的分区间符号列表

x	$(-\infty,0)$	0	$\left(0,\frac{2}{5}\right)$	$\frac{2}{5}$	$\left(\frac{2}{5},+\infty\right)$
$f'(x)$	$+$	无	$-$	0	$+$
$f(x)$	$\nearrow$	0	$\searrow$	$-\frac{3}{5}\sqrt[3]{\left(\frac{2}{5}\right)^2}$	$\nearrow$

从表 5-1 可以看出，$(-\infty,0)$ 及 $\left(\frac{2}{5},+\infty\right)$ 为严格单调递增区间，$\left(0,\frac{2}{5}\right)$ 为严格单调递减区间. 在表 5-1 中，记号 $\nearrow$ 表示严格单调递增，$\searrow$ 表示严格单调递减.

注：检验部分区间中 $f'(x)$ 的符号的方法是，通过在各区间内取函数在特殊点的值来确定. 如表 5-1 中，有 $f'(-1)>0$，$f'\left(\frac{1}{5}\right)<0$，$f'(1)>0$ 分别确定出 $x\in(-\infty,0)$ 时，$f'(x)>0$；$x\in\left(0,\frac{2}{5}\right)$ 时，$f'(x)<0$；$x\in\left(\frac{2}{5},+\infty\right)$ 时，$f'(x)>0$.

现在利用函数的单调性来证明一些函数不等式. 据定理 5.12，有下面的推论.

推论 设函数 $f(x)$ 在区间 $[a,b)$ 上连续，在 (a,b) 内可导，且 $f'(x)>0$，$x\in(a,b)$，则 $f(x)$ 在 (a,b) 内严格单调递增，且

$$f(x)>f(a)(x\in(a,b)).$$

例 5.68 证明 $x>0$ 时，$\cos x>1-\frac{x^2}{2}$.

解：令 $f(x)=\cos x-1+\frac{x^2}{2}$，则 $f(x)$ 在 $[0,+\infty)$ 上连续，且 $f(0)=0$. 由于 $f'(x)=-\sin x+x>0$，$x\in(0,+\infty)$. 因此 $f(x)$ 在 $(0,+\infty)$ 内严格单调递增，从而有 $f(x)>f(0)=0$，即 $\cos x-1+\frac{x^2}{2}>0$ 或 $\cos x>1-\frac{x^2}{2}(x>0)$.

5.7.2 函数的极值

设函数 $y=f(x)$ 在区间 $[a,b]$ 上有定义.考察图 5-6，$y=f(x)$ 在点 x_2 处的左邻域内单调递增，右邻域内单调递减，而在点 x_2 达到"峰"值. $y=f(x_2)$ 虽然不是 $[a,b]$ 上的最大值，但比它近旁的值都大.而 $y=f(x)$ 在点 x_3 处的左邻域内单调递减，右邻域内单调递增，而在点 x_3 达到"谷"值.图中的点 x_1,x_4,x_5 处也有类似的性质，并把这些值称为**极值**.极值在实际应用中有十分重要的意义.

定义 5.3 设函数 $y=f(x)$ 在点 x_0 的某邻域 U 内有定义.若对于任意一点 $x\in U$，但 $x\neq x_0$，恒有 $f(x)<f(x_0)$ （或 $f(x)>f(x_0)$），则称函数 $f(x)$ 在点 x_0 处有**极大值**（或**极小值**）$f(x_0)$，而 x_0 称为函数 $f(x)$ 的一个**极大值点**（或**极小值点**）.极大值和极小值统称为极值，极大值点和极小值点统称为**极值点**.

由定义可知，函数极值的概念是一个局部的概念.若 $f(x_0)$ 是函数 $f(x)$ 的一个极大值，则它只是比 x_0 的某邻域内其他函数值都大.若 $f(x_0)$ 是函数 $f(x)$ 的一个极小值，则它只是比 x_0 的某邻域内其他函数值都小.在图 5-6 中，函数 $y=f(x)$ 有两个极大值 $f(x_2),f(x_4)$，三个极小值 $f(x_1)$，$f(x_3),f(x_5)$.由极大值 $f(x_2)$ 比极小值 $f(x_5)$ 小说明，函数极值是一个局部的概念.函数 $f(x)$ 在区间 $[a,b]$ 上的最小值是 $f(x_1)$，而最大值是 $f(b)$.没有一个极大值点是最大值点.

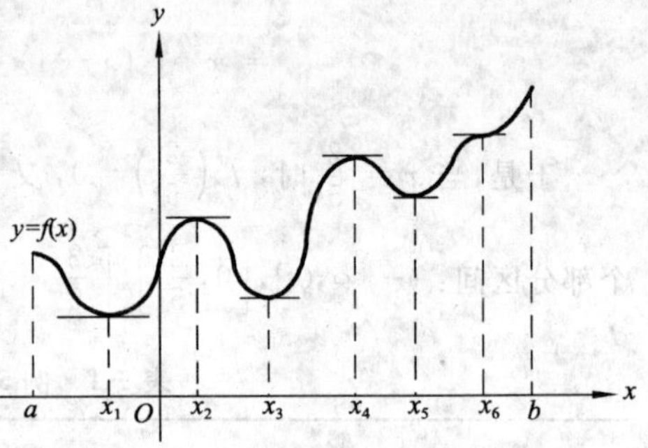

图 5-6 函数数值

定理 5.13（费马定理） 设函数 $f(x)$ 在点 x_0 的某邻域有定义，且在点 x_0 处可导.若函数 $f(x)$ 在点 x_0 处取得极值 $f(x_0)$，则 $f'(x_0)=0$.

定理说明，若函数在可导点处取得极值，则函数在该点的导数等于 0.上面说过，使得 $f'(x)=0$ 的点称为函数 $f(x)$ 的**驻点**.必须注意以下几点：

(1)由定理 5.13 可知，在函数 $f(x)$ 可导的假设条件下，极值点必是驻点；

(2)函数的驻点未必是极值点.例如函数 $f(x)=x^3$ 在点 $x=0$ 处的导数 $f'(0)=0$，但 $x=0$ 不是极值点.在图 5-6 中，函数 $f(x)$ 在点 $(x_6,f(x_6))$ 有水平切线，但 $x=x_6$ 不是极值点.所以，函数 $f(x)$ 的驻点是函数 $f(x)$ 极值点的必要条件，而非充分条件.

(3)函数的导数不存在的点也有可能是极值点.从例 5.66 看到，函数 $f(x)=\sqrt[3]{x^2}$ 在 $x=0$ 处的导数 $f'(0)=\infty$，$x=0$ 是函数 $f(x)=\sqrt[3]{x^2}$ 的一个极小值点（见图 5-5）.又例如，函数 $f(x)=|x|$ 在 $x=0$ 处的导数不存在，而 $x=0$ 是该函数的一个极小值点.

综上所述，驻点和导数不存在（包括导数为 ∞）的点是函数的可疑极值点.

定理 5.14 设函数 $f(x)$ 在点 x_0 的某个邻域内连续，且在点 x_0 的去心邻域内可导，x_0 是 $f(x)$ 的一个可疑极值点，那么

(1)若在点 x_0 的左邻域内 $f'(x)>0$；在点 x_0 的右邻域内 $f'(x)<0$，则 $f(x)$ 在点 x_0 处取得极大值 $f(x_0)$，x_0 是 $f(x)$ 的一个极大值点；

(2)若在点 x_0 的左邻域内 $f'(x)<0$；在点 x_0 的右邻域内 $f'(x)>0$，则 $f(x)$ 在点 x_0 处取得极小值 $f(x_0)$，x_0 是 $f(x)$ 的一个极小值点；

(3)若在点 x_0 的左、右邻域内 $f'(x)$ 的符号相同，则 x_0 不是 $f(x)$ 极值点.

定理的结论在函数的几何图形上是很明显的.在情形(1)时，函数的图形是先上升后下降，从

而函数在 x_0 点取得极大值. 在情形(2)时，函数的图形是先下降后上升，从而函数在 x_0 点取得极小值. 在情形(3)时，函数的图形在 x_0 点左右同时上升或下降，故 x_0 点不是函数的极值点.

设函数 $f(x)$ 在所讨论的区间内连续，并且除个别点外处处可导；根据定理 5.13 和定理 5.14，用类似于求函数单调区间的步骤，将求函数极值点和极值的步骤归结如下：

(1)确定函数 $f(x)$ 的定义域；

(2)求导数 $f'(x)$，找可疑极值点，即驻点以及 $f(x)$ 不可导的点(包括导数为 ∞ 的点)，然后将定义域分成若干个部分区间，并列表；

(3)判定各部分区间内 $f'(x)$ 的正负号，并填在表中相应部分区间内；确定极值点，若点 x_0 是可疑极值点，当 x 由左向右经过点 x_0 时，$f'(x)$ 的符号由正(负)变为负(正)，则 x_0 是极大(小)值点，$f(x_0)$ 为 $f(x)$ 的极大(小)值.

例 5.69 求函数 $f(x)=(x-4)\sqrt[3]{(x+1)^2}$ 的单调区间和极值.

解：函数 $f(x)$ 的定义域为 $(-\infty,+\infty)$. 由

$$f'(x)=\left[(x-4)\sqrt[3]{(x+1)^2}\right]'=\left[(x-4)(x+1)^{\frac{2}{3}}\right]'=(x+1)^{\frac{2}{3}}+(x-4)\cdot\frac{2}{3}(x+1)^{-\frac{1}{3}}$$
$$=\frac{1}{3}(x+1)^{-\frac{1}{3}}\left[3(x+1)+2(x-4)\right]=\frac{5(x-1)}{3\cdot\sqrt[3]{x+1}}(x\neq-1),$$

令 $f'(x)=0$，得驻点 $x=1$；又 $x=-1$ 为函数 $f(x)$ 的不可导点. 现用点 $x=-1,1$ 将定义域 $(-\infty,+\infty)$ 分成三个部分区间：$(-\infty,-1)$，$(-1,1)$，$(1,+\infty)$. 各部分区间内导数 $f'(x)$ 的符号如表 5-2 所示.

表 5-2 例 5.69 中函数的分区间符号列表

x	$(-\infty,-1)$	-1	$(-1,1)$	1	$(1,+\infty)$
$f'(x)$	+	不存在	−	0	+
$f(x)$	↗	0	↘	$-3\sqrt[3]{4}$	↗

由表 5-2 可知，函数 $f(x)$ 的严格单调递增区间为 $(-\infty,-1)$ 及 $(1,+\infty)$，严格单调递减区间为 $(-1,1)$. $x=-1$ 是函数 $f(x)$ 的极大值点，极大值为 $f(-1)=0$；$x=1$ 是 $f(x)$ 的极小值点，极小值为 $f(1)=-3\sqrt[3]{4}$.

假设函数 $f(x)$ 只有驻点 $x_i(i=1,\cdots,p)$ 为可疑极值点，且较易计算 $f(x)$ 的二阶导数 $f''(x)$，$f''(x_i)\neq0(i=1,\cdots,p)$，那么我们可以用二阶导数 $f''(x)$ 在这些驻点处的符号来判定函数是否达到极大值或极小值.

定理 5.15 设函数 $f(x)$ 在点 x_0 的某个邻域有一阶导数 $f'(x)$，且 $f'(x_0)=0$；在点 x_0 处二阶导数 $f''(x_0)$ 存在，且 $f''(x_0)\neq0$，那么

(1)若 $f''(x_0)<0$，则 x_0 是函数 $f(x)$ 的极大值点；

(2)若 $f''(x_0)>0$，则 x_0 是函数 $f(x)$ 的极小值点.

若 $f''(x_0)=0$，则定理 5.15 判定极值的方法失效. 此时，x_0 可能是极值点，也可能不是极值点. 例如，函数 $f(x)=x^3$ 的导数 $f'(x)=3x^2$. $f(x)$ 在 $(-\infty,+\infty)$ 内有唯一驻点 $x=0$. $f(x)$ 的二阶导数 $f''(x)=6x$ 在点 $x=0$ 处为0. 但函数 $f(x)=x^3$ 在 $(-\infty,+\infty)$ 内严格单调递增，没有极值点. 又例如，函数 $f(x)=x^4$ 在 $(-\infty,+\infty)$ 内有唯一驻点 $x=0$，且 $f''(0)=12x^2\big|_{x=0}=0$. 易见，$x=0$ 是函数 $f(x)=x^4$ 的极小值点.

例 5.70 求函数 $f(x)=2x^3+3x^2-12x+1$ 的极值.

解：函数 $f(x)$ 的定义域为 $(-\infty,+\infty)$. 由

$$f'(x) = 6x^2 + 6x - 12 = 6(x+2)(x-1),$$

令 $f'(x) = 0$，得到驻点 $x = -2, 1$；$f(x)$ 没有导数不存在的点. 又 $f''(x) = 12x + 6$.

因为 $f''(-2) = -18 < 0, f''(1) = 18 > 0$，所以，$x = -2$ 是函数 $f(x)$ 的一个极大值点，$f(-2) = 21$ 为极大值；$x = 1$ 是 $f(x)$ 的一个极小值点，$f(1) = -6$ 为极小值.

例 5.71 求函数 $f(x) = (x^2 - 1)^3 + 1$ 的极值.

解：函数 $f(x)$ 的定义域为 $(-\infty, +\infty)$. 由 $f'(x) = 6x(x^2 - 1)^2$，令 $f'(x) = 0$，得到驻点 $x = -1, 0, 1$. 由于

$$f''(x) = 6(x^2 - 1)^2 + 12x(x^2 - 1) \cdot 2x = 6(x^2 - 1)(5x^2 - 1),$$

因此 $f''(0) = 6 > 0$. 根据定理 5.15 可知，$x = 0$ 是函数 $f(x)$ 的一个极小值点，极小值为 $f(0) = 0$. 但 $f''(-1) = 0, f''(1) = 0$，不能应用定理 5.15 来判定 $x = -1, 1$ 是否是 $f(x)$ 的极值点；还是应用定理 5.14. 用这三个驻点 $-1, 0, 1$ 将定义域 $(-\infty, +\infty)$ 分成四个部分区间. 各部分区间内 $f'(x)$ 的符号如表 5-3 所示.

表 5-3 例 5.71 中函数的分区间符号列表

x	$(-\infty, -1)$	-1	$(-1, 0)$	0	$(0, 1)$	1	$(1, +\infty)$
$f'(x)$	$-$	0	$-$	0	$+$	0	$+$
$f(x)$	↘	0	↘	0	↗	1	↗

由表 5-3 可见，$x = -1, 1$ 都不是函数 $f(x)$ 的极值点；$x = 0$ 是 $f(x)$ 的极小值点，极小值为 $f(0) = 0$.

5.7.3 函数的最大值和最小值

在实际应用中，常常会遇到怎样做到“获利最高”，“成本最低”，“用料最省”等一类优化问题. 这类问题可归纳为求某个函数的最大值或最小值问题. 这样的函数又称为目标函数.

1. 求函数最大值和最小值的方法

设函数 $f(x)$ 在闭区间 $[a, b]$ 上连续；根据闭区间上连续函数的最大值最小值定理可知，$f(x)$ 在 $[a, b]$ 上必取得最大值和最小值. 求函数 $f(x)$ 在 $[a, b]$ 上的最大值和最小值，只要求得 $f(x)$ 在 (a, b) 内的所有可疑极值点，然后将 $f(x)$ 在这些可疑极值点上的值与区间端点处的函数值 $f(a)$，$f(b)$ 相比较；从这些函数值中找出最大(最小)的就是函数 $f(x)$ 在 $[a, b]$ 上的最大(最小)值.

设 $x_1, x_2, \cdots, x_p \in (a, b)$ 是函数 $f(x)$ 的全部可疑极值点，则 $f(x)$ 在 $[a, b]$ 上的最大值为

$$\max_{x \in [a,b]} f(x) = \max\{f(x_1), \cdots, f(x_p), f(a), f(b)\}$$

最小值为

$$\min_{x \in [a,b]} f(x) = \min\{f(x_1), \cdots, f(x_p), f(a), f(b)\}$$

注：最大值和最小值，与极大值和极小值，是两个不同的概念. 前者是全局的概念，而后者是局部的概念.

例 5.72 求函数 $f(x) = x^4 - 2x^2 + 5$ 在区间 $[-2, 2]$ 上的最大值和最小值.

解：函数 $f(x)$ 在 $[-2, 2]$ 上连续. 求 $f(x)$ 的导数，得 $f'(x) = 4x^3 - 4x = 4x(x^2 - 1)$.

令 $f'(x) = 0$，得驻点 $x = -1, 0, 1$；函数 $f(x)$ 没有导数不存在的点. 因此

$$\max_{x \in [-2,2]} f(x) = \max\{f(-2), f(-1), f(0), f(1), f(2)\}$$
$$= \max\{13, 4, 5, 4, 13\} = f(\pm 2) = 13.$$

$$\min_{x \in [-2,2]} f(x) = \min\{f(-2), f(-1), f(0), f(1), f(2)\} = f(\pm 1) = 4.$$

例 5.73 求函数 $f(x) = x^{\frac{2}{3}} - (x^2 - 1)^{\frac{1}{3}}$ 在区间 $[0, 2]$ 上的最大值和最小值.

解:函数 $f(x)$ 在 $[0,2]$ 上连续．求 $f(x)$ 的导数,得

$$f'(x)=\frac{2}{3}x^{-\frac{1}{3}}-\frac{1}{3}(x^2-1)^{-\frac{2}{3}}\cdot 2x=\frac{2}{3}\,\frac{(x^2-1)^{\frac{2}{3}}-x^{\frac{4}{3}}}{x^{\frac{1}{3}}(x^2-1)^{\frac{2}{3}}}(x\neq 0,1)$$

令 $f'(x)=0$,得 $(x^2-1)^{\frac{2}{3}}-x^{\frac{4}{3}}=0$,即 $(x^2-1)^{\frac{2}{3}}=x^{\frac{4}{3}}$,从而有 $(x^2-1)=-x^2$．解得驻点 $x=\pm\frac{1}{\sqrt{2}}$,$x=-\frac{1}{\sqrt{2}}$ 不在区间 $[0,2]$ 中;又当 $x=0,1$ 时,$f(x)$ 不可导.因此

$$\begin{aligned}\max_{x\in[0,2]}f(x)&=\max\left\{f(0),f\left(\frac{1}{\sqrt{2}}\right),f(1),f(2)\right\}\\&=\max\{1,\sqrt[3]{4},1,\sqrt[3]{4}-\sqrt[3]{3}\}=f\left(\frac{1}{\sqrt{2}}\right)=\sqrt[3]{4}.\end{aligned}$$

$$\min_{x\in[0,2]}f(x)=\min\left\{f(0),f\left(\frac{1}{\sqrt{2}}\right),f(1),f(2)\right\}=f(2)=\sqrt[3]{4}-\sqrt[3]{3}.$$

说明:

(1)如果连续函数 $f(x)$ 在 $[a,b]$ 上单调增加(或单调减少),则 $f(a)$ 是 $f(x)$ 在 $[a,b]$ 上的最小(最大)值;$f(b)$ 是 $f(x)$ 在 $[a,b]$ 上的最大(最小)值.

(2)假设函数 $f(x)$ 在某区间(闭区间 $[a,b]$,开区间 (a,b),或无限区间 $(-\infty,+\infty)$)上连续,且 x_0 是 $f(x)$ 在该区间内唯一的极大(极小)值点,则 $f(x_0)$ 是函数 $f(x)$ 在该区间上的最大(最小)值.

2. 函数最大值和最小值问题的应用

在实际问题中,应当根据问题的具体特点建立一个目标函数．然后求目标函数的最大值或最小值．下面来举例说明．

例 5.74　假设要造一个体积为 V 的圆柱形(无盖)水杯.问底面直径 d 与高 h 为多少时才能使所用材料最省?

解:依题意,要使制造水杯所用材料最省,就是水杯表面积最小.假设水杯的底面直径为 d,则表面积等于底面积与侧面积之和 $S=\pi\left(\frac{d}{2}\right)^2+\pi dh$．现以直径 d 为自变量.由于 $V=\pi\left(\frac{d}{2}\right)^2h$,因此有 $h=\frac{4V}{\pi d^2}$．将它代人 S 的表达式得

$$S=\frac{\pi}{4}d^2+\frac{4V}{d},d\in(0,+\infty)$$

表面积 S 对 d 求导数得 $S'=\frac{\pi}{2}d-\frac{4V}{d^2}$．令 $S'=0$,得驻点 $d=2\sqrt[3]{\frac{V}{\pi}}$．由于

$$S''=\frac{\pi}{2}+\frac{8V}{d^3},\quad S''|_{d=2\sqrt[3]{\frac{V}{\pi}}}=\frac{2\pi}{3}>0$$

因此 $d=2\sqrt[3]{\frac{V}{\pi}}$ 是唯一极小值点.故当直径为

$$d=2\sqrt[3]{\frac{V}{\pi}},\text{高 }h=4V/\pi\left(2\sqrt[3]{\frac{V}{\pi}}\right)^2=\sqrt[3]{\frac{V}{\pi}}$$

时,水杯表面积最小,即材料最省.此时,h 与 d 之比为 $1:2$.

例 5.75　一根直径为 d 的圆柱形木材加工成横截面积为矩形的横梁(见图 5-7),若矩形高为 h,宽为 x,问矩形的高与宽成何比例时横梁强度最大?

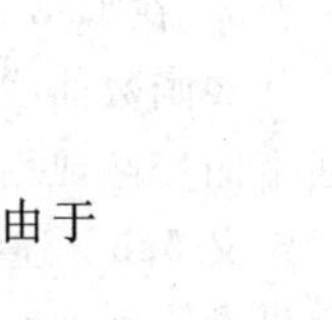

图 5-7　横梁的截面积

解:据材料力学可知,矩形截面的横梁的强度 $f(x)$ 为

$$f(x)=kxh\cdot h=kxh^2=kx(d^2-x^2)(0<x<d)$$

其中 k 为木料的强度系数,$k>0$.由 $f'(x)=k(d^2-3x^2)$,

令 $f'(x)=0$,得驻点 $x=\frac{d}{\sqrt{3}},-\frac{d}{\sqrt{3}}$(舍去).又因

$$f''(x)=-6kx,\quad f''\left(\frac{d}{\sqrt{3}}\right)=\frac{-6kd}{\sqrt{3}}<0,$$

因此 $x=\frac{d}{\sqrt{3}}$ 是唯一极大值点.当 $x=\frac{d}{\sqrt{3}}\left(h=\sqrt{\frac{2}{3}}d\right)$ 时,即横梁截面矩形的高与宽的比为 $\sqrt{2}:1$ 时,横梁的强度最大.

5.8 函数曲线的凹向与拐点

在 5.7 节中,我们研究了函数的单调性和极值.函数的单调性反映了函数曲线 $y=f(x)$ 是上升还是下降;但不能反映出曲线的弯曲方向.例如图 5-8 中的曲线图形,曲线 ACB 和曲线 ADB 都是单调上升(递增)的.但曲线 ACB 是向上凹的,而曲线 ADB 则是向下凹的.当点 $x\in(a,b)$ 逐渐增大时,曲线 ACB 上相应点的切线的斜率随之增大,而曲线 ADB 上相应点的切线的斜率随之减小.换句话说,函数 $y=f(x)$ 的导数 $f'(x)$ 严格单调递增,而函数 $y=g(x)$ 的导数 $g'(x)$ 严格单调递减.

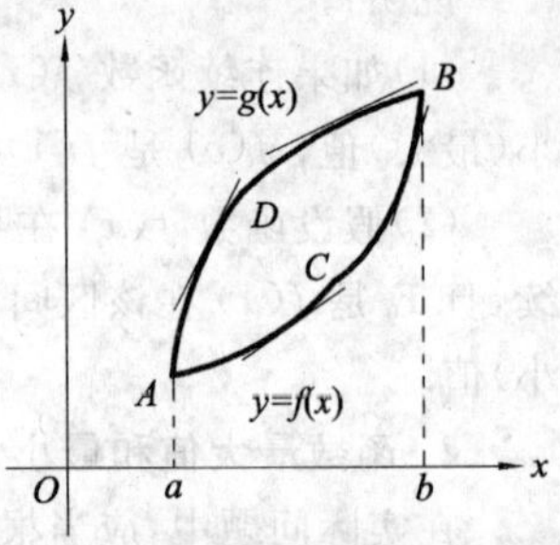

图 5-8 曲线的凹向

定义 5.4 设函数 $y=f(x)$ 在闭区间 $[a,b]$ 上连续,在开区间 (a,b) 内可导.若导数 $f'(x)$ 在 (a,b) 严格单调递增,则称曲线 $y=f(x)$(或函数 $y=f(x)$ 的图形)在 (a,b) 内是**上凹的**,简称为**凹的**,(a,b) 称为**凹区间**;若导数 $f'(x)$ 在 (a,b) 严格单调递减,则称曲线 $y=f(x)$(或函数的图形)在 (a,b) 内是**下凹的**,简称为**凸的**,(a,b) 称为**凸区间**.

根据定义 5.4,很容易得到下面判定曲线凹凸性的定理.

定理 5.16 设函数 $y=f(x)$ 在闭区间 $[a,b]$ 上连续,在开区间 (a,b) 内有一阶、二阶导数.若在 (a,b) 内 $f''(x)>0$,则曲线 $y=f(x)$ 在 (a,b) 内是上凹的;若在 (a,b) 内 $f''(x)<0$,则曲线 $y=f(x)$ 在 (a,b) 内是下凹的.

某些函数曲线可能在一部分区间内是上凹的,而在另一部分区间是下凹的.现在,我们来讨论曲线由凹变凸或由凸变凹的分界点有什么特性.

定义 5.5 连续曲线上凹部分与凸部分的分界点称为该曲线的**拐点**.

设函数 $y=f(x)$ 在闭区间 $[a,b]$ 上连续.根据定理 5.16 可知,曲线 $y=f(x)$ 上使得 $f''(x_0)=0$ 或 $f''(x_0)$ 不存在(包括 $f''(x_0)=\infty$ 以及 $f'(x_0)=+\infty,-\infty$)的点 $(x_0,f(x_0))$ 是曲线的可疑拐点.

例如,在 $x=0$ 处,函数 $y=x^3$ 的二阶导数等于 0,函数 $y=x^{\frac{1}{3}}$ 的一阶导数为 $+\infty$,函数 $y=x^{\frac{5}{3}}$ 的二阶导数为 ∞.点 $(0,0)$ 是曲线 $y=x^3$,$y=x^{\frac{1}{3}}$ 及 $y=x^{\frac{5}{3}}$ 的拐点(见图 5-9(a),(b),(c)).

由此,求函数曲线 $y=f(x)$ 的凹凸性区间和拐点的步骤是:

(1)确定函数 $f(x)$ 的定义域;

(2)求 $f(x)$ 的一阶导数 $f'(x)$ 和二阶导数 $f''(x)$,寻找凹凸区间的可疑分界点(即可疑拐点的横坐标),然后将 $f(x)$ 的定义域分成若干个部分区间,列表;

(3)判定各部分区间内 $f''(x)$ 的正负号,并填入表中相应部分区间内,以确定凹凸区间和拐点.

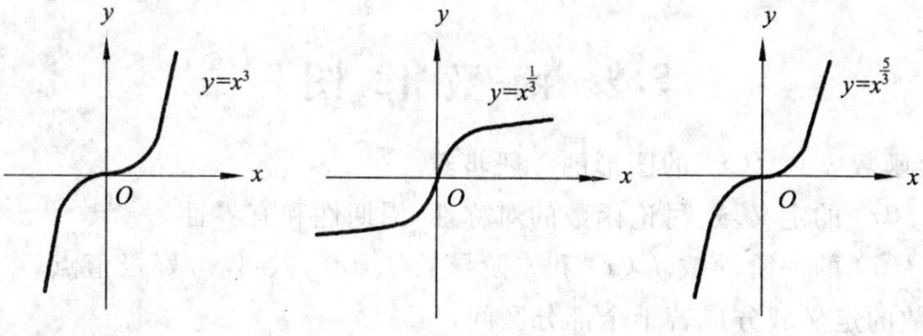

图 5-9　曲线的拐点

例 5.76　求曲线 $y=\dfrac{1}{1+x^2}$ 的凹凸区间和拐点.

解:函数 $y=\dfrac{1}{1+x^2}$ 的定义域为 $(-\infty,+\infty)$.由于

$$y'=-\frac{2x}{(1+x^2)^2},y''=-\frac{2(1+x^2)^2-2x\cdot 2(1+x^2)\cdot 2x}{(1+x^2)^4}=\frac{2(3x^2-1)}{(1+x^2)^3},$$

因此令 $y''=0$ 得 $x=\pm\dfrac{1}{\sqrt{3}}$. 现将定义域 $(-\infty,+\infty)$ 分成三个部分区间:$\left(-\infty,-\dfrac{1}{\sqrt{3}}\right)$, $\left(-\dfrac{1}{\sqrt{3}},\dfrac{1}{\sqrt{3}}\right)$, $\left(\dfrac{1}{\sqrt{3}},+\infty\right)$. 各部分区间内 y'' 的符号如表 5-4 所示.

表 5-4　例 5.76 中函数的分区间符号列表

x	$\left(-\infty,-\frac{1}{\sqrt{3}}\right)$	$-\frac{1}{\sqrt{3}}$	$\left(-\frac{1}{\sqrt{3}},\frac{1}{\sqrt{3}}\right)$	$\frac{1}{\sqrt{3}}$	$\left(\frac{1}{\sqrt{3}},+\infty\right)$
y''	+	0	−	0	+
y	上凹	$\frac{3}{4}$	下凹	$\frac{3}{4}$	上凹

由表 5-4 可知,曲线 $y=\dfrac{1}{1+x^2}$ 的凹区间是 $\left(-\infty,-\dfrac{1}{\sqrt{3}}\right)$ 及 $\left(\dfrac{1}{\sqrt{3}},+\infty\right)$,凸区间是 $\left(-\dfrac{1}{\sqrt{3}},\dfrac{1}{\sqrt{3}}\right)$,拐点为 $\left(-\dfrac{1}{\sqrt{3}},\dfrac{3}{4}\right)$, $\left(\dfrac{1}{\sqrt{3}},\dfrac{3}{4}\right)$.

例 5.77　已知曲线 $y=ax^3+bx^2+cx$ 上点 $(1,2)$ 处有水平切线,且原点 $(0,0)$ 为该曲线的拐点,求 a,b,c.

解:$y'=3ax^2+2bx+c$.由于已知曲线在点 $(1,2)$ 处有水平切线,因此

$$y'|_{x=1}=3a+2b+c=0. \tag{5.29}$$

又点 $(1,2)$ 在该曲线上,从而有

$$y|_{x=1}=a+b+c=2. \tag{5.30}$$

由于 $y''=6ax+2b$,而点 $(0,0)$ 是已知曲线的一个拐点,因此有 $y''|_{x=0}=2b=0$,即 $b=0$.将它代入式 5.29 和式 5.30 中得方程组

$$\begin{cases}3a+c=0\\a+c=2\end{cases}$$

解此方程组得 $a=-1,c=3$.

5.9 函 数 作 图

下面给出描绘函数 $y=f(x)$ 的图形的一般步骤.

(1)确定函数 $f(x)$ 的定义域,讨论函数的对称性、周期性和有界性;

(2)求出函数 $f(x)$ 的一阶导数 $f'(x)$ 和二阶导数 $f''(x)$. 寻找可疑极值点、可疑拐点的横坐标,用这些点将函数的定义域分成若干个部分区间;

(3)判定各部分区间内 $f'(x)$ 和 $f''(x)$ 的符号以确定函数的单调性、极值以及函数图形的凹凸性和拐点. 将所得结果列成表;

(4)根据需要可适当添加函数图形上的某些点,以提高图形的精确度;

(5)根据上述信息描绘函数的图形.

例 5.78 描绘函数 $y=\dfrac{2x-1}{(x-1)^2}$ 的图形.

解:(1)所给函数的定义域为 $(-\infty,1)\cup(1,+\infty)$,是非奇非偶函数,没有对称性,也没有周期性.

(2)求一阶及二阶导数,得

$$y'=\frac{-2x}{(x-1)^3},\quad y''=\frac{2(2x+1)}{(x-1)^4}.$$

令 $y'=0$,得驻点 $x=0$. 令 $y''=0$,得可疑拐点的横坐标 $x=-\dfrac{1}{2}$. 用 $x=-\dfrac{1}{2}$,$x=0$,及函数间断点 $x=1$,将该函数的定义域 $(-\infty,+\infty)$ 分成四个部分区间 $\left(-\infty,-\dfrac{1}{2}\right)$,$\left(-\dfrac{1}{2},0\right)$,$(0,1)$,$(1,+\infty)$.

(3)判定每一个部分区间内 y' 及 y'' 的符号,以确定函数的单调性,极值点,极值以及函数图形的凹凸性和拐点. 将所得结果列成表 5-5.

(4)根据以上信息描绘所给函数的图形见图 5-10.

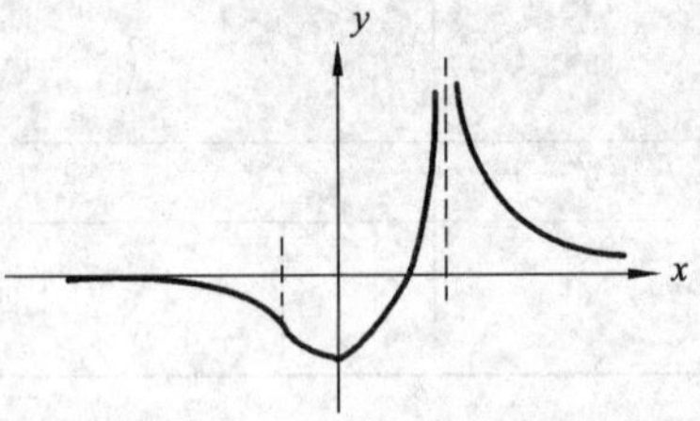

图 5-10 例 5.78 的函数图形

表 5-5 例 5.78 中函数的分区间符号列表

x	$\left(-\infty,\frac{1}{2}\right)$	$-\frac{1}{2}$	$\left(-\frac{1}{2},0\right)$	0	(0,1)	1	$(1,+\infty)$
y'	−	−	−	0	+	不存在	−
y 的值	↘	$-\frac{16}{27}$	↘	−1	↗	不存在	↘
y''	−	0	+	+	+	不存在	+
y	下凹	拐点	上凹	极小	上凹	不存在	上凹

5.10 求函数方程的根的数值方法

在许多实际问题中,常常需要求解函数方程 $f(x)=0$ 的根. 但在很多情况下,求函数方程的准确解是很难的. 所以本节讨论求函数方程近似解(也称为数值解或计算解)的一些方法. 求一个数学问题的数值解(近似解)的方法称为数值方法.

迭代法是最常用的数值方法之一,其基本思想是,先给定一个或几个值 $x_0,x_1,\cdots,x_s$ 作为根的初始近似值(简称为初始值);从这个初始值出发,按某种规律产生一个近似值序列,$x_0,x_1,\cdots,x_s,x_{s+1},x_{s+2},\cdots,x_k,\cdots$,称为迭代序列,使得它收敛于函数方程 $f(x)=0$ 的一个根 p,即 $\lim\limits_{k\to\infty}x_k=p$.这样,当 k 充分大时,如 $k=m$,则取 x_m 作为 p 的近似值,$p\cong x_m$.

下面介绍求函数方程的根的两种迭代法:区间分半法和牛顿法.

5.10.1 区间分半法

设有函数方程

$$f(x)=0 \tag{5.31}$$

求该方程的(实)根的一种直观而又简单的迭代法是区间分半法(或称为二分法).

设函数 $f(x)$ 在闭区间 $[a,b]$ 上连续,且 $f(a)f(b)<0$,则据第 3 章中闭区间上连续函数的零点定理知,方程在 (a,b) 内至少有一个(实)根.设区间 $[a,b]$ 的中点为 p_1,检验 $f(p_1)$ 的符号.若 $f(p_1)f(b)<0$,则对区间 $[p_1,b]$,根据零点定理可知 (p_1,b) 内至少有方程的一个根.继续取 $[p_1,b]$ 的中点 p_2,则 (p_1,p_2) 或 (p_2,b) 内至少有方程的一个根.如此将区间 $[a,b]$ 逐次分半.总可得到很小的区间使得在此区间内有方程的根.

下面具体描述区间分半法解方程的过程.设 $f(x)$ 在 $[a,b]$ 上连续,且 $f(a)f(b)<0$;并记 $[a,b]=[a_1,b_1]$,设 p_1 为区间 $[a_1,b_1]$ 的中点;即

$$p_1=\frac{a_1+b_1}{2}$$

对于预先给定的足够小的量 δ,若 $|f(p_1)|<\delta$,则把 p_1 作为所求方程 $f(x)=0$ 的一个根的近似值.若 $|f(p_1)|\geqslant\delta$,且 $f(p_1)f(b_1)<0$,则区间 (p_1,b_1) 内至少有方程 $f(x)=0$ 的一个根.令 $a_2=p_1,b_2=b_1$;若 $f(p_1)f(b_1)>0$,则区间 (a_1,p_1) 内至少有 $f(x)=0$ 的一个根,令 $a_2=a_1$,$b_2=p_1$.因此,可继续将区间 $[a_2,b_2]$ 分半,即将 $[p_1,b_1]$ 或 $[a_1,p_1]$ 分半,得中点

$$p_2=\frac{a_2+b_2}{2},\quad 即\ p_2=\frac{p_1+b_1}{2}\ 或\ p_2=\frac{a_1+p_1}{2}$$

如此继续,可得到序列

$$p_1,p_2,\cdots,p_n,\cdots.$$

当区间中点的函数值的绝对值小于误差容限 δ 或区间长度小于容限 ε 时,过程终止.最后区间的中点便作为方程 $f(x)=0$ 的一个根的近似值.

例 5.79 设 $f(x)=x^3-x-1$,已证明方程 $f(x)=0$ 在区间 $(1,2)$ 内有唯一根 p,试用区间分半法求 p 的近似值 p_n,要求 $|f(p_n)|<10^{-4}$.

解:由于 $f(x)$ 在区间 $[1,2]$ 上连续,且

$$f(1)f(2)=(-1)\cdot 5<0,$$

根据零点定理知,方程 $f(x)=0$ 在 $(1,2)$ 内至少有一个根,又因

$$f'(x)=3x^2-1>0,\quad x\in(1,2),$$

从而 $f(x)$ 在 $(1,2)$ 内严格单调递增,故方程 $f(x)=0$ 在 $(1,2)$ 内有唯一根,设其为 p.应用区间分半法进行 11 次迭代得到的结果如表 5-6 所示;取 $p_{11}=1.324707031$.因为 $|f(p_{11})|<10^{-4}$,故可作为方程的近似解.

假设函数 $f(x)$ 在区间 $[a,b]$ 上连续,且两个端点处函数值 $f(a)$,$f(b)$ 异号.不难看出,区间分半法产生的序列必收敛于方程 $f(x)=0$ 的一个根 p.

表 5-6　例 5.79 的区间符号结果表

n	a_n	b_n	p_n	$f(p_n)$
1	1	2	1.5	0.875
2	1	1.5	1.25	−0.297
3	1.25	1.5	1.375	0.2246
4	1.25	1.375	1.3125	−0.0515
5	1.3125	1.375	1.34375	0.0826
6	1.3125	1.34375	1.328125	0.01458
7	1.3125	1.328125	1.3203125	−0.0187
8	1.3203125	1.328125	1.32421875	−0.023
9	1.32421875	1.328125	1.326171875	6.2×10^{-3}
10	1.32421875	1.326171875	1.325195312	2.04×10^{-3}
11	1.32421875	1.325195312	1.324707031	-4.7×10^{-5}

应用区间分半法求解方程的近似解的误差下降速度不快；但此方法比较简单，且安全可靠. 所以，在实际应用中，这个方法常用来求方程的解的初始近似值.

为了便于在计算机上应用区间分半计算方程 $f(x)=0$ 的近似值，下面给出这种数值方法的一种算法，算法中"←"表示赋值.

算法 5.1　设 $f(x)$ 是 $[a,b]$ 上的连续函数，$f(a)f(b)<0$，求 $f(x)=0$ 的一个解.

[输入数据]区间端点 a,b，误差容限 δ_1,δ_2；

[执行步骤]Step1：$p\leftarrow(a+b)/2$.

Step2：若 $|f(p)|<\delta_1$，则输出 p，算法终止（成功）.

Step3：若 $\frac{b-a}{2}<\delta_2$，则输出"无近似解"，算法终止（失败）.

Step4：若 $f(p)f(b)<0$，则 $a\leftarrow p$，否则 $b\leftarrow p$；转 Step1 继续.

5.10.2　牛顿法

设函数 $y=f(x)$ 在闭区间 $[a,b]$ 上连续，在 (a,b) 内可导，且 $f'(x)\neq0$，则函数方程 $f(x)=0$ 的根 p 是曲线 $y=f(x)$ 与 x 轴的交点的横坐标. 设 x_k 是 p 的一个近似值，过点 $M_k(x_k,f(x_k))$ 作曲线 $y=f(x)$ 的切线 T_k（见图 5-11），则切线 T_k 的方程为

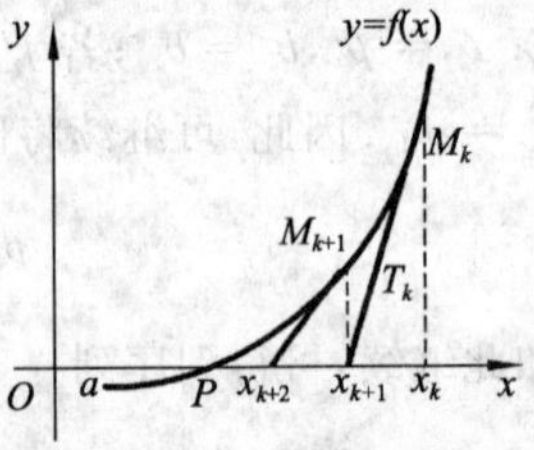

图 5-11　牛顿法示意图

$$y=f(x_k)+f'(x_k)(x-x_k)$$

切线 T_k 与 x 轴的交点的横坐标为

$$x_{k+1}=x_k-\frac{f(x_k)}{f'(x_k)},k=0,1,\cdots \tag{5.32}$$

x_{k+1} 可作为 p 的下一个近似值. 我们称式 5.32 为**牛顿迭代公式**. 由式 5.32 生成的迭代序列 $\{x_k\}$ 称为**牛顿序列**. 这种求函数方程的近似根的方法称为**牛顿法**或**切线法**，是求函数方程的根的最著名和最有效的方法之一.

例 5.80　设 $f(x)=x^3+4x^2-10$，应用牛顿法求方程 $f(x)=0$ 在区间 $(1,2)$ 的根 p（取初始值 $x_0=1.5$）.

解：由于 $f'(x)=3x^2+8x$，据牛顿迭代公式 5.32，有

$$x_{k+1}=x_k-\frac{x_k{}^3+4x_k{}^2-10}{3x_k{}^2+8x_k}\quad(k=0,1,2,\cdots)$$

取初始值 $x_0=1.5$，得

$$x_1=1.373333333,\quad x_2=1.365262015,\quad x_3=1.365230014,$$

$$x_4 = 1.365230013, \quad |x_4 - x_3| = 10^{-9}.$$

因此，方程 $f(x)=0$ 的根的近似值可取 $p; x_1 = 1.365230013$.

此例说明，当初始值充分接近于方程的根时，牛顿序列 $\{x_k\}$ 收敛于方程的根 p 的速度是很快的.

下面给出应用牛顿法求函数方程的根的一种算法.

算法 5.2 用牛顿法求方程 $f(x)=0$ 的一个解的算法.

[数据输入]近似解的初始值 x_0；误差容限 δ；

[执行步骤]Step1：$x \leftarrow x_0$.

Step2：$x \leftarrow x - f(x)/f'(x)$.

Step3：若 $|x - x_0| < \delta$，则输出 x，算法终止(成功).

Step4：$x_0 \leftarrow x$，转 Step2 继续.

在 Step3 中，迭代终止条件也可是 $\dfrac{|x-x_0|}{x} < \delta$ 或 $\dfrac{|x-x_0|}{x} < \delta$ 且 $|f(x)| < \delta$.

关于解函数方程 $f(x)=0$ 的牛顿法和初始值的选取，有下面的结论.

定理 5.17 设函数 $f(x)$ 在区间 $[a,b]$ 上有二阶导数，且满足条件：

(1) $f(a)f(b) < 0$；(有根) (2) $f'(x) \neq 0$, $x \in [a,b]$；(根唯一)

(3) $f''(x)$ 在 $[a,b]$ 上不变号； (4) $\left|\dfrac{f(a)}{f'(a)}\right| < b-a$, $\left|\dfrac{f(b)}{f'(b)}\right| < b-a$,

则由牛顿迭代公式产生的序列 $\{x_k\}$ 对于任意的初始值 $x_0 \in [a,b]$ 都收敛于方程 $f(x)=0$ 在区间 (a,b) 的唯一根.

应用牛顿法来计算平方根 $\sqrt{d}(d>0)$，其收敛速度是很快的. 令

$$f(x) = x^2 - d \quad (x > 0)$$

则求平方根 $\sqrt{d}$ 的问题便化为求方程 $f(x)=0$ 的根的问题. 此时，牛顿迭代公式为

$$x_{k+1} = x_k - \frac{x_k^2 - d}{2x_k} = \frac{1}{2}\left(x_k + \frac{d}{x_k}\right) \quad (k=0,1,2,\cdots) \tag{5.33}$$

例 5.81 应用牛顿法计算 $\sqrt{3}$.

解：根据式 5.33，有 $x_{k+1} = \dfrac{1}{2}\left(x_k + \dfrac{3}{x_k}\right) \quad (k=0,1,2,\cdots)$

取初始值 $x_0 = 3$，计算得

$$x_1 = \frac{1}{2}\left(x_0 + \frac{3}{x_0}\right) = 2, \quad x_2 = \frac{1}{2}\left(x_1 + \frac{3}{x_1}\right) = 1.75,$$

$$x_3 = 1.732142857, \quad x_4 = 1.732050815, \quad x_5 = 1.732050808.$$

于是，取 $\sqrt{3} \cong x_5 = 1.732050808$，精确到 10^{-9}.

5.11 小 结

本章主要内容有：导数. 微分及导数的应用.

1. 导数

(1)导数的概念：导数是函数的增量 Δy 与自变量增量 Δx 之比在 $\Delta x \to 0$ 时的极限. 它反映了函数的变化率. 函数可导与连续的关系是，若函数在某点可导，则它在该点必连续；反之未必.

(2)导数的几何意义：函数曲线之切线的斜率.

(3)导数的物理意义:物体作直线运动的瞬时速度.

(4)求导方法:运用基本初等函数的导数公式、导数的四则运算法则、复合函数的求导法则以及隐函数求导方法求导.求分段函数的导数时,需要求左、右导数来判断交接点处函数的可导性.

(5)高阶导数:二阶及二阶以上的导数统称为高阶导数.

2. 微分

设函数 $y=f(x)$ 在点 x 处可导,则 $\mathrm{d}y=f'(x)\mathrm{d}x$ 称为函数 $f(x)$ 的微分.函数增量 Δy 与微分 $\mathrm{d}y$ 之差 $\Delta y-\mathrm{d}y$ 是比 $\mathrm{d}x$ 高阶的无穷小.函数可微与可导是等价的.微分有类似于导数的四则运算法则以及复合函数求微分的方法等.

3. 导数的应用

导数的应用主要包括中值定理,研究函数的单调性、极值、曲线的凹凸性与拐点,函数图形的描绘以及求函数方程根的数值方法.

(1)中值定理:主要是罗尔定理和拉格朗日中值定理.拉格朗日中值定理建立了函数增量与导数的关系,应用导数来研究函数的特性.拉格朗日中值定理还可以用来证明某些不等式.

(2)函数的单调性与极值:利用函数的一阶导数的正负号可以判定函数的单调性.利用一阶导数正负号的改变可以确定函数的极值点.利用二阶导数可以判别极大值点和极小值点.应用单调性还可以证明某些函数不等式.

(3)最大值与最小值问题:在实际问题中,首先根据问题本身的特点建立一个目标函数,然后求目标函数的最大值或最小值.

(4)曲线的凹向与拐点:利用函数的二阶导数研究曲线的凹向与拐点.

(5)函数图形的描绘:依据函数的单调区间、极值、凹凸区间和拐点可以准确地把函数图形描绘出来.

(6)求方程的根的数值方法:当很难求得一个函数方程的准确根(解)时,可以借助计算机求它的近似根(数值解),本章主要介绍了两种迭代法——区间分半法和牛顿法.

习 题 5

1. 用导数的定义求函数 $f(x)=\dfrac{2}{x^2}$ 的导数 $f'(x)$.

2. 用导数的定义求函数 $f(x)=\sqrt{2x-1}$ 的导数 $f'(x)$ 及 $f'(5)$.

3. 以初速度 v_0 垂直上抛物体的运动方程为 $s(t)=v_0t-\dfrac{1}{2}gt^2$,其中 g 为重力加速度.试求,(1)垂直上抛物体在时刻 t 的瞬时速度 $v(t)$;(2)物体达到最高点的时间.

4. 求曲线 $y=\dfrac{1}{x}$ 在 $x=2$ 及 $x=-1$ 处的切线方程.

5. 在曲线 $y=x^3$ 上哪些点的切线斜率等于 2?

6. 抛物线 $y=x^2$ 在哪一点的切线平行于直线 $y=4x-5$?又在哪一点的切线平行于直线 $y=-2x+2$?

7. 设函数 $f(x)$ 在 $x=0$ 处连续,且 $\lim\limits_{x\to 0}\dfrac{f(x)}{x}=2$,求 $f'(0)$.

8. 讨论下列函数在指定点处的可导性:

(1) $f(x)=\begin{cases}x^2 & 当\ x\leqslant 0\\ \sin x & 当\ x>0\end{cases}$ 在 $x=0$ 点;　(2) $f(x)=\begin{cases}x & 当\ x\leqslant 1\\ \dfrac{1}{x} & 当\ x>1\end{cases}$ 在 $x=1$ 点.

9. 求下列函数的导数(其中 a,b,c,n 为常数):

(1) $y=x^2+3x-9$; (2) $y=x-2\ln x$; (3) $y=\dfrac{x^3}{2}-\dfrac{2}{x^2}$;

(4) $y=\dfrac{2+x}{2-x}$; (5) $y=x^2(1-2x)$; (6) $y=\dfrac{1-x^2}{\sqrt{x}}$;

(7) $y=x\mathrm{e}^2-ax^n$; (8) $y=\ln\ln x$; (9) $y=(c+bx^a)(c+ax^b)$;

(10) $y=4x^5\ln x$; (11) $y=(x-1)^2\ln x$; (12) $y=(\sqrt{x}+1)\left(\dfrac{1}{\sqrt{x}}-1\right)$;

(13) $y=(x+2)\sqrt{2x}$; (14) $y=\log_a\sqrt{x}$; (15) $y=\dfrac{5x}{1+x^2}$;

(16) $y=\dfrac{1-\ln x}{1+\ln x}$; (17) $y=x^{-\frac{1}{2}}-x^{-\frac{1}{3}}+x^{-\frac{1}{4}}$; (18) $y=\dfrac{x\sqrt[3]{x^2}}{\sqrt{x}}$;

(19) $y=(x^2-3x+3)(x^2+x-1)$; (20) $y=\sqrt{x}\cdot 10^x$.

10. 求下列函数的导数:

(1) $y=\sin 4x$; (2) $y=\cos^2 x$; (3) $y=\cos x^2$;

(4) $y=\sin 2^x$; (5) $y=5^{\cos x}$; (6) $y=\dfrac{\sin x}{x}$;

(7) $y=\sqrt{x^2-a^2}$; (8) $y=\ln(a^2-x^2)$; (9) $y=\sin^n x$;

(10) $y=\cos nx\cdot\sin^n x$; (11) $y=\ln\tan\dfrac{x}{2}$; (12) $y=x^2\sin\dfrac{1}{x}$;

(13) $y=x^2\cos\dfrac{1}{x^2}$; (14) $y=\dfrac{x\sin x}{1-x^2}$; (15) $y=x\ln x\cdot\cos x$;

(16) $y=\ln\sin x$; (17) $y=x\sin x+\mathrm{e}^x\cos x$; (18) $y=\tan x-x\tan x$;

(19) $y=\dfrac{\sin x}{1+\cos x}$.

11. 求下列函数的导数:

(1) $y=x\mathrm{e}^{x^2}$; (2) $y=\mathrm{e}^{\sqrt{x}}$; (3) $y=\mathrm{e}^{-x^2}$;

(4) $y=a^x\cdot\mathrm{e}^x$; (5) $y=a^{-\frac{1}{x}}$; (6) $y=\mathrm{e}^{\tan x}$;

(7) $y=\sin(a^{x^2+x-1})$; (8) $y=a^{x\ln x}$; (9) $y=x^a+a^x-a^a$;

(10) $y=\sin(\cos\mathrm{e}^x)$.

12. 求下列函数的导数:

(1) $y=\arctan 2x$; (2) $y=\arcsin\dfrac{x}{2}$; (3) $y=\arctan\dfrac{1}{x}$;

(4) $y=(\arcsin 2x)^2$; (5) $y=\mathrm{e}^{\arctan\sqrt{x}}$; (6) $y=\arccos\sqrt{1-x^2}$;

(7) $y=\arcsin x+\arccos x$; (8) $y=\arctan\sqrt{1-x^2}$; (9) $y=\dfrac{\arccos x}{\sqrt{1-x^2}}$;

(10) $y=[\arctan(3x)]^2$.

13. 求下列函数在指定点处的导数:

(1) $y=\dfrac{\mathrm{e}^x}{x^2}$,在 $x=1$ 点; (2) $y=\dfrac{1}{2}\cos x+x\tan x$,在 $x=\dfrac{\pi}{4}$ 点;

(3) $y=\dfrac{1-\sqrt{x}}{1+2\sqrt{x}}$,在 $x=4$ 点.

14. 求下列隐函数的导数(其中 a,b 为常数)：

(1) $x^2+y^2-a^2=0$； (2) $x^{\frac{2}{3}}+y^{\frac{2}{3}}=a^{\frac{2}{3}}$； (3) $y^2=2ax$；

(4) $x^2+y^2-xy=b$； (5) $y=x+\ln y$； (6) $y=b+xe^y$；

(7) $y=1-\ln(x+y)+e^{xy}$； (8) $xy-e^x+e^y=0$； (9) $ye^x+\ln y=1$；

(10) $y^2-\cos(x-y)=0$.

15. 利用取对数求导法求下列函数的导数：

(1) $y=x^x$； (2) $y^x=x^y$； (3) $y=(\cos x)^{\sin x}$；

(4) $y=(\ln x)^x$； (5) $y=2x^{\sqrt{x}}$； (6) $y=(\sin x)^x+x^{\tan x}$；

(7) $y=\dfrac{x(x^2+1)}{\sqrt{1-x^2}}$； (8) $y=\dfrac{x^2}{1-x}\sqrt[3]{\dfrac{3-x}{(3+x)^2}}$.

16. 求下列各函数的二阶导数(其中 a,n 为常数)：

(1) $y=a^x$； (2) $y=\ln(1-x)$； (3) $y=\cos x^2$；

(4) $y=(1+x)^n$； (5) $y=x\ln x$； (6) $y=xe^x$；

(7) $y=(1+x^2)\arctan x$； (8) $y=e^{-x^2}$； (9) $y=\ln(1+x^2)$.

17. 求下列各函数指定的高阶导数值：

(1) $y=x^5+4x^3+6$, 求 $y'''(-1)$； (2) $y=2^x$, 求 $y'''(2)$；

(3) $y=\arctan x$, 求 $y''(1)$； (4) $y=x^3\ln x$, 求 $y'''(2)$；

(5) $y=e^{ax}$, 求 $y^{(n)}(0)$； (6) $y=\ln x$, 求 $y^{(n)}(1)$.

18. 求下列各函数的微分：

(1) $y=3x^2-4x$； (2) $y=x^2\sin x$；

(3) $y=e^{x\ln x}$； (4) $y=\ln(x^2-1)$；

(5) $y=\tan x/2$； (6) $xy=1$.

19. 已知函数 $y=2x^3-x^2$，试求当 $x=1,\Delta x=0.02$ 时的 Δy 和 dy 的值.

20. 一正方体棱长 x=10 m,若棱长增加 0.1 m,求此正方体体积增加的精确值与近似值.

21. 试证明当 $|x|$ 很小时,下列各近似式成立：

(1) $\sin x\approx x$； (2) $\ln(1+x)\approx x$；

(3) $\arcsin x\approx x$； (4) $\arctan x\approx x$.

22. 求下列各式的近似值：

(1) $\sqrt[5]{0.95}$； (2) $\sqrt[3]{8.02}$；

(3) $\ln(1.02)$； (4) $e^{0.98}$.

23. 下列函数在指定区间是否满足罗尔定理的全部条件？如满足,请求出定理中的 ξ 值：

(1) $f(x)=x^3+x^2,[-1,0]$； (2) $f(x)=x\sqrt{3-x},[0,3]$；

(3) $f(x)=\arctan x^2,[-1,1]$.

24. 下列函数在指定区间是否满足拉格朗日定理的全部条件？如满足,请求出 ξ 值：

(1) $f(x)=\ln x,[1,2]$； (2) $f(x)=e^{x^2},[-1,1]$；

(3) $f(x)=4x^3-5x^2+x-2,[0,1]$.

25. 确定下列函数的增减区间：

(1) $f(x)=x-e^x$； (2) $f(x)=x(1+\sqrt{x})$；

(3) $f(x)=x^3-3x^2-9x+1$； (4) $f(x)=2x^2-\ln x$；

(5) $f(x)=\dfrac{x^2}{1+x}$； (6) $f(x)=\dfrac{1}{2}x^2+\dfrac{a^4}{2x^2}\ (a>0)$.

26. 求下列函数的极值点和极值：

(1) $f(x)=2x^3-6x^2-18x+7$；　(2) $f(x)=x-\ln(1+x)$；

(3) $f(x)=2e^x+e^{-x}$；　(4) $f(x)=(x+1)^{\frac{2}{3}}(x-5)^2$；

(5) $f(x)=3-\sqrt[3]{(x-2)^2}$；　(6) $f(x)=(x-1)\sqrt[3]{x^2}$.

27. 求下列函数在指定区间的最大值和最小值：

(1) $f(x)=x+\sqrt{x-1},[1,4]$；　(2) $f(x)=\sqrt{x}\ln x,[\frac{1}{4},1]$；

(3) $f(x)=e^{-x}-5x,[0,2]$.

28. 用二阶导数判断下列函数的极值：

(1) $y=x^3-9x^2+15x+2$；　(2) $y=e^x\sin x$；

(3) $y=(x-2)^2(x-1)$；　(4) $y=2e^x+e^{-x}$；

(5) $y=5x-\ln(4x)^2$；　(6) $y=x^2\ln x$.

29. 建造一容积为 V 的密封圆柱形油罐，底半径 r 与高 h 等于多少时才能使表面积最小？此时，底半径与高之比是多少？

30. 试确定下列函数图形的凹凸区间和拐点：

(1) $f(x)=(x^2-x)e^x$；　(2) $f(x)=\dfrac{2x-1}{(x+1)^2}$；

(3) $f(x)=xe^{-x}$；　(4) $f(x)=\dfrac{2x}{1+x^2}$；

(5) $f(x)=\dfrac{x^2}{9}-\dfrac{3}{5}x^{\frac{5}{3}}$；　(6) $f(x)=2-\sqrt[3]{x-1}$.

31. 确定下列函数的定义域、单调区间、极值、凹凸区间、拐点，并画出函数的简图：

(1) $y=xe^x$；　(2) $y=\ln(1+2x)$；

(3) $y=xe^{-x^2}$；　(4) $y=\dfrac{e^x}{1+x}$；

(5) $y=\dfrac{x^3}{(x-1)^2}$；　(6) $y=x\sqrt{2-x}$.

32. 应用区间分半法求方程 $f(x)=e^x-x^2+3x-2=0$ 在区间 $(0,1)$ 内的一个近似解 x_n，要求 $|f(x_n)|<10^{-2}$.

33. 应用牛顿法求方程 $x^3-x-1=0$ 在区间 $(0,2)$ 内的近似解．取初始值 $x_0=1.5$，要求近似解精确到小数点第5位．

34. 应用牛顿法计算 $\sqrt{7}$，取初始值 $x_0=7$，要求误差不超过 10^{-8}．

第6章 不定积分

第 5 章讨论了求已知函数 $f(x)$ 导数 $f'(x)$ 的问题. 本章将讨论其相反的问题，即已知导数 $f'(x)$ 求原函数 $f(x)$. 或者说，已知函数 $f(x)$，求另一个函数 $F(x)$，使得 $F'(x)=f(x)$. 这种由导数求出原函数的问题是积分学的基本问题.

6.1 不定积分的概念及其性质

本节先介绍不定积分的基本概念及其性质，建立积分学的基础.

6.1.1 原函数与不定积分的概念

什么是不定积分呢？先从定义开始.

定义 6.1 设 $f(x)$ 在区间 I 上有定义. 若存在函数 $F(x)$ 使得对于任意 $x\in I$ 都有

$$F'(x)=f(x),\quad 或\ \mathrm{d}F(x)=f(x)\mathrm{d}x$$

则称函数 $F(x)$ 为函数 $f(x)$ 在区间 I 上的一个**原函数**.

例 6.1 已知函数 $f(x)=\cos x$，求函数 $F(x)$ 使得 $F'(x)=\cos x$.

解：根据第 4 章的知识，因为有 $(\sin x)'=\cos x$；所以有 $F(x)=\sin x$. 实际上，可取 $F(x)=\sin x+C$. 其中 C 为任意常数，因为 $(\sin x+C)'=\cos x$.

由例可以看出，若一个函数存在原函数，则它就有无穷多个原函数与之对应. 事实上，设函数 $f(x)$ 有一个原函数 $F(x)$，即有 $F'(x)=f(x)$，则对任意的一个常数 C，都有

$$(F(x)+C)'=f(x)$$

即 $F(x)+C$ 也是函数 $f(x)$ 的原函数. 故 $f(x)$ 若有原函数，则必有无穷多个原函数.

关于原函数的存在性，有下面的定理.

定理 6.1 若函数 $f(x)$ 在区间 I 上连续，则它在 I 上必存在原函数.

由于初等函数在其定义域上都是连续的，因此，它们的原函数都存在.

定义 6.2 设 $f(x)$ 为一个给定的函数，其定义域为某一区间 I. 若 $f(x)$ 在区间 I 上存在原函数，则 $f(x)$ 的原函数的全体称为 $f(x)$ 在区间 I 上的**不定积分**，记为

$$\int f(x)\mathrm{d}x$$

其中，$\int$ 称为**积分号**，$f(x)$ 称为**被积函数**，$f(x)\mathrm{d}x$ 称为**被积表达式**，x 称为**积分变量**.

定理 6.2 设 $f(x)$ 为给定函数，其定义域为某一区间 I. 若 $f(x)$ 在区间 I 上存在原函数 $F(x)$，则它的任意两个原函数之间只能相差一个常数.

设函数 $f(x)$ 在区间 I 上存在原函数 $F(x)$，则 $f(x)$ 必有无穷多个原函数. 假定，除了 $F(x)$ 外，$G(x)$ 也是 $f(x)$ 的在 I 上的任一个原函数. 由于 $F'(x)=f(x)$，$G'(x)=f(x)$，则有

$$[G(x)-F(x)]'=G'(x)-F'(x)=0\ ,\ x\in I$$

由定理3.8可知，

$$G(x)-F(x)=C \quad 或 \quad G(x)=F(x)+C.$$

其中 C 是一个常数.

请注意，由于函数 $G(x)$ 是 $f(x)$ 在 I 上的任一个原函数，故 $F(x)+C$ 是函数 $f(x)$ 在区间 I 上的 全体原函数. 于是，我们有下面的定理.

定理 6.3　设函数 $f(x)$ 为一个给定的函数，其定义域为某一区间 I. 若 $f(x)$ 在区间 I 上存在原函数 $F(x)$，则 $f(x)$ 的不定积分为

$$\int f(x)\mathrm{d}x=F(x)+C \tag{6.1}$$

其中 C 为任意的一个常数，称为积分常数.

为叙述简便，常称 $F(x)$ 为函数 $f(x)$ 的一个原函数，$\int f(x)\mathrm{d}x$ 称为 $f(x)$ 的不定积分，不再指明区间 I；不定积分简称为积分.

根据定理 6.3，只要求出函数 $f(x)$ 的一个原函数 $F(x)$，便可得到 $f(x)$ 的不定积分 $\int f(x)\mathrm{d}x=F(x)+C$.

例如，例 6.1 中 $\int \cos x\mathrm{d}x=\sin x+C$.

例 6.2　求 e^x 和 x 的不定积分.

解：因为 $(\mathrm{e}^x)'=\mathrm{e}^x$，所以 $\int \mathrm{e}^x\mathrm{d}x=\mathrm{e}^x+C$.

因为 $\left(\frac{1}{2}x^2\right)'=x$，所以 $\int x\mathrm{d}x=\frac{1}{2}x^2+C$.

例 6.3　证明 $\int \frac{1}{x}\mathrm{d}x=\ln|x|+C,\quad x\neq 0$.

证明：因为 $(\ln|x|)'=\frac{1}{x}$，即 $\ln|x|$ 是 $\frac{1}{x}$ 的一个原函数. 所以有 $\int \frac{1}{x}\mathrm{d}x=\ln|x|+C$.

6.1.2　积分与微分(导数)的互逆运算性质

由原函数的定义以及定理6.3，很容易得到下面的求积分与求导数(或微分)的互逆运算性质.

(1) $\left[\int f(x)\mathrm{d}x\right]'=f(x)$　或　$\mathrm{d}\int f(x)\mathrm{d}x=f(x)\mathrm{d}x$；

(2) $\int f'(x)\mathrm{d}x=f(x)+C$　或　$\int \mathrm{d}f(x)=f(x)+C$.

上述性质(1)说明，不定积分的导数等于被积函数，或者说，先积分后微分相互抵消. 性质(2)则说明对一个函数的导数(或微分)求不定积分，其结果与该函数相差一个常数. 例如：

$$\left(\int \arcsin\sqrt{x}\,\mathrm{d}x\right)'=\arcsin\sqrt{x}\ ,\quad 或\ \mathrm{d}\int \arcsin\sqrt{x}\,\mathrm{d}x=\arcsin\sqrt{x}\,\mathrm{d}x\ ;$$

$$\int (\arcsin\sqrt{x})'\mathrm{d}x=\arcsin\sqrt{x}+C\ ,\quad 或\int \mathrm{d}\arcsin\sqrt{x}=\arcsin\sqrt{x}+C.$$

例 6.4 已知 $\int f(x)\mathrm{d}x = x\ln x + C$，求 $f(x)$.

解：$f(x) = (\int f(x)\mathrm{d}x)' = (x\ln x + C)' = \ln x + x \cdot \frac{1}{x} + 0 = \ln x + 1$.

例 6.5 已知 $(\ln f(x))' = \cos x$，求 $f(x)$.

解：由于 $\ln f(x) = \int (\ln f(x))'\mathrm{d}x = \int \cos x\mathrm{d}x = \sin x + C_1$，

因此有 $f(x) = \mathrm{e}^{\ln f(x)} = \mathrm{e}^{\sin x + C_1} = \mathrm{e}^{C_1}\mathrm{e}^{\sin x} = C\mathrm{e}^{\sin x} \quad (C = \mathrm{e}^{C_1})$.

例 6.6 已知 $\int f(\ln x)\mathrm{d}x = \frac{1}{2}x^2 + C$，求 $\int f(x)\mathrm{d}x$.

解：因为有 $f(\ln x) = \left(\int f(\ln x)\mathrm{d}x\right)' = \left(\frac{1}{2}x^2 + C\right)' = x$. 令 $u = \ln x$，则 $x = \mathrm{e}^u$. 于是 $f(u) = \mathrm{e}^u$，从而有 $f(x) = \mathrm{e}^x$，故 $\int f(x)\mathrm{d}x = \int \mathrm{e}^x\mathrm{d}x = \mathrm{e}^x + C$.

6.1.3 基本积分公式

由导数或微分基本公式，很容易推导得到下面的不定积分基本公式.

(1) $\int k\mathrm{d}x = kx + C$ (k 为常数)；

(2) $\int x^\alpha \mathrm{d}x = \frac{1}{\alpha+1}x^{\alpha+1} + C \ (\alpha \neq -1)$；

(3) $\int \frac{1}{x}\mathrm{d}x = \ln|x| + C$；

(4) $\int a^x \mathrm{d}x = \frac{a^x}{\ln a} + C \quad (a > 0, a \neq 1)$；

(5) $\int \mathrm{e}^x\mathrm{d}x = \mathrm{e}^x + C$；

(6) $\int \cos x\mathrm{d}x = \sin x + C$；

(7) $\int \sin x\mathrm{d}x = -\cos x + C$；

(8) $\int \frac{1}{\cos^2 x}\mathrm{d}x = \int \sec^2 x\mathrm{d}x = \tan x + C$；

(9) $\int \frac{1}{\sin^2 x}\mathrm{d}x = \int \csc^2 x\mathrm{d}x = -\cot x + C$；

(10) $\int \sec x\tan x\mathrm{d}x = \sec x + C$；

(11) $\int \csc x\cot x\mathrm{d}x = -\csc x + C$；

(12) $\int \frac{1}{1+x^2}\mathrm{d}x = \arctan x + C = -\mathrm{arccot}\, x + C$；

(13) $\int \frac{1}{\sqrt{1-x^2}}\mathrm{d}x = \arcsin x + C = -\arccos x + C$.

例 6.7 求不定积分 $\int x^3\mathrm{d}x$.

解：

$$\int x^3\mathrm{d}x = \frac{1}{3+1}x^{3+1} + C = \frac{1}{4}x^4 + C.$$

例 6.8 求不定积分 $\int \frac{1}{x^3}\mathrm{d}x$.

解：

$$\int \frac{1}{x^3}\mathrm{d}x = \int x^{-3}\mathrm{d}x = \frac{1}{-3+1}x^{-3+1} + C = -\frac{1}{2}x^{-2} + C = -\frac{1}{2x^2} + C.$$

例 6.9 求不定积分 $\int \sqrt{x}\mathrm{d}x$.

解：

$$\int \sqrt{x}\mathrm{d}x = \int x^{\frac{1}{2}}\mathrm{d}x = \frac{1}{\frac{1}{2}+1}x^{\frac{1}{2}+1} + C = \frac{2}{3}x^{\frac{3}{2}} + C = \frac{2}{3}\sqrt{x^3} + C.$$

例 6.10 求不定积分 $\int 2^x\mathrm{e}^x\mathrm{d}x$.

解：

$$\int 2^x\mathrm{e}^x\mathrm{d}x = \int (2\mathrm{e})^x\mathrm{d}x = \frac{1}{\ln(2\mathrm{e})}(2\mathrm{e})^x + C$$

6.1.4　不定积分的几何意义

设函数 $y=f(x)$ 存在原函数，记其中之一为 $F(x)$ ，则函数 $y=F(x)$ 的图形称为 $y=f(x)$ 的积分曲线. 函数 $f(x)$ 的不定积分为

$$\int f(x)\mathrm{d}x=F(x)+C$$

它表示 $f(x)$ 的全体原函数；因此，对应的图形是一族积分曲线；称这个曲线族为 $y=f(x)$ 的积分曲线族（见图 6-1）. 对于任意常数 C 的每一个确定的值 C_0，对应有一条确定的积分曲线 $y=F(x)+C_0$. 如果要求函数 $f(x)$ 的积分曲线族 $y=F(x)+C$ 中一条经过平面上某一点 (x_0,y_0) 的积分曲线，而 x_0 在 $F(x)$ 的定义域内，那么只要将 x_0，y_0 代入 $y=F(x)+C$ 中便可确定积分常数 $C_0=y_0-F(x_0)$. 于是 $y=F(x)+C_0$ 就是函数 $y=f(x)$ 的经过点 (x_0,y_0) 的积分曲线.

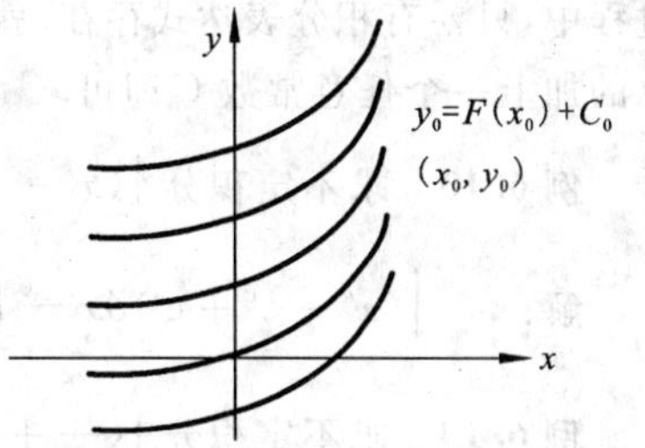

图 6-1　函数 $f(x)$ 的积分曲线族

函数 $f(x)$ 的积分曲线族具有下面两个特点，

(1)族中的每条积分曲线在横坐标同为 x 的点处的切线斜率均为 $f(x)$ ，从而相应的切线彼此相互平行；

(2)族中的任意一条积分曲线都可以由某一条积分曲线沿 y 轴上下平行移动得到.

例 6.11　已知曲线上任一点处的切线斜率等于该点处横坐标平方，且经过点 $\left(1,\frac{4}{3}\right)$，求此曲线.

解：设所求曲线为 $y=F(x)$. 依题意知 $F'(x)=x^2$ ，因此

$$y=F(x)=\int F'(x)\mathrm{d}x=\int x^2\mathrm{d}x=\frac{1}{3}x^3+C,$$

由假设条件知，当 $x=1$ 时，$y=\frac{4}{3}$ ；将其代入上式解得 $C=1$. 故所要求的曲线为

$$y=\frac{1}{3}x^3+1.$$

6.2　不定积分的基本运算法则

根据导数或微分的运算法则以及定理 6.3，容易证明下面的不定积分的基本运算法则. 设函数 $f(x)$ ，$g(x)$ 均在区间 I 上存在原函数，则

(1) $f(x)$ 与 $g(x)$ 和、差的不定积分分别等于它们的不定积分的和、差，即

$$\int[f(x)\pm g(x)]\mathrm{d}x=\int f(x)\mathrm{d}x\pm\int g(x)\mathrm{d}x$$

(2)被积函数中的非零常数因子可以提到积分号之前，即

$$\int kf(x)\mathrm{d}x=k\int f(x)\mathrm{d}x\text{，（常数 }k\neq 0\text{）}$$

运算法则(1)可推广到有限多个函数的情形.

6.2.1　直接积分法

应用不定积分的基本运算法则和基本积分公式可以直接计算出不定积分的方法，称为**直接积分法**.

例 6.12 求不定积分$\int(\cos x+\sin x)\mathrm{d}x$.

解:
$$\int(\cos x+\sin x)\mathrm{d}x=\int\cos x\mathrm{d}x+\int\sin x\mathrm{d}x=\sin x+C_1-\cos x+C_2$$
$$=\sin x-\cos x+C\quad(C=C_1+C_2).$$

其中,每个不定积分都含有一个任意常数,但由于这些任意常数之和仍是任意常数;因此,在解题过程中,只要有积分表达式存在,就无须为每个表达式加上常数C;只在当积分表达式都完成后再总的加上一个任意常数C即可.

例 6.13 求不定积分$\int(x^{\mathrm{e}}-\mathrm{e}^x+\mathrm{e}^{\mathrm{e}})\mathrm{d}x$.

解: $$\int(x^{\mathrm{e}}-\mathrm{e}^x+\mathrm{e}^{\mathrm{e}})\mathrm{d}x=\int x^{\mathrm{e}}\mathrm{d}x-\int\mathrm{e}^x\mathrm{d}x+\int\mathrm{e}^{\mathrm{e}}\mathrm{d}x=\frac{1}{\mathrm{e}+1}x^{\mathrm{e}+1}-\mathrm{e}^x+\mathrm{e}^{\mathrm{e}}x+C$$

例 6.14 求不定积分$\int(\frac{x}{3}+3^x)\mathrm{d}x$.

解: $$\int\left(\frac{x}{3}+3^x\right)\mathrm{d}x=\int\frac{x}{3}\mathrm{d}x+\int3^x\mathrm{d}x=\frac{1}{3}\int x\mathrm{d}x+\int3^x\mathrm{d}x=\frac{1}{6}x^2+\frac{1}{\ln3}3^x+C.$$

例 6.15 求不定积分$\int\mathrm{e}^{x+3}(1+\mathrm{e}^{-x})\mathrm{d}x$.

解: $$\int\mathrm{e}^{x+3}(1+\mathrm{e}^{-x})\mathrm{d}x=\int(\mathrm{e}^{x+3}+\mathrm{e}^3)\mathrm{d}x=\int\mathrm{e}^3\mathrm{e}^x\mathrm{d}x+\int\mathrm{e}^3\mathrm{d}x=\mathrm{e}^3\mathrm{e}^x+\mathrm{e}^3x+C.$$

例 6.16 求不定积分$\int\frac{\mathrm{e}^{2x}-1}{\mathrm{e}^x-1}\mathrm{d}x$.

解: $$\int\frac{\mathrm{e}^{2x}-1}{\mathrm{e}^x-1}\mathrm{d}x=\int\frac{(\mathrm{e}^x-1)(\mathrm{e}^x+1)}{\mathrm{e}^x-1}\mathrm{d}x=\int(\mathrm{e}^x+1)\mathrm{d}x=\int\mathrm{e}^x\mathrm{d}x+\int1\mathrm{d}x=\mathrm{e}^x+x+C.$$

6.2.2 拆项积分法

拆项积分法是将被积函数通过代数或三角恒等变换,拆成若干项之和,使每一项的积分都能通过基本积分公式求得,从而求得该积分的方法.请看以下例题:

例 6.17 求不定积分$\int\frac{1}{x^2(1+x^2)}\mathrm{d}x$.

解: $$\int\frac{1}{x^2(1+x^2)}\mathrm{d}x=\int\frac{1+x^2-x^2}{x^2(1+x^2)}\mathrm{d}x=\int\frac{1}{x^2}\mathrm{d}x-\int\frac{1}{1+x^2}\mathrm{d}x=-\frac{1}{x}-\arctan x+C.$$

例 6.18 求不定积分$\int\frac{1}{\cos^2x\sin^2x}\mathrm{d}x$.

解: $$\int\frac{1}{\cos^2x\sin^2x}\mathrm{d}x=\int\frac{\cos^2x+\sin^2x}{\cos^2x\sin^2x}\mathrm{d}x=\int\frac{1}{\cos^2x}\mathrm{d}x+\int\frac{1}{\sin^2x}\mathrm{d}x=\tan x-\cot x+C.$$

例 6.19 求不定积分$\int\tan^2x\mathrm{d}x$.

解: $$\int\tan^2x\mathrm{d}x=\int(\sec^2x-1)\mathrm{d}x=\int\sec^2x\mathrm{d}x-\int1\mathrm{d}x=\tan x-x+C.$$

例 6.20 求不定积分$\int\frac{\cos2x}{\cos x+\sin x}\mathrm{d}x$.

解: $$\int\frac{\cos2x}{\cos x+\sin x}\mathrm{d}x=\int\frac{\cos^2x-\sin^2x}{\cos x+\sin x}\mathrm{d}x=\int\frac{(\cos x-\sin x)(\cos x+\sin x)}{\cos x+\sin x}\mathrm{d}x$$
$$=\int(\cos x-\sin x)\mathrm{d}x=\sin x+\cos x+C.$$

例 6.21 求不定积分 $\int\left(\sqrt{1-x^2}+\frac{x^2}{\sqrt{1-x^2}}\right)dx$.

解: $\int\left(\sqrt{1-x^2}+\frac{x^2}{\sqrt{1-x^2}}\right)dx=\int\frac{1-x^2+x^2}{\sqrt{1-x^2}}dx=\int\frac{1}{\sqrt{1-x^2}}dx=\arcsin x+C.$

6.3 不定积分的换元法

积分的计算个性化很强,能用直接积分法或拆项积分法来计算的不定积分是很有限的,要计算初等函数的不定积分,还需要寻求其他的积分方法.这里先介绍换元积分法.它是通过适当的变量替换(换元)将某些不定积分化为可应用基本积分公式形式的方法.

6.3.1 第一换元法(凑微分法)

假设不定积分 $\int f(x)dx$ 不能直接套用公式求出;但被积表达式 $f(x)dx$ 能凑成 $f(x)dx=g(u(x))u'(x)dx=g(u(x))du(x)=g(u)du\quad(u=u(x))$ 的形式.而对于积分 $\int g(u)du$ 关于积分变量 u 能套用公式求出;那么,可将以 x 为积分变量的积分 $\int f(x)dx$ 转化为以 u 为积分变量的积分 $\int g(u)du$;并求得积分 $\int g(u)du=F(u)+C$.然后再用 $u=u(x)$ 代入其中,最终求出积分 $\int f(x)dx=F(u(x))+C$.

例 6.22 求不定积分 $\int xe^{x^2}dx$.

解: $\int xe^{x^2}dx=\int\frac{1}{2}e^{x^2}\cdot 2xdx=\frac{1}{2}\int e^{x^2}dx^2$.令 $x^2=u$,则有

$$\int xe^{x^2}dx=\frac{1}{2}\int e^{x^2}dx^2=\frac{1}{2}\int e^u du=\frac{1}{2}e^u+C.$$

再以 $u=x^2$ 回代 $\frac{1}{2}e^u+C$ 中,则得到

$$\int xe^{x^2}dx=\frac{1}{2}e^{x^2}+C$$

这种积分法称为**第一换元法或凑微分法**;它分换元和回代两个步骤.请读者注意,不将中间变量 u 回代为 x,是用这种方法解题中常会犯的错误.

例 6.23 求不定积分 $\int\frac{1}{1+x}dx$.

解:先凑微分($dx=d(1+x)$)得 $\int\frac{1}{1+x}dx=\int\frac{1}{1+x}d(x+1)$;再令 $u=1+x$,则

$\int\frac{1}{1+x}dx=\int\frac{1}{1+x}d(x+1)=\int\frac{1}{u}du=\ln|u|+C=\ln|1+x|+C.$

例 6.24 求不定积分 $\int\cos(2x+3)dx$.

解:先凑微分($2dx=d(2x+3)$)得

$$\int\cos(2x+3)dx=\int\frac{1}{2}\cos(2x+3)\cdot 2dx=\frac{1}{2}\int\cos(2x+3)d(2x+3)$$

再令 $u=2x+3$，则

$$\int\cos(2x+3)\mathrm{d}x=\frac{1}{2}\int\cos(2x+3)\mathrm{d}(2x+3)=\frac{1}{2}\int\cos u\,\mathrm{d}u$$
$$=\frac{1}{2}\sin u+C=\frac{1}{2}\sin(2x+3)+C.$$

例 6.25 求不定积分 $\int\frac{\ln x}{x}\mathrm{d}x$.

解：先凑微分得 $\int\frac{\ln x}{x}\mathrm{d}x=\int\ln x\cdot\frac{1}{x}\mathrm{d}x=\int\ln x\mathrm{d}\ln x$.

再令 $u=\ln x$，则 $\int\frac{\ln x}{x}\mathrm{d}x=\int\ln x\mathrm{d}\ln x=\int u\mathrm{d}u=\frac{1}{2}u^2+C=\frac{1}{2}(\ln x)^2+C.$

变量替换的目的是为了便于应用不定积分的基本积分公式.当比较熟练地掌握了凑微分法的计算过程之后，只要对中间变量心中有数，无须明确写出中间变量以及回代过程，以减少计算步骤.

例 6.26 求不定积分 $\int\frac{1}{a^2+x^2}\mathrm{d}x\quad(a>0)$.

解：$\int\frac{1}{a^2+x^2}\mathrm{d}x=\frac{1}{a}\int\frac{1}{1+\left(\frac{x}{a}\right)^2}\mathrm{d}\frac{x}{a}=\frac{1}{a}\arctan\frac{x}{a}+C$，

例 6.27 求不定积分 $\int\sin^3x\cos x\mathrm{d}x$.

解：$\int\sin^3x\cos x\mathrm{d}x=\int\sin^3x\mathrm{d}\sin x=\frac{1}{4}\sin^4x+C$.

应用凑微分法计算不定积分，首先遇到的问题是如何凑微分.根据微分基本公式，容易得到下面的常用凑微分公式，

(1) $\int f(ax+b)\mathrm{d}x=\frac{1}{a}\int f(ax+b)\mathrm{d}(ax+b)\quad(a\neq0)$；

(2) $\int f(ax^k+b)x^{k-1}\mathrm{d}x=\frac{1}{ka}\int f(ax^k+b)\mathrm{d}(ax^k+b)\quad(k,a\neq0)$；

(3) $\int f(\mathrm{e}^x)\mathrm{e}^x\mathrm{d}x=\int f(\mathrm{e}^x)\mathrm{d}\mathrm{e}^x$；

(4) $\int f(a^x)a^x\mathrm{d}x=\frac{1}{\ln a}\int f(a^x)\mathrm{d}a^x$；

(5) $\int f(\ln x)\frac{1}{x}\mathrm{d}x=\int f(\ln x)\mathrm{d}\ln x$；

(6) $\int f(\sqrt{x})\frac{1}{\sqrt{x}}\mathrm{d}x=2\int f(\sqrt{x})\mathrm{d}\sqrt{x}$；

(7) $\int f\left(\frac{1}{x}\right)\frac{1}{x^2}\mathrm{d}x=-\int f\left(\frac{1}{x}\right)\mathrm{d}\frac{1}{x}$；

(8) $\int f(\cos x)\sin x\mathrm{d}x=-\int f(\cos x)\mathrm{d}\cos x$；

(9) $\int f(\sin x)\cos x\mathrm{d}x=\int f(\sin x)\mathrm{d}\sin x$；

(10) $\int f(\tan x)\frac{1}{\cos^2x}\mathrm{d}x=\int f(\tan x)\sec^2x\mathrm{d}x=\int f(\tan x)\mathrm{d}(\tan x)$；

(11) $\int f(\cot x)\frac{1}{\sin^2x}\mathrm{d}x=\int f(\cot x)\csc^2x\mathrm{d}x=-\int f(\cot x)\mathrm{d}(\cot x)$；

(12) $\int f(\arcsin x)\frac{1}{\sqrt{1-x^2}}\mathrm{d}x=\int f(\arcsin x)\mathrm{d}\arcsin x$；

(13) $\int f(\arctan x)\frac{1}{1+x^2}\mathrm{d}x=\int f(\arctan x)\mathrm{d}\arctan x$.

例 6.28 求不定积分$\int(3x+1)^9\mathrm{d}x$.

解:

$$\int(3x+1)^9\mathrm{d}x=\frac{1}{3}\int(3x+1)^9\mathrm{d}(3x+1)=\frac{1}{30}(3x+1)^{10}+C.$$

例 6.29 求不定积分$\int\frac{1}{\sqrt{a^2-x^2}}\mathrm{d}x\quad(a>0)$.

解:

$$\int\frac{1}{\sqrt{a^2-x^2}}\mathrm{d}x=\int\frac{1}{a\sqrt{1-(\frac{x}{a})^2}}\mathrm{d}x=\int\frac{1}{\sqrt{1-(\frac{x}{a})^2}}\mathrm{d}\frac{x}{a}=\arcsin\frac{x}{a}+C.$$

例 6.30 求不定积分$\int x\sqrt{1+x^2}\,\mathrm{d}x$.

解:

$$\int x\sqrt{1+x^2}\,\mathrm{d}x=\frac{1}{2}\int\sqrt{1+x^2}\,\mathrm{d}x^2=\frac{1}{2}\int(1+x^2)^{\frac{1}{2}}\mathrm{d}(1+x^2)$$

$$=\frac{1}{2}\cdot\frac{2}{3}(1+x^2)^{\frac{3}{2}}+C=\frac{1}{3}\sqrt{(1+x^2)^3}+C.$$

例 6.31 求不定积分$\int\mathrm{e}^{2\sqrt{x}}\frac{1}{\sqrt{x}}\mathrm{d}x$.

解:

$$\int\mathrm{e}^{2\sqrt{x}}\frac{1}{\sqrt{x}}\mathrm{d}x=\int\mathrm{e}^{2\sqrt{x}}\mathrm{d}(2\sqrt{x})=\mathrm{e}^{2\sqrt{x}}+C.$$

例 6.32 求不定积分$\int\frac{1}{x^2}\sin\frac{1}{x}\mathrm{d}x$.

解:

$$\int\frac{1}{x^2}\sin\frac{1}{x}\mathrm{d}x=-\int\sin\frac{1}{x}\mathrm{d}\frac{1}{x}=\cos\frac{1}{x}+C.$$

例 6.33 求不定积分$\int\frac{1}{1+\mathrm{e}^x}\mathrm{d}x$.

解:

$$\int\frac{1}{1+\mathrm{e}^x}\mathrm{d}x=\int\frac{\mathrm{e}^x}{\mathrm{e}^x(1+\mathrm{e}^x)}\mathrm{d}x=\int\frac{1}{\mathrm{e}^x(1+\mathrm{e}^x)}\mathrm{d}\mathrm{e}^x=\int\left(\frac{1}{\mathrm{e}^x}-\frac{1}{1+\mathrm{e}^x}\right)\mathrm{d}\mathrm{e}^x$$

$$=\int\frac{1}{\mathrm{e}^x}\mathrm{d}\mathrm{e}^x-\int\frac{1}{1+\mathrm{e}^x}\mathrm{d}\mathrm{e}^x=\ln\mathrm{e}^x-\int\frac{1}{1+\mathrm{e}^x}\mathrm{d}(1+\mathrm{e}^x)$$

$$=x-\ln(1+\mathrm{e}^x)+C.$$

例 6.34 求不定积分$\int\frac{x+(\arctan x)^2}{1+x^2}\mathrm{d}x$.

解:

$$\int\frac{x+(\arctan x)^2}{1+x^2}\mathrm{d}x=\int\frac{x}{1+x^2}\mathrm{d}x+\int\frac{(\arctan x)^2}{1+x^2}\mathrm{d}x$$

$$=\frac{1}{2}\int\frac{1}{1+x^2}\mathrm{d}(1+x^2)+\int(\arctan x)^2\mathrm{d}\arctan x$$

$$=\frac{1}{2}\ln(1+x^2)+\frac{1}{3}(\arctan x)^3+C.$$

例 6.35 求不定积分$\int\frac{1-\sin x}{x+\cos x}\mathrm{d}x$.

解: 因为$\mathrm{d}(x+\cos x)=(1-\sin x)\mathrm{d}x$,因此有

$$\int\frac{1-\sin x}{x+\cos x}\mathrm{d}x=\int\frac{1}{x+\cos x}\mathrm{d}(x+\cos x)=\ln|x+\cos x|+C.$$

有些不定积分的被积函数含有三角函数,需要利用三角函数恒等式进行适当的变形后再凑微分.

例 6.36 求不定积分 $\int \tan x\mathrm{d}x$ 和 $\int \cot x\mathrm{d}x$.

解:
$$\int \tan x\mathrm{d}x = \int \frac{\sin x}{\cos x}\mathrm{d}x = -\int \frac{1}{\cos x}\mathrm{d}\cos x = -\ln|\cos x| + C$$
$$\int \cot x\mathrm{d}x = \int \frac{\cos x}{\sin x}\mathrm{d}x = \int \frac{1}{\sin x}\mathrm{d}\sin x = \ln|\sin x| + C.$$

例 6.37 求不定积分 $\int \frac{1}{\sin x}\mathrm{d}x$ 及 $\int \frac{1}{\cos x}\mathrm{d}x$.

解: $\int \frac{1}{\sin x}\mathrm{d}x = \int \frac{1}{2\sin\frac{x}{2}\cos\frac{x}{2}}\mathrm{d}x = \int \frac{1}{\tan\frac{x}{2}\cos^2\frac{x}{2}}\mathrm{d}\,\frac{x}{2} = \int \frac{1}{\tan\frac{x}{2}}\mathrm{d}\tan\frac{x}{2} = \ln\left|\tan\frac{x}{2}\right| + C.$

$\int \frac{1}{\cos x}\mathrm{d}x = \int \frac{1}{\sin(x+\frac{\pi}{2})}\mathrm{d}x = \int \frac{1}{\sin(x+\frac{\pi}{2})}\mathrm{d}\left(x+\frac{\pi}{2}\right)$,利用上式,得
$$\int \frac{1}{\cos x}\mathrm{d}x = \ln\left|\tan\left(\frac{x}{2}+\frac{\pi}{4}\right)\right| + C.$$

例 6.38 求不定积分 $\int \cos^2 x\mathrm{d}x$.

解: $\int \cos^2 x\mathrm{d}x = \frac{1}{2}\int (1+\cos 2x)\mathrm{d}x = \frac{1}{2}\int \mathrm{d}x + \frac{1}{2}\int \cos 2x\mathrm{d}x$
$$= \frac{1}{2}x + \frac{1}{2}\cdot\frac{1}{2}\int \cos 2x\mathrm{d}(2x) = \frac{1}{2}x + \frac{1}{4}\sin 2x + C.$$

例 6.39 求不定积分 $\int \sin 3x\cos 2x\mathrm{d}x$.

解: 由三角函数的积化和差公式 $\sin x\cos y = \frac{1}{2}[\sin(x+y) + \sin(x-y)]$.,有
$$\int \sin 3x\cos 2x\mathrm{d}x = \int \frac{1}{2}(\sin 5x + \sin x)\mathrm{d}x = \frac{1}{2}\int \sin 5x\mathrm{d}x + \frac{1}{2}\int \sin x\mathrm{d}x$$
$$= \frac{1}{10}\int \sin 5x\mathrm{d}(5x) - \frac{1}{2}\cos x = -\frac{1}{10}\cos 5x - \frac{1}{2}\cos x + C.$$

例 6.40 求不定积分 $\int \frac{\sin x}{1+\sin x}\mathrm{d}x$.

解: $\int \frac{\sin x}{1+\sin x}\mathrm{d}x = \int \frac{\sin x(1-\sin x)}{1-\sin^2 x}\mathrm{d}x = \int \frac{\sin x - \sin^2 x}{\cos^2 x}\mathrm{d}x = \int \frac{\sin x}{\cos^2 x}\mathrm{d}x - \int \frac{1-\cos^2 x}{\cos^2 x}\mathrm{d}x$
$$= -\int \frac{1}{\cos^2 x}\mathrm{d}\cos x - \int \frac{1}{\cos^2 x}\mathrm{d}x + \int 1\mathrm{d}x = \frac{1}{\cos x} - \tan x + x + C.$$

例 6.41 求不定积分 $\int \frac{1}{x^2-a^2}\mathrm{d}x \quad (a>0)$.

解: $\int \frac{1}{x^2-a^2}\mathrm{d}x = \int \frac{1}{(x-a)(x+a)}\mathrm{d}x = \frac{1}{2a}\int \frac{x+a-(x-a)}{(x-a)(x+a)}\mathrm{d}x$
$$= \frac{1}{2a}\int \left(\frac{1}{x-a} - \frac{1}{x+a}\right)\mathrm{d}x = \frac{1}{2a}\left[\int \frac{1}{x-a}\mathrm{d}(x-a) - \int \frac{1}{x+a}\mathrm{d}(x+a)\right]$$
$$= \frac{1}{2a}[\ln|x-a| - \ln|x+a|] + C = \frac{1}{2a}\ln\left|\frac{x-a}{x+a}\right| + C$$

例 6.42 求不定积分 $\int \frac{1}{(x+a)(x+b)}\mathrm{d}x \quad (a \neq b)$.

解: $\int \frac{1}{(x+a)(x+b)}\mathrm{d}x = \frac{1}{b-a}\int \frac{x+b-(x+a)}{(x+a)(x+b)}\mathrm{d}x$

$$= \frac{1}{b-a}\left[\int \frac{1}{x+a}dx - \int \frac{1}{x+b}dx\right]$$
$$= \frac{1}{b-a}[\ln|x+a| - \ln|x+b|] + C.$$

例 6.43 求不定积分 $\int \frac{1}{x^2-2x+2}dx$.

解: $\int \frac{1}{x^2-2x+2}dx = \int \frac{1}{x^2-2x+1+1}dx = \int \frac{1}{(x-1)^2+1}dx$

$$= \int \frac{1}{1+(x-1)^2}d(x-1) = \arctan(x-1) + C.$$

6.3.2 第二换元法

第二换元法是作变换 $x=\varphi(t)$，将不定积分 $\int f(x)dx$ 变形为以 t 为积分变量的不定积分 $\int f[\varphi(t)]\varphi'(t)dt$. 若能计算得这个不定积分，便可得到原来的不定积分 $\int f(x)dx$.

定理 6.4 设函数 $f(x)$ 连续，$x=\varphi(t)$ 严格单调且有连续导数，$\varphi'(t)\neq 0$，那么 $f[\varphi(t)]\varphi'(t)$ 的原函数存在，记为 $F(t)$，且下面的换元公式成立

$$\int f(x)dx = \int f[\varphi(t)]\varphi'(t)dt = F(t)+C \tag{6.2}$$

即有

$$\int f(x)dx = F[\varphi^{-1}(x)] + C \tag{6.3}$$

其中 $t=\varphi^{-1}(x)$ 是 $x=\varphi(t)$ 的反函数.

定理 6.4 所描述的积分法称为第二换元法，式 6.3 称为回代(过程).

例 6.44 求不定积分 $\int \frac{x}{\sqrt{x}+1}dx$.

解: 被积函数中含有根式 $\sqrt{x}\ (x\geqslant 0)$，这就启发我们作变换 $t=\sqrt{x}$，将根号去掉. 由 $t=\sqrt{x}$ 知 $x=t^2$，因此 $dx=2tdt$. 于是有

$$\int \frac{x}{\sqrt{x}+1}dx = \int \frac{t^2}{t+1}\cdot 2tdt = 2\int \frac{t^3}{t+1}dt = 2\int \frac{t^3+1-1}{t+1}dt$$
$$= 2\int \frac{(t+1)(t^2-t+1)-1}{t+1}dt = 2\int (t^2-t+1)dt - 2\int \frac{1}{t+1}dt$$
$$= 2\left(\frac{1}{3}t^3 - \frac{1}{2}t^2 + t\right) - 2\ln|t+1| + C = \frac{2}{3}\sqrt{x^3} - x + 2\sqrt{x} - 2\ln\left|\sqrt{x}+1\right| + C.$$

例 6.45 求不定积分 $\int \frac{1}{\sqrt{x}(1+\sqrt[3]{x})}dx$.

解: 被积函数中含有根式 $\sqrt{x}$ 和 $\sqrt[3]{x}$，作变换 $\sqrt[6]{x}=t$，即 $x=t^6$ 可同时将两个根号去掉. 由于 $dx=6t^5dt$，因此

$$\int \frac{1}{\sqrt{x}(1+\sqrt[3]{x})}dx = \int \frac{6t^5}{t^3(1+t^2)}dt = 6\int \frac{t^2}{t^2+1}dt = 6\int \frac{t^2+1-1}{t^2+1}dt$$
$$= 6\int \left(1-\frac{1}{1+t^2}\right)dt = 6(t-\arctan t) + C = 6(\sqrt[6]{x} - \arctan\sqrt[6]{x}) + C.$$

遇到被积函数含有根式 $\sqrt[n]{ax+b}$ 或 $\sqrt[n]{\frac{ax+b}{cx+d}}$ 时，分别作变换 $t=\sqrt[n]{ax+b}$ 或 $t=\sqrt[n]{\frac{ax+b}{cx+d}}$

以去掉根号.

例 6.46 求不定积分$\int \frac{1}{\sqrt{(x-3)^3}+\sqrt{x-3}}dx$.

解:令 $\sqrt{x-3}=t$,则 $x=t^2+3$,$dx=2tdt$.于是有,

$$\int \frac{1}{\sqrt{(x-3)^3}+\sqrt{x-3}}dx=\int \frac{1}{t^3+t}\cdot 2tdt=2\int \frac{1}{t^2+1}dt$$
$$=2\arctan t+C=2\arctan \sqrt{x-3}+C.$$

例 6.47 求不定积分$\int \frac{1}{x(x^9+1)}dx$.

解:令 $x=\frac{1}{t}$,则 $dx=-\frac{1}{t^2}dt$.于是有,

$$\int \frac{1}{x(x^9+1)}dx=-\int \frac{t^8}{1+t^9}dt=-\frac{1}{9}\int \frac{1}{1+t^9}d(1+t^9)$$
$$=-\frac{1}{9}\ln|1+t^9|+C=-\frac{1}{9}\ln\left|\frac{x^9+1}{x^9}\right|+C.$$

当不定积分的被积函数具有下列形式时,作相应的三角变换.

(1) $f(\sqrt{a^2-x^2})$:令 $x=a\sin t$, $t\in\left(-\frac{\pi}{2},\frac{\pi}{2}\right)$,则 $dx=a\cos tdt$.利用三角恒等式 $1-\sin^2 t=\cos^2 t$ 去根号.最后利用直角三角形(见图 6-2)进行回代.

(2) $f(\sqrt{a^2+x^2})$:令 $x=a\tan t$, $t\in\left(-\frac{\pi}{2},\frac{\pi}{2}\right)$,则 $dx=a\sec^2 tdt$.利用三角恒等式 $1+\tan^2 t=\sec^2 t$ 去根号.最后利用直角三角形(见图 6-3)进行回代.

(3) $f(\sqrt{x^2-a^2})$:令 $x=a\sec t$, $t\in\left(0,\frac{\pi}{2}\right)$,则 $dx=a\sec t\tan tdt$.利用三角恒等式 $\sec^2 t-1=\tan^2 t$ 去根号.最后利用直角三角形(见图 6-4)进行回代.

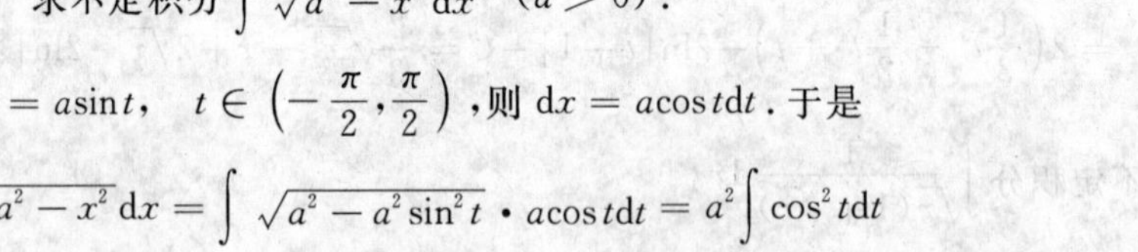

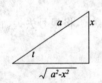

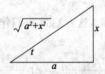

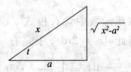

图 6-2 三角变换之一　　图 6-3 三角变换之二　　图 6-4 三角变换之三

例 6.48 求不定积分$\int \sqrt{a^2-x^2}dx$ $(a>0)$.

解:令 $x=a\sin t$, $t\in\left(-\frac{\pi}{2},\frac{\pi}{2}\right)$,则 $dx=a\cos tdt$.于是

$$\int\sqrt{a^2-x^2}dx=\int \sqrt{a^2-a^2\sin^2 t}\cdot a\cos tdt=a^2\int \cos^2 tdt$$
$$=a^2\int \frac{1+\cos 2t}{2}dt=\frac{a^2}{2}\left(\int dt+\frac{1}{2}\int \cos 2td2t\right)=\frac{a^2}{2}\left(t+\frac{1}{2}\sin 2t\right)+C$$
$$=\frac{a^2}{2}(t+\sin t\cos t)+C=\frac{a^2}{2}\arcsin\frac{x}{a}+\frac{x}{2}\sqrt{a^2-x^2}+C.$$

例 6.49 求不定积分$\int \frac{1}{\sqrt{a^2+x^2}}dx$ $(a>0)$.

解:令 $x=a\tan t$, $t\in(-\frac{\pi}{2},\frac{\pi}{2})$,则 $dx=a\sec^2 tdt$.于是

$$\int\frac{1}{\sqrt{a^2+x^2}}dx=\int\frac{a\sec^2 t}{\sqrt{a^2+a^2\tan^2 t}}dt=\int\sec t dt=\int\frac{\sec t(\sec t+\tan t)}{\sec t+\tan t}dt$$

$$=\int\frac{1}{\sec t+\tan t}d(\sec t+\tan t)=\ln|\sec t+\tan t|+C_1$$

$$=\ln\left|\frac{x}{a}+\frac{\sqrt{a^2+x^2}}{a}\right|+C_1=\ln\left|x+\sqrt{a^2+x^2}\right|-\ln a+C_1.$$

即

$$\int\frac{1}{\sqrt{a^2+x^2}}dx=\ln\left|x+\sqrt{a^2+x^2}\right|+C.$$

例 6.50 求不定积分 $\int\frac{1}{\sqrt{x^2-a^2}}dx\quad(a>0)$.

解:令 $x=a\sec t,\quad t\in\left(0,\frac{\pi}{2}\right)$,则 $dx=a\sec t\tan t dt$.于是

$$\int\frac{1}{\sqrt{x^2-a^2}}dx=\int\frac{a\sec t\tan t}{\sqrt{a^2\sec^2 t-a^2}}dx=\int\sec t dx=\ln|\sec t+\tan t|+C_1$$

$$=\ln\left|\frac{x}{a}+\frac{\sqrt{x^2-a^2}}{a}\right|+C_1=\ln\left|x+\sqrt{x^2-a^2}\right|+C.$$

例 6.51 求不定积分 $\int\frac{\cos^3 x\sin x}{1+\cos^2 x}dx$.

解:因为有 $\int\frac{\cos^3 x\sin x}{1+\cos^2 x}dx=-\int\frac{\cos^3 x}{1+\cos^2 x}d\cos x$;所以令 $u=\cos x$,则有

$$\int\frac{\cos^3 x\sin x}{1+\cos^2 x}dx=-\int\frac{u^3}{1+u^2}du=\int\frac{u-(u+u^3)}{1+u^2}du=\int\frac{u}{1+u^2}du-\int u du$$

$$=\frac{1}{2}\ln(1+u^2)-\frac{1}{2}u^2+C=\frac{1}{2}\ln(1+\cos^2 x)-\frac{1}{2}\cos^2 x+C.$$

在本节结束前,将一些例题所得的结果罗列出来,通常,它们也被作为基本积分公式使用:

(1) $\int\tan x dx=-\ln|\cos x|+C$;

(2) $\int\cot x dx=\ln|\sin x|+C$;

(3) $\int\sec x dx=\int\frac{1}{\cos x}dx=\ln\left|\tan\left(\frac{x}{2}+\frac{\pi}{4}\right)\right|+C=\ln|\sec x+\tan x|+C$;

(4) $\int\csc x dx=\int\frac{1}{\sin x}dx=\ln\left|\tan\frac{x}{2}\right|+C=\ln|\csc x-\cot x|+C$;

(5) $\int\frac{1}{a^2+x^2}dx=\frac{1}{a}\arctan\frac{x}{a}+C\quad(a>0)$;

(6) $\int\frac{1}{x^2-a^2}dx=\frac{1}{2a}\ln\left|\frac{x-a}{x+a}\right|+C\quad(a>0)$;

(7) $\int\frac{1}{(x+a)(x+b)}dx=\frac{1}{b-a}\ln\left|\frac{x+a}{x+b}\right|+C\quad(a\neq b)$;

(8) $\int\frac{1}{\sqrt{a^2-x^2}}dx=\arcsin\frac{x}{a}+C\quad(a>0)$;

(9) $\int\sqrt{a^2-x^2}dx=\frac{1}{2}x\sqrt{a^2-x^2}+\frac{a^2}{2}\arcsin\frac{x}{a}+C\quad(a>0)$;

(10) $\int\frac{1}{\sqrt{x^2+a^2}}dx=\ln\left|x+\sqrt{x^2+a^2}\right|+C\quad(a>0)$;

(11) $\int \frac{1}{\sqrt{x^2-a^2}}\mathrm{d}x = \ln\left|x+\sqrt{x^2-a^2}\right|+C \quad (a>0)$.

6.4 分部积分法

前面介绍了计算不定积分的直接积分法和换元积分法，提供了求不定积分比较有效的方法．但是，有些积分，例如$\int x\mathrm{e}^x\mathrm{d}x$，$\int x\sin x\mathrm{d}x$，$\int \ln x\mathrm{d}x$等，仅用前面的积分法是无法求解的．这一节将应用函数相乘的求导法则导出另一种积分法——分部积分法．

定理 6.5 设函数 $u=u(x)$ 及 $v=v(x)$ 存在连续导数，则下面的分部积分公式成立

$$\int u(x)\mathrm{d}v(x) = u(x)v(x) - \int v(x)\mathrm{d}u(x) \tag{6.4}$$

或

$$\int u(x)v'(x)\mathrm{d}x = u(x)v(x) - \int v(x)u'(x)\mathrm{d}x. \tag{6.5}$$

证明：根据求导公式

$$(u(x)v(x))' = u'(x)v(x) + u(x)v'(x)$$

移项得

$$u(x)v'(x) = (u(x)v(x))' - u'(x)v(x)$$

对等式两边求积分，有

$$\int u(x)v'(x)\mathrm{d}x = \int (u(x)v(x))'\mathrm{d}x - \int u'(x)v(x)\mathrm{d}x$$

即

$$\int u(x)v'(x)\mathrm{d}x = u(x)v(x) - \int v(x)u'(x)\mathrm{d}x$$

因此式 6.5 成立．显然式 6.5 能改写成式 6.4．证毕．

由分部积分公式可知，只要能计算得不定积分$\int v(x)\mathrm{d}u(x)$，便可求得不定积分$\int u(x)\mathrm{d}v(x)$．因此，应用分部积分法计算不定积分的关键在于如何将所给不定积分$\int f(x)\mathrm{d}x$化为$\int u(x)v'(x)\mathrm{d}x$或$\int u(x)\mathrm{d}v(x)$的形式．

例 6.52 求不定积分$\int x\mathrm{e}^x\mathrm{d}x$．

解：若将$\int x\mathrm{e}^x\mathrm{d}x$写成$\int \mathrm{e}^x\mathrm{d}\left(\frac{x^2}{2}\right)$，则据分部积分公式 6.4 有

$$\int x\mathrm{e}^x\mathrm{d}x = \int \mathrm{e}^x\mathrm{d}\left(\frac{x^2}{2}\right) = \mathrm{e}^x\cdot\frac{x^2}{2} - \int\frac{x^2}{2}\mathrm{d}\mathrm{e}^x = \frac{x^2}{2}\cdot\mathrm{e}^x - \int\frac{x^2}{2}\mathrm{e}^x\mathrm{d}x.\text{（取 } u(x)=\mathrm{e}^x, v(x)=\frac{x^2}{2}\text{）}$$

显然，不定积分$\int\frac{x^2}{2}\mathrm{e}^x\mathrm{d}x$比原来的积分$\int x\mathrm{e}^x\mathrm{d}x$更复杂了．但如果按下面的方法，先凑微分后再分部积分，就简单多了．

$$\int x\mathrm{e}^x\mathrm{d}x = \int x\mathrm{d}\mathrm{e}^x = x\mathrm{e}^x - \int \mathrm{e}^x\mathrm{d}x = x\mathrm{e}^x - \mathrm{e}^x + C. \quad \text{（取 } u(x)=x, v(x)=\mathrm{e}^x\text{）}$$

例 6.53 求不定积分$\int x\sin x\mathrm{d}x$.

解: $\int x\sin x\mathrm{d}x=\int x(-\cos x)'\mathrm{d}x=\int x\mathrm{d}(-\cos x)$ (取 $u(x)=x, v(x)=-\cos x$)

$$=x(-\cos x)-\int(-\cos x)\mathrm{d}x=-x\cos x+\int\cos x\mathrm{d}x=-x\cos x+\sin x+C.$$

下面列出可用分部积分法来计算的六种类型不定积分.

(1) $\int x^n\mathrm{e}^{ax}\mathrm{d}x=\frac{1}{a}\int x^n\mathrm{d}\mathrm{e}^{ax}$ ($a\neq 0$, n 为非负整数);

(2) $\int x^n\sin bx\mathrm{d}x=-\frac{1}{b}\int x^n\mathrm{d}\cos bx$ ($b\neq 0$, n 为非负整数);

(3) $\int x^n\cos bx\mathrm{d}x=\frac{1}{b}\int x^n\mathrm{d}\sin bx$ ($b\neq 0$, n 为非负整数);

(4) $\int x^\alpha\ln x\mathrm{d}x=\frac{1}{\alpha+1}\int\ln x\mathrm{d}x^{\alpha+1}$ ($\alpha\neq-1$);

(5) $\int x^n\arcsin x\mathrm{d}x=\frac{1}{n+1}\int\arcsin x\mathrm{d}x^{n+1}$ (n 为整数, $n\neq-1$);

(6) $\int x^n\arctan x\mathrm{d}x=\frac{1}{n+1}\int\arctan x\mathrm{d}x^{n+1}$ (n 为整数, $n\neq-1$).

例 6.54 求不定积分$\int\ln x\mathrm{d}x$.

解: $\int\ln x\mathrm{d}x=x\ln x-\int x\mathrm{d}\ln x=x\ln x-\int x\cdot\frac{1}{x}\mathrm{d}x=x\ln x-\int 1\mathrm{d}x=x\ln x-x+C.$

例 6.55 求不定积分$\int\arcsin x\mathrm{d}x$.

解: $\int\arcsin x\mathrm{d}x=x\arcsin x-\int x\mathrm{d}\arcsin x=x\arcsin x-\int\frac{x}{\sqrt{1-x^2}}\mathrm{d}x$

$$=x\arcsin x+\int\frac{1}{2\sqrt{1-x^2}}\mathrm{d}(1-x^2)=x\arcsin x+\sqrt{1-x^2}+C.$$

计算某些不定积分时,可能会多次应用分部积分法.

例 6.56 求不定积分$\int(x^2+2x+3)\cos x\mathrm{d}x$.

解: $\int(x^2+2x+3)\cos x\mathrm{d}x=\int(x^2+2x+3)\mathrm{d}\sin x$

$$=(x^2+2x+3)\sin x-\int\sin x\mathrm{d}(x^2+2x+3)$$

$$=(x^2+2x+3)\sin x-\int\sin x(2x+2)\mathrm{d}x$$

$$=(x^2+2x+3)\sin x+2\int(x+1)\mathrm{d}\cos x$$

$$=(x^2+2x+3)\sin x+2(x+1)\cos x-2\int\cos x\mathrm{d}x$$

$$=(x^2+2x+3)\sin x+2(x+1)\cos x-2\sin x+C.$$

例 6.57 求不定积分$\int\mathrm{e}^x\sin x\mathrm{d}x$.

解: $\int\mathrm{e}^x\sin x\mathrm{d}x=\int\sin x\mathrm{d}\mathrm{e}^x=\mathrm{e}^x\sin x-\int\mathrm{e}^x\mathrm{d}\sin x$

$$= e^x\sin x+\int e^x\cos x\mathrm{d}x = e^x\sin x-\int\cos x\mathrm{d}e^x = e^x\sin x-e^x\cos x+\int e^x\mathrm{d}\cos x,$$

即有
$$\int e^x\sin x\mathrm{d}x = e^x\sin x-e^x\cos x-\int e^x\sin x\mathrm{d}x$$

上式右端出现了原来要求的不定积分 $\int e^x\sin x\mathrm{d}x$，应将它移到左端并注意到不定积分中必含有任意常数，因此有

$$2\int e^x\sin x\mathrm{d}x = e^x\sin x-e^x\cos x+2C$$

故有
$$\int e^x\sin x\mathrm{d}x = \frac{1}{2}e^x(\sin x-\cos x)+C.$$

某些不定积分不属于上述使用分部积分的基本类型，需要先凑微分后再应用分部积分公式，或者先利用函数恒等式将被积函数变形后再使用分部积分.

例 6.58 求不定积分 $\int\frac{\ln(\sin x)}{\cos^2 x}\mathrm{d}x$.

解：$\int\frac{\ln(\sin x)}{\cos^2 x}\mathrm{d}x = \int\ln(\sin x)\mathrm{d}\tan x = \tan x\ln(\sin x)-\int\tan x\mathrm{d}\ln(\sin x)$

$$= \tan x\ln(\sin x)-\int\tan x\cdot\frac{\cos x}{\sin x}\mathrm{d}x = \tan x\ln(\sin x)-\int\mathrm{d}x$$

$$= \tan x\ln(\sin x)-x+C.$$

例 6.59 求不定积分 $\int x^3e^{x^2}\mathrm{d}x$.

解：$\int x^3e^{x^2}\mathrm{d}x = \frac{1}{2}\int x^2e^{x^2}\mathrm{d}x^2 = \frac{1}{2}\int ue^u\mathrm{d}u = \frac{1}{2}\int u\mathrm{d}e^u = \frac{1}{2}(ue^u-\int e^u\mathrm{d}u)\quad(u=x^2)$

$$= \frac{1}{2}(ue^u-e^u)+C = \frac{1}{2}(x^2e^{x^2}-e^{x^2})+C = \frac{1}{2}(x^2-1)e^{x^2}+C.$$

例 6.60 求不定积分 $\int x\tan^2 x\mathrm{d}x$.

解：$\int x\tan^2 x\mathrm{d}x = \int x(\sec^2 x-1)\mathrm{d}x = \int x\sec^2 x\mathrm{d}x-\int x\mathrm{d}x = \int x\mathrm{d}\tan x-\frac{1}{2}x^2$

$$= x\tan x-\int\tan x\mathrm{d}x-\frac{1}{2}x^2 = x\tan x+\ln|\cos x|-\frac{1}{2}x^2+C.$$

例 6.61 求不定积分 $\int e^x\frac{1+\sin x}{1+\cos x}\mathrm{d}x$.

解：$\int e^x\frac{1+\sin x}{1+\cos x}\mathrm{d}x = \int e^x\frac{1+\sin x}{2\cos^2\frac{x}{2}}\mathrm{d}x = \int e^x\frac{1}{2\cos^2\frac{x}{2}}\mathrm{d}x+\int e^x\frac{2\sin\frac{x}{2}\cos\frac{x}{2}}{2\cos^2\frac{x}{2}}\mathrm{d}x$

$$= \int e^x\mathrm{d}\tan\frac{x}{2}+\int e^x\tan\frac{x}{2}\mathrm{d}x = e^x\tan\frac{x}{2}-\int\tan\frac{x}{2}\mathrm{d}e^x+\int e^x\tan\frac{x}{2}\mathrm{d}x$$

$$= e^x\tan\frac{x}{2}-\int e^x\tan\frac{x}{2}\mathrm{d}x+\int e^x\tan\frac{x}{2}\mathrm{d}x = e^x\tan\frac{x}{2}+C.$$

某些不定积分要先应用第二换元法后再利用分部积分法求解.

例 6.62 求不定积分 $\int\cos\sqrt{x}\mathrm{d}x$.

解：令 $x=t^2$，则 $\mathrm{d}x=2t\mathrm{d}t$，因此

$$\int\cos\sqrt{x}\mathrm{d}x = \int\cos t\cdot 2t\mathrm{d}t = 2\int t\mathrm{d}\sin t = 2(t\sin t-\int\sin t\mathrm{d}t)$$

$$= 2t\sin t + 2\cos t + C = 2\sqrt{x}\sin\sqrt{x} + 2\cos\sqrt{x} + C.$$

例 6.63 已知 e^{-x} 是函数 $f(x)$ 的一个原函数，求 $\int x^2\left[\frac{f(x)}{x}\right]'\mathrm{d}x$.

解：$\int x^2\left[\frac{f(x)}{x}\right]'\mathrm{d}x = \int x^2\,\mathrm{d}\,\frac{f(x)}{x} = x^2\,\frac{f(x)}{x} - \int\frac{f(x)}{x}\mathrm{d}x^2$

$$= xf(x) - 2\int f(x)\mathrm{d}x = x(e^{-x})' - 2e^{-x} + C$$

$$= -xe^{-x} - 2e^{-x} + C = -(x+2)e^{-x} + C.$$

6.5 小 结

1. 基本概念

(1)若在某区间 I 上有 $F'(x) = f(x)$，则称 $F(x)$ 为函数 $f(x)$ 的一个原函数．

(2)若一个函数存在原函数，则它必有无穷多个原函数，且任意两个原函数之间只相差一个常数．

(3)函数 $f(x)$ 的原函数的全体称为 $f(x)$ 的不定积分．

(4)若函数 $f(x)$ 存在原函数 $F(x)$，则 $f(x)$ 的不定积分为

$$\int f(x)\mathrm{d}x = F(x) + C$$

上式左、右端应理解为原函数的全体，又应理解为 $f(x)$ 的任意一个原函数.

(5)求积分与求导数(或微分)有互逆运算关系.

(6)为了比较顺利地求得一个函数的不定积分，首先应当熟记基本积分公式.

2. 积分法

主要介绍如何求初等函数的不定积分. 初等函数由基本初等函数经有限次四则运算以及复合得到的；以此为出发点，有三种积分法：直接积分法、换元积分法和分部积分法.

(1)直接积分法：直接积分法是将不定积分化为若干个能使用基本积分公式的积分.

(2)换元法：换元积分法有第一换元法(凑微分法)和第二换元法. 第一换元法是寻求中间变量 $u = u(x)$，作变换 $u = u(x)$ 将积分变形为以 u 为积分变量的不定积分. 第二换元法是作变换 $x = \varphi(t)$ 将积分变形为 $\int f[\varphi(t)]\varphi'(t)\mathrm{d}t$.

(3)分部积分法：分部积分公式是将 $\int f(x)\mathrm{d}x$ 化为 $\int u(x)v'(x)\mathrm{d}x$ 或 $\int u(x)\mathrm{d}v(x)$.

习 题 6

1. 已知函数 $f(x)$ 的导数为 $\cos x$，且 $f(0) = 1$，求 $f(x)$.

2. 已知 $\int f(x)\mathrm{d}x = xe^{x^2} + C$，求 $f(x)$.

3. 一曲线通过点 $(2,3)$，且在任一点处的切线的斜率等于该点的横坐标，求此曲线的方程.

4. 求下列不定积分：

(1) $\int x^4\mathrm{d}x$；　(2) $\int\frac{1}{x^2}\mathrm{d}x$；　(3) $\int\sqrt{x^3}\mathrm{d}x$；

(4) $\int x^2\sqrt{x}\mathrm{d}x$；　(5) $\int\frac{1}{x\sqrt[3]{x}}\mathrm{d}x$；　(6) $\int\frac{1}{\sqrt{x}}\mathrm{d}x$；

(7) $\int 10^x \mathrm{d}x$ ；　(8) $\int 10^x \mathrm{e}^x \mathrm{d}x$ ；　(9) $\int \sqrt{x\sqrt{x\sqrt{x}}}\,\mathrm{d}x$.

5. 求下列不定积分：

(1) $\int 3\sqrt{x}\,\mathrm{d}x$ ；　(2) $\int \left(\sqrt[3]{x}+\frac{1}{\sqrt[3]{x}}\right)\mathrm{d}x$ ；　(3) $\int (x^2+2^x)\mathrm{d}x$ ；

(4) $\int (\cos x-\sin x)\mathrm{d}x$ ；　(5) $\int \mathrm{e}^{x-2}\mathrm{d}x$ ；　(6) $\int (\mathrm{e}^x+4\cos x-\sin\frac{\pi}{4})\mathrm{d}x$ ；

(7) $\int \frac{1}{x^2}(x-1)\mathrm{d}x$ ；　(8) $\int \frac{(1-x^2)^2}{x}\mathrm{d}x$ ；　(9) $\int (\sqrt{x}+3)(\sqrt[3]{x}-1)\mathrm{d}x$ ；

(10) $\int \sec x(\sec x-\tan x)\mathrm{d}x$ ；　(11) $\int \csc x(\csc x-\cot x)\mathrm{d}x$ ；　(12) $\int \frac{\mathrm{e}^{2x}-1}{\mathrm{e}^x+1}\mathrm{d}x$ ；

(13) $\int \frac{\cos 2x}{\cos^2 x\cdot\sin^2 x}\mathrm{d}x$ ；　(14) $\int \cot^2 x\mathrm{d}x$.

6. 求下列不定积分：

(1) $\int \sqrt{2+3x}\,\mathrm{d}x$ ；　(2) $\int \frac{1}{3+2x}\mathrm{d}x$ ；　(3) $\int \sin(5-3x)\mathrm{d}x$ ；

(4) $\int \mathrm{e}^{4x-1}\mathrm{d}x$ ；　(5) $\int \frac{1}{5+x^2}\mathrm{d}x$ ；　(6) $\int \frac{x}{1+x^2}\mathrm{d}x$ ；

(7) $\int x\cos x^2\mathrm{d}x$ ；　(8) $\int x\mathrm{e}^{-x^2}\mathrm{d}x$ ；　(9) $\int x^3\sqrt[3]{1+x^4}\,\mathrm{d}x$ ；

(10) $\int \frac{\mathrm{e}^x}{\sqrt{1-\mathrm{e}^{2x}}}\mathrm{d}x$ ；　(11) $\int \mathrm{e}^{\mathrm{e}^x+x}\mathrm{d}x$ ；　(12) $\int \mathrm{e}^{-x}\sin\mathrm{e}^{-x}\mathrm{d}x$ ；

(13) $\int \frac{1}{x^2}\cos\frac{1}{x}\mathrm{d}x$ ；　(14) $\int \frac{1}{x^2}\mathrm{e}^{\frac{1}{x}}\mathrm{d}x$ ；　(15) $\int \frac{\sin x}{\cos^2 x}\mathrm{d}x$ ；

(16) $\int \sin(\cos x)\sin x\mathrm{d}x$ ；　(17) $\int \sqrt{1-\sin x}\cdot\cos x\mathrm{d}x$ ；　(18) $\int 2^{\sin x}\cos x\mathrm{d}x$.

7. 求下列不定积分：

(1) $\int \frac{\mathrm{e}^x-1}{\mathrm{e}^x+1}\mathrm{d}x$ ；　(2) $\int \frac{1}{\mathrm{e}^x+\mathrm{e}^{-x}}\mathrm{d}x$ ；　(3) $\int \frac{1}{(1+\mathrm{e}^x)^2}\mathrm{d}x$ ；

(4) $\int \frac{1}{1+\mathrm{e}^{2x}}\mathrm{d}x$ ；　(5) $\int \frac{\sqrt{\arcsin x}-x}{\sqrt{1-x^2}}\mathrm{d}x$ ；　(6) $\int \frac{2^x5^x}{25^x+4^x}\mathrm{d}x$ ；

(7) $\int \frac{\ln\tan x}{\sin x\cos x}\mathrm{d}x$ ；　(8) $\int \cos^3 x\mathrm{d}x$ ；　(9) $\int \frac{1}{\cos^4 x}\mathrm{d}x$ ；

(10) $\int \sin^2 x\cos^3 x\mathrm{d}x$ ；　(11) $\int \sin 3x\cos x\mathrm{d}x$ ；　(12) $\int \frac{\cos x}{1+\cos x}\mathrm{d}x$.

8. 求下列不定积分：

(1) $\int \frac{1}{x^2-5x+4}\mathrm{d}x$ ；　(2) $\int \frac{x+1}{x^2+x-2}\mathrm{d}x$ ；　(3) $\int \frac{3x+7}{x^2+6x+9}\mathrm{d}x$ ；

(4) $\int \frac{x^3}{9+x^2}\mathrm{d}x$ ；　(5) $\int \frac{x^2}{(x-1)^{10}}\mathrm{d}x$ ；　(6) $\int \frac{x}{(x^2+1)(x^2+4)}\mathrm{d}x$ ；

(7) $\int \frac{x^4}{x^2-1}\mathrm{d}x$ ；　(8) $\int \frac{x^4+1}{x^6+1}\mathrm{d}x$ ；　(9) $\int \frac{1}{x^2+2x+5}\mathrm{d}x$ ；

(10) $\int \frac{1}{x^2+x+1}\mathrm{d}x$ ；　(11) $\int \frac{3x+1}{x^2+2x+2}\mathrm{d}x$ ；　(12) $\int \frac{\sqrt{x(x+1)}}{\sqrt{x}+\sqrt{x+1}}\mathrm{d}x$.

9. 求下列不定积分：

(1) $\int \frac{\sqrt{x}}{1+x}dx$；　(2) $\int \frac{1}{1+\sqrt[3]{x}}dx$；　(3) $\int \frac{\sqrt{x}}{\sqrt{x}-\sqrt[3]{x}}dx$；

(4) $\int \frac{\sqrt{x-1}}{x-\sqrt{x-1}}dx$；　(5) $\int \frac{x+1}{\sqrt[3]{3x+1}}dx$；　(6) $\int \frac{1}{x}\sqrt{\frac{x+1}{1-x}}dx$；

(7) $\int \frac{1}{\sqrt[3]{(x-1)(x+1)^2}}dx$；　(8) $\int \frac{e^{2x}}{\sqrt{e^x+1}}dx$；　(9) $\int \frac{1}{x(x^7+2)}dx$；

(10) $\int \frac{1}{1+\sqrt{1-x^2}}dx$；　(11) $\int \frac{x^2}{\sqrt{1-x^2}}dx$；　(12) $\int \frac{1}{x^2\sqrt{4+x^2}}dx$；

(13) $\int \frac{x}{\sqrt{x^2+2x+2}}dx$；　(14) $\int \frac{2x-1}{\sqrt{9x^2-4}}dx$；　(15) $\int \frac{1}{1+2\tan x}dx$；

10. 求下列不定积分：

(1) $\int xe^{2x}dx$；　(2) $\int xe^{-x}dx$；　(3) $\int (x^2+x+2)e^x dx$；

(4) $\int x\cos 2x dx$；　(5) $\int x\sin 3x dx$；　(6) $\int \sqrt{x}\ln x dx$；

(7) $\int \ln(x+\sqrt{1+x^2})dx$；　(8) $\int x\ln^2 x dx$；　(9) $\int \frac{\ln x}{x^2}dx$；

(10) $\int \arctan x dx$；　(11) $\int x\arctan x dx$；　(12) $\int x\arcsin x dx$；

(13) $\int x2^x dx$；　(14) $\int e^x\cos x dx$；　(15) $\int \sin(\ln x)dx$；

(16) $\int x\sin x\cos x dx$；　(17) $\int \arcsin\sqrt{x}dx$；　(18) $\int \frac{x^2}{1+x^2}\arctan x dx$；

(19) $\int \frac{\arcsin\sqrt{x}}{\sqrt{1-x}}dx$；　(20) $\int \frac{x+\ln^3 x}{(x\ln x)^2}dx$；　(21) $\int \frac{x^2e^x}{(x+2)^2}dx$；

(22) $\int \frac{x\cos x}{\sin^3 x}dx$；　(23) $\int e^x\left(\frac{1}{x}+\ln x\right)dx$；　(24) $\int \frac{x+\sin x}{1+\cos x}dx$.

第7章 定 积 分

定积分起源于计算几何图形的面积和体积等实际问题.本章将以计算平面图形的面积为例引出定积分的概念.定积分和不定积分是两个不同的数学概念.然而,微积分学基本定理将这两个不同的概念联系起来,并且揭示了微分学与积分学的内在联系,从而使各自独立的微分学与积分学构成了完整的理论体系——微积分学.

7.1 定积分的概念与性质

在引入定积分的概念之前,先讨论如何计算平面图形面积的问题.假设有如图 7-1 所示的平面图形;该平面图形是由曲线 $y=f(x)$,直线 $x=a$, $x=b$ 以及 x 轴围成的,称为曲边梯形.其中 $f(x)$ 是定义在区间 $[a,b]$ 上的连续函数,且 $f(x)\geqslant 0$.由于该曲边梯形的一条边是曲线 BC,底边上各点的高 $f(x)$ 一般是不同的;因此不能直接应用矩形或通常的梯形面积公式来计算这样的曲边梯形的面积;需要寻求新的计算方法;方法分两步进行.

第一步,细分取近似值.在区间 $[a,b]$ 中任取 $n-1$ 个分点: $x_1,x_2,\cdots,x_{n-1}$,并记 $a=x_0$, $b=x_n$,即

$$a=x_0<x_1<x_2<\cdots<x_{n-1}<x_n=b$$

这些分点将区间 $[a,b]$ 分成 n 个小区间,

$$[x_0,x_1],[x_1,x_2],\cdots,[x_{i-1},x_i],\cdots,[x_{n-1},x_n].$$

每个小区间的长度为 $\Delta x_i=x_i-x_{i-1}(i=1,2,\cdots,n)$.在任一小区间 $[x_{i-1},x_i]$ 上任取一点 ξ_i . $f(\xi_i)\Delta x_i$ 就是以 Δx_i 为底, $f(\xi_i)$ 为高的小矩形的面积.当所有 Δx_i 足够小时,它可以作为由曲线 $y=f(x)$,直线 $x=x_{i-1}$, $x=x_i$ 以及 x 轴所围成的小曲边梯形的面积 ΔA_i 的近似值,即 $\Delta A_i\approx f(\xi_i)\Delta x_i(i=1,2,\cdots,n)$ (见图 7-1).

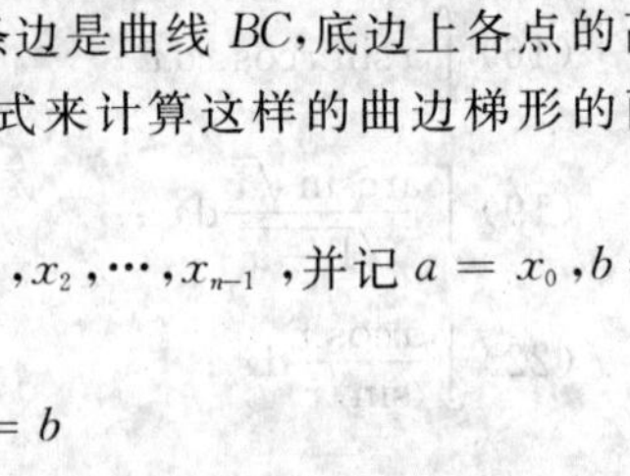

图 7-1 曲边梯形

第二步,求和取极限.将这些小面积求和,就近似地等于所要求的曲边梯形的面积 A ,即

$$A=\sum_{i=1}^{n}\Delta A_i\approx\sum_{i=1}^{n}f(\xi_i)\Delta x_i$$

用 λ 表示所有小区间 $[x_{i-1},x_i](i=1,\cdots,n)$ 的长度中的最大者,即 $\lambda=\max\limits_{1\leqslant i\leqslant n}\Delta x_i$.当 λ 趋于 0 时,所有的 $\Delta x_i(i=1,\cdots,n)$ 都趋于 0 .于是上式右端和式 $\sum\limits_{i=1}^{n}f(\xi_i)\Delta x_i$ 取极限便得到所要求的曲边梯形的面积,即

$$A = \lim_{\lambda \to 0} \sum_{i=1}^{n} f(\xi_i) \Delta x_i \tag{7.1}$$

许多类似的实际问题都可归结为这种和式的极限.下面给出定积分的概念.

7.1.1　定积分的定义

根据计算曲边梯形的思想,给出下面的定义.

定义 7.1　设 $f(x)$ 是定义在闭区间 $[a,b]$ 上的函数.在区间 $[a,b]$ 中任取 $n-1$ 个分点 x_1,x_2,…,x_{n-1},并记 $a=x_0$,$b=x_n$.设这 $n+1$ 个分点按从小到大的顺序排列,有

$$a = x_0 < x_1 < x_2 < \cdots < x_{n-1} < x_n = b$$

这些分点将区间 $[a,b]$ 分割成 n 个小区间 $[x_{i-1},x_i]$,其长度记为

$$\Delta x_i = x_i - x_{i-1} (i = 1,2,\cdots,n),\text{并令 } \lambda = \max_{1 \leqslant i \leqslant n} \Delta x_i$$

在每个小区间 $[x_{i-1},x_i]$ 上任取一点 ξ_i,作和 $\sum\limits_{i=1}^{n} f(\xi_i)\Delta x_i$.当 $\lambda \to 0$ 时,若 $\sum\limits_{i=1}^{n} f(\xi_i)\Delta x_i$ 的极限 $\lim\limits_{\lambda \to 0}\sum\limits_{i=1}^{n} f(\xi_i)\Delta x_i$ 存在,则称函数 $f(x)$ 在区间 $[a,b]$ 上**可积**.此极限称为函数 $f(x)$ 在区间 $[a,b]$ 上的**定积分**,或称函数 $f(x)$ 从 a 到 b 的定积分,记为 $\int_a^b f(x)\mathrm{d}x$,即

$$\int_a^b f(x)\mathrm{d}x = \lim_{\lambda \to 0} \sum_{i=1}^{n} f(\xi_i)\Delta x_i \tag{7.2}$$

其中 $f(x)$ 称为**被积函数**,$f(x)\mathrm{d}x$ 称为**被积表达式**,x 称为积分变量,$[a,b]$ 称为**积分区间**,a 和 b 分别称为积分的**下限与上限**,$\sum\limits_{i=1}^{n} f(\xi_i)\Delta x_i$ 称为**积分和**.若和式 $\sum\limits_{i=1}^{n} f(\xi_i)\Delta x_i$ 的极限不存在,则称 $f(x)$ 在区间 $[a,b]$ 上**不可积**.

对于该定义,有以下几点说明:

(1)式 7.2 中,积分和的极限存在与否,与区间 $[a,b]$ 中分点 $x_1,x_2,\cdots,x_{n-1}$ 以及各个小区间上的点 $\xi_i(i=1,\cdots,n)$ 的选取无关.若 $f(x)$ 在 $[a,b]$ 上可积,则无论对 $[a,b]$ 上的分点 $x_i(i=1,\cdots,n)$ 以及 $\xi_i(i=1,\cdots,n)$ 如何选取,积分和的极限都存在且相等.

(2)当小区间中最大者 $\lambda \to 0$ 时,将 $[a,b]$ 分成的小区间个数 n 必趋于无穷大,但不能将 $\lambda \to 0$ 改为 $n \to \infty$.

(3)定积分 $\int_a^b f(x)\mathrm{d}x$ 的值仅与被积函数 $f(x)$ 和积分区间 $[a,b]$ 有关,而与积分变量用什么字母表示没有关系.也就是说,定积分的值只与被积函数和积分区间有关,与积分变量用什么记号无关,即有 $\int_a^b f(x)\mathrm{d}x = \int_a^b f(t)\mathrm{d}t = \int_a^b f(u)\mathrm{d}u$ 等.

(4)在定积分 $\int_a^b f(x)\mathrm{d}x$ 的定义中,规定了 $a<b$.若 $a>b$,或 $a=b$,则规定

$$\int_a^b f(x)\mathrm{d}x = -\int_b^a f(x)\mathrm{d}x,\quad \int_a^a f(x)\mathrm{d}x = 0.$$

(5)若 $f(x)=1$,则有 $\int_a^b 1\mathrm{d}x = \int_b^a \mathrm{d}x = b-a$.

(6)曲边梯形的面积 $A = \int_a^b f(x)\mathrm{d}x$,此即定积分的几何意义.

关于定积分的存在性问题,有下面两个定理.

定理 7.1　若函数 $f(x)$ 在闭区间 $[a,b]$ 上连续,则 $f(x)$ 在 $[a,b]$ 上可积.

定理 7.2 若函数 $f(x)$ 在闭区间 $[a,b]$ 上有界，且只有有限个间断点，则 $f(x)$ 在 $[a,b]$ 上可积.

7.1.2 定积分的性质

为了更深入地理解定积分概念以及讨论定积分的计算，下面给出定积分的一些性质.

性质 7.1 若函数 $f(x)$，$g(x)$ 都在区间 $[a,b]$ 上可积，则有

$$\int_a^b [f(x) \pm g(x)]\mathrm{d}x = \int_a^b f(x)\mathrm{d}x \pm \int_a^b g(x)\mathrm{d}x$$

性质 7.1 可推广到有限多个函数的情形.

性质 7.2 若函数 $f(x)$ 在区间 $[a,b]$ 上可积，则对任意的一个常数 k，都有

$$\int_a^b kf(x)\mathrm{d}x = k\int_a^b f(x)\mathrm{d}x$$

性质 7.3 若函数 $f(x)$ 在区间 $[a,b]$ 上可积，c 为 $[a,b]$ 中的一点，则有

$$\int_a^b f(x)\mathrm{d}x = \int_a^c f(x)\mathrm{d}x + \int_c^b f(x)\mathrm{d}x$$

性质 7.3 通常称为定积分对积分区间的可加性. 不仅如此，当 c 不在 $[a,b]$ 中间，如当 $c<a<b$ 时，只要积分存在，此性质仍然成立.

性质 7.4 若函数 $f(x)$，$g(x)$ 在区间 $[a,b](a<b)$ 上都是可积的，且 $f(x) \leqslant g(x)$，则有

$$\int_a^b f(x)\mathrm{d}x \leqslant \int_a^b g(x)\mathrm{d}x \quad (a<b)$$

在性质 7.4 的假设条件 $f(x) \leqslant g(x)$ 中，如果区间 $[a,b]$ 上只有有限个点 x_i 使得等号成立，那么可以证明

$$\int_a^b f(x)\mathrm{d}x < \int_a^b g(x)\mathrm{d}x \quad (a<b)$$

推论 7.1 若函数 $f(x)$ 在区间 $[a,b](a<b)$ 上可积，且 $f(x) \geqslant 0$，则有

$$\int_a^b f(x)\mathrm{d}x \geqslant 0 \quad (a<b)$$

推论 7.2 若函数 $f(x)$ 在区间 $[a,b](a<b)$ 上可积，则

$$\left|\int_a^b f(x)\mathrm{d}x\right| \leqslant \int_a^b |f(x)|\mathrm{d}x \quad (a<b)$$

例 7.1 利用定积分的性质，比较下列各对积分的大小.

(1) $\int_0^1 x^3\mathrm{d}x$，$\int_0^1 x^2\mathrm{d}x$；　(2) $\int_{-1}^1 \mathrm{e}^x\mathrm{d}x$，$\int_{-1}^1 x\mathrm{d}x$.

解：(1) 由于 $x \in [0,1]$ 时，$x^3 \leqslant x^2$，而只有 $x=0,1$ 时等号成立，因此 $\int_0^1 x^3\mathrm{d}x < \int_0^1 x^2\mathrm{d}x$.

(2) 记 $f(x)=\mathrm{e}^x - x$，则 $f'(x)=\mathrm{e}^x-1$. 令 $f'(x)=0$，得驻点 $x=0$. 由于

$$f''(x)\big|_{x=0} = \mathrm{e}^x\big|_{x=0} = 1 > 0$$

因此 $x=0$ 是唯一极小值点，从而 $f(0)=1$ 是 $f(x)$ 在 $[-1,1]$ 上的最小值. 于是有

$$f(x)=\mathrm{e}^x - x \geqslant f(0) = 1 > 0，x \in [-1,1]$$

即 $\mathrm{e}^x > x$，$x \in [-1,1]$. 故 $\int_{-1}^1 (\mathrm{e}^x - x)\mathrm{d}x > 0$，即 $\int_{-1}^1 \mathrm{e}^x\mathrm{d}x > \int_{-1}^1 x\mathrm{d}x$.

性质 7.5 若函数 $f(x)$ 在区间 $[a,b]$ 上可积，且 $m \leqslant f(x) \leqslant M$，其中 m，M 为常数，则有

$$m(b-a) \leqslant \int_a^b f(x)\mathrm{d}x \leqslant M(b-a) \quad (a<b).$$

例 7.2　估计积分 $\int_{-1}^{1} e^{-x^2} dx$ 的值.

解:记 $f(x)=e^{-x^2}$. 首先求函数 $f(x)$ 在区间 $[-1,1]$ 上的最大值和最小值. 由于 $f'(x)=-2xe^{-x^2}$,令 $f'(x)=0$ 得驻点 $x=0$,因此

$$M=\max_{x\in[-1,1]} f(x)=\max\{f(-1),f(0),f(1)\}=\max\{e^{-1},1,e^{-1}\}=1,$$

$$m=\min_{x\in[-1,1]} f(x)=\min\{e^{-1},1,e^{-1}\}=e^{-1}.$$

根据性质 7.5,得到

$$2e^{-1}=e^{-1}(1-(-1))\leqslant\int_{-1}^{1} e^{-x^2} dx\leqslant 1\cdot(1-(-1))=2$$

性质 7.6　设函数 $f(x)$ 在闭区间 $[a,b]$ 上连续,则在 $[a,b]$ 上至少存在一点 ξ,使得

$$\int_a^b f(x)dx=f(\xi)(b-a)\quad(a\leqslant\xi\leqslant b)\tag{7.3}$$

当 $b<a$ 时,式 7.3 仍然成立. 式 7.3 通常称为积分中值定理.

积分中值定理的几何解释是,由曲线 $y=f(x)(f(x)\geqslant 0)$,直线 $x=a$, $x=b$ 以及 x 轴所围成的曲边梯形的面积等于以 $b-a$ 为底,高为 $f(\xi)$ 的矩形的面积.

7.2　微积分学基本定理

利用定积分的定义来计算定积分的值一般都比较困难,需要寻找新的方法. 尽管定积分与不定积分是两个完全不同的概念,但是,它们之间具有密切的关联性,这为寻找计算定积分的新方法提供了途径.

7.2.1　定积分与不定积分的关系

设函数 $f(t)$ 在闭区间 $[a,b]$ 上连续,则对于任一 $x\in[a,b]$, $f(t)$ 在 $[a,x]$ 上可积. 令

$$\varphi(x)=\int_a^x f(t)dt\tag{7.4}$$

显然,$\varphi(x)$ 是 x 的函数,其定义域是 $[a,b]$. 由上式定义的函数 $\varphi(x)$ 称为**变上限的积分**.

关于函数 $\varphi(x)$ 的可导性,有下面的定理.

定理 7.3　设函数 $f(x)$ 在区间 $[a,b]$ 上连续,则变上限的积分

$$\varphi(x)=\int_a^x f(t)dt\quad(x\in[a,b])$$

在 $[a,b]$ 上可导,且

$$\varphi'(x)=f(x)\text{,即 }\frac{d}{dx}\int_a^x f(t)dt=f(x)\tag{7.5}$$

这就是说,$\varphi(x)$ 是 $f(x)$ 的一个原函数.

该定理说明,如果函数 $f(x)$ 在区间 $[a,b]$ 上连续,则在此区间上其原函数一定存在,且变上限的积分 $\varphi(x)=\int_a^x f(t)dt$ 就是它的一个原函数. 这回答了原函数的存在性问题.

设函数 $f(x)$ 在 $[a,b]$ 上连续, $x\in[a,b]$. 由于

$$\int_x^b f(t)dt=-\int_b^x f(t)dt$$

因此,根据式 7.5 有

$$\frac{d}{dx}\int_x^b f(t)dt=-\frac{d}{dx}\int_b^x f(t)dt=-f(x)$$

再设函数 $u(x)$ 可导，利用复合函数的求导法则，得到

$$\frac{d}{dx}\int_a^{u(x)} f(t)\,dt = f(u(x))u'(x)$$

例 7.3 求(1) $\frac{d}{dx}\int_0^x \sin(t^2)\,dt$；(2) $\frac{d}{dx}\int_x^0 e^{t^2}\,dt$；(3) $\frac{d}{dx}\int_0^{\sin x} e^{t^2}\,dt$.

解：(1) $\frac{d}{dx}\int_0^x \sin(t^2)\,dt = \sin(x^2)$；

(2) $\frac{d}{dx}\int_x^0 e^{t^2}\,dt = \frac{d}{dx}\left(-\int_0^x e^{t^2}\,dt\right) = -e^{x^2}$；

(3) $\frac{d}{dx}\int_0^{\sin x} e^{t^2}\,dt = e^{(\sin x)^2}(\sin x)' = e^{(\sin x)^2}\cos x$.

例 7.4 求 $\frac{d}{dx}\int_{x^2}^{x^3} e^{-t^2}\,dt$.

解：
$$\frac{d}{dx}\int_{x^2}^{x^3} e^{-t^2}\,dt = \frac{d}{dx}\left(\int_{x^2}^{a} e^{-t^2}\,dt + \int_a^{x^3} e^{-t^2}\,dt\right) = \frac{d}{dx}\left(-\int_a^{x^2} e^{-t^2}\,dt + \int_a^{x^3} e^{-t^2}\,dt\right)$$
$$= -e^{-x^4}(x^2)' + e^{-x^6}(x^3)' = -2xe^{-x^4} + 3x^2e^{-x^6}.$$

例 7.5 求极限 $\lim\limits_{x\to 0}\frac{e^{-x}\int_{x^2}^{0} te^{t+1}\sin t\,dt}{x\sin^5 x}$.

解：
$$\lim_{x\to 0}\frac{e^{-x}\int_{x^2}^{0} te^{t+1}\sin t\,dt}{x\sin^5 x} = \lim_{x\to 0}\frac{\int_{x^2}^{0} te^{t+1}\sin t\,dt}{x^6} = \lim_{x\to 0}\frac{-x^2e^{x^2+1}\sin x^2\cdot 2x}{6x^5}$$
$$= -\lim_{x\to 0}\frac{\sin x^2}{3x^2}e^{x^2+1} = -\frac{1}{3}e.$$

例 7.6 已知 $\int_a^x f(t)\,dt = 5x^3 + 40$，求 $f(x)$ 以及 a.

解：已知等式两边对 x 求导数，得 $f(x) = 15x^2$. 又由 $0 = \int_a^a f(t)\,dt = 5a^3 + 40$ 解得 $a = -2$.

7.2.2 牛顿—莱布尼茨公式

定理 7.3 表明 $\varphi(x) = \int_a^x f(t)\,dt$ 是区间 $[a,b]$ 上的连续函数 $f(x)$ 的一个原函数. 若将区间 $[a,b]$ 换成其他任何一个区间，定理 7.3 的结论也都成立. 因此，可以说连续函数 $f(x)$ 必存在原函数，且 $\int_a^x f(t)\,dt$ 就是 $f(x)$ 的一个原函数.

$$\frac{d}{dx}\int_a^x f(t)\,dt = f(x)$$

其中 a 是 $f(x)$ 的定义区间中的某一点. 于是，就有可能通过原函数来计算定积分.

定理 7.4 设函数 $f(x)$ 在区间 $[a,b]$ 上连续，$F(x)$ 是 $f(x)$ 的一个原函数，则

$$\int_a^b f(x)\,dx = F(b) - F(a) \tag{7.6}$$

由假设，$F(x)$ 是 $f(x)$ 的一个原函数；根据定理 7.3 知

$$\varphi(x) = \int_a^x f(t)\,dt$$

也是 $f(x)$ 的一个原函数，因此有 $\varphi(x) = F(x) + C$ 或

$$\int_a^x f(t)\,dt = F(x) + C$$

在上式中令 $x=a$，得到 $C=-F(a)$. 于是

$$\int_a^x f(t)\mathrm{d}t = F(x)-F(a).$$

再在上式中令 $x=b$，并将积分变量 t 换成 x 便得到式 7.6.

通常称式 7.6 为牛顿－莱布尼茨公式. 定理 7.4 称为微积分学第二定理. 从而，定理 7.3 又称为微积分学第一定理.

为了应用方便，常将式 7.6 写成

$$\int_a^b f(x)\mathrm{d}x = F(x)\Big|_a^b$$

其中 $F(x)\Big|_a^b$ 表示 $F(b)-F(a)$. 假设 $a>b$，则

$$\int_a^b f(x)\mathrm{d}x = -\int_b^a f(x)\mathrm{d}x = -[F(a)-F(b)] = F(b)-F(a)$$

因此，当 $a>b$ 时，牛顿－莱布尼茨公式仍然成立.

7.3　定积分的计算方法

求不定积分有直接积分法，换元积分法和分部积分法，求定积分也可使用这三种方法.

7.3.1　直接积分法

牛顿-莱布尼茨公式 7.6 和定理 7.4 将定积分与不定积分(原函数)巧妙地联系了起来，将求定积分与不定积分的方法统一为求原函数的方法——统称为积分法，这极大地方便了定积分的计算.

例 7.7　求定积分 $\int_0^1 x^2\mathrm{d}x$.

解： $\int_0^1 x^2\mathrm{d}x = \frac{1}{3}x^3\Big|_0^1 = \frac{1}{3}-\frac{0}{3} = \frac{1}{3}$.

这显然比用定义来计算方便很多.

例 7.8　求定积分 $\int_{-1}^1 \frac{1}{1+x^2}\mathrm{d}x$.

解： $\int_{-1}^1 \frac{1}{1+x^2}\mathrm{d}x = \arctan x\Big|_{-1}^1 = \arctan 1-\arctan(-1) = \frac{\pi}{4}-\left(-\frac{\pi}{4}\right) = \frac{\pi}{2}$.

例 7.9　求定积分 $\int_{-1}^1 \frac{\mathrm{e}^x}{1+\mathrm{e}^x}\mathrm{d}x$.

解： $\int_{-1}^1 \frac{\mathrm{e}^x}{1+\mathrm{e}^x}\mathrm{d}x = \int_{-1}^1 \frac{1}{1+\mathrm{e}^x}\mathrm{d}(1+\mathrm{e}^x) = \ln(1+\mathrm{e}^x)\Big|_{-1}^1 = \ln(1+\mathrm{e})-\ln(1+\mathrm{e}^{-1}) = 1$.

例 7.10　求定积分 $\int_0^{\frac{\pi}{2}} \sqrt{\sin x(1-\sin^2 x)}\,\mathrm{d}x$.

解：

$$\begin{aligned}\int_0^{\frac{\pi}{2}} \sqrt{\sin x(1-\sin^2 x)}\,\mathrm{d}x &= \int_0^{\frac{\pi}{2}} \sqrt{\sin x}\cdot\cos x\mathrm{d}x = \int_0^{\frac{\pi}{2}} \sqrt{\sin x}\,\mathrm{d}\sin x\\ &= \frac{2}{3}\sqrt{\sin^3 x}\Big|_0^{\frac{\pi}{2}} = \frac{2}{3}(1-0) = \frac{2}{3}.\end{aligned}$$

例 7.11　已知 $f(x)=\begin{cases}\sqrt[3]{x} & \text{当 } 0\leqslant x<1\\ \mathrm{e}^{-x} & \text{当 } 1\leqslant x\leqslant 3\end{cases}$，求 $\int_0^3 f(x)\mathrm{d}x$.

解：$\int_0^3 f(x)\mathrm{d}x=\int_0^1 f(x)\mathrm{d}x+\int_1^3 f(x)\mathrm{d}x=\int_0^1\sqrt[3]{x}\,\mathrm{d}x+\int_1^3 \mathrm{e}^{-x}\mathrm{d}x$

$$=\int_0^1 x^{\frac{1}{3}}\mathrm{d}x-\int_1^3 \mathrm{e}^{-x}\mathrm{d}(-x)=\frac{3}{4}x^{\frac{4}{3}}\Big|_0^1-\mathrm{e}^{-x}\Big|_1^3=\frac{3}{4}-0-(\mathrm{e}^{-3}-\mathrm{e}^{-1})=\frac{3}{4}+\mathrm{e}^{-1}-\mathrm{e}^{-3}.$$

例 7.12 求定积分 $\int_0^{\frac{3\pi}{2}}\sqrt{1+\cos x}\,\mathrm{d}x$.

解：$\int_0^{\frac{3\pi}{2}}\sqrt{1+\cos x}\,\mathrm{d}x=\int_0^{\frac{3\pi}{2}}\sqrt{2\cos^2\frac{x}{2}}\,\mathrm{d}x=\sqrt{2}\int_0^{\frac{3\pi}{2}}\left|\cos\frac{x}{2}\right|\mathrm{d}x$

$$=\sqrt{2}\int_0^{\pi}\cos\frac{x}{2}\mathrm{d}x-\sqrt{2}\int_{\pi}^{\frac{3\pi}{2}}\cos\frac{x}{2}\mathrm{d}x=2\sqrt{2}\sin\frac{x}{2}\Big|_0^{\pi}-2\sqrt{2}\sin\frac{x}{2}\Big|_{\pi}^{\frac{3\pi}{2}}$$

$$=2\sqrt{2}\left(\sin\frac{\pi}{2}-\sin 0\right)-2\sqrt{2}\left(\sin\frac{3\pi}{4}-\sin\frac{\pi}{2}\right)=2\sqrt{2}-2\sqrt{2}\left(\frac{\sqrt{2}}{2}-1\right)$$

$$=4\sqrt{2}-2.$$

7.3.2 换元积分法

定积分的换元积分法与不定积分一样也有两类. 对第一类换元法(凑微分法)，因为积分变量可以不改变，这时定积分的计算方法与不定积分的计算方法完全一样. 但对于第二类换元法，因为它要实际执行换元，所以定积分与不定积分的计算就有所不同.

设函数 $f(x)$ 在区间 $[a,b]$ 上连续，作变换 $x=\varphi(t)$，它满足：

(1) $\varphi(t)$ 在区间 $[\alpha,\beta]$（或者 $[\beta,\alpha]$）上有连续导数 $\varphi'(t)$；

(2) $\varphi(\alpha)=a,\varphi(\beta)=b$，且当 t 由 α 变到 β 时，x 由 a 单调地变到 b，

则有换元公式

$$\int_a^b f(x)\mathrm{d}x=\int_{\alpha}^{\beta}f[\varphi(t)]\varphi'(t)\mathrm{d}t. \tag{7.7}$$

使用第二类换元积分公式时，要注意以下几点：

(1)被积表达式的变换与不定积分相同；

(2)积分限也要作相应的变换，并注意一定是下限 $x=a$ 变到下限 $t=\alpha$，上限 $x=b$ 变到上限 $t=\beta$，而不管 α 与 β 间的大小关系.

(3)求出 $f(\varphi(t))\varphi'(t)$ 的一个原函数 $G(t)$ 后，不必像计算不定积分那样进行回代，只要计算 $G(\beta)-G(\alpha)$ 即得所求定积分的值.

例 7.13 求定积分 $\int_0^{\frac{\sqrt{2}}{2}}\frac{x^2}{\sqrt{1-x^2}}\mathrm{d}x$.

解：令 $x=\sin t$，则 $\mathrm{d}x=\cos t\mathrm{d}t$，且当 $x=0$ 时，$t=0$；当 $x=\frac{\sqrt{2}}{2}$ 时，$t=\frac{\pi}{4}$. 于是

$$\int_0^{\frac{\sqrt{2}}{2}}\frac{x^2}{\sqrt{1-x^2}}\mathrm{d}x=\int_0^{\frac{\pi}{4}}\frac{\sin^2 t}{\sqrt{1-\sin^2 t}}\cdot\cos t\mathrm{d}t=\int_0^{\frac{\pi}{4}}\sin^2 t\mathrm{d}t=\frac{1}{2}\int_0^{\frac{\pi}{4}}(1-\cos^2 t)\mathrm{d}t$$

$$=\frac{1}{2}\left(t-\frac{1}{2}\sin^2 t\right)\Big|_0^{\frac{\pi}{4}}=\frac{1}{2}\left(\frac{\pi}{4}-\frac{1}{2}\sin\frac{\pi}{2}\right)=\frac{1}{4}\left(\frac{\pi}{2}-1\right).$$

例 7.14 求定积分 $\int_0^3\frac{x}{1+\sqrt{x+1}}\mathrm{d}x$.

解：令 $\sqrt{x+1}=t$，则 $x=t^2-1$，则 $\mathrm{d}x=2t\mathrm{d}t$，且当 $x=0$ 时，$t=1$；当 $x=3$ 时，$t=2$.

$$\int_0^3\frac{x}{1+\sqrt{x+1}}\mathrm{d}x=\int_1^2\frac{t^2-1}{1+t}2t\mathrm{d}t=2\int_1^2(t^2-t)\mathrm{d}t=2\left(\frac{1}{3}t^3-\frac{1}{2}t^2\right)\Big|_1^2=\frac{5}{3}.$$

例 7.15 求定积分 $\int_{-2}^{-\sqrt{2}} \frac{1}{x\sqrt{x^2-1}}dx$.

解: 令 $x=\frac{1}{t}$，则 $dx=-\frac{1}{t^2}dt$，且当 $x=-2$ 时，$t=-\frac{1}{2}$；当 $x=-\sqrt{2}$ 时，$t=-\frac{\sqrt{2}}{2}$；

$$\int_{-2}^{-\sqrt{2}} \frac{1}{x\sqrt{x^2-1}}dx=\int_{-\frac{1}{2}}^{-\frac{\sqrt{2}}{2}} \frac{1}{\frac{1}{t}\sqrt{\frac{1}{t^2}-1}}\left(-\frac{1}{t^2}\right)dt=\int_{-\frac{1}{2}}^{-\frac{\sqrt{2}}{2}} \frac{t|t|}{\sqrt{1-t^2}}\left(-\frac{1}{t^2}\right)dt$$

$$=\int_{-\frac{1}{2}}^{-\frac{\sqrt{2}}{2}} \frac{1}{\sqrt{1-t^2}}dt=\arcsin t\Big|_{-\frac{1}{2}}^{-\frac{\sqrt{2}}{2}}=\arcsin\left(-\frac{\sqrt{2}}{2}\right)-\arcsin\left(-\frac{1}{2}\right)=-\frac{\pi}{4}-\left(-\frac{\pi}{6}\right)=-\frac{\pi}{12}.$$

例 7.16 已知 $f(x)=\begin{cases} x+1 & \text{当 } x\leqslant 1 \\ \frac{1}{2}x^2 & \text{当 } x>1 \end{cases}$，求(1) $\int_0^2 f(x)dx$；(2) $\int_1^3 f(x-1)dx$.

解: (1) $\int_0^2 f(x)dx=\int_0^1 f(x)dx+\int_1^2 f(x)dx=\int_0^1 (x+1)dx+\int_1^2 \frac{1}{2}x^2dx$

$$=\frac{1}{2}(x+1)^2\Big|_0^1+\frac{1}{6}x^3\Big|_1^2=\frac{8}{3}.$$

(2)令 $t=x-1$，则 $dt=dx$，且当 $x=1$ 时，$t=0$；当 $x=3$ 时，$t=2$. 于是

$$\int_1^3 f(x-1)dx=\int_0^2 f(t)dt=\frac{8}{3}$$

例 7.17 设函数 $f(x)$ 在 $\left[0,\frac{\pi}{2}\right]$ 上连续，证明 $\int_0^{\frac{\pi}{2}} f(\sin x)dx=\int_0^{\frac{\pi}{2}} f(\cos x)dx$.

证明: 由三角函数公式 $\sin\left(\frac{\pi}{2}-x\right)=\cos x$，可令 $x=\frac{\pi}{2}-t$，则 $dx=-dt$，且当 $x=0$ 时，$t=\frac{\pi}{2}$；当 $x=\frac{\pi}{2}$ 时，$t=0$. 于是有

$$\int_0^{\frac{\pi}{2}} f(\sin x)dx=\int_{\frac{\pi}{2}}^0 f\left[\sin\left(\frac{\pi}{2}-t\right)\right](-dt)=\int_0^{\frac{\pi}{2}} f(\cos t)dt=\int_0^{\frac{\pi}{2}} f(\cos x)dx.$$

例 7.18 设函数 $f(x)$ 在关于原点对称的区间 $[-a,a]$ 上连续，证明:

(1)当 $f(x)$ 为奇函数时，有 $\int_{-a}^a f(x)dx=0$；

(2)当 $f(x)$ 为偶函数时，有 $\int_{-a}^a f(x)dx=2\int_0^a f(x)dx$.

证明: 此题的结论很有用，应当记住. 下面来证明. 根据定积分的性质 7.3，有

$$\int_{-a}^a f(x)dx=\int_{-a}^0 f(x)dx+\int_0^a f(x)dx$$

对上式右端第一个积分令 $x=-t$，则 $dx=-dt$，且当 $x=-a$ 时，$t=a$；当 $x=0$ 时，$t=0$. 于是

$$\int_{-a}^a f(x)dx=\int_a^0 f(-t)(-dt)+\int_0^a f(x)dx=\int_0^a f(-t)dt+\int_0^a f(x)dx,$$

即有

$$\int_{-a}^a f(x)dx=\int_0^a f(-x)dx+\int_0^a f(x)dx=\int_0^a [f(-x)+f(x)]dx.$$

(1)设 $f(x)$ 为奇函数，即有 $f(-x)=-f(x)$，因此

$$\int_{-a}^a f(x)dx=\int_0^a [f(-x)+f(x)]dx=\int_0^a [-f(x)+f(x)]dx=0$$

(2)设 $f(x)$ 为偶函数,即有 $f(-x)=f(x)$,因此

$$\int_{-a}^{a} f(x)\mathrm{d}x=\int_{0}^{a}[f(-x)+f(x)]\mathrm{d}x=\int_{0}^{a}[f(x)+f(x)]\mathrm{d}x=2\int_{0}^{a} f(x)\mathrm{d}x.$$

例 7.19 设函数 $f(x)$ 在对称区间 $[-a,a]$ 上连续,求下列定积分:

(1) $\int_{-a}^{a}[f(x)+f(-x)]\sin x\mathrm{d}x$;(2) $\int_{-a}^{a}[f(x)-f(-x)]\cos x\mathrm{d}x$.

解:(1)易知,$f(x)+f(-x)$ 为偶函数,而 $\sin x$ 为奇函数,因此 $[f(x)+f(-x)]\sin x$ 为奇函数. 故得 $\int_{-a}^{a}[f(x)+f(-x)]\sin x\mathrm{d}x=0$.

(2)易知,$f(x)-f(-x)$ 为奇函数,而 $\cos x$ 为偶函数,因此 $[f(x)-f(-x)]\cos x$ 为奇函数. 故得 $\int_{-a}^{a}[f(x)-f(-x)]\cos x\mathrm{d}x=0$.

例 7.20 求定积分 $\int_{-1}^{1}\frac{1+\cos x\sin x}{1+x^2}\mathrm{d}x$.

解:因为有

$$\int_{-1}^{1}\frac{1+\cos x\sin x}{1+x^2}\mathrm{d}x=\int_{-1}^{1}\frac{1}{1+x^2}\mathrm{d}x+\int_{-1}^{1}\frac{\cos x\sin x}{1+x^2}\mathrm{d}x$$

上式右端两个积分的积分区间都关于原点对称. 由于 $\frac{1}{1+x^2}$ 是偶函数,而 $\frac{\cos x\sin x}{1+x^2}$ 是奇函数,因此有

$$\int_{-1}^{1}\frac{1+\cos x\sin x}{1+x^2}\mathrm{d}x=2\int_{0}^{1}\frac{1}{1+x^2}\mathrm{d}x=2\arctan x\Big|_{0}^{1}=\frac{\pi}{2}.$$

例 7.21 设 $\int_{x}^{2\ln 2}\frac{\mathrm{d}t}{\sqrt{\mathrm{e}^t-1}}=\frac{\pi}{6}$,求 x.

解:令 $\sqrt{\mathrm{e}^t-1}=u, t=\ln(u^2+1), \mathrm{d}t=\frac{2u\mathrm{d}u}{u^2+1}$. 当 $t=2\ln 2$ 时,$u=\sqrt{3}$,当 $t=x$ 时,$u=\sqrt{\mathrm{e}^x-1}$. 所以有

$$\int_{x}^{2\ln 2}\frac{\mathrm{d}t}{\sqrt{\mathrm{e}^t-1}}=\int_{\sqrt{\mathrm{e}^x-1}}^{\sqrt{3}}\frac{2\mathrm{d}u}{u^2+1}=2\arctan\sqrt{3}-2\arctan\sqrt{\mathrm{e}^x-1}$$

$$=\frac{2\pi}{3}-2\arctan\sqrt{\mathrm{e}^x-1}=\frac{\pi}{6}.$$

解得 $\arctan\sqrt{\mathrm{e}^x-1}=\frac{\pi}{4}$,即 $\sqrt{\mathrm{e}^x-1}=1$,从而解得 $x=\ln 2$.

7.3.3 分部积分法

计算不定积分的分部积分法对于求定积分仍然适用.

定理 7.5 设函数 $u=u(x)$ 及 $v=v(x)$ 在闭区间 $[a,b]$ 上均连续可微,则

$$\int_{a}^{b} u(x)\mathrm{d}v(x)=[u(x)v(x)]\Big|_{a}^{b}-\int_{a}^{b} v(x)\mathrm{d}u(x) \tag{7.8}$$

式 7.8 称为定积分的分部积分公式.

例 7.22 求定积分 $\int_{0}^{1} x\mathrm{e}^{2x}\mathrm{d}x$.

解: $\int_{0}^{1} x\mathrm{e}^{2x}\mathrm{d}x=\frac{1}{2}\int_{0}^{1} x\mathrm{d}\mathrm{e}^{2x}=\frac{1}{2}x\mathrm{e}^{2x}\Big|_{0}^{1}-\frac{1}{2}\int_{0}^{1}\mathrm{e}^{2x}\mathrm{d}x=\frac{1}{2}\mathrm{e}^2-\frac{1}{4}\int_{0}^{1}\mathrm{e}^{2x}\mathrm{d}(2x)$

$$=\frac{1}{2}\mathrm{e}^2-\frac{1}{4}\mathrm{e}^{2x}\Big|_{0}^{1}=\frac{1}{2}\mathrm{e}^2-\frac{1}{4}\mathrm{e}^2+\frac{1}{4}=\frac{1}{4}(\mathrm{e}^2+1).$$

例 7.23 求定积分 $\int_0^{\frac{\pi}{4}} \frac{x}{1+\cos 2x}\mathrm{d}x$.

解: $\int_0^{\frac{\pi}{4}} \frac{x}{1+\cos 2x}\mathrm{d}x = \int_0^{\frac{\pi}{4}} \frac{x}{2\cos^2 x}\mathrm{d}x = \frac{1}{2}\int_0^{\frac{\pi}{4}} x\mathrm{d}\tan x = \frac{1}{2}\left[x\tan x\Big|_0^{\frac{\pi}{4}} - \int_0^{\frac{\pi}{4}}\tan x\mathrm{d}x\right]$

$= \frac{1}{2}\left[\frac{\pi}{4} - \int_0^{\frac{\pi}{4}}\frac{\sin x}{\cos x}\mathrm{d}x\right] = \frac{1}{2}\left[\frac{\pi}{4} + \ln\cos x\Big|_0^{\frac{\pi}{4}}\right] = \frac{1}{2}\left[\frac{\pi}{4} + \ln\frac{\sqrt{2}}{2} - \ln 1\right] = \frac{\pi}{8} - \frac{1}{4}\ln 2.$

例 7.24 求定积分 $\int_0^{\frac{\pi}{2}} \mathrm{e}^{-x}\cos x\mathrm{d}x$.

解: $\int_0^{\frac{\pi}{2}} \mathrm{e}^{-x}\cos x\mathrm{d}x = \int_0^{\frac{\pi}{2}} \mathrm{e}^{-x}\mathrm{d}\sin x = \mathrm{e}^{-x}\sin x\Big|_0^{\frac{\pi}{2}} + \int_0^{\frac{\pi}{2}}\sin x\cdot \mathrm{e}^{-x}\mathrm{d}x$

$= \mathrm{e}^{-\frac{\pi}{2}} - \int_0^{\frac{\pi}{2}}\mathrm{e}^{-x}\mathrm{d}\cos x = \mathrm{e}^{-\frac{\pi}{2}} - \left[\mathrm{e}^{-x}\cos x\Big|_0^{\frac{\pi}{2}} + \int_0^{\frac{\pi}{2}}\mathrm{e}^{-x}\cos x\mathrm{d}x\right]$

$= \mathrm{e}^{-\frac{\pi}{2}} + 1 - \int_0^{\frac{\pi}{2}}\mathrm{e}^{-x}\cos x\mathrm{d}x,$

移项,得

$$\int_0^{\frac{\pi}{2}}\mathrm{e}^{-x}\cos x\mathrm{d}x = \frac{1}{2}(\mathrm{e}^{-\frac{\pi}{2}}+1).$$

例 7.25 求定积分 $\int_0^{\sqrt{\ln 2}} x^3\mathrm{e}^{-x^2}\mathrm{d}x$.

解: 因为 $\int_0^{\sqrt{\ln 2}} x^3\mathrm{e}^{-x^2}\mathrm{d}x = \frac{1}{2}\int_0^{\sqrt{\ln 2}} x^2\mathrm{e}^{-x^2}\mathrm{d}x^2$.

令 $x^2=t$,则 $\mathrm{d}x^2=\mathrm{d}t$,且当 $x=0$ 时,$t=0$;当 $x=\sqrt{\ln 2}$ 时,$t=\ln 2$. 于是,

$$\int_0^{\sqrt{\ln 2}} x^3\mathrm{e}^{-x^2}\mathrm{d}x = \frac{1}{2}\int_0^{\ln 2} t\mathrm{e}^{-t}\mathrm{d}t = -\frac{1}{2}\int_0^{\ln 2} t\mathrm{d}\mathrm{e}^{-t} = -\frac{1}{2}\left(t\mathrm{e}^{-t}\Big|_0^{\ln 2} - \int_0^{\ln 2}\mathrm{e}^{-t}\mathrm{d}t\right)$$

$$= -\frac{1}{2}\left(\mathrm{e}^{-\ln 2}\ln 2 + \mathrm{e}^{-t}\Big|_0^{\ln 2}\right) = -\frac{1}{2}\left(\frac{1}{2}\ln 2 + \frac{1}{2} - 1\right) = \frac{1}{4}(1-\ln 2).$$

例 7.26 求定积分 $\int_0^{2\pi} x\sqrt{1-\cos^2 x}\mathrm{d}x$.

解: $\int_0^{2\pi} x\sqrt{1-\cos^2 x}\mathrm{d}x = \int_0^{2\pi} x|\sin x|\mathrm{d}x = \int_0^{\pi} x\sin x\mathrm{d}x - \int_{\pi}^{2\pi} x\sin x\mathrm{d}x = -\int_0^{\pi} x\mathrm{d}\cos x + \int_{\pi}^{2\pi} x\mathrm{d}\cos x$

$$= -\left(x\cos x\Big|_0^{\pi} - \int_0^{\pi}\cos x\mathrm{d}x\right) + x\cos x\Big|_{\pi}^{2\pi} - \int_{\pi}^{2\pi}\cos x\mathrm{d}x$$

$$= -\left(-\pi - \sin x\Big|_0^{\pi}\right) + 2\pi + \pi - \sin x\Big|_{\pi}^{2\pi} = 4\pi.$$

例 7.27 求定积分 $\int_0^1 \frac{x\mathrm{e}^x}{(1+x)^2}\mathrm{d}x$.

解: $\int_0^1 \frac{x\mathrm{e}^x}{(1+x)^2}\mathrm{d}x = \int_0^1\left[\frac{1}{1+x} - \frac{1}{(1+x)^2}\right]\mathrm{e}^x\mathrm{d}x = \int_0^1\frac{\mathrm{e}^x}{1+x}\mathrm{d}x + \int_0^1\mathrm{e}^x\mathrm{d}\frac{1}{1+x}$

$$= \int_0^1\frac{\mathrm{e}^x}{1+x}\mathrm{d}x + \frac{\mathrm{e}^x}{1+x}\Big|_0^1 - \int_0^1\frac{\mathrm{e}^x}{1+x}\mathrm{d}x = \frac{\mathrm{e}}{2} - 1.$$

例 7.28 求定积分 $\int_1^{\mathrm{e}} x^2\ln x\mathrm{d}x$. .

解: $\int_1^{\mathrm{e}} x^2\ln x\mathrm{d}x = \int_1^{\mathrm{e}}\ln x\mathrm{d}\left(\frac{x^3}{3}\right) = \ln x\cdot\frac{x^3}{3}\Big|_1^{\mathrm{e}} - \int_1^{\mathrm{e}}\frac{x^3}{3}(\ln x)'\mathrm{d}x$

$$= \frac{\mathrm{e}^3}{3} - \int_1^{\mathrm{e}}\frac{x^2}{3}\mathrm{d}x = \frac{\mathrm{e}^3}{3} - \frac{1}{9}x^3\Big|_1^{\mathrm{e}} = \frac{1}{9}(1+2\mathrm{e}^3).$$

7.4 计算定积分的数值方法

在 7.3 节的介绍中，计算定积分的方法是建立在牛顿－莱布尼茨公式的基础上的，其中 $F(x)$ 是 $f(x)$ 的一个原函数. 但在许多实际问题中，知道被积函数 $f(x)$ 的原函数存在，但要求出来却很困难，甚至不可能用初等函数表示成有限形式. 因此，研究计算定积分的数值方法就显得十分必要.

7.4.1 梯形公式

设函数 $f(x)$ 在区间 $[a,b]$ 的两端点 a,b 处的函数值已知为 $f(a)$，$f(b)$. 根据定积分 $I(f)$ 的几何意义，它等于曲边梯形的面积. 由图 7-2 可知，可用直边梯形 $AabB$ 的面积近似替代，即用

$$I_1(f)=\frac{b-a}{2}[f(a)+f(b)]. \qquad (7.9)$$

作为计算积分 $I(f)$ 的近似公式. 通常称式 7.9 为计算积分 $I(f)=\int_a^b f(x)\mathrm{d}x$ 的**梯形公式**.

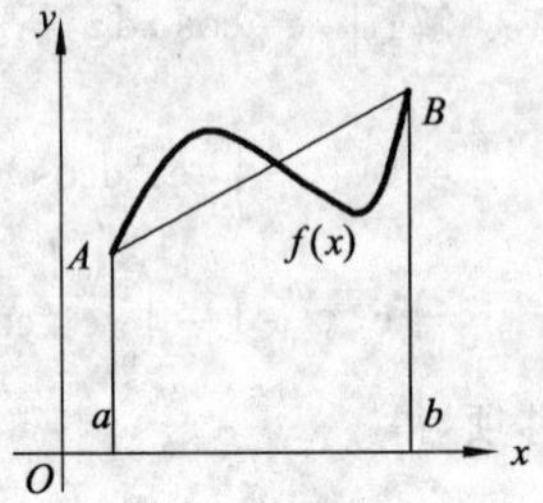

图 7-2 直边梯形

设函数 $f(x)$ 在区间 $[a,b]$ 上有二阶连续导数. 可以证明，梯形公式 7.9 的离散误差为

$$E_1(f)=I(f)-I_1(f)=-\frac{(b-a)^3}{12}f''(\xi),\quad \xi\in(a,b).$$

于是有

$$I(f)=\int_a^b f(x)\mathrm{d}x=\frac{b-a}{2}[f(a)+f(b)]-\frac{(b-a)^3}{12}f''(\xi),\quad \xi\in(a,b). \qquad (7.10)$$

7.4.2 辛普森公式

在梯形公式中是用直线近似替代曲线求面积，精度受到一定限制. 设函数 $f(x)$ 在积分区间 $[a,b]$ 的左端点 a，中点 $\frac{a+b}{2}$ 及右端点 b 处的值已知，分别为 $f(a)$，$f\left(\frac{a+b}{2}\right)$ 及 $f(b)$. 现经过三点：$(a,f(a))$，$\left(\frac{a+b}{2},f\left(\frac{a+b}{2}\right)\right)$，$(b,f(b))$ 作抛物线，并用抛物线下的面积来近似地替代 $y=f(x)$ 的定积分. 通过演算，抛物线下的面积公式为

$$S_1(f)=\frac{h}{3}\left[f(a)+4f\left(\frac{a+b}{2}\right)+f(b)\right]=\frac{h}{3}[f(a)+4f(a+h)+f(b)] \qquad (7.11)$$

其中 $h=\frac{b-a}{2}$ 称为**步长**. 于是，有 $I(f)=\int_a^b f(x)\mathrm{d}x\approx S_1(f)$. 通常称式 7.11 为**抛物线公式或辛普森公式**.

设函数 $f(x)$ 在区间 $[a,b]$ 上有四阶连续导数. 可以证明，辛普森公式的离散误差为

$$E_2(f)=I(f)-S_1(f)=-\frac{h^5}{90}f^{(4)}(\eta),\quad \eta\in(a,b).$$

于是有

$$\begin{aligned}I(f)&=\int_a^b f(x)\mathrm{d}x\\&=\frac{h}{3}\left[f(a)+4f\left(\frac{a+b}{2}\right)+f(b)\right]-\frac{h^5}{90}f^{(4)}(\eta),\quad \eta\in(a,b),\end{aligned} \qquad (7.12)$$

其中 $h=\frac{b-a}{2}$.

例 7.29　试应用梯形公式和辛普森公式计算定积分 $I(f)=\int_1^2 \frac{1}{2x}\mathrm{d}x$，并将计算结果与 $I(f)$ 的准确值比较.

解:应用梯形公式 7.9，有 $I_1(f)=\frac{2-1}{2}\left(\frac{1}{2}+\frac{1}{4}\right)=\frac{3}{8}=0.375$.

应用辛普森公式 7.11，有 $S_1(f)=\frac{0.5}{3}\left(\frac{1}{2}+\frac{4}{3}+\frac{1}{4}\right)=0.3472$.

由于 $I(f)=0.34657359$，因此

$$|I(f)-I_1(f)|<0.29\times10^{-1},\quad |I(f)-S_1(f)|<0.63\times10^{-3}.$$

7.4.3　复合求积公式

应用梯形公式或辛普森公式计算积分 $I(f)=\int_a^b f(x)\mathrm{d}x$ 的主要缺点是精确度不高. 若积分区间较大，则离散误差就大；但若积分区间变小，则离散误差也变小. 因此，为提高求积公式的精确度，可以将积分区间分成若干个子区间，在每个子区间上应用梯形公式或辛普森公式，然后将计算结果加起来. 这种求积公式称为**复合求积公式**或**复化求积公式**.

1. 复合梯形公式

用等距点：$a=x_1<x_2<\cdots<x_{n+1}=b$ 将积分 $\int_a^b f(x)\mathrm{d}x$ 的积分区间 $[a,b]$ 分成 n 个长度相等的子区间 $[x_i,x_{i+1}]$，$i=1,2,\cdots,n$，其中 $x_{i+1}-x_i=\frac{b-a}{n}=h$，　$i=1,2,\cdots,n$，称为步长，即有 $x_i=a+(i-1)h, i=1,2,\cdots,n+1$. 设函数 $f(x)$ 在区间 $[a,b]$ 上有二阶连续导数. 在每个子区间 $[x_i,x_{i+1}]$ 上使用梯形公式，由式 7.8 得

$$\int_{x_i}^{x_{i+1}} f(x)\mathrm{d}x=\frac{h}{2}[f(x_i)+f(x_{i+1})]-\frac{h^3}{12}f''(\xi_i),\quad x_i<\xi_i<x_{i+1}$$

于是

$$\int_a^b f(x)\mathrm{d}x=\sum_{i=1}^{n}\int_{x_i}^{x_{i+1}} f(x)\mathrm{d}x=\frac{h}{2}\sum_{i=1}^{n}[f(x_i)+f(x_{i+1})]-\frac{h^3}{12}\sum_{i=1}^{n}f''(\xi_i).$$

由于假设 $f''(x)$ 在 $[a,b]$ 上连续，因此在 (a,b) 内至少存在一点 ξ，使 $\frac{1}{n}\sum_{i=1}^{n}f''(\xi_i)=f''(\xi)$，从而有

$$\int_a^b f(x)\mathrm{d}x=\frac{h}{2}\left[f(a)+f(b)+2\sum_{i=1}^{n-1}f(a+ih)\right]-\frac{nh^3}{12}f''(\xi)$$

记

$$T_n(f)=\frac{h}{2}\left[f(a)+f(b)+2\sum_{i=1}^{n-1}f(a+ih)\right],\quad h=\frac{b-a}{n} \tag{7.13}$$

并称式 7.13 为复合梯形公式. 于是得到，

$$I(f)=\int_a^b f(x)\mathrm{d}x=T_n(f)+E_n(f),$$

其中

$$E_n(f)=-\frac{nh^3}{12}f''(\xi)=-\frac{h^2(b-a)}{12}f''(\xi),\quad \xi\in(a,b) \tag{7.14}$$

例 7.30　应用复合梯形公式计算积分 $I(f)=\int_1^2 \frac{1}{2x}\mathrm{d}x$，要求误差不超过 10^{-3}.

解:为使计算结果的误差不超过 10^{-3}，首先必须根据复合梯形的离散误差界来确定复合梯形

公式的步长.令 $f(x)=\dfrac{1}{2x}$,则

$$f'(x)=-\frac{1}{2x^2},\quad f''(x)=\frac{1}{x^3},\qquad M_2=\max_{x\in[1,2]}|f''(x)|=1$$

根据复合梯形公式的离散误差式 7.14 有

$$|E_n(f)|=\left|-\frac{h^2(2-1)}{12}f''(\xi)\right|\leqslant\frac{h^2}{12}M_2=\frac{h^2}{12},$$

要使 $|E_n(f)|\leqslant 10^{-3}$,则只要 $\dfrac{h^2}{12}<10^{-3}$,或 $h<0.1095$.因此,可取步长 $h=0.1$,此时,$n=\dfrac{2-1}{0.1}=10$(分点数为 11).于是,根据式 7.13 有

$$I(f)=\int_1^2\frac{1}{2x}\mathrm{d}x\approx T_{10}(f)=\frac{0.1}{2}\times\frac{1}{2}\left[1+\frac{1}{2}+2\left(\frac{1}{1.1}+\frac{1}{1.2}+\cdots+\frac{1}{1.9}\right)\right]$$
$$=0.3469.$$

此时 $$|I(f)-T_{10}(f)|=\left|\frac{1}{2}\ln 2-T_{10}(f)\right|<3.3\times10^{-4}.$$

2. 复合辛普森公式

我们用 $n+1(n=2m)$ 个等距点 $a=x_0<x_1<\cdots<x_{2m}=b$ 将积分 $\int_a^b f(x)\mathrm{d}x$ 的积分区间 $[a,b]$ 分成 m 个相等长度的子区间 $[x_{2i-2},x_{2i}]$,$i-1,2,\cdots,m$,子区间 $[x_{2i-2},x_{2i}]$ 的中点为 x_{2i-1},且

$$x_{2i}-x_{2i-2}=\frac{b-a}{m}=2h,\ i=1,2,\cdots,m$$

设 $f(x)$ 在 $[a,b]$ 上有四阶连续导数,在每个子区间 $[x_{2i-2},x_{2i}]$ 上用辛普森公式 7.12 得

$$\int_{x_{2i-2}}^{x_{2i}}f(x)\mathrm{d}x=\frac{h}{3}[f(x_{2i-2})+4f(x_{2i-1})+f(x_{2i})]-\frac{h^5}{90}f^{(4)}(\xi_i)$$

其中 $x_{2i-2}<\xi<x_{2i}$.于是

$$\int_a^b f(x)\mathrm{d}x=\sum_{i=1}^{m}\int_{x_{2i-2}}^{x_{2i}}f(x)\mathrm{d}x=\frac{h}{3}\sum_{i=1}^{m}[f(x_{2i-2})+4f(x_{2i-1})+f(x_{2i})]-\frac{h^5}{90}\sum_{i=1}^{m}f^{(4)}(\xi_i)$$
$$=\frac{h}{3}\left[f(a)+f(b)+4\sum_{i=1}^{m}f(a+(2i-1)h)+2\sum_{i=1}^{m-1}f(a+2ih)\right]-\frac{mh^5}{90}f^{(4)}(\xi),\quad a<\xi<b.$$

记

$$S_m(f)=\frac{h}{3}\left[f(a)+f(b)+4\sum_{i=1}^{m}f(a+(2i-1)h)+2\sum_{i=1}^{m-1}f(a+2ih)\right],$$
$$h=\frac{b-a}{2m}=\frac{b-a}{n}\tag{7.15}$$

我们称式 7.15 为**复合辛普森公式**.它的离散误差为

$$E_m(f)=\int_a^b f(x)\mathrm{d}x-S_m(f)$$
$$=-\frac{mh^5}{90}f^{(4)}(\xi)=-\frac{h^4(b-a)}{180}f^{(4)}(\xi),\quad a<\xi<b\tag{7.16}$$

例 7.31 试用复合辛普森公式计算积分 $I(f)=\int_1^2 3\ln x\mathrm{d}x$,要求误差不超过 10^{-5},并将计算结果与准确积分值 $I(f)$ 比较.

解:为使计算结果的误差不超过 10^{-5},首先要根据离散误差式 7.16 来确定复合辛普森公式的

步长. 记 $f(x)=3\ln x$，则

$$f^{(4)}(x)=-\frac{18}{x^4},\quad \max_{x\in[1,2]}|f^{(4)}(x)|=18$$

由于 $h=\dfrac{b-a}{2m}$，根据式 7.16，复合辛普森公式的离散误差为

$$|E_m(f)|\leqslant\frac{(b-a)^5}{2880m^4}\cdot\max_{x\in[1,2]}|f^{(4)}(\xi)|=\frac{(2-1)^5}{2880m^4}\times18=\frac{1}{160m^4}$$

要使 $|E_m(f)|\leqslant10^{-5}$，则只要 $\dfrac{1}{160m^4}\leqslant10^{-5}$；因此 $m\geqslant5$. 取 $m=5,h=\dfrac{2-1}{2m}=0.1$. 于是，根据式 7.15 有

$$I(f)\approx S_5(f)=\frac{0.1}{3}\times3\quad[\ln1+\ln2+4(\ln1.1+\ln1.3+\ln1.5+\ln1.7+\ln1.9)+2(\ln1.2+\ln1.4+\ln1.6+\ln1.8)]=1.15888021.$$

此时

$$|I(f)-S_5(f)|=\left|3(x\ln x-x)\Big|_1^2-S_5(f)\right|=|1.1588830-S_5(f)|<2.87\times10^{-6}.$$

7.5　无穷区间上的广义积分

前面所讨论的定积分 $\int_a^b f(x)\mathrm{d}x$，总假定 $[a,b]$ 为有限区间. 如果积分上、下限中至少有一个为无穷大，积分区间就成为无穷区间. 这种积分称为无穷区间的广义积分，简称为无穷积分. 相应地，前面讨论过的定积分就称为常义（通常意义）积分.

定义 7.2　设函数 $f(x)$ 在区间 $[a,+\infty)$ 上有定义，任取 $b>a$. 若 $f(x)$ 在 $[a,b]$ 上都可积，且极限

$$\lim_{b\to+\infty}\int_a^b f(x)\mathrm{d}x=I$$

存在，则该极限 I 称为函数 $f(x)$ 在区间 $[a,+\infty)$ 上的**广义积分**，记为 $\int_a^{+\infty}f(x)\mathrm{d}x$，即有

$$\int_a^{+\infty}f(x)\mathrm{d}x=\lim_{b\to+\infty}\int_a^b f(x)\mathrm{d}x$$

并称广义积分 $\int_a^{+\infty}f(x)\mathrm{d}x$ **存在或收敛**；否则称广义积分 $\int_a^{+\infty}f(x)\mathrm{d}x$ **不存在或发散**.

类似地，可以定义函数 $f(x)$ 在区间 $(-\infty,b]$ 及 $(-\infty,+\infty)$ 上的广义积分

$$\int_{-\infty}^b f(x)\mathrm{d}x=\lim_{a\to-\infty}\int_a^b f(x)\mathrm{d}x$$

及

$$\int_{-\infty}^{+\infty}f(x)\mathrm{d}x=\int_{-\infty}^c f(x)\mathrm{d}x+\int_c^{+\infty}f(x)\mathrm{d}x$$

其中 $c\in(-\infty,+\infty)$，一般取 c=0. 对于 $\int_{-\infty}^{+\infty}f(x)\mathrm{d}x$，仅当 $\int_{-\infty}^c f(x)\mathrm{d}x$ 与 $\int_c^{+\infty}f(x)\mathrm{d}x$ 都收敛时它才收敛.

计算无穷区间上的广义积分时，若 $F(x)$ 是函数 $f(x)$ 的一个原函数，并记

$$F(+\infty)=\lim_{x\to+\infty}F(x),\quad F(-\infty)=\lim_{x\to-\infty}F(x)$$

则广义积分 $\int_a^{+\infty}f(x)\mathrm{d}x$，$\int_{-\infty}^b f(x)\mathrm{d}x$ 及 $\int_{-\infty}^{+\infty}f(x)\mathrm{d}x$ 可分别表示为

$$\int_a^{+\infty} f(x)\mathrm{d}x = F(x)\Big|_a^{+\infty} = F(+\infty) - F(a)$$

$$\int_{-\infty}^{b} f(x)\mathrm{d}x = F(x)\Big|_{-\infty}^{b} = F(b) - F(-\infty)$$

$$\int_{-\infty}^{+\infty} f(x)\mathrm{d}x = F(x)\Big|_{-\infty}^{+\infty} = F(+\infty) - F(-\infty).$$

例 7.32 求广义积分$\int_0^{+\infty} x\mathrm{e}^{-x^2}\mathrm{d}x$.

解:$\int_0^{+\infty} x\mathrm{e}^{-x^2}\mathrm{d}x = -\dfrac{1}{2}\int_0^{+\infty}\mathrm{e}^{-x^2}\mathrm{d}(-x^2) = -\dfrac{1}{2}\mathrm{e}^{-x^2}\Big|_0^{+\infty}$

$$= -\frac{1}{2}(\lim_{x\to+\infty}\mathrm{e}^{-x^2} - \mathrm{e}^0) = -\frac{1}{2}(0-1) = \frac{1}{2}.$$

例 7.33 求广义积分$\int_{-\infty}^{0} x\mathrm{e}^{x}\mathrm{d}x$.

解:$\int_{-\infty}^{0} x\mathrm{e}^{x}\mathrm{d}x = \int_{-\infty}^{0} x\mathrm{d}\mathrm{e}^{x} = x\mathrm{e}^{x}\Big|_{-\infty}^{0} - \int_{-\infty}^{0}\mathrm{e}^{x}\mathrm{d}x = 0 - \lim_{x\to-\infty} x\mathrm{e}^{x} - \mathrm{e}^{x}\Big|_{-\infty}^{0}$

$$= \lim_{x\to-\infty}\frac{x}{\mathrm{e}^{-x}} - 1 + \lim_{x\to-\infty}\mathrm{e}^{x} = \lim_{x\to-\infty}\frac{1}{-\mathrm{e}^{-x}} - 1 + 0 = -1.$$

例 7.34 求广义积分$\int_{-\infty}^{+\infty}\dfrac{\mathrm{e}^{x}}{(1+\mathrm{e}^{x})^2}\mathrm{d}x$.

解:$\int_{-\infty}^{+\infty}\dfrac{\mathrm{e}^{x}}{(1+\mathrm{e}^{x})^2}\mathrm{d}x = \int_{-\infty}^{+\infty}\dfrac{1}{(1+\mathrm{e}^{x})^2}\mathrm{d}\mathrm{e}^{x} = -\dfrac{1}{1+\mathrm{e}^{x}}\Big|_{-\infty}^{+\infty}$

$$= -\left(\lim_{x\to+\infty}\frac{1}{1+\mathrm{e}^{x}} - \lim_{x\to-\infty}\frac{1}{1+\mathrm{e}^{x}}\right) = -(0-1) = 1.$$

例 7.35 讨论广义积分$\int_a^{+\infty}\dfrac{1}{x^p}\mathrm{d}x$ $(a>0)$的敛散性.

解:先设 $p=1$,则

$$\int_a^{+\infty}\frac{1}{x^p}\mathrm{d}x = \int_a^{+\infty}\frac{1}{x}\mathrm{d}x = \ln x\Big|_a^{+\infty} = \lim_{x\to+\infty}\ln x - \ln a = +\infty$$

因此积分$\int_a^{+\infty}\dfrac{1}{x}\mathrm{d}x$发散.

其次,设 $p\neq 1$,则

$$\int_a^{+\infty}\frac{1}{x^p}\mathrm{d}x = \frac{1}{1-p}x^{1-p}\Big|_a^{+\infty} = \frac{1}{1-p}(\lim_{x\to+\infty}x^{1-p} - a^{1-p})$$

当 $p>1$ 时,由于 $\lim\limits_{x\to+\infty}x^{1-p} = \lim\limits_{x\to+\infty}\dfrac{1}{x^{p-1}} = 0$,因此积分$\int_a^{+\infty}\dfrac{1}{x^p}\mathrm{d}x$收敛,且

$$\int_a^{+\infty}\frac{1}{x^p}\mathrm{d}x = \frac{1}{p-1}a^{1-p}$$

当 $p<1$ 时,由于 $\lim\limits_{x\to+\infty}x^{1-p} = +\infty$,因此积分$\int_a^{+\infty}\dfrac{1}{x^p}\mathrm{d}x$发散.

综合上述,当 $p\leqslant 1$ 时,$\int_a^{+\infty}\dfrac{1}{x^p}\mathrm{d}x$发散;当 $p>1$ 时,$\int_a^{+\infty}\dfrac{1}{x^p}\mathrm{d}x$收敛,且

$$\int_a^{+\infty}\frac{1}{x^p}\mathrm{d}x = \frac{1}{p-1}a^{1-p}$$

例 7.36 讨论广义积分$\int_a^{+\infty}\cos x\mathrm{d}x$的敛散性.

解:$\int_a^{+\infty}\cos x\mathrm{d}x = \sin x\Big|_a^{+\infty} = \lim\limits_{x\to+\infty}\sin x - \sin a$.

由于极限 $\lim\limits_{x\to+\infty}\sin x$ 不存在，故积分 $\int_a^{+\infty}\cos x\mathrm{d}x$ 发散.

例 7.37　讨论广义积分 $\int_{-\infty}^{+\infty}\frac{x}{1+x^2}\mathrm{d}x$ 的敛散性.

解：因为有

$$\int_{-\infty}^{+\infty}\frac{x}{1+x^2}\mathrm{d}x=\frac{1}{2}\int_{-\infty}^{+\infty}\frac{1}{1+x^2}\mathrm{d}(1+x^2)=\frac{1}{2}\ln(1+x^2)\Big|_{-\infty}^{+\infty}$$

$$=\lim_{x\to+\infty}\frac{1}{2}\ln(1+x^2)-\lim_{x\to-\infty}\frac{1}{2}\ln(1+x^2).$$

由于 $\lim\limits_{x\to+\infty}\frac{1}{2}\ln(1+x^2)=+\infty$，或 $\lim\limits_{x\to-\infty}\frac{1}{2}\ln(1+x^2)=+\infty$，因此积分 $\int_{-\infty}^{+\infty}\frac{x}{1+x^2}\mathrm{d}x$ 发散.

例 7.38　已知 $f(x)=\begin{cases}ax^2 & \text{当 } 0\leqslant x\leqslant 1\\ 0 & \text{当 } x<0 \text{ 或 } x>1\end{cases}$，且 $\int_{-\infty}^{+\infty}f(x)\mathrm{d}x=1$，求 a.

解：因为有 $\int_{-\infty}^{+\infty}f(x)\mathrm{d}x=\int_{-\infty}^{0}f(x)\mathrm{d}x+\int_0^1 f(x)\mathrm{d}x+\int_1^{+\infty}f(x)\mathrm{d}x$

$$=\int_{-\infty}^{0}0\mathrm{d}x+\int_0^1 ax^2\mathrm{d}x+\int_1^{+\infty}0\mathrm{d}x=\int_0^1 ax^2\mathrm{d}x=\frac{1}{3}ax^3\Big|_0^1=\frac{a}{3}.$$

由假设 $\int_{-\infty}^{+\infty}f(x)\mathrm{d}x=1$，即 $\frac{a}{3}=1$，故得 $a=3$.

7.6　定积分的应用

7.6.1　平面图形的面积

由定积分的几何意义知，由连续曲线 $y=f(x)$　$(f(x)\geqslant 0)$，直线 $x=a$，$x=b$ 以及 x 轴所围成的曲边梯形

$$\{(x,y)\,|\,a\leqslant x\leqslant b, 0\leqslant y\leqslant f(x)\}$$

的面积 A 可用定积分表示成　$A=\int_a^b f(x)\mathrm{d}x$.

下面分几种情况讨论.

(1)假设函数 $f(x)$，$g(x)$ 在闭区间 $[a,b]$ 上连续，且 $0\leqslant g(x)\leqslant f(x)$. 由曲线 $y=f(x)$，$y=g(x)$ 以及 $x=a$，$x=b$ 围成的平面图形(见图 7-3)

$$\{(x,y)\,|\,a\leqslant x\leqslant b, g(x)\leqslant y\leqslant f(x)\}$$

称为 σ_x 型曲边梯形. 它的面积为

$$A=\int_a^b f(x)\mathrm{d}x-\int_a^b g(x)\mathrm{d}x=\int_a^b (f(x)-g(x))\mathrm{d}x. \tag{7.17}$$

(2)如果在 $[a,b]$ 上 $g(x)\leqslant 0$，则 $\int_a^b g(x)\mathrm{d}x\leqslant 0$，这时曲边梯形的面积为

$$A=\int_a^b[0-g(x)]\mathrm{d}x=-\int_a^b g(x)\mathrm{d}x.$$

面积仍为正值(见图 7-4).

(3)假设函数 $x=\varphi(y)$，$x=\psi(y)$ 在闭区间 $[c,d]$ 上连续，且 $\psi(y)\leqslant\varphi(y)$. 由曲线 $x=\varphi(y)$，$x=\psi(y)$ 以及 $y=c$，$y=d$ 围成的平面图形(见图 7-5)

$$\{(x,y)\,|\,c\leqslant y\leqslant \mathrm{d}, \psi(y)\leqslant x\leqslant\varphi(y)\}$$

称为 σ_y 型曲边梯形. 它的面积为

$$A=\int_c^d(\varphi(y)-\psi(y))\mathrm{d}y \tag{7.18}$$

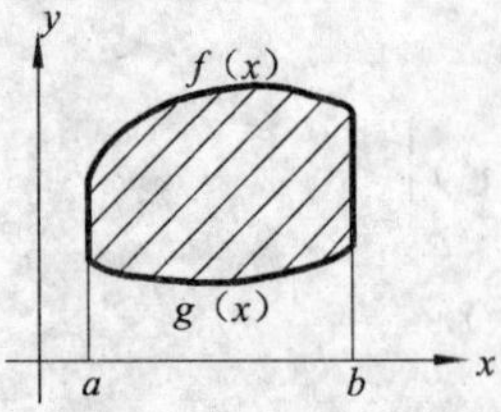

图 7-3　平面图形之一

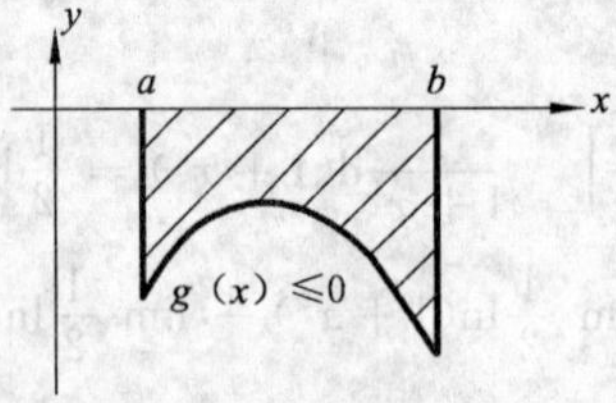

图 7-4　平面图形之二

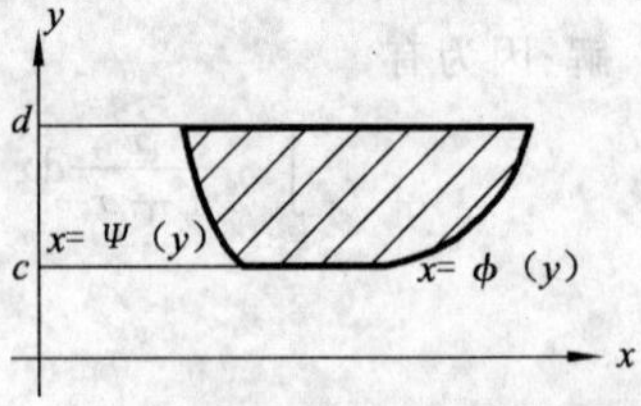

图 7-5　平面图形之三

请注意以下几点：

(1)将 σ_x 型和 σ_y 型曲边梯形作为基本平面图形，总假定上述函数：$f(x)$，$g(x)$，$\varphi(y)$，$\psi(y)$ 都不是分段函数；

(2) σ_x 型曲边梯形中直线段 $x=a$ 或 $x=b$ 可以缩成一点（即两曲线的交点）；σ_y 型曲边梯形中直线段 $y=c$ 或 $y=d$ 也可以缩成一个点（即两曲线的交点）；

(3)对于非 σ_x 型曲边梯形的平面图形，可用平行于 y 轴的直线将其分成若干个 σ_x 型曲边梯形；对于非 σ_y 型曲边梯形的平面图形，可用平行于 x 轴的直线将其分成若干个 σ_y 型曲边梯形. 然后求各个曲边梯形的面积.

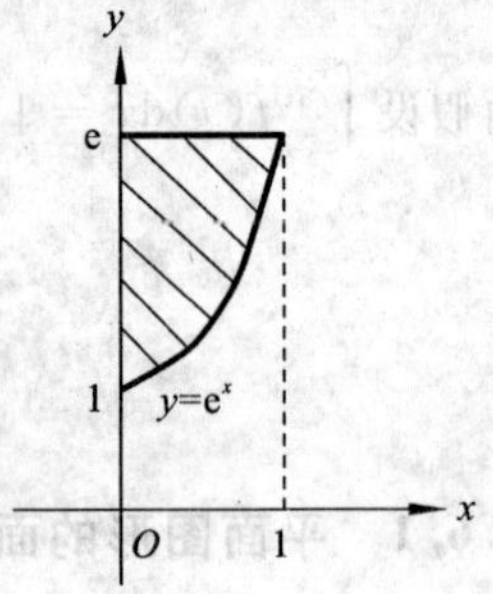

图 7-6　平面图形之四

例 7.39　求由曲线 $y=\mathrm{e}^x$，直线 $y=\mathrm{e}$ 以及 y 轴围成的平面图形（图 7-6 中阴影部分）的面积 A.

解：图 7-6 中阴影部分是 σ_x 型曲边梯形，曲线 $y=\mathrm{e}^x$ 与直线 $y=\mathrm{e}$ 的交点是 $(1,\mathrm{e})$. 根据式 7.17，我们有

$$A=\int_0^1(\mathrm{e}-\mathrm{e}^x)\mathrm{d}x=(\mathrm{e}x-\mathrm{e}^x)\Big|_0^1=1.$$

图 7-6 中阴影部分又是 σ_y 型曲边梯形. 根据式 7.18，我们有

$$A=\int_1^{\mathrm{e}}(\ln y-0)\mathrm{d}y=(y\ln y-y)\Big|_1^{\mathrm{e}}=1$$

例 7.40　求由抛物线 $y=x^2-2x$，直线 $y=x$ 围成的平面图形的面积 A.

解：画出这平面图形的草图（见图 7-7 中阴影部分）. 解方程组

$$\begin{cases}y=x^2-2x\\y=x\end{cases}$$

得到曲线 $y=x^2-2x$ 与直线 $y=x$ 的两个交点 $(0,0)$，$(3,3)$. 该平面图形是 σ_x 型曲边梯形. 根据式 7.17，我们有

$$A=\int_0^3(x-(x^2-2x))\mathrm{d}x=\int_0^3(3x-x^2)\mathrm{d}x=\frac{9}{2}.$$

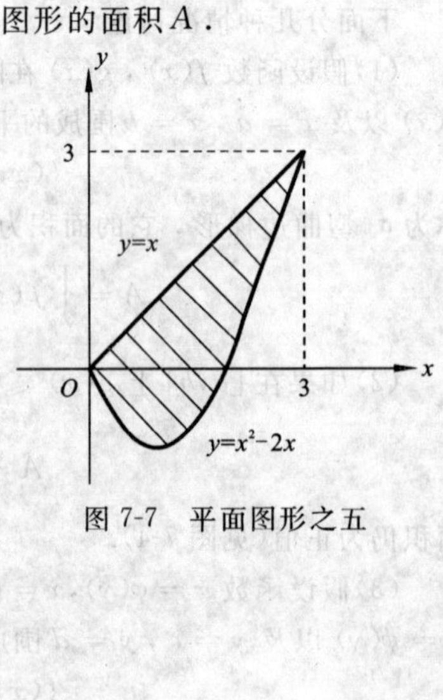

图 7-7　平面图形之五

例 7.41　求由抛物线 $y^2=x+4$ 与直线 $x+2y=4$ 围成的平面图形的面积 A.

解：根据题意画出平面图形的草图（见图 7-8 中阴影部分）.

解方程组 $\begin{cases} y^2 = x+4 \\ x+2y=4 \end{cases}$

得抛物线 $y^2 = x+4$ 与直线 $x+2y=4$ 的交点 $(0,2)$，$(12,-4)$．该平面图形是 σ_y 型曲边梯形．根据式 7.18 有

$$A = \int_{-4}^{2} (4-2y-(y^2-4))\mathrm{d}y$$

$$= \int_{-4}^{2} (8-2y-y^2)\mathrm{d}y = 36.$$

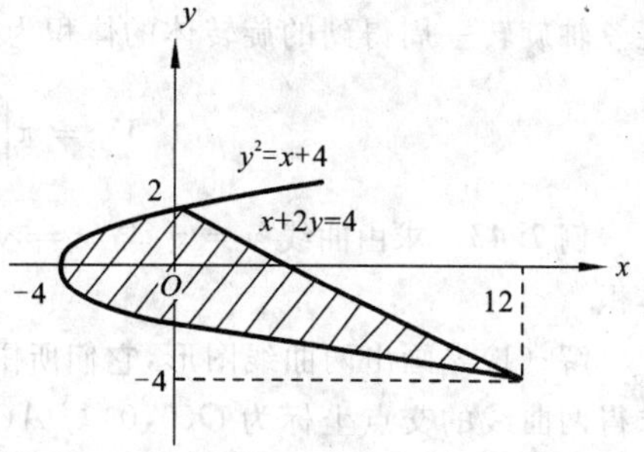

图 7-8　平面图形之六

该平面图形不是 σ_x 型曲边梯形，但可用直线 $x=0$（即 y 轴）将它分成两个 σ_x 型曲边梯形；一个是由曲线 $y^2 = x+4$ 和 y 轴围成的 σ_x 型曲边梯形；另一个是由曲线 $y^2 = x+4$ 与直线 $x+2y=4$ 及 y 轴围成的 σ_x 型曲边梯形．由 $y^2 = x+4$ 解得 $y = \pm\sqrt{x+4}$，根据式 7.17，我们有

$$A = \int_{-4}^{0} (\sqrt{x+4}-(-\sqrt{x+4}))\mathrm{d}x + \int_{0}^{12} (2-\frac{1}{2}x-(-\sqrt{x+4}))\mathrm{d}x = 36.$$

例 7.42　求由抛物线 $y = x^2 - 1$，直线 $x = -2$ 及 x 轴所围平面图形（图 7-9 中阴影部分）的面积 A．

解：这一平面图形由两个 σ_x 型曲边梯形组成．一个是由曲线 $y = x^2 - 1$，直线 $x=-2$ 及 x 轴围成的 σ_x 型曲边梯形；另一个是由曲线 $y = x^2 - 1$ 与 x 轴围成的 σ_x 型曲边梯形．曲线 $y = x^2-1$ 与 x 轴的交点是 $(-1,0)$，$(1,0)$．于是

$$A = \int_{-2}^{-1} (x^2-1-0)\mathrm{d}x + \int_{-1}^{1} (0-(x^2-1))\mathrm{d}x$$

$$= \int_{-2}^{-1} (x^2-1)\mathrm{d}x - \int_{-1}^{1} (x^2-1)\mathrm{d}x = \frac{8}{3}.$$

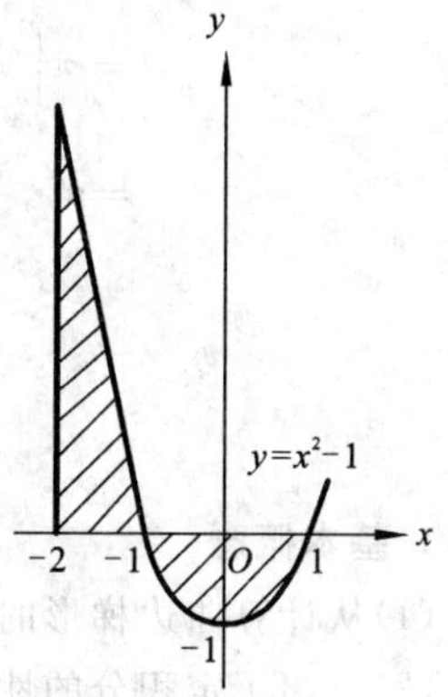

图 7-9　平面图形之七

7.6.2　旋转体的体积

设函数 $f(x)$ 在闭区间 $[a,b]$ 上连续，且 $f(x) \geqslant 0$．由曲线 $y = f(x)$，直线 $x=a$，$x=b$ 及 x 轴所围成的曲边梯形

$$\{(x,y) \mid a \leqslant x \leqslant b, 0 \leqslant y \leqslant f(x)\}$$

绕 x 轴旋转一周得到一个旋转体（见图 7-10）．现在，我们来计算这个旋转体的体积 V_x．

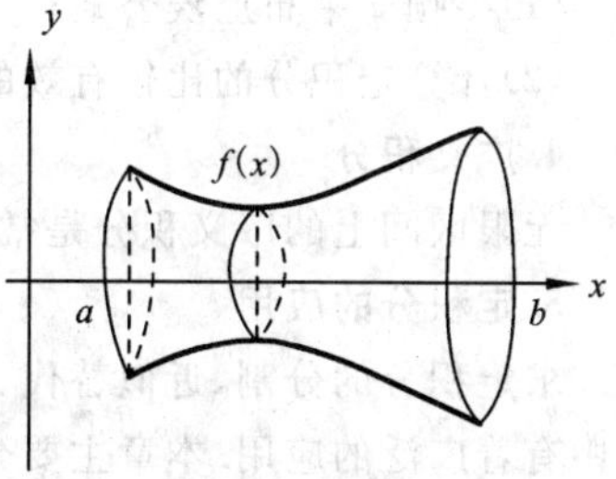

图 7-10　旋转体

选取 x 作为积分变量，$[a,b]$ 作为积分区间．在 $[a,b]$ 中任取一个小区间 $[x, x+\mathrm{d}x]$，则相应于 $[x,x+\mathrm{d}x]$ 的小曲边梯形绕 x 轴旋转一周所得旋转体的体积近似地等于以 $f(x)$ 为半径，以 $\mathrm{d}x$ 为高的小圆柱体的体积．这个小圆柱体的体积为

$$\mathrm{d}V_x = \pi[f(x)]^2\mathrm{d}x$$

以 $\pi[f(x)]^2\mathrm{d}x$ 为被积表达式，从 a 到 b 积分便得到所要求的旋转体的体积为

$$V_x = \pi\int_a^b [f(x)]^2\mathrm{d}x (= \pi\int_a^b y^2\mathrm{d}x). \tag{7.19}$$

类似地，设函数 $\varphi(y)$ 在区间 $[c,\mathrm{d}]$ 上连续，且 $\varphi(y) \geqslant 0$．由曲线 $x=\varphi(y)$，直线 $y=c$，$y=d$ 以及 y 轴所围成的曲边梯形

$$\{(x,y) \mid c \leqslant y \leqslant \mathrm{d}, 0 \leqslant x \leqslant \varphi(y)\}$$

绕 y 轴旋转一周得到的旋转体的体积为

$$V_y=\pi\int_c^d[\varphi(y)]^2\mathrm{d}y(=\pi\int_c^d x^2\mathrm{d}y) \tag{7.20}$$

例 7.43 求由曲线 $y=x^2$ 与 $x=y^2$ 所围图形的面积及该图形绕 x 轴旋转一周所得的旋转体体积.

解:(1)先画出两曲线图形,它们所围图形 D 如图 7-11 所示. 易求得两曲线的交点坐标为 $O(0,0)$ 与 $A(1,1)$. 先求 D 的面积,为此将曲线 $x=y^2$ 改写成 $y=\sqrt{x}$,则 D 的面积为

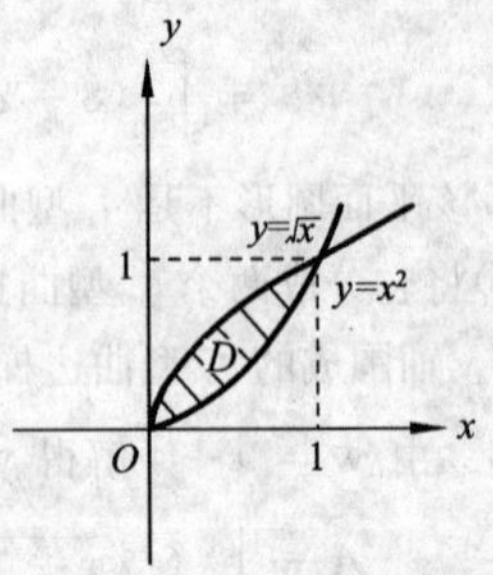

图 7-11 两曲线围成的图形

$$S=\int_0^1(\sqrt{x}-x^2)\mathrm{d}x=\frac{2}{3}x^{\frac{3}{2}}\Big|_0^1-\frac{x^3}{3}\Big|_0^1=\frac{1}{3}.$$

(2)图形 D 绕 x 轴旋转一周所得旋转体的体积为

$$\begin{aligned}V&=\pi\int_0^1(\sqrt{x})^2\mathrm{d}x-\pi\int_0^1(x^2)^2\mathrm{d}x\\&=\pi\int_0^1 x\mathrm{d}x-\pi\int_0^1 x^4\mathrm{d}x\\&=\pi\cdot\frac{x^2}{2}\Big|_0^1-\pi\cdot\frac{x^5}{5}\Big|_0^1=\frac{\pi}{2}-\frac{\pi}{5}=\frac{3}{10}\pi.\end{aligned}$$

7.7 小　　结

1. 基本概念

(1)从计算曲边梯形的面积等实际问题中抽象出定积分的概念;

(2)介绍了定积分的性质及其应用.

2. 微积分学基本定理

根据定积分的定义,通过求积分和的极限来求定积分十分困难,需要寻求其他途径计算定积分. 微积分学基本定理为求定积分提供了捷径.

3. 定积分的计算方法

(1)牛顿-莱布尼茨公式;

(2)计算定积分的比较有效的数值方法,复合辛普森求积公式.

4. 广义积分

无限区间上的广义积分是常义积分的推广. 注意广义积分有收敛与发散的概念.

5. 定积分的应用

求定积分的分割、近似替代、求和、取极限等求整体量的方法,在几何学、物理学、经济学等领域中有着广泛的应用. 本章主要介绍了定积分在几何学中的应用.

习　题　7

1. 用定积分的定义计算 $\int_0^1 x\mathrm{d}x$.

2. 用定积分的定义计算由抛物线 $y=x^2+1$ 与直线 $x=a$,$x=b(a<b)$ 以及 x 轴所围成的平面图形的面积.

3.不计算定积分的值,比较下列各对积分的大小:

(1) $\int_1^2 x^2 dx$, $\int_1^2 x^3 dx$;　(2) $\int_1^2 \ln x dx$, $\int_1^2 \ln^2 x dx$;

(3) $\int_0^{\frac{\pi}{2}} x dx$, $\int_0^{\frac{\pi}{2}} \sin x dx$;　(4) $\int_0^1 e^{-x} dx$, $\int_0^1 e^{-x^2} dx$.

4.估计下列各积分的值:

(1) $\int_0^1 e^{x^2} dx$;　(2) $\int_0^1 \frac{x^4}{\sqrt{1+x}} dx$;　(3) $\int_{\frac{1}{\sqrt{3}}}^{\sqrt{3}} x\arctan x dx$.

5.已知 $F(x)=\int_1^x \frac{\sin t}{t} dt$,求 $F'(x)$ 及 $F'\left(\frac{\pi}{2}\right)$.

6.求导数:(1) $\frac{d}{dx}\int_0^{x^2} \frac{1}{\sqrt{1+t^3}} dt$;(2) $\frac{d}{dx}\int_x^2 \frac{1}{\ln t} dt$;(3) $\frac{d}{dx}\int_{x^2}^{\sin x} \sqrt{1+t^2} dt$.

7.计算下列定积分:

(1) $\int_1^e \frac{1}{x} dx$;　(2) $\int_0^1 (3x^2+e^x-1) dx$;　(3) $\int_0^4 \sqrt{x}(1-\sqrt{x}) dx$;

(4) $\int_1^{\sqrt{3}} \frac{1+2x^2}{x^2(1+x^2)} dx$;　(5) $\int_0^{\frac{\pi}{2}} \sin^2 \frac{x}{2} dx$;　(6) $\int_0^{\frac{\pi}{2}} \frac{\cos 2x}{\cos x+\sin x} dx$;

(7) $\int_0^2 \frac{1}{4+x^2} dx$;　(8) $\int_{-1}^1 \frac{1}{4x^2-9} dx$;　(9) $\int_0^1 \frac{x}{\sqrt{1+x^2}} dx$.

8.设 $f(x)$ 在区间 $[0,1]$ 上连续,$f(x)=3x^2+1+x\int_0^1 f(x) dx$,求 $\int_0^1 f(x) dx$ 及 $f(x)$.

9.计算下列定积分:

(1) $\int_0^4 \frac{1}{1+\sqrt{x}} dx$;　(2) $\int_1^8 \frac{1}{x+\sqrt[3]{x}} dx$;　(3) $\int_0^3 \frac{x}{\sqrt{x+1}} dx$;

(4) $\int_4^6 \frac{1}{\sqrt{(x-3)^3}+\sqrt{x-3}} dx$;　(5) $\int_{\ln 3}^{\ln 8} \sqrt{1+e^x} dx$;　(6) $\int_0^{\ln 2} \sqrt{1-e^{-2x}} dx$;

(7) $\int_0^1 x^2 \sqrt{1-x^2} dx$;　(8) $\int_{\frac{\sqrt{2}}{2}}^1 \frac{\sqrt{1-x^2}}{x^2} dx$;　(9) $\int_1^{\sqrt{3}} \frac{1}{x^2\sqrt{1+x^2}} dx$;

(10) $\int_{-\frac{\pi}{4}}^{\frac{\pi}{4}} \frac{\sin^2 x}{1-e^{-x}} dx$(提示:令 $x=-t$);　(11) $\int_0^{\frac{\pi}{2}} \frac{e^{\sin x}}{e^{\sin x}+e^{\cos x}} dx$(提示:令 $x=\frac{\pi}{2}-t$).

10.计算下列定积分.

(1) $\int_0^{e-1} \ln(1+x) dx$;　(2) $\int_0^1 xe^{-x} dx$;　(3) $\int_0^{\frac{\pi}{2}} x\cos 2x dx$;

(4) $\int_0^1 \frac{\ln(1+x)}{(2-x)^2} dx$;　(5) $\int_{-\frac{1}{2}}^{\frac{1}{2}} \frac{x\arcsin x}{\sqrt{1-x^2}} dx$;　(6) $\int_0^{\frac{\pi}{2}} e^{2x}\cos x dx$;

(7) $\int_0^{\pi} e^x \sin^2 x dx$;　(8) $\int_{\frac{\pi}{4}}^{\frac{\pi}{3}} \frac{x}{\sin^2 x} dx$;　(9) $\int_0^1 x\arctan x dx$;

(10) $\int_1^3 \frac{\ln x}{\sqrt{x}} dx$;　(11) $\int_{\frac{1}{e}}^{e} x^2 |\ln x| dx$;　(12) $\int_0^{\pi} x\sqrt{1-\sin^2 x} dx$.

11. 已知函数 $f(x)$ 在若干点的函数值如下表.

x_i	-2	-15	-1	-0.5	0	0.5	1	1.5	2
$f(x_i)$	9	$\frac{15}{4}$	0	$-\frac{9}{4}$	-3	$-\frac{9}{4}$	1	$\frac{15}{4}$	9

试计算积分 $\int_{-2}^{2} f(x)\mathrm{d}x$ 的梯形值 $T_1(f)$， $T_2(f)$， $T_4(f)$ 以及辛普森值 $S_1(f)$， $S_2(f)$.

12. 应用复合梯形和复合辛普森公式计算积分

$$I=\int_0^1 \frac{1}{1+x^2}\mathrm{d}x,$$

并与准确积分值 $I=\frac{\pi}{4}$ 比较(取步长 $h=0.1$，计算结果取 5 位小数).

13. 判断下列广义积分的敛散性，若收敛，则求其值.

(1) $\int_1^{+\infty}\frac{1}{x^4}\mathrm{d}x$； (2) $\int_1^{+\infty}\ln x\mathrm{d}x$； (3) $\int_0^{+\infty}\frac{1}{x^2+2x+2}\mathrm{d}x$；

(4) $\int_0^{+\infty}\frac{1}{\mathrm{e}^x+\mathrm{e}^{-x}}\mathrm{d}x$； (5) $\int_{\mathrm{e}}^{+\infty}\frac{\ln x}{x}\mathrm{d}x$； (6) $\int_1^{+\infty}\frac{1}{x(1+\ln^2 x)}\mathrm{d}x$；

(7) $\int_{-\infty}^{0}\mathrm{e}^x\mathrm{d}x$； (8) $\int_{-\infty}^{+\infty}\frac{2x}{1+x^2}\mathrm{d}x$.

14. 讨论广义积分 $\int_2^{+\infty}\frac{1}{x(\ln x)^k}\mathrm{d}x$ 的敛散性. 且 k 为何值时，该广义积分取得最小值.

15. 求由下列各曲线所围成的平面图形的面积：

(1) $y=\mathrm{e}^x, x=2$ 以及 x 轴，y 轴； (2) $y=\mathrm{e}^x, y=\mathrm{e}^{-x}, x=1$；

(3) $y=x^2-2x+3, y=x+3$； (4) $y=3-x^2, y=2x$；

(5) $y^2=2x, y=x-4$； (6) $y=\sin x, y=\cos x\left(0\leqslant x\leqslant\frac{\pi}{2}\right)$ 及 x 轴；

(7) $y=x^3, x=-1, x=2$ 及 x 轴； (8) $y=\frac{1}{2}(x-1)^2, y=x+3$.

16. 求由曲线 $y=x^3$ 与直线 $x=2$ 及 x 轴所围成的平面图形分别绕 x 轴，y 轴旋转一周所得到的旋转体的体积.

17. 求由曲线 $y=\cos x$ 与直线 $y=2, x=\frac{\pi}{2}$ 及 y 轴所围平面图形的面积，以及该图形绕 x 轴旋转一周所得到的旋转体的体积.

第8章 无穷级数

无穷级数是高等数学的重要组成部分.本章首先引入无穷级数的概念及其基本性质,然后重点讨论常数项级数的敛散性及其判别法,在此基础上,再介绍函数项级数的有关内容,并由此得出关于幂级数的一些最基本的结论.

8.1 常数项级数

在初等数学中遇到的加法,都是有限项的加式.在高等数学和实际应用中,会出现无穷多项相加的情况;而且参与相加的各项有某种规律.常数项级数就是其一.

8.1.1 常数项级数的基本概念

定义 8.1 设 $a_1, a_2, \cdots, a_n, \cdots$ 是一个给定的数列,把它们依次相加得到表达式

$$a_1 + a_2 + \cdots + a_n + \cdots$$

称其为**无穷级数**,简称**级数**,记为 $\sum_{n=1}^{\infty} a_n$;即

$$\sum_{n=1}^{\infty} a_n = a_1 + a_2 + \cdots + a_n + \cdots \tag{8.1}$$

其中,a_1 称为级数的**首项**,a_n 称为级数的**一般项**或**通项**.如果 $a_n (n=1,2,\cdots)$ 均为常数,则称该级数为**常数项级数**;而当 a_n 为函数时,就称该级数为**函数项级数**.

例如,$\sum_{n=1}^{\infty} \frac{1}{n} = 1 + \frac{1}{2} + \frac{1}{3} + \cdots + \frac{1}{n} + \cdots$ 是常数项无穷级数.

将等比数列:$a, aq, aq^2, \cdots, aq^{n-1}, aq^n, \cdots \quad (a \neq 0)$ 各项依次相加得级数

$$\sum_{n=1}^{\infty} aq^{n-1} = a + aq + aq^2 + \cdots + aq^{n-1} + aq^n + \cdots$$

称其为**等比级数**或**几何级数**;数 q 称为等比级数的**公比**.

将级数(式 8.1)的前 n 项之和记为 s_n,即

$$s_n = a_1 + a_2 + \cdots + a_n$$

称其为级数的 n 项部分和,简称**部分和**.当 $n=1$ 时,$s_1 = a_1$,当 $n=2$ 时,$s_2 = a_1 + a_2$;一般地,$s_n = a_1 + a_2 + \cdots + a_n$.于是,得到了一个新的数列,

$$s_1, s_2, \cdots, s_n, \cdots \tag{8.2}$$

称其为级数的**部分和数列**.

定义 8.2 对于级数的部分和数列 $\{s_n\}$，若 $n\to\infty$ 时有极限 s 存在，即有

$$\lim_{n\to\infty}s_n=s$$

则称级数收敛且收敛于 s. s 称为该级数的和，记做 $\sum_{n=1}^{\infty}a_n=s$. 若部分和数列 $\{s_n\}$ 在 $n\to\infty$ 时极限不存在(包括极限为 ∞)，则称级数发散.

由定义 8.2 可知，研究级数的收敛性问题实际上就是研究它的部分和数列的收敛性问题. 因为这包含收敛性与发散性两方面的问题，故又统称为敛散性.

例 8.1 讨论等比级数 $\sum_{n=1}^{\infty}aq^{n-1}(a\neq 0)$ 的敛散性.

解： 设 $|q|\neq 1$ ，作等比级数的部分和

$$s_n=a+aq+\cdots+aq^{n-1}=\frac{a(1-q^n)}{1-q}$$

于是，当 $|q|<1$ 时，

$$\lim_{n\to\infty}s_n=\lim_{n\to\infty}\frac{a(1-q^n)}{1-q}=\frac{a}{1-q}$$

此时，等比级数 $\sum_{n=1}^{\infty}aq^{n-1}$ 收敛，且其和等于 $\frac{a}{1-q}$.

当 $|q|>1$ 时，由于 $\lim_{n\to\infty}q^n=\infty$ ，因此 $\lim_{n\to\infty}s_n=\infty$ ，该等比级数发散.

设 $|q|=1$ ，则或 $q-1$ ，此时 $s_n=na\to\infty(n\to\infty)$ ；或 $q=-1$ ，此时，当 n 为偶数时，$s_n=0$ ，当 n 为奇数时，$s_n=a$ ，从而 $\lim_{n\to\infty}s_n$ 不存在．故当 $|q|=1$ 时，该等比级数发散.

综合上述，关于等比级数 $\sum_{n=1}^{\infty}aq^{n-1}(a\neq 0)$ 的敛散性，有下面的结论：

当 $|q|<1$ 时，级数 $\sum_{n=1}^{\infty}aq^{n-1}$ 收敛，且 $\sum_{n=1}^{\infty}aq^{n-1}=\frac{a}{1-q}$ ；

当 $|q|\geqslant 1$ 时，级数 $\sum_{n=1}^{\infty}aq^{n-1}$ 发散.

例 8.2 讨论级数 $\sum_{n=1}^{\infty}\frac{1}{n(n+1)}$ 的敛散性.

解： 由于 $s_n=\frac{1}{1\cdot 2}+\frac{1}{2\cdot 3}+\cdots+\frac{1}{n(n+1)}=\left(1-\frac{1}{2}\right)+\left(\frac{1}{2}-\frac{1}{3}\right)+\cdots+\left(\frac{1}{n}-\frac{1}{n+1}\right)=1-\frac{1}{n+1}$. 因此，$\lim_{n\to\infty}s_n=\lim_{n\to\infty}\left(1-\frac{1}{n+1}\right)=1$. 故所讨论的级数收敛，且其和等于 1 .

8.1.2 收敛级数的基本性质

性质 8.1 级数 $\sum_{n=1}^{\infty}ka_n$（常数 $k\neq 0$ ）与 $\sum_{n=1}^{\infty}a_n$ 同收敛或同发散，且若 $\sum_{n=1}^{\infty}a_n$ 或 $\sum_{n=1}^{\infty}ka_n$ 收敛. 则 $\sum_{n=1}^{\infty}ka_n=k\sum_{n=1}^{\infty}a_n$.

性质 8.2 若级数 $\sum_{n=1}^{\infty}a_n$ 与 $\sum_{n=1}^{\infty}b_n$ 都收敛，则级数 $\sum_{n=1}^{\infty}(a_n+b_n)$ 与 $\sum_{n=1}^{\infty}(a_n-b_n)$ 也收敛，且

$$\sum_{n=1}^{\infty}(a_n\pm b_n)=\sum_{n=1}^{\infty}a_n\pm\sum_{n=1}^{\infty}b_n.$$

性质 8.3 在级数前面加上有限项或去掉有限项，或改变有限项，不会影响级数的敛散性(在收敛的情形下，级数的和可能改变).

性质 8.4 将收敛级数任意加括号后得到的新级数仍然收敛，且与原级数有相同的和.

由性质 8.4 可知，发散级数去括号后必是发散级数. 但应该注意，发散级数加括号后得到的新级数可能收敛. 或者说，一个级数加括号后得到的新级数收敛，而原来的级数不一定收敛. 这也就是说，一个收敛级数去括号后得到的新级数可能发散. 例如，级数

$$(1-1)+(1-1)+\cdots+(1-1)+\cdots$$

收敛，且其和等于 0. 但去括号得到的级数

$$1-1+1-1+\cdots+(-1)^{n-1}+\cdots$$

发散(参见例 8.3(2)).

性质 8.5 若级数 $\sum\limits_{n=1}^{\infty}a_n$ 收敛，则必有 $\lim\limits_{n\to\infty}a_n=0$.

设 $\sum\limits_{n=1}^{\infty}a_n=s$；由 $s_n=a_1+a_2+\cdots+a_{n-1}+a_n=s_{n-1}+a_n$，有 $a_n=s_n-s_{n-1}$. 因此，

$$\lim_{n\to\infty}a_n=\lim_{n\to\infty}(s_n-s_{n-1})=\lim_{n\to\infty}s_n-\lim_{n\to\infty}s_{n-1}=s-s=0$$

由性质 8.5 知，若数列 $\{a_n\}$ 收敛，但 $\lim\limits_{n\to\infty}a_n\neq 0$，或 $\lim\limits_{n\to\infty}a_n$ 不存在，则级数 $\sum\limits_{n=1}^{\infty}a_n$ 必发散.

例 8.3 讨论下列级数的敛散性.

(1) $\sum\limits_{n=1}^{\infty}\left(\dfrac{n}{n+1}\right)^n$；　　(2) $\sum\limits_{n=1}^{\infty}(-1)^{n-1}$

解：(1)由于 $\lim\limits_{n\to\infty}a_n=\lim\limits_{n\to\infty}\left(\dfrac{n}{n+1}\right)^n=\lim\limits_{n\to\infty}\dfrac{1}{\left(1+\dfrac{1}{n}\right)^n}=\dfrac{1}{\mathrm{e}}\neq 0$；故级数 $\sum\limits_{n=1}^{\infty}(\dfrac{n}{n+1})^n$ 发散.

(2)由于 $\lim\limits_{n\to\infty}(-1)^{n-1}$ 不存在；因此，级数 $\sum\limits_{n=1}^{\infty}(-1)^{n-1}$ 发散.

8.2 常数项级数的收敛判别法

能用定义来判断敛散性的级数是很有限的，当定义无法判别时，必须另行寻求级数的敛散性判别法.

8.2.1 正项级数及其敛散性判别法

若级数 $\sum\limits_{n=1}^{\infty}a_n$ 中的每一项 $a_n\geqslant 0\ \ (n=1,2,\cdots)$，则称级数 $\sum\limits_{n=1}^{\infty}a_n$ 为**正项级数**.

定理 8.1 正项级数 $\sum\limits_{n=1}^{\infty}a_n$ 收敛的充分必要条件是，它的部分和数列 $\{s_n\}$ 有界.

先看必要性，若正项级数 $\sum\limits_{n=1}^{\infty}a_n$ 收敛，则它的部分和数列 $\{s_n\}$ 收敛. 根据数列极限性质 3.2 知，$\{s_n\}$ 有界.

再看充分性，由于正项级数的每一项 $a_n\geqslant 0$，而 $s_{n+1}=s_n+a_n$；因此，$s_n\leqslant s_{n+1}$；即数列 $\{s_n\}$ 是单调递增数列. 又由假设 $\{s_n\}$ 有界，据 4.1.5 节准则 4.2 知，数列 $\{s_n\}$ 收敛. 故级数 $\sum\limits_{n=1}^{\infty}a_n$ 收敛.

例 8.4 应用定理 8.1 可以证明(证明从略) p 级数 $\sum\limits_{n=1}^{\infty}\dfrac{1}{n^p}$，当 $p>1$ 时收敛，当 $p<1$ 时发散. 特别当 $p=1$ 时，级数 $\sum\limits_{n=1}^{\infty}\dfrac{1}{n}$ 称为**调和级数**，它是发散的.

定理 8.2 设 $\sum_{n=1}^{\infty} a_n$ 与 $\sum_{n=1}^{\infty} b_n$ 都是正项级数，且有

$$a_n \leqslant b_n \quad (n=1,2,\cdots) \tag{8.3}$$

则(1)若级数 $\sum_{n=1}^{\infty} b_n$ 收敛，则级数 $\sum_{n=1}^{\infty} a_n$ 也收敛；

(2)若级数 $\sum_{n=1}^{\infty} a_n$ 发散，则级数 $\sum_{n=1}^{\infty} b_n$ 也发散.

若以 s_n, σ_n 分别表示 $\sum_{n=1}^{\infty} a_n$ 与 $\sum_{n=1}^{\infty} b_n$ 的前 n 项部分和. 由式 8.3 可知

$$s_n \leqslant \sigma_n \quad (n=1,2,\cdots).$$

(1) 由假设 $\sum_{n=1}^{\infty} b_n$ 收敛，据定理 8.1 知，数列 $\{\sigma_n\}$ 有界，因而数列 $\{s_n\}$ 也有界. 再由定理 8.1 知，级数 $\sum_{n=1}^{\infty} a_n$ 收敛.

(2) 若级数 $\sum_{n=1}^{\infty} a_n$ 发散，则据定理 8.1 知，数列 $\{s_n\}$ 无界，从而数列 $\{\sigma_n\}$ 无界. 再据定理 8.1 知，级数 $\sum_{n=1}^{\infty} b_n$ 发散.

由性质 8.3 可知，若不等式 8.3 只对足够大的 n 成立，则定理 8.2 的结论仍然成立，即级数前面有限项的变化不影响级数的敛散性.

例 8.5 讨论级数 $\sum_{n=1}^{\infty} \frac{n+1}{n^2+5n+2}$ 的敛散性.

解：由于 $\frac{n+1}{n^2+5n+2} > \frac{n+1}{n^2+5n+2+n+3} = \frac{n+1}{n^2+6n+5} = \frac{n+1}{(n+1)(n+5)} = \frac{1}{n+5} > \frac{1}{7n}$，而调和级数 $\sum_{n=1}^{\infty} \frac{1}{n}$ 发散，从而 $\sum_{n=1}^{\infty} \frac{1}{7n}$ 发散，根据比较判别法知，正项级数 $\sum_{n=1}^{\infty} \frac{n+1}{n^2+5n+2}$ 发散.

例 8.6 讨论级数 $\sum_{n=1}^{\infty} \frac{2+(-1)^n}{2^n}$ 的敛散性.

解：所讨论的级数是正项级数. 由于 $\frac{2+(-1)^n}{2^n} \leqslant \frac{3}{2^n}$，而 $\sum_{n=1}^{\infty} \frac{3}{2^n}$ 是公比为 $\frac{1}{2}$ 的等比级数，从而收敛. 故由比较判别法知，级数 $\sum_{n=1}^{\infty} \frac{2+(-1)^n}{2^n}$ 收敛.

比较判别法需要建立两正项级数的一般项之间的不等式关系，这有一定的困难. 下面给出比较判别法的极限形式.

定理 8.3 （极限形式的比较判别法）假设级数 $\sum_{n=1}^{\infty} a_n$ 与 $\sum_{n=1}^{\infty} b_n$ 均为正项级数，$b_n \neq 0 \quad (n=1,2,\cdots)$，且 $\lim_{n\to\infty} \frac{a_n}{b_n} = l$，其中 l 为有限数或 $+\infty$，那么

(1) 当 $0 < l < +\infty$ 时，级数 $\sum_{n=1}^{\infty} a_n$ 与 $\sum_{n=1}^{\infty} b_n$ 同时收敛或同时发散；

(2) 当 $l = 0$ 时，若级数 $\sum_{n=1}^{\infty} b_n$ 收敛，则级数 $\sum_{n=1}^{\infty} a_n$ 收敛；

(3) 当 $l = +\infty$ 时，若级数 $\sum_{n=1}^{\infty} b_n$ 发散，则级数 $\sum_{n=1}^{\infty} a_n$ 发散.

应用比较判别法来判断一正项级数 $\sum_{n=1}^{\infty} a_n$ 的敛散性时，常常将级数 $\sum_{n=1}^{\infty} b_n$ 取成等比级数或 p 级数加以比较.

例 8.7 讨论下列正项级数的敛散性：

(1) $\sum_{n=1}^{\infty} \sin \frac{x}{n} \quad (0 < x < \pi)$；(2) $\sum_{n=1}^{\infty} \left(1 - \cos \frac{\pi}{n}\right)$.

解：(1)由于 $\lim\limits_{n\to\infty} \sin \frac{x}{n} \Big/ \frac{x}{n} = 1$，而调和级数 $\sum_{n=1}^{\infty} \frac{1}{n}$ 发散，从而 $\sum_{n=1}^{\infty} \frac{x}{n} (0 < x < \pi)$ 发散；故级数 $\sum_{n=1}^{\infty} \sin \frac{x}{n}$ 也发散.

(2) 由于 $\lim\limits_{n\to\infty} \left(1 - \cos \frac{\pi}{n}\right) \Big/ \left(\frac{\pi}{n}\right)^2 = \frac{1}{2}$，而级数 $\sum_{n=1}^{\infty} \left(\frac{\pi}{n}\right)^2 = \sum_{n=1}^{\infty} \frac{\pi^2}{n^2}$ 收敛，故级数 $\sum_{n=1}^{\infty} \left(1 - \cos \frac{\pi}{n}\right)$ 收敛.

定理 8.4 （比值判别法）设 $\sum_{n=1}^{\infty} a_n$ 为正项级数，且 $\lim\limits_{n\to\infty} \frac{a_{n+1}}{a_n} = \rho$，则当 $\rho < 1$ 时，级数 $\sum_{n=1}^{\infty} a_n$ 收敛；当 $\rho > 1$ 时，级数 $\sum_{n=1}^{\infty} a_n$ 发散.

例 8.8 讨论下列正项级数的敛散性.

(1) $\sum_{n=1}^{\infty} \frac{n+1}{2^n}$； (2) $\sum_{n=1}^{\infty} \frac{4^n}{n^4 3^n}$； (3) $\sum_{n=1}^{\infty} \frac{n!}{e^n}$.

解：(1)由于 $\lim\limits_{n\to\infty} \frac{n+2}{2^{n+1}} \Big/ \frac{n+1}{2^n} = \lim\limits_{n\to\infty} \frac{n+2}{2(n+1)} = \frac{1}{2} < 1$，因此级数 $\sum_{n=1}^{\infty} \frac{n+1}{2^n}$ 收敛.

(2)由于 $\lim\limits_{n\to\infty} \frac{4^{n+1}}{(n+1)^4 3^{n+1}} \Big/ \frac{4^n}{n^4 3^n} = \lim\limits_{n\to\infty} \frac{4}{3} \left(\frac{n}{n+1}\right)^4 = \frac{4}{3} > 1$，因此级数 $\sum_{n=1}^{\infty} \frac{4^n}{n^4 3^n}$ 发散.

(3)由于 $\lim\limits_{n\to\infty} \frac{(n+1)!}{e^{n+1}} \Big/ \frac{n!}{e^n} = \lim\limits_{n\to\infty} \frac{n+1}{e} = +\infty$，因此级数 $\sum_{n=1}^{\infty} \frac{n!}{e^n}$ 发散.

8.2.2 任意项级数

如果一个级数 $\sum_{n=1}^{\infty} a_n$ 的每一项 a_n 可为正数、负数或零，则称这个级数为**任意项级数**或**一般项级数**.

1. 交错级数

设 $a_n > 0 (n = 1, 2, \cdots)$，则级数 $\sum_{n=1}^{\infty} (-1)^{n-1} a_n$ 或 $\sum_{n=1}^{\infty} (-1)^n a_n$ 称为**交错级数**. 关于交错级数的敛散性，有下面的莱布尼茨判别法.

定理 8.5 （莱布尼茨定理）若交错级数 $\sum_{n=1}^{\infty} (-1)^n a_n$ 满足条件：

(1) $a_n \geqslant a_{n+1} (n = 1, 2, \cdots)$； (2) $\lim\limits_{n\to\infty} a_n = 0$.

则级数 $\sum_{n=1}^{\infty} (-1)^{n-1} a_n$ 收敛，且其和 $s \leqslant a_1$.

注：① 定理中的条件(1)可以改为 $a_n \geqslant a_{n+1}$ ($n = k, k+1, \cdots$，k 为某一正整数).

② 对于交错级数 $\sum_{n=1}^{\infty} (-1)^{n-1} a_n$，莱布尼茨定理仍然成立.

例 8.9 讨论下列交错级数的敛散性.

(1) $\sum\limits_{n=1}^{\infty}(-1)^{n+1}\dfrac{2n+1}{n(n+1)}$；　(2) $\sum\limits_{n=1}^{\infty}(-1)^{n-1}\dfrac{2n-1}{n^2}$.

解:(1) 由于 $\dfrac{a_{n+1}}{a_n}=\dfrac{2n+3}{(n+1)(n+2)}\Big/\dfrac{2n+1}{n(n+1)}=\dfrac{n(2n+3)}{(2n+1)(n+2)}=\dfrac{2n^2+3n}{2n^2+5n+2}<1$，即有 $a_{n+1}<a_n$，又 $\lim\limits_{n\to\infty}a_n=\lim\limits_{n\to\infty}\dfrac{2n+1}{n(n+1)}=0$，因此据莱布尼茨定理知，该级数收敛.

(2)令 $f(x)=\dfrac{2x-1}{x^2}$，则 $f'(x)=\dfrac{2(1-x)}{x^3}<0\quad(x>1)$. 因此，当 $x>1$ 时，函数 $f(x)$ 严格单调递减，从而 $\left\{\dfrac{2n-1}{n^2}\right\}$ 是严格单调递减数列($n>1$)，即

$$\frac{2n-1}{n^2}>\frac{2(n+1)-1}{(n+1)^2}\quad(n=2,3,\cdots)$$

又有
$$\lim_{n\to\infty}\frac{2n-1}{n^2}=0$$

故由莱布尼茨定理知，该级数收敛.

2. 绝对收敛和条件收敛

设 $\sum\limits_{n=1}^{\infty}a_n$ 是任意项级数. 若级数 $\sum\limits_{n=1}^{\infty}|a_n|$ 收敛，则称级数 $\sum\limits_{n=1}^{\infty}a_n$ **绝对收敛**. 若 $\sum\limits_{n=1}^{\infty}|a_n|$ 发散，但 $\sum\limits_{n=1}^{\infty}a_n$ 收敛，则称级数 $\sum\limits_{n=1}^{\infty}a_n$ **条件收敛**.

定理 8.6 若级数 $\sum\limits_{n=1}^{\infty}a_n$ 绝对收敛，则它必收敛.

令 $p_n=\dfrac{|a_n|+a_n}{2},\quad q_n=\dfrac{|a_n|-a_n}{2}$

则 $a_n=p_n-q_n$，且 $p_n\geqslant 0,\quad q_n\geqslant 0$；因此，$\sum\limits_{n=1}^{\infty}p_n$、$\sum\limits_{n=1}^{\infty}q_n$ 都是正项级数.

由于 $p_n\leqslant|a_n|,\quad q_n\leqslant|a_n|$，以及假设 $\sum\limits_{n=1}^{\infty}|a_n|$ 收敛；因此，由定理 8.2 知，$\sum\limits_{n=1}^{\infty}p_n$ 与 $\sum\limits_{n=1}^{\infty}q_n$ 都收敛，从而级数 $\sum\limits_{n=1}^{\infty}a_n=\sum\limits_{n=1}^{\infty}(p_n-q_n)$ 收敛.

正项级数的收敛判别法可以用来判别任意项级数的绝对收敛性.

例 8.10 由例 8.4 可知，级数 $\sum\limits_{n=1}^{\infty}(-1)^{n-1}\dfrac{1}{n^p}$ 当 $p>1$ 时，绝对收敛；当 $0<p\leqslant 1$ 时，条件收敛.

例 8.11 讨论下列级数的绝对收敛性. 若不绝对收敛，则是否条件收敛?

(1) $\sum\limits_{n=1}^{\infty}(-1)^{n-1}\dfrac{n+3}{2n+1}$；　(2) $\sum\limits_{n=1}^{\infty}\dfrac{\cos n\alpha}{n\sqrt{n}}$（$\alpha$ 为常数）；

(3) $\sum\limits_{n=1}^{\infty}(-1)^{n-1}\dfrac{n}{2^n}$；　(4) $\sum\limits_{n=1}^{\infty}(-1)^{n-1}\dfrac{\sqrt{n}}{n+100}$.

解:(1)由于 $\lim\limits_{n\to\infty}\dfrac{n+3}{2n+1}=\dfrac{1}{2}$，因此 $\lim\limits_{n\to\infty}(-1)^{n-1}\dfrac{n+3}{2n+1}$ 不存在. 故级数 $\sum\limits_{n=1}^{\infty}(-1)^{n-1}\dfrac{n+3}{2n+1}$ 发散，从而不绝对收敛.

(2)由于 $\left|\dfrac{\cos n\alpha}{n\sqrt{n}}\right|\leqslant\dfrac{1}{n\sqrt{n}}=\dfrac{1}{n^{3/2}}$，$\sum\limits_{n=1}^{\infty}\dfrac{1}{n^{3/2}}$ 收敛，因此级数 $\sum\limits_{n=1}^{\infty}\left|\dfrac{\cos n\alpha}{n\sqrt{n}}\right|$ 收敛. 故级数 $\sum\limits_{n=1}^{\infty}\dfrac{\cos n\alpha}{n\sqrt{n}}$ 绝对收敛.

(3)由于 $\lim\limits_{n\to\infty}\left|(-1)^n\frac{n+1}{2^{n+1}}\right|\Big/\left|(-1)^{n-1}\frac{n}{2^n}\right|=\lim\limits_{n\to\infty}\frac{n+1}{2n}=\frac{1}{2}<1$，级数 $\sum\limits_{n=1}^{\infty}\left|(-1)^{n-1}\frac{n}{2^n}\right|$ 收敛. 故级数 $\sum\limits_{n=1}^{\infty}(-1)^{n-1}\frac{n}{2^n}$ 绝对收敛.

(4)由于 $\sum\limits_{n=1}^{\infty}\left|(-1)^{n-1}\frac{\sqrt{n}}{n+100}\right|=\sum\limits_{n=1}^{\infty}\frac{\sqrt{n}}{n+100}$，$\lim\limits_{n\to\infty}\frac{\sqrt{n}}{(n+100)}\Big/\frac{1}{\sqrt{n}}=\lim\limits_{n\to\infty}\frac{n}{n+100}=1$，级数 $\sum\limits_{n=1}^{\infty}\frac{1}{\sqrt{n}}$ 发散；因此根据比较判别法知，级数 $\sum\limits_{n=1}^{\infty}\frac{\sqrt{n}}{n+100}$ 发散. 但是 $\lim\limits_{n\to\infty}\frac{\sqrt{n}}{n+100}=0$.

若令 $f(x)=\frac{\sqrt{x}}{x+100}$，则 $f'(x)=\frac{100-x}{2\sqrt{x}(x+100)^2}<0\quad(x>100)$.

因此，当 $n>100$ 时，$\frac{\sqrt{n}}{n+100}$ 严格单调递减，即有 $a_n=\frac{\sqrt{n}}{n+100}>\frac{\sqrt{n+1}}{n+1+100}=a_{n+1}$.

由莱布尼茨判别法知交错级数 $\sum\limits_{n=1}^{\infty}(-1)^{n-1}\frac{\sqrt{n}}{n+100}$ 收敛，故条件收敛.

8.3 幂 级 数

考察形如

$$\sum_{n=0}^{\infty}a_nx^n=a_0+a_1x+a_2x^2+\cdots+a_nx^n+\cdots\tag{8.4}$$

的级数，其中 x 是自变量，$a_0,a_1,a_2,\cdots,a_n,\cdots$ 都是给定的实数；称式 8.4 为 x 的**幂级数**，$a_n(n=0,1,2,\cdots)$ 称为幂级数的**系数**.

任取一个实数 $x=x_0$，由幂级数(式 8.4)得相应的常数项级数

$$\sum_{n=0}^{\infty}a_nx_0^n=a_0+a_1x_0+a_2x_0^2+\cdots+a_nx_0^n+\cdots\tag{8.5}$$

若级数(式 8.5)收敛，则称幂级数(式 8.4)在点 x_0 处收敛，x_0 称为**收敛点**. 若级数(式 8.5)发散，则称幂级数(式 8.4)在点 x_0 处发散，x_0 称为**发散点**. 幂级数(式 8.4)的全体收敛点的集合称为该幂级数的**收敛域**；全体发散点的集合称为**发散域**.

幂级数(式 8.4)对其收敛域上的每一个 x 值都有一个和，记为 $s(x)$，即

$$s(x)=a_0+a_1x+a_2x^2+\cdots+a_nx^n+\cdots$$

显然 $s(x)$ 是定义在幂级数(式 8.4)的收敛域上的函数，称为幂级数(式 8.4)的**和函数**.

形如

$$\sum_{n=0}^{\infty}a_n(x-x_0)^n=a_0+a_1(x-x_0)+a_2(x-x_0)^2+\cdots+a_n(x-x_0)^n+\cdots$$

的级数称为关于 $(x-x_0)$ 的幂级数. 这类幂级数可以通过变换 $t=x-x_0$ 化为形如式 8.4 的形式 $\sum\limits_{n=0}^{\infty}a_nt^n$. 这就是为什么主要讨论幂级数(式 8.4)的原因.

8.3.1 幂级数的收敛半径和收敛区间

关于幂级数，首要解决的问题是，x 在什么变化范围内幂级数收敛.

定理 8.7 （阿贝尔定理）若幂级数 $\sum_{n=0}^{\infty}a_nx^n$ 在点 $x_0(x_0\neq 0)$ 处收敛，则对于满足 $|x|<|x_0|$ 的一切 x，该级数绝对收敛；反之，若级数 $\sum_{n=0}^{\infty}a_nx^n$ 在点 x_0 处发散，则对于满足 $|x|>|x_0|$ 的一切 x，该级数发散.

为说明定理的正确性，设级数 $\sum_{n=0}^{\infty}a_nx_0^n(x_0\neq 0)$ 收敛，则据级数收敛的必要条件，有 $\lim\limits_{n\to\infty}a_nx_0^n=0$. 因此，存在正数 M，使得 $|a_nx_0^n|\leqslant M\quad(n=0,1,2,\cdots)$，从而有

$$|a_nx^n|=\left|a_nx_0^n\cdot\frac{x^n}{x_0^n}\right|=|a_nx_0^n|\cdot\left|\frac{x}{x_0}\right|^n\leqslant M\left|\frac{x}{x_0}\right|^n$$

若 $|x|<|x_0|$，则 $\left|\frac{x}{x_0}\right|<1$，因而等比级数 $\sum_{n=0}^{\infty}M\left|\frac{x}{x_0}\right|^n$ 收敛. 由正项级数的比较判别法知，$\sum_{n=0}^{\infty}|a_nx^n|$ 收敛，即幂级数 $\sum_{n=0}^{\infty}a_nx^n$ 绝对收敛.

现用反证法来说明定理的第二部分. 设幂级数 $\sum_{n=0}^{\infty}a_nx^n$ 在点 x_0 处发散，而存在点 x_1 满足 $|x_1|>|x_0|$，使得级数 $\sum_{n=0}^{\infty}a_nx_1^n$ 收敛. 则据定理的前半部分知，幂级数在点 x_0 处绝对收敛，因而收敛. 这与假设矛盾.

上述结论揭示了幂级数收敛区域的特定结构.

(1)对于任何幂级数 $\sum_{n=0}^{\infty}a_nx^n$，原点 $x_0=0$ 必为它的收敛点.

(2)若一个幂级数 $\sum_{n=0}^{\infty}a_nx^n$ 除了原点外，再没有收敛点，则它的收敛域是 $\{0\}$. 若一个幂级数 $\sum_{n=0}^{\infty}a_nx^n$ 没有发散点，则它在 $(-\infty,+\infty)$ 内的每一点都绝对收敛，收敛域为 $(-\infty,+\infty)$.

(3)若一个幂级数 $\sum_{n=0}^{\infty}a_nx^n$ 不仅在 $x=0$ 收敛，还在其他点处收敛，但又不是在整个数轴上都收敛，则由阿贝尔定理知，必存在一个完全确定的正数 R，它具有这样的性质：

① 当 $x\in(-R,R)$ 时，幂级数 $\sum_{n=0}^{\infty}a_nx^n$ 绝对收敛；

② 当 $x\in(-\infty,-R)\cup(R,+\infty)$ 时，幂级数 $\sum_{n=0}^{\infty}a_nx^n$ 发散；

③ 当 $x=R$ 或 $x=-R$ 时，幂级数 $\sum_{n=0}^{\infty}a_nx^n$ 可能收敛也可能发散. 这样的正数 R 称为幂级数 $\sum_{n=0}^{\infty}a_nx^n$ 的**收敛半径**，$(-R,R)$ 称为**收敛区间**. 若幂级数 $\sum_{n=0}^{\infty}a_nx^n$ 在 $x=R$ 及 $-R$ 均发散，则它的收敛域为 $(-R,R)$. 若幂级数在 R(或 $-R$)收敛，则它的收敛域为 $(-R,R]$(或 $[-R,R)$). 若幂级数 $\sum_{n=0}^{\infty}a_nx^n$ 在 R 及 $-R$ 都收敛，则它的收敛域是 $[-R,R]$.

若幂级数 $\sum_{n=0}^{\infty}a_nx^n$ 仅在 $x=0$ 处收敛，则规定它的收敛半径 $R=0$，此时收敛域为 $\{0\}$. 若幂级数 $\sum_{n=0}^{\infty}a_nx^n$ 对一切实数 x 都收敛，则规定它的收敛半径 $R=+\infty$，此时收敛区间为 $(-\infty,+\infty)$，它也是收敛域.

请注意，也有作者把幂级数的收敛域称为幂级数的收敛区间(除了收敛域是 $\{0\}$).

可以利用幂级数的相邻前后项系数之比的极限来求幂级数的收敛半径.

定理 8.8 设幂级数的所有系数 $a_n \neq 0$；若 $\lim\limits_{n\to\infty}\left|\dfrac{a_{n+1}}{a_n}\right| = \rho$，则

(1)当 $\rho \in (0,+\infty)$ 时，幂级数(式 8.4)的收敛半径 $R = 1/\rho$；

(2)当 $\rho = 0$ 时，幂级数(式 8.4)的收敛半径 $R = +\infty$；

(3)当 $\rho = +\infty$ 时，幂级数(式 8.4)的收敛半径 $R = 0$.

例 8.12 求下列幂级数的收敛半径和收敛域：

(1) $\sum\limits_{n=0}^{\infty} n!x^n$； (2) $\sum\limits_{n=0}^{\infty}\dfrac{1}{n!}x^n$； (3) $\sum\limits_{n=0}^{\infty}(-1)^n\dfrac{x^n}{2^n}$； (4) $\sum\limits_{n=0}^{\infty}(-1)^n\dfrac{x^n}{n2^n}$.

解：(1)由 $\lim\limits_{n\to\infty}\left|\dfrac{(n+1)!}{n!}\right| = \lim\limits_{n\to\infty}(n+1) = +\infty$ 可知，所给幂级数的收敛半径 $R = 0$，收敛域为 $\{0\}$.

(2)由 $\lim\limits_{n\to\infty}\left|\dfrac{1}{(n+1)!}\right| \Big/ \left|\dfrac{1}{n!}\right| = \lim\limits_{n\to\infty}\dfrac{1}{n+1} = 0$ 可知，所给幂级数的收敛半径 $R = +\infty$，收敛域为 $(-\infty,+\infty)$.

(3)由 $\lim\limits_{n\to\infty}\left|(-1)^{n+1}\dfrac{1}{2^{n+1}}\right| \Big/ \left|(-1)^n\dfrac{1}{2^n}\right| = \lim\limits_{n\to\infty}\dfrac{1}{2} = \dfrac{1}{2}$ 可知，所给幂级数的收敛半径 $R = 2$，收敛区间为 $(-2,2)$.

当 $x = 2$ 时，所给级数成为 $\sum\limits_{n=0}^{\infty}(-1)^n\dfrac{2^n}{2^n} = \sum\limits_{n=0}^{\infty}(-1)^n$；该级数发散. 当 $x = -2$ 时，级数变为 $\sum\limits_{n=0}^{\infty}(-1)^n\dfrac{(-2)^n}{2^n} = \sum\limits_{n=0}^{\infty}1$；该级数发散. 故所给幂级数的收敛域为 $(-2,2)$.

(4)由 $\lim\limits_{n\to\infty}\left|(-1)^{n+1}\dfrac{1}{(n+1)2^{n+1}}\right| \Big/ \left|(-1)^n\dfrac{1}{n2^n}\right| = \lim\limits_{n\to\infty}\dfrac{n}{2(n+1)} = \dfrac{1}{2}$ 可知，所给幂级数的收敛半径 $R = 2$，收敛区间为 $(-2,2)$.

当 $x = 2$ 时，所给级数成为 $\sum\limits_{n=0}^{\infty}(-1)^n\dfrac{1}{n}$；该级数收敛. 当 $x = -2$ 时，级数变为 $\sum\limits_{n=0}^{\infty}\dfrac{1}{n}$；该级数是调和级数，因而发散. 故所求收敛域为 $(-2,2]$.

幂级数 $\sum\limits_{n=0}^{\infty}a_n(x-x_0)^n$ 的收敛半径与 $\sum\limits_{n=0}^{\infty}a_nx^n$ 的收敛半径相同，求收敛半径的方法也相同.

例 8.13 求幂级数 $\sum\limits_{n=1}^{\infty}\dfrac{(x-2)^n}{n^2}$ 的收敛半径和收敛域.

解：由于 $\lim\limits_{n\to\infty}\left|\dfrac{1}{(n+1)^2}\Big/\dfrac{1}{n^2}\right| = \lim\limits_{n\to\infty}\dfrac{n^2}{(n+1)^2} = 1$，因此幂级数 $\sum\limits_{n=1}^{\infty}\dfrac{(x-2)^n}{n^2}$ 的收敛半径 $R = 1$.

当 $-1 < x-2 < 1$，即 $1 < x < 3$ 时，$\sum\limits_{n=1}^{\infty}\dfrac{(x-2)^n}{n^2}$ 绝对收敛.

当 $x = 3$ 时，级数变为 $\sum\limits_{n=1}^{\infty}\dfrac{(3-2)^n}{n^2} = \sum\limits_{n=1}^{\infty}\dfrac{1}{n^2}$；因而收敛. 当 $x = 1$ 时，级数变为 $\sum\limits_{n=1}^{\infty}\dfrac{(1-2)^n}{n^2} = \sum\limits_{n=1}^{\infty}(-1)^n\dfrac{1}{n^2}$；因而收敛. 故幂级数 $\sum\limits_{n=1}^{\infty}\dfrac{(x-2)^n}{n^2}$ 的收敛域为 $[1,3]$.

下面的级数

$$\sum_{n=0}^{\infty}a_nx^{2n},\ \sum_{n=0}^{\infty}a_nx^{2n+1},\ \sum_{n=0}^{\infty}a_n(x-x_0)^{2n},\ \sum_{n=0}^{\infty}a_n(x-x_0)^{2n+1}$$

又称为**缺项幂级数**.关于缺项幂级数的收敛半径和收敛域的求法可以参考绝对收敛性.

例 8.14 求下列幂级数的收敛半径和收敛域:

(1) $\sum\limits_{n=1}^{\infty}\frac{1}{2^n}x^{2n-1}$; (2) $\sum\limits_{n=0}^{\infty}(-1)^n\frac{(x+1)^{2n}}{(3n+1)\cdot 6^n}$.

解:(1)因为有 $\lim\limits_{n\to\infty}\left|\frac{1}{2^{n+1}}x^{2(n+1)+1}\right|\Big/\left|\frac{1}{2^n}x^{2n-1}\right|=\frac{1}{2}x^2$;所以,

当 $\frac{1}{2}x^2<1$ 时,即 $|x|<\sqrt{2}$ 时,所给幂级数绝对收敛;因此收敛半径 $R=\sqrt{2}$.

当 $x=\sqrt{2}$ 时,所给级数变为 $\sum\limits_{n=1}^{\infty}\frac{1}{2^n}(\sqrt{2})^{2n-1}=\sum\limits_{n=1}^{\infty}\frac{1}{\sqrt{2}}$;因而发散;

当 $x=-\sqrt{2}$ 时,所给级数变为 $\sum\limits_{n=1}^{\infty}\frac{1}{2^n}(-\sqrt{2})^{2n-1}=\sum\limits_{n=1}^{\infty}(-\frac{1}{\sqrt{2}})$,因而发散.故所给幂级数的收敛域为 $(-\sqrt{2},\sqrt{2})$.

(2)因为有 $\lim\limits_{n\to\infty}\left|\frac{(-1)^{n+1}(x+1)^{2n+2}}{(3n+4)\cdot 6^{n+1}}\right|\Big/\left|\frac{(-1)^n(x+1)^{2n}}{(3n+1)\cdot 6^n}\right|=\frac{1}{6}|x+1|^2$.所以,

当 $\frac{1}{6}|x+1|^2<1$,即 $|x+1|<\sqrt{6}$,亦即 $-\sqrt{6}-1<x<\sqrt{6}-1$ 时,所给幂级数绝对收敛,收敛半径 $R=\sqrt{6}$.

当 $x=\pm\sqrt{6}-1$ 时,所给级数变为 $\sum\limits_{n=0}^{\infty}(-1)^n\frac{(\pm\sqrt{6}-1+1)^{2n}}{(3n+1)\cdot 6^n}=\sum\limits_{n=0}^{\infty}(-1)^n\frac{1}{3n+1}$.

该交错级数满足莱布尼茨定理的条件,故收敛.得该幂级数的收敛域为 $[-\sqrt{6}-1,\sqrt{6}-1]$.

8.3.2 幂级数的代数运算与分析运算性质

(1)设幂级数 $\sum\limits_{n=0}^{\infty}a_nx^n$ 、$\sum\limits_{n=0}^{\infty}b_nx^n$ 的收敛半径分别为 R_1 、R_2 ,记 $R=\min\{R_1,R_2\}$,则这两个幂级数可以进行如下的代数运算:

① $\sum\limits_{n=0}^{\infty}a_nx^n\pm\sum\limits_{n=0}^{\infty}b_nx^n=\sum\limits_{n=0}^{\infty}(a_n\pm b_n)x^n,x\in(-R,R)$;

② $\sum\limits_{n=0}^{\infty}ka_nx^n=k\sum\limits_{n=0}^{\infty}a_nx^n$, k 为一给定常数, $x\in(-R,R)$;

③ $(\sum\limits_{n=0}^{\infty}a_nx^n)(\sum\limits_{n=0}^{\infty}b_nx^n)=\sum\limits_{n=0}^{\infty}c_nx^n$,其中 $c_n=a_0b_n+a_1b_{n-1}+\cdots+a_nb_0$, $x\in(-R,R)$.

(2)关于幂级数 $\sum\limits_{n=0}^{\infty}a_nx^n$ 的和函数 $s(x)=a_0+a_1x+a_2x^2+\cdots+a_nx^n+\cdots$ 的连续性、可导性及可积性,有下面的定理.

定理 8.9 设幂级数 $\sum\limits_{n=0}^{\infty}a_nx^n$ 的收敛半径为 $R(0<R\leqslant+\infty)$;那么,

① 和函数 $s(x)$ 在区间 $(-R,R)$ 内是连续的;且若 $x=R$ (或 $-R$)时 $\sum\limits_{n=0}^{\infty}a_nx^n$ 收敛,则 $s(x)$ 在 $x=R$ (或 $-R$)也连续.

② 和函数 $s(x)$ 在区间 $(-R,R)$ 内可积,且可逐项积分,即有

$$\int_0^x s(t)\mathrm{d}t=\sum_{n=0}^{\infty}\int_0^x a_nt^n\mathrm{d}t=\sum_{n=0}^{\infty}\frac{a_n}{n+1}x^{n+1},\quad x\in(-R,R)$$

若 $x=R$（或 $-R$）时 $\sum\limits_{n=0}^{\infty}a_nx^n$ 收敛，则逐项积分得到的级数 $\sum\limits_{n=0}^{\infty}\dfrac{a_n}{n+1}x^{n+1}$ 在 $x=R$（或 $-R$）处上式仍然成立.

③ 和函数 $s(x)$ 在区间 $(-R,R)$ 内可导，且可逐项求导数，即有

$$s'(x)=\sum_{n=0}^{\infty}(a_nx^n)'=\sum_{n=1}^{\infty}na_nx^{n-1},\quad x\in(-R,R)$$

若逐项求导得到的级数 $\sum\limits_{n=1}^{\infty}na_nx^{n-1}$ 在 $x=R$（或 $-R$）处收敛，则在 $x=R$（或 $-R$）处上式仍然成立.

8.4　函数的幂级数展开式

本节讨论的问题是，对于一个给定函数，能否找到，以及怎样才能找到一个能收敛于这个函数的幂级数？如果能找到，即可用对幂级数的前有限项的计算取代对相应函数的计算，以获得该函数的近似值.

8.4.1　函数的泰勒级数展开

设函数 $f(x)$ 在区间 (x_0-R,x_0+R) 内有定义，其中 $0<R\leqslant+\infty$，x_0 为给定的常数. 如果 $f(x)$ 在区间 (x_0-R,x_0+R) 内是幂级数 $\sum\limits_{n=0}^{\infty}a_n(x-x_0)^n$ 的和函数，即

$$f(x)=a_0+a_1(x-x_0)^1+a_2(x-x_0)^2+\cdots+a_n(x-x_0)^n+\cdots,x\in(x_0-R,x_0+R)\tag{8.6}$$

那么，称函数 $f(x)$ 在 (x_0-R,x_0+R) 内可以展开成关于 $(x-x_0)$ 的幂级数，或称式 8.6 是函数 $f(x)$ 在 (x_0-R,x_0+R) 内关于 $(x-x_0)$ 的幂级数展开式.

若 $x_0=0$，则式 8.6 变为

$$f(x)=a_0+a_1x^1+a_2x^2+\cdots+a_nx^n+\cdots,x\in(-R,R)\tag{8.7}$$

此时，称函数 $f(x)$ 在 $(-R,R)$ 内可以展成 x 的幂级数，或称式 8.7 是函数 $f(x)$ 在 $(-R,R)$ 内关于 x 的幂级数展开式.

现在再讨论，当式 8.6 成立时，其右端幂级数的系数与函数 $f(x)$ 之间的关系. 对式 8.6 两端逐次求导数后令 $x=x_0$ 可得

$$a_0=f(x_0),a_1=f'(x_0),a_2=\frac{1}{2!}f''(x_0),\cdots,a_n=\frac{1}{n!}f^{(n)}(x_0),\cdots$$

因此，函数 $f(x)$ 关于 $(x-x_0)$ 的幂级数展开式必具有下列形式

$$f(x_0)+f'(x_0)(x-x_0)+\frac{1}{2!}f''(x_0)(x-x_0)^2+\cdots+\frac{1}{n!}f^{(n)}(x_0)(x-x_0)^n+\cdots\tag{8.8}$$

这就是说，如果函数 $f(x)$ 能展开成式 8.6 的幂级数，则该幂级数必具有式 8.8 的形式，即函数 $f(x)$ 的幂级数展开式如果存在必唯一.

如果函数 $f(x)$ 在区间 (x_0-R,x_0+R) 内有任意阶导数 $f'(x),f''(x),\cdots,f^{(n)}(x),\cdots$；那么，幂级数式 8.8 称为函数 $f(x)$ 关于 $(x-x_0)$（在点 $x=x_0$ 处）的**泰勒级数**，或**泰勒展开式**.

若 $x_0=0$，则式 8.8 变为

$$f(0)+f'(0)x+\frac{f''(0)}{2!}x^2+\cdots+\frac{f^{(n)}(0)}{n!}x^n+\cdots \tag{8.9}$$

并称其为函数 $f(x)$ 的**麦克劳林级数**，或 $f(x)$ 关于 x 的**麦克劳林展开式**.

现在的问题是，级数（式 8.8）是否收敛？若收敛，则是否收敛于函数 $f(x)$？级数收敛又需要什么条件？为讨论这些问题，先引进下面的定理.

定理 8.10 （泰勒定理）设函数 $f(x)$ 在含有点 x_0 的开区间 (a,b) 内有直到 $(n+1)$ 阶导数，则对于任意的 $x\in(a,b)$ 都有

$$f(x)=f(x_0)+\frac{f'(x_0)}{1!}(x-x_0)+\frac{f''(x_0)}{2!}(x-x_0)^2+\cdots+\frac{f^{(n)}(x_0)}{n!}(x-x_0)^n+R_n(x) \tag{8.10}$$

其中，$R_n(x)=\dfrac{f^{(n+1)}(\xi)}{(n+1)!}(x-x_0)^{n+1}$，$\xi$ 是位于 x 与 x_0 之间的某一个数.

式 8.10 称为函数 $f(x)$ 的**泰勒展开式**或**泰勒公式**；$R_n(x)$ 称为泰勒公式的**余项**. 根据定理 8.6，又有下面的定理.

定理 8.11 设函数 $f(x)$ 在区间 (x_0-R,x_0+R) 内有任意阶导数，幂级数

$$\sum_{n=0}^{\infty}\frac{f^{(n)}(x_0)}{n!}(x-x_0)^n$$

的收敛区间为 (x_0-R,x_0+R)，其中 $0<R\leqslant+\infty$；则在区间 (x_0-R,x_0+R) 内，有

$$f(x)=\sum_{n=0}^{\infty}\frac{f^{(n)}(x_0)}{n!}(x-x_0)^n$$

成立的充分必要条件是在 (x_0-R,x_0+R) 内

$$\lim_{n\to\infty}R_n(x)=\lim_{n\to\infty}\frac{f^{(n+1)}(\xi)}{(n+1)!}(x-x_0)^{n+1}=0.$$

8.4.2 几个重要初等函数的幂级数展开式

尽管是一些初等函数，但是，要在计算机上按数学的原式直接计算是很困难的. 为此，把对函数的计算转换成等价的幂级数，计算就简单了. 因为计算机能直接接受的运算只有加、减、乘、除四则运算，而幂级数正是四则运算的实现. 根据式 8.8，下面列出几个重要初等函数的幂级数展开式.

(1) $e^x=1+x+\dfrac{1}{2!}x^2+\cdots+\dfrac{1}{n!}x^n+\cdots,\quad x\in(-\infty,+\infty)$；

(2) $a^x=1+(\ln a)x+\dfrac{(\ln a)^2}{2!}x^2+\cdots+\dfrac{(\ln a)^n}{n!}x^n+\cdots,\quad x\in(-\infty,+\infty)$；

(3) $\ln(1+x)=x-\dfrac{1}{2}x^2+\dfrac{1}{3}x^3-\cdots+(-1)^{n-1}\dfrac{1}{n}x^n+\cdots,\quad x\in(-1,1]$；

(4) $(1+x)^\alpha=1+\alpha x+\dfrac{\alpha(\alpha-1)}{2!}x^2+\dfrac{\alpha(\alpha-1)(\alpha-2)}{3!}x^3+\cdots+$
$\dfrac{\alpha(\alpha-1)\cdots(\alpha-n+1)}{n!}x^n+\cdots,\quad x\in(-1,1)$；

(5) $\sin x=x-\dfrac{1}{3!}x^3+\dfrac{1}{5!}x^5-\cdots+(-1)^n\dfrac{1}{(2n+1)!}x^{2n+1}+\cdots,\quad x\in(-\infty,+\infty)$；

(6) $\cos x=1-\dfrac{1}{2!}x^2+\dfrac{1}{4!}x^4-\cdots+(-1)^n\dfrac{1}{(2n)!}x^{2n}+\cdots,\quad x\in(-\infty,+\infty)$；

(7) $\arcsin x = x + \frac{1}{2\cdot 3}x^3 + \frac{3}{2\cdot 4\cdot 5}x^5 + \cdots + \frac{1\cdot 3\cdot 5\cdots(2n-1)}{2^n\cdot n!}\cdot\frac{x^{2n+1}}{(2n+1)} + \cdots,$

$x \in [-1,1]$；

(8) $\arctan x = x - \frac{1}{3}x^3 + \frac{1}{5}x^5 - \cdots + (-1)^n\frac{1}{2n+1}x^{2n+1} + \cdots,\quad x\in[-1,1].$

通过式 8.8 把函数展开成幂级数的方法，称为**直接法**. 直接法往往比较麻烦，需要求函数的各阶导数. 也可以利用已知函数的展开式和幂级数的运算得到. 如求 $\cos x$ 的展开式时，可通过对 $\sin x$ 的展开式求导数得到，此为间接展开法.

8.5 小　　结

本章介绍了常数项级数及其收敛性，收敛级数的性质，任意项级数的绝对收敛与条件收敛，交错级数收敛判别法，幂级数的收敛半径与收敛域，初等函数的幂级数展开等方面内容.

(1)常数项级数：常数项级数收敛定义为其部分和数列 $\{s_n\}$ 收敛.

(2)正项级数：

① 正项级数收敛的充分必要条件是其部分和数列 $\{s_n\}$ 有界.

② 正项级数的收敛判别法有两类，比较判别法与比值判别法. 比较判别法的特点是将所要判别收敛性的级数与另一类已知收敛性的级数(常用等比级数与 p 级数)进行比较；比值判别法是求所讨论级数的后项与前项之比的极限，据此极限来确定级数的敛散性.

(3)任意项级数：任意项级数的敛散性有三种情形：绝对收敛、条件收敛或发散. 绝对收敛判别法与正项级数判别法相同. 关于条件收敛性给出了交错级数的莱布尼茨判别法.

(4)幂级数：幂级数包括关于 x 的幂级数和关于 $(x-x_0)$ 的幂级数两种. 无论幂级数的系数取什么值，必存在收敛半径 R. 当 $R\neq 0$ 时，幂级数 $\sum\limits_{n=0}^{\infty}a_nx^n$ 的收敛区间为 $(-R,R)$，而 $\sum\limits_{n=0}^{\infty}a_n(x-x_0)^n$ 的收敛区间为 (x_0-R, x_0+R). 若要求收敛域，则再考虑区间端点的收敛性.

关于缺项幂级数，可以考察绝对收敛性来确定其收敛半径.

幂级数 $\sum\limits_{n=0}^{\infty}a_nx^n$ 的和函数在收敛区间 $(-R,R)$ 内连续、可积、可导，并可逐项求积分和逐项求导数(详见定理 8.9)

(5)函数的幂级数展开式：设函数 $f(x)$ 在区间 (x_0-R, x_0+R) 内有定义，且存在任意阶导数. 若 $f(x)$ 能展成 $(x-x_0)$ 的幂级数，则这个幂级数必为 $f(x)$ 的泰勒级数

$$f(x_0)+f'(x_0)(x-x_0)+\frac{1}{2!}f''(x_0)(x-x_0)^2+\cdots+\frac{1}{n!}f^{(n)}(x_0)(x-x_0)^n+\cdots$$

而使得在区间 (x_0-R, x_0+R) 内，有

$$f(x)=f(x_0)+f'(x_0)(x-x_0)+\frac{1}{2!}f''(x_0)(x-x_0)^2+\cdots+\frac{1}{n!}f^{(n)}(x_0)(x-x_0)^n+\cdots$$

成立的充分必要条件是

$$\lim_{n\to\infty}R_n(x)=\lim_{n\to\infty}\frac{f^{(n+1)}(\xi)}{(n+1)!}(x-x_0)^{n+1}=0$$

其中，$x\in(x_0-R, x_0+R)$，ξ 是位于 0 与 x 之间的一个数.

当 $x_0=0$ 时，泰勒级数就是麦克劳林级数.

将函数展成泰勒级数或麦克劳林级数有直接法和间接法.

习 题 8

1.写出下列级数的前五项：

(1) $\sum_{n=1}^{\infty}\frac{1\cdot3\cdot5\cdots(2n-1)}{2\cdot4\cdot6\cdots(2n)}$；　(2) $\sum_{n=1}^{\infty}(-1)^{n-1}(1+\frac{1}{3^n})$.

2.写出下列级数的一般项：

(1) $-1+\frac{1}{2}-\frac{1}{4}+\frac{1}{8}-\cdots$　(2) $\frac{1}{2}+\frac{2}{5}+\frac{3}{10}+\frac{4}{17}+\frac{5}{26}+\cdots$

(3) $\frac{\sqrt{x}}{2}+\frac{x}{2\cdot4}+\frac{x\sqrt{x}}{2\cdot4\cdot6}+\frac{x^2}{2\cdot4\cdot6\cdot8}+\cdots$　(4) $\frac{a^2}{3}-\frac{a^3}{5}+\frac{a^4}{7}-\frac{a^5}{9}+\cdots$

3.求下列级数和：

(1) $\sum_{n=1}^{\infty}\frac{1}{(n+2)(n+3)}$；　(2) $\sum_{n=1}^{\infty}\frac{1}{(2n-1)(2n+1)}$；　(3) $\sum_{n=1}^{\infty}\frac{(-1)^n}{2^n}$.

4.根据级数的收敛定义或收敛级数的性质，讨论下列级数的敛散性：

(1) $\sum_{n=1}^{\infty}(\sqrt{n+1}-\sqrt{n})$；　(2) $\sum_{n=1}^{\infty}\frac{n}{n+1}$；　(3) $\sum_{n=1}^{\infty}\frac{n+1}{10^{10}n+2}$；

(4) $\sum_{n=1}^{\infty}\frac{1}{\sqrt[n]{100}}$；　(5) $\sum_{n=1}^{\infty}(\frac{1}{2^n}+1)$；　(6) $\sum_{n=1}^{\infty}n\sin\frac{\pi}{n}$.

5.判断下列正项级数的敛散性：

(1) $\sum_{n=1}^{\infty}\frac{1}{2^n+n}$；　(2) $\sum_{n=1}^{\infty}\frac{4^n}{3^n+n}$；　(3) $\sum_{n=1}^{\infty}\frac{1}{(n+1)(n+4)}$；

(4) $\sum_{n=1}^{\infty}\sin\frac{\pi}{2^n}$；　(5) $\sum_{n=3}^{\infty}\frac{1}{\ln n-1}$；　(6) $\sum_{n=1}^{\infty}\frac{1}{2^n+(-1)^n}$；

(7) $\sum_{n=1}^{\infty}\frac{n}{\sqrt{n^3+n+1}}$；　(8) $\sum_{n=1}^{\infty}\frac{1}{n}\sin\frac{2}{\sqrt{n}}$；　(9) $\sum_{n=1}^{\infty}[(0.001)^n+(0.001)^{\frac{1}{n}}]$；

(10) $\sum_{n=1}^{\infty}(e^{\frac{1}{n^2}}-1)$；　(11) $\sum_{n=1}^{\infty}\frac{\sqrt{n+1}-\sqrt{n}}{n^{\alpha}}$ $(\alpha\in\mathbf{R})$；　(12) $\sum_{n=1}^{\infty}\frac{n^2}{2^n}$.

6.设 $\sum_{n=1}^{\infty}a_n^2$ 及 $\sum_{n=1}^{\infty}b_n^2$ 收 敛，证明下列级数收敛：

(1) $\sum_{n=1}^{\infty}|a_nb_n|$；　(2) $\sum_{n=1}^{\infty}(a_n+b_n)^2$；　(3) $\sum_{n=1}^{\infty}\frac{|a_n|}{n}$.

7.讨论下列级数的绝对收敛性.若不绝对收敛，则是否条件收敛？

(1) $\sum_{n=1}^{\infty}(-1)^{n-1}n\tan\frac{1}{n}$；　(2) $\sum_{n=1}^{\infty}(-1)^{n-1}\frac{1}{\ln(n+1)}$；　(3) $\sum_{n=1}^{\infty}\frac{\sin n\alpha}{2^n}$ $(\alpha\in\mathbf{R})$；

(4) $\sum_{n=1}^{\infty}(-1)^n\frac{2n-1}{n^2+1}$；　(5) $\sum_{n=1}^{\infty}(-1)^{n-1}\frac{\sqrt{n}}{n+1}$；　(6) $\sum_{n=1}^{\infty}\frac{\sin\frac{n\pi}{2}}{\sqrt{n^3}}$.

8.求下列幂级数的收敛半径和收敛域：

(1) $\sum_{n=1}^{\infty}\frac{2^n}{n}x^n$；　(2) $\sum_{n=1}^{\infty}\frac{(-1)^nx^n}{\sqrt{n}\cdot3^{n-1}}$；　(3) $\sum_{n=0}^{\infty}\frac{(-2)^n}{(n^2+1)^3}x^n$；

(4) $\sum_{n=1}^{\infty}\frac{1}{n^n}x^n$；　(5) $\sum_{n=0}^{\infty}(n+1)x^n$；　(6) $\sum_{n=1}^{\infty}\frac{1}{(-2)^n+1}x^n$；

(7) $\sum_{n=1}^{\infty}\frac{1}{\sqrt{n}}(x-5)^n$；　(8) $\sum_{n=0}^{\infty}(x+3)^n$；　(9) $\sum_{n=1}^{\infty}\frac{1}{n-3^n}(x-3)^n$.

9.求下列幂函数的和函数：

(1) $\sum_{n=0}^{\infty}(x-3)^n$；　(2) $\sum_{n=0}^{\infty}2^n x^{2n+1}$；　(3) $\sum_{n=0}^{\infty}(-1)^n(x-1)^n$.

10.将下列函数展成麦克劳林级数，并指出其收敛域：

(1) $\frac{e^x+e^{-x}}{2}$；　(2) $\frac{x}{\sqrt{1-x}}$；　(3) $\ln(a+x)\quad(a>0)$.

11.将下列函数展成指定点的泰勒级数，并指出其收敛域：

(1) $e^x, x_0=-1$；　(2) $\frac{1}{x}, x_0=4$；　(3) $\frac{1}{1+x}, x_0=1$.

第4篇

代　　数

代数是建立在集合上的以运算为工具的一种数学。有关它的定义在第 2 篇已有介绍。目前对代数的研究有三个层次，它们是：

• 初等代数——以（单个）数为元素所组成的集合为研究对象的代数称为初等代数。如以自然数为研究对象的、以整数或实数为研究对象的代数均是初等代数。有关初等代数的内容一般在中小学阶段都有介绍和学习。

• 高等代数——高等代数是在初等代数基础上发展起来的；它是以数组为元素所组成的集合为研究内容的代数。如以行列式为研究对象，以矩阵、向量为研究对象的代数是高等代数。在高等代数中，以线性空间为研究对象的代数称线性代数。因此，线性代数是高等代数的一部分。由于它的重要性，一般单独列出，专门研究。

• 抽象代数——抽象代数是高等代数的进一步发展。它是以抽象符号为元素所组成的集合为研究对象的代数。如以文字为研究对象，以字符串、几何元素为研究对象的代数均属抽象代数。抽象代数所研究的内容有群、环、布尔代数等。

本篇主要讨论高等代数及线性代数，也将简单介绍抽象代数。而初等代数已在中学学过。因此这里不作介绍。

本篇包括 3 章，分别为第 9 章行列式、矩阵与向量；这是高等代数的基本内容；第 10 章线性方程组，这是线性代数的主要内容；第 11 章抽象代数，简单介绍抽象代数的内容。

本篇是对代数的系统性介绍。读者学完后能对代数有一个完整的了解。

第9章 行列式、矩阵与向量

本章主要介绍行列式、矩阵与向量;这些是高等代数的基本内容.同时,这些内容在线性代数、解析几何及图论的研究中起着很大作用;并且在计算机学科中也有重大的应用价值.

9.1 行 列 式

行列式的概念最初是伴随方程组的求解而发展起来的,所以这里也从方程组的求解开始介绍.

9.1.1 行列式的定义

1. 线性代数方程组的消去法

在介绍行列式的概念之前,先来回顾一下中学学过的求解二元和三元线性方程组常用的消去法.

二元和三元线性方程组的一般形式为

$$\begin{cases}a_1x+b_1y=c_1\\a_2x+b_2y=c_2\end{cases}\tag{9.1}$$

及

$$\begin{cases}a_1x+b_1y+c_1z=d_1\\a_2x+b_2y+c_2z=d_2\\a_3x+b_3y+c_3z=d_3\end{cases}\tag{9.2}$$

式9.1的方程组中的x与y,和式9.2的方程组中的x,y与z,称为方程组的**未知量**.式9.1中的a_1,b_1,a_2,b_2和式9.2中的$a_1,b_1,c_1,a_2,b_2,c_2,a_3,b_3,c_3$,称为方程组的**系数**.而方程式中等号的右边部分,称为方程组的**右端项**或**常数项**.又由于未知量的次数都不高于1,所以称它们为**线性代数方程组**.满足方程组的未知量的值,称为方程组的**解**.

下面以二元线性方程组为例,说明用消去法求解线性代数方程组的过程.为了消去方程组式9.1中的未知量y,可用b_2乘第一式,减去用b_1乘第二式,结果得

$$(a_1b_2-a_2b_1)x=b_2c_1-b_1c_2$$

如果$a_1b_2-a_2b_1\neq0$,便可求出未知量x的值

$$x=(b_2c_1-b_1c_2)/(a_1b_2-a_2b_1)\tag{9.3}$$

用类似的方法可求出未知量y的值

$$y=(a_2c_1-a_1c_2)/(a_1b_2-a_2b_1)\tag{9.4}$$

由式 9.3 和式 9.4 可知，解的分子、分母都是由方程组的系数和常数项运算得到的；而且这种运算很有规律. 例如，分母 $a_1b_2-a_2b_1$，是由未知量的系数 a_1,a_2,b_1,b_2 交叉相乘，然后相减得到的，现用记号

$$\begin{vmatrix} a_1 & b_1 \\ a_2 & b_2 \end{vmatrix}$$

来表示这种运算，并称之为**行列式**；因为是由两行两列构成，所以又称**二阶行列式**. 使用行列式的记号，式 9.1 的方程组的解可表示为

$$x=\frac{\begin{vmatrix} c_1 & b_1 \\ c_2 & b_2 \end{vmatrix}}{\begin{vmatrix} a_1 & b_1 \\ a_2 & b_2 \end{vmatrix}},\qquad y=\frac{\begin{vmatrix} a_1 & c_1 \\ a_2 & c_2 \end{vmatrix}}{\begin{vmatrix} a_1 & b_1 \\ a_2 & b_2 \end{vmatrix}}. \tag{9.5}$$

2. 二阶行列式

对于由 2^2 个数 $a_{11},a_{12},a_{21},a_{22}$ 所形成的代数和 $a_{11}a_{22}-a_{12}a_{21}$ 可用记号

$$\begin{vmatrix} a_{11} & a_{12} \\ a_{21} & a_{22} \end{vmatrix}$$

表示，并称其为二阶行列式，即

$$\begin{vmatrix} a_{11} & a_{12} \\ a_{21} & a_{22} \end{vmatrix}=a_{11}a_{22}-a_{12}a_{21} \tag{9.6}$$

所以，二阶行列式实质上是表示代数和 $a_{11}a_{22}-a_{12}a_{21}$ 的值的一种形式.

二阶行列式由二行二列组成，横排为行，竖排为列. $a_{11},a_{12},a_{21},a_{22}$ 称为行列式的**元素**. 元素的两个下标分别表示该元素在行列式中的**行号**和**列号**. 行列式中从左上到右下的方向称为**主对角线方向**；从右上到左下的方向称为**副对角线方向**. 显然，二阶行列式的值为主对角线方向上两个元素的乘积减去副对角线方向上两个元素乘积.

例 9.1 $\begin{vmatrix} 4 & 1 \\ -3 & 5 \end{vmatrix}=4\times5-1\times(-3)=20+3=23.$

例 9.2 $\begin{vmatrix} -1 & 2 \\ 0 & 1 \end{vmatrix}=(-1)\times1-2\times0=(-1)-0=-1.$

例 9.3 λ 取何值时，行列式 $\begin{vmatrix} \lambda-2 & 4 \\ 1 & \lambda+1 \end{vmatrix}$ 的值等于零？

解：因为 $\begin{vmatrix} \lambda-2 & 4 \\ 1 & \lambda+1 \end{vmatrix}=(\lambda-2)\times(\lambda+1)-4\times1=\lambda^2-\lambda-2-4=(\lambda-3)(\lambda+2)=0$

所以，当 $\lambda=3$ 或 $\lambda=-2$ 时，行列式的值为 0.

3. 三阶行列式

与消去法解二元线性方程组一样，可用消去法解三元线性方程组（见式 9.2）. 为此，将式 9.2 中前两个等式改写成如下形式，构成关于 y、z 的二元线性方程组，先解出 y 和 z.

$$\begin{cases} b_1y+c_1z=d_1-a_1x \\ b_2y+c_2z=d_2-a_2x \end{cases}$$

根据式 9.5，可解得 y、z 为，

$$y=\frac{\begin{vmatrix} d_1-a_1x & c_1 \\ d_2-a_2x & c_2 \end{vmatrix}}{\begin{vmatrix} b_1 & c_1 \\ b_2 & c_2 \end{vmatrix}},z=\frac{\begin{vmatrix} b_1 & d_1-a_1x \\ b_2 & \mathrm{d}_2-a_2x \end{vmatrix}}{\begin{vmatrix} b_1 & c_1 \\ b_2 & c_2 \end{vmatrix}}$$

将 y,z 代入式 9.2 的第 3 式，并在两边同时乘以 y,z 的分母；得，

$$a_3\begin{vmatrix} b_1 & c_1 \\ b_2 & c_2 \end{vmatrix}x+b_3\begin{vmatrix} d_1-a_1x & c_1 \\ d_2-a_2x & c_2 \end{vmatrix}+c_3\begin{vmatrix} b_1 & d_1-a_1x \\ b_2 & d_2-a_2x \end{vmatrix}=d_3\begin{vmatrix} b_1 & c_1 \\ b_2 & c_2 \end{vmatrix} \tag{9.7}$$

因为 $\begin{vmatrix} d_1-a_1x & c_1 \\ d_2-a_2x & c_2 \end{vmatrix}=(d_1-a_1x)c_2-(d_2-a_2x)c_1=\begin{vmatrix} d_1 & c_1 \\ d_2 & c_2 \end{vmatrix}-\begin{vmatrix} a_1 & c_1 \\ a_2 & c_2 \end{vmatrix}x$

$$\begin{vmatrix} b_1 & d_1-a_1x \\ b_2 & d_2-a_2x \end{vmatrix}=(d_2-a_2x)b_1-(d_1-a_1x)b_2=\begin{vmatrix} b_1 & d_1 \\ b_2 & d_2 \end{vmatrix}+\begin{vmatrix} a_1 & b_1 \\ a_2 & b_2 \end{vmatrix}x$$

将此两式代入式 9.7，整理后可得到

$$\left(a_1\begin{vmatrix} b_2 & c_2 \\ b_3 & c_3 \end{vmatrix}-a_2\begin{vmatrix} b_1 & c_1 \\ b_3 & c_3 \end{vmatrix}+a_3\begin{vmatrix} b_1 & c_1 \\ b_2 & c_2 \end{vmatrix}\right)x=d_1\begin{vmatrix} b_2 & c_2 \\ b_3 & c_3 \end{vmatrix}-d_2\begin{vmatrix} b_1 & c_1 \\ b_3 & c_3 \end{vmatrix}+d_3\begin{vmatrix} b_1 & c_1 \\ b_2 & c_2 \end{vmatrix}$$

由上式可解得 x. 用同样的方法可求得 y,z 之值

$$\left(a_1\begin{vmatrix} b_2 & c_2 \\ b_3 & c_3 \end{vmatrix}-a_2\begin{vmatrix} b_1 & c_1 \\ b_3 & c_3 \end{vmatrix}+a_3\begin{vmatrix} b_1 & c_1 \\ b_2 & c_2 \end{vmatrix}\right)y=a_1\begin{vmatrix} d_2 & c_2 \\ d_3 & c_3 \end{vmatrix}-d_2\begin{vmatrix} d_1 & c_1 \\ d_3 & c_3 \end{vmatrix}+a_3\begin{vmatrix} d_1 & c_1 \\ d_2 & c_2 \end{vmatrix}$$

$$\left(a_1\begin{vmatrix} b_2 & c_2 \\ b_3 & c_3 \end{vmatrix}-a_2\begin{vmatrix} b_1 & c_1 \\ b_3 & c_3 \end{vmatrix}+a_3\begin{vmatrix} b_1 & c_1 \\ b_2 & c_2 \end{vmatrix}\right)z=a_1\begin{vmatrix} b_2 & d_2 \\ b_3 & d_3 \end{vmatrix}-a_2\begin{vmatrix} b_1 & d_1 \\ b_3 & d_3 \end{vmatrix}+a_3\begin{vmatrix} b_1 & d_1 \\ b_2 & d_2 \end{vmatrix}$$

如果用记号

$$\begin{vmatrix} a_1 & b_1 & c_1 \\ a_2 & b_3 & c_2 \\ a_3 & b_3 & c_3 \end{vmatrix}$$

表示上面三式中 x,y,z 的系数（它们相同）；即令

$$\Delta=\begin{vmatrix} a_1 & b_1 & c_1 \\ a_2 & b_2 & c_2 \\ a_3 & b_3 & c_3 \end{vmatrix}=a_1\begin{vmatrix} b_2 & c_2 \\ b_3 & c_3 \end{vmatrix}-a_2\begin{vmatrix} b_1 & c_1 \\ b_3 & c_3 \end{vmatrix}+a_3\begin{vmatrix} b_1 & c_1 \\ b_2 & c_2 \end{vmatrix}$$

并称它为**三阶行列式**，它的值可通过第一列的各元素分别乘上由第二、三列元素组成的三个二阶行列式值的代数和得到. 同样，上面三等式的右端也各是一个三阶行列式，它们是在行列式 Δ 中，分别把 a_i,b_i,c_i 换成 d_i 而得到.

通过上面求解三元线性方程组引进了三阶行列式的概念. 它的值可通过二阶行列式来计算，也就是说，高阶行列式可通过低阶行列式来计算. 下面给出一般性讨论.

类似于二阶行列式，现在讨论由 3^2 个数 $a_{11},a_{12},a_{13},a_{21},a_{22},a_{23},a_{31},a_{32},a_{33}$ 所形成的代数和 $a_{11}a_{22}a_{33}+a_{12}a_{23}a_{31}+a_{13}a_{32}a_{21}-a_{13}a_{22}a_{31}-a_{12}a_{21}a_{33}-a_{11}a_{23}a_{32}$，并用记号

$$\begin{vmatrix} a_{11} & a_{12} & a_{13} \\ a_{21} & a_{22} & a_{23} \\ a_{31} & a_{32} & a_{33} \end{vmatrix}$$

来表示；且称它为**三阶行列式**，它由三行三列组成，即

$$\begin{vmatrix} a_{11} & a_{12} & a_{13} \\ a_{21} & a_{22} & a_{23} \\ a_{31} & a_{32} & a_{33} \end{vmatrix}=a_{11}a_{22}a_{33}+a_{12}a_{23}a_{31}+a_{13}a_{32}a_{21}-a_{13}a_{22}a_{31}-a_{12}a_{21}a_{33}-a_{11}a_{23}a_{32} \tag{9.8}$$

与二阶行列式一样，三阶行列式中的元素 a_{ij} 的两个下标 i、j 分别表示该元素在行列式中的行号和列号.

由式 9.8 可知，三阶行列式的值由主对角线方向的三组元素乘积之和 $a_{11}a_{22}a_{33}+a_{12}a_{23}a_{31}+a_{13}a_{32}a_{21}$ 减去副对角线方向的三组元素乘积之和 $a_{13}a_{22}a_{31}+a_{12}a_{21}a_{33}+a_{11}a_{23}a_{32}$ 而得到.

例 9.4 计算下列两行列式的值.

(1) $\begin{vmatrix} 1 & 2 & 3 \\ 4 & 0 & 5 \\ -1 & 0 & 6 \end{vmatrix}$; (2) $\begin{vmatrix} 1 & 2 & 3 \\ 3 & 1 & 2 \\ 2 & 3 & 1 \end{vmatrix}$.

解:(1) $\begin{vmatrix} 1 & 2 & 3 \\ 4 & 0 & 5 \\ -1 & 0 & 6 \end{vmatrix} = 1\times 0\times 6+2\times 5\times(-1)+3\times 4\times 0-3\times 0\times(-1)-2\times 4\times 6-1\times 5\times 0$

$=-58$;

(2) $\begin{vmatrix} 1 & 2 & 3 \\ 3 & 1 & 2 \\ 2 & 3 & 1 \end{vmatrix} = 1\times 1\times 1+2\times 2\times 2+3\times 3\times 3-3\times 1\times 2-2\times 3\times 1-1\times 3\times 2=18$

下面介绍三阶行列式和二阶行列式之间的联系.根据三阶行列式定义有

$$\begin{vmatrix} a_{11} & a_{12} & a_{13} \\ a_{21} & a_{22} & a_{23} \\ a_{31} & a_{32} & a_{33} \end{vmatrix} = a_{11}b_{22}a_{33}+a_{12}a_{23}a_{31}+a_{13}a_{32}a_{21}-a_{13}a_{22}a_{31}-a_{12}a_{21}a_{33}-a_{11}a_{23}a_{32}$$

$$=a_{11}b_{22}a_{33}-a_{11}a_{23}a_{32}+a_{12}a_{23}a_{31}-a_{12}a_{21}a_{33}+a_{13}a_{32}a_{21}-a_{13}a_{22}a_{31}$$

$$=a_{11}(a_{22}a_{33}-a_{23}a_{32})-a_{12}(a_{21}a_{33}-a_{23}a_{31})+a_{13}(a_{21}a_{32}-a_{22}a_{31})$$

$$=a_{11}\times\begin{vmatrix} a_{22} & a_{23} \\ a_{32} & a_{33} \end{vmatrix}-a_{12}\times\begin{vmatrix} a_{21} & a_{23} \\ a_{31} & a_{33} \end{vmatrix}+a_{13}\times\begin{vmatrix} a_{21} & a_{22} \\ a_{31} & a_{32} \end{vmatrix}$$

$$=a_{11}\times M_{11}-a_{12}\times M_{12}+a_{13}\times M_{13} \tag{9.9}$$

其中,$M_{11}=\begin{vmatrix} a_{22} & a_{23} \\ a_{32} & a_{33} \end{vmatrix}$称为$a_{11}$的**余子式**,它是三阶行列式中划去$a_{11}$所在行及列的所有元素后剩余元素保持原来相对位置不变所组成的二阶行列式.用同样的方法可定义a_{12}的余子式$M_{12}=\begin{vmatrix} a_{21} & a_{23} \\ a_{31} & a_{33} \end{vmatrix}$和$a_{13}$的余子式$M_{13}=\begin{vmatrix} a_{21} & a_{23} \\ a_{31} & a_{33} \end{vmatrix}$

由式 9.9 可知,三阶行列式的值可通过它的第一行的三个元素与其相应的余子式乘积的代数和来计算.实际上,这个方法对三阶行列式的任一行或任一列来说都是可行的,并简称为求行列式值的按行(或列)的展开式.如上面在求三元方程组的解时用的是按第一列的展开式计算的.

为了使计算式更规范,我们引进代数余子式概念.

称$A_{11}=(-1)^{1+1}M_{11}$为元素a_{11}的代数余子式,称$A_{12}=(-1)^{1+2}M_{12}$为元素a_{12}的代数余子式,称$A_{13}=(-1)^{1+3}M_{13}$为元素a_{13}的代数余子式.这里,式中(−1)的幂次等于该元素所在行数i和列数j之和.这样,式 9.9 又可改写为

$$\begin{vmatrix} a_{11} & a_{12} & a_{13} \\ a_{21} & a_{22} & a_{23} \\ a_{31} & a_{32} & a_{33} \end{vmatrix} = a_{11}\times A_{11}+a_{12}\times A_{12}+a_{13}\times A_{13} \tag{9.10}$$

可见,求三阶行列式的值可通过求二阶行列式的值来计算.

例 9.5 分别按第一行与第二列展开下面行列式D,并求其值.

$$D=\begin{vmatrix} 1 & 2 & 4 \\ 3 & -1 & 0 \\ 1 & 2 & -5 \end{vmatrix}$$

解:(1)按第一行展开计算.

$$D=1\times(-1)^{1+1}\begin{vmatrix}-1 & 0\\ 2 & -5\end{vmatrix}+2\times(-1)^{1+2}\begin{vmatrix}3 & 0\\ 1 & -5\end{vmatrix}+4\times(-1)^{1+3}\begin{vmatrix}3 & -1\\ 1 & 2\end{vmatrix}$$

$$=1\times1\times(5-0)+2\times(-1)\times(-15-0)+4\times1\times(6-(-1))=5+30+28=63$$

(2)按第二列展开计算.

$$D=2\times(-1)^{1+2}\begin{vmatrix}3 & 0\\ 1 & -5\end{vmatrix}+(-1)\times(-1)^{2+2}\begin{vmatrix}1 & 4\\ 1 & -5\end{vmatrix}+2\times(-1)^{3+2}\begin{vmatrix}1 & 4\\ 3 & 0\end{vmatrix}$$

$$=2\times(-1)\times(-15-0)+(-1)\times1\times(-5-4)+2\times(-1)\times(0-12)=30+9+24=63$$

4. n 阶行列式

由上面的讨论，是否可推出四阶行列式可用三阶行列式定义，并依此类推呢？答案是肯定的.一般地，我们假设 $n-1$ 阶行列式已经定义，现在来定义 n 阶行列式. 记

$$D=\begin{vmatrix}a_{11} & a_{12} & \cdots & a_{1n}\\ a_{21} & a_{22} & \cdots & a_{2n}\\ \vdots & \vdots & & \vdots\\ a_{n1} & a_{n2} & \cdots & a_{nn}\end{vmatrix} \tag{9.11}$$

由 n 行、n 列、共 n^2 个元素 $a_{ij}(i,j=1,2,\cdots,n)$ 组成的行列式称为 **n 阶行列式**；并用 M_{ij} 表示元素 a_{ij} 的余子式，即从行列式 D 中划去 a_{ij} 所在的第 i 行和第 j 列元素后剩下的 $n-1$ 行、$n-1$ 列元素，并保持相对位置不变所形成的 $n-1$ 阶行列式. 可通过 $M_{ij}(i,j=1,2,\cdots,n)$ 按下式定义 n 阶行列式 D 的值为

$$D=a_{11}M_{11}-a_{12}M_{12}+\cdots+(-1)^{1+i}a_{1i}M_{1i}+\cdots+(-1)^{1+n}a_{1n}M_{1n} \tag{9.12}$$

式 9.12 给出了一个计算 n 阶行列式值的方法. n 阶行列式可转化为 $n-1$ 阶行列式，再转化为 $n-2$ 阶行列式，…，最后转化为二阶行列式；而二阶行列式的计算方法是已知的. 式 9.12 称为行列式 D 按第一行元素的**展开式**.

同样，为了规范计算，现引进代数余子式概念.

在行列式 D(式 9.11)中，第 i 行第 j 列的元素 a_{ij} 的代数余子式 $A_{ij}=(-1)^{i+j}M_{ij}$. 这里 M_{ij} 是 a_{ij} 的余子式. 由此，式 9.12 可转化为

$$D=a_{11}A_{11}+a_{12}A_{12}+\cdots+a_{1i}A_{1i}+\cdots+a_{1n}A_{1n} \tag{9.13}$$

形如式 9.13 的展开式，对于按 D 的任一行或任一列元素与其对应的代数余子式的展开式都是成立的. 因此有下面的一般展开式.

$$D=a_{i1}A_{i1}+a_{i2}A_{i2}+\cdots+a_{ii}A_{ii}+\cdots+a_{in}A_{in}\ (i=1,2,\cdots,n)\ (\text{按行展开})$$

或

$$D=a_{1j}A_{1j}+a_{2j}A_{2j}+\cdots+a_{ij}A_{ij}+\cdots+a_{nj}A_{nj}\ (j=1,2,\cdots,n)\ (\text{按列展开})$$

同时还有下面的结论：

行列式的某一行(列)元素与另一行(列)元素的代数余子式的乘积之和等于零.

例 9.6 计算下面行列式的值.

$$D=\begin{vmatrix}2 & 0 & 0 & -1\\ 3 & 0 & -2 & 0\\ 4 & 5 & 6 & 2\\ 1 & 3 & 2 & 4\end{vmatrix}$$

解：因为第一行有两个 0 元素，按第一行展开得，

$$D=\begin{vmatrix}2 & 0 & 0 & -1\\ 3 & 0 & -2 & 0\\ 4 & 5 & 6 & 2\\ 1 & 3 & 2 & 4\end{vmatrix}=2\times(-1)^{1+1}\begin{vmatrix}0 & -2 & 0\\ 5 & 6 & 2\\ 3 & 2 & 4\end{vmatrix}+(-1)\times(-1)^{1+4}\begin{vmatrix}3 & 0 & -2\\ 4 & 5 & 6\\ 1 & 3 & 2\end{vmatrix}$$

$$=2\times(-2)\times\begin{vmatrix}5&2\\3&4\end{vmatrix}+3\times(-1)^{1+1}\times\begin{vmatrix}5&6\\3&2\end{vmatrix}+(-2)\times(-1)^{1+3}\begin{vmatrix}4&5\\1&3\end{vmatrix}$$

$$=4\times14+3\times(-8)+(-2)\times7=18.$$

例 9.7　求下三角行列式 $D=\begin{vmatrix}a_{11}&0&\cdots&0\\a_{21}&a_{22}&\cdots&0\\\vdots&\vdots&&\vdots\\a_{n1}&a_{n2}&\cdots&a_{nn}\end{vmatrix}$.

解:因第一行除 a_{11} 可能不为零外,其余元素均为 0,因此按第一行展开只有一项 $a_{11}A_{11}$,在 A_{11} 中依此类推可得 $D=a_{11}A_{11}=a_{11}a_{22}\cdots a_{nn}$. 即下三角行列式的值等于其所有主对角线元素之乘积.

显然,主对角线行列式 $\begin{vmatrix}a_{11}&0&\cdots&0\\0&a_{22}&\cdots&0\\\vdots&\vdots&&\vdots\\0&0&\cdots&a_{nn}\end{vmatrix}=a_{11}a_{22}\cdots a_{nn}$.

9.1.2　行列式的性质

显而易见,按定义计算行列式的值,将随行列式的阶数增大而使计算量迅速增加. 为方便计算,下面不加证明地给出行列式的一些重要性质.

设 D 是一个 n 阶行列式,若将 D 的行和列互换,即行变成列,列变成行,则得到一个新的 n 阶行列式,这个新的行列式称为 D 的**转置行列式**,记为 D^{T} 或 D'. 即,若

$$D=\begin{vmatrix}a_{11}&a_{12}&\cdots&a_{1n}\\a_{21}&a_{22}&\cdots&a_{2n}\\\vdots&\vdots&&\vdots\\a_{n1}&a_{n2}&\cdots&a_{nn}\end{vmatrix},$$

则

$$D^{\mathrm{T}}=\begin{vmatrix}a_{11}&a_{21}&\cdots&a_{n1}\\a_{21}&a_{22}&\cdots&a_{n2}\\\vdots&\vdots&&\vdots\\a_{1n}&a_{2n}&\cdots&a_{nn}\end{vmatrix}.$$

性质 9.1　行列式经转置后,其值不变. 即 $D^{\mathrm{T}}=D$.

由此性质可知,行列式的行具有的性质,其列也具有相同的性质,反之亦然.

性质 9.2　行列式的任意两行(或任意两列)互换,则行列式的值改变符号.

推论 9.1　行列式中如果有两行(或列)对应元素相等,则该行列式值等于零.

性质 9.3　用数 k 乘行列式 D 的某一行(或列),等于以数 k 乘此行列式,即 kD.

$$D_1=\begin{vmatrix}a_{11}&a_{12}&\cdots&a_{1n}\\\vdots&\vdots&&\vdots\\ka_{i1}&ka_{i2}&\cdots&ka_{in}\\\vdots&\vdots&&\vdots\\a_{n1}&a_{n2}&\cdots&a_{nn}\end{vmatrix}=k\begin{vmatrix}a_{11}&a_{12}&\cdots&a_{1n}\\\vdots&\vdots&&\vdots\\a_{i1}&a_{i2}&\cdots&a_{in}\\\vdots&\vdots&&\vdots\\a_{n1}&a_{n2}&\cdots&a_{nn}\end{vmatrix}=kD.$$

推论 9.2　若行列式的某一行(或列)的元素全为零,则该行列式的值等于零.

推论 9.3　若行列式的某一行(或列)有公因子 c,则这个 c 可提到行列式外面.

性质 9.4　如果行列式 D 的某两行(或两列)成比例,则行列式值等于零.

性质 9.5 若行列式中某一行(或列)的所有元素 a_{ij} 都可分解为两个元素 b_{ij} 与 c_{ij} 之和,即 $a_{ij}=b_{ij}+c_{ij}$(i 不变,$j=1,2,\cdots,n$ 或 j 不变,$i=1,2,\cdots,n$),则该行列式可分解为相应的两个行列式之和,即

$$D=\begin{vmatrix} a_{11} & a_{12} & \cdots & a_{1n} \\ \vdots & \vdots & & \vdots \\ b_{i1}+c_{i1} & b_{i2}+c_{i2} & \cdots & b_{in}+c_{in} \\ \vdots & \vdots & & \vdots \\ a_{n1} & a_{n2} & \cdots & a_{nn} \end{vmatrix}=\begin{vmatrix} a_{11} & a_{12} & \cdots & a_{1n} \\ \vdots & \vdots & & \vdots \\ b_{i1} & b_{i2} & \cdots & b_{in} \\ \vdots & \vdots & & \vdots \\ a_{n1} & a_{n2} & \cdots & a_{nn} \end{vmatrix}+\begin{vmatrix} a_{11} & a_{12} & \cdots & a_{1n} \\ \vdots & \vdots & & \vdots \\ c_{i1} & c_{i2} & \cdots & c_{in} \\ \vdots & \vdots & & \vdots \\ a_{n1} & a_{n2} & \cdots & a_{nn} \end{vmatrix}$$

性质 9.6 行列式某一行(或列)的所有元素同乘以一个常数 c 后加到另一行(或列)对应位置的元素上去,行列式的值不变.即

$$\begin{vmatrix} a_{11} & a_{12} & \cdots & a_{1n} \\ \vdots & \vdots & & \vdots \\ a_{i1} & a_{i2} & \cdots & a_{in} \\ \vdots & \vdots & & \vdots \\ ca_{i1}+a_{j1} & ca_{i2}+a_{j2} & \cdots & ca_{in}+a_{jn} \\ \vdots & \vdots & & \vdots \\ a_{n1} & a_{n2} & \cdots & a_{nn} \end{vmatrix}=\begin{vmatrix} a_{11} & a_{12} & \cdots & a_{1n} \\ \vdots & \vdots & & \vdots \\ a_{i1} & a_{i2} & \cdots & a_{in} \\ \vdots & \vdots & & \vdots \\ a_{j1} & a_{j2} & \cdots & a_{jn} \\ \vdots & \vdots & & \vdots \\ a_{n1} & a_{n2} & \cdots & a_{nn} \end{vmatrix}$$

9.1.3 行列式的计算

根据行列式的定义和基本性质,下面讨论计算行列式的方法.

例 9.8 用行列式定义计算行列式

$$\begin{vmatrix} 0 & 1 & 0 & 1 \\ 1 & 0 & 1 & 0 \\ 0 & 1 & 0 & 0 \\ 0 & 0 & 1 & 1 \end{vmatrix}$$

解:因行列式中第一列只有一个非零元素,故按第一列展开有

$$原式=1\times(-1)^{2+1}\times\begin{vmatrix} 1 & 0 & 1 \\ 1 & 0 & 0 \\ 0 & 1 & 1 \end{vmatrix}=1\times(-1)\times(0+0+1-0-0-0)=-1$$

设 D 是一个 n 阶行列式,如果能利用行列式的性质,将它化为某行(或某列)只有一个非零元素的行列式,则根据行列式的定义,可将它按该行(或列)展开,从而降为 $n-1$ 阶行列式来计算.请看下式:

$$D=\begin{vmatrix} a_{11} & 0 & \cdots & 0 \\ \vdots & \vdots & & \vdots \\ a_{i1} & a_{i2} & \cdots & a_{in} \\ \vdots & \vdots & & \vdots \\ a_{n1} & a_{n2} & \cdots & a_{nn} \end{vmatrix}=a_{11}\begin{vmatrix} a_{22} & a_{23} & \cdots & a_{2n} \\ a_{32} & a_{33} & \cdots & a_{3n} \\ \vdots & \vdots & & \vdots \\ a_{n2} & a_{n3} & \cdots & a_{nn} \end{vmatrix}=a_{11}M_{11}$$

式中 M_{11} 是 D 中 a_{11} 的余子式,是一个 $n-1$ 阶的行列式.这种方法称为"降阶处理",而且这种降阶方法可不断使用,最终求出行列式的值.

例 9.9 计算下面行列式的值

$$D=\begin{vmatrix}1&0&2&1\\2&-1&1&0\\1&0&0&3\\-1&0&2&1\end{vmatrix}.$$

解:由于第 3 行有两个 0 元素,我们用(−3)乘第 1 列各元素,再加到第 4 列对应元素上.根据性质 6,行列式值不变.故有

$$D=\begin{vmatrix}1&0&2&-2\\2&-1&1&-6\\1&0&0&0\\-1&0&2&4\end{vmatrix}\xlongequal{\text{(交换 1、3 行)}}-\begin{vmatrix}1&0&0&0\\2&-1&1&-6\\1&0&2&-2\\-1&0&2&4\end{vmatrix}$$

$$=-1\times(-1)^{1+1}\times\begin{vmatrix}-1&1&-6\\0&2&-2\\0&2&4\end{vmatrix}\xlongequal{\text{(按第 1 列展开)}}-1\times(-1)\times\begin{vmatrix}2&-2\\2&4\end{vmatrix}=12$$

例 9.10 计算行列式值

$$D=\begin{vmatrix}2&-4&1\\3&-6&3\\-5&10&4\end{vmatrix}.$$

解:因为第 1 列与第 2 列对应元素成比例,根据性质 4 得 $D=0$.

例 9.11 计算行列式值

$$D=\begin{vmatrix}3&6&12\\2&-3&0\\5&1&2\end{vmatrix}$$

解:因第一行有公因子 3,故可提取到行列式的外面

$$D=3\begin{vmatrix}1&2&4\\2&-3&0\\5&1&2\end{vmatrix}\xlongequal[\text{(第 1 行乘 −5 加到第 3 行)}]{\text{(第 1 行乘 −2 加到第 2 行)}}3\begin{vmatrix}1&2&4\\0&-7&-8\\0&-9&-18\end{vmatrix}$$

$$\xlongequal{\text{(按第 1 列展开)}}3\times1\times(-1)^{1+1}\times\begin{vmatrix}-7&-8\\-9&-18\end{vmatrix}=3\times((-7)\times(-18)-(-8)\times(-9))=162.$$

例 9.12 计算行列式值

$$D=\begin{vmatrix}6&-1&3\\2&2&2\\196&203&199\end{vmatrix}.$$

解:将第 3 行的元素拆分成两项

$$D=\begin{vmatrix}6&-1&3\\2&2&2\\200-4&200+3&200-1\end{vmatrix}=\begin{vmatrix}6&-1&3\\2&2&2\\200&200&200\end{vmatrix}+\begin{vmatrix}6&-1&3\\2&2&2\\-4&3&-1\end{vmatrix}$$

$$=0+\begin{vmatrix}6&-1&3\\2&2&2\\-4&3&-1\end{vmatrix}\xlongequal{\text{(第 3 行加到第 1 行)}}\begin{vmatrix}2&2&2\\2&2&2\\-4&3&-1\end{vmatrix}=0$$

例 9.13 计算行列式

$$D=\begin{vmatrix} a+b & a & a & a \\ a & a+c & a & a \\ a & a & a+d & a \\ a & a & a & a \end{vmatrix}.$$

解:将第 4 行乘以(−1)后,分别加到第 1、2、3 行上,然后再按第 4 列展开,得

$$D=\begin{vmatrix} b & 0 & 0 & 0 \\ 0 & c & 0 & 0 \\ 0 & 0 & d & 0 \\ a & a & a & a \end{vmatrix}=a\times(-1)^{4+4}\times\begin{vmatrix} b & 0 & 0 \\ 0 & c & 0 \\ 0 & 0 & d \end{vmatrix}=abcd.$$

例 9.14 计算 n 阶行列式

$$D=\begin{vmatrix} x & a & \cdots & a & a \\ a & x & \cdots & a & a \\ \vdots & \vdots & \cdots & \vdots & \vdots \\ a & a & \cdots & x & a \\ a & a & \cdots & a & x \end{vmatrix}.$$

解:因为行列式中每一行的所有元素之和都为 $x+(n-1)a$,我们把第 2 列到第 n 列的元素加到第 1 列上,并提取公因子 $x+(n-1)a$ 得

$$D=\begin{vmatrix} x+(n-1)a & a & \cdots & a & a \\ x+(n-1)a & x & \cdots & a & a \\ \vdots & \vdots & & \vdots & \vdots \\ x+(n-1)a & a & \cdots & x & a \\ x+(n-1)a & a & \cdots & a & x \end{vmatrix}=(x+(n-1)a)\begin{vmatrix} 1 & a & \cdots & a & a \\ 1 & x & \cdots & a & a \\ \vdots & \vdots & & \vdots & \vdots \\ 1 & a & \cdots & x & a \\ 1 & a & \cdots & a & x \end{vmatrix}$$

$$\xlongequal[\text{(加到其余各行上)}]{\text{(将第 1 行乘}-1\text{)}}(x+(n-1)a)\begin{vmatrix} 1 & a & \cdots & a & a \\ 0 & x-a & \cdots & 0 & 0 \\ \vdots & \vdots & & \vdots & \vdots \\ 0 & 0 & \cdots & x-a & 0 \\ 0 & 0 & \cdots & 0 & x-a \end{vmatrix}\xlongequal{\text{(按第 1 列展开)}}(x+(n-1)a)(x-a)^{n-1}$$

9.2 矩 阵

矩阵在数学与其他自然科学、工程技术、社会科学及经济学中都有广泛的应用. 本节将介绍矩阵的基本概念、矩阵的运算及一些特殊矩阵.

9.2.1 矩阵的概念

定义 9.1 由 $m\times n$ 个数 $a_{ij}(i=1,\cdots,m;j=1,\cdots,n)$排成的 m 行、n 列的矩形阵列,形如

$$\begin{pmatrix} a_{11} & a_{12} & \cdots & a_{1n} \\ \vdots & \vdots & & \vdots \\ a_{21} & a_{22} & \cdots & a_{2n} \\ \vdots & \vdots & & \vdots \\ a_{m1} & a_{m2} & \cdots & a_{mn} \end{pmatrix},$$

称为 m 行 n 列**矩阵**，简称 $m\times n$ 矩阵(或 $m\times n$ 阵)，其中 a_{ij} 称为矩阵的第 i 行第 j 列**元素**.

矩阵通常用大写的英文字母 $\boldsymbol{A},\boldsymbol{B},\boldsymbol{C},\cdots$ 来表示，用小写字母表示它的元素. 如可记为

$$\boldsymbol{A}=\begin{pmatrix} a_{11} & a_{12} & \cdots & a_{1n} \\ a_{21} & a_{22} & \cdots & a_{2n} \\ \vdots & \vdots & & \vdots \\ a_{m1} & a_{m2} & \cdots & a_{mn} \end{pmatrix}$$

也可简记为 $\boldsymbol{A}=[a_{ij}]_{m\times n}$ 或 $\boldsymbol{A}_{m\times n}$，$m$ 为矩阵 $\boldsymbol{A}$ 的行数，n 为矩阵 $\boldsymbol{A}$ 的列数.

如果矩阵 $\boldsymbol{A}$ 的元素全为实数，则称 $\boldsymbol{A}$ 为**实矩阵**. 如果所有元素都为 0 则称**零矩阵**，记为 $\boldsymbol{O}$；必要时可以写为 $\boldsymbol{O}_{m\times n}$，表明这是一个 m 行 n 列的零矩阵. 如果矩阵 $\boldsymbol{A}=[a_{ij}]_{m\times n}$ 只有一行，即 $m=1$，此时为

$$\boldsymbol{A}=[a_{11},a_{12},\cdots,a_{1n}]$$

称为**行矩阵**，或称**行向量**.

如果矩阵 $\boldsymbol{A}=[a_{ij}]_{m\times n}$ 只有一列，即 $n=1$，此时为

$$\boldsymbol{A}=\begin{pmatrix} a_{11} \\ a_{21} \\ \vdots \\ a_{m1} \end{pmatrix}$$

称为**列矩阵**，或**列向量**.

当 $m=n=1$ 时，矩阵 $\boldsymbol{A}$ 只有一个元素 $\boldsymbol{A}=[a_{11}]$，这时就把 $\boldsymbol{A}$ 看成是一个数，即 $\boldsymbol{A}=a_{11}$. 如果矩阵 $\boldsymbol{A}=[a_{ij}]_{m\times n}$ 中行数与列数相等，即 $m=n$，则称矩阵 $\boldsymbol{A}$ 为 **n 阶矩阵**，或 **n 阶方阵**. n 阶方阵 $\boldsymbol{A}=[a_{ij}]_{n\times n}$ 中的元素 $a_{11},a_{22},\cdots,a_{nn}$ 称为矩阵 $\boldsymbol{A}$ 的主对角线元素.

若在一个方阵 A 中，除了主对角线上的元素外的元素都等于零，则称此方阵为**对角阵**，对角阵的形状如

$$\boldsymbol{A}=\begin{pmatrix} a_{11} & 0 & \cdots & 0 \\ 0 & a_{22} & \cdots & 0 \\ \vdots & \vdots & & \vdots \\ 0 & 0 & \cdots & a_{nn} \end{pmatrix},$$

可简记对角阵为 $\boldsymbol{A}=\mathrm{diag}\{a_{11},a_{22},\cdots,a_{nn}\}$. 在对角阵 $\boldsymbol{A}$ 中，若有 $a_{11}=a_{22}=\cdots=a_{nn}=a$，则称 $\boldsymbol{A}$ 为 n 阶**数量矩阵**.

在数量矩阵 $\boldsymbol{A}$ 中，若有 $a_{ii}=1$，则称 $\boldsymbol{A}$ 为 n 阶**单位阵**. 单位阵很重要，其在矩阵乘法中的作用类似于实数中的 1，故专门给它一个特定的记号，记为 $\boldsymbol{I}_n$，

$$\boldsymbol{I}_n=\begin{pmatrix} 1 & 0 & \cdots & 0 \\ 0 & 1 & \cdots & 0 \\ \vdots & \vdots & & \vdots \\ 0 & 0 & \cdots & 1 \end{pmatrix}.$$

定义 9.2　一个由 n 阶方阵 $\boldsymbol{A}$ 的元素按原排列形式不变而构成的 n 阶行列式，称为矩阵 $\boldsymbol{A}$ 的行列式，记为 $|\boldsymbol{A}|$. 约定，如方阵用字母 $\boldsymbol{A},\boldsymbol{B},\boldsymbol{C},\cdots$ 表示，则与它们对应的行列式用 $|\boldsymbol{A}|,|\boldsymbol{B}|,|\boldsymbol{C}|,\cdots$ 来表示.

注意：n 阶方阵是由 n^2 个元素排成的一个方形阵列，而 n 阶行列式是 n^2 个数按一定的运算法则所确定的一个数.

定义 9.3　如果两个矩阵 $\boldsymbol{A}$ 和 $\boldsymbol{B}$ 的行数和列数分别相等，且对应位置上的元素也相等，即 $a_{ij}=b_{ij}(i=1,2,\cdots,m;j=1,2,\cdots,n)$，则称矩阵 $\boldsymbol{A}$ 和 $\boldsymbol{B}$ 相等，并记为 $\boldsymbol{A}=\boldsymbol{B}$.

矩阵相等的概念虽然简单,但有时也会引起一些混乱.如下列矩阵

$$\begin{pmatrix}0&0\\0&0\end{pmatrix},\begin{pmatrix}0&0&0\\0&0&0\end{pmatrix}$$

都是零矩阵,但它们是不相等的.

9.2.2 矩阵运算

矩阵的意义不仅在于将一些数排成阵列形式,更重要的是,可对它定义一些有理论意义和实用价值的运算,从而使它成为一个应用非常广泛的工具.下面就来介绍一些常用的矩阵运算.

1.矩阵的加法与减法

定义 9.4 设有两个 $m\times n$ 矩阵 $\boldsymbol{A}=[a_{ij}]_{m\times n}$,$\boldsymbol{B}=[b_{ij}]_{m\times n}$,将它们对应位置元素相加得到的 $m\times n$ 矩阵,称为矩阵 $\boldsymbol{A}$ 与矩阵 $\boldsymbol{B}$ 的和,记为 $\boldsymbol{A}+\boldsymbol{B}$,即

$$\boldsymbol{A}+\boldsymbol{B}=[a_{ij}]_{m\times n}+[b_{ij}]_{m\times n}=[a_{ij}+b_{ij}]_{m\times n}$$

例 9.15 $\begin{pmatrix}1&2&3\\-1&5&3\end{pmatrix}+\begin{pmatrix}0&1&-3\\2&1&-1\end{pmatrix}=\begin{pmatrix}1+0&2+1&3+(-3)\\-1+2&5+1&3+(-1)\end{pmatrix}=\begin{pmatrix}1&3&0\\1&6&2\end{pmatrix}$

注意:两矩阵相加时,它们的行数与列数必须分别对应相等,否则不能相加.一个 $m\times n$ 矩阵 $\boldsymbol{A}$ 与一个 $m\times n$ 的零矩阵相加,其值不变;即 $\boldsymbol{A}+\boldsymbol{O}=\boldsymbol{A}$.

定义 9.5 把矩阵 $\boldsymbol{A}=[a_{ij}]_{m\times n}$ 中各元素变号得到的矩阵称为 $\boldsymbol{A}$ 的**负矩阵**,记为 $-\boldsymbol{A}$;即

$$-\boldsymbol{A}=[-a_{ij}]_{m\times n}$$

由矩阵加法及负矩阵,可以定义矩阵减法如下:

定义 9.6 如果 $\boldsymbol{A}=[a_{ij}]_{m\times n}$,$\boldsymbol{B}=[b_{ij}]_{m\times n}$,则

$$\boldsymbol{A}-\boldsymbol{B}=\boldsymbol{A}+(-\boldsymbol{B})=[a_{ij}]_{m\times n}+[-b_{ij}]_{m\times n}=[a_{ij}-b_{ij}]_{m\times n}$$

2.矩阵加法的运算法则

(1)交换律:$\boldsymbol{A}+\boldsymbol{B}=\boldsymbol{B}+\boldsymbol{A}$;

(2)结合律:$(\boldsymbol{A}+\boldsymbol{B})+\boldsymbol{C}=\boldsymbol{A}+(\boldsymbol{B}+\boldsymbol{C})$;

(3)零矩阵:$\boldsymbol{O}+\boldsymbol{A}=\boldsymbol{A}+\boldsymbol{O}=\boldsymbol{A}$,$\boldsymbol{A}+(-\boldsymbol{A})=\boldsymbol{O}$.

从矩阵的加减法运算规则,可推出如下性质:

性质 9.7 在一个矩阵等式的两端同加或同减某一个矩阵,等式仍然成立,即若 $\boldsymbol{A}=\boldsymbol{B}$,则 $\boldsymbol{A}+\boldsymbol{C}=\boldsymbol{B}+\boldsymbol{C}$,$\boldsymbol{A}-\boldsymbol{C}=\boldsymbol{B}-\boldsymbol{C}$.(这里假设运算是有意义的)

性质 9.8 如果 $\boldsymbol{A}+\boldsymbol{C}=\boldsymbol{B}+\boldsymbol{C}$,则 $\boldsymbol{A}=\boldsymbol{B}$.

3.数与矩阵的乘法

定义 9.7 以数 k 乘矩阵 $\boldsymbol{A}$ 的每一个元素所得到的矩阵,称为数 k 与矩阵 $\boldsymbol{A}$ 的积,记为 $k\boldsymbol{A}$.如果 $\boldsymbol{A}=[a_{ij}]_{m\times n}$,那么 $k\boldsymbol{A}=k[a_{ij}]_{m\times n}=[ka_{ij}]_{m\times n}$.

数 k 也可以放在矩阵的右边乘,即为 $\boldsymbol{A}k=[a_{ij}k]_{m\times n}$.由于 $ka_{ij}=a_{ij}k$,所以有 $k\boldsymbol{A}=\boldsymbol{A}k$.

例 9.16 $3\times\begin{bmatrix}1&5\\2&-1\\0&1\end{bmatrix}=\begin{bmatrix}3&15\\6&-3\\0&3\end{bmatrix}$,$\begin{bmatrix}1&5\\2&-1\\0&1\end{bmatrix}\times 3=\begin{bmatrix}3&15\\6&-3\\0&3\end{bmatrix}$

设 $\boldsymbol{A}$,$\boldsymbol{B}$,$\boldsymbol{O}$ 为矩阵,k,h 为数,则数与矩阵相乘的运算规则有

(1)$k(\boldsymbol{A}+\boldsymbol{B})=k\boldsymbol{A}+k\boldsymbol{B}$;

(2)$(k+h)\boldsymbol{A}=k\boldsymbol{A}+h\boldsymbol{A}$;

(3)$(kh)\boldsymbol{A}=k(h\boldsymbol{A})$;

(4)$1\times\boldsymbol{A}=\boldsymbol{A}$;

(5)$0\times \boldsymbol{A}=\boldsymbol{O}$.

例 9.17　设 $\boldsymbol{A}=\begin{pmatrix}1 & -1 & 0\\ 3 & 2 & 4\end{pmatrix}$，$\boldsymbol{B}=\begin{pmatrix}5 & 2 & 4\\ 1 & 3 & 6\end{pmatrix}$，求 $3\boldsymbol{A}+2\boldsymbol{B}$.

解：
$$3\boldsymbol{A}+2\boldsymbol{B}=3\times\begin{pmatrix}1 & -1 & 0\\ 3 & 2 & 4\end{pmatrix}+2\times\begin{pmatrix}5 & 2 & 4\\ 1 & 3 & 6\end{pmatrix}=\begin{pmatrix}3 & -3 & 0\\ 9 & 6 & 12\end{pmatrix}+\begin{pmatrix}10 & 4 & 8\\ 2 & 6 & 12\end{pmatrix}$$
$$=\begin{pmatrix}13 & 1 & 8\\ 11 & 12 & 24\end{pmatrix}.$$

4. 矩阵的乘法

下面定义的矩阵乘法是矩阵运算中最重要也是最复杂的一种运算，请细心体味.

定义 9.8　设有 $m\times k$ 矩阵 $\boldsymbol{A}=[a_{ij}]_{m\times k}$，以及 $k\times n$ 矩阵 $\boldsymbol{B}=[b_{ij}]_{k\times n}$，定义 $\boldsymbol{A}$ 和 $\boldsymbol{B}$ 的乘积 $\boldsymbol{AB}=\boldsymbol{C}$ 是一个 $m\times n$ 矩阵，且 $\boldsymbol{C}$ 的第 i 行第 j 列的元素 c_{ij} 为

$$c_{ij}=a_{i1}b_{1j}+a_{i2}b_{2j}+\cdots+a_{ik}b_{kj}=\sum_{t=1}^{k}a_{it}b_{tj} \tag{9.14}$$

从定义可以看出，$\boldsymbol{C}$ 中元素 c_{ij} 是 $\boldsymbol{A}$ 中第 i 行与 $\boldsymbol{B}$ 中第 j 列的所有元素对应相乘后求其和而得. 根据矩阵乘积的定义，求矩阵乘积时，必须注意以下两点：

(1)矩阵 $\boldsymbol{A}$ 和 $\boldsymbol{B}$ 只有在 $\boldsymbol{A}$ 的列数等于 $\boldsymbol{B}$ 的行数时才可以相乘，这时积表示为 $\boldsymbol{AB}$(不能写成 $\boldsymbol{BA}$)；得到的积矩阵 $\boldsymbol{AB}$ 的行数等于 $\boldsymbol{A}$ 的行数，列数等于 $\boldsymbol{B}$ 的列数. 一般来说，$\boldsymbol{AB}\neq\boldsymbol{BA}$，甚至一个有意义，而另一个无意义. 所以，矩阵的乘法一般不满足交换律.

(2)由式 9.14 可知，乘积 $\boldsymbol{AB}$ 的第 i 行第 j 列的元素 c_{ij} 只与 $\boldsymbol{A}$ 的第 i 行元素和 $\boldsymbol{B}$ 的第 j 列元素有关，与其他元素都无关.

例 9.18　若 $\boldsymbol{A}=\begin{bmatrix}2 & 3\\ 1 & -2\\ 3 & 1\end{bmatrix}$，$\boldsymbol{B}=\begin{pmatrix}1 & -2 & -3\\ 2 & -1 & 0\end{pmatrix}$，求 $\boldsymbol{AB}$ 和 $\boldsymbol{BA}$.

解：
$$\boldsymbol{AB}=\begin{bmatrix}2 & 3\\ 1 & -2\\ 3 & 1\end{bmatrix}\begin{pmatrix}1 & -2 & -3\\ 2 & -1 & 0\end{pmatrix}$$
$$=\begin{bmatrix}2\times1+3\times2 & 2\times(-2)+3\times(-1) & 2\times(-3)+3\times0\\ 1\times1+(-2)\times2 & 1\times(-2)+(-2)\times(-1) & 1\times(-3)+(-2)\times0\\ 3\times1+1\times2 & 3\times(-2)+1\times(-1) & 3\times(-3)+1\times0\end{bmatrix}$$
$$=\begin{bmatrix}8 & -7 & -6\\ -3 & 0 & -3\\ 5 & -7 & -9\end{bmatrix}.$$

$$\boldsymbol{BA}=\begin{pmatrix}1 & -2 & -3\\ 2 & -1 & 0\end{pmatrix}\begin{bmatrix}2 & 3\\ 1 & -2\\ 3 & 1\end{bmatrix}$$
$$=\begin{pmatrix}1\times2+(-2)\times1+(-3)\times3 & 1\times3+(-2)\times(-2)+(-3)\times1\\ 2\times2+(-1)\times1+0\times3 & 2\times3+(-1)\times(-2)+0\times1\end{pmatrix}$$
$$=\begin{pmatrix}-9 & 4\\ 3 & 8\end{pmatrix}.$$

由此例可见，$\boldsymbol{AB}\neq\boldsymbol{BA}$.

例 9.19　若 $\boldsymbol{A}=[2\quad 1\quad 3]$，$\boldsymbol{B}=\begin{bmatrix}2 & 5\\ -1 & 0\\ 3 & -4\end{bmatrix}$，求 $\boldsymbol{AB}$.

$$\text{解：}\quad \boldsymbol{AB}=[2\quad 1\quad 3]\begin{bmatrix}2 & 5\\ -1 & 0\\ 3 & -4\end{bmatrix}=[2\times2+1\times(-1)+3\times3\quad 2\times5+1\times0+3\times(-4)]$$

$$=[12\quad -2].$$

在此例中，$\boldsymbol{AB}$ 是有意义的，而 $\boldsymbol{BA}$ 是无意义的(因为 $\boldsymbol{A}$ 的行数不等于 $\boldsymbol{B}$ 的列数).

例 9.20 若 $\boldsymbol{A}=\begin{pmatrix}2 & 4\\ -3 & -6\end{pmatrix}$，$\boldsymbol{B}=\begin{pmatrix}-2 & 4\\ 1 & -2\end{pmatrix}$，求 $\boldsymbol{AB}$.

$$\text{解：}\quad \boldsymbol{AB}=\begin{pmatrix}2 & 4\\ -3 & -6\end{pmatrix}\begin{pmatrix}-2 & 4\\ 1 & -2\end{pmatrix}$$

$$=\begin{pmatrix}2\times(-2)+4\times1 & 2\times4+4\times(-2)\\ (-3)\times(-2)+(-6)\times1 & (-3)\times4+(-6)\times(-2)\end{pmatrix}$$

$$=\begin{pmatrix}0 & 0\\ 0 & 0\end{pmatrix}.$$

从此例看出，两个非零矩阵相乘，结果可能是零矩阵. 由此，与数的运算不同，不能从 $\boldsymbol{AB}=\boldsymbol{O}$ 必然推出 $\boldsymbol{A}=\boldsymbol{O}$ 或 $\boldsymbol{B}=\boldsymbol{O}$. 由于这个缘故，对矩阵的乘法来说，消去律一般是不成立的，即如果 $\boldsymbol{AB}=\boldsymbol{AC}$，不能推出 $\boldsymbol{B}=\boldsymbol{C}$ 的结论.

矩阵的乘法满足下列运算法则(这里假设，式中出现的矩阵运算是有意义的)：

(1)结合律：$(\boldsymbol{AB})\boldsymbol{C}=\boldsymbol{A}(\boldsymbol{BC})$；

(2)分配律：$(\boldsymbol{A}+\boldsymbol{B})\boldsymbol{C}=\boldsymbol{AC}+\boldsymbol{BC}$，$\boldsymbol{C}(\boldsymbol{A}+\boldsymbol{B})=\boldsymbol{CA}+\boldsymbol{CB}$；

(3)$k(\boldsymbol{AB})=(k\boldsymbol{A})\boldsymbol{B}=\boldsymbol{A}(k\boldsymbol{B})$，($k$ 为一个数).

5. 矩阵的转置

矩阵的转置与行列式的转置定义是类似的.

定义 9.9 将 $m\times n$ 矩阵 $\boldsymbol{A}$ 的行与列互换，得到的 $n\times m$ 矩阵，称为矩阵 $\boldsymbol{A}$ 的**转置矩阵**，记为 $\boldsymbol{A}^{\mathrm{T}}$ 或 $\boldsymbol{A}'$. 即如果

$$\boldsymbol{A}=\begin{bmatrix}a_{11} & a_{12} & \cdots & a_{1n}\\ a_{21} & a_{22} & \cdots & a_{2n}\\ \vdots & \vdots & & \vdots\\ a_{m1} & a_{m2} & \cdots & a_{mn}\end{bmatrix}$$

则

$$\boldsymbol{A}^{\mathrm{T}}=\begin{bmatrix}a_{11} & a_{21} & \cdots & a_{m1}\\ a_{12} & a_{22} & \cdots & a_{m2}\\ \vdots & \vdots & & \vdots\\ a_{1n} & a_{2n} & \cdots & a_{mn}\end{bmatrix}$$

转置矩阵有下列性质：

(1)$(\boldsymbol{A}^{\mathrm{T}})^{\mathrm{T}}=\boldsymbol{A}$；

(2)$(\boldsymbol{A}+\boldsymbol{B})^{\mathrm{T}}=\boldsymbol{A}^{\mathrm{T}}+\boldsymbol{B}^{\mathrm{T}}$；

(3)$(k\boldsymbol{A})^{\mathrm{T}}=k\boldsymbol{A}^{\mathrm{T}}$；

(4)$(\boldsymbol{AB})^{\mathrm{T}}=\boldsymbol{B}^{\mathrm{T}}\boldsymbol{A}^{\mathrm{T}}$.

6. 方阵的幂

由矩阵的乘法，我们还可以定义同一方阵的乘幂运算.

定义 9.10 设 $\boldsymbol{A}$ 为 n 阶方阵，k 是自然数，称 k 个 $\boldsymbol{A}$ 的连乘积为方阵 $\boldsymbol{A}$ 的 k 次幂，记为 $\boldsymbol{A}^k$. 即

$$\boldsymbol{A}^k=\boldsymbol{A}\boldsymbol{A}\cdots\boldsymbol{A}\qquad(k\text{ 个 }\boldsymbol{A}\text{ 的连乘积})$$

规定 $\boldsymbol{A}^0=\boldsymbol{I}_n,\boldsymbol{A}^1=\boldsymbol{A}$.

设 $\boldsymbol{A}$ 是方阵，h,k 是自然数，则方阵的幂运算有下列性质：

(1) $\boldsymbol{A}^h\boldsymbol{A}^k=\boldsymbol{A}^{h+k}$；

(2) $(\boldsymbol{A}^h)^k=\boldsymbol{A}^{hk}$.

由于矩阵的乘法一般不满足交换律；因此一般来说，对 $k>1$ 有 $(\boldsymbol{AB})^k\neq\boldsymbol{A}^k\boldsymbol{B}^k$，只有当 $\boldsymbol{AB}=\boldsymbol{BA}$ 时，才有 $(\boldsymbol{AB})^k=\boldsymbol{A}^k\boldsymbol{B}^k$. 对于单位阵 $\boldsymbol{I}_n$，有 $\boldsymbol{AI}_n=\boldsymbol{I}_n\boldsymbol{A}=\boldsymbol{A}$.

下面不加证明地给出一个重要结论.

设 $\boldsymbol{A}$、$\boldsymbol{B}$ 都是 n 阶方阵，则 $|\boldsymbol{AB}|=|\boldsymbol{A}|\times|\boldsymbol{B}|$. 显然还有：$|k\boldsymbol{A}|=k^n|\boldsymbol{A}|$.

9.2.3　几种特殊矩阵

1. 三角矩阵

如果一个 n 阶矩阵 $\boldsymbol{A}=[a_{ij}]_{n\times n}$ 中的元素满足条件

$$a_{ij}=0\ ,\ i>j\ (i,j=1,2,\cdots,n)$$

则称 $\boldsymbol{A}$ 为 n 阶上三角形矩阵，其形状为

$$\boldsymbol{A}=\begin{pmatrix}a_{11} & a_{12} & \cdots & a_{1n}\\ 0 & a_{22} & \cdots & a_{2n}\\ \vdots & \vdots & & \vdots\\ 0 & 0 & \cdots & a_{nn}\end{pmatrix}$$

如果一个 n 阶矩阵 $\boldsymbol{B}=[b_{ij}]_{n\times n}$ 中的元素满足条件

$$b_{ij}=0\ ,\ i<j\ (i,j=1,2,\cdots,n)$$

则称 $\boldsymbol{B}$ 为 n 阶**下三角形矩阵**，其形状为

$$\boldsymbol{B}=\begin{pmatrix}b_{11} & 0 & \cdots & 0\\ b_{21} & b_{22} & \cdots & 0\\ \vdots & \vdots & & \vdots\\ b_{n1} & b_{n2} & \cdots & b_{nn}\end{pmatrix}$$

若 $\boldsymbol{A},\boldsymbol{B}$ 为同阶同结构三角形矩阵，则 $k\boldsymbol{A},\boldsymbol{A}+\boldsymbol{B},\boldsymbol{AB}$ 仍为同阶同结构三角形矩阵.

2. 对称矩阵

如果一个 n 阶矩阵 $\boldsymbol{A}=[a_{ij}]_{n\times n}$ 中的元素满足条件

$$a_{ij}=a_{ji}(i,j=1,2,\cdots,n)$$

则称 $\boldsymbol{A}$ 为**对称矩阵**. 如

$$\begin{pmatrix}7 & 3\\ 3 & 4\end{pmatrix},\begin{pmatrix}1 & -2 & 0\\ -2 & 4 & 9\\ 0 & 9 & 11\end{pmatrix}$$

均为对称矩阵. 若 $\boldsymbol{A}$ 为对称矩阵，则有 $\boldsymbol{A}^{\mathrm{T}}=\boldsymbol{A}$，反之亦然.

若 $\boldsymbol{A},\boldsymbol{B}$ 为同阶对称矩阵，则 $k\boldsymbol{A},\boldsymbol{A}+\boldsymbol{B}$ 仍为对称矩阵；但 $\boldsymbol{AB}$ 未必是对称矩阵. 对任意矩阵 $\boldsymbol{A}$，$\boldsymbol{A}^{\mathrm{T}}\boldsymbol{A}$ 和 $\boldsymbol{AA}^{\mathrm{T}}$ 都是对称矩阵.

9.3 矩阵的初等变换与矩阵的秩

9.3.1 矩阵的初等变换

定义 9.11 对矩阵实施下列三种变换，统称为矩阵的**初等变换**.

(1)交换矩阵的两行(或列)；

(2)以一个非零数 k 乘矩阵的某一行(或列)；

(3)将矩阵的某一行(或列)乘 k 后加到另一行(或列)上.

以上三种矩阵变换分别称为矩阵的第一、第二、第三种初等行(或列)变换.

例 9.21 对矩阵 $\boldsymbol{A}=\begin{bmatrix}3 & 7 & -3 & 1\\ -2 & -5 & 2 & 0\\ -4 & -10 & 4 & 0\end{bmatrix}$ 进行初等行变换.

解：$\boldsymbol{A}\xrightarrow{2\text{ 行加到 }1\text{ 行上}}\begin{bmatrix}1 & 2 & -1 & 1\\ -2 & -5 & 2 & 0\\ -4 & -10 & 4 & 0\end{bmatrix}\xrightarrow[1\text{ 行 }4\text{ 倍加到 }3\text{ 行}]{1\text{ 行 }2\text{ 倍加到 }2\text{ 行}}\begin{bmatrix}1 & 2 & -1 & 1\\ 0 & -1 & 0 & 2\\ 0 & -2 & 0 & 4\end{bmatrix}$

$$\xrightarrow{2\text{ 行}(-2)\text{倍加到 }3\text{ 行}}\begin{bmatrix}1 & 2 & -1 & 1\\ 0 & -1 & 0 & 2\\ 0 & 0 & 0 & 0\end{bmatrix}$$

最后这种形式的矩阵称为行阶梯形矩阵.行阶梯形矩阵满足下列两个条件：

(1)矩阵的零行(元素全为零的行)在矩阵的最下方；

(2)各个非零行(元素不全为零的行)第一个非零元素的列标随着行标的递增而严格增大.

定理 9.1 任意一个矩阵 $\boldsymbol{A}_{m\times n}=[a_{ij}]_{m\times n}$，经过若干次初等变换，可化为下面形式的矩阵 $\boldsymbol{D}$

$$\boldsymbol{D}=\begin{bmatrix}1 & & & & 0\\ & \cdots & & & \\ & & 1 & & \\ & & & 0 & \\ & & & & \cdots \\ 0 & & & & 0\end{bmatrix}\begin{matrix}\\ \\ r\text{行}\\ \\ \\ \\ \end{matrix}$$

$$r\text{列}$$

即左上角是一个 r 阶单位阵 $\boldsymbol{I}_r$，其余元素全为 0.

例 9.22 将下列矩阵 $\boldsymbol{A}$ 化为矩阵 $\boldsymbol{D}$ 的形式.

解：

$$\boldsymbol{A}=\begin{bmatrix}2 & 1 & 2 & 3\\ 4 & 1 & 3 & 5\\ 2 & 0 & 1 & 2\end{bmatrix}\xrightarrow[1\text{ 行乘以}(-1)\text{加到 }3\text{ 行}]{1\text{ 行乘以}(-2)\text{加到 }2\text{ 行}}\begin{bmatrix}2 & 1 & 2 & 3\\ 0 & -1 & -1 & -1\\ 0 & -1 & -1 & -1\end{bmatrix}\xrightarrow[2\text{ 行乘}(-1)\text{加到 }3\text{ 行}]{1\text{ 列乘以}(1/2)}$$

$$\begin{bmatrix}1 & 1 & 2 & 3\\ 0 & -1 & -1 & -1\\ 0 & 0 & 0 & 0\end{bmatrix}\xrightarrow[(-3)\text{加到 }2,3,4\text{ 列上}]{1\text{ 列分别乘}(-1),(-2)}\begin{bmatrix}1 & 0 & 0 & 0\\ 0 & -1 & -1 & -1\\ 0 & 0 & 0 & 0\end{bmatrix}\xrightarrow[\text{加到 }3,4\text{ 列上}]{2\text{ 列乘}(-1)\text{分别}}$$

$$\begin{bmatrix}1 & 0 & 0 & 0\\ 0 & -1 & 0 & 0\\ 0 & 0 & 0 & 0\end{bmatrix}\xrightarrow{2\text{ 行乘}(-1)}\begin{bmatrix}1 & 0 & 0 & 0\\ 0 & 1 & 0 & 0\\ 0 & 0 & 0 & 0\end{bmatrix}$$

结果矩阵的左上角是单位阵 $\boldsymbol{I}_2$.

例 9.23 将下列矩阵 $\boldsymbol{A}$ 化为矩阵 $\boldsymbol{D}$ 的形式.

解:

$$\boldsymbol{A}=\begin{pmatrix}1&0&1\\2&1&0\\-3&2&-5\end{pmatrix}\xrightarrow[\text{分别加到 2、3 行}]{\text{1 行乘}(-2)\text{、3}}\begin{pmatrix}1&0&1\\0&1&-2\\0&2&-2\end{pmatrix}\xrightarrow[\text{加到 3 列}]{\text{1 列乘}(-1)}\begin{pmatrix}1&0&0\\0&1&-2\\0&2&-2\end{pmatrix}$$

$$\xrightarrow[\text{加到 3 行}]{\text{2 行乘}(-2)}\begin{pmatrix}1&0&0\\0&1&-2\\0&0&2\end{pmatrix}\xrightarrow[\text{加到 3 列}]{\text{2 列乘 2}}\begin{pmatrix}1&0&0\\0&1&0\\0&0&2\end{pmatrix}\xrightarrow[(1/2)]{\text{3 行乘}}\begin{pmatrix}1&0&0\\0&1&0\\0&0&1\end{pmatrix}.$$

定义 9.12 如果一个矩阵 $\boldsymbol{A}$ 经过若干次初等变换后得到 $\boldsymbol{B}$,则称 $\boldsymbol{A}$ 与 $\boldsymbol{B}$ 是**等价的**,记为 $\boldsymbol{A}\sim\boldsymbol{B}$.

9.3.2 矩阵的秩

定义 9.13 在 $m\times n$ 矩阵 $\boldsymbol{A}$ 中,任取 k 行与 k 列($k\leqslant\min\{m,n\}$),位于这些行和列交叉处的所有元素,保持它们原来的相对位置不变所构成的 k 阶行列式,称为矩阵 $\boldsymbol{A}$ 的一个 k 阶**子式**.例如

$$\boldsymbol{A}=\begin{pmatrix}1&2&3&0\\0&1&2&1\\2&4&6&0\end{pmatrix}$$

则 $\boldsymbol{A}$ 的第 1,3 两行、第 2,3 两列相交处的元素所构成的二阶子式为

$$\begin{vmatrix}2&3\\4&6\end{vmatrix}.$$

显然,上述二阶子式等于 0.但 $\boldsymbol{A}$ 中有的二阶子式不等于 0,如

$$\begin{vmatrix}1&2\\0&1\end{vmatrix}=1,\begin{vmatrix}2&1\\6&0\end{vmatrix}=-6\ .$$

但经计算可知,$\boldsymbol{A}$ 的任何一个三阶子式都等于 0,即 $\boldsymbol{A}$ 的不为零的子式最高阶数 $k=2$.

定义 9.14 设 $\boldsymbol{A}$ 为 $m\times n$ 矩阵.如果 $\boldsymbol{A}$ 中不为零的子式最高阶数为 r,即至少存在一个 r 阶子式不为 0,而任何 $r+1$ 阶子式皆为 0,则称 r 为矩阵 $\boldsymbol{A}$ 的**秩**,记为:秩$(\boldsymbol{A})=r$ 或 $r(\boldsymbol{A})=r$.当 $\boldsymbol{A}=\boldsymbol{O}$ 时,规定 $r(\boldsymbol{A})=0$.

显然,$r(\boldsymbol{A})=r(\boldsymbol{A}^{\mathrm{T}})$.当 $r(\boldsymbol{A})=\min(m,n)$时,称矩阵 $\boldsymbol{A}$ 为**满秩矩阵**.

定理 9.2 矩阵经初等变换后,其秩不变.

根据定理 9.1 和定理 9.2,实际运算中可以通过初等变换来求矩阵的秩.

例 9.24 求矩阵 $\boldsymbol{A}=\begin{pmatrix}1&0&0&1\\1&2&0&-1\\3&-1&0&4\\1&4&5&1\end{pmatrix}$的秩.

解:$\boldsymbol{A}\longrightarrow\begin{pmatrix}1&0&0&1\\0&2&0&-2\\0&-1&0&1\\0&4&5&0\end{pmatrix}\longrightarrow\begin{pmatrix}1&0&0&1\\0&1&0&-1\\0&0&0&0\\0&0&5&4\end{pmatrix}\longrightarrow\begin{pmatrix}1&0&0&0\\0&1&0&0\\0&0&1&0\\0&0&0&0\end{pmatrix}$

故 $r(\boldsymbol{A})=3$.

例 9.25 求矩阵 $\boldsymbol{A}=\begin{pmatrix}1 & -1 & 1 & 2\\ 2 & 3 & 3 & 2\\ 1 & 1 & 2 & 1\end{pmatrix}$ 的秩.

解:$\boldsymbol{A}\longrightarrow\begin{pmatrix}1 & -1 & 1 & 2\\ 0 & 5 & 1 & -2\\ 0 & 2 & 1 & -1\end{pmatrix}\longrightarrow\begin{pmatrix}1 & 0 & 0 & 0\\ 0 & 5 & 1 & -2\\ 0 & 2 & 1 & -1\end{pmatrix}\longrightarrow\begin{pmatrix}1 & 0 & 0 & 0\\ 0 & 5 & 1 & -1\\ 0 & 2 & 1 & 0\end{pmatrix}$

$$\longrightarrow\begin{pmatrix}1 & 0 & 0 & 0\\ 0 & 0 & 0 & -1\\ 0 & 2 & 1 & 0\end{pmatrix}\longrightarrow\begin{pmatrix}1 & 0 & 0 & 0\\ 0 & 1 & 0 & 0\\ 0 & 0 & 1 & 0\end{pmatrix}$$

可见该矩阵的秩为 3,且为满秩矩阵.

由矩阵的秩和满秩矩阵的概念,我们还可推出,如果一个 n 阶矩阵 $\boldsymbol{A}$ 是满秩的,则有 $|\boldsymbol{A}|\neq 0$,反之亦然.

9.4 矩阵的逆

逆矩阵在矩阵理论和应用中都起着很重要的作用.这里讨论的矩阵为 n 阶方阵.

9.4.1 可逆矩阵

定义 9.15 对于 n 阶矩阵 $\boldsymbol{A}$,如果存在一个 n 阶矩阵 $\boldsymbol{B}$,使 $\boldsymbol{AB}=\boldsymbol{BA}=\boldsymbol{I}_n$($\boldsymbol{I}_n$ 为 n 阶单位阵),则称 $\boldsymbol{B}$ 为 $\boldsymbol{A}$ 的**逆矩阵**.此时,称 $\boldsymbol{A}$ 为**可逆矩阵**,或简称**可逆阵**,并记为 $\boldsymbol{A}^{-1}$,即 $\boldsymbol{B}=\boldsymbol{A}^{-1}$.若 $\boldsymbol{B}$ 为 $\boldsymbol{A}$ 的逆,则 $\boldsymbol{A}$ 也为 $\boldsymbol{B}$ 的逆.

如果 $\boldsymbol{A}$ 可逆,则 $\boldsymbol{A}$ 的逆矩阵 $\boldsymbol{B}$ 是唯一的.因为,如果 $\boldsymbol{B}_1,\boldsymbol{B}_2$ 都是 $\boldsymbol{A}$ 的逆矩阵,则有 $\boldsymbol{AB}_1=\boldsymbol{B}_1\boldsymbol{A}=\boldsymbol{I}$,$\boldsymbol{AB}_2=\boldsymbol{B}_2\boldsymbol{A}=\boldsymbol{I}$,可得 $\boldsymbol{B}_1=\boldsymbol{B}_1\boldsymbol{I}=\boldsymbol{B}_1(\boldsymbol{AB}_2)=(\boldsymbol{B}_1\boldsymbol{A})\boldsymbol{B}_2=\boldsymbol{IB}_2=\boldsymbol{B}_2$.

根据逆矩阵的定义,以及 $\boldsymbol{I}_n\boldsymbol{I}_n=\boldsymbol{I}_n$ 可知,单位阵 $\boldsymbol{I}_n$ 的逆矩阵就是它自身.

定义 9.16 若 n 阶矩阵 $\boldsymbol{A}$ 的行列式 $|\boldsymbol{A}|\neq 0$,则称 $\boldsymbol{A}$ 为**非奇异阵**;否则,称为**奇异阵**.

定理 9.3 n 阶矩阵 $\boldsymbol{A}=[a_{ij}]_{n\times n}$可逆的充分必要条件是 $\boldsymbol{A}$ 为非奇异阵,且有

$$\boldsymbol{A}^{-1}=\frac{1}{|\boldsymbol{A}|}\begin{pmatrix}A_{11} & A_{21} & \cdots & A_{n1}\\ A_{12} & A_{22} & \cdots & A_{n2}\\ \vdots & \vdots & & \vdots\\ A_{1n} & A_{2n} & \cdots & A_{nn}\end{pmatrix}$$

式中 $\boldsymbol{A}_{ij}$ 是行列式$|\boldsymbol{A}|$中元素 a_{ij} 的代数余子式(注意矩阵中元素的排列规律),其中矩阵

$$\begin{pmatrix}A_{11} & A_{21} & \cdots & A_{n1}\\ A_{12} & A_{22} & \cdots & A_{n2}\\ \vdots & \vdots & & \vdots\\ A_{1n} & A_{2n} & \cdots & A_{nn}\end{pmatrix}$$

称为矩阵 $\boldsymbol{A}$ 的**伴随矩阵**,记作 $\boldsymbol{A}^*$.

于是有 $\boldsymbol{A}^{-1}=\dfrac{1}{|\boldsymbol{A}|}\boldsymbol{A}^*=\dfrac{\boldsymbol{A}^*}{|\boldsymbol{A}|}$.

例 9.26 求矩阵 $\boldsymbol{A}=\begin{pmatrix}1 & 0 & 1\\ 2 & 1 & 0\\ -3 & 2 & -5\end{pmatrix}$ 的逆矩阵.

解:因为

$$|\boldsymbol{A}|=\begin{vmatrix}1&0&1\\2&1&0\\-3&2&-5\end{vmatrix}=2\neq0$$

所以 $\boldsymbol{A}$ 可逆.

$$A_{11}=\begin{vmatrix}1&0\\2&-5\end{vmatrix}=-5,\quad A_{12}=-\begin{vmatrix}2&0\\-3&-5\end{vmatrix}=10,\quad A_{13}=\begin{vmatrix}2&1\\-3&2\end{vmatrix}=7,$$

$$A_{21}=-\begin{vmatrix}0&1\\2&-5\end{vmatrix}=2,\quad A_{22}=\begin{vmatrix}1&1\\-3&-5\end{vmatrix}=-2,\quad A_{23}=-\begin{vmatrix}1&0\\-3&2\end{vmatrix}=-2,$$

$$A_{31}=\begin{vmatrix}0&1\\1&0\end{vmatrix}=-1,\quad A_{32}=-\begin{vmatrix}1&1\\2&0\end{vmatrix}=2,\quad A_{33}=\begin{vmatrix}1&0\\2&1\end{vmatrix}=1.$$

由此求得 $\boldsymbol{A}$ 的逆矩阵为

$$\boldsymbol{A}^{-1}=\frac{1}{|\boldsymbol{A}|}\boldsymbol{A}^*=\frac{1}{2}\begin{pmatrix}-5&2&-1\\10&-2&2\\7&-2&1\end{pmatrix}=\begin{pmatrix}-5/2&1&-1/2\\5&-1&1\\7/2&-1&1/2\end{pmatrix}.$$

例 9.27 试证明:若 $\boldsymbol{A}$ 是 n 阶矩阵,且存在一个 n 阶矩阵 $\boldsymbol{B}$,使 $\boldsymbol{AB}=\boldsymbol{I}$ 或 $\boldsymbol{BA}=\boldsymbol{I}$,则 $\boldsymbol{A}$ 可逆,且 $\boldsymbol{B}$ 就是 $\boldsymbol{A}$ 的逆矩阵.

证:因为 $\boldsymbol{AB}=\boldsymbol{I}$,则有 $|\boldsymbol{AB}|=|\boldsymbol{A}|\times|\boldsymbol{B}|=|\boldsymbol{I}|=1$,故 $|\boldsymbol{A}|\neq0$,即 $\boldsymbol{A}$ 可逆. 于是有

$$\boldsymbol{B}=\boldsymbol{IB}=(\boldsymbol{A}^{-1}\boldsymbol{A})\boldsymbol{B}=\boldsymbol{A}^{-1}(\boldsymbol{AB})=\boldsymbol{A}^{-1}\boldsymbol{I}=\boldsymbol{A}^{-1}$$

同理可证明,若有 $\boldsymbol{BA}=\boldsymbol{I}$,则 $\boldsymbol{B}=\boldsymbol{A}^{-1}$.

这个结论说明,如果要验证矩阵 $\boldsymbol{B}$ 是矩阵 $\boldsymbol{A}$ 的逆矩阵,只要验证一个等式 $\boldsymbol{AB}=\boldsymbol{I}$ 或 $\boldsymbol{BA}=\boldsymbol{I}$ 即可,不必按定义验证两个等式.

显然,对角阵 $\boldsymbol{A}=\mathrm{diag}\{a_{11},a_{22},\cdots,a_{nn}\}$ 的逆矩阵为 $\boldsymbol{A}^{-1}=\mathrm{diag}\{1/a_{11},\cdots,1/a_{nn}\}$.

逆矩阵有以下几个性质:

性质 9.9 可逆矩阵 $\boldsymbol{A}$ 的逆矩阵 $\boldsymbol{A}^{-1}$ 也是可逆矩阵,且有 $(\boldsymbol{A}^{-1})^{-1}=\boldsymbol{A}$.

性质 9.10 两个同阶可逆矩阵 $\boldsymbol{A},\boldsymbol{B}$ 的乘积是可逆矩阵,且有 $(\boldsymbol{AB})^{-1}=\boldsymbol{B}^{-1}\boldsymbol{A}^{-1}$.

因为 $(\boldsymbol{AB})(\boldsymbol{B}^{-1}\boldsymbol{A}^{-1})=\boldsymbol{A}(\boldsymbol{BB}^{-1})\boldsymbol{A}^{-1}=\boldsymbol{AIA}^{-1}=\boldsymbol{AA}^{-1}=\boldsymbol{I}$

$$(\boldsymbol{B}^{-1}\boldsymbol{A}^{-1})(\boldsymbol{AB})=\boldsymbol{B}^{-1}(\boldsymbol{A}^{-1}\boldsymbol{A})\boldsymbol{B}=\boldsymbol{B}^{-1}\boldsymbol{IB}=\boldsymbol{B}^{-1}\boldsymbol{B}=\boldsymbol{I},$$

所以 $(\boldsymbol{AB})^{-1}=\boldsymbol{B}^{-1}\boldsymbol{A}^{-1}$.

性质 9.11 可逆矩阵 $\boldsymbol{A}$ 的转置矩阵 $\boldsymbol{A}^{\mathrm{T}}$ 也是可逆矩阵,且有 $(\boldsymbol{A}^{\mathrm{T}})^{-1}=(\boldsymbol{A}^{-1})^{\mathrm{T}}$.

因为 $\boldsymbol{A}^{\mathrm{T}}(\boldsymbol{A}^{-1})^{\mathrm{T}}=(\boldsymbol{A}^{-1}\boldsymbol{A})^{\mathrm{T}}=\boldsymbol{I}^{\mathrm{T}}=\boldsymbol{I}$,

$$(\boldsymbol{A}^{-1})^{\mathrm{T}}\boldsymbol{A}^{\mathrm{T}}=(\boldsymbol{AA}^{-1})^{\mathrm{T}}=\boldsymbol{I}^{\mathrm{T}}=\boldsymbol{I},$$

所以 $(\boldsymbol{A}^{\mathrm{T}})^{-1}=(\boldsymbol{A}^{-1})^{\mathrm{T}}$.

性质 9.12 $(k\boldsymbol{A})^{-1}=\boldsymbol{A}^{-1}/k\quad(k\neq0)$.

9.4.2 用初等变换求逆矩阵

从上面的例 9.26 可以看出,通过伴随矩阵来求逆矩阵,随着 n 的增大,计算量会迅速增加,故实用价值不大. 下面我们介绍通过初等变换求逆矩阵的方法.

假设 n 阶矩阵 $\boldsymbol{A}$ 可逆,则 $\boldsymbol{A}$ 满秩;构造一个 $n\times2n$ 矩阵 $[\boldsymbol{A}\,\vdots\,\boldsymbol{I}]$,其中 $\boldsymbol{I}$ 为 n 阶单位阵;通过若干次初等行变换可将 $[\boldsymbol{A}\,\vdots\,\boldsymbol{I}]$ 变换为 $[\boldsymbol{I}\,\vdots\,\boldsymbol{B}]$,则 $\boldsymbol{B}$ 即为 $\boldsymbol{A}$ 的逆矩阵 $\boldsymbol{A}^{-1}$. 根据定理 9.1 和定理 9.2,这是可行的. 下面我们通过例子来说明.

例 9.28 用初等行变换求下面矩阵的逆矩阵.

$$A=\begin{pmatrix}1&0&1\\2&1&0\\-3&2&-5\end{pmatrix}$$

解:作 3×6 矩阵($A \mid I_3$)

$$[A \mid I_3]=\left(\begin{array}{ccc:ccc}1&0&1&1&0&0\\2&1&0&0&1&0\\-3&2&-5&0&0&1\end{array}\right)$$

$$\xrightarrow[\text{1行乘3加到3行}]{\text{1行乘}(-2)\text{加到2行}}\left(\begin{array}{ccc:ccc}1&0&1&1&0&0\\0&1&-2&-2&1&0\\0&2&-2&3&0&1\end{array}\right)$$

$$\xrightarrow{\text{2行乘}(-2)\text{加到3行}}\left(\begin{array}{ccc:ccc}1&0&1&1&0&0\\0&1&-2&-2&1&0\\0&0&2&7&-2&1\end{array}\right)$$

$$\xrightarrow{\text{3行乘}1/2}\left(\begin{array}{ccc:ccc}1&0&1&1&0&0\\0&1&-2&-2&1&0\\0&0&1&7/2&-1&1/2\end{array}\right)$$

$$\xrightarrow[\text{3行乘2加到2}]{\text{3行乘}(-1)\text{加到1行}}\left(\begin{array}{ccc:ccc}1&0&0&-5/2&1&-1/2\\0&1&0&5&-1&1\\0&0&1&7/2&-1&1/2\end{array}\right)$$

于是得到

$$A^{-1}=\begin{pmatrix}-5/2&1&-1/2\\5&-1&1\\7/2&-1&1/2\end{pmatrix}$$

上面介绍的用初等变换求逆矩阵的方法,只限于对矩阵的行进行初等行变换,而不能使用对列的初等列变换.如果要用初等列变换来求逆矩阵,则应该构造 $2n\times n$ 矩阵

$$\begin{pmatrix}A\\I\end{pmatrix}$$

然后,对此矩阵进行仅限于列的初等变换,将 A 化为 I,与此同时 I 就化为 A^{-1} 了.

9.5 *n* 维向量空间

1. *n* 维向量空间的定义

定义 9.15 由 n 个实数组成的有序组称为 n 维向量;一般用 $\boldsymbol{\alpha},\boldsymbol{\beta},\boldsymbol{\gamma}$ 等希腊字母表示,如

$$\boldsymbol{\alpha}=[a_1,a_2,\cdots,a_n]$$

其中 $a_i(i=1,2,\cdots,n)$ 称为向量 $\boldsymbol{\alpha}$ 的第 i 个分量.所有分量都为零的向量,称为**零向量**,记为 $\mathbf{0}$;即 $\mathbf{0}=[0,0,\cdots,0]$.

向量实际上就是上面讨论过的行(或列)矩阵,是矩阵的特殊情况.所以对矩阵所定义的相等,以及各种运算法则都适用于向量.所有 n 维向量组成的集合,记为 $\mathbf{R}^n$,称为 n **维向量空间**.

2. 向量间的线性关系

(1)向量的线性组合：

定义 9.16　对于给定的 n 维向量 $\boldsymbol{\beta},\boldsymbol{\alpha}_1,\boldsymbol{\alpha}_2,\cdots,\boldsymbol{\alpha}_n$，如果存在一组数 $k_1,k_2,\cdots,k_n$，使下面的关系式成立

$$\boldsymbol{\beta}=k_1\boldsymbol{\alpha}_1+k_2\boldsymbol{\alpha}_2+\cdots+k_n\boldsymbol{\alpha}_n$$

则称向量 $\boldsymbol{\beta}$ 是向量 $\boldsymbol{\alpha}_1,\boldsymbol{\alpha}_2,\cdots,\boldsymbol{\alpha}_n$ 的**线性组合**，或称向量 $\boldsymbol{\beta}$ 可以用向量 $\boldsymbol{\alpha}_1,\boldsymbol{\alpha}_2,\cdots,\boldsymbol{\alpha}_n$ **线性表示**.

零向量 $\mathbf{0}$ 是任何一组向量的线性组合. 因为有 $\mathbf{0}=0\cdot\boldsymbol{\alpha}_1+0\cdot\boldsymbol{\alpha}_2+\cdots+0\cdot\boldsymbol{\alpha}_n$.

任一 n 维向量 $\boldsymbol{\alpha}=[a_1,a_2,\cdots,a_n]$ 都是 n 维向量组 $\boldsymbol{e}_1=[1,0,\cdots,0]$，$\boldsymbol{e}_2=[0,1,\cdots,0]$，…，和 $\boldsymbol{e}_n=[0,0,\cdots,1]$ 的线性组合. 因为有，$\boldsymbol{\alpha}=a_1\boldsymbol{e}_1+a_2\boldsymbol{e}_2+\cdots+a_n\boldsymbol{e}_n$. 通常将向量组 $\boldsymbol{e}_1,\boldsymbol{e}_2,\cdots,\boldsymbol{e}_n$ 称为 n 维向量空间 $\mathbf{R}^n$ 的**单位向量组**.

(2)向量的线性相关与线性无关：

定义 9.17　对于向量组 $\boldsymbol{\alpha}_1,\boldsymbol{\alpha}_2,\cdots,\boldsymbol{\alpha}_m$，若存在一组不全为零的数 $k_1,k_2,\cdots,k_m$，使关系式

$$k_1\boldsymbol{\alpha}_1+k_2\boldsymbol{\alpha}_2+\cdots+k_m\boldsymbol{\alpha}_m=\mathbf{0} \tag{9.15}$$

成立，则称向量组 $\boldsymbol{\alpha}_1,\boldsymbol{\alpha}_2,\cdots,\boldsymbol{\alpha}_m$ **线性相关**；若当且仅当 $k_1=k_2=\cdots=k_m=0$ 时，式 9.15 成立，则称向量组 $\boldsymbol{\alpha}_1,\boldsymbol{\alpha}_2,\cdots,\boldsymbol{\alpha}_m$ **线性无关**.

例 9.29　向量组 $\boldsymbol{\alpha}_1=[1,-1,1]$，$\boldsymbol{\alpha}_2=[2,5,-7]$，$\boldsymbol{\alpha}_3=[4,17,-23]$ 线性相关，因为有

$$2\boldsymbol{\alpha}_1-3\boldsymbol{\alpha}_2+\boldsymbol{\alpha}_3=\mathbf{0}$$

成立.

例 9.30　已知 $\boldsymbol{\alpha}_1=[2,-4]$，$\boldsymbol{\alpha}_2=[-1,2]$，$\boldsymbol{\beta}=[3,7]$，试问向量 $\boldsymbol{\beta}$ 是否可用向量组 $\boldsymbol{\alpha}_1,\boldsymbol{\alpha}_2$ 线性表示?

解：设 $\boldsymbol{\beta}=k_1\boldsymbol{\alpha}_1+k_2\boldsymbol{\alpha}_2$，则得下列线性方程组

$$\begin{cases}2k_1-k_2=3\\-4k_1+2k_2=7\end{cases}$$

显然此两方程矛盾，方程组无解，故向量 $\boldsymbol{\beta}$ 不能用向量组 $\boldsymbol{\alpha}_1,\boldsymbol{\alpha}_2$ 线性表示.

下面是一些重要结论：

若向量组 $\boldsymbol{\alpha}_1,\boldsymbol{\alpha}_2,\cdots,\boldsymbol{\alpha}_m$ 中有一个向量可由其余向量线性表示，则此向量组线性相关；反之，则线性无关.

向量组 $\boldsymbol{\alpha}_1,\boldsymbol{\alpha}_2,\cdots,\boldsymbol{\alpha}_m$ 中，若有部分向量(称为部分组)$\boldsymbol{\alpha}_r,\boldsymbol{\alpha}_{r+1},\cdots,\boldsymbol{\alpha}_s(1\leqslant r,s\leqslant m)$ 线性相关，则整个向量组线性相关. 若向量组 $\boldsymbol{\alpha}_1,\boldsymbol{\alpha}_2,\cdots,\boldsymbol{\alpha}_m$ 线性无关，则它的任何部分组线性无关.

(3)关于线性相关与线性组合的定理：

定理 9.4　向量组 $\boldsymbol{\alpha}_1,\boldsymbol{\alpha}_2,\cdots,\boldsymbol{\alpha}_m(m\geqslant 2)$ 线性相关的充分必要条件是，其中至少有一个向量是其余 $m-1$ 个向量的线性组合.

定理 9.5　若向量组 $\boldsymbol{\alpha}_1,\boldsymbol{\alpha}_2,\cdots,\boldsymbol{\alpha}_m,\boldsymbol{\beta}$ 线性相关，而 $\boldsymbol{\alpha}_1,\boldsymbol{\alpha}_2,\cdots,\boldsymbol{\alpha}_m$ 线性无关，则向量 $\boldsymbol{\beta}$ 可由向量组 $\boldsymbol{\alpha}_1,\boldsymbol{\alpha}_2,\cdots,\boldsymbol{\alpha}_m$ 唯一线性表示，且 $\boldsymbol{\beta}=k_1\boldsymbol{\alpha}_1+k_2\boldsymbol{\alpha}_2+\cdots+k_m\boldsymbol{\alpha}$.

(4)向量组的秩：

定义 9.18　若向量组 $\boldsymbol{\alpha}_1,\boldsymbol{\alpha}_2,\cdots,\boldsymbol{\alpha}_n$ 中有 r 个向量 $\boldsymbol{\alpha}'_1,\boldsymbol{\alpha}'_2,\cdots,\boldsymbol{\alpha}'_r(r\leqslant m)$ 线性无关，而任意添加一个(这 r 个之外的)向量后都线性相关，则称这 r 个向量构成的部分组为原向量组 $\boldsymbol{\alpha}_1,\boldsymbol{\alpha}_2,\cdots,\boldsymbol{\alpha}_m$ 的最大线性无关组，也简称极大无关组.

同一向量组的极大无关组可能不止一个；但由定义 9.18 可知，不同极大无关组中的向量个数相同.

定理 9.6　若 $\boldsymbol{\alpha}'_1,\boldsymbol{\alpha}'_2,\cdots,\boldsymbol{\alpha}'_r$ 是 $\boldsymbol{\alpha}_1,\boldsymbol{\alpha}_2,\cdots,\boldsymbol{\alpha}_m$ 的线性无关部分组，则它是极大无关组的充分必

要条件是 $\boldsymbol{\alpha}_1,\boldsymbol{\alpha}_2,\cdots,\boldsymbol{\alpha}_m$ 中每一个向量都可以用 $\boldsymbol{\alpha}'_1,\boldsymbol{\alpha}'_2,\cdots,\boldsymbol{\alpha}'_r$ 线性表示.

定义 9.19 向量组 $\boldsymbol{\alpha}_1,\boldsymbol{\alpha}_2,\cdots,\boldsymbol{\alpha}_m$ 的极大无关组所含向量的个数称为**向量组的秩**，记为 $r(\boldsymbol{\alpha}_1,\boldsymbol{\alpha}_2,\cdots,\boldsymbol{\alpha}_m)$. 规定全由零向量组成的向量组的秩为零.

为叙述方便，矩阵 $\boldsymbol{A}$ 的行向量组的秩称为**行秩**；矩阵 $\boldsymbol{A}$ 的列向量组的秩称为**列秩**. 可以证明，矩阵 $\boldsymbol{A}$ 的行秩＝矩阵 $\boldsymbol{A}$ 的列秩＝矩阵 $\boldsymbol{A}$ 的秩.

还可以证明，矩阵的初等行（列）变换不改变其列（行）向量间的线性关系，即在原矩阵中无关的向量组在变换后的新矩阵中对应向量组仍无关，而相关的向量组仍相关. 由此，可以通过矩阵初等行变换来求向量组 $\boldsymbol{\alpha}_1,\boldsymbol{\alpha}_2,\cdots,\boldsymbol{\alpha}_m$ 的秩和它的一个极大无关组，步骤如下：

(1)以向量组 $\boldsymbol{\alpha}_1,\boldsymbol{\alpha}_2,\cdots,\boldsymbol{\alpha}_m$ 作为矩阵的列向量，构造矩阵 $\boldsymbol{A}$；

(2)用矩阵初等行变换将 $\boldsymbol{A}$ 化为行阶梯形矩阵 $\boldsymbol{B}$，向量组的秩为 $r(\boldsymbol{B})$；

(3)与矩阵 $\boldsymbol{B}$ 的每个非零行的首个非零元素所对应的矩阵 $\boldsymbol{A}$ 的列向量构成向量组 $\boldsymbol{\alpha}_1,\boldsymbol{\alpha}_2,\cdots,\boldsymbol{\alpha}_m$ 的一个极大无关组.

例 9.31 求向量组 $\boldsymbol{\alpha}_1=[2,4,2],\boldsymbol{\alpha}_2=[1,1,0],\boldsymbol{\alpha}_3=[2,3,1],\boldsymbol{\alpha}_4=[3,5,2]$的一个极大无关组，并把其余向量用该极大无关组表示出来.

解：按给定向量组构造矩阵 $\boldsymbol{A}$，并对其施以初等行变换.

$$\boldsymbol{A}=\begin{bmatrix}2&1&2&3\\4&1&3&5\\2&0&1&2\end{bmatrix}\longrightarrow\begin{bmatrix}2&1&2&3\\0&-1&-1&-1\\0&-1&-1&-1\end{bmatrix}\longrightarrow\begin{bmatrix}2&1&2&3\\0&1&1&1\\0&0&0&0\end{bmatrix}\longrightarrow\begin{bmatrix}2&0&1&2\\0&1&1&1\\0&0&0&0\end{bmatrix}\longrightarrow\begin{bmatrix}1&0&1/2&1\\0&1&1&1\\0&0&0&0\end{bmatrix}$$

由最后这个矩阵可知，矩阵 $\boldsymbol{A}$ 的秩为 2，$\boldsymbol{A}$ 的列向量组的极大无关组有两个向量. 由于第 1 行的第 1 个元素为非零元素在第 1 列，故第 1 个列向量 $\boldsymbol{\alpha}_1$ 是极大无关组中的一个向量. 同理，第 2 个列向量 $\boldsymbol{\alpha}_2$ 也是极大无关组中的一个向量. 且有

$$\begin{cases}\boldsymbol{\alpha}_3=(1/2)\boldsymbol{\alpha}_1+\boldsymbol{\alpha}_2\\\boldsymbol{\alpha}_4=\boldsymbol{\alpha}_1+\boldsymbol{\alpha}_2\end{cases}$$

9.6 小　结

本章介绍了代数中常用的行列式和矩阵这两个概念，讨论了它们的基本性质和运算规则. 通过对本章内容的学习，读者应掌握以下要点：

(1)行列式的概念：二阶行列式、三阶行列式定义，对角线法则，n 阶行列式的递推定义.

(2)行列式的展开：余子式和代数余子式的概念，行列式按行、按列展开.

(3)掌握行列式的 6 条基本性质以及它们的推论.

(4)会按定义、展开式或基本性质计算一些比较简单的行列式的值.

(5)掌握矩阵的概念和矩阵的加法、数乘、乘法、转置等的运算法则.

(6)掌握几种特殊矩阵的结构.

(7)掌握矩阵的秩和矩阵的逆的概念.

(8)掌握对矩阵进行初等变换的三种方法. 学会用初等行变换方法求矩阵的秩和逆.

(9)掌握伴随矩阵的概念，会用求伴随矩阵的方法求逆矩阵，注意伴随矩阵中元素的排列方法.

(10)n 维向量空间、向量组的线性相关性、向量组的秩. 由 n 个有序实数组成的数组，称为 n 维向量. 向量的和、数乘、负向量等均可借助于矩阵运算来定义.

请掌握以下概念及其相互关系：n 维向量空间、向量组的线性组合、向量组的线性相关、向量组

的线性无关、向量组的极大线性无关组.一个向量组的极大无关组所含向量的个数称为向量组的秩.

习　题　9

1.用定义计算下列行列式的值:

(1) $\begin{vmatrix} 1 & -1 & 2 \\ 0 & 3 & -1 \\ -2 & 2 & -4 \end{vmatrix}$;　(2) $\begin{vmatrix} 2 & 1 & 3 \\ 1 & 1 & 1 \\ 0 & 0 & 1 \end{vmatrix}$;

(3) $\begin{vmatrix} 2 & 8 & 1 \\ 0 & 5 & 7 \\ 0 & 0 & 1 \end{vmatrix}$;　(4) $\begin{vmatrix} 1 & a & a^2 \\ 1 & b & b^2 \\ 1 & c & c \end{vmatrix}$.

2.求下列行列式中元素 a12,a31,a33 的余子式及代数余子式:

(1) $\begin{vmatrix} 2 & -1 & 0 \\ 4 & 1 & 2 \\ -1 & -1 & -1 \end{vmatrix}$;　(2) $\begin{vmatrix} 3 & -1 & 0 & 7 \\ 1 & 0 & 1 & 5 \\ 2 & 3 & -3 & 1 \\ 0 & 0 & 1 & -2 \end{vmatrix}$.

3.按行或列展开,求下列行列式的值:

(1) $\begin{vmatrix} 2 & -1 & 3 \\ -1 & 2 & 1 \\ 4 & 1 & 2 \end{vmatrix}$;　(2) $\begin{vmatrix} 1 & 0 & 1 & 2 \\ 4 & 0 & 3 & 4 \\ 0 & 0 & -1 & 2 \\ 5 & 1 & 2 & 3 \end{vmatrix}$.

4.λ 取何值时,下列行列式的值等于零:

(1) $\begin{vmatrix} \lambda-1 & 2 \\ 2 & \lambda+2 \end{vmatrix}$;　(2) $\begin{vmatrix} \lambda-3 & -1 & 0 \\ 4 & \lambda+1 & 0 \\ -4 & 8 & \lambda+2 \end{vmatrix}$.

5.利用行列式性质计算下列行列式之值:

(1) $\begin{vmatrix} 1 & 2 & -1 & 2 \\ 3 & 0 & 1 & 5 \\ 1 & -2 & 0 & 3 \\ -2 & -4 & 1 & 6 \end{vmatrix}$;　(2) $\begin{vmatrix} 0 & 1 & 1 & 1 \\ 1 & 0 & 1 & 1 \\ 1 & 1 & 0 & 1 \\ 1 & 1 & 1 & 0 \end{vmatrix}$;　(3) $\begin{vmatrix} 7 & 3 & 2 & 6 \\ 8 & -9 & 4 & 9 \\ 7 & -2 & 7 & 3 \\ 5 & -3 & 3 & 4 \end{vmatrix}$.

6. 计算行列式之值:

(1) $\begin{vmatrix} 0 & 1 & 1 & a \\ 1 & 0 & 1 & b \\ 1 & 1 & 0 & c \\ a & b & c & d \end{vmatrix}$;　(2) $\begin{vmatrix} a^2 & ab & b^2 \\ 2a & a+b & 2b \\ 1 & 1 & 1 \end{vmatrix}$.

7. 计算 $2\times\begin{pmatrix} 1 & 2 \\ 0 & -1 \end{pmatrix}+2\times\begin{pmatrix} 0 & 0 \\ 1 & 0 \end{pmatrix}-2\times\begin{pmatrix} 1/2 & 1 \\ 0 & -1 \end{pmatrix}$.

8. 设 $A=\begin{bmatrix}-1 & -1 & 2\\ -1 & 2 & 0\\ 0 & 1 & 2\end{bmatrix}$，并求 $|3A|$ 及 $3|A|$，并比较它们的值. 假定 A 是一个 n 阶方阵，k 是一个常数，求 $|kA|$ 的值.

9. 计算：

(1) $\begin{pmatrix}1 & 2 & 0\\ 1 & -1 & 1\end{pmatrix}\begin{bmatrix}1 & 3\\ 0 & 1\\ 1 & -1\end{bmatrix}$；　(2) $\begin{bmatrix}2 & 1 & -2\\ 1 & 0 & 4\\ -3 & 1 & 0\\ 0 & 1 & 1\end{bmatrix}\begin{bmatrix}3 & 1 & 0\\ 0 & 0 & 1\\ -1 & 2 & 0\end{bmatrix}$.

10. 设 $A=\begin{pmatrix}1 & 0 & 3\\ 2 & -1 & 0\end{pmatrix}$，$B=\begin{bmatrix}1 & -1\\ 2 & 3\\ 4 & 0\end{bmatrix}$，试求 AB 与 BA.

11. 计算：

(1) $\begin{bmatrix}a_1 & 0 & 0\\ 0 & a_2 & 0\\ 0 & 0 & a_3\end{bmatrix}^5$；　(2) $\begin{pmatrix}\cos\theta & \sin\theta\\ -\sin\theta & \cos\theta\end{pmatrix}^3$.

12. 证明下列方阵是非异矩阵，并通过伴随矩阵求其逆矩阵.

(1) $A=\begin{pmatrix}1 & 2\\ 3 & 4\end{pmatrix}$；　(2) $B=\begin{bmatrix}1 & 2 & 0\\ 2 & 1 & -1\\ 3 & 1 & 1\end{bmatrix}$.

13. 用初等变换将下列矩阵化为行阶梯形矩阵：

(1) $\begin{bmatrix}-1 & 0 & 1 & 2\\ 3 & 1 & 0 & -1\\ 0 & 2 & 1 & 4\end{bmatrix}$；　(2) $\begin{bmatrix}1 & 2 & 3\\ -1 & 0 & 1\\ 0 & 2 & -3\\ 0 & 2 & -3\end{bmatrix}$；　(3) $\begin{bmatrix}1 & 2 & 3 & 4\\ 0 & -1 & 0 & -2\\ 1 & 1 & 3 & 2\\ 2 & 2 & 6 & 4\end{bmatrix}$.

14. 用初等变换的方法求下列矩阵的逆矩阵：

(1) $\begin{bmatrix}1 & 2 & 3\\ 2 & -1 & 4\\ 0 & -1 & 1\end{bmatrix}$；　(2) $\begin{bmatrix}1 & 1 & 1 & 1\\ 1 & 1 & -1 & -1\\ 1 & -1 & 1 & -1\\ 1 & -1 & -1 & 1\end{bmatrix}$.

15. 用初等行变换求下列矩阵的秩：

(1) $\begin{bmatrix}1 & -1 & 2\\ 2 & -3 & 1\\ -2 & 2 & -4\end{bmatrix}$；　(2) $\begin{bmatrix}1 & 1 & 7 & 3\\ 2 & -1 & 5 & 6\\ 1 & 0 & 4 & -1\end{bmatrix}$.

16. 设矩阵 $A=\begin{bmatrix}\lambda & 1 & 1\\ 1 & \lambda & 1\\ 1 & 1 & \lambda\end{bmatrix}$，问 λ 为何值时，(1) $r(A)=1$；(2) $r(A)=2$.

17. 试问向量 β 是否可用向量 α_1、α_2、α_3 线性表示.

(1) $\beta=[1,2,3]$，$\alpha_1=[1,0,2)$，$\alpha_2=[1,1,2)$，$\alpha_3=[-1,1,-2]$；

(2)$\boldsymbol{\beta}=[4,4,5]$，$\boldsymbol{\alpha}_1=[1,1,0]$，$\boldsymbol{\alpha}_2=[2,1,3]$，$\boldsymbol{\alpha}_3=[0,1,2]$.

18. 判断下列向量组是否线性相关：

(1)$\boldsymbol{\alpha}_1=[1,1,1]$，$\boldsymbol{\alpha}_2=[1,2,3]$，$\boldsymbol{\alpha}_3=[1,6,3]$；

(2)$\boldsymbol{\alpha}_1=\begin{pmatrix}1\\2\\3\end{pmatrix}$，$\boldsymbol{\alpha}_2=\begin{pmatrix}1\\-4\\1\end{pmatrix}$，$\boldsymbol{\alpha}_3=\begin{pmatrix}1\\14\\7\end{pmatrix}$.

19. 设 $\boldsymbol{\alpha}_1$、$\boldsymbol{\alpha}_2$、$\boldsymbol{\alpha}_3$ 是线性无关的三个向量，求证：$\boldsymbol{\alpha}_1+\boldsymbol{\alpha}_2$，$\boldsymbol{\alpha}_2+\boldsymbol{\alpha}_3$，$\boldsymbol{\alpha}_1+\boldsymbol{\alpha}_3$ 也是线性无关的向量组.

20. 求下列向量组的秩和一个极大无关组.

(1)$\boldsymbol{\alpha}_1=[1,2,-1,4]$，$\boldsymbol{\alpha}_2=[-2,0,4,1]$，$\boldsymbol{\alpha}_3=[-7,1,2,4]$；

(2)$\boldsymbol{\alpha}_1=\begin{pmatrix}1\\-1\\1\\2\end{pmatrix}$，$\boldsymbol{\alpha}_2=\begin{pmatrix}-1\\-1\\-3\\-4\end{pmatrix}$，$\boldsymbol{\alpha}_3=\begin{pmatrix}0\\3\\3\\3\end{pmatrix}$，$\boldsymbol{\alpha}_4=\begin{pmatrix}1\\1\\3\\4\end{pmatrix}$.

第10章 线性方程组

本章主要介绍线性方程组;这是线性代数的核心内容.具体介绍求解线性方程组的消元法和迭代法.同时讨论线性方程组解的性质及其结构.

10.1 线性方程组的定义

求解线性方程组是很普遍的数学问题.在第8章开头简单介绍了二元线性方程组和三元线性方程组及其求解的消去法.本章将介绍一般线性方程组的求解问题.所谓线性方程组是指,多个相关的含有若干未知数的一次方程式构成的一组.一个 n 元一次方程组(或称 n 元线性方程组)的一般形式是

$$\begin{cases} a_{11}x_1+a_{12}x_2+\cdots+a_{1n}x_n=b_1 \\ a_{21}x_1+a_{22}x_2+\cdots+a_{2n}x_n=b_2 \\ \cdots\cdots\cdots\cdots\cdots\cdots\cdots\cdots \\ a_{m1}x_1+a_{m2}x_2+\cdots+a_{mn}x_n=b_m \end{cases}. \tag{10.1}$$

式中,$x_1,x_2,\cdots,x_n$ 是 n 个未知数,$a_{ij},b_i(i=1,2,\cdots,m;j=1,2,\cdots,n)$ 皆为常数,前者(a_{ij})称为系数,后者(b_i)称为常数项.当 $b_1,b_2,\cdots,b_m$ 不全为0时,式10.1称为**非齐次线性方程组**;反之,称为**齐次线性方程组**.

一般地,线性方程组可用矩阵表示为

$$\boldsymbol{AX}=\boldsymbol{B} \tag{10.2}$$

其中,

$$\boldsymbol{A}=\begin{pmatrix} a_{11} & a_{12} & \cdots & a_{1n} \\ a_{21} & a_{22} & \cdots & a_{2n} \\ \vdots & \vdots & & \vdots \\ a_{m1} & a_{m2} & \cdots & a_{mn} \end{pmatrix},\boldsymbol{X}=\begin{pmatrix} x_1 \\ x_2 \\ \vdots \\ x_n \end{pmatrix},\boldsymbol{B}=\begin{pmatrix} b_1 \\ b_2 \\ \vdots \\ b_m \end{pmatrix}$$

对应于式10.1的线性方程组,$\boldsymbol{A}$ 称为**系数矩阵**,$\boldsymbol{X}$ 称为 n 元**未知量矩阵**,$\boldsymbol{B}$ 称为**常数项矩阵**.把 $\boldsymbol{A}$ 与 $\boldsymbol{B}$ 拼接在一起,构成矩阵 $\boldsymbol{P}$ 为

$$\boldsymbol{P}=\begin{pmatrix} a_{11} & a_{12} & \cdots & a_{1n} & b_1 \\ a_{21} & a_{22} & \cdots & a_{2n} & b_2 \\ \vdots & \vdots & & \vdots & \vdots \\ a_{m1} & a_{m2} & \cdots & a_{mn} & b_m \end{pmatrix} \tag{10.3}$$

则有 $\boldsymbol{P}=[\boldsymbol{A}\ \boldsymbol{B}]$,并称其为线性方程组的**增广矩阵**.显然,方程组唯一地由增广矩阵$[\boldsymbol{A}\ \boldsymbol{B}]$所确定.

如果存在 n 个常数 $c_i(i=1,\cdots,n)$，代入式 10.1 的方程组后，能使线性方程组成为 n 个恒等式，则称列矩阵

$$C=\begin{pmatrix} c_1 \\ c_2 \\ \vdots \\ c_n \end{pmatrix}$$

是方程组的一个解.

10.2　求解线性方程组的消元法

求方程组解的列矩阵 C 有许多方法. 本节首先介绍求解线性方程组的消元法.

10.2.1　一般消元法

读者已经学习过用消元法求解二元、三元线性方程组. 实际上，这一方法也适用于求解一般的线性方程组.

消元法的基本思想是通过方程组的消元变换，以减少未知量的个数，把原方程组转化成容易求解的同解方程组. 下面先通过一个例子来说明用一般消元法求解线性方程组的过程.

例 10.1　解线性方程组：

$$\begin{cases} 2x_1+2x_2-x_3=6 \\ x_1+2x_2+4x_3=3 \\ 5x_1+7x_2-x_3=28 \end{cases} \tag{10.1}$$

解：首先，互换第一、二式得

$$\begin{cases} x_1-2x_2+4x_3=3 \\ 2x_1+2x_2-x_3=6 \\ 5x_1+7x_2+x_3=28 \end{cases} \tag{10.2}$$

在方程组(10.2)中利用第一式来消去第二、三式中的 x_1. 为此，分别用(-2)，(-5)乘第一式，并分别与第二、三式相加，把方程组(10.2)转换为(10.3).

$$\begin{cases} x_1-2x_2+4x_3=3 \\ 6x_2-9x_3=0 \\ 17x_2-19x_3=13 \end{cases} \tag{10.3}$$

再将方程组(10.3)的第二式乘以$\left(-\dfrac{17}{6}\right)$，并与第三式相加，消去第三式中的 x_2，得

$$\begin{cases} x_1-2x_2+4x_3=3 \\ 6x_2-9x_3=0 \\ \dfrac{13}{2}x_3=13 \end{cases} \tag{10.4}$$

从方程组(10.4)的第三式求得 $x_3=2$. 再将 $x_3=2$ 代入第二式，求得 $x_2=3$. 最后将 x_3、x_2 代入第一式，求得 $x_1=1$. 由(10.4)求解的过程综述如下.

由方程组(10.4)的第三式乘$\dfrac{2}{13}$，得

$$\begin{cases} x_1-2x_2+4x_3=3 \\ 6x_2-9x_3=0 \\ x_3=2 \end{cases} \tag{10.5}$$

在(10.5)中,用(−4)、9乘第三式分别加到第一、二式上,得

$$\begin{cases} x_1-2x_2=-5 \\ 6x_2=18 \\ x_3=2 \end{cases} \tag{10.6}$$

将(10.6)中第二式乘$\frac{1}{6}$得

$$\begin{cases} x_1-2x_2=-5 \\ x_2=3 \\ x_3=2 \end{cases} \tag{10.7}$$

将(10.7)中第二式乘2加到第一式上,得

$$\begin{cases} x_1=1 \\ x_2=3. \\ x_3=2 \end{cases} \tag{10.8}$$

(10.8)式为求得的解.这种求解线性方程组的过程和方法就称为消元法(或消去法).(10.1)至(10.4)是消元过程,(10.5)至(10.8)是回代过程.

由此可见,消元法实际上是对线性方程组进行如下的变换过程:

① 交换两个方程式的位置;

② 用一个非0常数乘某个方程式;

③ 用一个数乘某方程式后与另一个方程式相加.

可以证明,线性方程组经过上述任意一种变换所得的方程组与原方程组同解.因此,在例10.1中,方程组(10.1)至(10.8)都是同解方程组;所以,方程组(10.8)的常数项矩阵就是方程组(10.1)的解.

用消元法对线性方程组中各方程式进行的变换过程,可以转化为对矩阵进行的初等行变换来实施.因此,对方程组(式10.1)的增广矩阵$\boldsymbol{P}$进行初等行变换,就可以求得方程组的解.还是用例10.1来说明.

$$\boldsymbol{P}=\begin{pmatrix} 2 & 2 & -1 & 6 \\ 1 & -2 & 4 & 3 \\ 5 & 7 & 1 & 28 \end{pmatrix} \xrightarrow{\text{交换第一、二行}} \begin{pmatrix} 1 & -2 & 4 & 3 \\ 2 & 2 & -1 & 6 \\ 5 & 7 & 1 & 28 \end{pmatrix}$$

$$\xrightarrow[\text{分别加到二、三行}]{\text{第一行乘}-2\text{、}-5} \begin{pmatrix} 1 & -2 & 4 & 3 \\ 0 & 6 & -9 & 0 \\ 0 & 17 & -19 & 13 \end{pmatrix} \xrightarrow[\text{加到第三行}]{\text{第二行乘}(-17/6)} \begin{pmatrix} 1 & -2 & 4 & 3 \\ 0 & 6 & -9 & 0 \\ 0 & 0 & 13/2 & 13 \end{pmatrix}$$

$$\xrightarrow{\text{第三行乘 }2/13} \begin{pmatrix} 1 & -2 & 4 & 3 \\ 0 & 6 & -9 & 0 \\ 0 & 0 & 1 & 2 \end{pmatrix} \xrightarrow[\text{一、二行}]{\text{第三行乘}-4\text{、}9\text{ 加到}} \begin{pmatrix} 1 & -2 & 0 & -5 \\ 0 & 6 & 0 & 18 \\ 0 & 0 & 1 & 2 \end{pmatrix}$$

$$\xrightarrow{\text{第二行乘 }1/16} \begin{pmatrix} 1 & -2 & 0 & -5 \\ 0 & 1 & 0 & 3 \\ 0 & 0 & 1 & 2 \end{pmatrix} \xrightarrow[\text{一行}]{\text{第二行乘 2 加到第}} \begin{pmatrix} 1 & 0 & 0 & 1 \\ 0 & 1 & 0 & 3 \\ 0 & 0 & 1 & 2 \end{pmatrix}$$

由此,得到方程组(10.1)的解为$x_1=1,x_2=3,x_3=2$.所得结果与消元法是一致的.

一般消元法求解线性方程组的方法可用下面的算法表示.

算法 10.1　一般消元法求解线性方程组算法.

［已知］线性方程组(式 10.1)的增广矩阵 $\boldsymbol{P}=[\boldsymbol{A}\ \boldsymbol{B}]$.

［步骤］(1) $i\leftarrow 1$;

(2)若 $a_{ii}=0$,则将 P 的第 i 行与第 $j(j=i+1,\cdots,m)$ 行进互换后转(2)继续;否则转(3)继续;

(3)对于 $k=i+1,\cdots,m$;第 i 行元素分别乘 $(-a_{k1}/a_{ii})$ 后与第 k 行元素对应相加后转(4);

(4) $i\leftarrow i+1$,若 $i<m$,则转(2)继续;否则执行回代过程,算法终止.

算法终止后得到的增广矩阵中最后一列便是线性方程组的解.

10.2.2　主元素消元法

在一般消元法求解线性方程组的过程中,若用第一行的未知量 x_1 来消去第 i 行的 x_1 时,因为要用 $-a_{i1}/a_{11}$ 乘以第一行所有元素后与第 i 行对应元素相加;所以必须保证元素 $a_{11}\neq 0$.类似地,当消元过程进行到第 k 步时,也要求元素 $a_{kk}{}^{(k-1)}\neq 0$.而且在实际计算中,为了减少误差,仅求 $a_{kk}{}^{(k-1)}\neq 0$ 是不够的,还应当要求它与同列的其他元素 $a_{k+1,k}{}^{(k-1)},a_{k+2,k}{}^{(k-1)},\cdots,a_{mk}{}^{(k-1)}$ 相比较,绝对值最大.也就是说,为了实现消元,需要保证主对角线上的元素不等于 0,且在同列元素中绝对值最大.如果不是,可通过行交换来做到这一点.具有这种性质的元素称为**主元素**.这样不仅能保证计算能正确地进行,而且能使计算的舍入误差影响较小,从而提高计算的精确度.这在实际问题的计算中是非常重要的.下面举例说明这个方法.

例 10.2　解线性方程组

$$\begin{cases}x_1-x_2+x_3=2\\-3x_1+x_2-2x_3=6\\3x_1+x_2-x_3=12\end{cases}$$

解:方程组的增广矩阵为

$$\boldsymbol{P}=\begin{bmatrix}1&-1&1&2\\-3&1&-2&6\\3&1&-1&12\end{bmatrix}$$

在第一列中选 (-3) 为主元素,交换一、二行,得

$$\boldsymbol{P}=\begin{bmatrix}-3&1&-2&6\\1&-1&1&2\\3&1&-1&12\end{bmatrix}\xrightarrow[\text{第一行乘 1 加到第三行}]{\text{第一行乘 1/3 加到第二行}}\begin{bmatrix}-3&1&-2&6\\0&-2/3&1/3&4\\0&2&-3&18\end{bmatrix}$$

在第二、三行的第二列中选 2 为主元,交换第二、三行得

$$\boldsymbol{P}=\begin{bmatrix}-3&1&-2&6\\0&2&-3&18\\0&2/3&1/3&4\end{bmatrix}\xrightarrow{\text{第二行乘 1/3 加到第三行}}\begin{bmatrix}-3&1&-2&6\\0&2&-3&18\\0&0&2/3&10\end{bmatrix}$$

由回代过程得方程组的解为

$$\begin{cases} x_3=10/(-2/3)=-15, \\ x_2=(18+3\times(-15))/2=-27/2 \\ x_1=(6-(-27/2)+2\times(-15))/(-3)=7/2 \end{cases}$$

以上这种求线性方程组解的消元方法称为主元素消元法.它既可以保证消元过程不会中断，也减小了计算中舍入误差的影响.主元素消元法是在计算机上解线性方程组常用的方法之一.

主元素消元法求解线性方程组的方法可用下面的算法表示.

算法 10.2 主元素消元法求解线性方程组算法.

［已知］线性方程组(式 10.1)的增广矩阵 $\boldsymbol{P}=[\boldsymbol{A}\ \boldsymbol{B}]$.

［步骤］(1) $i\leftarrow 1$；

(2)若 $a_{ii}=0$ 或 a_{ii} 不为同列中元素绝对值最大值者，则将 $\boldsymbol{P}$ 的第 i 行与第 $j(j=i+1,\cdots,m)$ 行进行行互换后转(2)继续；否则转(3)继续；

(3)对于 $k=i+1,\cdots,m$；第 i 行元素分别乘 $(-a_{ki}/a_{ii})$ 后与第 k 行元素对应相加转(4)；

(4) $i\leftarrow i+1$，若 $i<m$，则转(2)继续；否则执行回代过程，算法终止.

算法终止后得到的增广矩阵中最后一列便是线性方程组的解.与算法 10.1 比较，不同之处在于，在步骤(2)中保证 $a_{ii}\neq 0$ 且 a_{ii} 为同列元素中绝对值最大者.

10.3 线性方程组解的判定与解的结构

对于一般的线性方程组(式 10.1)，它一定有解吗？如果有解，只有唯一解吗？因此，还需要研究线性方程组什么时候有解？若有解，有多少个解？解的结构如何？

10.3.1 线性方程组解的分析

在例 10.1 中，给定的线性方程组已求得一个解；且该线性方程组也只有一个解.下面再看两个例子.

例 10.3 解线性方程组

$$\begin{cases} x_1+5x_2-x_3-x_4=-1 \\ x_1-2x_2+x_3+3x_4=3 \\ 3x_1+8x_2-x_3+x_4=1 \\ x_1-9x_2+3x_3+7x_4=7 \end{cases}.$$

解：对方程组的增广矩阵 $\boldsymbol{P}$ 施以初等行变换，化为阶梯形矩阵.

$$\boldsymbol{P}=\begin{pmatrix} 1 & 5 & -1 & -1 & -1 \\ 1 & -2 & 1 & 3 & 3 \\ 3 & 8 & -1 & 1 & 1 \\ 1 & -9 & 3 & 7 & 7 \end{pmatrix}\longrightarrow\begin{pmatrix} 1 & 5 & -1 & -1 & -1 \\ 0 & -7 & 2 & 4 & 4 \\ 0 & -7 & 2 & 4 & 4 \\ 0 & -14 & 4 & 8 & 8 \end{pmatrix}$$

$$\longrightarrow\begin{pmatrix} 1 & 5 & -1 & -1 & -1 \\ 0 & 7 & 2 & 4 & 4 \\ 0 & 0 & 0 & 0 & 0 \\ 0 & 0 & 0 & 0 & 0 \end{pmatrix}\longrightarrow\begin{pmatrix} 1 & 5 & -1 & -1 & -1 \\ 0 & 1 & -2/7 & -4/7 & -4/7 \\ 0 & 0 & 0 & 0 & 0 \\ 0 & 0 & 0 & 0 & 0 \end{pmatrix}$$

$$\xrightarrow{\text{回代}}\begin{pmatrix} 1 & 0 & 3/7 & 13/7 & 13/7 \\ 0 & 1 & -2/7 & -4/7 & -4/7 \\ 0 & 0 & 0 & 0 & 0 \\ 0 & 0 & 0 & 0 & 0 \end{pmatrix}$$

经过对增广矩阵的初等行变换，原方程组化成下面的同解方程组

$$\begin{cases} x_1+3/7x_3+13/7x_4=13/7 \\ x_2-2/7x_3-4/7x_4=-4/7 \end{cases}$$

或改写成

$$\begin{cases} x_1=13/7-3/7x_3-13/7x_4 \\ x_2=-4/7+2/7x_3+4/7x_4 \end{cases}$$

取 $x_3=c_1$，$x_4=c_2$（这里 c_1，c_2 为任意常数），则方程组的解可表示为

$$\begin{cases} x_1=13/7-3/7c_1-13/7c_2 \\ x_2=-4/7+2/7c_1+4/7c_2 \\ x_3=c_1 \\ x_4=c_2 \end{cases}$$

由于 c_1，c_2 可取任意常数，所以原线性方程组有无穷多个解.

例 10.4 解线性方程组

$$\begin{cases} x_1+x_2+2x_3+3x_4=1 \\ x_2+x_3-4x_4=1 \\ x_1+2x_2+3x_3-x_4=4 \\ 2x_1+3x_2-x_3-x_4=-6 \end{cases}.$$

解：对方程组的增广矩阵 $\boldsymbol{P}$ 施以初等行变换，化为阶梯形矩阵

$$\boldsymbol{P}=\begin{pmatrix} 1 & 1 & 2 & 3 & 1 \\ 0 & 1 & 1 & -4 & 1 \\ 1 & 2 & 3 & -1 & 4 \\ 2 & 3 & -1 & -1 & -6 \end{pmatrix} \longrightarrow \begin{pmatrix} 1 & 1 & 2 & 3 & 1 \\ 0 & 1 & 1 & -4 & 1 \\ 0 & 1 & 1 & -4 & 3 \\ 0 & 1 & -5 & -7 & -8 \end{pmatrix}$$

$$\longrightarrow \begin{pmatrix} 1 & 1 & 2 & 3 & 1 \\ 0 & 1 & 1 & -4 & 1 \\ 0 & 0 & 0 & 0 & 2 \\ 0 & 0 & -6 & -3 & -9 \end{pmatrix} \longrightarrow \begin{pmatrix} 1 & 1 & 2 & 3 & 1 \\ 0 & 1 & 1 & -4 & 1 \\ 0 & 0 & 2 & 1 & 3 \\ 0 & 0 & 0 & 0 & 2 \end{pmatrix}$$

根据变换得到的最后一个矩阵，得同解方程组

$$\begin{cases} x_1+x_2+2x_3+3x_4=1 \\ x_2+x_3-4x_4=1 \\ 2x_3+x_4=3 \\ 0=2 \end{cases}$$

显而易见，第 4 个方程"$0=2$"是一个矛盾方程. 因为第 4 个方程无解；从而原线性方程组无解.

由例 10.1、例 10.3、例 10.4 可以看出，线性方程组的解有三种结果：只有一个解、有无穷多个解、无解.

10.3.2 线性方程组解的判定

那么，怎样才能判断一个线性方程组是只有一个解、无穷多个解、还是无解呢？根据消元法求解线性方程组的算法 10.1 或算法 10.2，在算法终止后与原方程组同解的方程组的增广矩阵记为 $\boldsymbol{P}'=[\boldsymbol{AB}]'$，一般为

$$P'=[AB]'=\begin{pmatrix} a'_{11} & a'_{12} & \cdots & a'_{1r} & a'_{1,r+1} & \cdots & a'_{1n} & d_1 \\ 0 & a'_{22} & \cdots & a'_{2r} & a'_{2,r+1} & \cdots & a'_{2n} & d_2 \\ \vdots & \vdots & & \vdots & \vdots & & \vdots & \vdots \\ 0 & 0 & \cdots & a'_{rr} & a'_{r,r+1} & \cdots & a'_{rn} & d_r \\ 0 & 0 & \cdots & 0 & 0 & \cdots & 0 & d_{r+1} \\ 0 & 0 & \cdots & 0 & 0 & \cdots & 0 & 0 \\ \vdots & \vdots & & \vdots & \vdots & & \vdots & \vdots \\ 0 & 0 & \cdots & 0 & 0 & \cdots & 0 & 0 \end{pmatrix} \tag{10.9}$$

其中 $a'_{ii}\neq 0\ (i=1,\cdots,r)$.

与式 10.9 对应的阶梯形方程组为

$$\begin{cases} a'_{11}x_1+a'_{12}x_2+\cdots+a'_{1r}x_r+a'_{1,r+1}x_{r+1}+\cdots+a'_{1n}x_n=d_1 \\ \qquad a'_{22}x_2+\cdots+a'_{2r}x_r+a'_{2,r+1}x_{r+1}+\cdots+a'_{2n}x_n=d_2 \\ \qquad\cdots\cdots\cdots\cdots\cdots\cdots \\ \qquad a'_{rr}x_r+a'_{r,r+1}x_{r+1}+\cdots+a'_{rn}x_n=d_r \\ \qquad 0=d_{r+1} \\ \qquad 0=0 \\ \qquad\cdots\cdots \\ \qquad 0=0 \end{cases} \tag{10.10}$$

且 $a'_{ii}\neq 0\ (i=1,\cdots,r)$.

上面对增广矩阵的变换都是初等行变换，所以，阶梯形方程组（式 10.10）与原方程组（式 10.1）是同解方程组. 对方程组（式 10.10）可作如下讨论：

(1)式 10.5 中化为"0=0"形式的方程是多余方程；从方程组中删去，不影响方程组的解.

(2)若 $d_{r+1}\neq 0$，则"$0=d_{r+1}$"是个矛盾方程，所以方程组无解. 如例 10.4.

(3)若 $d_{r+1}=0$，则又分两种情况；

情况 1：当 $r=n$ 时，方程组有唯一解；如例 10.1 和例 10.2；

情况 2：当 $r<n$ 时，方程组有无穷多组解；如例 10.3.

对应于阶梯形矩阵（式 10.9），由于 $a'_{ii}\neq 0\ (i=1,\cdots,r)$，显然矩 阵 $\boldsymbol{A}$ 的秩 $r(\boldsymbol{A})=r$. 当 $d_{r+1}\neq 0$ 时，$r(\boldsymbol{P})=r+1$，即 $r(\boldsymbol{A})\neq r(\boldsymbol{P})$；此时方程组无解. 当 $d_{r+1}=0$ 时，$r(\boldsymbol{A})=r(\boldsymbol{P})=r$，此时方程组有解；且当 $r=n$ 时，方程组只有一组解；而当 $r<n$ 时，方程组有无穷多组解.

根据上面的讨论，可以得到线性方程组（式 10.1）解的判定定理.

定理 10.1 线性方程组（式 10.1）有解的充分必要条件是，$r(\boldsymbol{P})=r(\boldsymbol{A})$；且当 $r(\boldsymbol{P})=n$ 时，有唯一解；当 $r(\boldsymbol{P})<n$ 时，有无穷多组解.

例 10.5 a 取何值时，线性方程组

$$\begin{cases} x_1+x_2+x_3=a \\ ax_1+x_2+x_3=1 \\ x_1+x_2+ax_3=1 \end{cases}$$

有解，并求其解.

解：

$$\boldsymbol{P}=[\boldsymbol{A}\,\boldsymbol{B}]=\begin{pmatrix} 1 & 1 & 1 & a \\ a & 1 & 1 & 1 \\ 1 & 1 & a & 1 \end{pmatrix}\longrightarrow\begin{pmatrix} 1 & 1 & 1 & a \\ 0 & 1-a & 1-a & 1-a^2 \\ 0 & 0 & a-1 & 1-a \end{pmatrix}$$

当 $a\neq 1$ 时，$r(\mathbf{A})=r(\mathbf{P})=3$，方程组有唯一一组解，为

$$\begin{cases}x_1=-1\\x_2=a+2\\x_3=-1\end{cases}$$

当 $a=1$ 时，$r(\mathbf{A})=r([\mathbf{A}\ \mathbf{B}])=1<3$，方程组有无穷多组解，为

$$\begin{cases}x_1=1-c_1-c_2\\x_2=c_1\\x_3=c_2\end{cases}$$

其中，c_1、c_2 为任意常数. 因为可以取任意多组 c_1、c_2 的值都能使方程组满足.

当线性方程组(式 10.1)中的常数项均为零时，称为齐次线性方程组. 形式如下

$$\begin{cases}a_{11}x_1+a_{12}x_2+\cdots+a_{1n}x_n=0\\a_{21}x_1+a_{22}x_2+\cdots+a_{2n}x_n=0\\\cdots\cdots\cdots\cdots\cdots\cdots\cdots\cdots\cdots\cdots\\a_{m1}x_1+a_{m2}x_2+\cdots+a_{mn}x_n=0\end{cases},\tag{10.11}$$

根据定理 10.1，对于齐次线性方程组，由于总有 $r(\mathbf{P})=r(\mathbf{A})$，所以它恒有解，因为它至少有一个零解. 且当 $r(\mathbf{A})=n$ 时，方程组只有零解为唯一解；当 $r(\mathbf{A})<n$ 时，方程组有无穷多组解，即除零解外还有无穷多组非零解. 于是有下面的定理.

定理 10.2 齐次线性方程组 $\mathbf{AX=0}$ 一定有解. 若 $r(\mathbf{A})=n$，则方程组只有零解；若 $r(\mathbf{A})<n$，则方程组有无穷多组非零解，其取任意常数的未知数的个数为 $n-r$.

若 m 是齐次线性方程组 $\mathbf{AX}=\mathbf{0}$ 的方程个数，n 为未知量的个数，根据定理 10.2，有如下结论：

当 $m<n$ 时，由 $r(\mathbf{A})\leqslant m<n$，方程组一定有非零解.

当 $m=n$ 时，方程组有非零解的充要条件是其系数矩阵的行列式 $|A|=0$.

当 $m=n$ 且 $r(\mathbf{A})=n$ 时，方程组只有零解.

例 10.6 解齐次线性方程组

$$\begin{cases}x_1-x_2+5x_3-x_4=0\\x_1+x_2-2x_3+3x_4=0\\3x_1-x_2+8x_3+x_4=0\\x_1+3x_2-9x_3+7x_4=0\end{cases}.$$

解：

$$[\mathbf{A}\ \mathbf{B}]=\begin{pmatrix}1&-1&5&-1&0\\1&1&-2&3&0\\3&-1&8&1&0\\1&3&-9&7&0\end{pmatrix}\longrightarrow\begin{pmatrix}1&-1&5&-1&0\\0&2&-7&4&0\\0&2&-7&4&0\\0&4&-14&8&0\end{pmatrix}$$

$$\longrightarrow\begin{pmatrix}1&-1&5&-1&0\\0&2&-7&4&0\\0&0&0&0&0\\0&0&0&0&0\end{pmatrix}\longrightarrow\begin{pmatrix}1&0&3/2&1&0\\0&1&-7/2&2&0\\0&0&0&0&0\\0&0&0&0&0\end{pmatrix}$$

由此，可得出原方程组的同解方程组如下

$$\begin{cases}x_1+3/2x_3+x_4=0\\x_2-7/2x_3+2x_4=0\end{cases}$$

设 $x_3=c_1$，$x_4=c_2$（c_1，c_2 为任意常数），于是得到方程组的一般解为

$$\begin{cases} x_1 = -3/2c_1 - c_2 \\ x_2 = 7/2c_1 - 2c_2 \\ x_3 = c_1 \\ x_4 = c_2 \end{cases}.$$

10.3.3 线性方程组解的结构

1. 线性方程组的向量表示

当线性方程组有无穷多个解时，不同解之间有没有什么联系？有什么样的联系？下面将利用向量来讨论这些问题. 先给出线性方程组的向量表示.

线性方程组式 10.1 可用系数列向量的线性组合和常数列向量来表示. 即

$$x_1\boldsymbol{\alpha}_1 + x_2\boldsymbol{\alpha}_2 + \cdots + x_n\boldsymbol{\alpha}_n = \boldsymbol{\beta}$$

称为线性方程组的**向量形式**. 其中

$$\boldsymbol{\alpha}_j = \begin{bmatrix} a_{1j} \\ a_{2j} \\ \vdots \\ a_{mj} \end{bmatrix} (i=1,2,\cdots,m), \boldsymbol{\beta} = \begin{bmatrix} b_1 \\ b_2 \\ \vdots \\ b_m \end{bmatrix}$$

都是 m 维列向量.

线性方程组是否有解，就相当于确定常数列向量 $\boldsymbol{\beta}$ 是否能用系数列向量组 $\boldsymbol{\alpha}_1, \boldsymbol{\alpha}_2, \cdots, \boldsymbol{\alpha}_n$ 的线性组合来表示. 若能，则方程组有解；否则无解. 显然，若 $\boldsymbol{\beta}$ 为零向量，则方程组为齐次线性方程组；否则为非齐次线性方程组. 由定理 10.1，可以推得如下结论.

定理 10.3 设向量 $\boldsymbol{\beta} = \begin{bmatrix} b_1 \\ b_2 \\ \vdots \\ b_m \end{bmatrix}, \boldsymbol{\alpha}_j = \begin{bmatrix} a_{1j} \\ a_{2j} \\ \vdots \\ a_{mj} \end{bmatrix} (j=1,2,\cdots,n)$，则向量 $\boldsymbol{\beta}$ 可用向量组 $\boldsymbol{\alpha}_1, \boldsymbol{\alpha}_2, \cdots, \boldsymbol{\alpha}_n$ 线性表示的充分必要条件是，以 $\boldsymbol{\alpha}_1, \boldsymbol{\alpha}_2, \cdots, \boldsymbol{\alpha}_n$ 为列向量的矩阵与以 $\boldsymbol{\alpha}_1, \boldsymbol{\alpha}_2, \cdots, \boldsymbol{\alpha}_n, \boldsymbol{\beta}$ 为列向量的矩阵有相同的秩.

定理 10.4 n 个 m 维列向量组 $\boldsymbol{\alpha}_1, \boldsymbol{\alpha}_2, \cdots, \boldsymbol{\alpha}_n$ 线性相关的充分必要条件是，以 $\boldsymbol{\alpha}_1, \boldsymbol{\alpha}_2, \cdots, \boldsymbol{\alpha}_n$ 为列向量的矩阵的秩小于向量的个数 n.

2. 齐次线性方程组解的结构

齐次线性方程组一定有解. 若其有非零解，则非零解有如下性质：

性质 10.1 若 $\boldsymbol{v}_1$ 和 $\boldsymbol{v}_2$ 是方程组 $\boldsymbol{AX}=\boldsymbol{0}$ 的两个解向量，k_1, k_2 是任意常数，则 $k_1\boldsymbol{v}_1 + k_2\boldsymbol{v}_2$ 也是方程组的解向量.

推论 若 $\boldsymbol{v}_1, \boldsymbol{v}_2, \cdots, \boldsymbol{v}_n$ 都是方程组 $\boldsymbol{AX}=\boldsymbol{0}$ 的解向量，则它们的任意一个线性组合

$$k_1\boldsymbol{v}_1 + k_2\boldsymbol{v}_2 + \cdots + k_n\boldsymbol{v}_n$$

也是方程组的解向量.

由此可知，若齐次线性方程组 $\boldsymbol{AX}=\boldsymbol{0}$ 有非零解，则它就有无穷多解，这些无穷多解就构成了一个 n 维解向量空间. 如果能求出这个解向量空间的一个极大无关组，就能用它的线性组合来表示方程组的全部解.

定义 10.1 如果 $\boldsymbol{\xi}_1, \boldsymbol{\xi}_2, \cdots, \boldsymbol{\xi}_m$ 是齐次线性方程组 $\boldsymbol{AX}=\boldsymbol{0}$ 的解向量空间的一个极大无关组，则称 $\boldsymbol{\xi}_1, \boldsymbol{\xi}_2, \cdots, \boldsymbol{\xi}_m$ 是齐次线性方程组 $\boldsymbol{AX}=\boldsymbol{0}$ 的一个**基础解系**.

显然，齐次线性方程组 $\boldsymbol{AX}=\boldsymbol{0}$ 的任意一个解都可以由它的基础解系的线性组合

$$k_1\boldsymbol{\xi}_1+k_2\boldsymbol{\xi}_2+\cdots+k_m\boldsymbol{\xi}_m$$

表示.这个线性组合就是方程组的全部解,也称为**通解**.

定理 10.5 如果齐次线性方程组 $\boldsymbol{AX}=\boldsymbol{0}$ 的系数矩阵 $\boldsymbol{A}$ 的秩 $r(\boldsymbol{A})=r<n$,则方程组的基础解系存在,且基础解系中含有 $n-r$ 个解向量.

下面通过例子说明基础解系的求法.

例 10.7 求如下齐次线性方程组的一个基础解系

$$\begin{cases}x_1-x_2+5x_3-x_4=0\\x_1+x_2-2x_3+3x_4=0\\3x_1-x_2+8x_3+x_4=0\\x_1+3x_2-9x_3+7x_4=0\end{cases}.$$

解:对增广矩阵 $\boldsymbol{P}$ 施以初等行变换:

$$\boldsymbol{P}=\begin{pmatrix}1&-1&5&-1&0\\1&1&-2&3&0\\3&-1&8&1&0\\1&3&-9&7&0\end{pmatrix}\longrightarrow\begin{pmatrix}1&-1&5&-1&0\\0&2&-7&4&0\\0&2&-7&4&0\\0&4&-14&8&0\end{pmatrix}$$

$$\longrightarrow\begin{pmatrix}1&-1&5&-1&0\\0&2&-7&4&0\\0&0&0&0&0\\0&0&0&0&0\end{pmatrix}\longrightarrow\begin{pmatrix}1&0&3/2&1&0\\0&1&-7/2&2&0\\0&0&0&0&0\\0&0&0&0&0\end{pmatrix}$$

由此可知,原方程组与下面的方程组:

$$\begin{cases}x_1=-3/2x_3-x_4\\x_2=7/2x_3-2x_4\end{cases}$$

同解.其中 x_3,x_4 可取任意值,称为自由未知量.

由于 $r(\boldsymbol{A})=2$,而 $n=4$,根据定理 10.5,原方程组基础解系存在,基础解系中有 2 个解向量.

令 $\begin{pmatrix}x_3\\x_4\end{pmatrix}$ 分别取 $\begin{pmatrix}1\\0\end{pmatrix}$,$\begin{pmatrix}0\\1\end{pmatrix}$,则得基础解系为 $\boldsymbol{\xi}_1=\begin{pmatrix}-3/2\\7/2\\1\\0\end{pmatrix}$,$\boldsymbol{\xi}_2=\begin{pmatrix}-1\\-2\\0\\1\end{pmatrix}$.

故方程组的通解为 $\boldsymbol{V}=c_1\boldsymbol{\xi}_1+c_2\boldsymbol{\xi}_2$;其中 c_1,c_2 为任意常数.

3. 非齐次线性方程组解的结构

与非齐次线性方程组 $\boldsymbol{AX}=\boldsymbol{B}$ 对应的齐次线性方程组 $\boldsymbol{AX}=\boldsymbol{0}$ 也称为非齐次线性方程组的导出组.非齐次线性方程组的解与它的导出组的解之间有如下性质:

性质 10.2 如果 $\boldsymbol{\xi}$ 是非齐次线性方程组(式 10.1)的一个解,$\boldsymbol{\eta}$ 是其导出组的一个解,则 $\boldsymbol{\xi}+\boldsymbol{\eta}$ 是非齐次线性方程组的一个解.

因为 $\boldsymbol{A\xi}=\boldsymbol{B},\boldsymbol{A\eta}=\boldsymbol{0}$,所以 $\boldsymbol{A}(\boldsymbol{\xi}+\boldsymbol{\eta})=\boldsymbol{A\xi}+\boldsymbol{A\eta}=\boldsymbol{B}+\boldsymbol{0}=\boldsymbol{B}$,即 $\boldsymbol{\xi}+\boldsymbol{\eta}$ 是非齐次线性方程组的一个解.

性质 10.3 如果 $\boldsymbol{\xi},\boldsymbol{\eta}$ 都是非齐次线性方程组的解,则 $\boldsymbol{\xi}-\boldsymbol{\eta}$ 是其导出组的解.

因为 $\boldsymbol{A\xi}=\boldsymbol{B},\boldsymbol{A\eta}=\boldsymbol{B}$,所以 $\boldsymbol{A}(\boldsymbol{\xi}-\boldsymbol{\eta})=\boldsymbol{A\xi}-\boldsymbol{A\eta}=\boldsymbol{B}-\boldsymbol{B}=\boldsymbol{0}$,即 $\boldsymbol{\xi}-\boldsymbol{\eta}$ 是导出组的一个解.

定理 10.6 如果 $\boldsymbol{\xi}_1$ 是非齐次线性方程组的一个特解,$\boldsymbol{\eta}$ 是其导出组的通解,则 $\boldsymbol{\xi}=\boldsymbol{\xi}_1+\boldsymbol{\eta}$ 是非齐次线性方程组的通解.

定理 10.6 也可表述为,若非齐次线性方程组 $\boldsymbol{AX}=\boldsymbol{B}$ 满足 $r(\boldsymbol{A})=r(\boldsymbol{P})=r<n$,且设 $\boldsymbol{\xi}'$ 是方

程组 $\boldsymbol{AX}=\boldsymbol{B}$ 的一个特解，$\boldsymbol{\xi}_1,\boldsymbol{\xi}_2,\cdots,\boldsymbol{\xi}_{n-r}$ 是其导出组的一个基础解系，则方程组 $\boldsymbol{AX}=\boldsymbol{B}$ 的通解为 $\boldsymbol{\xi}=\boldsymbol{\xi}'+\boldsymbol{C}_1\boldsymbol{\xi}_1+\boldsymbol{C}_2\boldsymbol{\xi}_2+\cdots+\boldsymbol{C}_{n-r}\boldsymbol{\xi}_{n-r}$，其中 $c_1,c_2,\cdots,c_{n-r}$ 为任意常数.

下面的例子说明了非齐次线性方程组求解的具体做法.

例 10.8 求如下非齐次线性方程组的全部解

$$\begin{cases}x_1+5x_2-x_3-x_4=-1\\ x_1-2x_2+x_3+3x_4=3\\ 3x_1+8x_2-x_3+x_4=1\\ x_1-9x_2+3x_3+7x_4=7\end{cases}.$$

解：列出方程组的增广矩阵 $\boldsymbol{P}$，并对其进行初等行变换：

$$\boldsymbol{P}=\begin{pmatrix}1&5&-1&-1&-1\\1&-2&1&3&3\\3&8&-1&1&1\\1&-9&3&7&7\end{pmatrix}\longrightarrow\begin{pmatrix}1&5&-1&-1&-1\\0&-7&2&4&4\\0&-7&2&4&4\\0&-14&4&8&8\end{pmatrix}$$

$$\longrightarrow\begin{pmatrix}1&5&-1&-1&-1\\0&-7&2&4&4\\0&0&0&0&0\\0&0&0&0&0\end{pmatrix}\longrightarrow\begin{pmatrix}1&5&-1&-1&-1\\0&1&-2/7&-4/7&-4/7\\0&0&0&0&0\\0&0&0&0&0\end{pmatrix}$$

$$\longrightarrow\begin{pmatrix}1&0&3/7&13/7&13/7\\0&1&-2/7&-4/7&-4/7\\0&0&0&0&0\\0&0&0&0&0\end{pmatrix}$$

即原方程组与方程组

$$\begin{cases}x_1=13/7-(3/7)x_3-(13/7)x_4\\ x_2=-4/7+(2/7)x_3+(4/7)x_4\end{cases}$$

同解；其中 x_3,x_4 为自由未知量.

令自由未知量 $\begin{pmatrix}x_3\\x_4\end{pmatrix}$ 取值 $\begin{pmatrix}0\\0\end{pmatrix}$，得方程组的一个特解

$$\boldsymbol{\xi}'=\begin{pmatrix}13/7\\-4/7\\0\\0\end{pmatrix}$$

而原方程组的导出组与方程组

$$\begin{cases}x_1=-(3/7)x_3-(13/7)x_4\\ x_2=(2/7)x_3+(4/7)x_4\end{cases}$$

同解，其中 x_3,x_4 为自由未知量.

对自由未知量 $\begin{pmatrix}x_3\\x_4\end{pmatrix}$ 取值 $\begin{pmatrix}1\\0\end{pmatrix},\begin{pmatrix}0\\1\end{pmatrix}$ 得导出组的一个基础解系

$$\boldsymbol{\xi}_1=\begin{pmatrix}-3/7\\2/7\\1\\0\end{pmatrix},\boldsymbol{\xi}_2=\begin{pmatrix}-13/7\\4/7\\0\\1\end{pmatrix}.$$

因此，原方程组的通解为

$$\boldsymbol{\xi}=\boldsymbol{\xi}'+c_1\boldsymbol{\xi}_1+c_2\boldsymbol{\xi}_2$$
$$=\begin{pmatrix}13/7\\-4/7\\0\\0\end{pmatrix}+c_1\begin{pmatrix}-3/7\\2/7\\1\\0\end{pmatrix}+c_2\begin{pmatrix}-13/7\\4/7\\0\\1\end{pmatrix}.$$

其中 c_1,c_2 为任意常数.

10.4 求解线性方程组的迭代法

用消元法求解线性方程组时，若运算过程中没有舍入误差，则经过有限次算术运算后可求得方程组的准确解；这种解法称为直接法. 但在实际计算中，舍入误差是不可避免的. 所以，即使用直接法求得的方程组的解也是近似值. 既然如此，不妨直接从近似法入手求解线性方程组. 这就是求解线性方程组的近似值的另一种方法——迭代法.

10.4.1 向量的范数和矩阵的范数

1. 向量的范数

设 $\mathbf{R}^n$ 是全体 n 维向量构成的向量空间. 若 $x=[x_1,x_2,\cdots,x_n]^{\mathrm{T}}\in\mathbf{R}^n$，则定义一个实数，记为 $\|x\|$，它满足下列性质.

(1)非负性：$\|x\|>0$(对所有 $x\in\mathbf{R}^n,x\neq0$)；

(2)齐次性：$\|\lambda x\|=|\lambda|\,\|x\|$(对所有 $x\in\mathbf{R}^n$，λ 为任意实数)；

(3)三角不等式：$\|x+y\|\leqslant\|x\|+\|y\|$(对所有 $x,y\in\mathbf{R}^n$).

则称 $\|x\|$ 为向量 x 的一种**范数**，或称 $\|x\|$ 是 $\mathbf{R}^n$ 中的一种**向量范数**，并称 $\mathbf{R}^n$ 是赋以范数 $\|x\|$ 的**赋范线性空间**. 在赋范线性空间 $\mathbf{R}^n$ 中，可以通过范数定义两个向量 $x,y\in\mathbf{R}^n$ 之间的距离

$$d(x,y)=\|x-y\|.$$

下面在 $\mathbf{R}^n$ 中定义几种具体的向量范数. 在 $\mathbf{R}^n$ 中引进实值函数

$$f_p(x)=\left(\sum_{i=1}^{n}|x_i|^p\right)^{\frac{1}{p}}$$

其中 $x=[x_1,x_2,\cdots,x_n]^{\mathrm{T}}\in\mathbf{R}^n$，$p$ 为一正整数. 显然，$f_p(x)$ 满足范数的非负性和齐次性，再由明柯斯基不等式

$$\left(\sum_{i=1}^{n}|x_i+y_i|^p\right)^{\frac{1}{p}}\leqslant\left(\sum_{i=1}^{n}|x_i|^p\right)^{\frac{1}{p}}+\left(\sum_{i=1}^{n}|y_i|^p\right)^{\frac{1}{p}}$$

知 $f_p(x)$ 也满足三角不等式. 因此，$f_p(x)$ 是 $\mathbf{R}^n$ 中的一种范数，称为向量 x 的 **p—范数**，记做 $\|x\|_p$，即

$$\|x\|_p=f_p(x)=\left(\sum_{i=1}^{n}|x_i|^p\right)^{\frac{1}{p}}$$

在数值方法中，最常用的是下面三种具体的向量范数.

(1)向量的 1—范数

$$\|x\|_1=\sum_{i=1}^{n}|x_i|$$

(2)向量的 2—范数

$$\|x\|_2=\left(\sum_{i=1}^{n}|x_i|^2\right)^{\frac{1}{2}}$$

(3)向量的∞－范数

$$\| x \|_{\infty} = \lim_{p \to \infty} \| x \|_p = \lim_{p \to \infty} \left(\sum_{i=1}^{n} | x_i |^p \right)^{\frac{1}{p}}$$

可以证明下列等式成立.

$$\| x \|_{\infty} = \max_{1 \leqslant i \leqslant n} | x_i |$$

上式说明,向量的∞－范数等于向量中元素绝对值的最大者.

$\mathbf{R}^n$ 空间中的向量范数具有下列性质:

(1) $\| 0 \| = 0$,即只有零向量的范数等于 0;

(2)对任意 x , $y \in \mathbf{R}^n$,恒有

$$| \| x \| - \| y \| | \leqslant \| x - y \|;$$

(3)$\mathbf{R}^n$ 空间中的任意两种不同的向量范数的大小可能不相等,但它们之间都是等价的,即一种向量范数满足的性质,对另一种向量范数也满足.

2. 矩阵范数

用 $\mathbf{R}^{n \times n}$ 表示全体 $n \times n$ 阶实矩阵构成的线性空间. 设 $\boldsymbol{A} \in \mathbf{R}^{n \times n}$,在 $\mathbf{R}^{n \times n}$ 中定义一个实值函数,记做 $\| \boldsymbol{A} \|$,它满足下列条件:

(1) $\| \boldsymbol{A} \| > 0$ (对所有 $\boldsymbol{A} \in \mathbf{R}^{n \times n}, \boldsymbol{A} \neq 0$);

(2) $\| \lambda \boldsymbol{A} \| = | \lambda | \| \boldsymbol{A} \|$(对所有 $\boldsymbol{A} \in \mathbf{R}^{n \times n}$,$\lambda$ 为任意实数);

(3) $\| \boldsymbol{A} + \boldsymbol{B} \| \leqslant \| \boldsymbol{A} \| + \| \boldsymbol{B} \|$(对所有 $\boldsymbol{A}, \boldsymbol{B} \in \mathbf{R}^{n \times n}$);

(4) $\| \boldsymbol{AB} \| \leqslant \| \boldsymbol{A} \| \cdot \| \boldsymbol{B} \|$(对所有 $\boldsymbol{A}, \boldsymbol{B} \in \mathbf{R}^{n \times n}$);

则称 $\| \boldsymbol{A} \|$ 为矩阵 $\boldsymbol{A}$ 的一种范数(或模),或称 $\| \boldsymbol{A} \|$ 是 $\mathbf{R}^{n \times n}$ 中的一种矩阵范数. 条件(4)称为矩阵范数 $\| \boldsymbol{A} \|$ 的相容性条件,因此又称 $\| \boldsymbol{A} \|$ 是相容范数. 在许多问题中,向量和矩阵会同时参与讨论,所以有必要引进向量范数和矩阵范数相容的概念.

假设在 $\mathbf{R}^{n \times n}$ 中定义了一种矩阵范数,在 $\mathbf{R}^n$ 中定义了一种向量范数,若对 $\mathbf{R}^{n \times n}$ 中的任意一个矩阵 $\boldsymbol{A}$ 和 $\mathbf{R}^n$ 中的任意一个向量 $\boldsymbol{x}$,恒有不等式,

$$\| \boldsymbol{Ax} \|_{\beta} \leqslant \| \boldsymbol{A} \|_{\beta} \| \boldsymbol{x} \|_{\beta}$$

成立,则说矩阵范数 $\| \boldsymbol{A} \|_{\beta}$ 和向量范数 $\| \boldsymbol{x} \|_{\beta}$ 是相容的.

下面给出几种矩阵范数的具体表达式. 设 $\boldsymbol{A} = [a_{ij}]_{n \times n}$,则

(1) $\| \boldsymbol{A} \|_1 = \max\limits_{1 \leqslant j \leqslant n} \sum\limits_{i=1}^{n} | a_{ij} |$;

(2) $\| \boldsymbol{A} \|_{\infty} = \max\limits_{1 \leqslant i \leqslant n} \sum\limits_{j=1}^{n} | a_{ij} |$;

(3) $\| \boldsymbol{A} \|_F = \left(\sum\limits_{i,j=1}^{n} | a_{ij} |^2 \right)^{\frac{1}{2}}$.

类似于向量范数的性质,矩阵范数也有同样的性质.

(1) $\| 0 \| = 0$,即只有零矩阵的范数等于 0;

(2)对任意 $\boldsymbol{A}$, $\boldsymbol{B} \in \mathbf{R}^{n \times n}$,恒有 $| \| \boldsymbol{A} \| - \| \boldsymbol{B} \| | \leqslant \| \boldsymbol{A} - \boldsymbol{B} \|$

(3)$\mathbf{R}^{n \times n}$ 空间中的任意两种矩阵范数都是等价的.

10.4.2 迭代法及其收敛性

1. 迭代法

下面讨论求线性方程组

$$\boldsymbol{Ax} = \boldsymbol{b} \tag{10.12}$$

解的迭代法. 其中 $\boldsymbol{A}=[a_{ij}](i,j=1,2,\cdots,n)$ 是 n 阶非奇异矩阵, $\boldsymbol{b}=[b_1,\cdots,b_n]^{\mathrm{T}}$.

假设式 10.12 可化成下列形式的同解方程组

$$\boldsymbol{x}=\boldsymbol{G}\boldsymbol{x}+\boldsymbol{g}$$

则求式 10.12 的解的迭代法是一种求极限的方法,即对任意给定的初始近似解向量 $\boldsymbol{x}_0,\boldsymbol{x}_1,\cdots,\boldsymbol{x}_{r-1}$,按某种规则逐次生成一个无穷向量序列

$$\boldsymbol{x}_0,\boldsymbol{x}_1,\cdots,\boldsymbol{x}_{r-1},\boldsymbol{x}_r,\cdots,\boldsymbol{x}_k,\cdots\cdots \tag{10.13}$$

若此序列的极限存在,即

$$\lim_{k\to\infty}\boldsymbol{x}_k=\boldsymbol{x}^*$$

则极限 $\boldsymbol{x}^*$ 为原线性方程组式(10.12)的解,即 $\boldsymbol{A}\boldsymbol{x}^*=\boldsymbol{b}$. 式 10.13 称为迭代序列.

由 r 个初始近似解向量 $x_0,x_1,\cdots,x_{r-1}$ 出发,生成向量序列(式 10.13)的迭代法称为 **r 阶迭代法**. 求解线性方程组(式 10.12)最常用的迭代法是一阶线性迭代法. 下面主要讨论这种方法. 具体做法是:给定线性方程组(式 10.12)的一个初始近似向量 $\boldsymbol{x}_0$,由公式

$$\boldsymbol{x}_k=\boldsymbol{G}\boldsymbol{x}_{k-1}+\boldsymbol{g},\ k=1,2,\cdots\cdots \tag{10.14}$$

产生向量序列 $\boldsymbol{x}_0,\boldsymbol{x}_1,\cdots,\boldsymbol{x}_k,\cdots$. 式 10.14 称为迭代公式. n 阶矩阵 $\boldsymbol{G}$ 称为该迭代法的**迭代矩阵**.

关于迭代法,需要讨论的问题有

(1)如何由(式 10.12)构造出迭代公式(式 10.14);

(2)向量序列 $\boldsymbol{x}_0,\boldsymbol{x}_1,\cdots,\boldsymbol{x}_k,\cdots$ 的收敛条件,即收敛性问题;

(3)收敛速度及误差估计.

2. 迭代法的收敛性:

若对任意给定的一个初始近似向量 $\boldsymbol{x}_0$,由迭代公式(式 10.14)生成的向量序列 $\{\boldsymbol{x}_k\}$ 都收敛于线性方程组(式 10.12)的解 $\boldsymbol{x}^*$,即

$$\lim_{k\to\infty}\boldsymbol{x}_k=\boldsymbol{x}^*$$

则称该迭代法收敛;否则,称该迭代法不收敛或发散. 称向量

$$\boldsymbol{e}^{(k)}=\boldsymbol{x}^*-\boldsymbol{x}_k$$

为该迭代法的第 k 步**误差向量**.

若迭代法收敛,则当 k 充分大,如 $k=m$ 时,可取 $\boldsymbol{x}_m$ 作为解 $\boldsymbol{x}^*$ 的近似向量,即线性方程组(式 10.12)的近似解向量.

假定由式 10.14 生成的向量序列 $\{\boldsymbol{x}_k\}$ 有极限 $\boldsymbol{x}^*$;显然, $\boldsymbol{x}^*$ 是与迭代法(式 10.14)相对应的方程组

$$\boldsymbol{x}=\boldsymbol{G}\boldsymbol{x}+\boldsymbol{g} \tag{10.15}$$

即

$$(\boldsymbol{I}-\boldsymbol{G})\boldsymbol{x}=\boldsymbol{g}$$

的解(由(式 10.14)两边取极限即得). 自然,也希望 $\boldsymbol{x}^*$ 是线性方程组(式 10.12)的解. 如果线性方程组(式 10.15)与线性方程组(式 10.12)同解,则称迭代法(式 10.14)与线性方程组(式 10.12)是**完全相容的**.

下面给出构造与线性方程组(式 10.12)完全相容的迭代公式(式 10.14)的一般方法. 将矩阵 $\boldsymbol{A}$ 分成两个矩阵 $\boldsymbol{Q}$ 和 $\boldsymbol{R}$ 的差

$$\boldsymbol{A}=\boldsymbol{Q}-\boldsymbol{R}$$

其中,矩阵 $\boldsymbol{Q}$ 为非奇异的;于是,方程组(式 10.12)可改写成 $(\boldsymbol{Q}-\boldsymbol{R})\boldsymbol{x}=\boldsymbol{b}$,即

$$\boldsymbol{Q}\boldsymbol{x}=\boldsymbol{R}\boldsymbol{x}+\boldsymbol{b}\quad 或\quad \boldsymbol{x}=\boldsymbol{Q}^{-1}\boldsymbol{R}\boldsymbol{x}+\boldsymbol{Q}^{-1}\boldsymbol{b}$$

令

$$\boldsymbol{G}=\boldsymbol{Q}^{-1}\boldsymbol{R}=\boldsymbol{I}-\boldsymbol{Q}^{-1}\boldsymbol{A},\ \boldsymbol{g}=\boldsymbol{Q}^{-1}\boldsymbol{b} \tag{10.16}$$

得方程组 $\boldsymbol{x}=\boldsymbol{G}\boldsymbol{x}+\boldsymbol{g}$,与线性方程组(式 10.12)同解. 这样构造出的一阶线性迭代法

$$x_k=Gx_{k-1}+g$$

与线性方程组(式 10.12)完全相容.

下面给出一个重要而有用的定理.

定理 10.7 假设矩阵范数和向量范数是相容的.若 $\|G\|<1$,则解线性方程组(式 10.12)的迭代法(式 10.14)收敛,且由式 10.14 计算得到的线性方程组(式 10.12)的近似解 x_k 有误差估计式

$$\|x_k-x^*\|\leqslant\|G\|^k\|x_0-x^*\| \tag{10.17}$$

以及

$$\|x_k-x^*\|\leqslant(\|G\|^k/(1-\|G\|))\|x_1-x_0\| \tag{10.18}$$

其中,x^* 是线性方程组(式 10.12)的精确解.

3. 收敛速度及误差估计

由式 10.17 可知,迭代序列的收敛速度取决于迭代矩阵 G 的范数 $\|G\|$ 的大小.矩阵范数 $\|G\|$ 越小,收敛速度越快,且近似解 x_k 与精确解 x^* 的误差可用式 10.14 来估计.

10.4.3 雅可比迭代法

设线性方程组式 10.8 的系数矩阵 $A=[a_{ij}]_{n\times n}$ 非奇异,且其主对角元素 $a_{ii}\neq 0(i=1,2,\cdots,n)$.将矩阵 A 作如下变换

$$A=D-(D-A)$$

其中 $D=\mathrm{diag}\{a_{11},a_{22},\cdots,a_{nn}\}$.于是原方程组可表示为

$$Dx=(D-A)x+b \quad 或 \quad x=(I-D^{-1}A)x+D^{-1}b \tag{10.19}$$

令 $G=I-D^{-1}A$, $g=D^{-1}b$,则式 10.19 可写成

$$x=Gx+g \tag{10.20}$$

便得到一阶线性迭代公式为

$$x_k=Gx_{k-1}+g\ ,k=1,2,\cdots \tag{10.21}$$

称式 10.21 为雅可比迭代法,它与方程组 $Ax=b$ 完全相容;G 是雅可比迭代法的迭代矩阵.

由式 10.21 可推出雅可比迭代法从 x_{k-1} 计算 x_k 的各个分量的公式为

$$x_i^{(k)}=\frac{1}{a_{ii}}\Big[b_i-\sum_{\substack{j=1\\j\neq i}}^{n}a_{ij}x_j^{(k-1)}\Big],i=1,2,\cdots,n;k=1,2,\cdots \tag{10.22}$$

例 10.9 应用雅可比迭代法解方程组

$$\begin{cases}10x_1-x_2=9\\-x_1+10x_2-2x_3=7\\-4x_2+10x_3=6\end{cases}.$$

解:根据式 10.22,解此线性方程组的雅可比迭代法迭代公式为

$$\begin{cases}x_1^{(k)}=(1/10)(9+x_2^{(k-1)})\\x_2^{(k)}=(1/10)(7+x_1^{(k-1)}+2x_3^{(k-1)})\\x_3^{(k)}=(1/10)(6+4x_2^{(k-1)})\end{cases}.$$

从初始向量 $x_0=[0,0,0]^{\mathrm{T}}$ 出发,迭代 6 次得到的结果如下:

K	0	1	2	3	4	5	6
$x_1^{(k)}$	0	0.9	0.97	0.991	0.9973	0.99919	0.999757
$x_2^{(k)}$	0	0.7	0.91	0.973	0.9919	0.99757	0.999271
$x_3^{(k)}$	0	0.6	0.88	0.964	0.9892	0.99676	0.999028

该线性方程组的精确解为 $x^*=[1,1,1]^T$，因此

$$\| x^* - x_6 \|_\infty = 9.72\times 10^{-4}$$

根据定理 10.14，下面的任一条件都是雅可比迭代法收敛的充分条件：

(1) $\| \boldsymbol{G} \|_1 = \max\limits_{1\leqslant j\leqslant n} \sum\limits_{\substack{i=1\\ i\neq j}}^{n} \left| \dfrac{a_{ij}}{a_{ii}} \right| < 1$； (2) $\| \boldsymbol{G} \|_\infty = \max\limits_{1\leqslant i\leqslant n} \sum\limits_{\substack{j=1\\ j\neq i}}^{n} \left| \dfrac{a_{ij}}{a_{ii}} \right| < 1$；

(3) $\| \boldsymbol{G} \|_F = \left(\sum\limits_{\substack{i=1\\ i\neq j}}^{n} \left| \dfrac{a_{ij}}{a_{ii}} \right|^2 \right)^{\frac{1}{2}} < 1.$

就例 10.13 而言，由于

$$\| \boldsymbol{G} \|_\infty = \max\{1/10, 3/10, 4/10\} = 4/10 = 2/5 < 1$$

故雅可比迭代法收敛.

10.4.4 高斯一塞德尔迭代法

在雅可比迭代法中，由 x_{k-1} 通过式 10.22 逐个计算 x_k 的分量 $x_1^{(k)}$，$x_2^{(k)}$，…，$x_n^{(k)}$ 时可知，在计算 $x_2^{(k)}$ 时，$x_1^{(k)}$ 已经求出，计算 $x_3^{(k)}$ 时，$x_1^{(k)}$，$x_2^{(k)}$ 已经求出，等等. 可以设想，如果迭代是收敛的，则后一步的结果要比前一步的结果更精确. 由此，在计算 $x_2^{(k)}$ 时，用 $x_1^{(k)}$ 而不用 $x_1^{(k-1)}$ 参与计算会更好些；这可使收敛速度更快. 按照这种思路得到的迭代法称为**高斯一塞德尔迭代法**. 下面给出具体迭代公式.

设线性方程组(式 10.12)的系数矩阵 $\boldsymbol{A}=[a_{ij}]_{n\times n}$ 非奇异，且其主对角元素 $a_{ii}\neq 0, i=1,2,\cdots,n$. 将矩阵 A 作如下变换

$$\boldsymbol{A} = \boldsymbol{D}(\boldsymbol{I}-\boldsymbol{L}) - \boldsymbol{D}\boldsymbol{U} \tag{10.23}$$

其中

$$\boldsymbol{D} = \mathrm{diag}\{a_{11}, a_{22}, \cdots, a_{nn}\},$$

$$\boldsymbol{L} = \begin{pmatrix} 0 & 0 & 0 & \cdots & 0 & 0 \\ -a_{21}/a_{22} & 0 & 0 & \cdots & 0 & 0 \\ -a_{31}/a_{33} & -a_{32}/a_{33} & 0 & \cdots & 0 & 0 \\ \vdots & \vdots & \vdots & & \vdots & \vdots \\ -a_{n1}/a_{nn} & -a_{n2}/a_{nn} & -a_{n3}/a_{nn} & \cdots & -a_{n,n-1}/a_{nn} & 0 \end{pmatrix}$$

$$\boldsymbol{U} = \begin{pmatrix} 0 & -a_{12}/a_{11} & -a_{13}/a_{11} & \cdots & -a_{1,n-1}/a_{11} & -a_{1n}/a_{11} \\ 0 & 0 & -a_{23}/a_{22} & \cdots & -a_{2,n-1}/a_{22} & -a_{2n}/a_{22} \\ \vdots & \vdots & \vdots & & \vdots & \vdots \\ 0 & 0 & 0 & \cdots & 0 & -a_{n-1,n}/a_{n-1,n-1} \\ 0 & 0 & 0 & \cdots & 0 & 0 \end{pmatrix}$$

于是线性方程组可表示为

$$\boldsymbol{D}(\boldsymbol{I}-\boldsymbol{L})\boldsymbol{x} - \boldsymbol{D}\boldsymbol{U}\boldsymbol{x} = \boldsymbol{b}$$

上式两边同时左乘 $\boldsymbol{D}^{-1}$ 得

$$\boldsymbol{x} = \boldsymbol{L}\boldsymbol{x} + \boldsymbol{U}\boldsymbol{x} + \boldsymbol{D}^{-1}\boldsymbol{b} = (\boldsymbol{L}+\boldsymbol{U})\boldsymbol{x} + \boldsymbol{D}^{-1}\boldsymbol{b} = \boldsymbol{G}\boldsymbol{x} + \boldsymbol{g}$$

式中 $\boldsymbol{G}=\boldsymbol{L}+\boldsymbol{U}$，$\boldsymbol{g}=\boldsymbol{D}^{-1}\boldsymbol{b}$；于是得高斯一塞德尔迭代法

$$\boldsymbol{x}_k = \boldsymbol{L}\boldsymbol{x}_k + \boldsymbol{U}\boldsymbol{x}_{k-1} + \boldsymbol{D}^{-1}\boldsymbol{b} \tag{10.24}$$

根据式 10.24，用高斯一塞德尔迭代法计算 x 的各个分量的公式为

$$x_i^{(k)} = \frac{1}{a_{ii}}\left(b_i - \sum_{j=1}^{i-1} a_{ij}x_j^{(k)} - \sum_{j=i+1}^{n} a_{ij}x_j^{(k-1)} \right), i = 1,2,\cdots n; k = 1,2,\cdots$$

例 10.10 应用高斯—塞德尔迭代法解例 10.14 的方程组,其迭代公式为:

$$\begin{cases} x_1^{(k)}=(1/10)(9+x_2^{(k-1)}), \\ x_2^{(k)}=(1/10)(7+x_1^{(k)}+2x_3^{(k-1)}), \\ x_3^{(k)}=(1/10)(6+4x_2^{(k)}). \end{cases}$$

从初始向量 $x_0=[0,0,0]^T$ 出发,迭代 4 次得到的结果如下:

K	0	1	2	3	4
$x_1^{(k)}$	0	0.900	0.97900	0.9981100	0.999829900
$x_2^{(k)}$	0	0.790	0.98110	0.9982990	0.999846910
$x_3^{(k)}$	0	0.916	0.99244	0.9993196	0.999938764

该方程组的精确解为 $x^*=[1,1,1]^T$,因此

$$\|x^*-x_4\|_\infty=1.70\times10^{-4}$$

这个例子说明,高斯-塞德尔迭代法比雅可比迭代法收敛得快.

根据定理 10.7 有

$$\|\boldsymbol{G}\|_\infty=\max_{1\leqslant i\leqslant n}\sum_{\substack{j=1\\j\neq i}}^{n}\left|\frac{a_{ij}}{a_{ii}}\right|<1$$

该式为高斯—塞德尔迭代法收敛的充分条件.

顺便说明,若 $\|\boldsymbol{G}\|_\infty<1$,则高斯—塞德尔迭代法和雅可比迭代法都收敛;而且,通常前者的收敛速度要比后者快些.但也有一个方法收敛而另一个方法不收敛的复杂情况存在,这里不再讨论.

10.5 小 结

本章主要的内容包括:

(1)解线性方程组的消元法;包括直接消元法和主元消元法.消元过程相当于对线性方程组的增广矩阵施行相应的初等行变换,将增广矩阵转化为行最简阶梯形矩阵,而与行最简阶梯形矩阵对应的线性方程组的解就是原方程组的解.

(2)线性方程组解的判定.

线性方程组的解可能会出现 3 种结果:唯一解、无解、无穷多组解.

线性方程组有解的充分必要条件是,线性方程组的系数矩阵与其增广矩阵的秩相等,即 $r(\boldsymbol{A})=r([\boldsymbol{A}\ \boldsymbol{B}])=r$.若 $r=n$(未知量个数),则方程组有唯一解;若 $r<n$,则方程组有无穷多组解.

齐次线性方程组一定有解.若 $r(\boldsymbol{A})=r=n$,则方程组只有零解;若 $r<n$,则方程组有非零解,其自由未知量的个数为:$n-r$.

(3)若线性方程组有无穷多组解,其解向量空间的极大无关组就是方程组的一个基础解系.

(4)线性方程组解的结构.齐次线性方程组 $\boldsymbol{AX}=\boldsymbol{0}$,若其系数矩阵 $\boldsymbol{A}$ 的秩 $r(\boldsymbol{A})=r<n$,则方程组存在非零解,其基础解系中含有 $n-r$ 个解向量.设方程组的基础解系为 $\boldsymbol{\xi}_1,\boldsymbol{\xi}_2,\cdots,\boldsymbol{\xi}_{n-r}$,则齐次线性方程组的通解为

$$\boldsymbol{\eta}=c_1\boldsymbol{\xi}_1+c_2\boldsymbol{\xi}_2+\cdots+c_{n-r}\boldsymbol{\xi}_{n-r}$$

其中 $c_1,c_2,\cdots,c_{n-r}$ 为任意常数.

非齐次线性方程组 $\boldsymbol{AX}=\boldsymbol{B}$,若满足 $r(\boldsymbol{A})=r([\boldsymbol{A}\ \boldsymbol{B}])=r<n$,且 $\boldsymbol{\xi}'$ 是方程组的一个特解,$\boldsymbol{\xi}_1,\boldsymbol{\xi}_2,\cdots,\boldsymbol{\xi}_{n-r}$ 是其导出组的一个基础解系,则方程组 $\boldsymbol{AX}=\boldsymbol{B}$ 的通解为

$$\boldsymbol{\xi}=\boldsymbol{\xi}'+\boldsymbol{\eta}=\boldsymbol{\xi}'+c_1\boldsymbol{\xi}_1+c_2\boldsymbol{\xi}_2+\cdots+c_{n-r}\boldsymbol{\xi}_{n-r}$$

其中 $c_1, c_2, \cdots, c_{n-r}$ 为任意常数，而特解 ξ' 可以从一般解中设自由未知量全为零得到.

(5)求线性方程组近似解的迭代法.这种方法非常适合于在计算机上使用.它只要提供一组(或一个)初始近似解，然后按一个统一的算法，可逐步求得一个近似解序列；只要该序列收敛，一般它与方程组的精确解的差距就愈来愈小，从而获得方程组的一个近似解.要求读者能熟练掌握迭代法的一般思想、收敛条件以及两个常用的迭代算法.

习 题 10

1.用消元法解下列线性方程组：

(1) $\begin{cases} x_1+2x_2-5x_3=19 \\ 2x_1+8x_2+3x_3=-22 \\ x_1+3x_2+2x_3=-11 \end{cases}$； (2) $\begin{cases} -3x_1-3x_2+14x_3+29x_4=-16 \\ x_1+x_2+4x_3-x_4=1 \\ -x_1-x_2+2x_3+7x_4=-4 \end{cases}$.

2.用列主元消去法，求下列方程组的解：

(1) $\begin{cases} x_1+2x_2-x_3=1 \\ -3x_1+x_2+2x_3=2 \\ 3x_1-2x_2+x_3=3 \end{cases}$； (2) $\begin{cases} 4x_1-3x_2+x_3=5 \\ -x_1+2x_2-2x_3=-3 \\ 2x_1+x_2-x_3=1 \end{cases}$.

3.用初等行变换法，求下列方程组的解：

(1) $\begin{cases} x_2+2x_3=7 \\ x_1-2x_2-6x_3=-18 \\ x_1-x_2-2x_3=-5 \\ 2x_1-5x_2-15x_3=-46 \end{cases}$； (2) $\begin{cases} x_1+3x_2+6x_3-2x_4=-7 \\ -2x_1-5x_2-10x_3+3x_4=10 \\ x_1+2x_2+4x_3=0 \\ x_2+2x_3-3x_4=-10 \end{cases}$；

(3) $\begin{cases} x_1-x_2+x_3=3 \\ -2x_1+3x_2+x_3=-8 \\ 4x_1-2x_2+10x_3=10 \end{cases}$.

4.判定下列线性方程组是否有解？若有解，判别是唯一解还是有无穷多组解.

(1) $\begin{cases} 2x+y+z+t=1 \\ 4x+2y-2z+2t=2 \\ 2x+y-z-t=1 \end{cases}$； (2) $\begin{cases} x_1-x_2-x_3=0 \\ x_1+x_2+x_3=1 \\ x_1-x_2+2x_3=2 \\ 2x_1-2x_2+x_3=2 \end{cases}$.

5.判定下面的齐次线性方程组是否有非零解

$$\begin{cases} x_1-2x_2+x_3-x_4=0 \\ 2x_1+x_2-x_3+x_4=0 \\ x_1+2x_3-x_4=0 \\ x_2-x_3-x_4=0 \end{cases}.$$

6.求下列齐次线性方程组的一个基础解系，并写出其通解.

(1) $\begin{cases} x_1+x_2+x_3-x_4=0 \\ 2x_1+x_2-2x_3+3x_4=0 \\ 3x_1+2x_2-x_3+2x_4=0 \end{cases}$； (2) $\begin{cases} x_1+2x_2+5x_3=0 \\ 3x_1+7x_2+8x_3=0 \\ x_1+3x_2-2x_3=0 \\ x_1+4x_2-9x_3=0 \end{cases}$.

7. 下列线性方程组是否有解？若有，请求出其解.

(1) $\begin{cases}4x_1+2x_2-x_3=2\\3x_1-x_2+2x_3=10\\11x_1+3x_2=8\end{cases}$；(2) $\begin{cases}2x_1+x_2-x_3=1\\x_1+2x_2+x_3=2\\x_1+x_2+2x_3=3\end{cases}$.

8. 求解下列非齐次线性方程组.

(1) $\begin{cases}x_1-x_2-x_3+x_4=0\\x_1-x_2+x_3-3x_4=1\\2x_1-2x_2-4x_3+6x_4=-1\end{cases}$；(2) $\begin{cases}x_1+x_2-3x_3-x_4=1\\3x_1-x_2-3x_3+4x_4=4\\x_1+5x_2-9x_3-8x_4=0\end{cases}$.

9. 设行列式

$$\begin{vmatrix}a_{11} & a_{12} & \cdots & a_{1n}\\a_{21} & a_{22} & \cdots & a_{2n}\\\vdots & \vdots & & \vdots\\a_{n1} & a_{n2} & \cdots & a_{nn}\end{vmatrix}\neq 0$$

问线性方程组

$$\begin{cases}a_{11}x_1+a_{12}x_2+\cdots+a_{1,n-1}x_{n-1}=a_{1n}\\a_{21}x_1+a_{22}x_2+\cdots+a_{2,n-1}x_{n-1}=a_{2n}\\\cdots\cdots\cdots\cdots\cdots\cdots\cdots\cdots\cdots\cdots\\a_{n1}x_1+a_{n2}x_2+\cdots+a_{n,n-1}x_{n-1}=a_{nn}\end{cases}$$

是否有解？

10. 用雅可比迭代法求方程组的近似解

$$\begin{cases}-8x+y+z=1\\x-5y+z=16\\x+y-4z=7\end{cases},$$

取初始近似[0,0,0]，迭代5次.

11. 用高斯—塞德尔迭代法求方程组的近似解

$$\begin{cases}8x-3y+2z=20\\4x+11y-z=33\\6x+3y+12z=36\end{cases},$$

取初始近似[0,0,0]，迭代5次.

第11章 抽象代数

本章主要介绍抽象代数的基本知识. 有关它的定义已在第2篇中介绍过. 抽象代数是用运算的方法研究系统的一种数学. 所谓"运算方法"即是在集合上建立一种转换规则的方法. 所谓"系统"即表示在研究中不以某些具体对象为目标,而是以一大类有共同性质的对象为目标;其研究结果则适用于该类的多个对象. 这是一种系统性的研究方法. 因此,这种代数也称为代数系统.

本章即以"运算方法"及"系统"两大特点为主介绍抽象代数. 它由运算性质及三个典型系统两节组成.

11.1 抽象代数中的运算性质

抽象代数以抽象元素所组成的集合为研究对象,以集合上的运算为工具. 为此,须对运算的性质有全面了解.

(1)运算的结合律:

对于由 $f:S^2\to S$ 所构成的运算"$\circ$",若 $a,b,c\in S$ 时,必有

$$a\circ(b\circ c)=(a\circ b)\circ c$$

成立,则称运算"$\circ$"满足结合律.

(2)运算的交换律:

对于由 $f:S^2\to S$ 所构成的运算"$\circ$",若 $a,b\in S$ 时,必有

$$a\circ b=b\circ a$$

成立,则称运算"$\circ$"满足交换律.

(3)运算的单位元:

对于由 $f:S^2\to S$ 所构成的运算"$\circ$",若存在一个元素 $e\in S$,对任一 $x\in S$ 均有

$$e\circ x=x\circ e=x$$

成立,则称元素 e 为运算"$\circ$"的**单位元**. 单位元 e 有时也记为"1".

(4)运算的零元:

对于由 $f:S^2\to S$ 所构成的运算"$\circ$",若存在一个元素 $0\in S$,对任一 $x\in S$ 均有,

$$0\circ x=x\circ 0=0$$

成立,则称元素0为运算"$\circ$"的**零元**.

(5)运算的逆元:

对于由 $f:S^2\to S$ 所构成的运算"$\circ$",若对于 $a\in S$ 必存在唯一的 $b\in S$,均有

$$a\circ b=b\circ a=e$$

成立，则称 b 为 a 的**逆元**；记为 a^{-1}.

(6)两个运算间的分配律：

对于由 $f_1: S^2 \to S$ 与 $f_2: S^2 \to S$ 所构成的运算"∘"与"∗"，当 $a,b,c \in S$ 时，若必有

$$a \circ (b * c) = (a \circ b) * (a \circ c)$$

成立，则称运算"∘"对运算"∗"满足第一分配律；

若必有

$$a * (b \circ c) = (a * b) \circ (a * c)$$

成立，则称运算"∗"对运算"∘"满足第二分配律；

若必有

$$(b * c) \circ a = (b \circ a) * (c \circ a)$$

成立，则称运算"∘"对运算"∗"满足第一分配律；

若必有

$$(b \circ c) * a = (b * a) \circ (c * a)$$

成立，则称运算"∗"对运算"∘"满足第二分配律.

下面举几个关于运算的例子.

例 11.1 建立在自然数 **N** 上的"加"运算是一种特定的函数.

$$\text{Add}: \mathbf{N}^2 \to \mathbf{N} \qquad n_1 + n_2 = n_3$$

例 11.2 建立在自然数 **N** 上的"乘"运算是一种特定的函数.

$$\text{Product}: \mathbf{N}^2 \to \mathbf{N} \qquad n_1 \times n_2 = n_3$$

例 11.3 建立在实数 **R** 上的"加、减、乘、除"等四则运算分别是四种不同的特定的函数.

$$f_1: \mathbf{R}^2 \to \mathbf{R} \qquad r_1 + r_2 = r_3$$

$$f_2: \mathbf{R}^2 \to \mathbf{R} \qquad r_1 - r_2 = r_3$$

$$f_3: \mathbf{R}^2 \to \mathbf{R} \qquad r_1 \times r_2 = r_3$$

$$f_4: \mathbf{R}^2 \to \mathbf{R} \qquad r_1 \div r_2 = r_3$$

例 11.4 建立在实数 **R** 上的"对数"运算是一种特定的函数.

$$f_1: \mathbf{R} \to \mathbf{R} \qquad \ln r = r'$$

例 11.5 建立在正整数 **Z** 上的"取极大、取极小"两种运算分别是两种特定的函数.

$$\text{Max}: \mathbf{Z}^2 \to \mathbf{Z} \qquad \text{Max}(z_1, z_2) = z_3$$

$$\text{Min}: \mathbf{Z}^2 \to \mathbf{Z} \qquad \text{Min}(z_1, z_2) = z_3$$

这两种函数满足结合律与交换律. Max 有单位元，但没有零元与逆元；Min 有零元，但没有单位元与逆元.

例 11.6 建立一种新的运算，设有一个由有限个字母组成的集合 X，称**字母表**. 在 X 上构造任意长的字母串，简称为**串**. X 上的所有串的集合记为 X^*；定义 X^* 上串的二元运算"∘"，是将两个串并置成一个串的运算，称串的**并置运算**. 例如，设串 $\alpha, \beta \in X^*$，则 $\alpha \circ \beta = \alpha\beta$，$\alpha\beta$ 为一个串. 这种运算可记为 $S: X^* \times X^* \to X^*$.

串的并置运算满足结合律，但不满足交换律. 串中字母个数 m 称为串的长度. 串的长度为 0 时，称为**空串**，记为 Λ. 空串是"∘"中的单位元；因为，对于任一个串 $\alpha \in X^*$，必有 $\alpha \circ \Lambda = \Lambda \circ \alpha = \alpha$.

11.2　三种典型的系统

在代数系统中，运算是核心；也只有在代数系统中，运算的能力才能发挥到极致. 因此，代数系统主要是研究运算的性质，将不同性质的运算分为不同代数系统进行研究. 目前著名的代数系统有以下 3 种：

(1)群. 凡满足结合律、有单位元，及逆元的代数系统(G，$\circ$)称为**群**.

(2)环. 代数系统(R，$+$，$\circ$)中，(R，$+$)是群且满足交换律；(R，$\circ$)满足结合律；(R，$+$，$\circ$)对于"$\circ$"和"$+$"满足分配律，则称其为**环**.

(3)布尔代数. 代数系统(B，$+$，$\circ$，')中，如对于"$+$"和"$\circ$"满足交换律、分配律、有单位元、零元，且对一元运算"'"有 $b+b'=0$，$b\circ b'=1$，则称其为布尔代数.

这三个系统分别为：一个二元运算符的代表系统，两个二元运算符的代表系统以及两个二元算符及一个一元运算符的代数系统. 它们基本上包括了目前常用的代数系统.

这三种系统具有一定代表性. 它在数学和计算机科学中都有重大的研究与应用价值. 例如，可用它研究数学中的数系，可用它研究计算机数据库抽象模型等.

11.3　小　　结

本章介绍对以抽象元素所组成的集合，以及在集合上的运算为工具所组成的抽象系统(抽象代数)作研究. 重点研究抽象代数的"运算"与"系统".

(1)六种运算性质：结合律、交换率、单位元、零元、逆元、分配率；

(2)三种典型系统：群、环、布尔代数；

(3)本章重点：抽象代数的研究重点.

习　题　11

1. 请问，下列代数系统满足哪些运算性质？它们分别属于哪种典型系统？

(1)(N，$+$)；　(2)(Z，$+$，$\times$)；　(3)(R，$+$，$\times$).

2. 例 11.5 和例 11.6 所组成的系统属于哪种典型系统？

3. 请说明抽象代数与高等代数、初等代数间的关系？

4. 请在计算机领域中举一个抽象代数典型系统例子.

5. 数字电路是一种布尔代数. 请详细说明.

第 5 篇

空间解析几何与图论

解析几何是用代数方法研究几何形态的一门数学；而图论则是研究抽象形体结构的一门数学。在图论中，目前主要用图计算方法研究；这种方法也是一种代数方法，即用矩阵研究图。这两门学科都采用了代数方法进行研究；称解析方法。

解析方法的采用不仅能使研究更为深入、更为广泛；同时，它也可为计算机应用架起桥梁。在计算机图形中就是充分地应用了解析方法将几何图形转换成代数计算；从而使图形应用成为计算机中的重要内容；并形成了计算机学科中的一个重要分支——计算机图形学。在此基础上，近年来还发展成为两大文化产业——动漫产业和游戏产业。所有这些发展都是起源于解析方法的采用。此外，以图论为基础建立的计算机数据结构学科由于采用了图计算方法，使数据结构中的操作算法应用成为可能。

本篇包括 2 章。第 12 章空间解析几何，第 13 章图论。本篇重点是解析方法的介绍和应用；亦即是代数方法在几何及抽象结构中的应用。因此，本篇也可视为第 4 篇（代数篇）的延续与应用。

第12章 空间解析几何

解析几何是借助坐标法，用代数理论和方法研究几何问题的学科．解析几何也是计算机图形学的理论基础．计算机图形学的一个主要目的就是要利用计算机生成令人赏心悦目的真实感图形．为此，必须建立图形所描述场景的几何表示；而图形通常又是由点、线、面、体等几何元素组成的．所以计算机图形学与计算机辅助几何设计有着密切的关系．本章将讨论空间解析几何部分内容，并以向量的坐标表示为工具研究空间几种常见几何图形．

12.1 空间直角坐标系

首先建立空间直角坐标系．在空间取定一点 O，过 O 点（依右手系）作三条互相垂直且以 O 点为起点的数轴 Ox,Oy,Oz；再在数轴上规定单位长，这就构成了一个空间直角坐标系，记为 $Oxyz$，如图 12-1(a)所示．称点 O 为**坐标原点**，称数轴 Ox,Oy,Oz 为**坐标轴**．由两个坐标轴所决定的平面称为**坐标平面**．

12.1.1 空间点的直角坐标

设 M 是空间的一个点，在空间直角坐标系上过 M 作三个平面分别垂直于三个坐标轴，并与三个坐标轴分别交于 P,Q,R 三点，如图 12-1(b)所示．若 P,Q,R 三点在三个坐标轴上的坐标依次为 x,y,z；则点 M 就唯一确定了一个三元有序组 (x,y,z)．反之，任给一个三元有序组 (x,y,z)，在 x 轴上取坐标为 $(x,0,0)$ 的点 P，在 y 轴上取坐标为 $(0,y,0)$ 的点 Q，在 z 轴上取坐标为 $(0,0,z)$ 的点 R，并过 P,Q,R 分别作三个垂直于相应坐标轴的平面；这三个平面的交点 M 就是空间中对应于这个三元有序组 (x,y,z) 决定的一点．这样，就建立了空间点 M 与三元有序组 (x,y,z) 之间的一一对应关系；三元有序组 (x,y,z) 称为点 M 的**坐标**，记为 $M(x,y,z)$．x,y,z 分别称为点 M 的**横坐标**（或 x 坐标）、**纵坐标**（或 y 坐标）和**竖坐标**（或 z 坐标）．在此后的讨论中，空间的点 M 与表示该点的坐标 (x,y,z) 常常不加区分地出现．

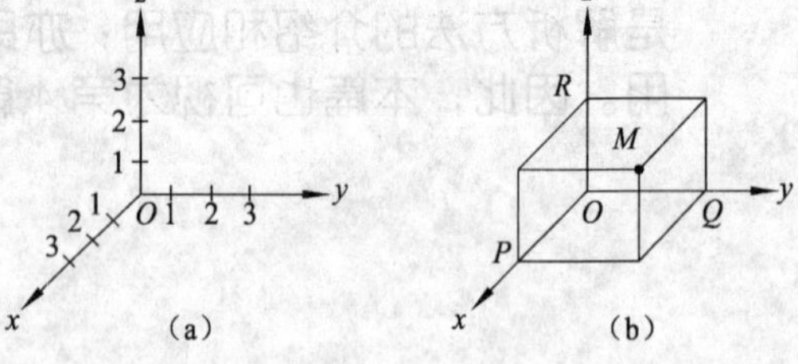

图 12-1　空间直角标系

在空间直角坐标系中，三个坐标平面把空间分成了八个部分，称为八个卦限；八个卦限的编号如图 12-2 所示．各卦限内的点的坐标的符号如表 12-1 所示．

表 12-1　空间直角坐标系各卦限的符号

坐标 \ 卦限	1	2	3	4	5	6	7	8
x	+	−	−	+	+	−	−	+
y	+	+	−	−	+	+	−	−
z	+	+	+	+	−	−	−	−

例 12.1　指出点(2,1,−1),(2,−1,−4),(−1,−3,1)所在卦限.

解:(2,1,−1)在第 5 卦限,(2,−1,−4)在第 8 卦限,(−1,−3,1)在第 3 卦限.

例 12.2　给出点 M(2,1,3)关于 xOy 面、z 轴、原点的对称点.

解:M(2,1,3)关于 xOy 面的对称点为(2,1,−3),关于 z 轴的对称点为(−2,−1,3),关于原点的对称点为(−2,−1,−3).

12.1.2　空间两点间的距离

设 $M_1(x_1,y_1,z_1)$,$M_2(x_2,y_2,z_2)$是空间的两个点,如图 12-3 所示. 为求它们之间的距离,分别过 M_1,M_2 作与坐标面平行的平面,组成一个长方体,其各棱与坐标轴平行,三棱之长分别为 $|M_1A|$,$|AB|$,$|BM_2|$,且有

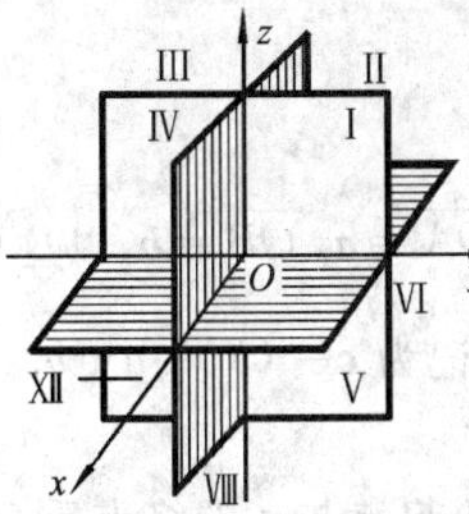

图 12-2　空间直角坐标的八卦限

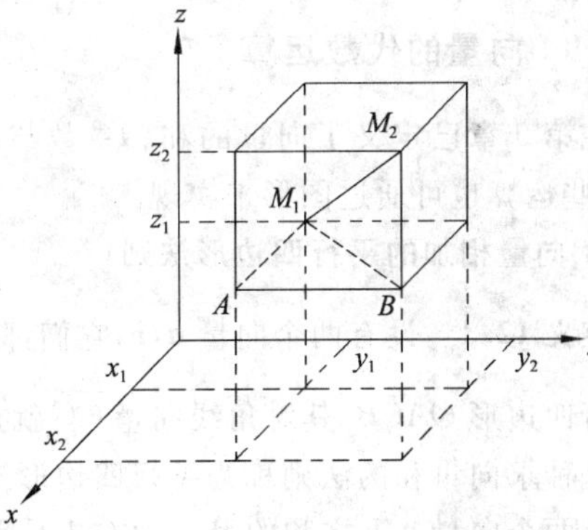

图 12-3　空间两点间的距离

$$|M_1A| = |x_2 - x_1|$$
$$|AB| = |y_2 - y_1|$$
$$|BM_2| = |z_2 - z_1|$$

根据勾股定理有

$$\begin{aligned}|M_1M_2| &= \sqrt{|M_1B|^2 + |BM_2|^2} \\ &= \sqrt{|M_1A|^2 + |AB|^2 + |BM_2|^2} \\ &= \sqrt{(x_2 - x_1)^2 + (y_2 - y_1)^2 + (z_2 - z_1)^2}\end{aligned}$$

这就是空间任意两点之间的距离公式,是平面上两点之间距离公式的推广.

由这个公式可得到空间任一点 $M(x,y,z)$到原点 $O(0,0,0)$的距离公式为

$$|OM| = \sqrt{x^2 + y^2 + z^2}\,.$$

例 12.3　已知空间三点 $A(0,2,-1)$,$B(-1,0,2)$,$C(2,-1,0)$,求由此三点形成的三角形的周长,并确定它是什么三角形.

解:先求出三角形三条边的边长,分别为

$$|AB| = \sqrt{((-1)-0)^2+(0-1)^2+(2-(-1))^2} = \sqrt{14}$$

$$|BC| = \sqrt{(2-(-1))^2+((-1)-0)^2+(0-2)^2} = \sqrt{14}$$

$$|CA| = \sqrt{(0-2)^2+(2-(-1))^2+((-1)-0)^2} = \sqrt{14}$$

故$\triangle ABC$是周长为$3\sqrt{14}$的等边三角形.

12.2 空间向量

在空间直角坐标系中,空间一个点M,与三个有序数组(x,y,z)一一对应.按照第9章向量的定义,它是3维空间中的一个向量.这个向量在几何上可解释为以坐标原点O为起点,M为终点的有向线段OM,它既有大小(长度)又有方向,如图12-4所示.

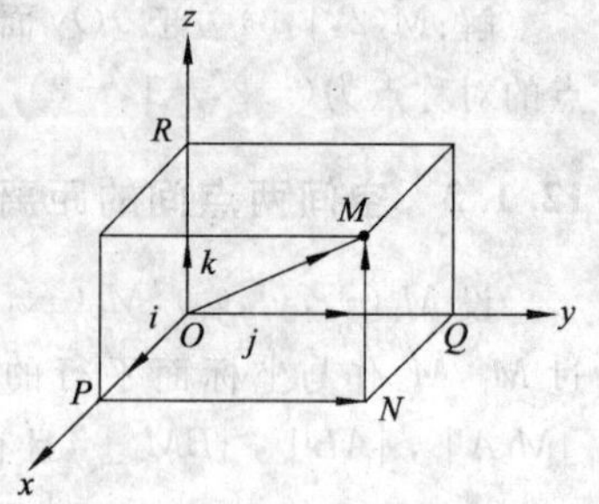

图12-4 点M的向量表示

向量$\overrightarrow{OM}$的大小(长度)又称为向量的模,记为$|\overrightarrow{OM}|$.模等于零的向量称为**零向量**,记作$\mathbf{0}$.零向量没有确定的方向,或者说它的方向是任意的.在几何上,零向量是起点与终点相重合的一个向量.模等于1的向量称为**单位向量**.

12.2.1 向量的代数运算

在第9章已定义了向量的和、差、数与向量的乘积等代数运算,这些运算也可通过图形来实现.

1. 向量相加的平行四边形法则

定义12.1 设有两个向量$\boldsymbol{a}$,$\boldsymbol{b}$,它们都以O点为起点,即$\overrightarrow{OA}=\boldsymbol{a}$,$\overrightarrow{OB}=\boldsymbol{b}$,以这两个向量为边作平行四边形$OACB$,其对角线向量$\overrightarrow{OC}$就是向量$\boldsymbol{a}$和$\boldsymbol{b}$之和,记为$\boldsymbol{c}=\overrightarrow{OC}=\boldsymbol{a}+\boldsymbol{b}$.

这种求向量和的法则称为**平行四边形法则**,如图12-5所示.

求两个向量$\boldsymbol{a}$,$\boldsymbol{b}$之和的另一种方法是平移向量$\boldsymbol{b}$,使得$\boldsymbol{b}$的起点与$\boldsymbol{a}$的终点重合,那么由$\boldsymbol{a}$的起点到$\boldsymbol{b}$的终点的向量就是$\boldsymbol{a}+\boldsymbol{b}$.这种求向量之和的方法称为**三角形法则**,如图12-6(a)所示.

三角形法则可以推广到求任意有限个向量之和,如图12-6(b)所示.

2. 向量的减法

定义12.2 若$\boldsymbol{b}+\boldsymbol{c}=\boldsymbol{a}$,则向量$\boldsymbol{c}$称为$\boldsymbol{a}$与$\boldsymbol{b}$的**差**,记做$\boldsymbol{c}=\boldsymbol{a}-\boldsymbol{b}$.

图12-7表示了向量的相减.可见,将$\boldsymbol{a}$与$\boldsymbol{b}$的起点移到同一点,由$\boldsymbol{b}$的终点向$\boldsymbol{a}$的终点所作的向量就是$\boldsymbol{a}-\boldsymbol{b}$.同时由图还可以看出,$\boldsymbol{a}$与$\boldsymbol{b}$之差$\boldsymbol{a}-\boldsymbol{b}$就是$\boldsymbol{a}$与$-\boldsymbol{b}$之和,即$\boldsymbol{a}-\boldsymbol{b}=\boldsymbol{a}+(-\boldsymbol{b})$.

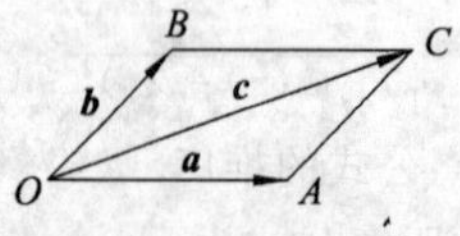

图12-5 平行四边形求和法则

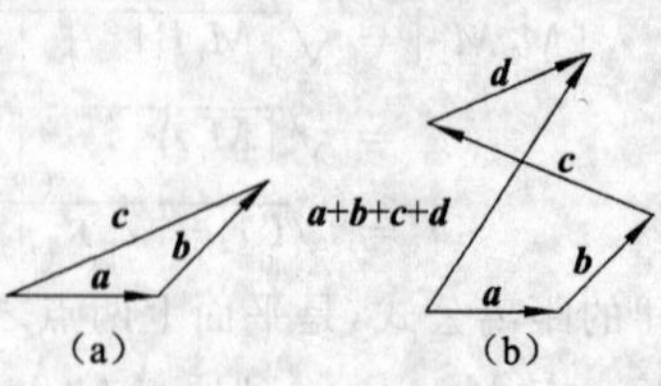

图12-6 三角形法求和则

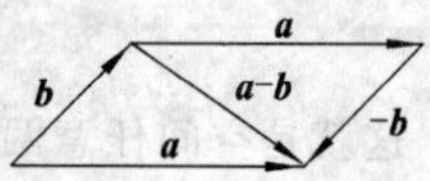

图12-7 向量的减法

3. 向量与数相乘

定义 12.3　设 $\boldsymbol{a}$ 是向量，λ 是实数，数 λ 与 $\boldsymbol{a}$ 的乘积记为 $\lambda\boldsymbol{a}$. 它是按下面规则确定的一个向量：$\lambda\boldsymbol{a}$ 的大小是 $|\boldsymbol{a}|$ 的 $|\lambda|$ 倍，即 $|\lambda\boldsymbol{a}|=|\lambda|\times|\boldsymbol{a}|$；$\lambda\boldsymbol{a}$ 的方向由 λ 的符号决定，当 $\lambda>0$ 时，$\lambda\boldsymbol{a}$ 与 $\boldsymbol{a}$ 方向相同，当 $\lambda<0$ 时，$\lambda\boldsymbol{a}$ 与 $\boldsymbol{a}$ 方向相反，当 $\lambda=0$ 或 $\boldsymbol{a}=\boldsymbol{0}$ 时，$\lambda\boldsymbol{a}=\boldsymbol{0}$.

根据上面的讨论，再说明两点.

(1)两个非零向量 $\boldsymbol{a},\boldsymbol{b}$ 平行(即 $\boldsymbol{a},\boldsymbol{b}$ 的方向相同或相反，记做 $\boldsymbol{a}/\!/\boldsymbol{b}$)的充分必要条件是 $\boldsymbol{a}=\lambda\boldsymbol{b}$，其中 λ 是实数.

(2)对非零向量 $\boldsymbol{a}$，有

$$\boldsymbol{a}=|\boldsymbol{a}|\boldsymbol{a}_0 \quad 或 \quad \boldsymbol{a}_0=\boldsymbol{a}/|\boldsymbol{a}|$$

$\boldsymbol{a}_0$ 称为 $\boldsymbol{a}$ 的单位向量.

例 12.4　在平行四边形 $ABCD$ 内，设 $\overrightarrow{AB}=\boldsymbol{a}$，$\overrightarrow{AD}=\boldsymbol{b}$，试用 $\boldsymbol{a}$ 和 $\boldsymbol{b}$ 来表示向量 $\overrightarrow{MA}$，$\overrightarrow{MB}$，$\overrightarrow{MC}$，$\overrightarrow{MD}$，M 是平行四边形对角线的交点(见图 12-8).

解：因为 $\overrightarrow{AC}=\overrightarrow{AB}+\overrightarrow{BC}=\overrightarrow{AB}+\overrightarrow{AD}=\boldsymbol{a}+\boldsymbol{b}$，故有

$$\overrightarrow{MC}=(1/2)\overrightarrow{AC}=(1/2)(\boldsymbol{a}+\boldsymbol{b}),$$

$$\overrightarrow{MA}=-(1/2)\overrightarrow{AC}=-(1/2)(\boldsymbol{a}+\boldsymbol{b}),$$

$$\overrightarrow{MB}=\overrightarrow{MA}+\overrightarrow{AB}=(1/2)(\boldsymbol{a}-\boldsymbol{b}),$$

$$\overrightarrow{MD}=-\overrightarrow{MB}=-(1/2)(\boldsymbol{a}-\boldsymbol{b}).$$

例 12.5　已知一个四边形的对角线相互平分，证明它是平行四边形.

证：设四边形 $ABCD$，M 为对角线的交点，由题意有

$$\overrightarrow{AM}=\overrightarrow{MC},\overrightarrow{BM}=\overrightarrow{MD};$$

因为，$\overrightarrow{AD}=\overrightarrow{AM}+\overrightarrow{MD}$，$\overrightarrow{BC}=\overrightarrow{BM}+\overrightarrow{MC}$；所以有，$\overrightarrow{AD}=\overrightarrow{BC}$. 即四边形的一对对边平行且相等，故四边形 ABCD 为平行四边形，如图 12-9 所示.

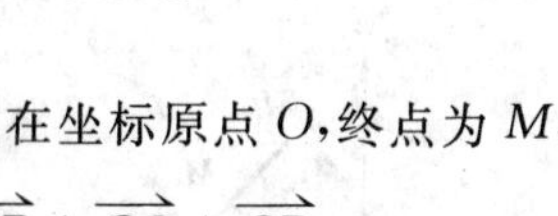

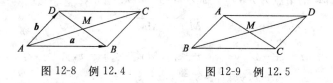

图 12-8　例 12.4

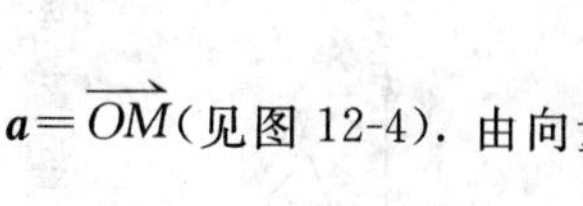

图 12-9　例 12.5

12.2.2　向量的分量与投影

设有向量 $\boldsymbol{a}$，起点在坐标原点 O，终点为 M，即 $\boldsymbol{a}=\overrightarrow{OM}$(见图 12-4). 由向量的加法可知，$\overrightarrow{OM}=\overrightarrow{OP}+\overrightarrow{PN}+\overrightarrow{NM}=\overrightarrow{OP}+\overrightarrow{OQ}+\overrightarrow{OR}$.

现沿 x,y,z 轴的正方向分别取单位向量 $\boldsymbol{i},\boldsymbol{j},\boldsymbol{k}$，称其为**基本单位向量**，则根据向量与数相乘有

$$\overrightarrow{OP}=x\boldsymbol{i},\overrightarrow{OQ}=y\boldsymbol{j},\overrightarrow{OR}=x\boldsymbol{k}$$

这三个向量分别称为 $\boldsymbol{a}=\overrightarrow{OM}$ 在坐标轴上的分量，而称 x,y,z 分别为向量 $\boldsymbol{a}=\overrightarrow{OM}$ 在坐标轴上的**投影**或**坐标**；于是

$$\boldsymbol{a}=\overrightarrow{OM}=\overrightarrow{OP}+\overrightarrow{OQ}+\overrightarrow{OR}=x\boldsymbol{i}+y\boldsymbol{j}+z\boldsymbol{k}$$

这就是向量 $\boldsymbol{a}=\overrightarrow{OM}$ 的坐标表示式或投影表示式，简记为 $\boldsymbol{a}=[x,y,z]$.

显然，零向量 $\boldsymbol{0}$ 的三个坐标全为 0，即 $\boldsymbol{0}=[0,0,0]$.

从上面的讨论可以看出，任意给定一个以原点 O 为起点、以 M 为终点的向量 $\overrightarrow{OM}$，都可以由它的终点的坐标 (x,y,z) 表示为 $\overrightarrow{OM}=x\boldsymbol{i}+y\boldsymbol{j}+z\boldsymbol{k}=[x,y,z]$.

设 $\boldsymbol{a}=a_x\boldsymbol{i}+a_y\boldsymbol{j}+a_z\boldsymbol{k}=[a_x,a_y,a_z]$，$\boldsymbol{b}=b_x\boldsymbol{i}+b_y\boldsymbol{j}+b_z\boldsymbol{k}=[b_x,b_y,b_z]$，则

$$\begin{aligned}\boldsymbol{a}\pm\boldsymbol{b}&=(a_x\boldsymbol{i}+a_y\boldsymbol{j}+a_z\boldsymbol{k})\pm(b_x\boldsymbol{i}+b_y\boldsymbol{j}+b_z\boldsymbol{k})\\&=(a_x\pm b_x)\boldsymbol{i}+(a_y\pm b_y)\boldsymbol{j}+(a_z\pm b_z)\boldsymbol{k}\\&=[a_x\pm b_x,a_y\pm b_y,a_z\pm b_z],\\\lambda\boldsymbol{a}&=\lambda(a_x\boldsymbol{i}+a_y\boldsymbol{j}+a_z\boldsymbol{k})\\&=\lambda a_x\boldsymbol{i}+\lambda a_y\boldsymbol{j}+\lambda a_z\boldsymbol{k}\\&=[\lambda a_x,\lambda a_y,\lambda a_z]\end{aligned}$$

两个非零向量 $\boldsymbol{a},\boldsymbol{b}$ 平行的充要条件 $\boldsymbol{a}=\lambda\boldsymbol{b}$ 可以写成

$$[a_x,a_y,a_z]=[\lambda b_x,\lambda b_y,\lambda b_z]$$

或

$$a_x/b_x=a_y/b_y=a_z/b_z=\lambda$$

即若两个非零向量平行，则它们的坐标对应成比例.

例 12.6 已知两点 $M_1(x_1,y_1,z_1)$ 和 $M_2(x_2,y_2,z_2)$，求向量 $\overrightarrow{M_1M_2}$ 的坐标表示.

解： 如图 12-10 所示，$\overrightarrow{M_1M_2}=\overrightarrow{OM_2}-\overrightarrow{OM_1}$，而

$$\overrightarrow{OM_2}=[x_2,y_2,z_2],\overrightarrow{OM_1}=[x_1,y_1,z_1]$$

所以有 $$\overrightarrow{M_1M_2}=[x_2-x_1,y_2-y_1,z_2-z_1].$$

例 12.7 已知两点 $M_1(x_1,y_1,z_1)$ 和 $M_2(x_2,y_2,z_2)$，求线段 M_1M_2 中点的坐标.

解： 设线段 M_1M_2 的中点为 M，其坐标为 (x,y,z)，则

$$\overrightarrow{M_1M}=\overrightarrow{MM_2},$$

而 $$\overrightarrow{M_1M}=[x-x_1,y-y_1,z-z_1],\overrightarrow{MM_2}=[x_2-x,y_2-y,z_2-z]$$

所以有 $$x-x_1=x_2-x,y-y_1=y_2-y,z-z_1=z_2-z$$

由此解得 $$x=(x_1+x_2)/2,y=(y_1+y_2)/2,z=(z_1+z_2)/2.$$

即线段中点的坐标等于两个端点坐标的平均值（见图 12-11）.

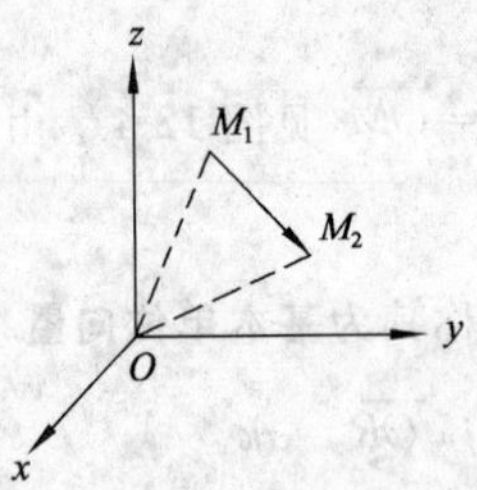

图 12-10 例 12.6

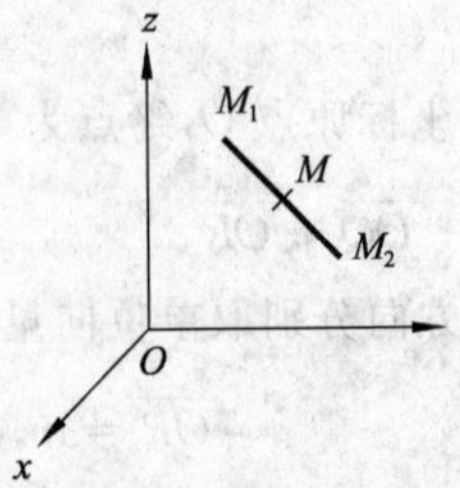

图 12-11 例 12.7

12.2.3　向量的模和方向余弦

设起点在原点的向量 $\boldsymbol{a}=a_x\boldsymbol{i}+a_y\boldsymbol{j}+a_z\boldsymbol{k}$，其中$(a_x,a_y,a_z)$为 $\boldsymbol{a}$ 的坐标，根据两点间的距离公式，向量 $\boldsymbol{a}$ 的模为

$$|\boldsymbol{a}|=\sqrt{a_x^2+a_y^2+a_z^2}$$

非零向量 $\boldsymbol{a}$ 的方向，由该向量与三个坐标轴间的夹角 α、β、γ 的余弦完全确定（见图 12-12）. 由 $\boldsymbol{a}$ 的投影得

$$a_x=|\boldsymbol{a}|\cos\alpha$$
$$a_y=|\boldsymbol{a}|\cos\beta$$
$$a_z=|\boldsymbol{a}|\cos\gamma$$

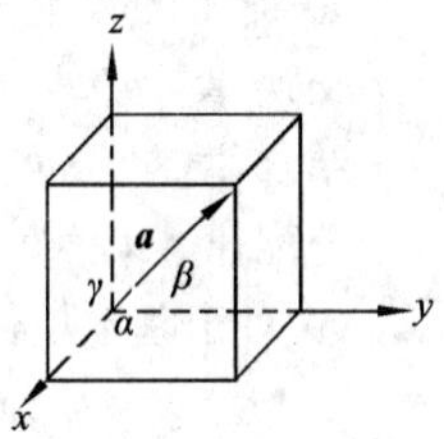

图 12-12　方向角

即

$$\cos\alpha=a_x/|\boldsymbol{a}|,\cos\beta=a_y/|\boldsymbol{a}|,\cos\gamma=a_z/|\boldsymbol{a}|.$$

称 α、β、γ 为向量 $\boldsymbol{a}$ 的方向角，而称 $\cos\alpha$、$\cos\beta$、$\cos\gamma$ 为向量 $\boldsymbol{a}$ 的**方向余弦**.

由向量 a 的方向余弦组成的向量为

$$[\cos\alpha,\cos\beta,\cos\gamma]=[a_x/|\boldsymbol{a}|,a_y/|\boldsymbol{a}|,a_z/|\boldsymbol{a}|]$$
$$=[a_x,a_y,a_z]/|\boldsymbol{a}|=\boldsymbol{a}/|\boldsymbol{a}|=\boldsymbol{a}_0$$

即向量 $\boldsymbol{a}$ 的单位向量 $\boldsymbol{a}_0$ 的三个坐标就是向量 $\boldsymbol{a}$ 的三个方向余弦. 因此，如果要求向量 $\boldsymbol{a}$ 的三个方向余弦，只要将向量 $\boldsymbol{a}$ 单位化，则其单位向量的坐标，就是向量 $\boldsymbol{a}$ 的三个方向余弦，而且有下式成立

$$\cos^2\alpha+\cos^2\beta+\cos^2\gamma=|\boldsymbol{a}_0|^2=1$$

对于起点为 $M_1(x_1,y_1,z_1)$、终点为 $M_2(x_2,y_2,z_2)$的向量$\overrightarrow{\mathrm{M_1M_2}}$的模和方向余弦有如下公式：

$$|\overrightarrow{\mathrm{M_1M_2}}|=\sqrt{(x_2-x_1)^2+(y_2-y_1)^2+(z_2-z_1)^2}$$

$$\cos\alpha=(x_2-x_1)/|\overrightarrow{M_1M_2}|$$

$$\cos\beta=(y_2-y_1)/|\overrightarrow{M_1M_2}|$$

$$\cos\gamma=(z_2-z_1)/|\overrightarrow{M_1M_2}|$$

例 12.8　设向量 $\boldsymbol{a}$ 与三个坐标轴的夹角相等，试求它的方向余弦.

解：由 $\cos^2\alpha+\cos^2\beta+\cos^2\gamma=1$，及题设 $\alpha=\beta=\gamma$，得 $3\cos^2\alpha=1$，所以有

$$\cos\alpha=\cos\beta=\cos\gamma=\pm\sqrt{3}/3.$$

12.2.4　向量的乘积

1. 两个向量的数量积

(1)向量数量积的定义.

定义 12.4　给定两个向量 $\boldsymbol{a},\boldsymbol{b}$，它们的模及其夹角的余弦之积 $|\boldsymbol{a}||\boldsymbol{b}|\cos(\widehat{\boldsymbol{ab}})$称为向量 $\boldsymbol{a},\boldsymbol{b}$ 的**数量积**，也称**点积**或**内积**，记为 $\boldsymbol{a}\cdot\boldsymbol{b}$；即 $\boldsymbol{a}\cdot\boldsymbol{b}=|\boldsymbol{a}||\boldsymbol{b}|\cos(\widehat{\boldsymbol{ab}})$.

如果 $\boldsymbol{a},\boldsymbol{b}$ 中有零向量，则规定它们的数量积为 0.

注意，两个向量的数量积是一个数量.

数量积的概念有着广泛的应用，经典的例子是一个恒力 $\boldsymbol{F}$ 作用于物体，使其位移 $\boldsymbol{S}$，则力 $\boldsymbol{F}$ 所做的功 $W=|\boldsymbol{F}||\boldsymbol{S}|\cos(\widehat{\boldsymbol{FS}})$就是向量 $\boldsymbol{F}$、$\boldsymbol{S}$ 的数量积.

(2)向量数量积的性质.

由定义可得数量积的下列性质：

① $\boldsymbol{a}\cdot\boldsymbol{a}=|\boldsymbol{a}|^2$ 或 $|\boldsymbol{a}|=\sqrt{\boldsymbol{a}\cdot\boldsymbol{a}}$；

② $\boldsymbol{a}\cdot\boldsymbol{b}=|\boldsymbol{a}|(\boldsymbol{b})_a=|\boldsymbol{b}|(\boldsymbol{a})_b$（式中$(\boldsymbol{a})_b$表示向量$\boldsymbol{a}$在向量$\boldsymbol{b}$上的投影）；

③ 向量$\boldsymbol{a},\boldsymbol{b}$垂直的充要条件是$\boldsymbol{a}\cdot\boldsymbol{b}=0$；

④ 向量的数量积满足下列运算法则：

交换律　$\boldsymbol{a}\cdot\boldsymbol{b}=\boldsymbol{b}\cdot\boldsymbol{a}$

结合律$(\lambda\boldsymbol{a})\cdot\boldsymbol{b}=\lambda(\boldsymbol{a}\cdot\boldsymbol{b})=\boldsymbol{a}\cdot(\lambda\boldsymbol{b})$

分配律　$\boldsymbol{a}\cdot(\boldsymbol{b}+\boldsymbol{c})=\boldsymbol{a}\cdot\boldsymbol{b}+\boldsymbol{a}\cdot\boldsymbol{c},(\boldsymbol{a}+\boldsymbol{b})\cdot\boldsymbol{c}=\boldsymbol{a}\cdot\boldsymbol{c}+\boldsymbol{b}\cdot\boldsymbol{c}$

⑤ 对于基本单位向量$\boldsymbol{i},\boldsymbol{j},\boldsymbol{k}$有

$$\boldsymbol{i}\cdot\boldsymbol{i}=1,\boldsymbol{j}\cdot\boldsymbol{j}=1,\boldsymbol{k}\cdot\boldsymbol{k}=1,\boldsymbol{i}\cdot\boldsymbol{j}=0,\boldsymbol{j}\cdot\boldsymbol{k}=0,\boldsymbol{k}\cdot\boldsymbol{i}=0$$

(3)向量数量积的坐标计算公式.

设$\boldsymbol{a}=a_x\boldsymbol{i}+a_y\boldsymbol{j}+a_z\boldsymbol{k},\boldsymbol{b}=b_x\boldsymbol{i}+b_y\boldsymbol{j}+b_z\boldsymbol{k}$，则由向量数量积的运算性质得

$$\begin{aligned}\boldsymbol{a}\cdot\boldsymbol{b}&=(a_x\boldsymbol{i}+a_y\boldsymbol{j}+a_z\boldsymbol{k})\cdot(b_x\boldsymbol{i}+b_y\boldsymbol{j}+b_z\boldsymbol{k})\\&=a_xb_x(\boldsymbol{i}\cdot\boldsymbol{i})+a_xb_y(\boldsymbol{i}\cdot\boldsymbol{j})+a_xb_z(\boldsymbol{i}\cdot\boldsymbol{k})\\&\quad+a_yb_x(\boldsymbol{j}\cdot\boldsymbol{i})+a_yb_y(\boldsymbol{j}\cdot\boldsymbol{j})+a_yb_z(\boldsymbol{j}\cdot\boldsymbol{k})\\&\quad+a_zb_x(\boldsymbol{k}\cdot\boldsymbol{i})+a_zb_y(\boldsymbol{k}\cdot\boldsymbol{j})+a_zb_z(\boldsymbol{k}\cdot\boldsymbol{k})\\&=a_xb_x+a_yb_y+a_zb_z\end{aligned}$$

这就是向量数量积的坐标计算公式.据此还可得到下列重要结果：

设$\boldsymbol{a}=[a_x,a_y,a_z],\boldsymbol{b}=[b_x,b_y,b_z]$，则

① $\boldsymbol{a}\perp\boldsymbol{b}\Leftrightarrow\boldsymbol{a}\cdot\boldsymbol{b}=a_xb_x+a_yb_y+a_zb_z=0$；

② $|\boldsymbol{a}|=\sqrt{a_x^2+a_y^2+a_z^2}$；

③ $\cos(\widehat{\boldsymbol{a}\boldsymbol{b}})=(\boldsymbol{a}\cdot\boldsymbol{b})/(|\boldsymbol{a}|\cdot|\boldsymbol{b}|)$

$$=(a_xb_x+a_yb_y+a_zb_z)/(\sqrt{a_x^2+a_y^2+a_z^2}\sqrt{b_x^2+b_y^2+b_z^2}).$$

例 12.9　已知$\boldsymbol{a}=[3,-2,4],\boldsymbol{b}=[-2,-5,1]$，求$\boldsymbol{a}\cdot\boldsymbol{b}$.

解:$\boldsymbol{a}\cdot\boldsymbol{b}=3\times(-2)+(-2)\times(-5)+4\times1=(-6)+10+4=8$.

例 12.10　求向量$\boldsymbol{a}=[4,-1,2]$在$\boldsymbol{b}=[3,1,0]$上的投影.

解:由$\boldsymbol{a}\cdot\boldsymbol{b}=|\boldsymbol{b}|(\boldsymbol{a})_b$，得$(\boldsymbol{a})_b=(\boldsymbol{a}\cdot\boldsymbol{b})/|\boldsymbol{b}|=(4\times3+(-1)\times1+2\times0)/\sqrt{3^2+1^2+0^2}=\dfrac{11}{\sqrt{10}}$.

例 12.11　在Oxy平面上求一单位向量，它与已知向量$\boldsymbol{b}=[-4,3,7]$垂直.

解:设所求向量为$\boldsymbol{a}_0=[x,y,0]$.根据$\boldsymbol{a}_0$为单位向量，且与$\boldsymbol{b}$垂直，应有

$$x^2+y^2=1,-4x+3y=0$$

由此解得$x=\pm3/5,y=\pm4/5$；所求向量为$\boldsymbol{a}_0=[3/5,4/5,0]$或$\boldsymbol{a}_0=[-3/5,-4/5,0]$.

2. 两个向量的向量积

(1)向量积的定义.

与向量的数量积为数量不同，两个向量的向量积仍为一向量，它与给定的两个向量垂直，且组成右手系.向量积在电学和其他学科中经常可见，下面给出向量积的定义.

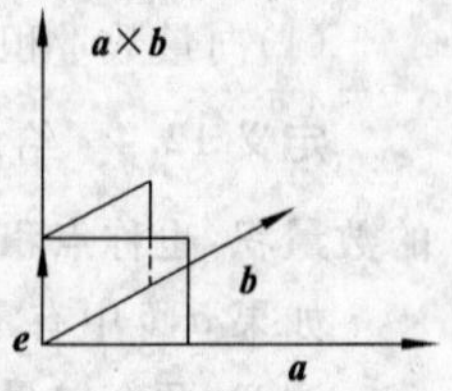

图 12-13　向量积

定义 12.5　给定两个向量$\boldsymbol{a},\boldsymbol{b}$，又用$\boldsymbol{e}$表示一个与$\boldsymbol{a},\boldsymbol{b}$都垂直，且$\boldsymbol{a},\boldsymbol{b},\boldsymbol{e}$成右手系的单位向量（见图 12-13），则称由向量$\boldsymbol{a},\boldsymbol{b}$所确定的向量

$$(|\boldsymbol{a}|\ |\boldsymbol{b}|\ \sin(\widehat{\boldsymbol{ab}}))\boldsymbol{e}$$

为向量 $\boldsymbol{a},\boldsymbol{b}$ 的**向量积**，又称**叉积**或**外积**，记为 $\boldsymbol{a}\times\boldsymbol{b}$，即

$$\boldsymbol{a}\times\boldsymbol{b}=(|\boldsymbol{a}|\ |\boldsymbol{b}|\ \sin(\widehat{\boldsymbol{ab}}))\boldsymbol{e}$$

$\boldsymbol{a},\boldsymbol{b}$ 向量积的模为 $|\boldsymbol{a}|\ |\boldsymbol{b}|\ \sin(\widehat{\boldsymbol{ab}})$，其大小等于以 $\boldsymbol{a}$、$\boldsymbol{b}$ 为边所构成的平行四边形的面积.

如果 $\boldsymbol{a},\boldsymbol{b}$ 中有零向量，则规定它们的向量积为零向量.

(2)向量积的性质.

① 向量 $\boldsymbol{a},\boldsymbol{b}$ 平行的充要条件是 $\boldsymbol{a}\times\boldsymbol{b}=\boldsymbol{0}$；

② 向量积的运算性质：两个向量 $\boldsymbol{a},\boldsymbol{b}$ 的向量积满足以下规律：

结合律：$(\lambda\boldsymbol{a})\times\boldsymbol{b}=\lambda(\boldsymbol{a}\times\boldsymbol{b})=\boldsymbol{a}\times(\lambda\boldsymbol{b})$；

分配律：$(\boldsymbol{a}+\boldsymbol{b})\times\boldsymbol{c}=\boldsymbol{a}\times\boldsymbol{c}+\boldsymbol{b}\times\boldsymbol{c},\boldsymbol{a}\times(\boldsymbol{b}+\boldsymbol{c})=\boldsymbol{a}\times\boldsymbol{b}+\boldsymbol{a}\times\boldsymbol{c}$；

两个向量的向量积不满足交换律，但有 $\boldsymbol{a}\times\boldsymbol{b}=-\boldsymbol{b}\times\boldsymbol{a}$ 成立.

③ 对于基本单位向量 $\boldsymbol{i},\boldsymbol{j},\boldsymbol{k}$ 有

$$\boldsymbol{i}\times\boldsymbol{i}=0,\boldsymbol{j}\times\boldsymbol{j}=0,\boldsymbol{k}\times\boldsymbol{k}=0,\boldsymbol{i}\times\boldsymbol{j}=\boldsymbol{k},\boldsymbol{j}\times\boldsymbol{k}=\boldsymbol{i},\boldsymbol{k}\times\boldsymbol{i}=\boldsymbol{j}$$

(3)向量积的坐标计算公式.

设 $\boldsymbol{a}=a_x\boldsymbol{i}+a_y\boldsymbol{j}+a_z\boldsymbol{k},\boldsymbol{b}=b_x\boldsymbol{i}+b_y\boldsymbol{j}+b_z\boldsymbol{k}$，则由向量积的运算性质得：

$$\begin{aligned}\boldsymbol{a}\times\boldsymbol{b}&=(a_x\boldsymbol{i}+a_y\boldsymbol{j}+a_z\boldsymbol{k})\times(b_x\boldsymbol{i}+b_y\boldsymbol{j}+b_z\boldsymbol{k})\\&=a_xb_x(\boldsymbol{i}\times\boldsymbol{i})+a_xb_y(\boldsymbol{i}\times\boldsymbol{j})+a_xb_z(\boldsymbol{i}\times\boldsymbol{k})\\&\quad+a_yb_x(\boldsymbol{j}\times\boldsymbol{i})+a_yb_y(\boldsymbol{j}\times\boldsymbol{j})+a_yb_z(\boldsymbol{j}\times\boldsymbol{k})\\&\quad+a_zb_x(\boldsymbol{k}\times\boldsymbol{i})+a_zb_y(\boldsymbol{k}\times\boldsymbol{j})+a_zb_z(\boldsymbol{k}\times\boldsymbol{k})\\&=(a_yb_z-a_zb_y)\boldsymbol{i}-(a_xb_z-a_zb_x)\boldsymbol{j}+(a_xb_y-a_yb_x)\boldsymbol{k}.\end{aligned}$$

这就是向量积的坐标计算公式. 为了便于记忆，可以将上式写成行列式形式：

$$\boldsymbol{a}\times\boldsymbol{b}=\begin{vmatrix}a_y & a_z\\ b_y & b_z\end{vmatrix}\boldsymbol{i}-\begin{vmatrix}a_x & a_z\\ b_x & b_z\end{vmatrix}\boldsymbol{j}+\begin{vmatrix}a_x & a_y\\ b_x & b_y\end{vmatrix}\boldsymbol{k}\text{；记为}\begin{vmatrix}\boldsymbol{i} & \boldsymbol{j} & \boldsymbol{k}\\ a_x & a_y & a_z\\ b_x & b_y & b_x\end{vmatrix}.$$

例 12.12　已知 $\boldsymbol{a}=[4,2,-1],\boldsymbol{b}=[3,0,2]$，求 $\boldsymbol{a}\times\boldsymbol{b}$.

解：$\boldsymbol{a}\times\boldsymbol{b}=\begin{vmatrix}\boldsymbol{i} & \boldsymbol{j} & \boldsymbol{k}\\ 4 & 2 & -1\\ 3 & 0 & 2\end{vmatrix}=\begin{vmatrix}2 & -1\\ 0 & 2\end{vmatrix}\boldsymbol{i}-\begin{vmatrix}4 & -1\\ 3 & 2\end{vmatrix}\boldsymbol{j}+\begin{vmatrix}4 & 2\\ 3 & 0\end{vmatrix}\boldsymbol{k}$

$=4\boldsymbol{i}-11\boldsymbol{j}-6\boldsymbol{k}=[4,-11,-6]$.

例 12.13　已知 $\boldsymbol{a}=[a_x,a_y,a_z],\boldsymbol{b}=[b_x,b_y,b_z],\boldsymbol{c}=[c_x,c_y,c_z]$，求 $(\boldsymbol{a}\times\boldsymbol{b})\cdot\boldsymbol{c}$.

解：

$$\boldsymbol{a}\times\boldsymbol{b}=(a_yb_z-a_zb_y)\boldsymbol{i}-(a_xb_z-a_zb_x)\boldsymbol{j}+(a_xb_y-a_yb_x)\boldsymbol{k}$$

$$(\boldsymbol{a}\times\boldsymbol{b})\cdot\boldsymbol{c}=(a_yb_z-a_zb_y)c_x-(a_xb_z-a_zb_x)c_y+(a_xb_y-a_yb_x)c_z$$

写成行列式的形式就是

$$\boldsymbol{a}\times\boldsymbol{b}=\begin{vmatrix}a_y & a_z\\ b_y & b_z\end{vmatrix}\boldsymbol{i}-\begin{vmatrix}a_x & a_z\\ b_x & b_z\end{vmatrix}\boldsymbol{j}+\begin{vmatrix}a_x & a_y\\ b_x & b_y\end{vmatrix}\boldsymbol{k}=\begin{vmatrix}\boldsymbol{i} & \boldsymbol{j} & \boldsymbol{k}\\ a_x & a_y & a_z\\ b_x & b_y & b_z\end{vmatrix}$$

$$(\boldsymbol{a}\times\boldsymbol{b})\cdot\boldsymbol{c}=\begin{vmatrix}a_x & a_y & a_z\\ b_x & b_y & b_z\\ c_x & c_y & c_z\end{vmatrix}$$

乘积 $(\boldsymbol{a}\times\boldsymbol{b})\cdot\boldsymbol{c}$ 称为三个向量的**混合积**，它的绝对值就是以三个向量为棱的平行六面体的体积. 因此，三向量的混合积为零，则三向量必共面.

12.3 平面方程

本节将以向量为工具来推导出空间平面的方程，并讨论一些与平面相关的问题.

通过空间一个点，可以作无数多个平面.但如果同时要求该平面与一个已知的向量垂直，则这个平面即可完全确定.

和一个平面垂直的向量称为这个平面的**法向量**.一个平面的法向量有无数多个，但它们彼此平行.

设空间有一个平面 P(见图 12-14)，它通过点 $M_0(x_0,y_0,z_0)$，且有一个法向量 $\boldsymbol{n}=[A,B,C]$，要求该平面的方程.为此，设 $M(x,y,z)$ 是平面 P 上的任意一点，则有 $\overrightarrow{M_0M}\perp\boldsymbol{n}$，故有数量积 $\overrightarrow{M_0M}\cdot\boldsymbol{n}=0$；又

$$\overrightarrow{M_0M}=[x-x_0,y-y_0,z-z_0],\boldsymbol{n}=[A,B,C];$$

于是得 $A(x-x_0)+B(y-y_0)+C(z-z_0)=0.$

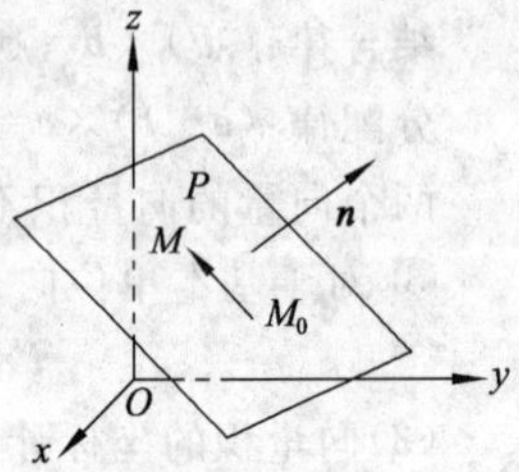

图 12-14 平面与法向量

凡是平面 P 上的点，其坐标都满足上述方程；反之，对于不在平面 P 上的点，其坐标都不满足上述方程.所以，上述方程就是一个平面方程，称为平面的**点法式方程**.

例 12.14 设一平面经过点(2,1,3)，且与向量 $\boldsymbol{n}=[-5,3,7]$垂直，求此平面的方程.

解:显然，$\boldsymbol{n}$ 是该平面的法向量，由平面的点法式方程得

$$(-5)(x-2)+3(y-1)+7(z-3)=0$$

即

$$-5x+3y+7z-14=0.$$

例 12.15 求经过三点 $M_1(1,1,1)$，$M_2(2,0,1)$，$M_3(-1,-1,0)$的平面的方程.

解:设 $M(x,y,z)$为所求平面上的任意一点，则向量 $\overrightarrow{MM_1}$，$\overrightarrow{M_1M_2}$，$\overrightarrow{M_1M_3}$ 均在此平面内，根据三向量共面的条件:$(\overrightarrow{MM_1}\times\overrightarrow{M_1M_2})\cdot\overrightarrow{M_1M_3}=0$，可得

$$\begin{vmatrix} x-1 & y-1 & z-1 \\ 1 & -1 & 0 \\ -2 & -2 & -1 \end{vmatrix}=0$$

展开上式即得所求平面的方程为 $x+y-4z+2=0$.

12.3.1 平面的一般式方程

上面讨论了平面的点法式方程，现将平面的点法式方程展开，得

$$Ax+By+Cz-(Ax_0+By_0+Cz_0)=0$$

记 $Ax_0+By_0+Cz_0=-D$.上式变为 $Ax+By+Cz+D=0$.这是一个三元一次方程，代表一个平面的方程.

结论:任何一个三元一次方程 $Ax+By+Cz+D=0$ 都表示一个平面，称为平面的**一般式方程**.在平面的一般式方程中，三个一次项的系数 A,B,C 为这个平面的一个法向量在三个坐标轴上的投影，即 $\boldsymbol{n}=[A,B,C]$.

根据平面的一般式方程，可以得到在特殊位置上的平面方程.

(1)通过原点的平面方程:因为平面过原点(0,0,0)，故 $x=y=z=0$ 必满足平面方程 $Ax+By+Cz+D=0$，从而得 $D=0$.因此，通过原点的平面方程为

$$Ax + By + Cz = 0$$

(2)平行于坐标轴的平面方程:以 x 轴为例,若平面平行于 x 轴,则平面的法向量 $\boldsymbol{n}=\{A,B,C\}$ 必与 x 轴上的单位向量 $\boldsymbol{i}=\{1,0,0\}$ 垂直,故有 $\boldsymbol{n}\cdot\boldsymbol{i}=A=0$;即平面方程中没有 x 项,故平行于 x 轴的平面方程为

$$By+Cz+D=0 \qquad (\text{平行于 } x \text{ 轴})$$

同理可得平行于 y 轴、z 轴的平面方程为

$$Ax+Cz+D=0 \qquad (\text{平行于 } y \text{ 轴})$$

$$Ax+By+D=0 \qquad (\text{平行于 } z \text{ 轴})$$

(3)通过坐标轴 x、y、z 的平面方程分别为

$$By+Cz=0, Ax+Cz=0, Ax+By=0$$

(4)垂直于坐标轴的平面方程.垂直于某坐标轴的平面必平行于另外两个坐标轴,根据(2)可得

$$Ax+D=0(\text{垂直于 } x \text{ 轴})$$

$$By+D=0(\text{垂直于 } y \text{ 轴})$$

$$Cz+D=0(\text{垂直于 } z \text{ 轴})$$

(5)坐标平面的方程:

坐标平面 yOz 的方程为 $x=0$;

坐标平面 zOx 的方程为 $y=0$;

坐标平面 xOy 的方程为 $z=0$.

注意:*一次方程在空间解析几何中表示一个平面,而在平面解析几何中则表示一条直线.*

例 12.16　求过三点 $(a,0,0)$,$(0,b,0)$,$(0,0,c)$ 的平面方程(a,b,c 都不为零),如图 12-15 所示.

解:将三点坐标 $(a,0,0)$,$(0,b,0)$,$(0,0,c)$ 分别代入平面一般式方程得

$$Aa+D=0, A=-D/a$$

$$Bb+D=0, B=-D/b$$

$$Cc+D=0, C=-D/c$$

将 A,B,C 代入平面一般式方程并化简即得

$$x/a+y/b+z/c=1.$$

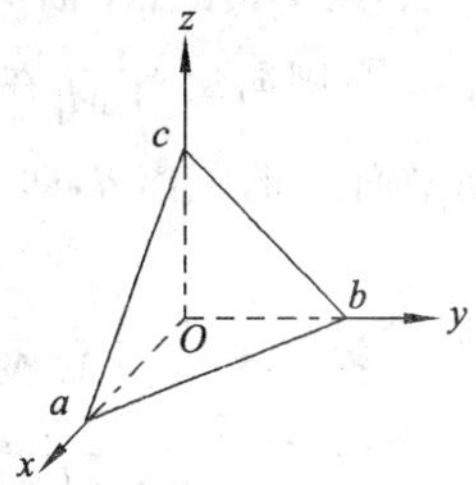

图 12-15　例 12.16

由于 a,b,c 是平面分别在 x,y,z 轴上截下的截距,故这样的平面方程也称为**平面的截距式方程**.

平面的一般式方程与平面的截距式方程可相互转换,而截距式方程更便于作图.

12.3.2　两平面的位置关系

上面讨论了不同形式的平面方程表示平面在坐标系中的不同位置.这里将讨论在同一坐标系中两个平面之间的位置关系;简言之,它们要么相交,要么平行(或重合).

设有两个平面 P_1 :$A_1x+B_1y+C_1z+D_1=0$ 和 P_2:$A_2x+B_2y+C_2z+D_2=0$.它们的法向量分别为 $\boldsymbol{n}_1=[A_1,B_1,C_1]$,$\boldsymbol{n}_2=[A_2,B_2,C_2]$.

若 $P_1 /\!/ P_2$,则 $\boldsymbol{n}_1 /\!/ \boldsymbol{n}_2$,反之亦然.但 $\boldsymbol{n}_1$,$\boldsymbol{n}_2$ 平行的充要条件是它们的对应坐标成比例,即 $A_1/A_2=B_1/B_2=C_1/C_2$;故两个平面平行的充要条件是方程中 x,y,z 的系数对应成比例.

若 $\boldsymbol{n}_1$,$\boldsymbol{n}_2$ 不平行,则两平面相交,如图 12-16 所示.这时两个法向量的夹角就是两个平面 P_1 与

P_2 之间的夹角 θ，夹角 θ 的余弦为

$$\cos\theta = \boldsymbol{n}_1 \cdot \boldsymbol{n}_2 / (|\boldsymbol{n}_1||\boldsymbol{n}_2|)$$

$$= \frac{A_1A_2 + B_1B_2 + C_1C_2}{\sqrt{A_1^2 + B_1^2 + C_1^2}\sqrt{A_2^2 + B_2^2 + C_2^2}}$$

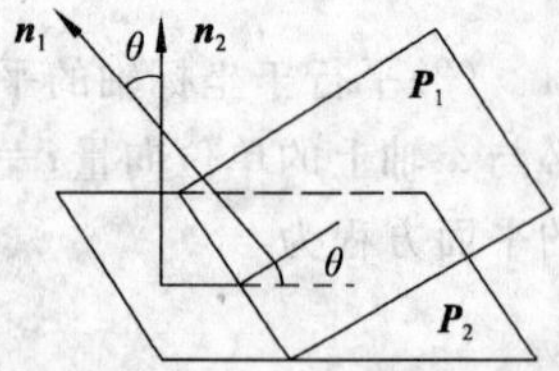

图 12-16　两平面相交

当 $\theta = \pi/2$ 时，$\cos\theta = 0$，表明两个平面相互垂直；由此可推得，两个平面相互垂直的充要条件是

$$A_1A_2 + B_1B_2 + C_1C_2 = 0.$$

例 12.17　求过点 $M_0(3,5,-1)$ 且平行于平面 $x+2y-3z+1=0$ 的平面方程.

解：根据平行条件，所求平面的法向量为 $\boldsymbol{n}=[1,2,-3]$. 设 $M(x,y,z)$ 为所求平面上任一点，则向量 $\overrightarrow{M_0M}=[x-3,y-5,z+1]$ 与 $\boldsymbol{n}$ 垂直；故有 $1(x-3)+2(y-5)-3(z+1)=0$，则所求平面方程为 $x+2y-3z-16=0$.

例 12.18　求两平面 $2x-y+z-6=0$，$x+y+2z-5=0$ 间的夹角.

解：$\boldsymbol{n}_1=[2,-1,1]$，$\boldsymbol{n}_2=[1,1,2]$，由上面的夹角公式得

$$\cos\theta = (2\times1+(-1)\times1+1\times2)/(\sqrt{2^2+(-1)^2+1^2}\sqrt{1^2+1^2+2^2}) = 1/2$$

所以，两平面间的夹角 $\theta=\pi/3$ 及 $\theta=2\pi/3$.

12.3.3　点到平面的距离

已知一平面 P 的方程为 $Ax+By+Cz+D=0$，$M_1(x_1,y_1,z_1)$ 为平面外一点，现要求点 M_1 到给定平面 P 的距离.

如图 12-17 所示，过 M_1 点作平面 P 的垂直线，并与 平面 P 交于 N 点，则 NM_1 在平面 P 的法向量 $\boldsymbol{n}$ 上，再在 P 上任取一点 $M_0(x_0, y_0, z_0)$，则向量 $\overrightarrow{M_0M_1}$ 在法向量 $\boldsymbol{n}$ 上的投影 NM_1 的绝对值就是点 M_1 到平面 P 的距离 d，即 $d=|NM_1|$. 下面就来求 d.

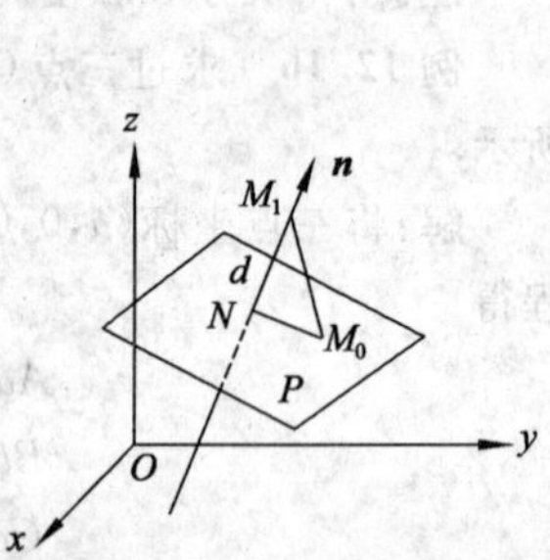

图 12-17　点到平面的距离

$$\boldsymbol{n}=\{A,B,C\}$$

$$\overrightarrow{M_0M}=\{x_1-x_0, y_1-y_0, z_1-z_0\}$$

$$NM_1 = \frac{\boldsymbol{n}\cdot\overrightarrow{M_0M}}{|\boldsymbol{n}|} = \frac{A(x_1-x_0)+B(y_1-y_0)+C(z_1-z_2)}{\sqrt{A^2+B^2+C^2}}$$

$$= \frac{Ax_1+By_1+Cz_1-(Ax_0+By_0+Cz_0)}{\sqrt{A^2+B^2+C^2}}$$

但由于点 M_0 在平面 P 上，故有 $Ax_0+By_0+Cz_0+D=0$，即，$Ax_0+By_0+Cz_0=-D$，代入上式可得

$$NM_1 = \frac{Ax_1+By_1+Cz_1+D}{\sqrt{A^2+B^2+C^2}}$$

所以从平面 P 外一点 M_1 到平面 P 的距离 d 为

$$d=|NM_1|=\left|\frac{Ax_1+By_1+Cz_1+D}{\sqrt{A^2+B^2+C^2}}\right|$$

由公式可知，平面外一点到该平面的距离由平面方程和点的坐标决定.

例 12.19　求点(1,6,2)到平面 $2x-2y+z+1=0$ 的距离.

解：$d=|(2\times1+(-2)\times6+1\times2+1|/(\sqrt{2^2+(-2)^2+1^2})=7/3$.

12.4 直线方程

直线是一种简单而又重要的空间几何图形.两个不平行的平面的交线,经过空间两个不重合的点,经过一点且平行于一个非零向量的射线,都可唯一确定一条直线.

12.4.1 直线的一般式方程

如果一条直线是由两个不平行的平面的交线形成的,则这两个平面方程的联立方程

$$\begin{cases}A_1x+B_1y+C_1z+D_1=0\\A_2x+B_2y+C_2z+D_2=0\end{cases}$$

就是这条直线的方程,称为直线的**一般式方程**.由于过空间一条直线的平面可有无穷多个,每两个平面方程的联立都可看成这条直线的一般式方程,故一条直线的一般式方程不唯一.

12.4.2 直线的标准式方程

假设给定空间一个定点 $M_0(x_0,y_0,z_0)$ 和一个非零向量 $\boldsymbol{a}=[l,m,n]$,则可唯一确定一条过点 M_0 且平行于向量 $\boldsymbol{a}$ 的直线 L,如图 12-18 所示.设 $M(x,y,z)$ 是 L 上的任一点,则有,

$$\overrightarrow{M_0M}=[x-x_0,y-y_0,z-z_0]$$

又由于 $\overrightarrow{M_0M}\parallel\boldsymbol{a}$,所以两向量的坐标对应成比例,即

$$(x-x_0)/l=(y-y_0)/m=(z-z_0)/n$$

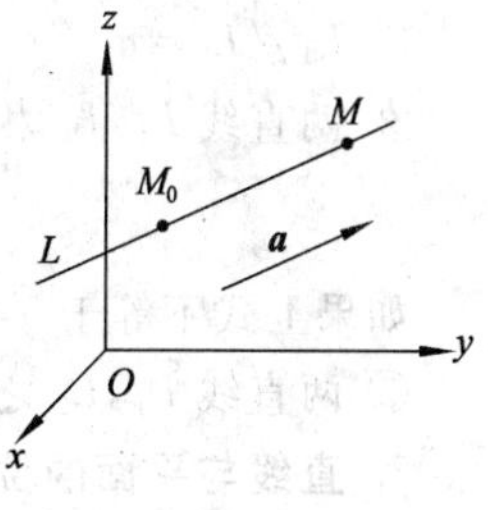

图 12-18　空间直线

这就是过空间一定点且平行于给定向量的直线方程,这种形式的直线方程称为直线的**标准式方程**(或点向式方程).向量 $\boldsymbol{a}$ 称为直线 L 的**方向向量**,$\boldsymbol{a}$ 的三个坐标 l,m,n 称为直线 L 的**方向数**.显然,直线的方向数有无穷多组,但任意两组都对应成比例.

直线的方向向量是非零向量,即方向数 l,m,n 不同时为零.如果其中有一为零,如 $l=0$,则在标准式方程中其对应的分子 $x-x_0=0$;这时直线 L 是平面 $x=x_0$ 和 $(y-y_0)/m=(z-z_0)/n$ 的交线.

如果在直线的标准式方程中,令比值等于 t,则可以得

$$\begin{cases}x=x_0+lt\\y=y_0+mt\\z=z_0+nt\end{cases}\quad(-\infty<t<+\infty)$$

此联立方程称为直线的参数式方程.

例 12.20　求直线 $L:(x-1)/2=(y+1)/3=(z-2)/(-1)$ 与平面 $3x+2y+z=0$ 的交点.

解:将直线 L 标准式方程化为参数式方程

$$\begin{cases}x=1+2t\\y=-1+3t\\z=2-t.\end{cases}$$

将 x,y,z 代入平面方程,得

$$3(1+2t)+2(-1+3t)+(2-t)=0$$

求得 $t=-3/11$.由此,得直线与平面的交点为 $(5/11,-20/11,25/11)$.

例 12.21 求过 $M_1(x_1,y_1,z_1)$，$M_2(x_2,y_2,z_2)$两点的直线 L 的方程.

解：所求直线 L 的方向向量 $\boldsymbol{a}=\overrightarrow{M_1M_2}=[x_2-x_1,y_2-y_1,z_2-z_1]$，故直线 L 的方程是

$$(x-x_1)/(x_2-x_1)=(y-y_1)/(y_2-y_1)=(z-z_1)/(z_2-z_1)$$

这种通过两点得到的直线方程称为直线的**两点式方程**. 显然，它是平面上通过两点的直线方程的推广.

例 12.22 求过点(3,2,−4)且垂直于直线 $\dfrac{x-1}{4}=\dfrac{y}{-1}=\dfrac{z+1}{3}$ 的平面方程.

解：因为所求平面垂直于给定直线，因此直线的方向向量$\{4,-1,3\}$就是平面的法向量. 根据平面的点法式方程，所求平面方程为

$$4(x-3)-(y-2)+3(z+4)=0，即4x-y+3z+2=0.$$

12.4.3 直线与直线、直线与平面的位置关系

1. 空间两直线间的相互位置关系

众所周知，平面内两条直线的位置关系是要么平行，要么相交，不存在第三种情况. 但空间两直线间的相互位置关系就不那么简单；除了平行、相交之外，还有既不平行又不相交的情况，称为**异面直线**.

给定空间两条直线 L_1,L_2，它们的方向向量分别为 $\boldsymbol{a}_1,\boldsymbol{a}_2$，又设 M_1,M_2 分别为 L_1,L_2 上的已知点；则

① $L_1 /\!/ L_2 \Leftrightarrow \boldsymbol{a}_1 /\!/ \boldsymbol{a}_2$，$L_1 \perp L_2 \Leftrightarrow \boldsymbol{a}_1 \perp \boldsymbol{a}_2$（或 $\boldsymbol{a}_1\cdot\boldsymbol{a}_2=0$）

② 两直线 L_1,L_2 相交的充要条件为

$$(\boldsymbol{a}_1\times\boldsymbol{a}_2)\cdot\overrightarrow{M_2M_1}=0 \text{ 且 } \boldsymbol{a}_1,\boldsymbol{a}_2 \text{不平行}.$$

如果上式不等于 0，则 L_1,L_2 为异面直线，如图 12-19 所示.

③ 两直线 L_1,L_2 之间的夹角为其方向向量 $\boldsymbol{a}_1,\boldsymbol{a}_2$ 间的夹角.

2. 直线与平面的位置关系

设已知直线 L 的方向向量为 $\boldsymbol{a}$，平面 P 的法向量为 $\boldsymbol{n}$，则有，

① 直线 L 平行于平面 P 的充要条件是 $\boldsymbol{a}\perp\boldsymbol{n}$，即 $\boldsymbol{a}\cdot\boldsymbol{n}=0$.

② 直线 L 垂直于平面 P 的充要条件是 $\boldsymbol{a}/\!/\boldsymbol{n}$，此时，$\boldsymbol{a}$ 为 P 的一个法向量，$\boldsymbol{n}$ 也为 L 的一个方向向量.

③ 直线 L 与平面 P 相交的充要条件是 $\boldsymbol{a}$ 与 $\boldsymbol{n}$ 不垂直.

直线 L 与平面 P 相交的交点的求法可参见例 12.20.

例 12.23 求直线 L：$\dfrac{x-2}{1}=\dfrac{y-3}{1}=\dfrac{z-4}{2}$ 与平面 P：$2x-y+z-6=0$ 的夹角.

解：直线 L 与平面 P 的夹角，就是 L 与 L 在平面 P 上的投影之间的夹角 θ，如图 12-20 所示.

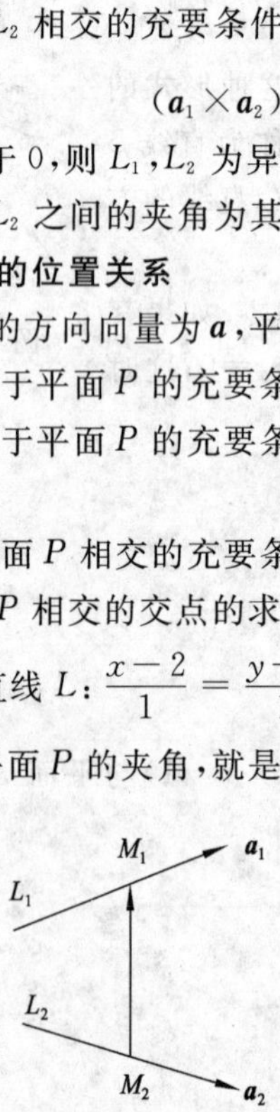

图 12-19 空间的异面直线

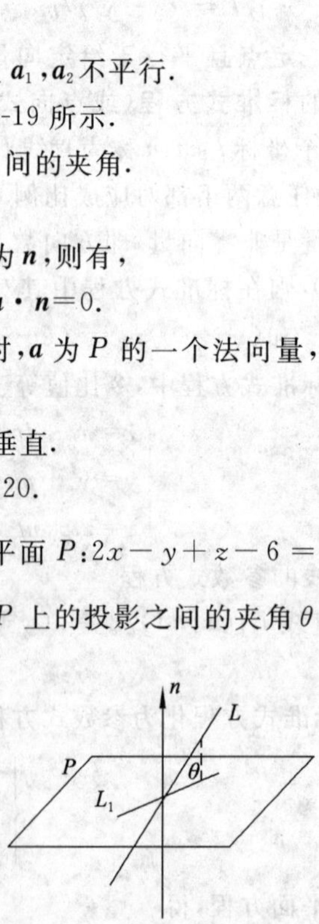

图 12-20 直线与平面的关系

先确定直线 L 的方向向量 $\boldsymbol{a}$ 与平面的法向量 $\boldsymbol{n}$ 的夹角 φ(或 $\pi-\varphi$). 由于

$$\boldsymbol{a}=\{1,1,2\},\ \boldsymbol{n}=\{2,-1,1\}$$

它们夹角的余弦为

$$\cos\varphi=\frac{|\boldsymbol{a}\cdot\boldsymbol{n}|}{|\boldsymbol{a}||\boldsymbol{n}|}=\frac{1}{2},\ \varphi=\frac{\pi}{3}$$

所以, $\theta=\pi/2-\varphi=\pi/2-\pi/3=\pi/6$ 及 $\theta=\pi/2+\varphi=\pi/2+\pi/3=5\pi/6$.

12.5　空间曲面与空间曲线

空间曲面 S 是满足一定条件的空间点的几何轨迹. 在空间直角坐标系中, 曲面 S 与三元方程 $F(x,y,z)=0$ 相关联, 并有如下关系: 曲面 S 上的任何一点的坐标 (x,y,z) 都满足方程 $F(x,y,z)=0$; 反之, 满足方程 $F(x,y,z)=0$ 的点 (x,y,z) 都在曲面 S 上, 则称 $F(x,y,z)=0$ 为**曲面 S 的方程**, 而称曲面 S 为方程 $F(x,y,z)=0$ 的**几何图形**. 空间曲线则是两个空间曲面的交线. 下面就相关内容作一些简单介绍.

12.5.1　简单空间曲面

1. 球面

球心在点 $M_0(x_0,y_0,z_0)$, 半径为 R 的球面方程为

$$(x-x_0)^2+(y-y_0)^2+(z-z_0)^2=R^2$$

特别当球心在原点时, 半径为 R 的球面方程为

$$x^2+y^2+z^2=R^2.$$

2. 柱面

动直线 L 沿已知曲线 C 平行移动所形成的曲面称为**柱面**. 动直线 L 称为柱面的**母线**, 曲线 C 称为柱面的**准线**.

选择适当的坐标系, 使母线 L 平行于某坐标轴, 如 z 轴, 则柱面方程中 z 可为任意值, 即与 z 无关; 故柱面方程可表示为 $F(x,y)=0$, 而 xOy 平面上的准线 C 满足联立方程

$$\begin{cases}F(x,y)=0\\ z=0\end{cases}$$

即方程 $F(x,y)=0$ 是母线平行于 z 轴, 准线为

$$\begin{cases}F(x,y)=0\\ z=0\end{cases}$$

的柱面方程.

同理可推得母线 L 平行于 x 或 y 轴的柱面方程. 例如, $x^2+y^2=R^2$ 是母线平行于 z 轴的柱面, 它与 xOy 平面的交线(准线)是中心在原点, 半径等于 R 的圆, 故称之为**圆柱面**. 再如, $y^2=2pz(p>0)$ 是母线平行于 x 轴的**抛物柱面**; $-x^2/a^2+z^2/b^2=1$ 是母线平行于 y 轴的**双曲柱面**.

3. 锥面

空间动直线 L 过定点 M_0 且沿(不通过 M_0 的)曲线 C 移动所生成的轨迹称为**锥面**, 动直线 L 称为锥面的母线, 定点 M_0 称为锥面的顶点, 曲线 C 称为锥面的准线.

例如, 可确定以原点为顶点, 以曲线 C

$$\begin{cases}x^2/a^2+y^2/b^2=1\\ z=k\ (k\neq 0)\end{cases}$$

为准线的锥面方程.

准线 C 是一个椭圆柱面 $x^2/a^2+y^2/b^2=1$ 被平面 $z=k$ 截出的椭圆. 顶点为 $O(0,0,0)$，$M(x,y,z)$ 为锥面上任一动点，设母线 OM 与准线 C 的交点为 $P(x_0,y_0,z_0)$. 由于 P 点在准线 C 上，故有

$$\begin{cases} {x_0}^2/a^2+{y_0}^2/b^2=1 \\ z_0=k \end{cases}$$

又由于 $OM /\!/ OP$，$x_0/x=y_0/y=z_0/z$，用 $z_0=k$ 代入得：$x_0=kx/z$，$y_0=ky/z$. 再代入 ${x_0}^2/a^2+{y_0}^2/b^2=1$得

$$x^2/a^2+y^2/b^2-z^2/k^2=0$$

这就是所求的锥面方程.

4. 旋转曲面

很多曲面可以看成是曲线通过旋转而得到的，如球面是圆围绕其直径旋转而生成的曲面. 一般地，一条平面曲线 C 绕其同一平面上的定直线 L 旋转，可生成一个曲面，该曲面称为旋转曲面，曲线 C 称为旋转曲面的母线，定直线 L 称为旋转曲面的轴.

为讨论方便，可适当选取坐标系，使平面曲线 C 在一坐标平面上，而定直线 L 为某坐标轴. 现设曲线 C 在 yOz 平面上，方程为

$$\begin{cases} F(y,z)=0 \\ x=0 \end{cases}$$

把 z 轴当做直线 L，将 C 绕 z 轴旋转就生成了旋转曲面，该旋转曲面的方程为

$$F(\pm\sqrt{x^2+y^2},z)=0$$

曲线 C 也可绕 y 轴旋转生成旋转曲面，其方程为

$$F(y,\pm\sqrt{x^2+z^2})=0$$

上述通过平面曲线方程求相应的旋转曲面方程的方法，也可用于其他类似情况. 如 xOy 平面上的抛物线 $x^2=2py(p>0)$ 绕 y 轴旋转所得旋转曲面的方程为 $x^2+z^2=2py(p>0)$，此曲面称为**旋转抛物面**. 又如 zOx 平面上的椭圆 $x^2/a^2+z^2/b^2=1$ 绕 x 轴旋转所得旋转曲面的方程为 $x^2/a^2+(y^2+z^2)/b^2=1$，此曲面称为**旋转椭球面**.

12.5.2 几种常见的二次曲面

下面给出几种常见的二次曲面的方程.

1. 椭球面方程

椭球面如图 12-21(a)所示，其方程为 $x^2/a^2+y^2/b^2+z^2/c^2=1\quad(a>0,b>0,c>0)$.

2. 单叶双曲面方程

单叶双曲面如图 12-21(b)所示，其方程为 $x^2/a^2+y^2/b^2-z^2/c^2=1\quad(a>0,b>0,c>0)$.

3. 椭圆抛物面方程

椭圆抛物面如图 12-21(c)所示，其方程为 $z=x^2/a^2+y^2/b^2\quad(a>0,b>0)$.

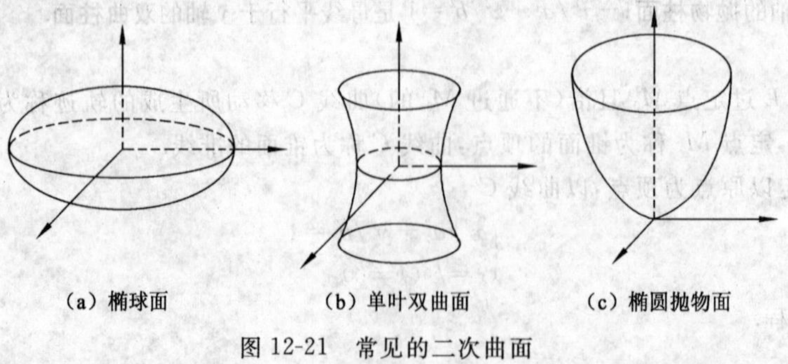

(a) 椭球面　　(b) 单叶双曲面　　(c) 椭圆抛物面

图 12-21　常见的二次曲面

12.5.3　空间曲线的一般式方程

设曲面 S_1 与 S_2 的方程分别为 $F(x,y,z)=0$ 与 $G(x,y,z)=0$，则 S_1 与 S_2 的交线 L 的方程为联立方程组

$$\begin{cases}F(x,y,z)=0\\G(x,y,z)=0\end{cases}$$

该方程组称为空间曲线的一般式方程. 如联立方程组

$$\begin{cases}x^2+y^2+z^2=R^2\\x^2+y^2=R^2\end{cases}$$

上一方程为中心在原点、半径为 R 的球面，下一方程为中心轴为 z 轴、半径为 R 的圆柱面，两个曲面的交线是 xOy 平面上、以原点为圆心、以 R 为半径的圆.

12.6　小　　结

本章主要讨论了以下三方面的内容：

(1)空间直角坐标系与向量代数：空间直角坐标系的建立是空间解析几何的基础，是用代数方法解决几何问题的先决条件. 空间的几何图形通过构成它的点的坐标所满足的方程来研究，将更加方便有效；而变量 x,y,z 所满足的方程在直角坐标系用几何图形表示出来，将更加直观.

(2)平面与直线：平面与直线是空间最简单、最重要的几何图形. 对平面要注意它的法向量；对直线要注意它的方向向量. 解决平面与直线的大多数问题的基础是平面的点法式和直线的标准式.

(3)空间曲面与曲线：球面、柱面、锥面、旋转曲面与几个常见的二次曲面在工程中经常用到，要了解它们的方程. 空间曲线是两曲面的交线，直线是两平面的交线，一般用联立方程表示.

习　题　12

1. 在空间直角坐标系中作出如下各点：(2,1,4)，(3,−1,−4)，(−1,0,3)，(−3,−1,5).

2. 从点 $M(4,-2,3)$ 作各坐标平面和坐标轴的垂直线，试给出垂足的坐标.

3. 求出点 $N(2,4,-1)$ 关于原点、三个坐标平面、三个坐标轴对称点的坐标.

4. 试证明以 $A(4,1,9)$、$B(10,-1,6)$、$C(2,4,3)$ 为顶点的三角形是等腰直角三角形.

5. 向量 $\boldsymbol{a}$ 与向量 $\boldsymbol{b}$ 有共同的起点，当向量 $\boldsymbol{a}$ 旋转 $\pi/6$ 后恰好与向量 $\boldsymbol{b}$ 重合，试问 $\boldsymbol{a}=\boldsymbol{b}$ 吗？

6. 从 $|\boldsymbol{a}|=|\boldsymbol{b}|$ 是否可得出 $\boldsymbol{a}=\boldsymbol{b}$? 反之，从 $\boldsymbol{a}=\boldsymbol{b}$ 是否可得出 $|\boldsymbol{a}|=|\boldsymbol{b}|$？

7. 假设已知向量 $\boldsymbol{a}$、$\boldsymbol{b}$(见图 12-22)，试作图求出向量.

(1)$3\boldsymbol{a}+\boldsymbol{b}$；　(2)$-\boldsymbol{a}+2\boldsymbol{b}$；　(3)$(1/2)\boldsymbol{a}+(2/3)\boldsymbol{b}$.

8. 等腰三角形 ABC 的顶角 $C=120°$，腰 AC 长 20 cm，底边 AB 在直线 l 上(见图 12-23)，求向量 $\overrightarrow{CA}$ 在 l 上的投影.

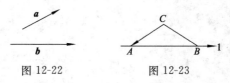

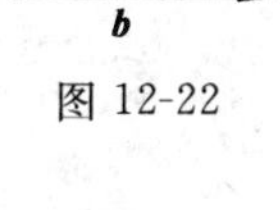

图 12-22

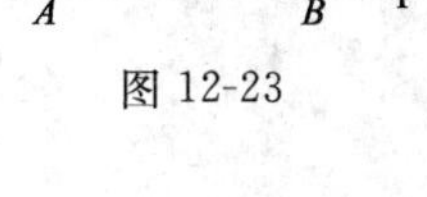

图 12-23

9. 已知 $\boldsymbol{a}=[2,3,1]$，$\boldsymbol{b}=[1,-1,4]$，求 $3\boldsymbol{a}+2\boldsymbol{b}$，$\boldsymbol{a}-3\boldsymbol{b}$ 的坐标表示.

10. 已知 $A(1,-3,3)$，$B(4,2,-1)$，求向量$\overrightarrow{AB}$的模、方向余弦、及其单位向量的坐标表示式.

11. 设一向量与 x 轴及 y 轴的夹角相等，而与 z 轴的夹角为前者的两倍，求这个向量的方向余弦.

12. 已知向量 $\boldsymbol{a}=[m,5,-1]$，$\boldsymbol{b}=[3,1,n]$互相平行，试求 m,n.

13. 设 $\boldsymbol{a}=[3,5,8]$，$\boldsymbol{b}=[2,-4,-7]$，$\boldsymbol{c}=[5,1,-4]$，求向量 $4\boldsymbol{a}+3\boldsymbol{b}-\boldsymbol{c}$ 在 y 轴上的投影.

14. 已知 $\boldsymbol{a}=[3,2,-1]$，$\boldsymbol{b}=[1,-1,2]$，求(1)$\boldsymbol{a}\times\boldsymbol{b}$；(2)$2\boldsymbol{a}\times7\boldsymbol{b}$.

15. 试判定向量 $\boldsymbol{a}=[2,-1,2]$，$\boldsymbol{b}=[1,2,-3]$，$\boldsymbol{c}=[3,-4,7]$是否共面.

16. 将下列一般式平面方程化为点法式方程，并指出所经过的点和平面的法向量.

(1)$2x-3y+20=0$；　(2)$x+2y-3z=0$；　(3)$x/3+y/2-z=1$

17. 一平面过原点，且与两平面 $2x+y-3z=0$，$x-y+z=0$ 垂直，求这平面的方程.

18. 设平面过点$(5,-7,4)$，且在三个坐标轴上的截距相等，求这个平面的方程.

19. 求点 $M(1,2,1)$到平面 $x+2y+2z-10=0$ 的距离.

20. 求 k 的值，使平面 $x+ky-2z=9$ 与平面 $2x+4y+3z=7$ 垂直.

21. 求过点 $M(1,0,-2)$且垂直于平面 $4x+2y-3z=0$ 的直线方程.

22. 求直线$(x+3)/3=(y+2)/(-2)=z/1$ 与平面 $x+2y+2z+6=0$ 的交点.

23. 已知球心在 $M(-1,-3,2)$，球面过点$(1,-1,1)$，求球面方程.

24. 求球面 $x^2+y^2+z^2-2x+4y-4z-7=0$ 的球心与半径.

25. 求旋转曲面方程：

(1)曲线$\begin{cases}4x^2+9y^2=36\\z=0\end{cases}$绕 x 轴旋转；　(2)曲线$\begin{cases}x^2+z^2=9\\y=0\end{cases}$绕 z 轴旋转.

第13章 图 论

图论是用图的方法研究客观世界的一门学科.在图论中,用“结点”表示事物,用“边”表示事物间联系;由结点与边所构成的图表示所研究的客观世界.在讨论中,图的结点位置和大小、边的长和短都无关紧要.这表明,图论研究所关注的并非几何状态,而是抽象性质和关联.从而可知,图论是研究图的抽象性质的一种数学.在图论中,若将各“结点”看成集合,将表示结点间联系的“边”看成是集合上的关系,则图论就是用图的方法研究关系的一种学科.

图论是研究图的抽象结构的一门学科.为研究方便,引入了代数方法,即图的矩阵计算方法.使用这种方法,可以将图中的抽象结构归结为矩阵计算问题;从而为计算机的应用提供了理论基础.

本章主要介绍图论中的两部分内容.第一部分是图的基本原理;包括图论中的基本概念、基本方法以及图的矩阵计算等内容.第二部分介绍一种常用的图——树;树在计算机科学中有重要的作用.

13.1 图论原理

本节主要介绍图论的基本原理,为学习图论打下基础.

13.1.1 图的基本概念

什么是图呢?首先从图的起源说起.

1. 图的起源

著名的哥尼斯堡桥问题可以引入图的概念.18世纪时,哥尼斯堡城属东普鲁士,位于普雷格尔河畔;河中有两个岛,通过七座桥彼此相联,如图13-1所示.当时,城中居民热衷于这样一个问题,即“游人从四块陆地中任一块出发,按什么样的路线走,才能做到每座桥通过一次而最后返回原地”.问题看起来并不复杂,但谁也解决不了.到1736年,当时著名的数学家欧拉仔细研究了这个问题;将上述四块陆地与七座桥间的关系用一个抽象图形描述,如图13-2所示.其中,四块陆地分别用四个点(A,B,C,D)表示,桥则用连接两个点的边($l_1,l_2,l_3,l_4,l_5,l_6,l_7$)表示.这样,对哥尼斯堡桥问题的研究就转换成对图13-2的研究;要研究的问题变成“从图中任一点出发,只通过每条边一次就能返回出发点的回路是否存在?”这样,问题就显得简洁多了;同时也更广泛、深刻得多.在此基础上,欧拉找到了存在这样一条回路的充分且必要的条件;由此推得哥尼斯堡桥问题是无解的.欧拉的研究奠定了图论的基础;公认他为图论之父;上述的图(图13-2)亦称为**欧拉图**.

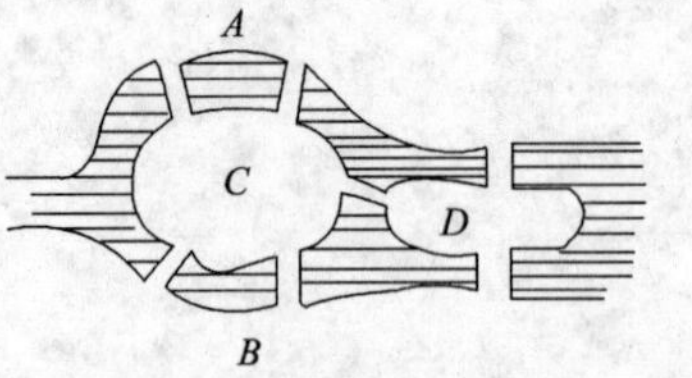

图 13-1 哥尼斯堡桥问题之图示

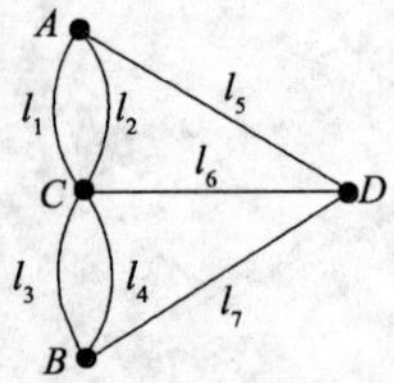

图 13-2 欧拉图

由这个问题出发，就可讨论图论的一些基本概念.

2. 图

一个图可以用一种图形表示.图形由两个部分组成；一部分是一些点，称其为**结点**.如欧拉图中的 A、B、C、D 皆为点.另一部分是连接这些点的线，称其为**边**.如欧拉图中之 l_1、l_2、l_3、l_4、l_5、l_6、l_7.一条边与一个结点对相关联.如欧拉图中的边 l_1 与结点对(A,C)相关联；l_5 与(A,D)相关联.一个结点对有时可与几条边相关联.如欧拉图中结点对(A,C)可与边 l_1、l_2 相关联.为研究方便起见，这里规定一个结点对最多只与一条边相关联为特性.由此，图是由一个非空结点集合及一些结点对所表示的边的集合所组成.可定义如下：

定义 13.1 图 G 是由非空结点集合 $V=\{v_1,v_2,\cdots,v_n\}$ 以及边集合 $E=\{l_1,l_2,\cdots,l_m\}$ 所组成.其中每条边可用一个结点对表示，亦即

$$l_i=(v_{i1},v_{i2}),\ i=1,2,\cdots,m.$$

这样的一个图 G 可用 $G=\langle V,E\rangle$ 表示.

例 13.1 有四个城市：v_1，v_2，v_3，v_4，其中 v_1 与 v_2 间；v_1 与 v_4 间；v_2 与 v_3 间有直达电话线路相联，试将此事实用图的方法表示之.

解：视城市为结点，四城市构成集合 $V=\{v_1,v_2,v_3,v_4\}$；视城市间直达电话线路为边，四城市间现有直达电话线路构成集合 $E=\{l_1,l_2,l_3\}$；则此表示事实的图 $G=(V,E)$.其中，

$$l_1=(v_1,v_2),\ l_2=(v_1,v_4),\ l_3=(v_2,v_3)$$

例 13.2 有四个程序 p_1、p_2、p_3、p_4，它们间有一些调用关系：p_1 能调用 p_2；p_2 能调用 p_3；p_2 能调用 p_4，试将此事实用图的方法表示.

解：图中的结点集与边集分别为 $V=\{p_1,p_2,p_3,p_4\}$，$E=\{c_1,c_2,c_3\}$.其中 $c_1=(p_1,p_2)$，$c_2=(p_2,p_3)$，$c_3=(p_2,p_4)$；则图表示为 $G=\langle V,E\rangle$.

从上面两个例子可以看出，对结点对的概念可有两种不同的理解；在例 13.1 中，两个城市间的直达电话线路相联关系是双向的，即如果从 v_1 到 v_2 有直达电话线路相联，则从 v_2 到 v_1 也一定有直达电话线路相联；这就表示(v_1,v_2)与(v_2,v_1)有相同的含义；或者说，结点对(v_1,v_2)与结点次序无关.这种结点对称**无序结点对**.在例 13.2 中，程序间调用关系则是单向的，即 p_1 能调用 p_2 绝不能担保 p_2 也一定能调用 p_1.这表明(p_1,p_2)与(p_2,p_1)具有不同的含义；或者说，结点对与次序有关.这种结点对称**有序结点对**.

这个事实说明，在用图形表示一个图时要区别有序结点对与无序结点对所表示的边.一般地，用带有箭头的边表示有序结点对；用不带箭头的边表示无序结点对.经过这种补充说明后，例 13.1 的图形表示用不带箭头的边，如图 13-3(a)所示.例 13.2 的图形表示用带箭头的边，如图 13-3(b)所示.

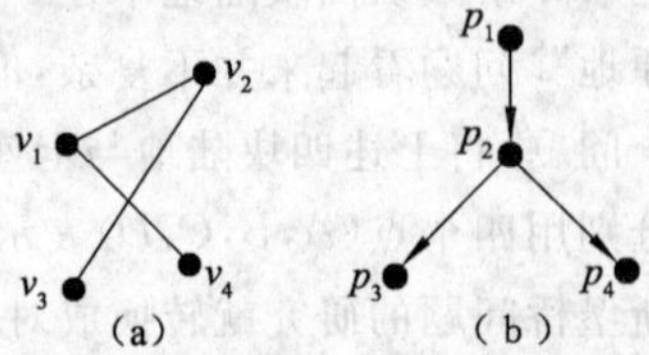

图 13-3 例 13.1、例 13.2 中之图形

综上所述，图 G 中表示边的结点对可以是有序的，也可以

是无序的. 有序结点对所对应的边称为**有向边**,无序结点对所对应的边称为**无向边**,有向边可在边上加箭头用来表示边的方向,而无向边则边上不须加箭头.

利用图中边的有向与无向性可将图分成两种类型,即:有向图与无向图.

定义 13.2　所有边均为有向边的图,称为**有向图**;所有边均为无向边的图,称为**无向图**.

设有向边 $l_k=(v_i, v_j)$,则称 v_i 为 l_k 的**起点**,v_j 为 l_k 的**终点**,如图 13-4 所示. 不管 l_k 为有向还是无向,我们均称边 l_k 与结点 v_i 及 v_j **相关联**;结点 v_i 与 v_j 称为**邻接结点**. 若干条边关联于同一个结点,则这些边称为**邻接边**. 如图 13-5 中边 l_1、l_2、l_3 均关联于结点 v_1,故 l_1、l_2、l_3 为邻接边. 一条边若与两个相同的结点相关联则称为**环**;亦即是说,环是具有 (v_i, v_i) 状的边. 如图 13-6 中边 $l_2=(c,c)$,称为环. 不与任何结点相邻的结点称**孤立点**;如图 13-6 中结点 a 即为孤立点.

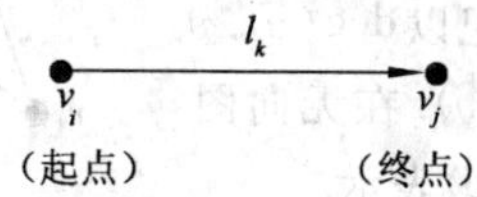

图 13-4　边与结点的关系之一

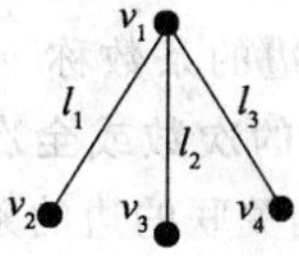

图 13-5　边与结点的关系之二

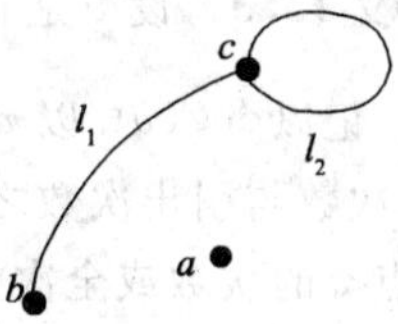

图 13-6　环与孤立点

若图 $G=<V, E>$ 与 $G'=<V', E'>$ 之间有 $V'\subseteq V$、$E'\subseteq E$ 成立,则称 G' 是 G 的**子图**. 并且,若有 $E'\subset E$、$V'\subset V$ 成立,则称 G' 是 G 的**真子图**;如图 13-7(b)、(c)均是图 13-7(a)的子图,图 13-7(b)是真子图,但图 13-7(c)不是真子图.

若图 $G=<V, E>$ 与 $G'=<V', E'>$ 间有 $V'=V$,$E'\subseteq E$,则称 G' 是 G 的**生成子图**,如图 13-7(c)即是图 13-7(a)的一个生成子图.

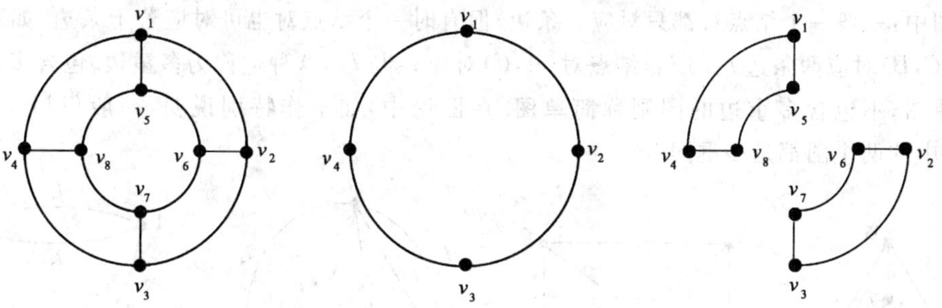

(a)　(b)　(c)

图 13-7　图与子图

具有 n 个结点、m 个边所组成的图称为 (n,m) 图. 若图 G 是一个 $(n,0)$ 图,则称此图为**零图**;亦即是说,零图是由一些孤立点所组成. 图 13-8(a)所示为一个零图. 若图 G 是一个 $(1,0)$ 图,则称此零图为**平凡图**;亦即是说,平凡图是由一个孤立结点所组成. 图 13-8(b)所示为一个平凡图.

一个 (n,m) 图 G,若其 n 个结点 $(n\geqslant 2)$ 中的每一个均与其余 $n-1$ 个结点邻接,则称这样的图为**完全图**,记为 K_n. 容易证明,在完全图中有 $m=n(n-1)/2$. 图 13-8(c)及图 13-8(d)分别为 $n=4$ 及 $n=5$ 的完全图.

可由完全图引出一个图的补图的概念. 设有图 $G=<V,E>$ 与图 $G'=<V,E'>$,如果有 $\overline{G}=<V,E\cup E'>$ 是完全图且 $E\cap E'=\varnothing$,则称 G' 是 G 的**补图**. 图 13-9 所示为一个图的补图的例子. 其中图 13-9(b)是图 13-9(a)的补图. 要注意的是,一个图与其补图是相互的;即如果 G' 是 G 的补图，则 G 亦是 G' 的补图. 同时，一个图的补图的补图即是本身.

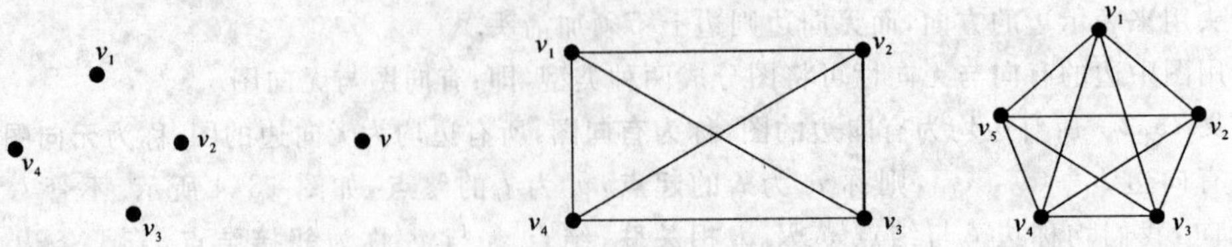

(a)零图 (b)平凡图 (c) n=4的完全图 (d) n=5的完全图

图 13-8 零图、平凡图、完全图

3. 图中结点的次数

定义 13.3 设 v 是有向图的一个结点，以 v 为起点的边的条数称 v 的**引出次数**，记以 $\overleftarrow{\deg}(v)$. 以 v 为终点的边的条数称 v 的**引入次数**，记以 $\overrightarrow{\deg}(v)$. v 的引入次数与引出次数之和称为 v 的**次数**或**全次数**，记以 $\deg(v)$. 在无向图中，结点 v 的次数或全次数是与 v 相关联的边的条数，也用 $\deg(v)$ 表示.

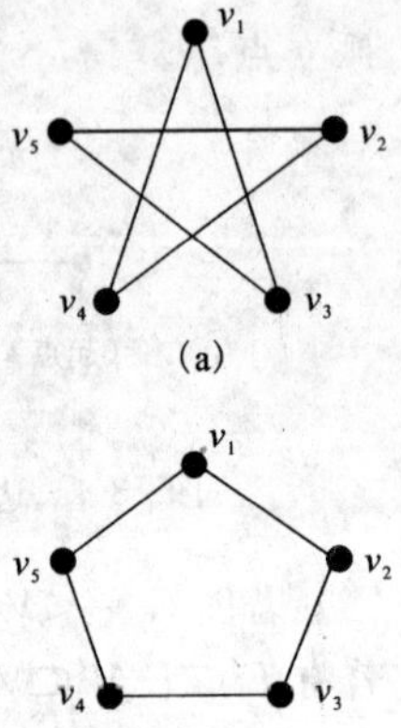

(a) (b)

图 13-9 图与补图

任一图的所有结点的次数之和必为偶数，且必为图中边数的两倍，因为每条边必与两个结点相关联，故有下面的定理.

定理 13.1 图 $G=\langle V,E\rangle$ 是一个 (n, m) 图，其中 $V=\{v_1, v_2, \cdots, v_n\}$，此时有

$$\sum_{i=1}^{n}\deg(v_i) = 2m$$

所有结点均有相同次数 d 的图称为 **d 次正则图**，图 13-10(a)、图 13-10(b) 均为一个 3 次正则图.

4. 多重图与带权图

在图中，一般一个结点对都只对应一条边；但有时一个结点对也可对应若干条边. 如欧拉图中结点对 (C,B) 对应两条边 l_3 与 l_4；结点对 (A,C) 对应 l_1 与 l_2；这种边称为**多重边**. 包含多重边的图称为多重图；不包含多重边的图则称**简单图**. 在图论中，如不作特别说明，一般仅讨论简单图. 图 13-11中的两个图都是多重图.

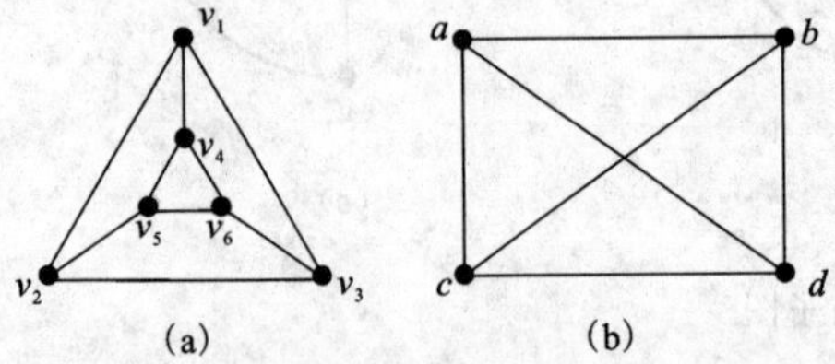

(a) (b)

图 13-10 正则图

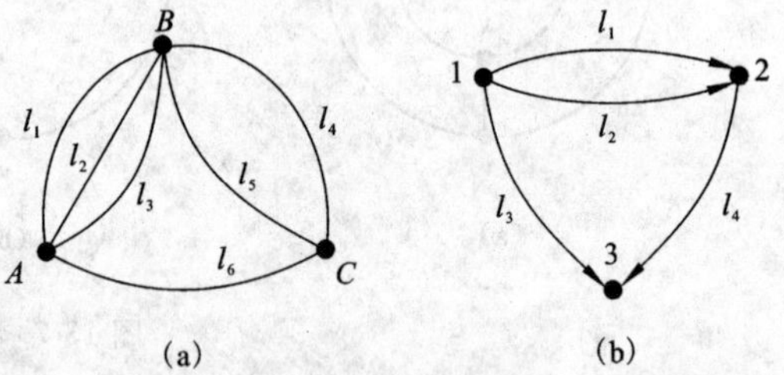

(a) (b)

图 13-11 多重图示例

必要时可在图中边的旁侧可附加一些数字以刻画此边的某些数量特征，称做边的**权**；带权的边称**有权边**. 具有有权边的图称**有权图**. 反之，无有权边的图则称**无权图**. 在图论中，如不作特别说明一般仅讨论无权图.

13.1.2 通路、回路与连通图

1. 通路与回路

这里先讨论有向图的通路与回路，然后再将其推广至无向图.

定义 13.4　设有向图 $G=\langle V,E\rangle$，其中，$v_0,v_1,\cdots,v_n\in V$；$e_0,e_1,\cdots,e_n\in E$，考虑 G 中边的序列

$$e_1=(v_0,v_1),e_2=(v_1,v_2),\cdots,e_{n-1}=(v_{n-2},v_{n-1}),e_n=(v_{n-1},v_n)$$

这个序列由 v_0 开始至 v_n 结束，其中间每条边的终点是下一条边的起点，形成一个结点的序列 $(v_0\ e_1\ v_1\ e_2\cdots e_{n-1}\ v_{n-1}\ e_n\ v_n)$；并称为**交叉序列**．该序列构成了从 v_0 到 v_n 的通路，也称**路**或**路径**．v_0 与 v_n 分别称通路的起始结点与终止结点．通路中边的数目称通路的长度．图 13-12 中，开始于结点 1，结束于结点 3 的通路有

P_1：(1,2,3)

P_2：(1,4,3)

P_3：(1,2,4,3)

P_4：(1,2,4,1,2,3)

P_5：(1,2,4,1,4,3)

P_6：(1,1,1,2,3)

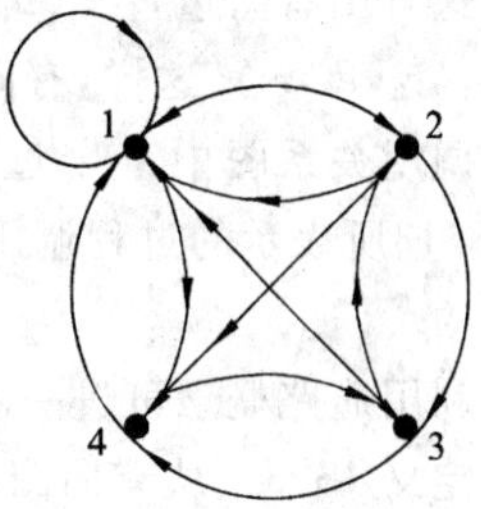

图 13-12　图的通路和回路实例

有向图中各边全不同的通路称**简单通路**；各点全不同的通路称**基本通路**．一条基本通路一定是简单通路；但是，一条简单通路则不一定是基本通路．上述通路中 P_1，P_2，P_3 均为基本通路，也是简单通路．P_5 是简单通路，但不是基本通路．而且 P_4、P_6 则既非基本通路，亦非简单通路．

图中一条通路如果其起始结点与终止结点相同则称此通路为**回路**．

由此可见，回路是一种特殊的通路．回路有简单回路与基本回路之分．各边全不同的回路称简单回路；各点全不同的称基本回路．图 13-12 中可有下面的一些回路

C_1：(1,1)

C_2：(1,2,1)

C_3：(1,2,3,1)

C_4：(1,4,3,1)

C_5：(1,2,3,2,1)

C_6：(1,2,3,2,3,1)

上述六个回路中 C_1，C_2，C_3，C_4 均为基本回路；也是简单回路．C_5 为简单回路，但非基本回路．C_6 既非基本回路亦非简单回路．

任一通路中，如果删去所有回路则必得基本通路．如在 P_5 中删去回路(1,2,4,1)就可得到基本通路 P_2．同理，任一回路中删去其中间的所有其余回路必得基本回路．

下面给出关于基本通路(基本回路)长度的定理．

定理 13.2　在有向图(n,m)中，任何基本通路长度均小于或等于 $n-1$；任何基本回路长度均小于或等于 n．

可以直观地说明定理的正确性．因为基本通路中各结点均是不同的；在长度为 K 的基本通路中，不同结点的数目为 $K+1$．又因为图中只有 n 个不同结点，所以基本通路的长度不会超过 $n-1$．对于长度为 K 的基本回路，因为不同结点的数目也为 K；又因为图中仅有 n 个不同结点，所以基本回路的长度不会超过 n．

利用通路与回路的概念，可以研究很多计算机科学中的问题，仅举一例说明．

例 13.3　在程序设计中，一个过程是否存在递归的问题，可以借助于有向图表示．

设 $P=\{p_1,p_2,\cdots,p_n\}$ 表示一个程序中的过程集合．此过程集合可用有向图 G 中的结点集合 V 表之，即 $V=P$．如果某一过程 p_i 调用另一个过程 p_j，则在有向图中就用一条从 P_i 到 P_j 的有

向边表示.这样,过程间调用关系就反映在一个有向图中.例如,过程集合为 $P=\{p_1,p_2,p_3,p_4,p_5\}$.过程间的调用关系可表示如下:

p_1 调用 p_2

p_2 调用 p_4

p_3 调用 p_1

p_4 调用 p_5

p_5 调用 p_2

这可用有向边 $e_1=(p_1,p_2)$,$e_2=(p_2,p_4)$,$e_3=(p_3,p_1)$,$e_4=(p_4,p_5)$,$e_5=(p_5,p_2)$表示.而 $E=\{e_1,e_2,e_3,e_4,e_5\}$.这样,有向图 $G=<P,E>$可用图 13-13 表示.这是一种调用关系图.容易看出,过程调用关系图中某个过程是递归的充分必要条件是包括此过程在内的结点构成一个回路.图 13-13所表示的过程调用关系图中,由于存在一条回路:(P_2,P_4,P_5,P_2),故过程 P_2、P_4 及 P_5 是递归的.

利用通路概念可进一步定义可达性.

定义 13.5 从有向图的结点 v_i 到另一结点 v_j 间如果存在一条通路,则称从 v_i 到 v_j 是**可达的**.

当然,从 v_i 到 v_j 可达,不一定表示只有一条通路,也可能有若干条通路.但比较感兴趣的是它们中长度最短的通路,称为**短程线**.短程线的长度称为从 v_i 到 v_j 间的**距离**,可用 $d(v_i, v_j)$表示.如图 13-12 中,从结点 1 到结点 3 间可有很多通路,但其最短通路为,P_1:(1,2,3),P_2:(1,4,3).故 P_1 及 P_2 为从 1 到 3 的短程线;其距离为 $d(1,3)=2$.

通路、回路以及可达性概念可推广至无向图.在无向图中,一条边 l_k 对应于无序结点对(v_i, v_j);此无序结点对(v_i, v_j)可以看成是两个有序结点对:(v_i, v_j)及(v_j, v_i).由此,可用方向相反的两条有向边取代一条无向边.这样,一个无向图即可转换成有向图.于是通路、回路及可达性概念,以及有关定理均可应用于无向图.如图 13-14(a)是一个无向图,可以转换成一个有向图 13-14(b).

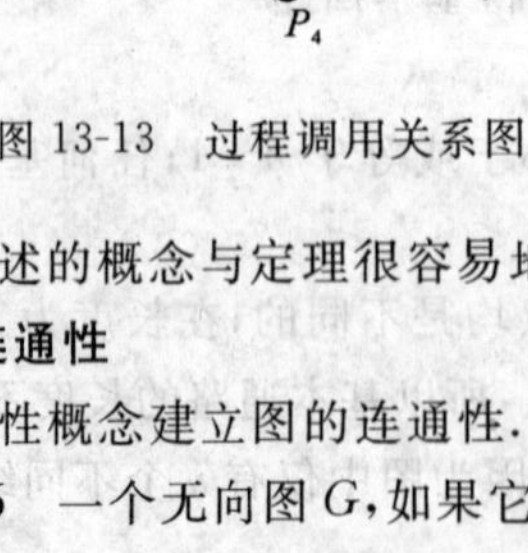

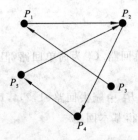

图 13-13 过程调用关系图

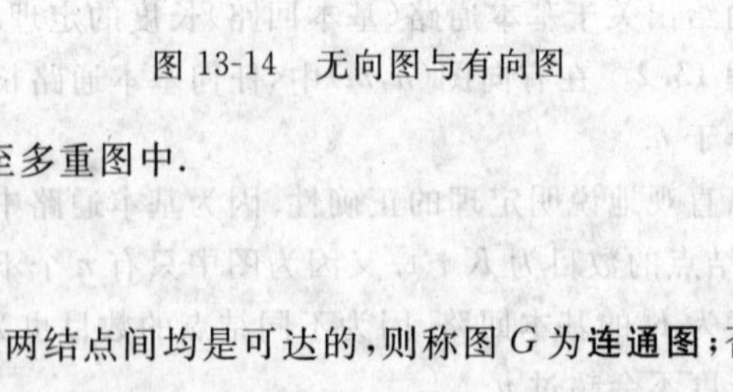

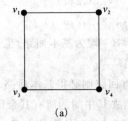

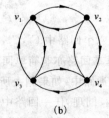

图 13-14 无向图与有向图

也可将上述的概念与定理很容易地推广至多重图中.

2. 图的连通性

利用可达性概念建立图的连通性.

定义 13.6 一个无向图 G,如果它的任何两结点间均是可达的,则称图 G 为**连通图**;否则称为**非连通图**.

图 13-15(a)、(b)均为连通图.图 13-15(c)则是非连通图;因为结点 v_1,v_2,v_3 与结点 v_4,v_5,v_6 间是不可达的.

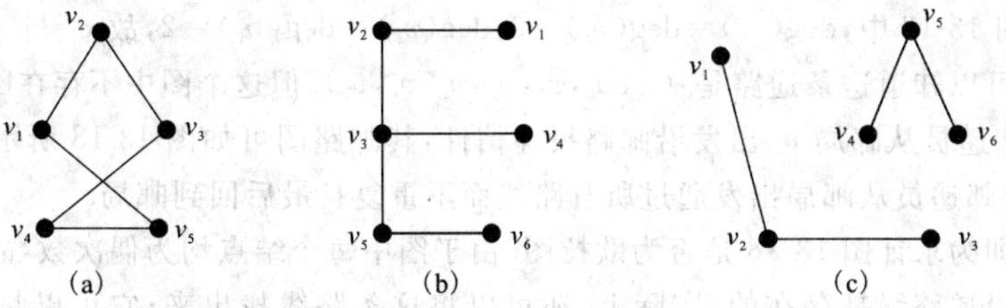

图 13-15　连通图与非连通图

对于有向图其连通性的概念与无向图略有不同.

定义 13.7　一个有向图,如果忽略其边的方向后得到的无向图是连通的,则称此有向图为连通图;否则称为非连通图.

对于有向连通图,可以进一步将其分成三类.

定义 13.8　一个有向连通图 G,如果任何两结点间均是互相可达的,则称图 G 是**强连通的**;如果任何两结点间至少存在一向是可达的,则称图 G 是**单向连通的**;如果忽略边的方向后其无向图是连通的,则称图 G 是**弱连通的**.

显然,在有向连通图中,强连通图是单向连通的,也是弱连通的. 同样,一个单向连通图也必定是弱连通的;反之则不然. 一弱连通图不一定是单向连通图或强连通图. 同样,一单向连通图也不一定是强连通图.

图 13-16 分别给出了有向图的强连通图、单向连通图、弱连通图及非连通图的四个实例. 其中,图 13-16(a)是强连通的,图 13-16(b)是单向连通的,图 13-16(c)是弱连通的,图 13-16(d)则是非连通的.

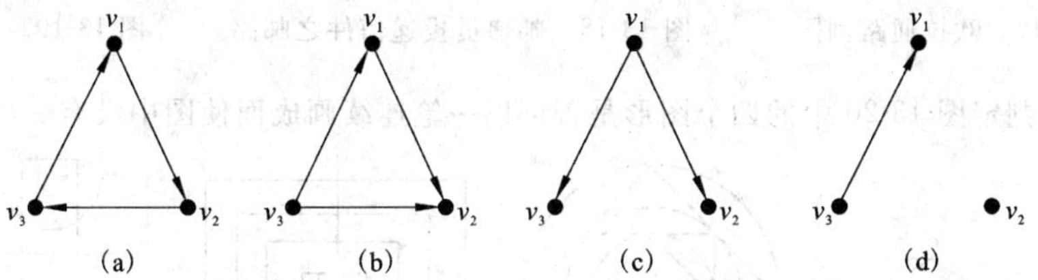

图 13-16　强连通图、单向连通图、弱连通图、非连通图

图的连通性概念也可以很容易地推广到多重图中.

13.1.3　欧拉图

定义 13.9　若图 G 的一个回路通过 G 中的每条边一次,这样的回路称为**欧拉回路**. 具有这种回路的图称**欧拉图**.

定理 13.3　无向连通图 G 是欧拉图的充分必要条件是 G 的每个结点均具有偶次数.

定理 13.3 给出了判别欧拉图的一个非常有效的方法. 利用这个方法可以很快地看出哥尼斯堡桥问题是无解的. 因为该问题所对应的图的每个结点的次数均为奇数.

定义 13.10　通过图 G 中每条边一次的通路(非回路)称为**欧拉通路**.

定理 13.4　无向连通图 G 中结点 v_i 与 v_j 间存在欧拉通路的充分必要条件是 v_i 与 v_j 的次数均为奇数,而其他结点的次数为偶数.

为说明定理的正确性,在图 G 中附加一条边(v_i, v_j),从而形成一个新图 G'. 于是 G 有一条 v_i 与 v_j 间的欧拉通路,当且仅当 G' 有一条欧拉回路. 因而当且仅当 G' 的所有结点都有偶次数,因而当且仅当 G 中 v_i,v_j 是奇次数,而其他的结点为偶次数.

例 13.4 图 13-17 中，$\deg(v_1)=\deg(v_3)=3$，$\deg(v_2)=\deg(v_4)=2$，故 v_1 与 v_3 间存在一条欧拉通路，从图中可以知道这条通路是：$C:(v_1,v_2,v_3,v_1,v_4,v_3)$. 但这个图中不存在欧拉回路.

例 13.5 邮递员从邮局 v_1 出发沿邮路投递信件，其邮路图可如图 13-18 所示. 试问是否存在一条投递路线使邮递员从邮局出发通过所有路线而不重复且最后回到邮局.

解：此问题即为求证图 13-18 是否为欧拉图. 由于图中每个结点均为偶次数，故由定理 13.3 可知，这样的一条投递路线是存在的. 实际上，还可以将这条路线找出来；它可以是，$C:(v_1,v_5,v_{11},v_7,v_{12},v_8,v_{10},v_6,v_9,v_{11},v_{12},v_{10},v_9,v_5,v_2,v_6,v_4,v_8,v_3,v_7,v_1)$.

例 13.6 洒水车从 A 点出发执行洒水任务，城市街道图形可如图 13-19 所示，试问是否存在一条洒水路线使洒水车从 A 点出发通过所有街道且不重复而最后回到车库 B.

解：此问题即为求证图 13-19 是否存在 A 到 B 的欧拉通路. 由于图中每个结点除 A, B 为奇次数外其余均为偶次数，故由定理可知这样的一条洒水路线是存在的，实际上还可以将这条路线找出来，它可以是，$P:(A,C,D,E,F,B,G,C,F,G,A,B)$

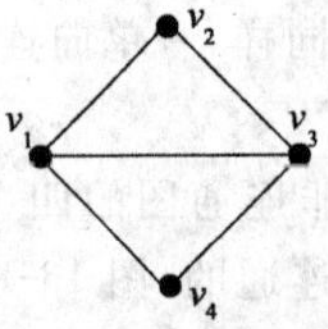

图 13-17 欧拉通路例图

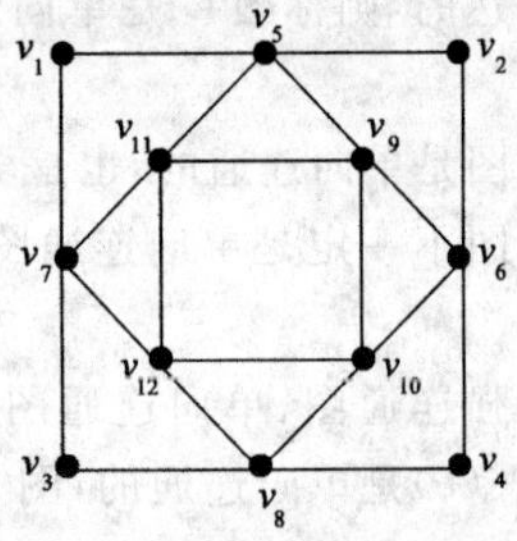

图 13-18 邮递员投递信件之邮路

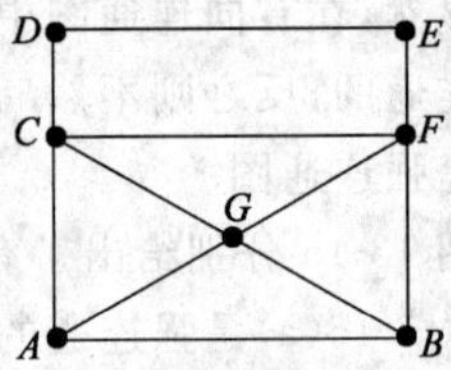

图 13-19 城市街道图

例 13.7 判定图 13-20 中的四个图形是否可以一笔连续画成而使图中没有一部分被重复.

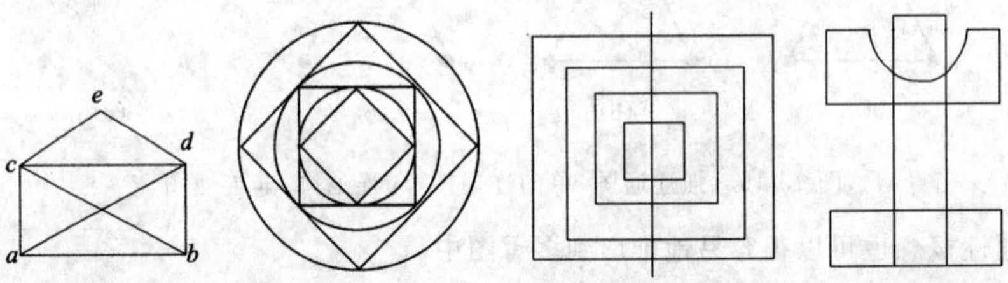

图 13-20 一笔画图形

解：图 13-20(a) 中 a，b 两点为奇次数，其余均为偶次数，故从 a 开始画起存在一条连续路径可一笔画成至 b 点结束，其具体路径为 a,c,e,d,b,c,d,a,b

图 13-20(b)、(c)、(d) 同样存在类似情况. 它们也均可以一笔连续画成，这主要由于图 13-20(b) 是欧拉回路，图 13-20(c)、(d) 是欧拉通路.

13.1.4 图的矩阵表示法

图表示法由于直观明了，故有一定的优越性. 但对较为复杂的图，在表示上就不太方便了. 故目前多用矩阵方法表示图. 这种方法表示简单，使用方便，应用较为普遍. 更重要的是它可将图的问题变成为可计算问题. 因而，对图的研究可借助于计算机计算而得到解决.

1. 有向图的邻接矩阵

先讨论有向图，然后将其推广至无向图.

设有向图 $G=\langle V,E\rangle$，其中 $V=\{v_1,v_2,v_3,\cdots v_n\}$，$E=\{e_1,e_2,e_3,\cdots,e_m\}$．假设各结点按一定顺序排列(一般可按结点编码顺序从小到大排列)．这时构成一矩阵，

$$\boldsymbol{A}=(a_{ij})_{n\times n}$$

其中，

$$a_{ij}=\begin{cases}1 & 若(v_i,v_j)\in E\\0 & 若(v_i,v_j)\notin E\end{cases}$$

此矩阵称为图 G 的**邻接矩阵**．

一个图的邻接矩阵完整地刻画了图中各结点间的邻接关系．不仅如此，还可由邻接矩阵很容易地辨认出其对应的图的一些特性．

可由矩阵对角线元素是否有 1 而辨认出其对应的图是否有环．如图 $G=\langle V,E\rangle$ 的邻接矩阵为

$$\begin{pmatrix}1&0&0&0&1\\0&1&0&0&1\\1&1&0&1&1\\1&0&0&0&0\\0&1&0&1&1\end{pmatrix}$$

则由邻接矩阵可知，此图有三个环，分别在结点 v_1、v_2 及 v_5 上．可由矩阵很容易地看出其对应的图是完全图或零图．若一个矩阵元素全为 0，则其对应的图为**零图**；若一矩阵的元素除对角线元素为 0 外全为 1，则其对应的图为完全图．如下列的矩阵中矩阵 $\boldsymbol{A}$ 为零图，而矩阵 $\boldsymbol{B}$ 为完全图．

$$\boldsymbol{A}=\begin{pmatrix}0&0&0&0\\0&0&0&0\\0&0&0&0\\0&0&0&0\end{pmatrix}\qquad \boldsymbol{B}=\begin{pmatrix}0&1&1&1\\1&0&1&1\\1&1&0&1\\1&1&1&0\end{pmatrix}$$

还可以通过对矩阵元素的一些运算而获得对应图的某些数量特征．

(1)设有图 $G=\langle V,E\rangle$，其邻接矩阵为

$$\boldsymbol{A}=\begin{pmatrix}a_{11}&a_{12}&\cdots&a_{1n}\\a_{21}&a_{22}&\cdots&a_{2n}\\\vdots&\vdots&&\vdots\\a_{n1}&a_{n2}&\cdots&a_{nn}\end{pmatrix}$$

则图 G 中结点 v_i 的引出次数为

$$\overleftarrow{\deg}(v_i)=\sum_{k=1}^{n}a_{ik}$$

结点 v_i 的引入次数为

$$\overrightarrow{\deg}(v_i)=\sum_{k=1}^{n}a_{ki}$$

而其全次数为

$$\deg(v_i)=\sum_{k=1}^{n}(a_{ik}+a_{ki}).$$

(2)令 $\boldsymbol{B}=\boldsymbol{A}^2$，则有

$$b_{ij}=\sum_{k=1}^{n}(a_{ik}\cdot a_{kj})$$

b_{ij} 表示从 v_i 到 v_j 长度为 2 的通路数目．如 $b_{ij}=0$，则表示没有长度为 2 的通路．而 b_{ij} 给出了

经过 v_i 的长度为 2 的回路数目.

(3)令 $\boldsymbol{C}=\boldsymbol{A}^k$，则此时 c_{ij} 表示从 v_i 到 v_j 长度为 k 的通路数目. 如 $c_{ij}=0$，则表示没有长度为 k 的通路；而 c_{ij} 给出了从 v_i 发出的长度为 k 的回路数目.

例 13.8 设有图 $G=<V,E>$，其中 $V=\{v_1,v_2,v_3,v_4,v_5\}$，$E=\{(v_1,v_2),(v_2,v_1),(v_2,v_3),(v_3,v_2),(v_4,v_5)(v_5,v_4)\}$. 其图形如图 13-21 所示. 其邻接矩阵为

$$\boldsymbol{A}=\begin{bmatrix}0&1&0&0&0\\1&0&1&0&0\\0&1&0&0&0\\0&0&0&0&1\\0&0&0&1&0\end{bmatrix}$$

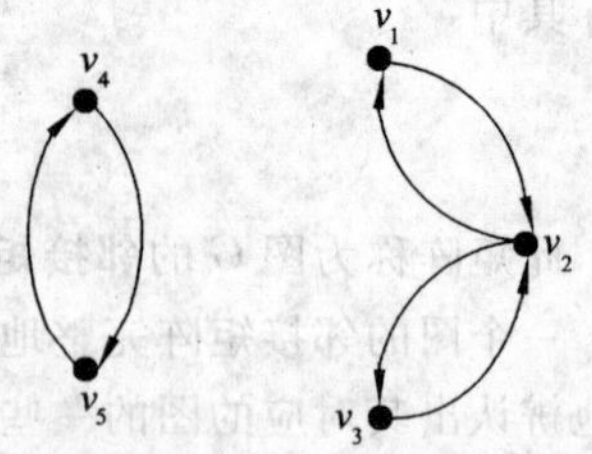

图 13-21 计算通路、回路的实例

此时有

$$\boldsymbol{A}^2=\begin{bmatrix}1&0&1&0&0\\0&2&0&0&0\\1&0&1&0&0\\0&0&0&1&0\\0&0&0&0&1\end{bmatrix}\quad \boldsymbol{A}^3=\begin{bmatrix}0&2&0&0&0\\2&0&2&0&0\\0&2&0&0&0\\0&0&0&0&1\\0&0&0&1&0\end{bmatrix}\quad \boldsymbol{A}^4=\begin{bmatrix}2&0&2&0&0\\0&4&0&0&0\\2&0&2&0&0\\0&0&0&1&0\\0&0&0&0&1\end{bmatrix}\quad \boldsymbol{A}^5\begin{bmatrix}0&4&0&0&0\\4&0&4&0&0\\0&4&0&0&0\\0&0&0&0&1\\0&0&0&1&0\end{bmatrix}$$

从这些矩阵中可以得出一些结论. 例如，从结点 v_1 发出的长度为 2 的回路只有一条；从结点 v_2 发出的长度为 2 的回路有两条；结点 v_1 到 v_2 间有两条长度为 3 的通路；结点 v_1 到 v_3 间有两条长度为 4 的通路；等等.

2. 可达性矩阵

有向图 G 中从 v_i 到 v_j 的可达性问题可通过矩阵运算而得. 由上所述，很容易地得出矩阵，

$$\boldsymbol{R}_n=(r_{ij})_{n\times n}=\boldsymbol{A}+\boldsymbol{A}^2+\boldsymbol{A}^3+\cdots+\boldsymbol{A}^n$$

其中，r_{ij} 给出了从 r_i 到 r_j 的所有长度为 1 至 n 的通路数目之和. 但由定理 13.2 可知，具有 n 个结点的有向图中，基本通路及基本回路长度不超过 n，故若，$r_{ij}=0$ 则表从 r_i 到 r_j 是不可达的，若 $r_{ij}\neq 0$ 则表从 r_i 到 r_j 是可达的.

由于在讨论可达性时，感兴趣的仅仅是从 r_i 到 r_j 是否有通路相联，而不关心通路的数量，故可对矩阵 $\boldsymbol{R}_n$ 进行适当改造. 设置矩阵

$$\boldsymbol{P}=(p_{ij})_{n\times n}$$

当 $r_{ij}=0$ 时，则令 $p_{ij}=0$；当 $r_{ij}\neq 0$ 时，则令 $p_{ij}=1$. 矩阵 $\boldsymbol{P}$ 反映了图 G 的各结点间的可达性. 故称 G 的**可达性矩阵**，或**通路矩阵**. 一个图 G 的可达性矩阵给出了图中各结点间是否可达，以及图中是否有回路.

例 13.9 求图 $G=<V,E>$ 的可达性矩阵，其中：

$$V=\{v_1,v_2,v_3,v_4\},$$

$$E=\{(v_1,v_2),(v_2,v_3),(v_2,v_4),(v_3,v_1),(v_3,v_2)(v_3,v_4),(v_4,v_1)\}$$

解：图 G 的图形可如图 13-22 所示，其邻接矩阵为

$$\boldsymbol{A}=\begin{bmatrix}0&1&0&0\\0&0&1&1\\1&1&0&1\\1&0&0&0\end{bmatrix}$$

我们可以得到

$$A^2=\begin{pmatrix}0&0&1&1\\2&1&0&1\\1&1&1&1\\0&1&0&0\end{pmatrix}\quad A^3=\begin{pmatrix}2&1&0&1\\1&2&1&1\\2&2&1&2\\0&0&1&1\end{pmatrix}\quad A^4=\begin{pmatrix}1&2&1&1\\2&2&2&3\\3&3&2&3\\2&1&0&1\end{pmatrix}$$

故：

$$R=\begin{pmatrix}3&4&2&3\\5&5&4&6\\7&7&4&7\\3&2&1&2\end{pmatrix}\quad P=\begin{pmatrix}1&1&1&1\\1&1&1&1\\1&1&1&1\\1&1&1&1\end{pmatrix}$$

由此可达性矩阵可知，图 G 的任意两结点间均可达，并且每个结点均有回路通过，这个结果与图 13-22 所表示的图形直接观察到的结果是一样的.

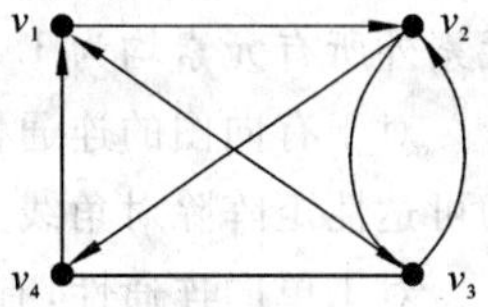

图 13-22　可达性矩阵例图

但是，由 R_n 而得到可达性矩阵的计算方法比较复杂，这主要是由于 R_n 的计算比较复杂所致，现在我们介绍一个较为简单的算法.

如果一个矩阵的元素均为 0 或 1，矩阵运算中数的加法与乘法均对应于布尔加与布尔乘，此种矩阵运算称为**布尔矩阵运算**，在此种意义下，我们有

$$P=A(+)A^{(2)}(+)A^{(3)}(+)A^{(4)}(+)\cdots(+)A^{(n)},$$

其中 $A^{(i)}$ 表示在布尔矩阵运算意义下 A 的 i 次幂，(+)也表示在布尔矩阵运算意义下矩阵的加法运算符.

例 13.10　试求例 13.3 中图 13-13 所表示的过程调用关系中是否存在递归调用.

解：我们已知，在过程调用中，某个过程是递归的充分必要条件是包含此过程在内的结点构成一个回路. 下面利用可达性矩阵寻找是否存在回路. 对例 13.3 中图 13-13 所表示的图，其邻接矩阵为

$$A=\begin{pmatrix}0&1&0&0&0\\0&0&0&1&0\\1&0&0&0&0\\0&0&0&0&1\\0&1&0&0&0\end{pmatrix}$$

此时有

$$A^2=\begin{pmatrix}0&0&0&1&0\\0&0&0&0&1\\0&1&0&0&0\\0&1&0&0&0\\0&0&0&1&0\end{pmatrix}\quad A^3=\begin{pmatrix}0&0&0&0&1\\0&1&0&0&0\\0&0&0&1&0\\0&0&0&1&0\\0&0&0&0&1\end{pmatrix}\quad A^4=\begin{pmatrix}0&1&0&0&0\\0&0&0&1&0\\0&0&0&0&1\\0&0&0&0&1\\0&1&0&0&0\end{pmatrix}\quad A^5=\begin{pmatrix}0&0&0&1&0\\0&0&0&0&1\\0&1&0&0&0\\0&1&0&0&1\\0&0&0&1&0\end{pmatrix}$$

由此得到可达性矩阵

$$P=A(+)A^{(2)}(+)A^{(3)}(+)A^{(4)}(+)A^{(5)}=\begin{pmatrix}0&1&0&1&1\\0&1&0&1&1\\1&1&0&1&1\\0&1&0&1&1\\0&1&0&1&1\end{pmatrix}$$

由矩阵对角线元素 $p_{22}=p_{44}=p_{55}=1$ 得知，p_2、p_4、p_5 这三个过程均会产生递归调用的现象.

3. 无向图的矩阵表示法

可以将无向图中的无向边用两条方向相反的有向边替代，使无向图转换成有向图. 这样，有向图的邻接矩阵、可达性矩阵等均可适用于无向图. 图 13-23 所示的无向图 G 的邻接矩阵 $\boldsymbol{A}$ 为

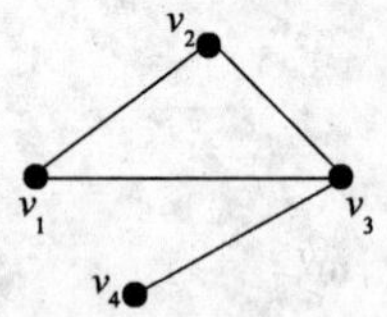

图 13-23　无向图示例

$$\boldsymbol{A}=\begin{pmatrix}0&1&1&0\\1&0&1&0\\1&1&0&1\\0&0&1&0\end{pmatrix}$$

同时，由无向图的特性可看出，无向图的邻接矩阵都是对称矩阵.

4. 矩阵与图的连通性

由无向图的连通性定义可知，无向图为连通图的充分必要条件是此图的可达性矩阵除对角线元素外所有元素均为 1. 由此可知，可用矩阵方法来判别一个无向图是否为连通图.

对于有向图的连通性；强连通相当于无向连通图，故有向图 G 为强连通的充分必要条件是图的可达性矩阵除对角线元素外所有元素均为 1.

对于单向连通性；有向图 G 为单向连通的充分必要条件是图 G 的可达性矩阵 $\boldsymbol{P}$ 及其转置矩阵 $\boldsymbol{P}^{\mathrm{T}}$ 所组成的矩阵 $\boldsymbol{P}'=\boldsymbol{P}(+)\boldsymbol{P}^{\mathrm{T}}$ 有，$\boldsymbol{P}'$ 中除对角线元素外均为 1.

对于弱连通性；一有向图为弱连通的充分必要条件是图 G 的邻接矩阵 $\boldsymbol{A}$ 及其转置矩阵 $\boldsymbol{A}'$ 所组成的矩阵 $\boldsymbol{A}'=\boldsymbol{A}(+)\boldsymbol{A}^{\mathrm{T}}$，而 $\boldsymbol{A}'$ 的可达性矩阵中除对角线元素外所有元素均为 1.

例 13.11　图 13-16(a)、(b)、(c)、(d)分别给出了有向图的强连通、单向连通、弱连通及非连通的四个实例，我们可以用矩阵的方法证明之. 这四个图的邻接矩阵分别为

$$\boldsymbol{A}=\begin{pmatrix}0&1&0\\0&0&1\\1&0&0\end{pmatrix},\quad \boldsymbol{B}=\begin{pmatrix}0&1&0\\0&0&0\\1&1&0\end{pmatrix},\quad \boldsymbol{C}=\begin{pmatrix}0&1&1\\0&0&0\\0&0&0\end{pmatrix},\quad \boldsymbol{D}=\begin{pmatrix}0&0&0\\0&0&0\\1&0&0\end{pmatrix}$$

其中，$\boldsymbol{A}$ 的可达性矩阵为

$$\boldsymbol{P}=\begin{pmatrix}1&1&1\\1&1&1\\1&1&1\end{pmatrix}$$

故图 13-16(a)是强连通的.

矩阵 $\boldsymbol{B}$ 的可达性矩阵及其转置矩阵为

$$\boldsymbol{P}=\begin{pmatrix}0&1&0\\0&0&0\\1&1&0\end{pmatrix},\boldsymbol{P}^{\mathrm{T}}=\begin{pmatrix}0&0&1\\1&0&1\\0&0&0\end{pmatrix}$$

而 $\boldsymbol{P}'$ 为

$$\boldsymbol{P}'=\boldsymbol{P}(+)\boldsymbol{P}^{\mathrm{T}}=\begin{pmatrix}0&1&1\\1&0&1\\1&1&0\end{pmatrix}$$

故图 13-16(b)是单向连通的.

矩阵 $\boldsymbol{C}$ 的可达性矩阵及其转置矩阵各为

$$\boldsymbol{P}=\begin{pmatrix}0&1&1\\0&0&0\\0&0&0\end{pmatrix},\boldsymbol{P}^{\mathrm{T}}=\begin{pmatrix}0&0&0\\1&0&0\\1&0&0\end{pmatrix}$$

而 $\boldsymbol{P}'$ 为

$$\boldsymbol{P}'=\boldsymbol{P}(+)\boldsymbol{P}^{\mathrm{T}}=\begin{pmatrix}0&1&1\\1&0&0\\1&0&0\end{pmatrix}$$

故图 13-16(c)不是单向连通的，但是有

$$\boldsymbol{C}'=\boldsymbol{C}(+)\boldsymbol{C}^{\mathrm{T}}=\begin{pmatrix}0&1&1\\0&0&0\\0&0&0\end{pmatrix}(+)\begin{pmatrix}0&0&0\\1&0&0\\1&0&0\end{pmatrix}=\begin{pmatrix}0&1&1\\1&0&0\\1&0&0\end{pmatrix}$$

而 $\boldsymbol{C}'$ 的可达性矩阵为

$$\begin{pmatrix}1&1&1\\1&1&1\\1&1&1\end{pmatrix}$$

故图 13-16(c)是弱连通的.

对矩阵 $\boldsymbol{D}$ 有，

$$\boldsymbol{D}'=\boldsymbol{D}(+)\boldsymbol{D}^{\mathrm{T}}=\begin{pmatrix}0&0&0\\0&0&0\\1&0&0\end{pmatrix}(+)\begin{pmatrix}0&0&1\\0&0&0\\0&0&0\end{pmatrix}=\begin{pmatrix}0&0&1\\0&0&0\\1&0&0\end{pmatrix}$$

而 $\boldsymbol{D}'$ 的可达性矩阵为

$$\begin{pmatrix}1&0&1\\0&0&0\\1&0&1\end{pmatrix}$$

故图 13-16(d)是非连通的.

13.2 树

树是一种特殊的连通图，它在日常应用及计算机科学技术中有重要价值；因此，需要专门介绍.

13.2.1 树的基本性质

首先介绍无向树.

定义 13.11 不包含回路的连通图称为**树**. 在图 13-24 中，图 13-24(a)是树；因为它连通且不包含回路. 但图 13-24(b)、图 13-24(c)不是树；因为图 13-24(b)虽连通但有回路；图 13-24(c)虽无回路但不连通.

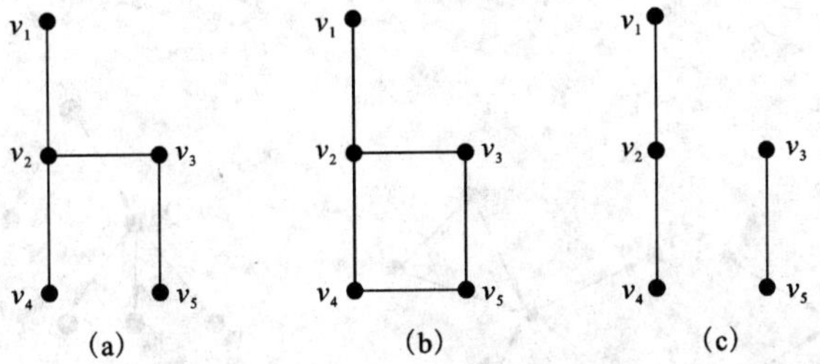

图 13-24　树与非树的例图

在树中，次数为 1 的结点称为**叶**；如图 13-24(a)的 v_1、v_4、v_5 等均为叶. 次数大于 1 的结点称为

分支结点;如图 13-24(a)中 v_2、v_3 均为分支结点.

树有特性可以用下面三个定理刻画.

定理 13.5 在(n,m)树中必有 $m=n-1$.

可以用数学归纳法对 n 进行归纳. 当 $n=1$ 时定理成立;设对所有 $i(j<n)$定理都成立;现证明,当 $i=n$ 时有 $m=n-1$.

设有一(n,m)树,由于其不包含任何回路,故从树中删去一边后就变成两个互不连通的子图,每个子图则都是连通的,故其每个子图均为树. 设它们分别是(n_l,m_1)树及(n_2,m_2)树. 由于 $n_l<n$,$n_2<n$,故由归纳假设可得

$$m_1=n_1-1,\ m_2=n_2-1$$

又因为 $n=n_l+n_2$,$m=m_l+m_2+1$;故得 $m=(n_1-1)+(n_2-1)+1=(n_1+n_2-2)+1=n-1$.

定理 13.6 树是最小连通图、最大无回路图,即在树中增加一条边,得到并仅得到一条回路,树删去一条边就不再连通.

最后,给出一个树的重要定理.

定理 13.7 图 G 是树的充分必要条件是图 G 的每对结点间只有一条通路.

先看必要性. 因为图 G 是树,故每对结点间均有通路. 若结点 v_i 与 v_j 间有两条通路,则此两条通路必构成一条回路,而这与树的定义矛盾.

再看充分性. 图 G 的每对结点间存在通路,故 G 是连通的,又由于通路的唯一性,故知图中不包含回路,由此可知 G 是树.

可利用这个定理对树用另一个方式定义,亦即是说,若图 G 的每对结点间只有一条通路,则此类图称为树.

13.2.2 有向树

定义 13.12 在有向图中,如果不考虑边的方向而构成树,则称此有向图为**有向树**.

例如,图 13-25(a)所示的有向图即为有向树;但图 13-25(b)所示的有向图则不是有向树,因为当忽略其方向时该图存在回路.

一般常用的有向树有外向树及内向树.

定义 13.13 满足下列条件的有向树 T 称为**外向树**.

(1)T 有一个结点(也仅有一个)引入次数为 0,该结点称为 T 的**根**;

(2)T 的其他结点的引入次数均为 1;

(3)T 有某些结点的引出次数为 0,这些结点称为 T 的**叶**.

图 13-26 所示为外向树的一个例子. 在此图中 v_1 是根,$v_5\sim v_9$ 是叶.

在外向树中,非根非叶的结点称为**分支结点**;图中 v_2、v_3、v_4 为分支结点. 在分支结点中,它的引入次数及引出次数均不为 0.

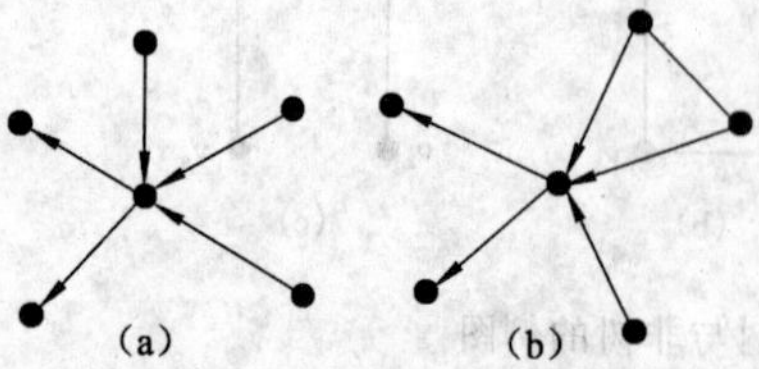

图 13-25 有向树与非有向树实例

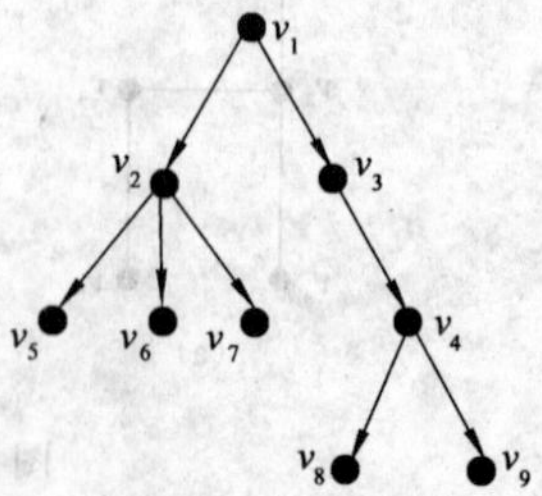

图 13-26 外向树例图

外向树的结点存在“级”的概念．级的定义如下：

定义 13.14　由外向树的根到结点 v_i 的通路长度称为结点 v_i 的**级**．

由定义可知，根的级为 0，两个结点如从根到结点的通路长度相等则它们有相同的级或称同级，否则称不同级．在图 13-26 中 v_1 的级为 0，v_2、v_3 的级为 1，它们是同级的；v_4、v_5、v_6、v_7 的级为 2；v_8、v_9 的级为 3．

很多实际问题均可用外向树表示，我们用下面三个例子加以说明．

例 13.12　可用外向树表示表的结构．如表 13-1 所示．

表 13-1　例 13.12 外向树表

A						
a	B		d	C		
	b	C		e	f	g

一般来说，表是由表元素的序列所组成；而表元素是原行或是表．可用小写拉丁字母表示原行，大写拉丁字母表示表，并用逗点分隔表元素，用括号括住的表元素序列构成一张表．如表 13-1 所示的即是表．它可以表示成

$$A(a,B,d,C);B(b,c);C(e,f,g)$$

这张表可用外向树表示，如图 13-27 所示．

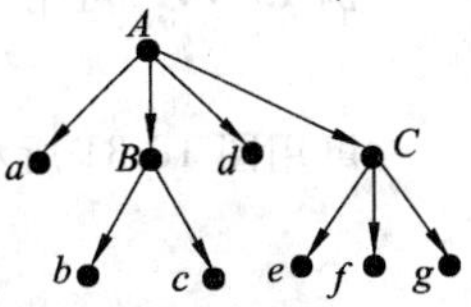

图 13-27　表的外向树表示

例 13.13　可用外向树表示家属关系．

设有某祖宗 a 生两个儿子 b 及 c．b 与 c 又分别各生三个儿子；它们分别为 d、e、f 及 g、h、i．而 d 与 g 又分别各生了一个儿子，它们是 j 与 k．这样的家属关系可用图 13-28所示的外向树表示，它称为**家属树**．

由于可用外向树表示家属关系；故现在一般均用家属关系中的术语来称呼外向树中结点间的关系．外向树中，如从结点 a 到 b 有一条边，则称 b 是 a 的儿子，a 是 b 的父亲或双亲．从结点 a 到 b 及 a 到 c 均有一条边，则称 b、c 为兄弟；从结点 a 至结点 f 有一条有向通路，则称 f 是 a 的子孙，a 是 f 的祖先．

由家属树所引出的第二个概念是关于有序树的概念．在家属树中，兄弟间是有一定次序的，老大、老二、老三……等；它们是不能随意颠倒的．如 e 与 d 是不能相互替换的，因为 d 有儿子 j，而 e 无儿子．这给我们一个启示，在有些外向树中需要对每个分支结点（及根）的儿子顺序编号．如一结点有三个儿子，则从左到右可编以 1、2、3，也可以编成 1、3、5 等．图 13-29所示为有序树的两个实例．

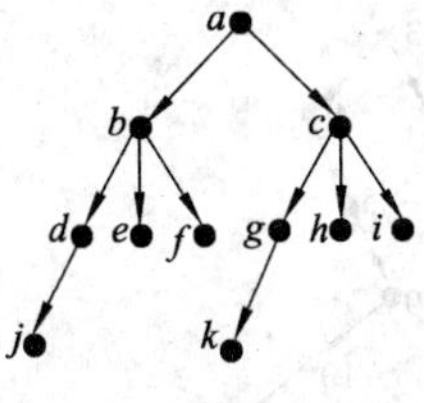

图 13-28　家属树例图

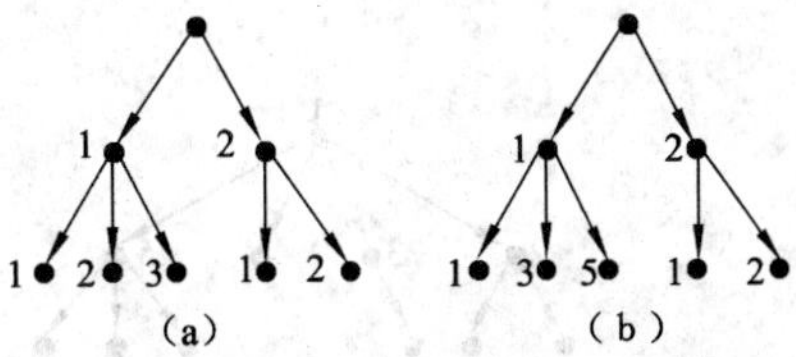

图 13-29　有序树实例

还可以用类似的方法定义内向树：

(1) T 有一个结点（也仅有一个结点）的引出次数为 0，该结点称为 T 的根；

(2) T 的其他结点引出次数均为 1；

(3)T 有某些结点的引入次数为 0，这些结点称为 T 的叶.

下面重点讨论外向树，因为外向树的一些结论均可以用类似的方法运用至内向树.

13.2.3 二元树

如果某外向树中，除叶结点外，每个结点的引出次数均大于 0，且均不超过某一正整数 m，则称此外向树为 m **元树**. 由此，可以定义 m 元树如下：

定义 13.15 若 n 个结点的外向树满足

$$\overleftarrow{\deg}(v_i)\leqslant m,(1=1,2,3,\cdots,n)$$

则称此外向树为 m 元树. 如满足(除叶外)：

$$\overleftarrow{\deg}(v_i)=m,(1=1,2,3,\cdots,n)$$

则称此外向树为 m 元**完全树**.

当 $m=2$ 时，则分别称为二元树及二元完全树. 图 13-30 所示为二元树及二元完全树的例子.

在二元树中每个结点最多可有两个儿子，位于左边的称左儿子，右边的称右儿子. 二元树是一种比较重要的外向树，很多实际问题均可用二元树表示. 下面我们举几个这方面的例子.

例 13.14 可用二元树表示算术表达式. 如下列表达式

$$[(v_1-v_2)/v_3]+[v_4\times(v_5-v_6/v_7)]$$

可用图 13-31 所示的有序二元树表示.

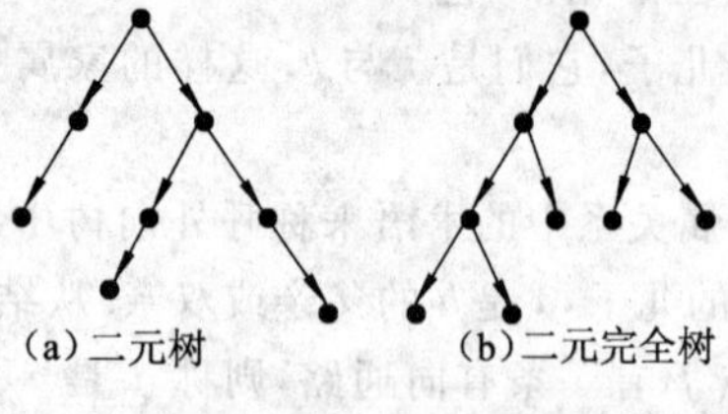

图 13-30 二元树例图

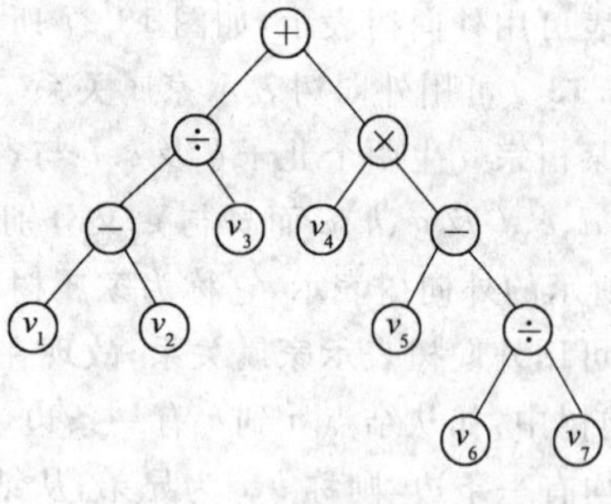

图 13-31 用有序二元树表示算术表达式

二元树有一个特点，即用它可以表示任意的外向树.

例 13.15 图 13-32(a)所示的外向树可用图 13-32(b)的二元树表示.

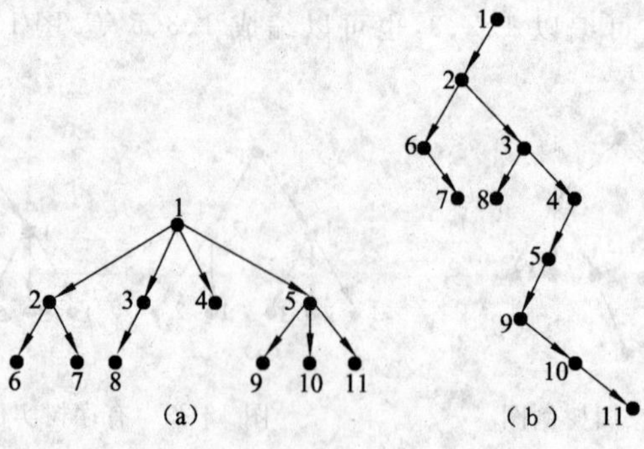

图 13-32 外向树用二元树表示

13.2.4　生成树

定义 13.16　一个连通图 $G=\langle V,E\rangle$ 的生成树 $T_G=\langle V',E'\rangle$ 是 G 的一个子图；它是树，并且有 $V'=V,E'\subseteq E$.

定理 13.8　连通图 G 至少有一棵生成树.

可以用一个算法来寻找图的生成树.

算法 13.1　由一个连通图寻找它的生成树的寻找算法如下：

[已知]连通图 G.

[步骤](1)若 G 无回路，则算法终止；否则转到(2)；

(2)删除回路中一条边，跳转到(1)继续.

例 13.16　在图 13-33(a)中给出了一个连通图，求此图的生成树.

解：求图 13-33(a)的生成树过程可用图 13-33(b)～图 13-33(e)表示.

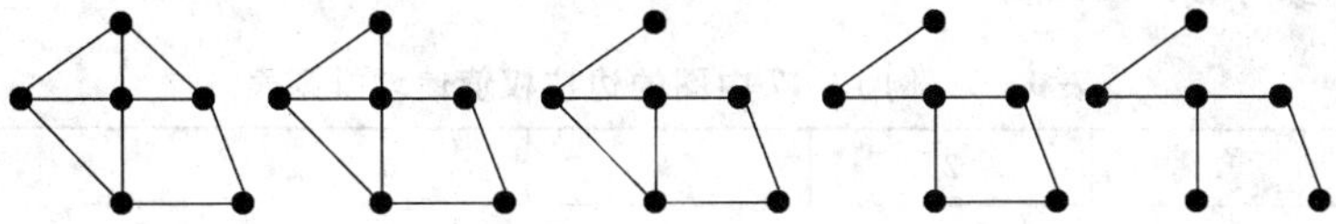

(a)　(b)　(c)　(d)　(e)

图 13-33　由连通图寻找生成树过程

如果连通图 G 是一个(n,m)图，则可知 T_G 是一个$(n,n-1)$图. 故由 G 求得 T_G 必须删除的边数为 $m-(n-1)=m-n+1$. 这个数称为 G 的基本回路的秩. 这样，G 的基本回路的秩就是为了打断它的所有基本回路而必须从 G 中删除的最小边数. 每一条被删除的边称做 G 的**弦**.

从上面寻找生成树的过程可知，一个连通图 G 的生成树不是唯一的. 寻找一个连通图的生成树是很有实用价值的. 见下面例子的说明.

例 13.17　设有六个城市 $v_1,v_2,\cdots,v_6$，它们间有输油管连通，其布置图如图 13-34(a)所示. 为保卫油管不受破坏，在每段油管间需派一连士兵看守. 为保证正常供应最少需多少连士兵看守？他们应驻于哪些油管处？

解：此问题即为寻找图 13-34(a)的生成树问题，首先由图我们可知此图中 $n=6,m=11$，故其生成树的边为 5，亦即只少须五连士兵看守，其看守地段可见图 13-34(b)所画出的线段，这个图即是图 G 的生成树，当然，这种生成树不是唯一的，它也可以是如图 13-34(c)、(d)所指出的油管处，它们都是图 G 的生成树.

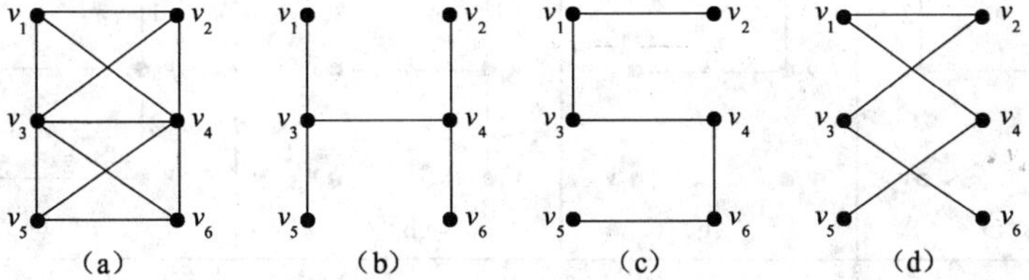

(a)　(b)　(c)　(d)

图 13-34　例 13.17 之图及生成树

下面讨论带权图的生成树.

定义 13.17　带权图 G 的生成树中，其权之和最小的生成树称**最小生成树**.

算法 13.2　最小生成树寻找算法 — 克鲁斯克尔(Kruskal)算法.

[已知]带权图 G.

[步骤](1)(n,m)图 G 中先将所有 m 条边按权值大小顺序放入专用表内，此时 G 中只剩 n 个结点. 选最小权的边 e_1 至 G，置 $i=0$；

(2)若 $i=n-1$ 则算法终止，否则转到(3)；

(3)在剩余边中选择权值最小的边(设为 e_{i+1})加入 G，且不构成回路；

(4)置 $i=i+1$，跳转到(2)继续.

例 13.18 在例 13.17 中，希望所选择的生成树使它的总长度最短，这样就更便于守卫. 这个问题即是最小生成树问题. 为了讨论这个问题，首先对图中的每个边赋以一个权. 在例 13.17 中，这个权即是两城市间的距离. 如图 13-35(a)所示. 对图的所有边按权值递增排序，填入表 13-2 中；寻找最小生成树时，按表 13-2 排定的次序将边一一加入到仅有六个结点构成的初始图中；图 13-35(b)是初始图. 每当加入一条边后就检测是否会使图出现回路. 若出现回路，则放弃该边，另选一条边再试. 直到加入 $n-1$ 条边且无回路时，寻找构成结束；即得最小生成树. 图 13-35(b)～(i)所示为寻找过程. 注意，图 13-35(f)表示加入边(v_2,v_4)后出现回路. 于是放弃之，回到图 13-35(e)即图 13-35(g)继续寻找.

表 13-2 例 13.17 中图的边按权值递增排列表

边序	1	2	3	4	5	6
边	(v_1,v_3)	(v_3,v_4)	(v_1,v_2)	(v_2,v_4)	(v_3,v_5)	(v_5,v_6)
权	1	1	2	2	2	2
边序	7	8	9	10	11	
边	(v_4,v_6)	(v_1,v_4)	(v_4,v_5)	(v_3,v_6)	(v_2,v_3)	
权	3	4	4	4	5	

由此实例可以看出，寻找最小生成树的一般过程. 最小生成树问题在实际应用中有很大的实用价值.

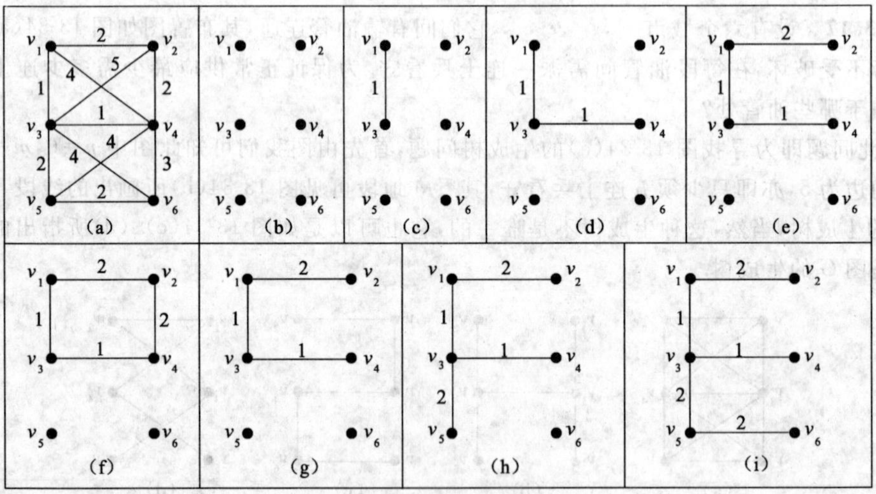

图 13-35 最小生成树的寻找过程

13.3　小　　结

(1) 研究特点

① 图论以“结点”表示事物,以“边”表示事物间联系,用结点与边所组成的图作为其研究实体.

② 图论是以图为工具研究关系的一门学科.它对研究与解决抽象世界中物体结构具有独特效果.

③ 图论的研究特色是:形象性、可计算性.

(2)图论的内容组成:基本概念、基本理论、矩阵计算、算法.

(3)主要概念:图的概念、有向图与无向图、通路、回路、连通性、可达性、欧拉图与哈密尔顿图、树、生成树.

(4)主要定理:结点与边的基本关系定理,基本通路、回路长度的定理,欧拉通路、密尔顿通路定理,树的三大性质定理等.

(5)矩阵计算:图的邻接矩阵,图的通路计算,图的连通性计算.

(6)算法:生成树寻找算法,最小生成树寻找算法.

(7)图论与关系:可以用图与矩阵表示关系,可以用关系理论指导图论.

(8)本章重点:图的基本概念和有向树.

习　题　13

1. 设 $V=\{u, v, w, x, y\}$,画出图 $G=\langle V, E\rangle$,

(1)$E=\{(u,v),(u,x),(v,w),(v,y),(x,y)\}$;

(2)$E=\{(u,v),(v,w),(w,x),(w,y),(x,y)\}$;

再求每个结点的次数.

2. 设 G 是具有四个结点的完全图,

(1)写出 G 的所有子图;

(2)写出 G 的所有生成子图.

3. 有如图 13-36 所示的图,试求:

(1)从 a 到 h 的所有基本通路;

(2)从 a 到 h 的所有简单通路;

(3)从 a 到 h 的距离.

4. 图 13-37 所示的图中哪个有欧拉通路,哪个有欧拉回路,哪个既不是欧拉通路,也不是欧拉回路? 请说明之.

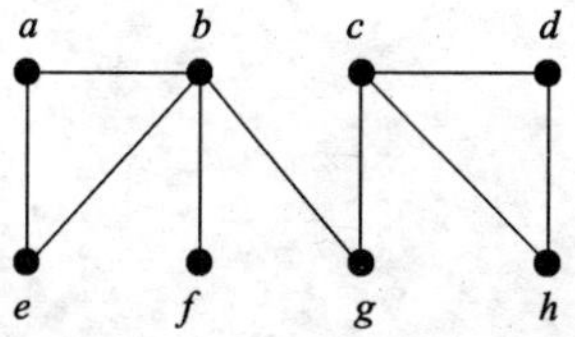

图 13-36

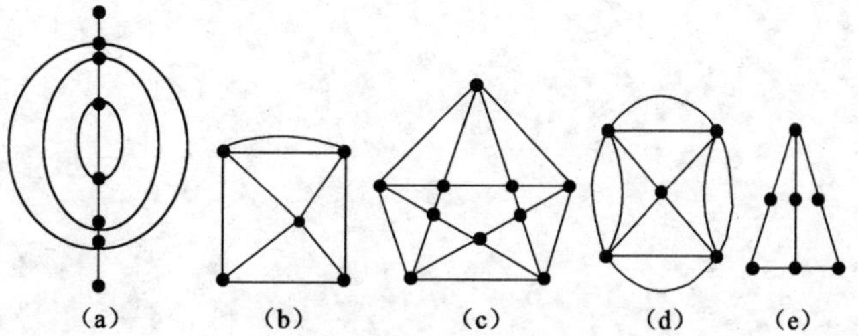

图 13-37

5. 图 G_1、G_2 之邻接矩阵分别为 $\boldsymbol{A}_1$ 和 $\boldsymbol{A}_2$，试求：

(1) $\boldsymbol{A}_1^2$，$\boldsymbol{A}_1^3$，$\boldsymbol{A}_2^2$，$\boldsymbol{A}_2^3$；

(2)在 G_1 内列出每两个结点间距离；

(3)列出 G_1，G_2 中的所有基本回路.

$$\boldsymbol{A}_1=\begin{pmatrix}0&0&1&1&0\\0&0&0&0&1\\1&0&0&1&0\\1&0&1&0&0\\1&1&0&1&1\\0&1&0&0&0\end{pmatrix};\boldsymbol{A}_2=\begin{pmatrix}0&0&0&1&1&0&0\\0&0&0&0&0&1&1\\0&0&0&1&0&0&0\\1&0&1&0&1&0&0\\1&0&0&1&0&0&0\\0&1&0&0&0&0&0\\0&1&0&0&0&0&0\end{pmatrix}$$

6. 给定图 $G=\langle V, E\rangle$，如图 13-38 所示，

(1)在 G 中找出一条长度为 7 的通路；

(2)在 G 中找出一条长度为 4 的简单通路；

(3)在 G 中找出一条长度为 4 的简单回路.

7. 设有一颗树它有两个结点次数为 2，一个结点次数为 3，三个结点次数为 4，问它有几个结点次数为 1？

8. 尽可能多的画出有 5 个结点的树，它们均不同构.

9. 求图 13-39 的最小生成树.

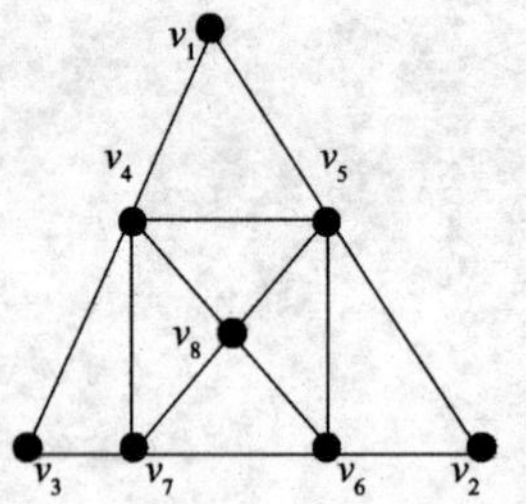

图 13-38

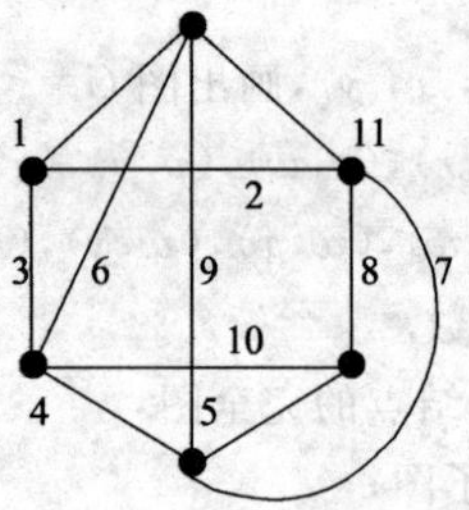

图 13-39

10. 设有代数表达式

$$\frac{(3x-5y)^4}{a(2b+c^2)}$$

试画出这个表达式的树.

第 6 篇

数理逻辑

数理逻辑是用数学方法研究形式逻辑中推理规律的一门数学。数理逻辑的问世使数学的抽象性与严谨性更加完备。它不但使数学在客观世界的表示上具有高度的抽象性与严谨性，而且也在推理上具有抽象性与严谨性。

在数理逻辑中，所采用的数学方法是，首先引进一套符号体系；进而构造一种形式系统；这种研究方法在现代数学的研究中具有典型的代表性价值，称形式系统的构造。

数理逻辑的研究内容是人类的思维规律，主要研究思维的推理规律。而思维是以语言为表示形式；因此，数理逻辑是以人类自然语言为起点，重点研究自然语言中的思维推理规则。

本篇包括 2 章。第 14 章命题逻辑，讨论以命题为对象的逻辑系统及推理规则；第 15 章谓词逻辑，谓词是命题的进一步分解与深入，该章讨论以个体为研究对象的逻辑系统及推理规则。

第14章 命题逻辑

命题逻辑是数理逻辑的基础，它以命题为基本对象，研究基于命题的符号体系、形式系统以及推理方法.

14.1 命　　题

在形式逻辑中，以自然语言为对象作研究；自然语言的基本单位是语句. 一个确定的并能区分真假的语句是研究的基本对象，称它为命题.

定义 14.1　凡能分辨真、假的语句称为**命题**.

在自然语言中，有些语句是能分辨真假的. 如，

(1)中华人民共和国的首都是北京.

(2)第 29 届奥林匹克运动会于 2008 年 8 月 8 日在北京举行.

(3)凡抽烟的人必得肺癌.

(4)朱元璋是宋代人.

以上语句均能分辨真假；因此是命题. 一般而言，自然语言中的陈述句大都能分辨真、假，故都是命题. 下面的一些语句则不能.

(5)请不要随地吐痰.

(6)祝你一路顺风.

(7)明天你上学吗？

这些语句不能分辨真假；因此不是命题. 一般而言，自然语言中的祈使句、感叹句及疑问句等都不是命题.

定义 14.2　凡不能分解为更简单的命题，称为**原子命题**，或简称为**原子**.

一般地，原子命题是一种简单陈述句. 如下面的语句是命题，但都不是原子命题：

(8)花是红的、叶是绿的.

(9)昨天我上学，放学后做作业.

这两个语句都是命题，都可以分解为更简单的命题.

① 花是红的.

② 叶是绿的.

③ 昨天我上学.

④ 昨天放学后我做作业.

因此，(8)与(9)都不是原子命题.

原子命题是命题逻辑研究的基本单位.由于原子命题的简单性与确定性,从而为命题逻辑的研究提供了坚实的基础.在命题逻辑中,可以用大写字母 $P,Q,\cdots$ 等表示命题,称为**命题标识符**.如,

P:今天是我的生日.

Q:杨振宁是著名的物理学家.

由于每个命题非真即假.在命题逻辑中可用 T 表示真,F 表示假;称为命题的真值.为构作符号体系,在命题逻辑中抽取命题的语义仅保留命题标识符及其真值;从而构成一种抽象意义上的命题;它可由命题常量与命题变量组成.

定义 14.3　一个具有确定真值(T 或 F)的命题称为**命题常量**或**命题常元**.

定义 14.4　一个以 T,F 为其变域的命题称为**命题变量**或称**命题变元**.

可以对命题变量赋值,即用真值赋予命题变量.经赋值后的变量即为常量,而这种赋值称为**指派**.

经过抽象后的命题具有广泛意义和价值.下面可以用两个例子说明.

例 14.1　在开关电路中,一个开关具有开与关两种状态.这个开关可用符号 P 表示并具有 T 与 F 两个真值,因此是一个命题.

例 14.2　在现代数字电路基本元器件中,如触发器,是一种双稳态器件.它具有高、低电平两种状态.这种触发器可用符号 P 表示,并具有 T 与 F 两个真值,因此是一个命题.

进一步地,可以将命题概念推广至具有二值变元的系统中,从而使命题及命题逻辑的应用范围扩展到很多方面,包括在计算机组成体系、软件以及人工智能等多个方面.

14.2　命题联结词

在自然语言中,命题间可以通过某些联结词联结起来的,构成一种较为复杂的命题,称为**复合命题**.

定义 14.5　由原子命题通过联结词所构成的命题称为复合命题.

常用的联结词有五种,如“否定”、“并且”、“或者”、“蕴含”及“等价”等.

(1)否定.“否定”是一元联结词.其作用对象仅为一个命题,使该命题出现相反的语义.如命题“今天下雨”,加上否定联结词后即成为“今天不下雨”.

在命题逻辑中,将此联结词符号化,建立起符号体系.具体为:

① 用 $P,Q,\cdots$ 等标识符表示命题;

② 用“$\neg$”表示“否定”联结词;

③ 用“$\neg P$”表示否定作用于命题;

④ 用真值表(见表 14-1)表示“否定”的形式语义.

表 14-1　“否定”真值表

P	$\neg P$
T	F
F	T

$\neg P$ 一般为 P 的否定式;而 P 则称为此否定式的否定项.在自然语言中,“否定”往往可用“不”、“非”、“无”、“没有”、“并不”等表示.

例 14.3　“被告在法庭上否认了他的罪行”.

可令 P 为“被告在法庭上承认了他的罪行”;则原语句为复合语句 $\neg$P.

例 14.4　“他昨天没有参加赈灾义演”.

可令 P 为“他昨天参加了赈灾义演”;则原语句为复合语句 $\neg P$.

(2)并且.“并且”联结词又称**合取**,是二元联结词;其作用对象为两个命题;即用“并且”联结两

个命题. 如有命题“今天我看电视”,“今天我听音乐”,则联结词“并且”将其联结为“今天我看电视并且今天我听音乐”. 在命题逻辑中可将此联结词符号化,并构作符号体系如下:

① 用 $P,Q,\cdots$ 等标识符表示命题;

② 用“∧”表示“并且”联结词;

③ 用“$P\wedge Q$”表示该联结词作用于两个命题;

④ 用真值表(见表 14-2)表示“并且”的形式语义.

形式“$P\wedge Q$”一般称为 P 与 Q 的**合取式**;P,Q 分别称为合取式的**合取项**.

在自然语言中,“并且”往往可有多种不同表示形式. 如“同时”、“和”、“与”、“同”、“以及”、“而且”、“不但…而且”、“又”、“既…又…”、“尽管…仍然”、“虽然…依旧…”等.

表 14-2 “并且”真值表

P	Q	$P\wedge Q$
T	T	T
T	F	F
F	T	F
F	F	F

例 14.5 “尽管他有病但他仍坚持工作”.

在此语句中,可令 P 为“他有病”,Q 为“他坚持工作”. 则原语句为复合命题 $P\wedge Q$.

例 14.6 “他边看书边听音乐”.

在此语句中,可令 P 为“他看书”, Q 为“他听音乐”;则原语句为复合命题 $P\wedge Q$.

例 14.7 “鱼我所欲也,熊掌亦我所欲也”.

在此语句中,可令 P 为“鱼我所欲也”,Q 为“熊掌我所欲也”;则原语句为复合命题 $P\wedge Q$.

(3)或者. “或者”联结又称析取,是二元联结词. 其作用对象为两个命题. 即用“或者”联结两个命题. 如有命题“今天我看书”,“今天我写字”,则联结词“或者”将其联结为“今天我看书或写字”. 在命题逻辑中可将此联结词符号化,并构造符号体系如下:

① 用 P,Q,…等标识符表示命题;

② 用“∨”表示“或者”联结词;

③ 用“$P\vee Q$”表示该联结词作用于两个命题;

④ 用真值表(见表 14-3)表示“或者”的形式语义.

$P\vee Q$ 一般称为 P 与 Q 的**析取式**;P,Q 分别称为析取式的**析取项**.

在自然语言中“或者”往往有多种不同表示形式. 如“或许”、“或”、“可能”、“可能…可能…”等.

表 14-3 “或者”真值表

P	Q	$P\vee Q$
T	T	T
T	F	T
T	F	T
F	F	F

例 14.8 “我明天可能去上课也可能去打球”.

在此语句中,可令 P 为“我明天去上课”,Q 为“我明天去打球”;则原语句为复合命题 $P\vee Q$.

例 14.9 “明天可能打雷也可能下雨”.

在此语句中,可令 P 为“明天打雷”,Q 为“明天下雨”;则原语句为复合命题 $P\vee Q$.

(4)蕴含. “蕴含”是二元联结词;其作用对象为两个命题. 可用“如果…则…”将两个命题联结在一起. 如有命题“明天下雨”,“明天取消旅游”;则可用“蕴含”将其联结为“如果明天下雨,则明天取消旅游”. 在命题逻辑中,可将此联结词符号化,并构造符号体系如下:

① 用 P,Q,…等标识符表示命题;

② 用“→”表示“蕴含”联结词;

③ 用“$P\rightarrow Q$”表示该联结词作用于两个命题;

④ 用真值表(见表14-4)表示蕴含的形式语义.

$P \to Q$一般可称为P与Q的**蕴含式**,或称P蕴含Q. P称为$P \to Q$的**前件**,Q称为**后件**.

表14-4 "蕴含"真值表

P	Q	$P \to Q$
T	*T*	*T*
T	*F*	*F*
F	*T*	*T*
F	*F*	*T*

在自然语言中,"蕴含"联结词往往有多种不同表示形式. 如:"当…则…","若…那么…","假如…那么…","倘若…就…"等.

例14.10 "如果他生病他就不去参加会议".

在此语句中,可令P为"他生病",Q为"他不去参加会议". 则原语句为复合命题$P \to Q$.

例14.11 "如$X>8$则必有$X-8>0$".

在此语句中,可令P为"$X>8$",Q为"$X-8>0$". 则原语句为复合命题$P \to Q$.

在自然语言中,蕴含式的前件与后件间一般具有因果关系. 如例14.10,14.11中均有因果关系. 但在数理逻辑中,则不一定具有任何关系;它们只按真值表的形式定义其真假.

此外,在蕴含式中,一般我们看重的是当前件为*T*时的后件表示;而对前件为*F*时则认为后件并不重要. 此时采用"善意判定"的方法,即当前件为*F*时,则后件不管是*T*或*F*,其结果均为*T*. 如在例14.10中,看重的是"他生病"为*T*时他是否参加会议. 而当他不生病时,并不关心其是否参加会议.

(5)等价. "等价"是二元联结词,其作用对象为两个命题;即用"等价"联结两个命题于一起. 如有命题"$5+3=8$","$8-5=3$",则等价联结词将其联结为"$5+3=8$等价于$8-5=3$". 在命题逻辑中,可将此联结词符号化,并构造符号体系如下:

① 用P,Q,…等标识符表示命题;

② 用"$\leftrightarrow$"表示等价联结词;

③ 用"$P \leftrightarrow Q$"表示该联结词作用于两个命题;

④ 用真值表(见表14-5)表示等价的形式语义.

表14-5 "等价"真值表

P	Q	$P \leftrightarrow Q$
T	*T*	*T*
T	*F*	*F*
F	*T*	*F*
F	*F*	*T*

$P \leftrightarrow Q$一般可称为P与Q的**等价式**,P,Q分别称$P \leftrightarrow Q$的**两端**.

在自然语句中等价联结词往往有多种不同表示形式. 如:"充分必要"、"相同"、"等同"、"相等"、"一样"、"只有…才能…"、"当且仅当"等.

例14.12 "只有充分休息才能消除疲劳".

在此语句中可令P为"充分休息",Q为"消除疲劳";则原语句为复合命题$P \leftrightarrow Q$.

例14.13 "生命不息,奋斗不止".

在此语句中可令P为"生命不息",Q为"奋斗不止";则原语句为复合命题$P \leftrightarrow Q$.

14.3 命题公式

由自然语言出发归结出命题与命题联结词两个概念,并将其符号化,从而构成初步的符号体系. 从本节开始,将脱离自然语言实际,逐步建立其形式化系统. 这种系统建立的首要步骤是构造形式化的命题公式.

定义14.6 命题逻辑合式公式,或称**命题公式**,或简称**公式**,可按如下规则生成:

(1)命题变元与命题常元是公式;

(2)如果P是公式则$(\neg P)$是公式;

(3)如果 P,Q 是公式则$(P\vee Q)$,$(P\wedge Q)$,$(P\rightarrow Q)$及$(P\leftrightarrow Q)$是公式;

(4)公式由且仅由有限次应用(1)、(2)、(3)而得.

从形式上看,命题公式是由命题变元、命题常元,五个联结词以及圆括号按一定规则所组成的符号串.按照上述定义,符号串

$$\neg(P\vee Q)、(P\rightarrow(Q\wedge R))、(((P\wedge Q)\vee(P\wedge R))\rightarrow R)$$

是公式.

而符号串

$$((\neg P)\neg\rightarrow Q)、(PQ\vee R)$$

则不是公式.

为表示简单化,在公式中的圆括号是可以省略的,其规则如下:

(1)规定五个联结词的结合能力的强弱顺序为:¬、∧、∨、→、↔.其中¬为最强而↔为最弱.在公式中凡符合此顺序者,括号均可省去.

(2)具有相同结合能力的联结词,按其出现的先后顺序,先出现者先联结;凡符合此要求者,其括号均可除去.

(3)最外层括号可省去.

例 14.14 将下面的公式省去括号

$$(\neg(P\wedge(\neg(Q))\vee R)(\rightarrow(R\vee P)\vee R))$$

省去括号后该公式为

$$\neg(P\wedge\neg Q)\vee R\rightarrow R\vee P\vee Q$$

定义 14.7 一个命题公式中如包含有 n 个不同命题变元,则称该命题公式为 n 元命题公式.

有了命题公式后,可以用它表示自然语言及形式思维的多种形态;也可以表示客观世界中具二值状态的系统.下面举一些例子.

例 14.15 "明天上午不是雨夹雪我将去学校".

令 P 为"明天上午下雨",Q 为"明天上午下雪",R 为"我去学校".则原语句可以用命题公式表示为 $\neg(P\wedge Q)\rightarrow R$.

例 14.16 "明天我将风雨无阻去学校".

令 P 为"明天下雨",Q 为"明天刮风",R 为"我去学校".则原语句可以用命题公式表示为 $P\wedge Q\vee P\wedge\neg Q\vee\neg P\wedge Q\vee\neg P\wedge\neg Q\rightarrow R$.

例 14.17 "他不但外表美他的心灵也美".

令 P 为"他外表美",Q 为"他心灵美".则原语句可以用命题公式表示为 $P\wedge Q$.

例 14.18 "凡进入机房者必须换拖鞋、穿工作服;否则罚款 100 元".

令 P 为"某人进入机房",Q 为"某人换拖鞋",R 为"某人穿工作服",S 为"某人罚款 100 元".则原语句可以用命题公式表示为$\neg(P\rightarrow Q\wedge R)\rightarrow S$.

一般而言,将自然语言转换成为命题公式须经过下面三个步骤:

① 首先找出语句中的原子命题,并以命题标识符表示;

② 其次确定命题间的联结词(按其真值表方式定义);

③ 最后用命题公式的定义规则(还包括括号省略方式)组成一个合式公式.

14.4 命题公式的真值表与重言式

命题公式是有"真"、"假"的;其真假值由组成它的命题变元唯一确定.一般可用真值表的方法

以确定命题公式的真假值. 此种真值表称为**命题公式真值表**.

一个 n 元命题公式的真值由 n 个命题变元唯一确定；设它们分别是：$P_1, P_2, \cdots, P_n$. 给它们一个指派后可以得到命题公式的一个真值. n 个变元一共有 2^n 个指派；一共可以得到命题公式的 2^n 个真值. 这 2^n 个真值组成了命题公式的真值表. 对每个指派所能得到命题公式真值的过程，是从指派中的真值开始按联结词逐层计算，最终获得其结果.

一个指派若使公式为真，则称为**成真指派**；若使公式为假，则称为**成假指派**. 下面用一个例子以说明命题公式的真值表的组成.

例 14.19　构造命题公式 $\neg(P\wedge Q)\rightarrow\neg(\neg P\wedge\neg Q)$ 的真值表.

首先，此公式有两个命题变元，故共有 $2^2=4$ 个指派. 其次，对其中每个指派分别按联结词层次顺序计算其真值，

(1) P, Q

(2) $P\wedge Q, \neg P, \neg Q$

(3) $\neg(P\wedge Q), \neg P\wedge\neg Q$

(4) $\neg(P\wedge Q)\rightarrow\neg P\wedge\neg Q)$

最后，得到公式所有指派的真值. 其最终的命题公式真值表可如表 14-6 所示.

表 14-6　命题公式 $\neg(P\wedge Q)\rightarrow(\neg P\wedge\neg Q)$ 的真值表

P	Q	$P\wedge Q$	$\neg P$	$\neg Q$	$\neg(P\wedge Q)$	$\neg P\wedge\neg Q$	$\neg(P\wedge Q)\rightarrow(\neg P\wedge\neg Q)$
T	T	T	F	F	F	F	T
T	F	F	F	T	T	F	F
F	T	F	T	F	T	F	F
F	F	F	T	T	T	T	T

由命题公式真值表可以得到一个很重要的概念. 这就是命题重言式，或简称重言式. 先从一个例子开始介绍.

例 14.20　请给出命题公式 $\neg(P\rightarrow Q)\rightarrow P$ 的真值表.

该公式的真值表如表 14-7 所示.

表 14-7　命题公式 $\neg(P\rightarrow Q)\rightarrow P$ 的真值表

P	Q	$P\rightarrow Q$	$\neg(P\rightarrow Q)$	$\neg(P\rightarrow Q)\rightarrow P$
T	T	T	F	T
T	F	F	T	T
F	T	T	F	T
F	F	T	F	T

从这个真值表中可以看到一个很有趣的结果，即对此公式，所有指派均取值为真；亦即是说，公式的真值与指派无关；这种公式就称之为重言式.

定义 14.8　一个命题公式如其所有指派均为成真指派，则称此类公式为**重言式**. 或称**永真公式**.

相反，有类似的定义.

定义 14.9　一个命题公式如其所有指派均为成假指派，则称此类公式为**矛盾式**，或称**永假公式**.

此外，命题公式还有第三种情况.

定义 14.10　一个命题公式至少存在一个成真指派，则称此类公式为**可满足公式**.

任一命题公式必为上三种公式之一.即,或者为重言式,或者为矛盾式,或者为可满足公式.在这三种公式中,最为关注的是重言式.重言式具有稳定的结果与统一的表示.它在命题逻辑中起着重要的作用.

下面给出重言式的一些重要特性.

(1)重言式的否定是矛盾式;反之,矛盾式的否定是重言式;

此特性表示,研究重言式与研究矛盾式是一致的.

(2)两个重言式的析取式、合取式、蕴含式及等价式均为重言式.

如 A,B 为重言式,则 $A\wedge B, A\vee B, A\rightarrow B, A\leftrightarrow B$ 亦为重言式.

在重言式的研究中,重点研究等价重言式与蕴含重言式;因为它们在逻辑推理中有重要的作用.

定义 14.11 如果等价式 $A\leftrightarrow B$ 为永真,则称其为**等价重言式**,记为 $A\Leftrightarrow B$;它可称为 A 与 B 相等,记为 $A=B$;又可称为 A 与 B 的等式.

例 14.21 可以有下面的等式.

$$(P\wedge Q)\vee(P\wedge\neg Q)= P$$
$$\neg(P\wedge Q)\rightarrow(\neg P\wedge\neg Q)= P\leftrightarrow Q$$

定义 14.12 如果蕴含式 $A\rightarrow B$ 为永真,则称其为**蕴含重言式**,记为 $A\Rightarrow B$.

例 14.22 可以有下面的蕴含重言式.

$$P\wedge Q\Rightarrow P$$
$$P\Rightarrow P\vee Q$$

等式与蕴含重言式间有紧密的联系.可用下面的定理表示.

定理 14.1 等式 $A=B$ 成立的充分必要条件是 $A\Rightarrow B$ 且 $B\Rightarrow A$.

14.5 命题逻辑的基本等式与基本蕴含重言式

为进一步讨论命题逻辑,须首先建立一些基本等式与基本蕴含重言式.

(1)基本等式:基本等式共 28 条,列出如下:

E_1 $(A\vee B)\vee C=A\vee(B\vee C)$ (结合律)

E_2 $(A\wedge B)\wedge C=A\wedge(B\wedge C)$ (结合律)

E_3 $A\vee B=B\vee A$ (交换律)

E_4 $A\wedge B=B\wedge A$ (交换律)

E_5 $A\wedge(B\vee C)=(A\wedge B)\vee(A\wedge C)$ (分配律)

E_6 $A\vee(B\wedge C)=(A\vee B)\wedge(A\vee C)$ (分配律)

E_7 $A\rightarrow(B\rightarrow C)=(A\rightarrow B)\rightarrow(A\rightarrow C)$ (分配律)

E_8 $A\rightarrow(B\rightarrow C)=(A\rightarrow B)\wedge(A\rightarrow C)$ (分配律)

E_9 $\neg\neg A=A$ (双否定律)

E_{10} $\neg(A\vee B)=\neg A\wedge\neg B$ (德·摩根定律)

E_{11} $\neg(A\wedge B)=\neg A\vee\neg B$ (德·摩根定律)

E_{12} $\neg(A\leftrightarrow B)=\neg A\leftrightarrow B=A\leftrightarrow\neg B$ (双条件转化律)

E_{13} $A\wedge A=A$ (等幂律)

E_{14} $A\vee A=A$ (等幂律)

E_{15} $A\wedge\neg A=\mathrm{F}$ (矛盾律)

E_{16}　$A \vee \neg A = \mathrm{T}$　（排中律）

E_{17}　$\mathrm{T} \wedge A = A$　（同一律）

E_{18}　$\mathrm{F} \wedge A = \mathrm{F}$　（零律）

E_{19}　$\mathrm{T} \vee A = \mathrm{T}$　（零律）

E_{20}　$\mathrm{F} \vee A = A$　（同一律）

E_{21}　$A \to B = \neg A \vee B$　（条件转化律）

E_{22}　$A \leftrightarrow B = (A \to B) \wedge (B \to A) = (\neg A \vee B) \wedge (\neg B \vee A)$

$= (A \wedge B) \vee (\neg A \wedge \neg B)$　（双条件转化律）

E_{23}　$(A \to B) \wedge (A \to \neg B) = \neg A$　（归谬律）

E_{24}　$(A \vee B) \to C = (A \to C) \wedge (B \to C)$

E_{25}　$A \to B = \neg B \to \neg A$　（条件转化律）

E_{26}　$A \vee (A \wedge B) = A$　（吸收律）

E_{27}　$A \wedge (A \vee B) = A$　（吸收律）

E_{28}　$A \to (B \to C) = (A \wedge B) \to C$　（输出律）

(2)基本蕴含重言式：下面列出13个基本蕴含重言式：

I_1　$A \wedge B \Rightarrow A$

I_2　$A \wedge B \Rightarrow B$

I_3　$A \Rightarrow A \vee B$

I_4　$B \Rightarrow A \vee B$

I_5　$\neg A \wedge (A \vee B) \Rightarrow B$

I_6　$A \wedge (A \to B) \Rightarrow B$

I_7　$\neg B \wedge (A \to B) \Rightarrow \neg A$

I_8　$(A \to B) \wedge (B \to C) \Rightarrow A \to C$

I_9　$(A \to B) \wedge (C \to D) \Rightarrow A \wedge C \to B \wedge D$

I_{10}　$(A \vee B) \wedge (A \to C) \wedge (B \to C) \Rightarrow C$

I_{11}　$A \Rightarrow (B \to A \wedge B)$

I_{12}　$(A \to B) \wedge (A \to \neg B) \Rightarrow \neg A$

I_{13}　$(A \to B) \Rightarrow (A \wedge C \to B \wedge C)$

此外，由于一个等式可推演出两个蕴含重言式；因此，由前面的28个基本等式可以推得56个蕴含重言式. 如可由基本等式 E_{21} $A \to B = \neg A \vee B$ 可得到两个蕴含重言式，

$$IE_{21}\ A \to B \Rightarrow \neg A \vee B$$

$$IE'_{21}\ \neg A \vee B \Rightarrow A \to B$$

故而蕴含重言式一共可有13＋56＝69个.

(3)基本等式与基本蕴含重言式的应用：可以用基本等式与基本蕴含重言式作一些简单的应用推理. 为此首先要介绍两个定理.

定理 14.2　设有等式 $A = B, B = C$，则必有 $A = C$.

定理 14.3　设有 $A \Rightarrow B, B \Rightarrow C$，则必有 $A \Rightarrow C$.

可以运用这两个定理构作简单的应用推理.

例 14.23　证明等式 $(P \vee Q) \to R = (P \to R) \wedge (Q \to R)$.

证明： $(P \vee Q) \to R = \neg (P \vee Q) \vee R$　(E_{21})

$= (\neg P \wedge \neg Q) \vee R$　(E_{10})

$$=(\neg P\vee R)\wedge(\neg Q\vee R) \qquad (E_3,E_6)$$

$$=(P\to R)\wedge(Q\to R) \qquad (E_{21})$$

推理结束.从而得到等式$(P\vee Q)\to R=(P\to R)\wedge(Q\to R)$.

例 14.24 已知常识,

(1)吸烟者必吸入大量尼古丁;

(2)吸入大量尼古丁必引发肺癌.

请问,结论“不得肺癌的一定不是吸烟者”是否正确?

解:设 P 为“某某为吸烟者”;Q 为“某某吸入大量尼古丁”;R 为“某某有肺癌”.

此时上述例题可写为,

(1)$P\to Q$

(2)$Q\to R$

同时有:

$(P\to Q)\wedge(Q\to R)\Rightarrow P\to R \qquad (I_8)$

$P\to R\Rightarrow\neg R\to\neg P \qquad (IE_{25})$

而$\neg R\to\neg P$ 即表示:“不得肺癌的一定不是吸烟者”.由此,结论是正确的.

14.6 命题逻辑的推理

推理是数理逻辑研的重点内容.本节介绍命题逻辑的推理问题.

为介绍推理,先从数学推理说起.在数学中,根据一些已知条件经过证明最终可以得到定理.这是一种典型的推理.由此可知,推理由三个部分组成.

(1)假设,就是已知条件,也称前提.在命题逻辑中,假设是命题公式,并设其为真.一般地,假设可有多个.

(2)结论,就是定理.结论是一个命题公式,通过证明而确定其为真.

(3)推理过程,就是证明.推理过程是由假设到结论的一种实施过程.为此提供两种手段,一个是推理规则;另一个是推理方法.

在命题逻辑中,推理用形式化方法实现;即用公式表示假设与结论;而推理规则与推理方法也用一定的形式化手段表示.这样,整个推理就构成一种形式化系统.下面重点介绍推理规则与推理方法的形式化问题.

1. 推理规则

推理规则是证明中使用的一种形式化手段;由蕴含重言式改造而成.在命题逻辑中,有很多蕴含重言式具有 $A\Rightarrow B$ 的形状;表示“如 A 为真则 B 必为真”;也即表示“由 A 为真必可推得 B 为真”,或说“由 A 推得 B”;用符号“$\vdash$”表示推理、推出之意.因此,“由 A 推得 B”可写为

$$A\vdash B$$

如此,由 $A\Rightarrow B$ 必可得到推理规则 $A\vdash B$,也可以写为 $\dfrac{A}{B}$.

而由 $A\wedge B\Rightarrow C$ 可得推理规则 $A,B\vdash C$;它也可写为

$$\begin{array}{c}A\\ \underline{B}\\ C\end{array}$$

一般地,由 $A_1\wedge A_2\wedge\cdots\wedge A_n\Rightarrow B$ 可得推理规则 $A_1,A_2,\cdots,A_n\vdash B$;它也可写为

$$\begin{array}{c} A_1 \\ A_2 \\ \cdots \\ \underline{A_n} \\ B \end{array}$$

在命题逻辑中，有很多蕴含重言式；应用这些重言式可以得到很多推理规则. 但是，在这些推理规则中下面的 13 个较为重要. 它们是由 $I_1 \sim I_{13}$ 所形成的规则；现列出如下：

R_1　化简规则：$A \wedge B \vdash A$；

R_2　化简规则：$A \wedge B \vdash B$；

R_3　附加规则：$A \vdash A \vee B$；

R_4　附加规则：$B \vdash A \vee B$；

R_5　析取三段论规则：$\neg A, A \vee B \vdash B$；

R_6　假言推理规则(分离规则)：$A, A \rightarrow B \vdash B$；

R_7　拒取式规则：$\neg B, A \rightarrow B \vdash \neg A$；

R_8　假言三段论规则：$A \rightarrow B, B \rightarrow C \vdash A \rightarrow C$；

R_9　合取推理规则：$A \rightarrow B, C \rightarrow D \vdash A \wedge C \rightarrow B \wedge D$；

R_{10}　两难推理规则：$A \vee B, A \rightarrow C, B \rightarrow C \vdash C$；

R_{11}　合取引入规则：$A, B \vdash A \wedge B$；

R_{12}　归谬推理规则：$A \rightarrow B, A \rightarrow \neg B \vdash \neg A$；

R_{13}　简单合取推理规则：$A \rightarrow B \vdash A \wedge C \rightarrow B \wedge C$.

在这些推理规则中，A, B, C 等均视为公式. 此外，由蕴含重言式所得到的推理规则可在蕴含重言式前加 R 表示之. 例如，由 IE'_{21} 所形成的推理规则可表示为 RIE'_{21}

2. 推理方法

在证明中，须有一种形式化的方法以规范推理过程，称**推理方法**. 推理是一个由假设(或前提)通过推理而得到结果的过程. 这种过程可形式化为一组公式序列 $C_1, C_2, \cdots, C_n$. 在该序列中，只允许出现按下面三个引入规则所引入的公式.

(1)假设引入规则 P. 在 C_i 中允许出现假设；

(2)推理引入规则 T. 在 C_i 中允许使用推理规则，推理规则的结果允许在 C_i 中出现；

(3)附加假设引入规则 CP. 若待证结论有 $P \rightarrow Q$ 之形式，则可将 P 作为附加假设引入，并允许出现在 C_i 中. 此时，如有 Q 出现在 C_i 中，则结论 $P \rightarrow Q$ 成立.

这样，在给出假设下，整个推理过程是由一个公式序列 $C_1, C_2, \cdots, C_n$ 所组成. 该序列中的公式按 P 规则、T 规则及 CP 规则规定设置，最后 C_n 为所得结论；称为定理.

下面给出几个有关的例子.

例 14.25　有假设 $P \vee Q$、$Q \rightarrow R$、$P \rightarrow S$、$\neg S$；试证明 $R \wedge (P \vee Q)$ 为定理.

证明：$C_1: P \rightarrow S$　　P

$C_2: \neg S$　　P

$C_3: \neg P$　　T：拒取式　C_1, C_2

$C_4: P \vee Q$　　P

$C_5: Q$　　T：析取三段论　C_3, C_4

$C_6: Q \rightarrow R$　　P

$C_7: R$　　T：假言推理　C_5, C_6

$C_8: R \wedge (P \vee Q)$　　T：合取引入　C_4, C_7

例 14.26 已知假设$\neg P\vee Q$、$\neg Q\vee R$、$R\to S$;试证明$P\to S$为定理.

证明:$C_1:\neg P\vee Q$ P

$C_2:P\to Q$ $T:RIE'_{21},C_1$

$C_3:\neg Q\vee R$ P

$C_4:Q\to R$ $T:RIE'_{21},C_3$

$C_5:P\to R$ T:假言三段论 C_2,C_4

$C_6:R\to S$ P

$C_7:P\to S$ T:假言三段论 C_5,C_6

例 14.27 某女子深夜路上被杀害,初步查证凶手为某甲或某乙;后经进一步查实,某乙当晚在厂值班未外出,从而最终确认凶手必为某甲,试证明之.

解:设命题,

P:某甲是凶手,Q:某乙是凶手,R:某乙当晚外出.

此时有假设:$P\vee Q,\neg R,Q\to R$;而须求证的结论为P.其推理过程为,

$C_1:Q\to R$ P

$C_2:\neg R$ P

$C_3:\neg Q$ T:拒取式 C_1,C_2

$C_4:P\vee Q$ P

$C_5:P$ T:析取三段论 C_3,C_4

例 14.28 有张、王、李、赵四人为同班同学.有如下的事实,如张与王去看球赛,则李也一定去看;现有张去看球赛或赵不去看球赛;王去看球赛.此时有结论:如赵去看球赛,则李也去.试求证此结论.

解:设命题,

P:张看球赛,Q:王看球赛,R:李看球赛,S:赵看球赛.

此时有假设$(P\wedge Q)\to R$,$\neg S\vee P$,Q;须求证结论为$S\to R$.其推理过程为

$C_1:\neg S\vee P$ P

$C_2:S\to P$ $T:RIE'_{21},C_1$

$C_3:S$ CP

$C_4:P$ T:分离规则 C_2,C_3

$C_5:Q$ P

$C_6:P\wedge Q$ T:合取引入规则 C_4,C_5

$C_7:P\wedge Q\to R$ P

$C_8:R$ T:分离规则 C_6,C_7

在证明中,CP规则是一个很重要的规则.为说明此点,再用一个例子说明.

例 14.29 试证$(P\to(Q\to R))\to(Q\to(P\to R))$为定理.

解:在此证明中,假设为空,结论为$(P\to(Q\to R))\to(Q\to(P\to R))$.其推理过程为,

$C_1:P\to(Q\to R)$ CP

$C_2:Q$ CP

$C_3:P$ CP

$C_4:Q\to R$ T:分离规则 C_1,C_3

$C_5:R$ T:分离规则 C_2,C_4

一般而言,CP规则用于结论为蕴含式的时候,可将其蕴含式前件作假设,而只剩后件作结论;

从而实现了增加已知成分，减少未知成分的目的；使证明变得更为简单、方便.

14.7　小　　结

本章研究以命题为对象，以命题的符号体系、形式系统及推理方法为目标的逻辑.

(1)语言研究：命题、命题联结词.

(2)符号体系：命题变量、命题常量、命题联结词真值表.

(3)形式系统：命题公式.

(4)推理：

① 推理组成：假设、证明、定理；

② 推理规则：常用 13 条规则；

③ 推理方法：P 规则、T 规则、及 CP 规则.

(5)本章重点：推理.

习　题　14

1. 将下列语句用命题公式表示：

(1)若要人不知除非己莫为.

(2)黄色染料与红色染料合成为棕色或橙色染料.

(3)天黑了，外面有狼，你还是在这里过一宿吧.

(4)不劳动者不能食.

2. 用真值表方法证明下列各题：

(1)$P \to Q = \neg P \vee Q$

(2)$P \to (Q \to R) = Q \to (P \to R)$

3. 将下面语句化简：

(1)你去不去都没有关系.

(2)我没有去接你是不对的，而你没有等我也是不对的.

4. 与命题公式 $P \to (Q \to R)$ 等值的公式是下列 4 个中的哪一个？

(1)$(P \vee Q) \to R$；　(2)$(P \wedge Q) \to R$；　(3)$(P \to Q) \to R$；　(4)$P \to (Q \vee R)$.

5. 命题公式 $(P \wedge Q) \to P$ 是下列 4 种中的哪一个？

(1)永真式；　(2)可满足式；　(3)矛盾式；　(4)(1)～(3)以外类型

6. 试证明下列各式：

(1)假设：$P, Q, P \to (Q \to R)$

结论：$R \vee S$；

(2)假设：$P \to (Q \to R), Q \to (R \to S), P \wedge Q$

结论：S；

(3)假设：$P \to (Q \to R), S \to P, Q$

结论：$S \to R$；

(4)假设：$P \vee Q \to R \wedge S, S \vee T \to U$

结论：$P \to U$.

第15章 谓词逻辑

命题逻辑中的基本研究单位是原子命题，原子命题是不能再分割的；但是，在对形式逻辑的进一步研究中发现，这种研究单位是非常不够的；只有对命题作更进一步分解，形式逻辑的研究才有进一步深入的可能. 谓词逻辑正是为此而生的. 在命题逻辑基础上进一步对命题作深入分解与研究，并建立起一种新的逻辑体系，称为谓词逻辑.

谓词逻辑以个体为研究对象，研究基于谓词的符号体系、形式系统以及推理方法.

15.1 谓词逻辑的三个基本概念

与命题逻辑类似，先从自然语言讲起. 一个命题一般表示一个陈述句；而一个陈述句往往有主语、谓词、宾语等成分；此外，还有刻画数量与表示关系等成分. 因此，在自然语言中一般可以将一个命题分解成为“个体”、“谓词”与“量词”等三个部分. 如下面的语句：

(1)中国代表团访问美国.

(2)王强是大学生.

(3)所有人必死.

(4)有些人长寿，有些人短命.

在这些句子中，“中国代表团”、“美国”、“王强”、“人”等都是命题的独立客体，称为个体；“…访问…”、“…是大学生”、“…必死”、“…长寿”、“…短命”等都是命题中刻画个体性质与关系的词，称为谓词；“所有”、“有些”等是与个体数量有关的词，称为量词.

1. 个体

个体是命题中的独立的客体，是命题的核心. 命题的所有成分都是以个体为讨论对象的. 谓词刻画个体的性质与关系，量词刻画个体的数量特性. 因此个体无疑是命题中最重要的成分. 一个命题中至少要有一个个体，也可以有多个个体.

个体可以是具体的，也可以是抽象的，如鲜花、电视机、浙江省、孙中山、自然数、阿司匹林、电脑等是个体.

在谓词逻辑中，可对个体作符号化处理. 个体可分为个体常量（或常元）与个体变量（或变元），个体常量是确定的个体；个体变量则是有待确定的个体. 个体可以用符号来表示. 如，

个体常量可以用小写拉丁字母 $a,b,c,\cdots$ 等表示；

个体变量可以用小写拉丁字母 $x,y,z,\cdots$ 等表示.

个体变量有一个变化范围，称**个体域**；一般用 D 表示. 个体域可以是有限的，也可以是无限的. 为方便起见，可以把所有个体聚集在一起构成一个统一的个体域，称**全总个体域**.

2. 谓词

谓词是命题的必需成分，刻画个体性质与关系. 谓词按其与个体的数量关系可分为一元谓词，二元谓词与多元谓词. 一元谓词刻画一个个体的性质；二元、多元谓词刻画二个个体及多个个体间的关系. 如 "…访问…. "是二元谓词. 它刻画两个个体间的"访问"关系. 无个体的谓词称为**零元谓词**，是不可分割的命题.

单纯的谓词一般没有独立语义，如"…是大学生"、"…访问…"等. 只有将谓词与个体相结合才能构成命题. 如"王强是大学生"、"中国代表团访问美国"等. 因此，一般都是将谓词与个体结合在一起.

在谓词逻辑中，可对谓词作符号化处理，谓词的符号可用大写拉丁字母 $P,Q,R,\cdots$. 等表示；用 $P(\ )$表一元谓词，用 $P(\ ,\ )$表二元谓词，用 $P(\ ,\ ,\ )$表三元谓词，依此类推，用$P(\ ,\ ,\cdots,\ )$表 n 元谓词. 为书写方便，可以在谓词的空位中填以若干变元，即用 $P(x)$，$P(x,y)$，$P(x,y,z)$以及 $P(x_1,x_2,\cdots,x_n)$分别表示一元、二元、三元及多元谓词，并称为**谓词命名式**，或简称**谓词**.

一个带个体的谓词称为谓词填式，是一个命题. 因此，它有真假之分；但是，只有当谓词中的个体均为确定时，它的真值才能确定.

由此，可以将一个命题分解为个体与谓词两个部分；并可用符号化形式表示. 下面用几个例子说明.

例 15.1　王强是大学生.

解：令 $P(x)$表示"x 是大学生"，a 表示王强；则原语句可写为 $P(a)$.

例 15.2　中国贸易代表团访问美国.

解：令 $P(x,y)$表示"x 访问 y"，a 表示中国贸易代表团，b 表示美国；则原语句可写为 $P(a,b)$.

例 15.3　这幢大楼建成了.

解：令 $P(x)$表示"x 建成了"，$G(x)$表示"x 是大的"，$H(x)$表示"x 是楼"，a 表示这幢；则原语句可写为 $P(a)\wedge G(a)\wedge H(a)$.

3. 量词

在命题中光有个体与谓词是不够的，还需要量词.

量词刻画个体量的特性；这种特性包括数量的有与无，全体与部分这两种. 其中，刻画个体数量的有与无的量词称为**存在量词**；刻画个体数量上全体与部分的量词称为**全称量词**.

存在量词一般是诸如："存在"、"有些"、"部分"、"一些"等词；全称量词是诸如"全部"、"全体"、"所有"、"任何"等词.

量词可用符号表示. 存在量词用 $\exists x(\ )$表示；全称量词用 $\forall x(\ )$表示. 其中，$\exists x(\ )$表示对( )内的公式存在一些个体 x 使其为真；$\forall x(\ )$表示对( )内的公式中的所有个体 x 均使其为真. 量词后的括号给出了该量词所作用的区域，称为**量词辖域**；x 称为量词的**指导变元**.

量词中的个体与其个体域有关. 如下面的量词：

(1)所有植物均进行光合作用.

(2)所有学生都须上课.

(3)有些工厂已濒临破产.

在这三个谓词中，第一个个体的个体域是植物，第二个是学生，第三个是工厂. 几乎每个量词中的个体域均不相同；因此，一般在表示量词时须对其指导变元的变化范围加以说明. 有时为方便起见，可用全总个体域作为统一的个体域；而每个量词中的特殊个体域则用一个一元谓词刻画其变化范围，称**特性谓词**. 对全称量词而言，特性谓词可作为蕴含的前件加入；对存在量词而言，可作为合取式中的合取项加入.

有了量词后，谓词逻辑的表示能力就丰富、广泛与深刻的多了. 下面再举两个例子说明.

例 15.4 所有人必死. 苏格拉底是人，所以他也要死.

解：令 $P(x)$表示"x 是人"，$Q(x)$表示"x 必死"，a 表示苏格拉底；则原语句可写为 $\forall x(P(x)\to Q(x))\to(P(a)\to Q(a))$.

例 15.5 有些人长寿，有些人短命.

解：令 $P(x)$表示"x 是人"，$Q(x)$表示"x 长寿"，$R(x)$表"x 短命"；则原语句可以表示为 $\exists x(P(x)\wedge Q(x))\wedge\exists y(P(x)\wedge R(x))$.

4. 个体的进一步补充

有了上面三个基本概念后，还需对个体变元作进一步的补充；这就是自由变元与约束变元. 在谓词中，往往有多个个体变元. 它们有的由量词约束，有的无量词约束；分别称为**约束变元**与**自由变元**. 这两种个体变元有很大不同；其主要表现是：

(1) 自由变元，是在谓词中不受量词约束的个体变元. 自由变元是真正的变元. 只当自由变元确定后，谓词真假才能确定.

(2) 约束变元，是在谓词中由量词所引入的个体变元. 这种个体变元看似变元，但实际上它不能自由地在个体域内变化. 因此，在谓词中如个体变元是约束的，则该公式为常量.

设有谓词 $P(x)$：$x^2-1=0$，分别考察三个公式 $P(x)$、$\forall xp(x)$、$\exists xP(x)$的真假值，x 的个体域为实数域.

可以发现，

(1) $P(x)$值是可变的，因为 x 是自由变元. 即当 $x=1$ 时，$P(x)$为真；当 $x\neq1$ 时，$P(x)$为假.

(2) $\forall xP(x)$ 和 $\exists xP(x)$的值是确定的、不变的，因为 x 是约束变元. 即有 $\forall xP(x)$ 为假，$\exists xP(x)$为真.

由此可以看出，谓词中自由变元与约束变元有很大的不同；含有自由变元的谓词的值是可变的，由自由变元唯一确定；含有约束变元的谓词的值是确定的.

另外，约束变元是有辖域的. 只有在辖域内的变元才是约束的，超出辖域就不是约束的.

例 15.6 $\forall x(P(x)\to\exists y(R(x,y))$.

公式中的 x 与 y 均是约束的，其中 x 的辖域为 $P(x)\to\exists y(R(x,y))$，y 的辖域为 $R(x,y)$.

例 15.7 $\exists x(P(y))$；

公式中的 y 是自由的；x 虽是约束的，但在辖域内无 x 出现.

例 15.8 $\forall x(P(x))\vee Q(x)$.

公式中的 x 既是约束的，又是自由的. 在量词 $\forall x$ 中 x 的辖域为 $P(x)$；因此，公式中的 x 是约束的. $Q(x)$中的 x 在辖域之外，因此是自由的. 要说明的是，允许公式中的一个变元既是约束的又是自由的. 但是，为表示上的方便与统一，规定在一公式中所有不同变元须有不同符号表示. 如不符合此要求均要对变元符号作更改；更改有两种，一种为改名，另一种为代入.

(1) 改名. 约束变元符号的更改称改名. 改名需遵守一定的规则，称改名规则. 改名规则有以下两条：

① 改名时，需要更改变元符号的范围是量词中指导变元以及该量词辖域中该变元所有约束出现处，公式的其余部分不变；

② 改名时，新更改的符号一定是在量词辖域内和公式内其他处没有出现过的符号.

例 15.9 对公式 $\forall x(P(x)\to Q(x,y))$中 x 改名. 正确的改名是

$$\forall z(P(z)\to Q(z,y))$$

不正确的改名是

$$\forall y(P(y)\rightarrow Q(y,y)) \quad (\text{不符合规则②})$$

(2)代入.自由变元符号的更改称代入.代入需遵守一定的规则,称代入规则.代入规则有以下两条:

① 代入时,须在公式中出现该自由变元符号的每一处进行;

② 代入时,新变元符号不允许在公式的其他处出现.

例 15.10 对公式 $\exists x(P(y))\wedge Q(x,y))$ 中 y 作代入.正确的代入是

$$\exists x(P(z))\wedge Q(x,z))$$

不正确的代入是

$$\exists x(P(x))\wedge Q(x,x))(\text{不符合规则②})$$

$$\exists x(P(z))\wedge Q(x,y))(\text{不符合规则①})$$

若一个公式中有两种个体变元,一个是约束变元,另一个是自由变元;它们均用不同符号表示.公式中真正的变量为自由变量;只有当所有自由变元确定后该公式才是确定的.

15.2 谓词公式

将命题逻辑中的命题进一步分解为个体、谓词及量词后,命题公式的概念也随之扩大成为谓词公式.谓词逻辑将摆脱自然语言的影响,逐步建立其形式化系统;其首要步骤是构造谓词公式.

1. 常用符号

逻辑公式中所使用的六种符号.

(1)个体常量:$a,b,c,\cdots$;

(2)个体变量:$x,y,z,\cdots$;

(3)谓词符:$P,Q,R,\cdots$;

(4)联结词:$\neg,\wedge,\vee,\rightarrow,\leftrightarrow$;

(5)量词符:$\exists,\forall$;

(6)括号:(,).

2. 公式组成

定义 15.1 设 P 是 n 元谓词符,$x_1,x_2,\cdots,x_n$ 为个体变量,则 n 元谓词 $P(x_1,x_2,\cdots,x_n)$ 是原子公式.

定义 15.2

(1)原子公式是公式;

(2)若 A 是公式,则 $(\neg A)$ 是公式;

(3)若 A,B 是公式,则 $(A\vee B)$,$(A\wedge B)$,$(A\rightarrow B)$ 及 $(A\leftrightarrow B)$ 是公式;

(4)若 A 是公式,x 是个体变元,则 $(\forall xA)$,$(\exists xA)$ 为公式;

(5)公式由且仅由有限次使用(1)~(4)而得.

一个公式就是用六种符号按上面三个定义所确定的规则所组成的符号串.

在公式中,所出现的括号可按命题逻辑中的方法省略;在量词的辖域中,$\forall x$ 与 $\exists x$ 的结合能力最强.

按照上面对于公式的定义,下面的符号串是公式

$$(\forall x\,P(y)\wedge\forall z\,Q(x))$$

$$\exists y(\forall x(P(x,y)\rightarrow\forall x(Q(x)))$$

下面的符号串不是公式

$$\forall x(P(x)\rightarrow \forall x(y))$$

$$\exists z(\forall x \exists y \vee P(z))$$

由定义可知，在 n 元谓词中，当 $n=0$ 时该谓词即为命题；而命题公式是谓词逻辑公式的特例. 有了谓词公式后，可以表示与刻画自然语言与形式思维中的多种形态与内在含义. 例如，

例 15.11 没有不犯错误的人.

解：令 $P(x)$ 表示"x 犯错误"，$M(x)$ 表示"x 是人"；此时，原语句可表示为 $\neg\exists x(M(x)\wedge\neg P(x))$.

例 15.12 人人为我，我为人人.

解：令 $P(x,y)$ 表示"x 为 y 服务"，$M(x)$ 表示"x 是人"，a 表示"我"；此时，原语句可表示为 $\forall x(M(x)\rightarrow P(x,a)\wedge P(a,x))$.

例 15.13 凡实数不是大于零就是等于零或小于零.

解：令 $>(x,y)$ 表示"$x>y$"，$<(x,y)$ 表示"$x<y$"，$=(x,y)$ 表示"$x=y$"，$R(x)$ 表示"x 是实数"；此时，原语句可表示为

$$\forall x(R(x)\rightarrow >(x,0)\vee =(x,0)\vee <(x,0))$$

例 15.14 在程序设计语言中，一维整数数组：array $A[1:50]$ 中的每一项均不为零.

解：令 $Z(x)$ 表示"x 为整数"，$A(x)$ 表示"x 是一维数组 A 中的数"，$\geqslant(x,y)$ 表示"$x\geqslant y$"，$\leqslant(x,y)$ 表示"$x\leqslant y$"，$\neq(x,y)$ 表示"$x\neq y$"；此时，原语句可表示为

$$\forall x(Z(x)\wedge\geqslant(x,1)\wedge\leqslant(50,x)\rightarrow\neq(A(x),0))$$

例 15.15 对于所有的自然数 x,y 均有 $x+y\geqslant x$.

解：令 $P(x,y,z)$ 表示"$x+y\geqslant z$"，$N(x)$ 表示"x 为自然数"；此时，原语句可表示为 $\forall x\ \forall y(N(x)\wedge N(y)\rightarrow P(x,y,x))$

例 15.16 某些人对某些食物过敏.

解：令 $P(x,y)$ 表示"x 对 y 过敏"，$H(x)$ 表示"x 是人"，$G(x)$ 表示"x 是食物"；此时，原语句可表示为 $\exists x\exists y(H(x)\wedge G(y)\wedge P(x,y))$

例 15.17 每个人都有缺点.

解：令 $P(x,y)$ 表示"x 都有 y"，$H(x)$ 表示"x 是人"，$G(y)$ 表示"y 是缺点"；此时，原语句可表示为 $\forall x\exists y(H(x)\rightarrow G(y)\wedge P(x,y))$

例 15.18 尽管有人聪明，但未必一切人都聪明.

解：令 $P(x)$ 表示"x 聪明"，$H(x)$ 表示"x 是人"；此时，原语句可表示为

$$\exists x(H(x)\wedge P(x)\wedge\neg(\forall x(H(x)\rightarrow P(x)))$$

15.3 谓词逻辑的永真公式

在谓词逻辑中，公式是一个符号串，没有语义，只有给以解释后才有分辨真假的可能.

定义 15.3 一个公式的解释由下面的三个部分组成：

(1)给每个个体变量指定一个个体域 D；

(2)给每个个体常量指派一个个体域中的值 K；

(3)给每个谓词指定一个从 $D^n\rightarrow\{T,F\}$ 的映射.

一个公式经解释后才有具体的意义. 当然，这种解释可以是很多的. 从理论上讲，它可有无穷多个. 下面用一个例子说明解释.

例 15.19 可以定义一个半群的公式

$$\forall x \forall y \forall z((x \cdot y) \cdot z = x \cdot (y \cdot z))$$

可以对该公式给出一个解释：

(1)个体域：个体变元 x,y,z 的个体域均为整数域；

(2)三元谓词 $O(x,y,z)$：$x \cdot y = z$，整数加运算；

(3)二元谓词“=”：整数相等性关系.

在经过解释后，该公式就是确定的，并且为真. 这样，就得到了一个整数半群.

一个公式经解释后有时还会有很多自由变元出现；因此，它的真值尚不能确定. 但是，其中的三种公式是最为重要的. 它们是永真公式，矛盾式及可满足公式.

定义 15.4 公式 A 在所有解释下均为 T，则称永真公式.

定义 15.5 公式 A 在所有解释下均为 F，则称永假公式，或称矛盾式.

定义 15.6 公式 A 至少有一种解释使其为 T，则称可满足公式.

下面主要讨论永真公式.

定义 15.7 设 A,B 为公式，若 $A \leftrightarrow B$ 为永真公式，则称为等价永真公式，记为 $A \Leftrightarrow B$；或称 A 与 B 相等，记为 $A = B$，又可称为 A 与 B 的等式.

定义 15.8 设 A,B 为公式，若 $A \rightarrow B$ 为永真公式，则称为蕴含永真公式，记为 $A \Rightarrow B$.

与命题逻辑类似，谓词逻辑中的等式与蕴含永真式间也有紧密关系.

定理 15.1 谓词逻辑中 $A = B$ 充分必要条件是 $A \Rightarrow B$ 且 $B \Rightarrow A$.

谓词逻辑中的一些常用基本等式与蕴含永真公式有以下 6 组：

(1)量词间的转化等式：

$$P_1: \neg(\forall x P(x)) = \exists x(\neg P(x))$$

$$P_2: \neg(\exists x P(x)) = \forall x(\neg P(x))$$

这两个等式说明：

① 在谓词逻辑中只要有一个量词即可；

② 量词外的否定符可深入至量词辖域内，反之亦然.

例 15.20 “有些人没有到校上课”与“不是所有人都到校上课”有相同的含义.

(2)量词辖域的收缩与扩充的等式：

$$P_3: \forall x P(x) \vee Q = \forall x(P(x) \vee Q)$$

$$P_4: \forall x P(x) \wedge Q = \forall x(P(x) \wedge Q)$$

$$P_5: \exists x P(x) \vee Q = \exists x(P(x) \vee Q)$$

$$P_6: \exists x P(x) \wedge Q = \exists x(P(x) \wedge Q)$$

(其中 Q 内不出现 x)

这四个等式说明，量词辖域可扩充至与该量词变元无关的区域，对辖域收缩也可有相似结论.

(3)多个量词间的次序排序的公式：

$$P_7: \forall x \forall y P(x, y) = \forall y \forall x P(x, y)$$

$$P_8: \exists x \exists y P(x, y) = \exists y \exists x P(x, y)$$

$$P_9: \exists x \forall y P(x, y) \Rightarrow \forall y \exists x P(x, y)$$

这三个公式说明，公式中相同类型量词间与排列次序无关. 但不同类型量词间的排序次序则有时会有关.

例 15.21 “对所有自然数 x 及所有自然数 y 都有 $x+y \geqslant 0$”与“对所有自然数 y 及所有自然数 x 都有 $x+y \geqslant 0$”有相同含义.

例 15.22 “一些鸭子与一些鸡关在同一笼子里”与“一些鸡与一些鸭子关在同一笼子里”有相同含义.

例 15.23 “有些动物被所有人所喜欢”必可知有“每个人喜欢一些动物”;但反之,“每个人喜欢一些动物”不一定有“有些动物被所有人所喜欢”.

(4)量词的添加与除去的公式:

$$P_{10}: \forall x P(x) \Rightarrow P(x)$$

$$P_{11}: P(x) \Rightarrow \exists x P(x)$$

这两个公式说明,全称量词可以除去,存在量词可以添加.

例 15.24 由“所有的猫吃老鼠”必可知“猫吃老鼠”.

(5)量词辖域的扩充与收缩的公式(续):

$$P_{12}: \forall x P(x) \to Q = \exists x (P(x) \to Q);$$

$$P_{13}: \exists x P(x) \to Q = \forall x (P(x) \to Q);$$

$$P_{14}: Q \to \forall x P(x) = \forall x (Q \to P(x));$$

$$P_{15}: Q \to \exists x P(x) = \exists x (Q \to P(x)).$$

(6)量词与联结词间关系的公式:

$$P_{16}: \forall x (P(x) \wedge Q(x)) = \forall x (P(x) \wedge \forall x Q(x);$$

$$P_{17}: \exists x (P(x) \vee Q(x)) = \exists x (P(x) \vee \forall x Q(x);$$

这两等式说明,全称量词对 $\wedge$,存在量词对 $\vee$ 满足“分配律”.

例 15.25 “今天所有人既跳舞又唱歌”与“今天所有人跳舞与今天所有人唱歌”有相同含义.

例 15.26 “有些人将去旅游或探亲”与“有些人旅游或有些人探亲”有相同含义.

$$P_{18}: \exists x (P(x) \wedge Q(x)) \Rightarrow \exists x P(x) \wedge \exists x Q(x);$$

$$P_{19}: \forall x P(x) \vee \forall x Q(x) \Rightarrow \forall x (P(x) \vee Q(x)).$$

这两公式说明,全称量词对 $\vee$ 单向满足“分配律”;存在量词对“$\wedge$”单向满足“分配律”.

例 15.27 由“今天所有人都跳舞或今天所有人都唱歌”必可知“今天所有人都跳舞或唱歌”.但反之则不成立.

例 15.28 由“存在有这样的人,他既喜欢跳舞又喜欢唱歌”必可知“存在有这样的人,他喜欢跳舞并且存在有这样的人他喜欢唱歌”.

$$P_{20}: \forall x P(x) \Rightarrow \exists x P(x);$$

$$P_{21}: \forall x (P(x) \to Q(x)) \Rightarrow \forall x P(x) \to \forall x Q(x);$$

$$P_{22}: \forall x (P(x) \to Q(x)) \Rightarrow \exists x P(x) \to \exists x Q(x).$$

15.4 谓词逻辑的推理

与命题逻辑的推理类似,谓词逻辑中的推理也是一种形式化系统,它也由三部分组成,

(1)假设:谓词逻辑的假设是一些谓词公式,它们可假设为真;

(2)结论:结论是定理,也是谓词公式.它通过证明确定其为真;

(3)推理过程:也称证明,包括推理规则与推理方法.其中,推理方法与命题逻辑中推理方法一致;谓词逻辑中的推理规则是命题逻辑推理规则的扩充,即它包括命题逻辑中的所有推理规则.此外,它主要的推理规则来自谓词逻辑自身,由下面两部分组成:

(1)由 $P_1 \sim P_{22}$ 转换而成.

如,可由 P_9 得到推理规则 $\exists x \forall y P(x,y) \vdash \forall y \exists x P(x)$.又如,可由 P_1 得到 $\neg(\forall x P(x) \vdash$

$\exists x(\neg P(x)$ 或 $\exists x(\neg P(x)) \vdash \neg(\forall x P(x))$.

(2)有四个重要的推理规则：

① 全称指定规则(US)：$\forall x P(x) \vdash P(y)$(或 $\forall x P(x) \vdash P(c)$).

此规则使用时要求：

· y 是任意不在 $P(x)$ 中除 x 外约束出现的变元；

· c 为个体常量.

意义是，如果 $\forall x P(x)$ 为真，那么对 x 的个体域中任一个体 y 均有 $P(y)$ 为真；同时对 x 的个体域中任一常量 c 为真.

② 存在指定规则(ES)：$\exists x P(x) \vdash P(e)$(或 $\exists x P(x) \vdash P(c)$).

此规则使用时要求：

· c 是使 $P(x)$ 为真的个体常量；它不在 P 中出现过；

· e 称额外变元；它是一种额外假设的自由变元；它的变化范围是使对 $P(x)$ 为真的那些个体 e 不在 P 中出现过；

· $P(x)$ 中除 x 外还有其他自由出现的个体变元时，不能用此规则.

意义是，如 $\exists x P(x)$ 为真则必存在 x 中的一些个体 e(或一个个体 c)，使 $P(e)$(或 $P(c)$)为真.

③ 全称推广规则(UG)：$P(x) \vdash \forall y P(y)$.

此规则使用时要求：

· x 为常量及额外变元时不能使用此规则；

· 公式中含有额外变元则此公式所出现的自由变元也不能使用此规则；

· 约束变量 y 不能在 P 中约束出现过.

· 在用 CP 规则时前件中所出现的自由变元不能用此规则.

意义是，如对任意个体 x 都有 $P(x)$ 为真，则 $\forall y P(y)$ 必为真.

④ 存在推广规则(EG)：$P(x) \vdash \exists y P(y)$(或 $P(c) \vdash \exists y P(y)$).

此规则使用时要求：

· x 为个体变量或额外变元，c 为个体常量；

· 取代 x 及 c 的 y 不能在 P 中约束出现过.

意义是，如对个体变量或额外变元 x 以及常量 c 使 $P(x)$ 为真则必有 $\exists y P(y)$ 为真.

这四个规则十分重要，它们的作用是在推理过程中首先用 US 与 ES 消去量词，接着按命题逻辑中的推理方法进行，最后再用 UG 与 ES 恢复量词. 这样，就能实现用命题逻辑的推理取代谓词逻辑推理的目的. 但在使用时需按使用要求严格执行.

下面用几个例子说明.

例 15.29　假设 $\forall x(P(x)\rightarrow Q(x))$，$\forall x P(x)$，试证明 $\forall x Q(x)$.

证：C_1：$\forall x(P(x)\rightarrow Q(x))$　　P

C_2：$P(x)\rightarrow Q(x)$　　T：US　C_1

C_3：$\forall x P(x)$　　P

C_4：$P(x)$　　T：US　C_3

C_5：$Q(x)$　　T：分离规则　C_2、C_4

C_6：$\forall x Q(x)$　　T：UG　C_5

例 15.30　假设 $\exists x \forall y P(x,y)$，试证明：$\forall y \exists x P(x,y)$.

证：C_1：$\exists x \forall y P(x,y)$　　P

C_2：$\forall y P(e,y)$　　T：ES　C_1

$C_3: P(e,y)$　　　　$T:US\quad C_2$

$C_4: \exists x P(x,y)$　　　　$T:EG\quad C_3$

$C_5: \forall y \exists x P(x,y)$　　　　$T:UG\quad C_4$

例 15.31　试证明:"凡人必死,苏格拉底是人,故苏格拉底必死".

解:令 $P(x)$表示 x 必死,$H(x)$表示 x 是人,a 表示苏格拉底;原语句证明的假设是空,待证结论是 $\forall x(H(x)\to P(x))\to(H(a)\to P(a))$. 证明如下,

$C_1: \forall x(H(x)\to P(x))$　　　　CP

$C_2: H(a)\to P(a)$　　　　$T:US\quad C_1$

$C_3: H(a)$　　　　CP

$C_4: P(a)$　　　　T:分离规则　C_2, C_3

注意,在使用 US、UG、ES 及 EG 时,需严格按照使用要求执行,否则会出现错误. 下面举一个错误证明的例子.

例 15.32　假设 $\exists xP(x)$,试证明 $\forall x(x)$.

证:$C_1\ \exists x P(x)$　　　　P

$C_2\quad P(e)$　　　　$T:ES\quad C_1$

$C_3\quad \forall x P(x)$　　　　$T:UG\quad C_2$

此证明是错误的. 主要是在(3)中错误应用了 UG 规则.

15.5 小　　结

本章以个体为研究对象,以基于谓词的符号体系、形式系统及推理方法为研究目标的逻辑.

(1)自然语言研究:个体、量词、谓词.

(2) 符号体系:个体变量、个体常量、自由变量、约束变量、存在量词、全称量词、谓词命名式谓词填式.

(3)形式系统:谓词公式.

(4)推理:

① 推理组成:假设、证明、定理;

② 推理规则:US、UG、ES、EG;

③ 推理方法:P 规则、T 规则、及 CP 规则.

(5) 本章重点:推理.

习　题　15

1. 将下列语句翻译成谓词公式.

(1)己所不欲勿施于人.　　(2)鱼我所欲也、熊掌亦我所欲也.

(3)人不犯我我不犯人;人若犯我我必犯人.　　(4)白猫黑猫,逮到老鼠就是好猫.

(5)对一切实数都有:$x^2>0$ 或 $x^2=0$　　(6)通过两个不同点有且仅有一条直线.

2. 谓词公式 $\forall x(P(x)\vee\exists yR(y))\neg Q(x)$ 中量词 $\forall x$ 的辖域是下列 4 个中的哪一个?

(1)$\forall x(P(x)\vee\exists yR(y))$;　　(2)$P(x)$;

(3)$P(x)\vee\exists yR(y)$;　　(4)$Q(x)$;

3. 谓词公式$\exists xA(x)\land\neg\exists xA(x)$的类型是下列 4 个中的哪一个？

(1)永真式；(2)矛盾式；(3)非永真式可满足式；(4)(1)～(3)以外类型．

4. 试证明下面的定理.

(1)假设：$\forall x(P(x)\rightarrow Q(x))$，$\exists xP(x)$

结论：$\exists xQ(x)$；

(2)假设：$\forall x(C(x)\rightarrow W(x)\land R(x))$，$\exists x(C(x)\land Q(x))$

结论：$\exists x(Q(x)\land R(x))$；

(3)假设：$\neg\exists x(F(x)\land H(x))$，$\forall x(G(x)\rightarrow H(x))$

结论：$\forall x(G(x)\rightarrow\neg(F(x))$.

5. 试证明下面论述的正确性.

(1)世上没有白色的乌鸦，南京鸭子是白色的，故南京鸭子不是乌鸦.

(2)所有有理数是实数，所有无理数也是实数，虚数不是实数，故而虚数既不是有理数也不是无理数.

(3)凡猫必能逮老鼠，小花是猫，故它必能逮老鼠.

第 7 篇

概率论与数理统计

在本书前面各篇章中，研究的都是基于确定事件上的数学。但是，人类所处的世界是千变万化的，既有确定性事件，也存在大量的不确定事件，称为随机事件。研究随机事件规律的数学称为概率论，而建立在概率意义上的统计则称为数理统计。

本篇是研究随机事件的数学，既用到连续数学中的方法，也用到离散数学中的方法，称为概率与统计，或简称为概率统计。

本篇包括 2 章。第 16 章概率论基础，第 17 章数理统计。

第 16 章 概率论基础

概率论是现代数学的一个重要分支，是一门研究自然界普遍存在的随机现象规律性的数学学科；即研究在一定条件下可能发生，也可能不发生，有多种可能结果现象的规律性学科. 随着计算机技术的发展，概率论在各个领域中得到广泛的应用，也是学生必须掌握的重要基础知识之一. 本章将介绍概率论的一些基础知识，包括，随机事件及其概率，随机变量的分布及其数字特征等.

16.1 基础概率

综观现实世界中一切现象，宏观上可分为两大类，一类是确定性现象，另一类是非确定性现象，或称随机现象. 确定性现象是指在一定条件下必然发生或必然不发生的现象. 例如，上抛的物体必然会从空中自由下落；在常压下水加热到 100℃ 就一定会沸腾，而一定不会结冰；改变产品的加工过程或原料就会改变产品的质量等. 随机现象是指在一定条件下可能发生、也可能不发生、有多种可能结果、但每次只会出现一种结果的现象. 投掷硬币或骰子的试验是随机现象的经典例子. 如做投掷硬币的试验，可以确定其结果只有正面向上或反面向上两种；但在投掷之前，不能确定究竟会出现哪种结果，即为随机现象. 在对随机现象做了大量试验后发现，其结果会呈现某种规律，一般称为统计规律. 如在做了大量投掷硬币的试验后发现，正面向上和反面向上的次数大体相等. 这就是统计规律性. 概率论，包括数理统计就是研究这种随机现象量的统计规律性的.

为研究随机现象，就要对客观事物进行大量的观察试验，并从中找出它的规律性；这种观察试验称为随机试验. 概率论里所做的随机试验都具有重复、明确和随机的特点. 即，

(1)在相同条件情况下，试验可以重复进行. 如投掷硬币的试验可以重复进行；

(2)在试验之前能明确得知试验的所有可能结果. 如投掷硬币后的结果只有“正面向上”或“反面向上”两种；

(3)在每次试验之前不能准确预言该次试验将会出现哪一种结果，结果是随机的.

除了上面说的投掷硬币或骰子的试验是随机试验外，下面的试验也都是随机试验.

(1)在一批产品中，任取一件，检测它是正品还是次品；

(2)从生产的一批灯泡中，抽出一只灯泡，测试它的使用寿命.

16.1.1 随机事件及其概率

1. 随机事件

在概率论中，将随机试验中可能发生也可能不发生的结果称为**随机事件**，或简称**事件**. 如果在每次试验的结果中，某事件一定发生，则称这一事件为**必然事件**；相反，如果某事件一定不发生，则称这一事件为**不可能事件**. 随机事件是概率论讨论的主要对象；通常用字母 $A,B,C,\cdots$ 表示；必然

事件用字母 U 表示；不可能事件用字母 V 表示. 由于必然事件和不可能事件实质上是确定性事件，所以下面的讨论主要针对随机事件.

在随机事件中，有些事件可以看成是由某些事件组合而成，而有些事件则不能看成是由其他事件组合而成. 这种不是其他事件组合的最简单的随机事件称为**基本事件**. 基本事件有两个特点.

(1)每进行一次随机试验，必定发生且只发生一个基本事件；

(2)任何一个事件都是由一个或若干个基本事件组成.

在一次试验中，事件 A 中所包含的某个基本事件发生，就称事件 A 发生.

例如，在掷骰子的试验中，朝上一面的点数共有 6 种可能的结果，1、2、3、4、5 或 6. 每个可能结果都是不可再分的基本事件. 如果设事件 A 是“出现奇数点”的事件，事件 B 是“点数小于 7”的事件，事件 C 是“点数不小于 7”的事件. 在某次试验中，出现 1，3 或 5 点的基本事件，都是事件 A 的发生，故事件 A 不是基本事件. 由于每次试验出现的点数都小于 7，所以事件 B 是必然事件；而事件 C 是不可能事件.

2. 样本空间

(1)样本点：随机试验中，每一个可能发生的基本结果称做试验的**样本点**，通常用字母 ω 表示；

(2)样本空间：试验的所有样本点 $\omega_1, \omega_2, \cdots, \omega_n, \cdots$ 构成的集合称做**样本空间**，通常用字母 Ω 表示，于是有

$$\Omega = \{\omega_1, \omega_2, \cdots, \omega_n, \cdots\}$$

通过样本点和样本空间的概念，也可把上述事件的概念表述为“某些样本点的集合称为定义在样本空间上的事件”. 该集合可以是空集，即不可能事件；也可仅包含一个样本点，即基本事件；还可包含若干个样本点，即组合事件，一般称事件. 包含整个样本空间，即是必然事件.

由此可知，任一随机事件 A 都是样本空间 Ω 的一个子集. 该子集中任意一个样本点 ω 出现，就称事件 A 发生. 这与上面的说法是一致的.

(3)互斥事件：如果在同一次试验中，事件 A 和事件 B 不可能同时发生，则称这两个事件是**互斥事件**

例如，在掷骰子的试验中，如果事件 A 包含样本点 1，3，5，事件 B 包含样本点 2，4，6. 显然，事件 A 和事件 B 在一次试验中不可能同时发生，故事件 A 和事件 B 是互斥事件.

3. 事件的关系及其运算

以下所用的事件均以掷骰子的试验为例.

(1)事件的包含：若事件 A 的发生必然导致事件 B 的发生，即 A 中的样本点必属于 B，则称事件 B 包含事件 A，或称事件 A 包含于事件 B，记做 $B \supseteq A$ 或 $A \subseteq B$.

例如，A 是出现 2 或 4 点的事件，B 是出现偶数点的事件，则事件 B 包含事件 A.

(2)事件相等：若事件 A 包含事件 B，又事件 B 也包含事件 A，则称事件 A 与事件 B 相等，记做 $A = B$. 相等的两个事件包含相同的样本点.

(3)事件的和(或并)：若“事件 A 与 B 中至少有一事件发生”是一个事件，则该事件称为事件 A 和事件 B 的和，记做 $A \cup B$ 或 $A + B$. 事件 A、B 的和是由 A 的样本点与 B 的样本点合并而成的事件.

例如，A 是偶数点事件，B 是出现 2 或 3 点事件，则 $A \cup B = \{2,3,4,6\}$. 两个事件的和运算可推广到多个事件的和运算.

(4)事件的积(或交)：若“事件 A 与 B 同时发生”是一事件，则称该事件为事件 A 与事件 B 的积，记作 $A \cap B$ 或 AB. 事件 A、B 的积是由 A 与 B 共同具有的样本点所组成的事件.

例如，A 是奇数点事件，B 是出现 2、3、5 点事件，则 $AB = \{3,5\}$. 两个事件的积运算也可推广到多个事件的积运算.

(5)事件的差：若"事件 A 发生而事件 B 不发生"是一个事件，则称该事件为事件 A 和事件 B 的差，记作 $A-B$. 事件 A、B 的差是由在 A 中而不在 B 中的样本点组成的事件.

例如，A 是奇数点事件，B 是出现 2 或 3 点事件，则 $A-B=\{1,5\}$.

(6)互不相容事件：若"事件 A 与 B 不可能同时发生"，即 $AB=\varnothing$，则称两事件 A 与 B 是**互不相容的**(或称**互斥事件**). 事件 A 与 B 互斥就是 A 与 B 无公共样本点.

例如，A 是奇点数事件，B 是出现 2 或 4 点事件，则事件 A 与事件 B 为互斥事件. 若一组事件 $A_1,A_2,\cdots$ 中任意两个事件都互斥，则称这组事件两两互斥.

(7)对立事件：若"事件 B 的样本点是由样本空间中所有不属于事件 A 的样本点组成的集合"，则称事件 B 为事件 A 的**对立事件**(或称**互逆事件**)，记为 $B=\overline{A}$. 若 A、B 互逆，则 A 与 B 不能同时发生，但又必然发生一个. 显然有

$$A\overline{A}=\varnothing,\ \overline{A}\cup A=\Omega,\ \overline{A}=\Omega-A,\ \overline{\overline{A}}=A$$

对立事件必为互斥事件；反之则未必. 如 A 是奇数点事件，B 是出现 2 或 4 点事件，则 A 与 B 为互斥事件，但 A 与 B 不是对立事件，因为它们的和不组成样本空间.

(8)互不相容的完备事件组：若事件 $A_1,A_2,\cdots,A_n$ 为 n 个两两互不相容的事件，且 $A_1\cup A_2\cup\cdots\cup A_n=\Omega$，则称事件 $A_1,A_2,\cdots,A_n$ 构成了一个**互不相容的完备事件组**.

显然，样本空间 Ω 中所有基本事件(样本点)构成互不相容的完备事件组.

由此可以看出，事件的关系及其运算规则等同于集合的关系及其运算规则. 下面是常用的运算规则.

(1)对于任意的事件 A 有，$\overline{\overline{A}}=A, A\cup\overline{A}=\Omega, A\overline{A}=\varnothing$；

(2)对于任意事件 A,B 有，$A\cup B=B\cup A, AB=BA$；

(3)对于任意事件 A,B,C 有，$(A\cup B)\cup C=A\cup(B\cup C), (AB)C=A(BC)$；

(4)对于任意事件 A,B,C 有，$A(B\cup C)=AB\cup AC$；

该性质可进一步推广，对于任意事件 A 及 $B_1,B_2,\cdots,B_n$ 有，$A(\bigcup\limits_{i=1}^{n}B_i)=\bigcup\limits_{i=1}^{n}(AB_i)$.

(5)对于任意的两事件 A 与 B 有，$\overline{A\cup B}=\overline{A}\overline{B}$

事件 $A\cup B$ 表示事件 A 与 B 中至少有一事件发生. 它的对立事件就是 A 与 B 都不发生，即 $\overline{A}\overline{B}$.

该性质可进一步推广. 对任意的 n 个事件 $A_1,A_2,\cdots,A_n$ 有，$(\overline{\bigcup\limits_{i=1}^{n}A_i})=\bigcap\limits_{i=1}^{n}(\overline{A_i})$

(6)对于任意的两事件 A 与 B 有，$\overline{AB}=\overline{A}\cup\overline{B}$.

事件 $\overline{A}\cup\overline{B}$ 表示事件 A 与 B 中至少有一事件不发生. 它的对立事件就是 A 与 B 都发生，即 AB 发生.

该性质可进一步推广，对于任意的 n 个事件 $A_1,A_2,\cdots,A_n$ 有，$(\overline{\bigcap\limits_{i=1}^{n}A_i})=\bigcup\limits_{i=1}^{n}(\overline{A_i})$

例 16.1 从一批产品中每次取出一个产品进行检验(每次取出的产品不放回)，若事件 A_i 表示第 i 次取到合格品($i=1,2,3$). 试用事件运算符表示下列事件. (1)三次都取到了合格品；(2)三次中至少有一次取到合格品；(3)三次中恰有两次取到合格品；(4)三次中最多有一次取到合格品.

解：(1)三次都取到了合格品：$A_1A_2A_3$；

(2)三次中至少有一次取到合格品：$A_1+A_2+A_3$；

(3)三次中恰有两次取到合格品：$A_1A_2\overline{A}_3+A_1\overline{A}_2A_3+\overline{A}_1A_2A_3$；

(4)三次中最多有一次取到合格品：$\overline{A}_1\overline{A}_2+\overline{A}_1\overline{A}_3+\overline{A}_2\overline{A}_3$.

16.1.2 古典概型

在叙述古典概率定义之前，先介绍"事件发生的等可能性"的概念. 在随机试验时，如果若干随机事件中每一个事件发生的可能性在客观上是完全相同的，则称这些事件的发生是等可能的. 例

如，在投掷一枚质地均匀的骰子的试验中，出现 1，2，3，4，5 或 6 点的事件是等可能的；在一批产品的抽样检验中，每一个产品被抽到的可能性是相同的.

1. 频率

在 n 次重复试验中，若事件 A 发生了 m 次，则 m / n 称为事件 A 在 n 次试验中发生的**频率**，记为 $f_n(A) = m / n$. 同样，若事件 B 发生了 k 次，则事件 B 发生的频率为 $f_n(B) = k / n$. 如果 U 是必然事件，即每次试验该事件一定发生，则其频率为 $n / n = 1$. 不可能事件 V 的频率为 $0 / n = 0$. 显然，一般事件的频率必在 0 与 1 之间.

如果事件 A 和 B 互不相容，则 $f_n(A+B) = (m+k)/n = m/n+k/n = f_n(A) + f_n(B)$，即两个互不相容事件和的频率等于两个事件频率之和. 这样，事件发生的频率有如下性质：

(1)对任何事件 A 有，$0 \leqslant f_n(A) \leqslant 1$；

(2)$f_n(U) = 1, f_n(V) = 0$；

(3)两个互不相容事件和的频率等于两个事件频率之和：$f_n(A+B) = f_n(A)+f_n(B)$.

2. 概率的统计定义

在多次重复同一试验时，随机现象会呈现出一定的量的规律性；即当试验次数 n 很大时，事件 A 的频率具有稳定性. 其数值将在某个确定的常数 p 附近振动. n 越大，事件 A 的频率越接近于这个确定的常数 p；通常把常数 p 称为事件 A 的概率，记做 $P(A)$. 通过频率来定义事件 A 的概率，是概率的统计定义.

数值 p，即 $P(A)$，是在试验中对事件 A 发生的可能性大小的数量描述；是对大量试验统计结果所反映出来的规律性. 显然，不可能通过用试验的方法来求 $P(A)$；但当试验次数足够多时，往往可把频率作为概率的近似值.

应当注意，一个事件发生的概率完全取决于事件本身的结构. 事件本身的结构是先于试验而客观存在的；因此，完全可以通过其他方法来确定一个事件发生的概率.

3. 概率的古典定义

若随机试验样本空间总共由 N 个有限的、等可能的样本点(基本事件)组成，则用以描述这种随机现象的模型称为**古典概型**，也称为**等可能概型**.

在古典概型中，若随机事件 A 含有且仅含有 M 个基本事件，则随机事件 A 所包含的基本事件数 M 与基本事件的总数 N 的比值称做随机事件 A 的概率，记做 $P(A)$.

$$P(A)=M / N \tag{16.1}$$

下面看几个古典概型的例子.

例 16.2　某单位有职工 100 人，其中女职工 70 人，现从全体职工中任选一人，选到男职工的概率是多少？

解：样本空间的样本总数为 100，事件 A"选到男职工"的样本点个数为 $100-70=30$，因此，事件 A 的概率为

$$P(A) = 30/100 = 0.3.$$

例 16.3　从 0，1，2，…，9 十个数字中任选一个数字，求选得奇数数字的概率.

解：$N = 10, M = 5$，则 $P(A) = 5/10 = 0.5$.

例 16.4　袋内有三个白球与两个黑球，从中任取两个球，求这两个球都是白球的概率.

解：样本总数是五中取二的组合数 $C_5^2 = 10$，事件 A 包含的样本点数为 $C_3^2 = 3$，因此，所求概率为 $P(A)=3/10=0.3$.

例 16.5　一批产品共 100 个，其中有 6 个废品，求：

(1)这批产品的废品率；

(2)任取 3 个产品恰有一个废品的概率；

(3)任取 3 个产品无一个废品的概率.

解:设 $P(A)$，$P(A_1)$，$P(A_0)$分别表示要求的概率，则有

(1)$P(A) = 6/100 = 0.06$；

(2)$P(A_1) = C_6^1 C_{94}^2 / C_{100}^3 = 6\times(94\times93/2)/(100\times99\times98/(1\times2\times3)) = 0.1622$；

(3)$P(A_0) = C_{94}^3 / C_{100}^3 = (94\times93\times92/(1\times2\times3))/(100\times99\times98/(1\times2\times3)) = 0.829$.

4. 概率的性质

概率有以下一些性质：

(1)对任意事件 A，有 $0 \leqslant P(A) \leqslant 1$；

(2)对任意事件 A，$P(\overline{A}) = 1 - P(A)$ 或 $P(A) + P(\overline{A}) = 1$；

(3)若 $A \subseteq B$，则 $P(B-A) = P(B) - P(A)$；

(4)概率的加法法则：若 $A_1, A_2, \cdots, A_n$ 是 n 个两两互不相容的事件，则有

$$P(A_1 \cup A_2 \cup \cdots \cup A_n) = P(A_1) + P(A_2) + \cdots + P(A_n)；$$

(5)广义加法法则：对任意两个事件 A，B，有

$$P(A+B) = P(A) + P(B) - P(AB).$$

例 16.6 在总数为 50 个的产品中，有 45 个产品是合格品，5 个产品是次品，从这批产品中任取 3 个，求其中有次品的概率.

解:取出的 3 个产品中有次品这一事件 A 可以看做三个互不相容事件之和.

$$A = A_1 + A_2 + A_3$$

其中事件 A_i 是取出的 3 个产品中恰有 i 个次品($i=1,2,3$)；于是有

$$P(A_1) = C_5^1 C_{45}^2 / C_{50}^3 = 0.2526$$

$$P(A_2) = C_5^2 C_{45}^1 / C_{50}^3 = 0.0230$$

$$P(A_3) = C_5^3 / C_{50}^3 = 0.0005$$

根据概率加法定理，得到

$$P(A) = P(A_1) + P(A_2) + P(A_3) = 0.276.$$

另解:考虑与事件 A 对立的事件 $\overline{A}$. $\overline{A}$ 表示取出的 3 个产品全是合格品，显然有

$$P(\overline{A}) = C_{45}^3 / C_{50}^3 = 45\times44\times43/(50\times49\times48) = 0.724$$

根据概率的性质有

$$P(A) = 1 - P(\overline{A}) = 1 - 0.724 = 0.276.$$

例 16.7 在所有的两位数 10～99 中任取一个数，求这个数能被 2 或 3 整除的概率.

解:设事件 A 表示取出的数能被 2 整除，事件 B 表示取出的数能被 3 整除，则事件 $A\cup B$ 表示取出的数能被 2 或 3 整除，事件 AB 表示取出的数同时能被 2 和 3 整除，即能被 6 整除. 因为所有 90 个两位数中，能被 2 整除的有 45 个，能被 3 整除的有 30 个，能被 6 整除的有 15 个，所以有

$$P(A) = 45/90,\ P(B) = 30/90,\ P(AB) = 15/90$$

于是

$$P(A\cup B) = P(A) + P(B) - P(AB) = 45/90 + 30/90 - 15/90 = 60/90 = 0.667$$

从上面例子可看出，在概率计算中，常把一个较复杂的随机事件用几个简单的随机事件的和、差、积、逆的运算来表示，并通过简单随机事件的概率及概率计算公式来计算这个复杂随机事件的概率.

5. 条件概率

在某事件 B 已经发生的情况下，另一事件 A 发生的概率，称为事件 A 在事件 B 已发生的条件下的**条件概率**，记为 $P(A \mid B)$.

相对于条件概率 $P(A \mid B)$，常把概率 $P(A)$ 称为**无条件概率**. 在很多情况下，$P(A) \neq P(A \mid B)$. 请看下面的例子.

例 16.8　设两个小组生产同一种产品，生产情况如下：

	合格品数	次品数	合计
第一小组生产产品数	35	5	40
第二小组生产产品数	50	10	60
总　计	85	15	100

从这 100 个产品中任取一个产品，取得合格品(设为事件 A)的概率为

$$P(A) = 85 / 100 = 0.85$$

如果已知取出的产品是第一小组生产的(设为事件 B)，则取得合格品的条件概率为

$$P(A \mid B) = 35 / 40 = 0.875$$

如果已知取出的产品是第二小组生产的(设为事件 C)，则取得合格品的条件概率为

$$P(A \mid C) = 50 / 60 = 0.833$$

可见上面三个概率是不相同的.

关于条件概率，有下面的结论.

设事件 B 的概率 $P(B) > 0$，则在事件 B 已发生的条件下，事件 A 的条件概率等于事件 AB 的概率除以事件 B 的概率所得的商

$$P(A \mid B) = P(AB) / P(B) \tag{16.2}$$

注意 $P(B) > 0$ 是必要的；因为若 $P(B) = 0$，则表示事件 B 不可能发生. 因此，讨论在 B 已发生的条件下 A 的发生就没有意义了. 同理也有

设事件 A 的概率 $P(A) > 0$，则在事件 A 已发生的条件下，事件 B 的条件概率为

$$P(B \mid A) = P(AB) / P(A) \tag{16.3}$$

例 16.9　有三只晶体管，2 好 1 坏. 求在第一次取得合格品的条件下，第二次也取得合格品的概率.

解：设 B 表示第一只取得合格品的事件，A 表示第二只取得合格品的事件. 分两次取出两只晶体管有下面 6 种等可能的结果，即：(好$_1$，好$_2$)，(好$_1$，坏)，(好$_2$，好$_1$)，(好$_2$，坏)，(坏，好$_1$)，(坏，好$_2$). 显然，第二次取得合格品共 4 次，故事件 A 的概率 $P(A) = 4/6 = 2/3$.

从概率的定义出发，在取得一个合格品的条件下，只剩下一只合格品和一只非合格品，第二次取得合格品与非合格品是等可能性的；因此条件概率 $P(A \mid B) = 1/2$. 由此可见，$P(A \mid B) \neq P(A)$.

另一方面，$P(B) = 4/6 = 2/3$，$P(AB) = 2/6 = 1/3$. 因此，$P(AB) / P(B) = (1/3)/(2/3) = 1/2$，与 $P(A \mid B)$ 的结果一样.

例 16.10　设一射手在一次射击中命中目标的概率为 0.75，命中 10 环的概率为 0.25. 若在一次射击中已知命中目标，问在此条件下，命中 10 环的概率是多大？

解：设 B 为命中目标事件，A 为命中 10 环事件，则 $P(B) = 0.75$，$P(A) = P(AB) = 0.25$. 故有 $P(A \mid B) = P(AB)/P(B) = 0.25/0.75 = 1/3$.

6. 概率的乘法公式

由式 16.2 和式 16.3 可得

$$P(AB) = P(A)P(B \mid A) \text{ 或 } P(AB) = P(B)P(A \mid B) \qquad (\text{式 } 16.4)$$

式 16.4 称为概率的**乘法公式**.

式 16.4 可以推广到有限多个随机事件的情况. 设有事件 $A_1, A_2, \cdots, A_n$，若 $P(A_1) > 0$，$P(A_1A_2) > 0$，$\cdots$，$P(A_1A_2\cdots A_{n-1}) > 0$，则有

$$P(A_1A_2\cdots A_n) = P(A_1)P(A_2 \mid A_1)P(A_3 \mid A_1A_2)\cdots P(A_n \mid A_1A_2\cdots A_{n-1}) \quad (式 16.5)$$

例 16.11 100 个零件中有 10 个零件是次品，每次从其中任取一个零件，取出的零件不再放回去，求第 3 次才取得合格品的概率.

解：设事件 A_i 表示第 i 次取得合格品($i=1,2,3$)，即 A_1 表示第 1 次取得合格品，A_2 表示第 2 次取得合格品，A_3 表示第 3 次取得合格品. 而 $\overline{A}_1$ 表示第 1 次取得的是次品，$\overline{A}_2$ 表示第 2 次取得的是次品，$\overline{A}_1\overline{A}_2A_3$ 表示前 2 次是次品，第 3 次是合格品；易知，

$$P(\overline{A}_1) = 10/100 = 1/10, P(\overline{A}_2 \mid \overline{A}_1) = 9/99, P(A_3 \mid \overline{A}_1\overline{A}_2) = 90/98$$

由式 16.5 得到所求的概率为

$$\begin{aligned} P(\overline{A}_1\overline{A}_2A_3) &= P(\overline{A}_1)P(\overline{A}_2 \mid \overline{A}_1)P(A_3 \mid \overline{A}_1\overline{A}_2) \\ &= (1/10)\times(9/99)\times(90/98) = 0.0083. \end{aligned}$$

7. 事件的独立性

条件概率反映了某一事件 B 对另一事件 A 的影响. 一般说来，$P(A)$ 与 $P(A \mid B)$ 是不同的. 但在有些情况下，事件 B 的发生与否不影响事件 A 的概率，即 $P(A \mid B) = P(A)$. 这种情况称为事件 A 对事件 B **是独立的**；否则称事件 A 对事件 B **不是独立的**. 对事件的独立性有下列结论：

(1)若事件 A 对事件 B 是独立的，则事件 B 对事件 A 也是独立的；

(2)若两事件中任一事件的发生不影响另一事件的概率，则称它们是相互独立的；

(3)若两事件 A 与 B 是相互独立的，则下列各对事件也是相互独立的

$$A 与 \overline{B}，\overline{A} 与 B，\overline{A} 与 \overline{B}$$

(4)对于两个独立事件 A 与 B，概率的乘法公式可表示为

$$P(AB) = P(A)P(B) \quad (式 16.6)$$

式 16.6 还可推广到 n 个相互独立的事件 $A_i(i=1,2,\cdots,n)$ 的情况，即有

$$P(A_1A_2\cdots A_n) = P(A_1)P(A_2)\cdots P(A_n). \quad (式 16.7)$$

例 16.12 甲、乙、丙三射手各自独立地向同一目标射击一次，命中率分别为 1/3，1/2，1/4，求目标被击中的概率.

解：设 A 表示目标被击中事件，A_1，A_2，A_3 分别表示甲、乙、丙击中目标事件；则目标被击中即三人中至少有一人击中目标，其对立事件为三人均未击中目标，即 $\overline{A}_1$，$\overline{A}_2$，$\overline{A}_3$ 同时发生，因此有

$$P(A) = 1 - P(\overline{A}_1\overline{A}_2\overline{A}_3)$$

根据事件的独立性及式 16.7 有

$$P(A) = 1 - P(\overline{A}_1)P(\overline{A}_2)P(\overline{A}_3) = 1-(2/3)\times(1/2)\times(3/4) = 3/4.$$

16.1.3 全概公式与逆概公式

设 Ω 为样本空间，若事件组 $B_1, B_2, \cdots, B_n$ 满足以下两个条件：

(1) $B_1, B_2, \cdots, B_n$ 两两互不相容，且 $P(B_i) > 0, i = 1,2,\cdots,n$；

(2) $B_1 \cup B_2 \cup \cdots \cup B_n = \Omega$.

则称 $B_1, B_2, \cdots, B_n$ 为样本空间 Ω 的一个划分，或一个完备事件组.

有下面两个重要公式：

1. 全概公式

设事件组 $B_1, B_2, \cdots, B_n$ 为样本空间 Ω 的一个划分，则对任一事件 A，$P(A) > 0$ 时有

$$P(A) = P(B_1)P(A \mid B_1) + P(B_2)P(A \mid B_2) + \cdots + P(B_n)P(A \mid B_n)$$

此公式称为**全概公式**.

全概公式是概率论中的一个基本公式. 当事件 A 比较复杂，而 $P(B_i)$ 和 $P(A \mid B_i)$ 都比较容

易计算或为已知时，就可以利用全概公式来求解.

例 16.13　一批由甲、乙、丙三个车间生产的产品；其产量分别占 40%，35%，25%，各车间的次品率分别为 2%，3%，4%，求全部产品的次品率.

解：从这批产品中任取一个产品，用 B_1,B_2,B_3 分别表示取自甲、乙、丙三个车间，显然，它们两两互斥，并有

$$P(B_1)=0.40, P(B_2)=0.35, P(B_3)=0.25$$

设 A 表示取到的产品为次品，根据各车间的次品率有

$$P(A\mid B_1)=0.02, P(A\mid B_2)=0.03, P(A\mid B_3)=0.04$$

于是全部产品的次品率为

$$\begin{aligned}P(A)&=P(B_1)P(A\mid B_1)+P(B_2)P(A\mid B_2)+P(B_3)P(A\mid B_3)\\&=0.40\times0.02+0.35\times0.03+0.25\times0.04=0.0285.\end{aligned}$$

2. 逆概公式

设事件组 $B_1,B_2,\cdots,B_n$ 为样本空间 Ω 的一个划分，根据概率乘法公式，对任一事件 A，$P(A)>0$ 时有

$$P(B_iA)=P(B_i)P(A\mid B_i)\quad i=1,2,\cdots,n$$

由此得

$$P(B_i\mid A)=P(B_iA)/P(A)=[P(B_i)P(A\mid B_i)]/P(A)$$

由全概公式得

$$P(B_i\mid A)=[P(B_i)P(A\mid B_i)]/\left(\sum_{j=1}^{n}P(B_j)P(A\mid B_j)\right)$$

上式称为**逆概公式**，又称**贝叶斯公式**.

例 16.14　在例 16.13 中，若取出的一件产品是次品，求该次品是甲、乙、丙生产的概率各是多少？

解：由例 16.13 知，$P(A)=0.0285$

由逆概公式得

$$P(B_1\mid A)=[P(B_1)P(A\mid B_1)]/P(A)=0.40\times0.02/0.0285=0.281$$

$$P(B_2\mid A)=[P(B_2)P(A\mid B_2)]/P(A)=0.35\times0.03/0.0285=0.368$$

$$P(B_3\mid A)=[P(B_3)P(A\mid B_3)]/P(A)=0.25\times0.04/0.0285=0.351.$$

16.2　随机变量的分布与数字特征

随机变量是概率论中另一个重要概念. 在随机试验中，试验的结果可能有多种. 如果对于试验的每一个可能结果，也就是样本空间中的每一个样本点 ω，都用一个确定的实数值 ξ 与之对应，则 ξ 是样本点 ω 的实函数. 它是随着试验结果不同而变化的一个量，可用一个以随机试验结果为自变量的单值函数 $\xi=\xi(\omega)$ 表示；称其为**随机变量**；通常用希腊字母 $\xi,\eta,\zeta,\cdots$，或大写字母 $X,Y,Z,\cdots$ 表示. 例如，

(1)在掷硬币的试验中，会出现“正面”或“反面”两个不同的事件；但试验的结果也可以用 1(出现“正面”)或 0(出现“反面”)表示. 它是一个随机变量，可取 1 和 0 两个值.

(2)一个射手对目标进行射击，击中目标记为 1，未击中目标记为 0. 若用 ξ 表示射手在一次射击中是否击中；则 ξ 是一个随机变量，可以取 0 或 1 两个值.

(3)某段时间中候车室内的旅客数目记为 ξ，是一个随机变量，可以取 0 及一切不大于 M 的自

然数(M为候车室的最大容量).

(4)测量某台车床加工的零件的直径,也是一个随机变量ξ.ξ可以取一个区间$[a,b]$内的一切实数值.

由上可以看出,有些试验结果与数量直接有关(如(3)、(4));有些试验的结果虽然与数量无直接关系,但可以引进随机变量,用随机变量取不同的值来表示试验的结果(如(1)、(2)).

一方面,随机变量取什么值是不能在试验之前得知的;它取决于试验的结果.由于试验结果是随机的,而随机变量ξ是试验结果的函数;所以,随机变量ξ的值是随机的.另一方面,随机试验是以一定的概率取得每一个结果的.所以,随机变量ξ也以一定的概率取得每一个值.这表明随机变量与普通函数是有本质区别的.

在随机试验的结果中,随机变量ξ取得某一数值x,记为$\xi=x$,这是一个随机事件.同样,随机变量ξ取所有小于x的值,记为$\xi<x$,是一个随机事件;随机变量ξ取得区间(x_1,x_2)内的值,记为$x_1<\xi<x_2$,也是一个随机事件.

引进随机变量后,可将看似不同的问题归为同一类问题来研究.更重要的是,在数量化后,可借助于分析的方法来研究随机试验.

对于一个随机变量,最重要的是研究它将取哪些值、以多大的概率取这些值.对于前者,通常要根据问题的实际背景来确定;对于后者,将通过它的分布函数来研究.

16.2.1 随机变量的分布

按照随机变量可能的取值,可以将随机变量分为两种基本类型,离散型随机变量和连续型随机变量.

1. 离散型随机变量

离散型随机变量ξ是一种用数值表示的变量.它仅能取有限个或可数无穷多个数值,而且以确定的概率p取每一个值.其中所有的值可按一定的顺序排列,从而可表示为数列$x_1,x_2,\cdots,x_n,\cdots$.

如果将离散型随机变量ξ可能取得的数值x_i,从小到大顺序地排成一横排,它取得这些值的概率p_i对应地排成另一横排,则可得到下列概率分布表.

ξ	x_1	x_2	$\cdots$	x_n	$\cdots$
P	p_1	p_2	$\cdots$	p_n	$\cdots$

这个概率分布表完整地描述了一个离散型随机变量ξ的特性.一方面,它说明随机变量ξ可能取的数值(上一行),又说明对应取得各个可能值的概率(下一行).这样,离散型随机变量ξ所取的值与其相应的概率之间,就有了一个对应关系.

$$P(\xi=x_i)=p_i,\ (i=1,2,\cdots) \tag{16.8}$$

式16.8称为离散型随机变量ξ的**概率密度函数**(或**概率函数**);且具有下列性质:

(1)$p_i\geqslant 0\quad(i=1,2,\cdots)$,

(2)$\sum\limits_{i=1}^{n}p_i=1$.

与概率密度函数紧密相连的一个函数是离散型随机变量ξ的分布函数,它定义为

$$F(x)=P(\xi\leqslant x)=\sum_{z\leqslant x}P(\xi=z) \tag{16.9}$$

式16.9表示,$F(x)$是离散型随机变量ξ取值小于或等于x的基本事件概率之和,也即事件"$\xi\leqslant x$"的概率.它是x的一个实函数.

对任意实数 $x_1 < x_2$，有 $F(x_1)=P(\xi\leqslant x_1)$，$F(x_2)=P(\xi\leqslant x_2)$，而事件 $\xi\leqslant x_2$ 是互不相容事件 $\xi\leqslant x_1$ 与 $x_1<\xi\leqslant x_2$ 之和，所以有

$$P(\xi\leqslant x_2) = P(\xi\leqslant x_1) + P(x_1<\xi\leqslant x_2)$$

由此可推得

$$P(x_1<\xi\leqslant x_2) = P(\xi\leqslant x_2) - P(\xi\leqslant x_1) = F(x_2) - F(x_1) \tag{16.10}$$

由式 16.9 可知，分布函数 $F(x)$ 由概率密度函数 $P(\xi = x_i)$ 确定. 反之，由式 16.10 可知，若分布函数 $F(x)$ 已知，则也可确定它在任一范围内的概率密度函数. 从这个意义上说，分布函数完整地描述了随机变量的变化情况，它具有下面几个性质：

(1) $0\leqslant F(x)\leqslant 1$，对一切 $x\in(-\infty,+\infty)$ 成立；

(2) 当 $x_1<x_2$ 时，有 $F(x_1)\leqslant F(x_2)$，即 $F(x)$ 是 x 的非减函数；

(3) $F(-\infty) = \lim\limits_{x\to-\infty} F(x) = 0$，$F(+\infty) = \lim\limits_{x\to+\infty} F(x) = 1$.

现给出离散型随机变量 ξ 的概率分布的一个简单例子.

例 16.15　设随机变量 ξ 等可能地取得 0,1,2,3 等 4 个值，即 $p(\xi=0)=p(\xi=1)=p(\xi=2)=p(\xi=3)=1/4$，则它的分布函数为

$$F(x)=\begin{cases}0 & \text{当 } x<0\\ 1/4 & \text{当 } 0\leqslant x<1\\ 2/4 & \text{当 } 1\leqslant x<2\\ 3/4 & \text{当 } 2\leqslant x<3\\ 1 & \text{当 } 3\leqslant x\end{cases}$$

下面介绍几种常见的离散型随机变量 ξ 的概率分布.

(1) 两点分布：若随机变量 ξ 只可能取 0,1 两个值，其概率密度函数为，

$$P(\xi = k) = p^k q^{1-k} = p^k(1-p)^{1-k}(k = 0,1) \tag{16.11}$$

其中，$0 < p < 1$，$p + q = 1$，则称由式 16.11 描述的随机变量 ξ 服从以 p 为参数的"0－1"分布或两点分布.

例 16.16　在掷硬币的试验中，设随机变量 ξ 表示正面向上的事件，则 ξ 服从 0－1 分布，其概率分布表为

ξ	0	1
P	0.5	0.5

ξ 的分布函数为

$$F(x)=\begin{cases}0 & \text{当 } x<0\\ 0.5 & \text{当 } 0\leqslant x<1\\ 1 & \text{当 } 1\leqslant x\end{cases}$$

两点分布是常见的一种分布. 只要随机试验的结果只有两种，如射击是否击中、电路通与不通、产品合格与不合格等. 它们的样本空间均为 $\Omega=\{\omega_1,\omega_2\}$，总能定义一个服从两点分布的随机变量，

$$\xi=\begin{cases}0 & \text{当 } \omega_1 \text{ 发生时}\\ 1 & \text{当 } \omega_2 \text{ 发生时}\end{cases}$$

来描述，所不同的仅在参数 p 的取值.

(2) 二项分布：设随机变量 ξ 的可能取值为 $k = 0,1,2,\cdots,n$. 而取得这些值的概率分别是

$$P(\xi = k) = C_n^k p^k q^{n-k} \tag{16.12}$$

其中 $0 < p < 1$，$p + q = 1$，n 为非负整数. 由于式 16.12 中的 $C_n^k p^k q^{n-k}$ 是二项式 $(p+q)^n$ 展开式中的第 $k+1$ 项，故称 ξ 为服从参数 n,p 的二项分布，简记为 $\xi \sim B(n,p)$. 特别当 $n=1$ 时的二项分布 $B(1,p)$ 就是参数为 p 的(0－1)分布(两点分布). 换言之，0－1 分布是二项分布当 $n=1$ 时的特殊情况.

二项分布满足：

① $P(\xi = k) = C_n^k p^k q^{n-k} > 0 \ (k = 0,1,2,\cdots,n\,;\, p + q = 1)$；

② $\sum\limits_{k=0}^{n} P(\xi = k) = \sum\limits_{k=0}^{n} C_n^k p^k q^{n-k} = 1$.

二项分布是一种简单、常用而又重要的分布，在很多实际问题中，只要每次试验的结果只有两种，都可用这个模型来解决. 如 n 次投掷一枚硬币，k 次出现正面的模型；大批量产品抽样检查时抽得次品数的模型等，都是二项分布模型的具体化.

例如有一批产品共 N 个，其中有 M 个次品，即次品率 $p=M/N$. 现对这批产品进行放回抽样试验；即每次任取一个产品，检查其质量后仍放回去；如此连续抽取 n 次，每次抽检只有正品或次品两种结果，则在被抽查的 n 个产品中的次品数 ξ 服从二项分布 $B(n,p)$. 下面看一个例子.

例 16.17 设一大批产品的废品率 $p=0.05$，现进行抽样检验，从中任取 100 个样品，求下面三个事件的概率：

① 恰好抽到一个次品的概率；

② 最多抽到一个次品的概率；

③ 最少抽到一个次品的概率.

解：由于产品数量大，样品数量少，故不管样品是否放回，总可认为是放回式抽样，而且每次抽样是独立的，抽到次品的概率也不变. 根据上面说明，本题可用二项分布模型来处理.

设 ξ 是"100 个样品中次品个数"事件，则 $\xi \sim B(100, 0.05)$.

① $P(\xi = 1) = C_{100}^1 (0.05)^1 (0.95)^{99} \approx 0.0312$；

② $P(\xi \leqslant 1) = P(\xi = 0) + P(\xi = 1) = C_{100}^0 (0.05)^0 (0.95)^{100} + C_{100}^1 (0.05)^1 (0.95)^{99} \approx 0.0371$；

③ $P(\xi \geqslant 1) = 1 - P(\xi < 1) = 1 - P(\xi = 0) \approx 0.9941$.

(3)泊松分布：设随机变量 ξ 的可能取值为

$$k = 0,1,2,\cdots$$

而取得这些值的概率分别是

$$p(\xi = k) = p_\lambda(k) = (\lambda^k / k!)e^{-\lambda} \quad (k = 0,1,2,\cdots) \tag{16.13}$$

其中，$\lambda > 0$ 为常数. 由式 16.13 描述的分布称为以 λ 为参数的**泊松分布**，简记为 $\xi \sim P(\lambda)$.

泊松分布满足

① $P(\xi = k) = (\lambda^k / k!)e^{-\lambda} \quad (\lambda > 0\,;\, k = 0,1,2,\cdots)$；

② $\sum\limits_{k=0}^{\infty} p(\xi = k) = \sum\limits_{k=0}^{10} (\lambda^k / k!)e^{-\lambda} = e^{-\lambda} \sum\limits_{k=0}^{\infty} (\lambda^k / k!) = e^{-\lambda} e^{\lambda} = 1$.

泊松分布也是概率论中常见的一种重要分布，实际应用很广. 例如，某段时间内到达候车室候车的旅客数；某公共汽车站在单位时间内来站乘车的乘客人数；在一个时间段内某呼叫台收到的呼叫次数；在一个时间段内某网站被访问的用户数；某超市在一天内的顾客数等问题，都可用泊松分布来解决.

例 16.18 一呼叫台每分钟接到的呼叫次数 ξ 服从参数为 4 的泊松分布，试求：(1)每分钟恰有 8 次呼叫的概率；(2) 每分钟接到的呼叫次数大于 10 的概率.

解：(1) $P(\xi = 8) = (4^8 / 8!)e^{-4} = 0.02\,977$；

(2) $P(\xi > 10) = 1 - P(\xi \leqslant 10) = 1 - \sum_{k=0}^{10}(4^k/k!)e^{-4} = 1 - 0.99716 = 0.00284$.

泊松分布的计算可通过查泊松分布表实现.

2. 连续型随机变量

在概率分布的描述上,与离散型随机变量的分布用概率分布表描述不同,对连续型随机变量,要考虑它在某一区间内取值的概率问题.如上面介绍的测量某台车床加工的零件的直径的例子,零件的直径是一个连续型随机变量 ξ,它可以取一个区间$[a,b]$内的一切实数值.

对于随机变量 ξ,如果存在一个非负的、在$(-\infty,+\infty)$上可积的函数 $\Phi(t)$,使得对任意实数 x,都有

$$F(x) = p(-\infty < \xi < x) = p(\xi < x) = \int_{-\infty}^{x} \Phi(t)\,dt \tag{16.14}$$

成立,则称 ξ 为连续型随机变量,称式 16.14 中的函数 $\Phi(t)$ 为随机变量 ξ 的概率密度函数或概率函数.

概率密度函数具有下列基本性质:

(1)$\Phi(x) \geqslant 0$;

(2) $\int_{-\infty}^{+\infty} \Phi(t)\,dt = 1$;

反之,如果一个定义在实数域$(-\infty,+\infty)$上的函数 $\Phi(x)$满足上面的两个基本性质,则函数 $\Phi(x)$就是某个连续型随机变量 ξ 的概率密度函数.

(3)对于任意点 x,有

$$P(\xi = x) = P(\xi \leqslant x) - P(\xi < x) = F(x) - F(x-0) = 0 \tag{16.15}$$

式 16.15 说明,对连续型随机变量 ξ 而言,它在任一点的概率均为零.

例 16.19 设随机变量 ξ 的概率密度函数为

$$f(x) = \begin{cases} C\sin x & 当\ 0 < x < \pi \\ 0 & 其他 \end{cases}$$

求常数 C 和 ξ 的分布函数.

解:① 由 $\int_{-\infty}^{+\infty} f(t)\,dt = \int_{0}^{\pi} C\sin t\,dt = 2C = 1$,得 $C = 0.5$

② ξ 的分布函数: $F(x) = P(\xi < x) = 0.5\int_{0}^{x} \sin\ t\,dt = -0.5(\cos\ x - 1)$,$(0 < x < \pi)$.

下面介绍几种常见的连续型随机变量的概率分布.

(1)均匀分布:设连续型随机变量 ξ 的一切可能值充满某一个有限区间$[a,b]$,并且在该区间内的任一点有相同的概率密度,即概率密度函数 $\Phi(x)$在区间$[a,b]$上为常量,这种分布称做 ξ 服从$[a,b]$上的均匀分布或等概率分布,记为 $\xi \sim U[a,b]$.均匀分布的概率密度函数为

$$\Phi(x) = \begin{cases} 1/(b-a) & 当\ a \leqslant x \leqslant b \\ 0 & 其他 \end{cases} \tag{16.16}$$

在区间$[a,b]$上服从均匀分布的随机变量 ξ 的分布函数为

$$F(x) = \begin{cases} 0 & 当\ x \leqslant a \\ (x-a)/(b-a) & 当\ a < x \leqslant b \\ 1 & 当\ x > b \end{cases} \tag{16.17}$$

均匀分布的概率密度函数式 16.16 的图形如图 16-1(a)所示,分布函数式 16.17 的图形如图 16-1(b)所示.

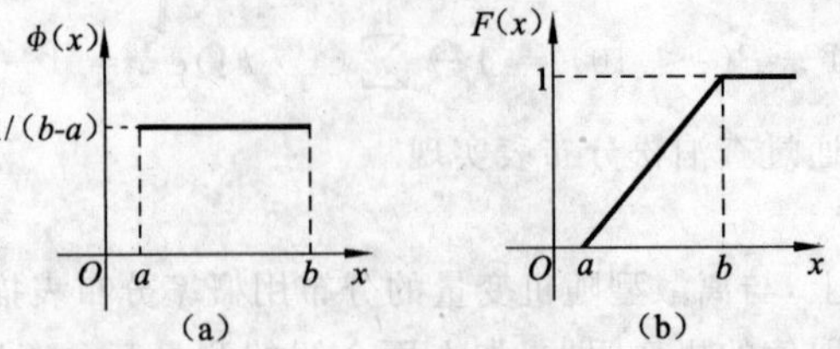

图 16-1 均匀分布的概率密度函数式和分布函数

均匀分布的密度函数有下列性质：

① $\Phi(x) \geqslant 0$;

② $\int_{-\infty}^{+\infty} \Phi(t)\,\mathrm{d}t = \int_a^b \frac{1}{b-a}\,\mathrm{d}t = 1$.

均匀分布常用于误差估计，公共汽车站上乘客候车的时间等问题.

例如某公共汽车站每隔 5 分钟有一辆汽车通过，乘客在任一时间到达车站是等可能的，而他对汽车何时经过该站完全不知，那么他在车站的候车时间 ξ 是一个随机变量，它服从[0,5]上的均匀分布，其概率密度函数为

$$\Phi(x)=\begin{cases}1/5 & 当\ 0\leqslant x\leqslant 5\\ 0 & 其他\end{cases}$$

例 16.20 秒表的最小刻度差为 0.2 s；若计时的精确度是取最近的刻度值. 求使用该秒表计时产生的随机误差 ξ 的概率分布，并计算误差的绝对值不超过 0.05 s 的概率.

解：根据题意，随机误差 ξ 可能取[−0.1,0.1]中的任一值，并在此区间内服从均匀分布，故有

$$1/(b-a)=1/(0.1-(-0.1))=1/0.2=5$$

因此，ξ 的概率密度函数为

$$\Phi(x)=\begin{cases}5 & 当\ |x|\leqslant 0.1\\ 0 & 当\ |x|>0.1\end{cases}$$

由此，可计算出误差绝对值不超过 0.05 s 的概率为

$$P(|\xi|\leqslant 0.05)=\int_{-0.05}^{0.05} 5\,\mathrm{d}t = 0.5.$$

(2)指数分布：设连续随机变量 ξ 的概率密度函数为

$$\Phi(x)=\begin{cases}\lambda \mathrm{e}^{-\lambda x} & 当\ x>0\\ 0 & 当\ x\leqslant 0\end{cases}$$

其中 $\lambda>0$ 为常数. 这种分布称做**指数分布**.

指数分布含有一个参数 λ，通常把这种分布记作 $\mathrm{e}(\lambda)$. 若随机变量 ξ 服从指数分布 $\mathrm{e}(\lambda)$，则记为 $\xi \sim \mathrm{e}(\lambda)$.

指数分布的密度函数有下列性质.

① $\Phi(x) \geqslant 0$

② $\int_{-\infty}^{+\infty} \Phi(t)\,\mathrm{d}t = \int_0^{+\infty} \lambda \mathrm{e}^{-\lambda x}\,\mathrm{d}x = -\mathrm{e}^{-\lambda x}\Big|_0^{+\infty} = 1$.

指数分布常用于物件寿命、通话时间、随机服务系统的服务时间等的研究中.

例 16.21 某电子器件的使用寿命 $\xi(h)$ 服从指数分布

$$\Phi(x)=\begin{cases}(1/1000)\mathrm{e}^{-(1/1000)x} & 当\ x>0\\ 0 & 当\ x\leqslant 0\end{cases}$$

求这种器件能使用 1000 h 以上的概率.

解:根据题意,所求概率为

$$P(\xi \geqslant 1000) = \int_{1000}^{+\infty} \left(\frac{1}{1000} e^{-\frac{1}{1000}t}\right) dt = e^{-1} = 0.368.$$

(3)正态分布:正态分布是概率论中最常见、最重要的一种连续型随机变量的分布,也是应用最广泛的分布.例如,学生的成绩、人群的身高、产品的质量、电源的电压等,都可认为服从正态分布.在理论上,正态分布也是研究得较深入的一种分布.

若连续型随机变量 ξ 的概率密度函数为

$$f(x) = \frac{1}{\sqrt{2\pi}\sigma} e^{\frac{-(x-\mu)^2}{2\sigma^2}} \quad (-\infty < x < +\infty) \tag{16.18}$$

则称 ξ 服从 μ、σ 为参数的正态分布或**高斯分布**,记为 $\xi \sim N(\mu, \sigma^2)$.式中的 μ、σ 为常数,且 $\sigma > 0$.正态分布的分布函数为

$$F(x) = \int_{-\infty}^{x} \frac{1}{\sqrt{2\pi}\sigma} e^{\frac{-(t-\mu)^2}{2\sigma^2}} dt \quad (-\infty < x < +\infty) \tag{16.19}$$

$f(x)$ 和 $F(x)$ 的图形分别如图 16-2(a)、(b)所示.

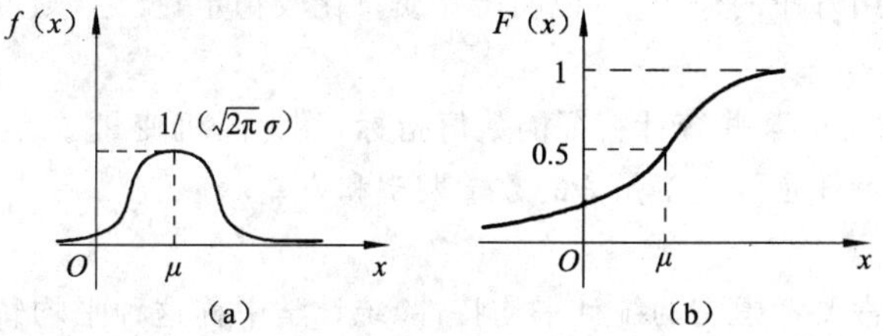

图 16-2　正态分布的分布函数

由式 16.18、式 16.19 可知,在正态分布中,曲线 $f(x)$ 关于直线 $x=\mu$ 对称.当 σ 不变时,$f(x)$ 将随 μ 的增大而向右平移,反之,将随 μ 的减小而向左平移.如果保持 μ 不变,则 $f(x)$ 将随 σ 的增大而变平坦.

特别要指出的,当 $\mu=0$、$\sigma=1$ 时,得到正态分布 $N(0,1)$.这种正态分布称为**标准正态分布**.标准正态分布的概率密度函数为

$$f(x) = \frac{1}{\sqrt{2\pi}} e^{-x^2/2} \quad (-\infty < x < +\infty) \tag{16.20}$$

标准正态分布的分布函数为

$$\Phi(x) = \frac{1}{\sqrt{2\pi}} \int_{-\infty}^{x} e^{-t^2/2} dt \quad (-\infty < x < +\infty) \tag{16.21}$$

归纳起来,正态分布的密度函数有下列性质:

① $f(x) > 0$,它在$(-\infty, +\infty)$内处处连续;

② $f(x)$ 的图形关于 $x=\mu$ 轴对称;

③ 在 $x=\mu$ 处,$f(x)$ 取得最大值$(1/(\sqrt{2\pi}\sigma))$;

④ 参数 μ 确定图形的位置,参数 σ 决定图形的陡峭程度;

⑤ $\int_{-\infty}^{+\infty} f(t) dt = \int_{-\infty}^{+\infty} \frac{1}{\sqrt{2\pi}\sigma} e^{-(t-\mu)^2/(2\sigma^2)} dt = 1$;

⑥ 对于标准正态分布,其密度函数 $f(x)$ 是偶函数,图形关于 y 轴对称,所以有

$$\Phi(-x) = 1 - \Phi(x);$$

⑦ 一般正态分布 $F(x)$ 与标准正态分布 $\Phi(x)$ 之间有如下重要关系

$$F(x) = P(\xi < x) = \Phi((x-\mu)/\sigma)$$

若随机变量 $\xi \sim N(\mu,\sigma^2)$，则对任意 $a,b(a<b)$ 有，

$$P(a<\xi<b)=\Phi((b-\mu)/\sigma)-\Phi((a-\mu)/\sigma).$$

由于正态分布问题的计算需要查《标准正态分布表》，这里只举一个简单的例子.

例 16.22 某厂生产的电子元件的寿命 ξ(h)服从正态分布 $N(1600,200^2)$，试求元件寿命在 1200 h 以上的概率.

解：$P(\xi>1200)=1-P(\xi\leqslant 1200)=1-\Phi((1200-1600)/200)$

$$=1-\Phi(-2)=\Phi(2)=0.9772.$$

16.2.2 随机变量的数字特征

上面研究了随机变量的分布，它对随机变量的统计特性作了完整的描述. 然而在很多情况下，一方面求随机变量的分布并不容易，另一方面在实际问题中也不需要全面考察随机变量的变化情况，而只要知道随机变量的一些重要指标即可. 例如，在检验产品的质量时，人们关心的主要是产品的"平均使用寿命"和"使用寿命与平均使用寿命的偏差大小"等. 平均使用寿命长，产品质量就好；使用寿命与平均使用寿命的偏差小，说明产品质量比较稳定；反之，则说明质量不稳定，就需要对生产流程进行改进.

用来显示随机变量 ξ 的某些统计特征的数值指标，称为随机变量 ξ 的**数字特征**. 在概率论中，最基本、最常用的数字特征是随机变量 ξ 的数学期望和方差.

1. 数学期望

对于随机变量，经常要考虑它的统计平均特性. 统计学中称这种平均特性为**数学期望**. 数学期望实际上就是随机变量取值的概率平均.

由于离散型随机变量和连续型随机变量的概率函数表示方法不同，所以它们的数学期望和方差的计算方法也不同. 下面分别讨论.

(1)离散型随机变量的数学期望. 离散型随机变量 ξ 的一切可能取值 x_i 与其对应的概率 $P(\xi=x_i)=p_i$ 的乘积之和称做离散型随机变量 ξ 的数学期望，简称期望或均值，记作 $E(\xi)$. 若随机变量 ξ 只能取得有限个值 $x_1,x_2,\cdots,x_n$；而对应取得这些值的概率分别是 $p_1,p_2,\cdots,p_n$；则随机变量 ξ 的数学期望为

$$E(\xi)=x_1p_1+x_2p_2+\cdots+x_np_n=\sum_{i=1}^{n}x_ip_i$$

若随机变量 ξ 可能取得可数无穷多个值 $x_1,x_2,\cdots,x_n,\cdots$；而对应取得这些值的概率分别是 $p_1,p_2,\cdots,p_n,\cdots$；则随机变量 ξ 的数学期望 $E(\xi)$ 为下列绝对收敛级数的和.

$$E(\xi)=x_1p_1+x_2p_2+\cdots+x_np_n+\cdots=\sum_{i=1}^{\infty}x_ip_i$$

这里假设了级数是绝对收敛的；从而级数的和与各项的排列次序无关. 需要指出，随机变量 ξ 的数学期望 $E(\xi)$ 与实际进行的试验中所得随机变量 ξ 的观测值的算术平均值(即样本平均值) x 之间有着密切的联系.

假设进行 N 次独立试验，得到的 ξ 的统计分布如下：

ξ	x_1	x_2	…	x_n	总计
频数	m_1	m_2	…	m_n	$N=\sum m_i$
频率	$w(x_1)$	$w(x_2)$	…	$w(x_n)$	$\sum w(x_i)=\sum(m_i/N)=1$

随机变量 ξ 的样本平均值

$$\bar{x}=\frac{x_1m_1+x_2m_2+\cdots+x_nm_n}{N}=\frac{1}{N}\sum_{i=1}^{n}x_im_i=\sum_{i=1}^{n}x_i\left(\frac{m_i}{N}\right)=\sum_{i=1}^{n}x_iw(x_i)$$

由上式可见，随机变量 ξ 的统计分布的样本平均值 x 与理论分布的数学期望 $E(\xi)$ 的计算法是完全类似的；只是用试验中的频率 $w(x_i)$ 代替了对应的概率 p_i. 当试验次数很大时，由于频率 $w(x_i)$ 在概率 p_i 的附近摆动，所以随机变量 ξ 的样本平均值 x 也将在随机变量 ξ 的数学期望 $E(\xi)$ 的附近摆动；也就是说，可用样本平均值作为数学期望的近似值.

例 16.23　甲、乙两名射手在射击中得分的概率分布表如下.

甲：ξ	1	2	3
P	0.4	0.1	0.5

乙：η	1	2	3
P	0.1	0.6	0.4

试比较甲、乙两名射手的技术.

解：现计算两名射手得分的平均值(数学期望).

$$E(\xi)=1\times0.4+2\times0.1+3\times0.5=2.1$$

$$E(\eta)=1\times0.1+2\times0.6+3\times0.3=2.2$$

由计算结果得知，乙射手的技术比甲射手好.

例 16.24　设有 10 只同种电子元件，其中有 2 只废品，从这批元件中任取一只，若是废品，则扔掉重新取一只，若仍是废品，则扔掉再取一只，试求在取到正品之前，已取出的废品只数 ξ 的分布和数学期望.

解：随机变量 ξ 的可能取值为 0，1，2，取这些值的概率分别是

$$P(\xi=0)=8/10=4/5$$

$$P(\xi=1)=(2/10)(8/9)=8/45$$

$$P(\xi=2)=(2/10)(1/9)=1/45$$

随机变量 ξ 的概率分布表为

ξ	0	1	2
P	4/5	8/45	1/45

随机变量 ξ 的数学期望为

$$E(\xi)=0\times(4/5)+1\times(8/45)+2\times(1/45)=10/45=2/9.$$

下面给出几种常见离散型随机变量 ξ 的数学期望.

① 两点分布的数学期望.

若随机变量 ξ 服从参数 p 的两点分布，其概率分布表为

ξ	0	1
P	$1-p$	p

则

$$E(\xi)=0\times(1-p)+1\times p=p$$

即服从参数为 p 的两点分布的随机变量 ξ 的数学期望就等于 p.

② 二项分布的数学期望.

若随机变量 ξ 服从参数为 n、p 的二项分布 $\xi\sim B(n,p)$，$P(\xi=m)=C_n^m p^m(1-p)^{n-m}$，则 ξ 的数学期望为

$$E(\xi)=\sum_{m=0}^{n}mC_n^m p^m(1-p)^{n-m}=np$$

即服从参数为n、p的二项分布的随机变量ξ的数学期望等于参数n与p的乘积.

③ 泊松分布的数学期望.

若随机变量ξ服从参数为λ的泊松分布$\xi \sim P(\lambda)$，$P(\xi=m)=(\lambda^m/m!)e^{-\lambda}$，则$\xi$的数学期望为

$$E(\xi)=\sum_{m=0}^{\infty}m(\lambda^m/m!)e^{-\lambda}=\lambda e^{-\lambda}\sum_{m=1}^{\infty}\lambda^{m-1}/(m-1)!=\lambda e^{-\lambda}e^{\lambda}=\lambda$$

即服从参数为λ的泊松分布的随机变量ξ的数学期望就等于参数λ.

(2)连续型随机变量的数学期望.

设连续型随机变量ξ的概率密度函数为$\varphi(x)$，若积分$\int_{-\infty}^{+\infty}x\varphi(x)dx$绝对收敛，则称积分

$$E(\xi)=\int_{-\infty}^{+\infty}x\varphi(x)dx$$

为连续型随机变量ξ的数学期望，记为$E(\xi)$.

例 16.25 设随机变量ξ的概率密度函数为

$$\varphi(x)=\begin{cases}x & \text{当 } 0\leqslant x\leqslant 1\\ 2-x & \text{当 } 1< x\leqslant 2\\ 0 & \text{其他}\end{cases}$$

求ξ的数学期望.

解：根据定义和所给的概率密度函数有

$$E(\xi)=\int_0^1 xx\,dx+\int_1^2 x(2-x)dx=1/3+(4-1)-(8-1)/3=1$$

下面给出几种常见的连续型随机变量ξ的数学期望

① 设随机变量ξ服从$[a,b]$上的均匀分布，即$\xi \sim U[a,b]$，则ξ的数学期望为

$$E(\xi)=\int_a^b\frac{x}{b-a}dx=\frac{1}{b-a}\int_a^b x\,dx=\frac{a+b}{2}$$

即服从$[a,b]$上均匀分布的随机变量ξ的数学期望等于区间$[a,b]$的中点值$(a+b)/2$.

② 设随机变量ξ服从参数为λ的指数分布，即$\xi \sim e(\lambda)$，则ξ的数学期望为

$$E(\xi)=\int_0^{+\infty}x\lambda e^{-\lambda x}dx=-\int_0^{+\infty}x\,d(e^{-\lambda x})=\int_0^{+\infty}e^{-\lambda x}dx=\frac{1}{\lambda}$$

即服从参数为λ的指数分布的随机变量ξ的数学期望等于$1/\lambda$.

③ 设随机变量ξ服从参数为μ,σ的正态分布，即$\xi \sim N(\mu,\sigma^2)$，则随机变量ξ的数学期望为

$$E(\xi)=\int_{-\infty}^{+\infty}\frac{x}{\sqrt{2\pi}\sigma}e^{-(x-\mu)^2/(2\sigma^2)}dx=\mu$$

即服从参数为μ,σ的正态分布的随机变量ξ的数学期望等于μ.

(3)随机变量的函数的数学期望.

在许多实际问题中，除了要求随机变量的数学期望外，有时还需要求随机变量函数的数学期望. 下面不加证明地给出解决这类问题的一个简便方法.

设ξ为随机变量，η是ξ的函数，即$\eta=g(\xi)$，并且η的数学期望$E(\eta)$存在.

① 若ξ为离散型随机变量，概率为

$$P(\xi=x_i)=p_i\,(i=1,2,\cdots)$$

则
$$E(\eta)=E(g(\xi))=\sum_i g(x_i)p_i.$$

② 若ξ为连续型随机变量，概率密度函数为$\Phi(x)$，则

$$E(\eta)=E(g(\xi))=\int_{-\infty}^{+\infty}g(x)\Phi(x)dx.$$

下面举一个简单的例子.

例 16.26 设离散型随机变量 ξ 的概率分布表为

ξ	-1	0	1	2
p	0.1	0.4	0.3	0.2

求 $\eta=2\xi^2+3$ 的数学期望.

解:$E(\eta)=[2(-1)^2+3]\cdot 0.1+[2(0)^2+3]\cdot 0.4+[2(1)^2+3]\cdot 0.3+[2(2)^2+3]\cdot 0.2=5.4.$

(4)数学期望的性质.

① 常量的数学期望就是常量本身,即 $E(c)=c$;

② 随机变量 ξ 与常量 c 之和的数学期望等于 ξ 的数学期望与这个常量之和,即

$$E(\xi+c)=E(\xi)+c;$$

③ 常量与随机变量乘积的数学期望等于这个常量与随机变量的期望的乘积,即

$$E(c\xi)=c\,E(\xi);$$

④ 随机变量线性函数的数学期望等于这个随机变量期望为变量的同一线性函数,即

$$E(a\xi+b)=E(a\xi)+b=aE(\xi)+b;$$

⑤ 两个随机变量之和的数学期望等于这两个随机变量数学期望之和,即

$$E(\xi+\eta)=E(\xi)+E(\eta);$$

⑥ 两个相互独立的随机变量乘积的数学期望等于它们数学期望之乘积,即

$$E(\xi\cdot\eta)=E(\xi)\cdot E(\eta).$$

2. 方差

为了表现随机变量的分布特征,仅研究它的平均性能的数学期望(或平均值)是不够的.例如,考虑两个随机变量 ξ 和 η,设它们服从如下的均匀分布.

$$\Phi_\xi(X)=\begin{cases}1/2 & \text{当}-1\leqslant x\leqslant 1\\ 0 & \text{当}\ |x|>1\end{cases}$$

和

$$\Phi_\eta(V)=\begin{cases}1/200 & \text{当}-100\leqslant y\leqslant 100\\ 0 & \text{当}\ |x|>100\end{cases}$$

根据随机变量 ξ 和 η 服从均匀分布得知,它们的数学期望为

$$E(\xi)=(1+(-1))/2=0$$

和

$$E(\eta)=(100+(-100))/2=0$$

可见它们的平均值是相同的,但它们的分散程度不同.ξ 的取值区间较小,而 η 的取值区间较大;或者说,ξ 的可能取值较集中,而 η 的可能取值较分散.

为了研究随机变量的所有可能值与平均值之间的偏差的大小,即在平均值周围的分散程度,现引进方差的概念.

随机变量 ξ 与其数学期望 $E(\xi)$ 的差 $(\xi-E(\xi))$,称做随机变量 ξ 的**离差**.离差的平方 $(\xi-E(\xi))^2$ 的数学期望,称为随机变量 ξ 的**方差**,记为 $D(\xi)$.即

$$D(\xi)=E(\xi-E(\xi))^2$$

随机变量 ξ 的方差的算术平方根称做随机变量 ξ 的**标准差**或**均方差**,记做 σ_ξ.即

$$\sigma_\xi=\sqrt{D(\xi)}\quad\text{或}\quad D(\xi)=\sigma_\xi^2$$

由方差的定义可知，随机变量 ξ 的方差是一个正数，随机变量的可能取值在其平均值附近越集中，其方差就越小.

对于方差有一个重要公式

$$D(\xi)=E(\xi^2)-(E(\xi))^2$$

该公式有时可用来简化方差的计算.

(1)离散型随机变量的方差.

如果 ξ 是离散型随机变量，并且 $P(\xi=x_i)=p_i(i=1,2,\cdots)$；则有

$$D(\xi)=\sum_i(x_i-E(\xi))^2p_i$$

下面给出常见离散型随机变量的方差.

① 若随机变量 ξ 服从两点分布，其概率分布表为

ξ	$1-p$	p
P	0	1

它的 $E(\xi)=p$，而方差为

$$D(\xi)=(0-p)^2(1-p)+(1-p)^2p=p(1-p)=pq$$

即服从参数为 p 的两点分布的随机变量 ξ 的方差为 $p(1-p)$.

② 若随机变量 ξ 服从二项分布 $\xi\sim B(n,p)$，它的 $E(\xi)=np$，而它的方差为

$$D(\xi)=np(1-p)=npq$$

即服从参数为 n、p 的二项分布 $B(n,p)$ 的随机变量 ξ 的方差为 $np(1-p)$.

③ 若随机变量 ξ 服从泊松分布 $\xi\sim P(\lambda)$，它的 $E(\xi)=\lambda$，而它的方差为

$$D(\xi)=\lambda$$

即服从参数为 λ 的泊松分布 $P(\lambda)$ 的随机变量 ξ 的方差为 λ.

(2)连续型随机变量的方差.

如果 ξ 是连续型随机变量，并且有概率密度函数 $\varphi(x)$；则有

$$D(\xi)=\int_{-\infty}^{+\infty}(x-E(\xi))^2\varphi(x)\mathrm{d}x$$

下面给出常见连续型随机变量的方差.

① 设随机变量 ξ 服从 $[a,b]$ 上的均匀分布，即 $\xi\sim U[a,b]$，$E(\xi)=(a+b)/2$，则

$$D(\xi)=(b-a)^2/12$$

即服从 $[a,b]$ 上均匀分布的随机变量 ξ 的方差为 $(b-a)^2/12$，它与区间长度的平方成正比.

在本段开头的例子中，两个随机变量 ξ 和 η 的方差分别为

$$D(\xi)=(1-(-1))^2/12=4/12=1/3$$

$$D(\eta)=(100-(-100))^2/12=10000/3$$

此结果说明，随机变量 ξ 的取值集中在其期望值附近，而随机变量 η 的取值则较分散.

② 设随机变量 ξ 服从指数分布，即 $\xi\sim \mathrm{e}(\lambda)$，$E(\xi)=1/\lambda$，则

$$D(\xi)=1/\lambda^2$$

即服从参数为 λ 的指数分布 $\mathrm{e}(\lambda)$ 的随机变量 ξ 的方差为 $1/\lambda^2$.

③ 设随机变量 ξ 服从正态分布，即 $\xi\sim N(\mu,\sigma^2)$，$E(\xi)=\mu$，则

$$D(\xi)=\sigma^2$$

即服从参数为 μ，σ 的正态分布 $N(\mu,\sigma^2)$ 的随机变量 ξ 的方差为 σ^2. 由此可见，正态分布 $N(\mu,\sigma^2)$ 中的两个参数，μ 是数学期望，σ^2 是方差.

(3)随机变量方差的性质.

① 常量 C 的方差等于零:$D(C)=0$;

② 随机变量 ξ 与常量 C 之和的方差就等于随机变量 ξ 的方差本身 $D(\xi+C)=D(\xi)$;

③ 常量 C 与随机变量 ξ 乘积的方差等于这个常量的平方与随机变量 ξ 方差的乘积 $D(C\xi)=C^2D(\xi)$;

④ 两个独立随机变量 ξ 与 η 之和的方差等于这两个随机变量方差的和 $D(\xi+\eta)=D(\xi)+D(\eta)$.

从对常用随机变量分布的讨论可以看出,它们的数学期望与方差都与分布中的参数有关.因此,一旦知道了随机变量的数学期望和方差,它的分布也可确定.

例 16.27　设射击试验中某火炮射击的弹着点与目标的距离为随机变量 ξ,它的概率分布表为

ξ	80	85	90	95	100
p	0.2	0.2	0.2	0.2	0.2

试求该随机变量 ξ 的数学期望和方差.

解:
$$E(\xi)=80\times0.2+85\times0.2+90\times0.2+95\times0.2+100\times0.2=90$$
$$D(\xi)=(80-90)^2\times0.2+(85-90)^2\times0.2+(90-90)^2\times0.2+(95-90)^2\times0.2+(100-90)^2\times0.2=50.$$

例 16.28　若连续型随机变量 ξ 的概率密度函数是

$$\Phi(x)=\begin{cases}12x^2-12x+3 & 当\ 0<x<1\\ 0 & 其他\end{cases},$$

试求该随机变量 ξ 的数学期望和方差.

解:根据定义

$$E(\xi)=\int_0^1 x(12x^2-12x+3)\mathrm{d}x=\int_0^1(12x^3-12x^2+3x)\mathrm{d}x=0.5$$

$$D(\xi)=\int_0^1(x-0.5)^2(12x^2-12x+3)\mathrm{d}x=\int_0^1(12x^4-24x^3+18x^2-6x+0.75)\mathrm{d}x=0.15$$

方差也可以通过公式 $D(\xi)=E(\xi^2)-(E(\xi))^2$ 来计算.

例 16.29　一台设备由 20 个独立工作的元件组成,每个元件发生故障的概率为 0.2,用 ξ 表示该设备发生故障的元件数;它是一个随机变量,试求 ξ 的数学期望和方差.

解:根据题意,随机变量 ξ 服从参数为 20,0.2 的二项分布,即 $\xi\sim B(20,0.2)$.故有

$$E(\xi)=np=20\times0.2=4$$
$$D(\xi)=npq=np(1-p)=20\times0.2\times(1-0.2)=3.2.$$

16.3　小　　结

本章介绍了概率论的一些基本知识,目的只在于引导读者入门.对于想要用概率论和数理统计的知识来解决实际问题的读者而言,还必须进一步深入学习相关的知识.本章讨论了两方面的内容.

(1)基础概率:概率论的两个基本概念——随机事件与随机事件的概率.

随机事件是自然界中普遍存在的一种不确定性事件,在一定条件下,事件可能发生,也可能不发生.事件分为基本事件和由基本事件组成的复合事件.事件之间通常都有一定的关系,也可进行包括和、积、差等运算,事件之间的关系与运算,如同集合之间的关系与运算.在事件关系中,要认

清互斥事件和对立事件的差别.

随机事件的发生有一定规律;即它发生的可能性大小具有稳定性;这就是随机事件的概率.要熟悉概率的统计定义和古典定义.

随机事件概率的计算还可通过许多公式来完成,包括加法公式、乘法公式、全概公式等.要注意它们的使用条件和方法.

条件概率同样是一种概率,它可确定一个事件发生与否;对另一事件发生的概率的影响;若有影响就是条件概率.条件概率为通过乘法公式、全概公式等求较复杂的事件的概率提供了方便.如果一事件的发生与否,对另一事件的概率没有影响,则称这两个事件是互相独立的.如果两个事件是相互独立的,那么的加法公式、乘法公式都会变得比较简单.

(2)随机变量的分布和数字特征:随机变量是定义在样本空间上的一个单值实函数,是对随机试验结果的数量化处理.但它又不同于一般的实函数;它对样本空间上的每一个点以一定的概率取得某实数值,即随机变量的取值具有随机性.由于取值方式不同,本章讨论了两种类型的随机变量——离散型随机变量和连续型随机变量.要注意它们在描述及处理方法上的差别.

随机变量的可能取值和取这些值的概率大小的对应关系称为随机变量的概率分布.有了随机变量的概率分布,就能从整体上了解随机试验的概率特性.

与概率分布对应的是分布函数 $F(x)$.对于任意实数 x,$\xi\leqslant x$ 是一个随机事件,分布函数 $F(x)=P(\xi\leqslant x)$ 就是这一事件的概率.它表示的是随机变量 ξ 的取值落在区间 $(-\infty,x]$ 上的事件概率.知道了分布函数 $F(x)$,也就了解了随机变量 ξ.所以分布函数 $F(x)$ 是研究随机变量的重要工具.

随机变量的数字特征从某些侧面反映随机变量特性.但是,由于它们大多与概率分布中的参数有关,故常可通过随机变量的数字特征来推断其概率分布中的参数.本章主要介绍了随机变量的两种数字特征——数学期望和方差.

本章讨论了七种常用的随机变量的概率分布、它们的分布函数、数学期望和方差.限于篇幅,有些结论没有证明,但结果是有用的.现将相关内容归纳如下:

① 0-1分布.随机变量 ξ 取0,1两个值.

概率分布表

ξ	0	1
P	$1-p$	p

其中 $0\leqslant p\leqslant 1$,数学期望 $E(\xi)=p$,方差 $D(\xi)=p(1-p)$.

② 二项分布.随机变量 ξ 取 $0,1,2,\cdots,n$.

概率分布:$P(\xi=k)=C_n^k p^k q^{n-k}$ ($k=0,1,2,\cdots,n$; $0\leqslant p\leqslant 1, q=1-p$) ;

数学期望:$E(\xi)=np$;

方差:$D(\xi)=np(1-p)$.

③ 泊松分布.随机变量 ξ 取 $0,1,2,\cdots$.

概率分布:$P(\xi=k)=(\lambda^k/k!)e^{-\lambda}$ ($k=0,1,2,\cdots$; $\lambda>0$);

数学期望:$E(\xi)=\lambda$;

方差:$D(\xi)=\lambda$.

④ 均匀分布.随机变量 ξ 在 $[a,b]$ 上取值.

概率密度:$f(x)=\begin{cases}1/(b-a) & \text{当 } a\leqslant x\leqslant b\\ 0 & \text{其他}\end{cases}$

$$\text{分布函数}:F(x)=\begin{cases}0 & \text{当 } x<a\\(x-a)/(b-a) & \text{当 } a\leqslant x<b\\1 & \text{当 } b\leqslant x\end{cases}$$

数学期望：$E(\xi)=(a+b)/2$；

方差：$D(\xi)=(b-a)^2/12$.

⑤ 指数分布.

$$\text{密度函数}:f(x)=\begin{cases}\lambda e^{-\lambda x} & \text{当 } x>0,\lambda>0\\0 & \text{当 } x\leqslant 0\end{cases}$$

$$\text{分布函数}:F(x)=\begin{cases}1-e^{-\lambda x} & \text{当 } 0>x\\0 & \text{当 } x\leqslant 0\end{cases}$$

数学期望：$E(\xi)=1/\lambda$；

方差：$D(\xi)=1/\lambda^2$.

⑥ 正态分布.

密度函数：$f(x)=(1/(\sqrt{2\pi}\sigma))e^{-(x-\mu)^2/(2\sigma^2)}\ (-\infty<x<+\infty)$；

分布函数：$F(x)=1/(\sqrt{2\pi}\sigma)\int_{-\infty}^{x}e^{-(t-\mu)^2/(2\sigma^2)}dt\ (-\infty<x<+\infty)$；

数学期望：$E(\xi)=\mu$；

方差：$D(\xi)=\sigma^2$.

⑦ 标准正态分布.

密度函数：$\Phi(x)=(1/\sqrt{2\pi})e^{-x^2/2}\ (-\infty<x<+\infty)$；

分布函数：$\Phi(x)=(1/\sqrt{2\pi})\int_{-\infty}^{x}e^{-t^2/2}dt\ (-\infty<x<+\infty)$；

数学期望：$E(\xi)=0$；

方差：$D(\xi)=1$.

显然，标准正态分布是正态分布中 $\mu=0,\sigma=1$ 时的特殊情况.

习 题 16

1. 设 $\Omega=\{1,2,\cdots,10\}$，事件 $A=\{2,3,4\}$，事件 $B=\{3,4,5\}$，试写出下列各事件.

(1) $\overline{A}B$； (2) $\overline{A}+B$； (3) $\overline{A+B}$.

2. 任意投掷一枚骰子，观察出现的点数. 设事件 A 表示"出现偶数点"，事件 B 表示"出现的点数能被 3 整除".

(1)写出试验的样本空间；

(2)把事件 A 和 B 分别表示为样本点的集合；

(3)事件 $\overline{A}$，$\overline{B}$，$A+B$，AB 分别表示什么事件?

3. 设 A,B,C 表示三个随机事件，试将下列事件用 A,B,C 表示出来.

(1)仅 A 发生；

(2)A,B,C 都发生；

(3)A,B,C 都不发生；

(4)A,B,C 不都发生；

(5)A 不发生，B,C 中至少有一事件发生；

(6)A,B,C 中至少有一事件发生；

(7)A,B,C 中恰有一事件发生；

(8)A,B,C 中至少有两事件发生.

4. 十个人参加抽签，十张签中只有一张签有奖，求第 6 个人抽到奖的概率.

5. 袋中有编号为 1 到 10 的十个球，今从袋中任取 3 个球. 求：

(1)3 个球的最小号码为 5 的概率；

(2)3 个球的最大号码为 5 的概率.

6. 从一批由 45 件正品，5 件次品组成的产品中任取 3 件产品，求下列事件的概率.

(1)恰有一件次品的事件 A；

(2)至少有一件次品的事件 B；

(3)最多有两件次品的事件 C.

7. 设 $P(A)=1/3, P(B)=1/2$.

(1)若 A,B 互不相容，求 $P(\overline{A}B), P(\overline{AB}), P(\overline{A}\cup B)$；

(2)若 A,B 相互独立，求 $P(A\cup B), P(A-B)$；

(3)若 $A\subset B$，求 $P(A\overline{B}), P(\overline{A}B)$.

8. 设 A,B 为两事件，$P(A)=0.7, P(B)=1$，求 $P(AB)$.

9. 设 A,B 为两事件，且 $P(A)=0.6, P(B)=0.7$. 求，

(1)在什么条件下，$P(AB)$取到最大值，最大值是多少？

(2)在什么条件下，$P(AB)$取到最小值，最小值是多少？

10. 一批产品中有 96％的产品是合格品，而在合格品中有 75％为一等品，今从这批产品中任取一件. 求它是一等品的概率.

11. 进行某种试验，已知试验成功的概率为 3/4，失败的概率为 1/4，以 ξ 表示首次成功所需试验的次数. 试写出 ξ 的概率分布.

12. 从五个数 1,2,3,4,5 中任取三个数，再按大小排列为 $x_1<x_2<x_3$，令 $\xi=x_2$. 求 ξ 的概率分布和分布函数.

13. 设随机变量 ξ 服从区间$[2,5]$上的均匀分布. 试求观测值大于 3 的概率.

14. 某次抽样调查结果表明：考生的外语成绩（百分制）近似服从正态分布，平均成绩（即 μ）为 72 分，96 分以上的占考生总数的 2.3％. 试求考生成绩在 60 至 84 分之间的概率.

15. 设有 10 个产品，其中有 2 个是废品，从这批产品中任取一个，如是废品，则扔掉重新取一个，如仍是废品，扔掉再取一个. 试求在取到正品之前，已取出的废品个数 ξ 的分布、数学期望和方差.

16. 设随机变量 ξ 的密度函数为

$$f(x)=\begin{cases} x & \text{当 } 0\leqslant x<1 \\ 2-x & \text{当 } 1\leqslant x\leqslant 2 \\ 0 & \text{其他} \end{cases}$$

求其数学期望和方差.

17. 在总体 $\xi\sim N(52,(6.3)^2)$ 中抽取一容量为 36 的样本，求样本均值 X 落在 50.8 至 53.8 之间的概率.

第 17 章 数据统计基础

随机变量的分布规律的研究是建立在试验(观测)基础上的.用概率论的方法研究随机现象,都要直接或间接地涉及对随机变量观测结果(数据)的处理.

从理论上讲,只要对随机现象进行足够多次的试验(观测),被研究的随机现象的规律性一定能清楚地呈现出来.但是,实际上试验次数只能是有限的,有时甚至是少量的.因此,我们所关心的问题是,怎样有效地利用所收集到的有限的数据,尽可能地对被研究的随机现象的规律性做出精确而可靠的推断.这就是数理统计要研究的课题.

数理统计的任务,就是以概率论的理论为依据,研究如何进行试验,以及如何对试验得到的数据(样本数据)进行整理和分析,以确定随机现象的概率特征,如概率分布、数学期望、方差等,并最终对研究的对象做出科学合理的推断和预测.

17.1 数理统计基础知识

17.1.1 总体、样本、统计量

考察某灯具厂生产的灯泡的质量问题.在正常的情况下,灯泡的质量可以通过灯泡的平均使用寿命的来表示,它具有统计规律性.由于受生产过程中的种种随机因素的影响,各个灯泡的寿命是不相同的,寿命越长,质量越好.但寿命试验是破坏性的,只能从整批灯泡中随机抽取出一小部分来进行试验,然后对试验得到的数据进行整理分析,从而推断出整批灯泡的平均寿命.例如,某灯泡厂每天生产 5 万只某品种灯泡,按规定,使用寿命不足 1000 小时的灯泡为次品.在确定每天生产的灯泡的质量时,就要抽取出少量灯泡来做寿命试验,以确定这少量灯泡的合格品率,进而推测出当天生产的这批灯泡的质量.

总体与个体:在数理统计中,通常把被研究的对象的全体称做**总体**,而把组成总体的每个基本单元(或元素)称做**个体**.在上面的例子中,每天生产的灯泡全体是一个总体,而每个灯泡则是一个个体.

总体中的个体,都应具有共同的可测试的数量特征.由于个体的差异性和测量误差的存在,这些数据不是完全相同的.如在灯泡这个总体中,每个灯泡是一个个体,其共同的可测试的数量特征,譬如说灯泡的使用寿命,不同灯泡的寿命是有差异的.

样本、样本容量与抽样:从总体中抽出的若干个体组成的集合,称为**样本**.样本中所含个体的数量,称为**样本容量**.抽取样本的过程称为**抽样**.

总体可以包含无限多个个体(无限总体),也可以包含有限多个个体(有限总体).在一个有限

总体中，若所包含的个体相当多，而抽取的样本比较少时，为了处理方便，往往也会把这个有限总体当做无限总体来处理.

简单随机抽样：为了使抽得的样本具有充分的代表性，抽样时必须注意两点. 第一点是抽样的随机性；即应使总体中的每一个个体都有同等的机会被选入样本. 为此，抽样通常有两种方式：一种是不重复抽样，即每次抽取一个，测试后不放回去，再抽取下一个，直至抽出所需样本；另一种是重复抽样，即每次抽取一个，测试后再放回去，然后抽取下一个，直至抽出所需样本. 第二点要体现抽样的独立性；即每次抽样的结果不受其他各次抽样结果的影响，也不影响其他各次抽样的结果. 这种抽样称为**简单随机抽样**，得到的样本称为**简单随机样本**.

对于一个总体而言，代表它的数量特征（如上面例中灯泡的寿命）是一个随机变量 ξ，它的取值随个体的不同而不同. 这样，总体就是指随机变量 ξ 可能取到的值的全体. 人们研究总体主要是研究总体的某些数量特征的分布情况，例如一批电灯泡使用寿命的分布情况.

从总体中抽取一个样本，就是对随机变量 ξ 进行的一次试验. 容量为 n 的样本，既可以看成是对随机变量 ξ 进行 n 次随机、独立试验后可能得到的结果 $x_i(i=1,\cdots,n)$，也可以看成是 n 个相互独立且与总体有相同分布的 n 维随机变量 $(\xi_1,\xi_2,\cdots,\xi_n)$ 进行一次试验得到的一组数据 $(x_1,x_2,\cdots,x_n)$，这组数据称为**样本数据**.

总体 ξ 的样本 $(\xi_1,\xi_2,\cdots,\xi_n)$ 的函数 $f(\xi_1,\xi_2,\cdots,\xi_n)$ 称为**统计量**，其中 $f(\xi_1,\xi_2,\cdots,\xi_n)$ 不含有未知参数. 统计量一般是样本 $(\xi_1,\xi_2,\cdots,\xi_n)$ 的连续函数，由于样本是随机变量，所以它的函数——统计量也是随机变量. 根据样本 $(\xi_1,\xi_2,\cdots,\xi_n)$ 的试验值 $(x_1,x_2,\cdots,x_n)$ 计算得到的函数值 $f(x_1,x_2,\cdots,x_n)$ 就是相应的统计量 $f(\xi_1,\xi_2,\cdots,\xi_n)$ 的试验值.

为方便起见，今后把 $(x_1,x_2,\cdots,x_n)$ 既看做是样本 $(\xi_1,\xi_2,\cdots,\xi_n)$ 的试验值，也用它们来表示这些随机变量. 同样，既把一切统计数量特征 $f(x_1,x_2,\cdots,x_n)$ 看做是相应的统计量 $f(\xi_1,\xi_2,\cdots,\xi_n)$ 的试验值，又用它们来表示这些统计量. 也就是说，$(x_1,x_2,\cdots,x_n)$ 既可看做是 n 个随机变量，也可看做是这些随机变量的试验值. 样本 $(x_1,x_2,\cdots,x_n)$ 及其函数 $f(x_1,x_2,\cdots,x_n)$ 的这种性质称做**样本的二重性**.

17.1.2 常用统计量分布

1. 常用统计量

数理统计中最常用的两个统计量及其试验值是：

(1)样本平均值（简称样本均值）

$$\bar{x}=\frac{1}{n}\sum_{i=1}^{n}x_i$$

其是统计量 $\bar{\xi}=\frac{1}{n}\sum_{i=1}^{n}\xi_i$ 的试验值.

(2)样本方差

$$s^2=\frac{1}{n}\sum_{i=1}^{n}(x_i-\bar{x})^2$$

其是统计量 $\frac{1}{n}\sum_{i=1}^{n}(\xi_i-\bar{\xi})^2$ 的试验值. 由于

$$\begin{aligned}S^2&=\frac{1}{n}\sum_{i=1}^{n}(x_i-\bar{x})^2=\frac{1}{n}\sum_{i=1}^{n}(x_i^2-2x_i\bar{x}+\bar{x}^2)=\frac{1}{n}\sum_{i=1}^{n}x_i^2-2\bar{x}(\frac{1}{n}\sum_{i=1}^{n}x_i^2)+\bar{x}^2\\&=\frac{1}{n}\sum_{i=1}^{n}x_i^2-2\bar{x}\,\bar{x}+\bar{x}^2=\frac{1}{n}\sum_{i=1}^{n}x_i^2-\bar{x}^2\end{aligned}$$

所以上面样本方差的计算公式可简化为

$$S^2=\frac{1}{n}\sum_{i=1}^{n}x_i^2-\bar{x}^2 .$$

2. 统计量分布

在处理数理统计问题时，常会用到一些统计量，这些统计量的分布对问题的解决尤为重要. 但是要确定某些统计量的分布，并不是一件容易的事，有时甚至是不可能的. 不过，对于总体服从正态分布的情况，研究得比较详尽. 下面就在总体服从正态分布的情况下给出一些结论.

① 设总体 ξ 服从正态分布 $N(\mu,\sigma^2)$，则样本平均值 $\bar{x}=\frac{1}{n}\sum_{i=1}^{n}x_i$ 服从正态分布 $N(\mu,\sigma^2/n)$，即 $\bar{x}\sim N(\mu,\sigma^2/n)$；

② 设总体 ξ 服从正态分布 $N(\mu,\sigma^2)$，则统计量 $(\bar{x}-\mu)\sqrt{n}/\sigma$ 服从标准正态分布 $N(0,1)$，即 $(\bar{x}-\mu)\sqrt{n}/\sigma\sim N(0,1)$；

③ 设 $\xi_1,\xi_2,\cdots,\xi_n$ 相互独立，ξ_i 服从正态分布 $N(\mu_i,\sigma_i{}^2)$，则它们的线性函数 $\eta=\sum_{i=1}^{n}a_i\xi_i$（$a_i$ 不全为零）也服从正态分布，且

$$E(\eta)=\sum_{i=1}^{n}a_i\mu_i,D(\eta)=\sum_{i=1}^{n}a_i^2\sigma_i^2 .$$

④ 设总体 ξ 服从正态分布 $N(\mu,\sigma^2)$，则样本平均值 $\bar{x}$ 与样本方差 S^2 相互独立；

⑤ 设 $(x_1,x_2,\cdots,x_n)$ 为来自均值为 a、方差为 b 的总体的一个样本，则当 n 充分大时，近似地有样本均值 $\bar{x}$ 服从参数为 $a,b/n$ 的正态分布，即 $\bar{x}\sim N(a,b/n)$. 这个结果说明，不管样本总体分布的形式如何，当样本容量充分大时，都可以用正态分布作为样本均值的近似分布.

17.2　样本数据的初步统计分析

17.2.1　制作频率直方图和累积频率图

对一个问题的研究，一般的做法是，首先是要选择适合该问题的模型来代表所研究的系统. 若系统中存在着不确定性因素，就必须通过随机变量来研究. 随机变量的分布可能是已知的，也可能是未知的. 若已知，则这个随机变量的特性和结论都可在该系统的研究中应用；若未知，则要根据试验所获得的数据，做出它服从某种分布的假设，然后再检验这个假设的合理性和可靠性. 那么，怎样根据试验得到的样本数据对总体特性做出较为合理的假设呢？

随机抽样获得的样本数据往往是无序的，需要经过整理才能显示出内在的统计规律性. 处理一般分下面几步进行：

① 确定数据分组原则，对样本数据分组. 将样本数据从小到大排列，根据样本数据的变化范围和样本容量 n 的大小，对样本数据进行分组，组数 k 不宜过大或过小. 一般采用等距分组.

② 计算样本数据落入每组中的个数 n_i，即频数.

③ 计算每组的样本数据的频率 $f_i=n_i/n\ (i=1,\cdots,k)$.

④ 画出频率直方图和累积频率直方图. 根据此再画出总体 ξ 的概率密度曲线的近似曲线和概率分布曲线的近似曲线.

这样，对随机变量 ξ 就有了一个初步的了解，从而可做出服从某种分布的假设. 下面看一个简单的例子.

例 17.1　考察 20 个新生儿体重 ξ 的分布，数据如下（单位：g）.

2880	2440	2700	3500	3500	3600	3080	3860	3200	3100
3180	3200	3300	3020	3040	3420	2900	3440	3000	2620

解:① 将数据排序并分组.

2440	2620	2700	2880	2900	3000	3020	3040	3080	3100
3180	3200	3200	3300	3420	3440	3500	3500	3600	3860

显然,数据在 2400～3900 范围内,现将数据分成 5 组,组距为 300.

② 确定每组频数(每组不包括上限).

2400～2700	2701～3000	3001～3300	3301～3600	3601～3900
2	3	8	5	2

③ 计算每组频率:

2400～2700	2701～3000	3001～3300	3301～3600	3601～3900
0.1	0.15	0.4	0.25	0.1

④ 画出频率直方图和累积频率直方图,分别如图 17-1(a)和(b)所示.

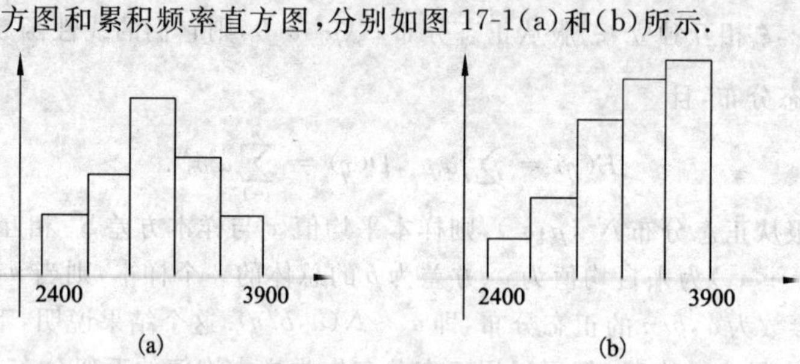

图 17-1 例 17.1 的频率直方图和累积频率直方图

由图可以看出,可假设新生儿体重 ξ 的分布服从正态分布.

17.2.2 参数估计

通过对样本数据的初步统计分析,可以作出总体分布的假设,但要作出进一步的推测,还需要知道它的相关参数.参数估计就是指根据样本提供的信息对总体分布的未知参数作出估计的方法.参数中最重要和最基本的参数是随机变量的期望值和方差值.本节只给出这两个参数的点估计,即由样本观测值算出总体这两个未知参数的估计值.

设 $\xi_1, \xi_2, \cdots, \xi_n$ 是总体 ξ 的样本,$x_1, x_2, \cdots, x_n$ 是样本的一组观测值,则根据常用统计量作如下估计:

(1)以样本均值 $\bar{\xi}$ 作为总体期望值 μ 的点估计量

$$\hat{\mu} = \bar{\xi} = \frac{1}{n}\sum_{i=1}^{n}\xi_i$$

代入样本观测值即得 μ 的点估计值

$$\hat{\mu} = \bar{x} = \frac{1}{n}\sum_{i=1}^{n}x_i .$$

(2)以样本方差 S^2 作为总体方差 σ^2 的点估计值

$$\hat{\sigma}^2 = S^2 = \frac{1}{n}\sum_{i=1}^{n}(\xi_i - \bar{\xi})^2$$

代入样本观测值即得 σ^2 的点估计值

$$\hat{\sigma}^2 = S^2 = \frac{1}{n}\sum_{i=1}^{n}(x_i - \bar{x})^2 .$$

例 17.2　借用例 17.1 的数据，计算得：$\hat{\mu}=3149$，$\hat{\sigma}^2=115939$（$\hat{\sigma}=340.5$）.

有了这两个参数，就可以对总体作进一步的预测和推断.

17.3　方差分析

本节主要讨论单因素方差分析，先看问题来由.

在不同的条件下生产同一种产品，其质量或产量都会有一定的变化. 研究不同条件对产品的影响，是人们经常关心的问题. 有的条件影响大些，有的条件影响就小. 为此，需要通过试验找出对产品有显著影响的条件. 方差分析就是鉴别各条件的效应的一种有效的统计方法.

在数理统计中，常把试验中人为可控制的条件称为**因素**，因素在试验中又分成若干不同等级，称为**水平**. 如果在试验中只考虑一个因素变化，其他因素都控制不变，这种试验称为**单因素试验**，否则称为**多因素试验**. 这里仅讨论单因素试验的方差分析，即判断单个因素的变化对试验结果的影响是否显著.

试验中总假定各个总体的方差是相等的.

将试验中的可变因素分成若干水平，对每一个水平进行重复试验，可得表 17-1.

表 17-1　可变因素试验数据水平表

试验 \ 因素水平	实验次数						行和	行平均
	1	2	…	j	…	n_i		
1	X_{11}	X_{12}	…	X_{1j}	…	X_{1n_1}	T_1	$\overline{X}_1$
2	X_{21}	X_{22}	…	X_{2j}	…	X_{2n_2}	T_2	$\overline{X}_2$
⋮	…	…	…	…	…	…	…	…
i	X_{i1}	X_{i2}	…	X_{ij}	…	X_{in_i}	T_i	$\overline{X}_i$
⋮	…	…	…	…	…	…	…	…
r	X_{r1}	X_{r2}	…	X_{rj}	…	X_{rn_r}	T_r	$\overline{X}_r$

表中 X_{ij} 表示第 i 个水平进行第 j 次试验得到的结果. 记 $n=n_1+n_2+\cdots+n_r$.

试验中出现的偏差主要来自两个方面，一是由不同水平引起的，称为水平偏差；二是由随机因素引起的，称为随机偏差. 对获得的试验数据，先计算下面几个量.

(1) i 水平试验数据平均（行平均）

$$\overline{X}_i=\frac{1}{n_i}\sum_{j=1}^{n_i}X_{ij}=\frac{T_i}{n_i}\ (i=1,2,\cdots,r).$$

(2) 所有试验数据总平均

$$\overline{X}=\frac{1}{n}\sum_{i=1}^{r}\sum_{j=1}^{n_i}X_{ij}\ (n=n_1+n_2+\cdots+n_r).$$

(3) i 水平试验数据偏差（随机误差）平方和

$$S_i=\sum_{j=1}^{n_i}(X_{ij}-\overline{X}_i)^2\ .$$

这样，各水平偏差总和（随机误差总和）为

$$S_E=\sum_{i=1}^{r}S_i=\sum_{i=1}^{r}\sum_{j=1}^{n_i}(X_{ij}-\overline{X}_i)^2\ .$$

(4) 各个水平样本均值与总平均偏差的平方和（表示水平偏差的总和）

$$S_A = \sum_{i=1}^{r} n_i (\overline{X}_i - \overline{X})^2 .$$

(5)所有试验数据与总平均的偏差平方和

$$\begin{aligned} S_T &= \sum_{i=1}^{r}\sum_{j=1}^{n_i}(X_{ij}-\overline{X})^2 \\ &= \sum_{i=1}^{r}\sum_{j=1}^{n_i}(X_{ij}-\overline{X}_i+\overline{X}_i-\overline{X})^2 \\ &= \sum_{i=1}^{r}\sum_{j=1}^{n_i}(X_{ij}-\overline{X}_i)^2+\sum_{i=1}^{r}n_i(\overline{X}_i-\overline{X})^2 \\ &\quad +2\sum_{i=1}^{r}\sum_{j=1}^{n_i}(X_{ij}-\overline{X}_i)(\overline{X}_i-\overline{X}) . \end{aligned}$$

由于

$$\begin{aligned} &\sum_{i=1}^{r}\sum_{j=1}^{n_i}(X_{ij}-\overline{X}_i)(\overline{X}_i-\overline{X}) \\ &= \sum_{i=1}^{r}(\overline{X}_i-\overline{X})(\sum_{j=1}^{n_i}(X_{ij}-\overline{X}_i)) = 0 \end{aligned}$$

所以

$$\begin{aligned} S_T &= \sum_{i=1}^{r}\sum_{j=1}^{n_i}(X_{ij}-\overline{X}_i)^2+\sum_{i=1}^{r}n_i(\overline{X}_i-\overline{X})^2 \\ &= S_E + S_A . \end{aligned}$$

上式恰好说明,试验数据的总偏差 S_T,由水平不同产生的偏差 S_A 和随机影响产生的偏差 S_E 所组成. 比较两个数据的大小,可以判断出哪一种是影响总偏差的主要因素. 如 $S_A > S_E$,说明水平差异的影响是主要的,反之,可不考虑水平差异的影响.

例 17.3 灯泡厂用 4 种材料制成灯丝,检验灯丝材料这一因素对灯泡寿命的影响.

解:对 4 种材料制成灯丝的灯泡作寿命试验,测得的寿命数据如表 17-2 所示.

表 17-2 灯泡寿命测试数据表

		试验数据								行平均
		1	2	3	4	5	6	7	8	
材料水平	A_1	1600	1610	1650	1680	1700	1720	1800		1680
	A_2	1580	1640	1640	1700	1750				1662
	A_3	1460	1550	1600	1620	1640	1660	1740	1820	1636
	A_4	1510	1520	1530	1570	1600	1680			1568

由表算得总平均为: $\overline{X} = \dfrac{1}{n}\sum_{i=1}^{4}\sum_{j=1}^{n_i}x_{ij} = \dfrac{42570}{26} = 1637$

$$S_T = \sum_{i=1}^{r}\sum_{j=1}^{n_i}(X_{ij}-\overline{X})^2 = 195714$$

$$S_E = \sum_{i=1}^{r}S_i = \sum_{i=1}^{r}\sum_{j=1}^{n_i}(X_{ij}-\overline{X}_i)^2 = 151352$$

$$S_A = \sum_{i=1}^{r}n_i(\overline{X}_i-\overline{X})^2 = 44362$$

由于 $S_E > S_A$,可以认为灯泡的使用寿命不会因为材料不同而有显著差异.

17.4 回归分析

本节将讨论量之间的相互关系问题.自然界中,量之间的关系主要有两种类型,一类是确定性关系,即前面论述过的函数关系;另一类是量之间虽然存在着密切的关系,但从一个量的确定值,不能求得另一个量的确定值.但在大量试验中,它们之间的不确定联系,又具有统计规律性,这种联系便称为**统计相关**或称**相关关系**.通过试验数据来寻求量之间的统计规律性所用的方法称为**回归分析法**.

回归分析的任务是研究如何建立描述变量之间相关关系的近似数学表达式(或称回归方程),并用它来进行估计或预测.如果所建立的数学表达式是一元线性的,则称它为一元线性回归分析.

具有相关关系的变量之间虽然不具有确定的函数关系,但是可以借助函数关系来表达它们之间的统计规律性.用以近似地描述变量相关关系的函数称为**回归函数**.

现实中最简单的情况是由两个变量组成的函数关系,可表示为

$$y=f(x)$$

由于两个变量之间并不存在完全确定的函数关系,所以必须把随机因素产生的影响引入方程,即

$$y=f(x)+\varepsilon$$

式中,y 是随机变量,x 是普通变量,ε 是随机误差项.用随机变量 y_i 表示对应于普通变量 x 的取值 x_i 的试验结果

$$y_i=f(x_i)+\varepsilon_i \quad (i=1,2,\cdots,n)$$

现在的问题是如何根据试验的结果来确定回归函数的类型.一个可行的方法是根据获得的数据,在 xOy 直角坐标平面上画出它们的散点图,从而看出这些散点的大体散布和趋势,并确定回归函数 $f(x)$ 的类型.下面看一个简单的例子.

例 17.4 某种商品年需求量与该商品的价格之间的关系如表 17-3 所示.

表 17-3 商品年需求量与价格关系表

价格 p_i(元)	1	2	2	2.3	2.5	2.6	2.8	3	3.3	3.5
需求量 d_i(kg)	5	3.5	3	2.7	2.4	2.5	2	1.5	1.2	1.2

由上表可看出,有时价格不变,但需求量会有变化;而有时价格变了,但需求量却未变.但是总的趋势是随着价格的上升,需求量将减少.画出的散点图如图 17-2 所示.

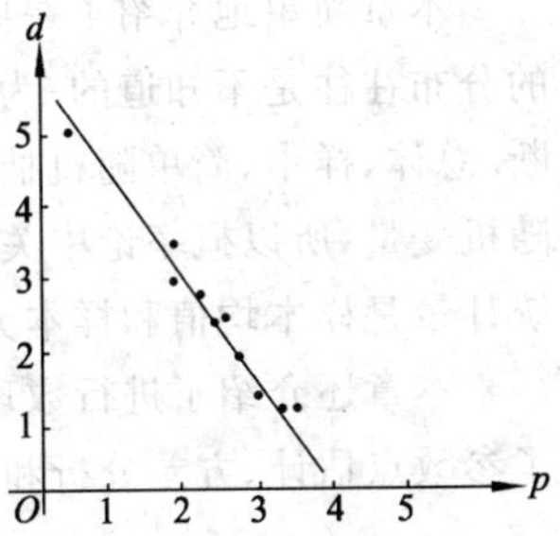

图 17-2 例 17.4 的散点图

可以看出,所有散点分布在一条直线周围,故需求量与价格之间大体成线性关系,可设回归方程为线性方程.为简单起见,下面仅就 $f(x)$ 为线性函数进行讨论.

一般地,两个变量的线性回归方程

$$y=\beta_0+\beta_1 x+\varepsilon$$

也称为一元线性回归模型.y 是一个可观测的随机变量,x 是普通变量,ε 是随机误差.β_0,β_1 是固定的未知参数,称为**回归系数**.对总体 (x,y) 进行 n 次独立观测,获得 n 组样本数据:(x_1,y_1),(x_2,y_2),...,(x_n,y_n),有

$$y_i=\beta_0+\beta_1 x_i+\varepsilon_i \quad (i=1,2,\cdots,n)$$

另一方面,$y=\beta_0+\beta_1 x$ 是平面上的一条直线,对每一个 x_i,可求得直线上点的纵坐标 $\hat{y}_i$,即

$$\hat{y}_i=\beta_0+\beta_1 x_i \quad (i=1,2,\cdots,n)$$

显然,直线上的点 $(x_i,\hat{y}_i)$ 与样本点 (x_i,y_i) 在纵坐标上的差 $(\hat{y}_i-y_i)$ 正好就是随机误差 ε_i,它愈小,说明样本点 (x_i,y_i) 离直线愈近.令

$$Q=\sum_{i=1}^{n}(y_i-\hat{y}_i)^2=\sum_{i=1}^{n}[y_i-(\beta_0+\beta_1 x_i)]^2.$$

Q 定量地描述了直线与 n 个观测点总的接近程度,它的值随着 β_0,β_1 的不同而变化.如果要使得直线与所有的散点总的来看最接近,就要求 Q 达到最小.反之也可认为,Q 达到最小,直线与所有的散点总的来看就最接近.通过样本点来求 β_0,β_1 的估计值 $\hat{\beta}_0$,$\hat{\beta}_1$,使 Q 达到最小的求解方法,称为**最小二乘法**.

通过计算可以求得

$$\begin{cases}\hat{\beta}_1=\dfrac{L_{xy}}{L_{xx}}\\ \hat{\beta}_0=\bar{y}-\hat{\beta}_1\bar{x}\end{cases}$$

其中,$\bar{x}=\dfrac{1}{n}\sum_{i=1}^{n}x_i$,$\bar{y}=\dfrac{1}{n}\sum_{i=1}^{n}y_i$,$L_{xx}=\sum_{i=1}^{n}(x_i-\bar{x})^2$,$L_{xy}=\sum_{i=1}^{n}(x_i-\bar{x})(y_i-\bar{y})$,$L_{yy}=\sum_{i=1}^{n}(y_i-\bar{y})^2$.

于是,y 关于 x 的线性回归方程(或经验公式)为:

$$\hat{y}=\hat{\beta}_0+\hat{\beta}_1 x$$

例 17.5 现就例 17.4 中的数据来求其线性回归方程.

解: $\bar{x}=2.5$,$\bar{y}=2.5$,$L_{xx}=4.78$,$L_{xy}=-7.53$,$L_{yy}=12.18$;

$$\hat{\beta}_1=\frac{L_{xy}}{L_{xx}}=\frac{-7.53}{4.78}\approx-1.58,$$

$$\hat{\beta}_0=\bar{y}-\hat{\beta}_1\bar{x}=2.5-(-1.575)\times 2.5\approx 6.44,$$

所以,所求线性回归方程为

$$\hat{y}=\hat{\beta}_0+\hat{\beta}_1 x=6.44-1.58x.$$

17.5 小 结

本章简单地介绍了一些数理统计方面的基础知识.在实际问题中,一个随机变量服从什么样的分布往往是不知道的.为了解决问题,需要通过试验获取数据,进行整理、分析,最终作出合理推断.总体、样本、简单随机抽样就是数理统计中用到的基本概念.统计量作为样本的函数,也是一个随机变量,所以概率论中关于随机变量及其分布的理论和方法,在数理统计中都可运用.最基本的统计量是样本均值和样本方差,在数理统计中都有重要应用.

本章还介绍了进行数理统计的基本步骤和一个简单示例.对于进一步的统计分析,主要介绍了参数点估计、方差分析和回归分析的基本方法和简单计算.

习 题 17

1. 50 名学生某门课的期末考试成绩如下:

73	74	81	60	76	69	95	96	70	45
64	50	55	65	64	74	92	46	64	68
64	78	83	73	74	70	87	87	75	60

83　75　68　81　90　82　79　90　96　47

69　62　65　62　87　73　70　78　70　57

试用频率直方图和累积频率直方图分析该班这门课成绩的分布情况.

2. 把大片条件相同的土地分成 20 个小区，播种 4 种不同品种的小麦，进行产量对比试验. 每一品种播种在 5 个小区地块上，共得到 20 个小区产量的独立观察值如表 17-4 所示. 问不同品种小麦的小区产量有无显著差异？

表 17-4　小麦试验产量表

小区产量		试验批号				
		1	2	3	4	5
品种因素	A1	32.3	34.0	34.3	35.0	36.5
	A2	33.3	33.0	36.3	36.9	34.5
	A3	30.3	34.3	35.3	32.3	35.8
	A4	29.3	26.0	29.8	28.0	28.8

（提示：有差异）

3. 在某种产品表面进行腐蚀刻线试验，得到腐蚀深度 y 与腐蚀时间 t 之间对应的一组数据如表 17-5 所示，试求腐蚀深度 y 对时间 t 的回归直线方程.

表 17-5　腐蚀深度时间表

时间 t(秒)	5	10	15	20	30	40	50	60	70	90	120
深度 y(微米)	6	10	10	13	16	17	19	23	25	29	46

（提示：$\hat{y}=5.34+0.30t$）

参考文献

[1] 何春江,等.计算机数学基础[M]. 北京:中国水利水电出版社,2006.
[2] 刘树利,王家玉.计算机数学基础[M].北京:高等教育出版社,2004.
[3] 严维军,等.计算机数学基础[M].北京:清华大学出版社,2008.
[4] 黄纪麟.计算机数学初步[M].北京:科学出版社,2000.
[5] 林成森,等.计算机数学基础[M].北京:机械工业出版社,2010.
[6] 王声望.高等数学[M].北京:科学出版社,2004.
[7] 吴赣昌.高等数学(理工类,简明版)[M].北京:中国人民大学出版社,2006.
[8] 林成森.高等数学习题指导[M].北京:科学出版社,2007.
[9] 林成森.数值分析[M].北京:科学出版社,2007.
[10] 林成森,盛松柏.高等代数[M].南京:南京大学出版社,1993.
[11] LIPSCHUTZ S,LIPSON M L .2000 离散数学习题精解[M].林成森,译.北京:科学出版社,2002.
[12] 王萼芳.线性代数[M].北京:清华大学出版社,2007.
[13] 赵树嫄.线性代数[M].北京:中国人民大学出版社,2001.
[14] 吴赣昌.线性代数与概率统计[M].北京:中国人民大学出版社,2007.
[15] 沈恒范.概率论与数理统计教程[M].3 版.北京:高等教育出版社,1995.
[16] 徐洁磐.离散数学导论[M].3 版.北京:高等教育出版社,2004.
[17] 徐洁磐.离散数学及其在计算机中应用[M].4 次修订.北京:人民邮电出版社,2008.
[18] 左孝凌,等.离散数学[M].上海:上海科技文献出版社,1996.
[19] 高汝熹 . 高等数学(一)微积分[M]. 武汉:武汉大学出版社,1992.
[20] 章德等 . 微积分[M]. 南京:南京大学出版社,2001.
[21] 吴学澄,等 . 高等数学[M]. 南京:东南大学出版社,1991.
[22] 季夜眉,等 . 概率与数理统计[M]. 北京:电子工业出版社,2006.
[23] 袁荫棠,等 . 概率论与数理统计[M]. 北京:中国人民大学出版社,1985.